JN434664

개정판

황제의 새 마음

The Emperor's New Mind

:

컴퓨터, 마음, 물리법칙에 관하여

Concerning Computers, Minds, and The Laws of Physics

로저 펜로즈

Roger Penrose

THE EMPEROR'S NEW MIND:
Concerning Computers, Minds, and The Laws of Physics
© 1989 Roger Penrose

THE EMPEROR'S NEW MIND was originally published in English in 1989. This translation is published by arrangement with Oxford University Press. Ewha Womans University Press is solely responsible for this translation from the original work and Oxford University Press shall have no liability for any errors, omissions or inaccuracies or ambiguities in such translation or for any losses caused by reliance thereon.

Korean translation copyright © 2022 by Ewha Womans University Press
Korean translation rights arranged with Oxford University Press
through EYA(Eric Yang Agency)

이 책의 한국어판 저작권은 EYA(에릭양 에이전시)를 통한
Oxford University Press사와의 독점계약으로
이화여자대학교출판문화원이 소유합니다.
저작권법에 의하여 한국 내에서 보호를 받는 저작물이므로
무단 전재 및 복제를 금합니다.

황제의 새 마음

컴퓨터, 마음, 물리법칙에 관하여

개정판

로저 펜로즈 | 박승수 옮김

이화여자대학교출판문화원

개정판 옮긴이의 말

이 책의 초판이 출간되고 30여 년이 지나는 동안 학계에는 몇 가지 큰 변화가 있었다. 그중 대표적인 것이 인공지능의 발전이다. 당시 인공지능 분야는 소위 전문가 시스템expert system으로부터 유발된 첫 번째 붐이 한계에 직면한 시기였다. 이 시기 인공지능을 주도하던 기술은 심볼릭 방법symbolic method인데, 지식을 문자로 표현하고 그 문자를 기반으로 논리적 계산을 통해 새로운 지식을 추론하는 방법이다. 이 방법이 상용화되는 과정에서 여러 가지 문제가 발생했고, 당시 컴퓨터의 성능으로는 일상적인 문제를 해결하기에 충분한 뒷받침을 하지 못했기에 관련 연구는 한동안 침체기를 맞았다. 그런데 최근 기계학습 방법에 입각한 딥러닝 기술의 등장으로 인공지능은 새로운 붐을 맞게 된다. 현재 딥러닝 기술은 창의력뿐만 아니라 지능의 다양한 영역을 실현하며 스마트폰이나 자동차, 로봇 등 우리 생활 곳곳에서 활용되고 있다. 마침 얼마 전 학회지에 인공지능의 발달 과정을 설명한 다음과 같은 글을 기고한 바 있다.

> 1990년대 초반 인공지능 과목 강의 노트에는 다음과 같은 질문이 제시되었다. '인간의 지능은 과연 무엇인가? 그것을 컴퓨터로 구현하려면 어떤 노력이 있어야 하는가?' 그리고 이에 대한 내용으로, 지능이라는 것을 한마디로 정의할 순 없기에 그것을 이루는 요소들을 열거하고 컴퓨터를 통해 어떻게 구현할 수 있는가를 논의했다. 이어서 한편으로는 기억력, 지식, 문제풀이 능력, 의사결정 등 좌뇌가 주도하는 지능의 속성을 열거하고, 다른 한편으로는 창의성, 직관, 감성,

예술성 등 우뇌가 주도하는 속성을 열거한 후, 컴퓨터가 수행할 수 있는 부분은 좌뇌 주도 속성들이며 직관이나 창의성, 예술성 등은 인간만이 가능한 특권이라고 설명하고 있다.

그로부터 30년이 지난 지금 이 노트를 보면 실로 격세지감이 느껴진다. 이제 인터넷에는 인공지능이 그린 작품들이 넘쳐나고, 음악 분야에서도 인공지능의 저작권 소유에 대한 논의가 활발한 지경에 이르렀다. 초창기에는 기존 예술가의 작품을 모방하는 데에 그쳤지만, 이제는 인공지능이 독창적인 작품들을 발표하고 있다. 인간의 전유물로 간주되던 직관 능력 또한 수많은 경험의 단순 축적이 아닌, 그것이 부지불식간에 수렴된 지적 상태임이 밝혀지게 되었다. 이러한 인공지능의 혁명은 바로 지난 20여 년간 개발된 기계학습, 특히 딥러닝 기법의 발달에서 비롯된 것이다.

그렇다면 이제 인공지능은 앞서 열거한 좌뇌와 우뇌가 지배하는 지능의 모든 요소를 정복하고 인간의 지능에 필적할만한 단계에 도달한 것일까? 1940년대 컴퓨터 분야의 선구자 중 인공지능의 도래를 일찌감치 예상한 앨런 튜링Alan Turing은 컴퓨터가 도달할 수 있는 최고의 지능을 측정하는 방법으로 튜링 테스트Turing Test를 제안했다. 튜링 테스트는 인간과 컴퓨터 사이의 대화를 심사위원이 모니터하여 대화 상대방이 인간으로 판정할 때 통과할 수 있게 되어 있는 테스트이다.

그런데 2014년 '유진 구스트만Eugene Goostman'이라는 대화 시스템Chatbot이 13세 소년으로 가장하여 이 테스트를 통과했다는 소식이 전해졌다. 이 시스템은 수많은 십대 청소년의 대화를 학습해 그때그때 그럴듯한 반응을 얻어냈는데, 대화의 내용이나 흐름에 충실하기보다는 단순하고 정형화된 반응을 생성하는 것에 불과했지만 사실 그런 것이 십대의 전형적인 반응이기에 심사위원들을 속일 수 있었던 것이다. 이 결과로 인해 현재 튜링 테스트의 정당성에 대한 논란은 가열되고 있으며, 새로운 형태의 테스트들이 제안되고 있다.

그렇다면 인공지능의 현주소는 어떠한가? 2011년 IBM의 슈퍼컴퓨터 '왓슨Watson'이 퀴즈쇼에서 우승한 사건이나, 2016년 구글 딥마인드DeepMind의 프로그램 '알파고AlphaGo'가 바둑계를 평정한 사건 등을 통해 인공지능은 대중에게 만능으로 각인되었고, 실제 우리 생활 여러 부분에서 편의성을 제공해주고 있는 것은 사실이지만 의외로 터무니없이 약한 부분들이 있다. 그 약점은 바로 '이해력understanding의 결여'인데, 이것이 여러 분야에서 인공지능의 발전을 가로막고 있다.[1]

학계에서 일어난 또 하나의 큰 사건은 이 책의 저자인 로저 펜로즈Roger Penrose가 블랙홀 연구에 대한 공로로 2020년 노벨물리학상 공동 수상자로 선정된 것이다. 이 책은 원래 초창기 인공지능에 대한, 특히 '인간의 마음을 컴퓨터로 실현할 수 있다'고 보는 강인공지능strong AI론자들에 대한 펜로즈의 반박 입장에 대한 논거로서 저술된 것이다. 책 제목인 '황제의 새 마음The Emperor's New Mind'은 우리에게도 익숙한 안데르센 동화 '벌거벗은 임금님(원제목은 '황제의 새 옷The Emperor's New Clothes'이다)'의 교훈을 빌어, 인공지능의 본질은 단순한 컴퓨터 알고리즘에 불과하다는 것, 그리고 우리의 마음은 '그 이상'이라는 것을 수학적 관점에서, 그리고 물리학적 관점에서 설파하고자 명명되었다.

그렇다면 인공지능이 '새로운 옷'으로 단장한 현시점에서 펜로즈의 주장은 설득력을 잃었을까? 뒤에서 살펴볼 에필로그와 프롤로그의 일화 속, 모든 질문에 답할 수 있는 '황제'의 권위에 오른 새로운 기계가 기분을 묻는 소년의 단순한 질문에 쩔쩔매는 모습은 앞서 소개한 튜링 테스트처럼 잘 훈련된 대화 모델을 통해 해결될 것이다. 그러나 궁극적으로 모든 인공지능의 문제가 해결된다 해도 이 책의 주제라 할 수 있는 철학적 논쟁, 즉 몸·마음 문제mind-body problem는 여전히 미제로 남게 될 것이다.

---

1 박승수(2021), 「심볼릭 인공지능의 역사와 상식추론」, 『정보과학회지』, 39권 12호, 15쪽, 일부 수정.

책이 나오고 펜로즈는 인공지능학자들, 특히 강인공지능론자들과 많은 논쟁을 벌였다. 특히 인공지능학계의 거두인 마빈 민스키Marvin Minsky(1927~2016)와의 논쟁은 유명하다. 펜로즈는 지능intelligence이라는 것이 생각mind이나 의식consciousness 등 훨씬 더 큰 영역의 일부에 지나지 않는다는 입장이었던 반면, 민스키는 저서 『마음의 사회*The Society of Mind*』(1986)에서 밝힌 바와 같이 마음이란 에이전트agents라 불리는 여러 형태의 작은 소프트웨어들(지능, 기쁨, 슬픔, 양심, 사랑 등)이 유기적으로 연결되어 주어진 알고리즘에 따라 작동하고, 생각이나 의식은 그 결과로 느껴지는 일종의 착각에 불과하다고 봤다. 실제로 지금은 우리의 감각이 단순한 착각일 수 있다는 인지과학 및 뇌과학 분야의 연구들이 발표되고 있다.

이 밖에도 수백 년간 미제로 남아 있던 '페르마의 마지막 정리Fermat's last theorem'가 이 책의 초판이 출간된 지 5년이 흐른 1994년에 영국의 수학자 앤드류 와일즈 경Sir Andrew John Wiles에 의해 증명된 사건을 비롯해 여러 변화가 있었다. 이러한 내용은 이번 개정판에서 곳곳의 해당 부분에 역주를 추가하여 설명을 보강했다.

번역서 초판을 출간하고 얼마 지나지 않아 호주에서 열린 국제인공지능학회에 참석해 지금은 작고한 민스키 교수와 이야기를 나눈 적이 있다. 그는 펜로즈의 책이 자신의 저서 『마음의 사회』보다 먼저 한국에 소개되었다는 사실이 적잖이 불만인 듯 보였다. 당시 국내 인공지능연구회에서 민스키의 책을 공동 번역하고 있었는데, 대부분의 공동작업이 그렇듯 지지부진한 상태였고 결국 지금까지 미완성으로 남게 되었다. 그런데 당시 민스키 교수가 이 책에 대해 했던 말 중 지금까지 기억에 남는 한마디가 있다. "이 책이 수학적 관점에서 컴퓨터과학을 가장 잘 설명한 책일 겁니다. 이거 하나는 인정하지요."

그때는 이 말이 잘 이해되지 않았는데 시간이 지날수록 공감되는 부분이 많았다. 펜로즈는 영국의 물리학자 중 수학자로서도 상당히 알려져 있다. 그리고 그가 소개하는 수학적 개념들은 매우 다양하고 오묘하다. 그는 인공지능이 단순한 프로그램, 혹은 알고리즘에 지나지 않는다는 것을 설명하기 위하여 '튜링 기계Turing machine'의 개념을 자세히 소개한다(여기에서 '기계'라 함은 실제 기계가 아니라 수학적 모형을 의미한다). 이 기계가 나오게 된 동기는 독일의 수학자 다비트 힐베르트David Hilbert가 던진 근본적 질문, 즉 모든 수학 문제를 풀 수 있는 기계적 방법을 찾아내기 위한 수학자들의 노력에서 비롯된 것으로, 이를 위해 수학자들이 제안한 여러 계산 방법이 지금도 컴퓨터과학뿐만 아니라 인문학 분야에서도 활용되고 있다.

튜링이 제안한 튜링 기계는 컴퓨터의 가장 훌륭한 수학적 모형으로 인정되고 있고, C나 파이썬 같은 절차적procedural 프로그래밍 언어가 모두 이 모형을 따르고 있다. 수학자이자 논리학자인 알론조 처치Alonzo Church가 제안한 재귀함수론recursive function theory은 작은 함수들을 혼합하여 크고 복잡한 함수를 만들어가는 방법으로, LISP나 ML 같은 함수 언어의 기본이 된다. 또한, 역시 수학자이자 논리학자인 에밀 포스트Emil Post가 제안한 생성시스템production system은 기호들의 규칙적 변환만을 이용한 계산 방법으로서 심볼릭 인공지능을 주도한 논리적 추론기술이나 규칙 기반 시스템 등에 활용된다. 더불어 언어철학자 놈 촘스키Noam Chomsky는 생성시스템을 활용해 변환생성문법체계transformational generative grammar system라는 혁명적 언어분류 방법을 제안했는데, 이 체계는 컴퓨터 언어가 인간 언어와 근본적으로 다르다는 것을 이론적으로 보여줌으로써 인공지능의 자연어 처리 방법 개발에까지 가이드라인을 제공하고 있다.

책 전반에 걸쳐 드러나는 펜로즈의 수학적 시각은 그것이 얼마나 다양하고 유연하면서도 창의적인가를 잘 보여준다. 그는 수학과 더불어 컴퓨터과학, 논리학, 물리학, 신경과학을 아우르는 심오하고도 아름다운 아이디어들을 흥미롭게 풀어낸다. 최근 우리나라의 허준이 교수가 수학계의 노벨상 격인 필즈상을 수상하면서 부각된 한국 수학교육의 문제점, 즉 수학을 너무 단편적 시각으로만 보는 경향에도 시사하는 바가 크다. 30년 만의 개정판을 내며 다시금 책을 열어본다. 여전히 수학과 물리학의 정점에 서 있는, 이 시대를 대표하는 한 노학자가 '사람의 마음을 컴퓨터로 만들어보겠다'고 외치는 인공지능학자들을 향하여 준엄하게 꾸짖는 목소리가 곳곳에 서려 있는 듯하다.

2022년 9월
박승수

초판 옮긴이의 말

미국 유학 시절의 일이다. 나는 여느 때와 같이 심볼릭스Symbolics 기계 앞에 앉아 모니터에 나타나는 기호들의 나열을 점검하고 있었다. 심볼릭스 컴퓨터는 그 설계 자체가 리스프LISP 언어에 적합하게 되어 있어서 당시에는 인공지능을 연구하는 사람들의 인기를 독차지한 기종 중의 하나였다. 하지만 지금은 슈퍼 워크스테이션의 등장으로 거의 자취를 감추어버린 비운의 기계이기도 하다. 다른 사람들이 사용하지 않는 시간대를 찾다 보니 나는 주로 한밤중에 일할 수밖에 없었는데, 그 시간대가 오히려 조용하고 집중이 잘 되는 장점도 있었다.

새벽 세 시쯤 되었을까? 적막한 고요 속에 어디선가 이상한 소리가 들려왔다. 연구실 위층에는 철문이 하나 있었는데 항상 잠겨 있는 것 같았다. 소문에 의하면 그곳이 생물학과의 해부 실험용 시체를 저장하는 창고라고 했다. 소리는 그 방향에서 나는 것 같았다. 둔중한 철문 닫히는 소리에 이어서 무엇인가 질질 끄는 듯한 무거운 발소리가 처음에는 멀리서 들리더니 차츰차츰 가까워지고 있었다. 그 발소리에는 금속성의 마찰음도 섞여 있어서 마치 체인을 칭칭 감은 크리스마스의 유령이 걸어오는 듯한 분위기를 자아냈다. 나는 머리카락 하나하나가 쭈뼛해짐을 느끼며 그곳에 온 신경을 집중하고 있었다. 이윽고 발소리가 연구실 앞에서 멎더니 쾅쾅 하고 노크하는 것과 동시에 문이 활짝 열렸다. 거기에는 커다란 열쇠꾸러미를 허리에 찬 건물 경비원이 구부정한 모습으로 서 있었다. 다리를 약간 저는 그는 그날따라 술을 한잔했는지 초로의 얼굴이 불그레 홍조를 띠고 있었다.

"늦게까지 일하슈? 잠깐 들어가도 될까?"

"수고하시는군요. 커피라도 한잔하시죠."

"뭘, 사양하겠소. 근데 이게 뭐 하는 거요?"

그는 모니터를 들여다보며 물었다.

"인공지능이라는 분야인데 들어보셨나요?"

그는 씩 웃더니 목소리를 낮추어 은밀한 이야기라도 하는 것처럼 나에게 다가왔다. 그의 입에서 술 냄새가 확 풍겨왔다.

"요 위층에 뭐가 있는지 아슈?"

"글쎄, 시체가 있다는 소문은 들었습니다만."

"내가 하나 훔쳐다줄 테니 프랑켄슈타인 한번 만들어보겠소?"

그는 자기 농담에 자기가 유쾌한 듯 킬킬대며 웃었다. 그리고는 정색하며 다시 물었다.

"그래, 인공지능 분야 중에서 뭘 연구하오?"

"상식추론이라는 분야인데…"

"아하! 프랑켄슈타인에게 상식적인 지식을 집어넣고 싶으시군, 그래. 언젠가는 감정까지 넣고 싶으실 테고?"

그리고는 혼잣말처럼 중얼거렸다.

"튜링이 이걸 봤으면 아마 놀라자빠졌을 거야."

나는 깜짝 놀라서 그를 다시 쳐다보았다.

"아니, 튜링에 대해서 들어보셨나요?"

"아, 20세기 최고의 천재 아니오? 참, 아인슈타인이 섭섭해하겠군. 그 사람에 관한 책을 몇 권 읽어보았지. 그가 동성연애자만 아니었으면, 그래서 비명에 죽지만 않았더라도 지금의 컴퓨터는 다른 모습을 하고 있을지도 모르지. 컴퓨터가 생기기도 훨씬 전에 그 사람 머릿속에서는 컴퓨터가 빙빙 돌아가고 있었으니까. 거, 왜 튜링 기계라고 있지 않소?"

그리고 그는 튜링의 사생활에 대한 여러 가지 비화를 들려주었다.

"그런데 그 상식을 만드는 일 말이오. 그게 댁이 하는 것처럼 기호학적으로도 완전히 해결될까? 요즘은 신경망 쪽으로 많이 연구하는 것 같던데."

나는 약간 어안이 벙벙하여 억지로 대답했다.

“글쎄, 앞으로 당분간은 양쪽 연구가 병행되겠지요. 아무도 아직 해결하지 못한 문제니까요. 그런데 인공지능 분야에 상당히 해박하신 것 같군요?”

“아, 아니요. 내가 정말 관심이 있는 분야는 러시아 근대사인데 한번 들어보시겠소? 아주 재미있다오.”

나는 갑자기 날이 샐 것 같은 초조감이 들었다.

“아니, 다음 기회에 듣기로 하지요. 오늘은 할 일이 좀 있어서….”

“참, 이거 바쁘실 텐데 실례했소. 그럼 이만.”

나는 갑자기 궁금해져 돌아서서 나가는 그를 불러세웠다.

“잠깐. 그런데 도대체 그런 것들을 다 어디서 배우셨습니까?”

“아, 그것 말이요? 난 밤중에 경비를 돌고 나면 종일 할 일이 없다오. 무료해서 공공도서관에서 책을 빌려다 읽는 것이 취미인데 이 책 저 책에서 그냥 주워 들었소만 깊이는 잘 모르오.”

그날 밤 그 건물 경비원과의 대화가 나에게는 매우 큰 충격으로 다가왔다.

* * *

지난여름 가족과 함께 3박 4일로 동해안에 다녀왔다. 그중 하루를 잡아서 설악산 구경을 했다. 마침 날이 궂어서 사람들이 많지는 않았지만, 권금성 올라가는 케이블카를 타기 위해서는 몇 시간을 기다려야 했다. 구름 사이를 오르는 케이블카는 여간 운치가 있는 것이 아니었다. 산정에도 안개가 몹시 끼어 시계는 좋지 않았지만, 안개 사이로 언뜻언뜻 나타나는 기암괴석은 마치 무릉도원을 연상케 해서 잠시나마 세상일을 잊을 수 있게 해주었다. 그리고 안개처럼 그 옛날 대학 시절, 텐트를 짊어지고 대청봉에 오르던 기억들이 되살아났다. 사람들이 많이 다니지 않던 때라 옷을 훌렁 벗고 십이선녀탕에 몸을 담가보기도 하고, 휘영청 달밤에 바위에 누워 수통에 든 술을 마시며 옛 신선이 된 기분도 맛보았다.

그리고 힘든 산행 끝에 대청봉에 올랐을 때의 그 기분은 말로 표현할 수가 없었다. 그때도 이렇게 안개가 심했던 기억이 난다.

아이들은 산정에서 이 바위 저 바위를 오르내리며 즐거워했다. 이 아이들이 과연 설악산의 아름다움을 얼마나 이해할 수 있을까? 갈 때마다 새로운, 그 구석구석에 감추어진 깊은 아름다움을. 그리고 오랜 고생 끝에 정상에 올랐을 때의 그 희열을.

아이들은 이제 학교에 돌아가면 설악산에 갔다 왔음을 자랑스럽게 이야기할 것이다. 그것이 얼마나 높고 험했으며, 거기에는 구름이 안개처럼 돌아다닌다는 것을. 그리고 어쩌면 이 짧은 등정의 경험으로 말미암아 언젠가는 아이들도 배낭과 텐트를 짊어지고 설악산을 다시 찾을지 모른다.

케이블카는 5분 만에 우리를 다시 지상의 세계로 돌려보내 주었다.

* * *

학문은 마치 거대한 산과 같다. 그리고 그 정상부에 가면 아래에서는 그렇게 달라 보이던 학문들이 서로 만나게 된다. 그 정상은 아직 아무도 이르지 못했고, 아마 앞으로도 누구도 이르지 못할 것이다. 다만 사람들은 그 정점을 진리라고 부른다. 그것이 우주의 진리이건 생명의 진리이건. 그리고 그 정상 가까이에 철학이 있다. 고대로부터 유명한 대大철학자들이 동시에 수학자이기도 하고 물리학자 혹은 생물학자이기도 했던 점을 보면 이를 이해할 수 있다. 근래에 와서 수없이 많은 갈래의 학문이 생겨났지만 어떤 학문이건 조금만 깊이 들어가면 이러한 학문의 교차점을 마주하게 될 것이다. 그리고 대개 그러한 교차점에는 인간이 만들어낸 가장 위대하고 아름다운 아이디어들이 운무처럼 살아 숨 쉬고 있다.

깊은 학문이 간직하고 있는 아름다움을 대중에게 전달하는 일은 매우 어렵다. 그 분야에 깊이 들어가 본 사람들만이 느낄 수 있는 아름다움이기 때문이다. 그런데도 미국에서는 일찍부터 이러한 아름다움을 대중에게 전달하고자 하는 노력이 있었다. 이 책을 비롯하여 더글러스 호프스태터Douglas R. Hofstadter의 『괴델, 에셔, 바흐*Gödel, Echer, Bach*』(1979)는 이미 베스트셀러의 정상을 한동안 지켰던 책들이다. 『괴델, 에셔, 바흐』는 철학과 미술과 음악이 재귀recursion의 개념을 중심으로 어떻게 서로 통하고 있는가를 재미있고 알기 쉽게 설명해준다. 이 책에서도 펜로즈는 인공지능의 한계를 물리학자의 입장에서 갈파하는 과정에서 철학, 수학, 전산학, 물리학, 신경과학 등의 심오하고 아름다운 아이디어들을 두루 섭렵하고 있다. 미국에서 이러한 책이 일반 대중에 의해 지하철에서 읽히고 있다는 사실은 매우 놀라운 일이다. 그것은 바로 유학 시절 그 건물 경비원과의 대화에서 내가 받았던 충격과도 같은 맥락이다.

그런 의미에서 나는 학문의 한 험난하고 아름다운 봉우리에 케이블카를 놓는 심정으로 이 책의 번역을 시작했다. 여러 작업을 도와준 학생들에게 진심으로 감사한다. 다만 물리학 분야는 나의 지식이 일천하여 저자의 의도가 제대로 전달되었는지는 자신이 없다. 이에 대해서는 여러 번의 공동 번역 요청을 번번이 사양한 동료 물리학 교수들에게도 책임이 있다.

1996년 12월

이화여자대학교 전자계산학과 교수

박승수

추천사

수학 혹은 물리학의 대가들은 자기 분야에 관하여 일반 대중이 이해할 수 있는 책을 쓰기가 매우 어렵다고 여겨왔다. 최근까지도 많은 사람이 세계적인 수리물리학자인 로저 펜로즈도 그 범주에 속한다고 믿었을 것이다. 그러나 그의 알기 쉬운 글, 또 재미있는 강의에 익숙한 우리는 그렇지 않다는 것을 벌써 알고 있었다. 그럼에도 불구하고 펜로즈가 바쁜 가운데 시간을 내어 이러한 책을 썼다는 소식을 들었을 때 나는 매우 놀라지 않을 수 없었다. 나는 이 책이 고전이 되리라는 것을 믿어 의심치 않는다.

비록 이 책의 내용이 상대성 이론, 양자역학, 우주론 등 매우 광범위한 물리학 분야를 섭렵하지만, 그 중심 주제는 철학에서 이야기하는 '몸·마음 문제mind-body problem'라 할 수 있다. 최근 20~30년간 강인공지능strong AI을 주장하는 사람들은 100년이나 200년 내로(어떤 사람들은 그 기간을 50년으로까지 보기도 하지만) 컴퓨터가 사람의 지능을 완벽하게 구현할 수 있다고 주장해왔다. 소년 시절에 읽은 공상과학소설에 영향을 받았거나, 우리의 마음이 단순히(마빈 민스키의 표현을 빌리자면) "육肉으로 이루어진 컴퓨터"라고 믿는 사람들은 기쁨과 고통, 탐미와 유머, 의식, 자유의지free will 등의 능력도 전자 로봇에게 충분히 복잡한 행동 프로그램이 주어진다면 자동적으로 나올 수 있다고 당연하게 여기는 경향이 있는 것 같다.

몇몇 과학철학자, 특히 이 책에서도 깊이 다루는, 악명 높은 '중국어 방Chinese room' 논리로 유명한 존 설John Searle 같은 사람은 이를 강력하게 부정하고 있다. 그들이 보는 컴퓨터는 톱니바퀴, 축 혹은 어떤 방법으로든 신호를 전달하여 계산하는 기계식 계산기와 크게 다를 바가 없다는 것이다(실제로 구르는 구슬이나 파이프를 타고 흐르는 물을 이용하여 컴퓨터를 만들 수도 있다). 다만 전선을 흐르는 전기의 속도가 다른 에너지 형태(빛을 제외한)보다 빠르기 때문에 기계식 계산기에 비해서 훨씬 빨리 기호를 조작할 수 있고, 따라서 아주 복잡한 일도 처리할 수 있는 것이다. 하지만 전자식 컴퓨터가 자기가 하는 일을 주판보다 더 잘 '이해'한다고 말할 수 있을까? 요즘 컴퓨터는 유단자 수준의 장기를 둘 수 있다. 하지만 그렇다고 해서 그 컴퓨터가 과거 해커들이 조립하여 만든 유치한 틱택토tick tack toe 게임기보다 게임을 더 잘 '이해'한다고 말할 수 있을까?

이 책은 지금까지의 어느 책보다도 강인공지능론자들에 대한 가장 강력한 공격이 될 것이다. 인간의 마음이란 단지 우리가 알고 있는 물리학 법칙에 따라 움직이는 하나의 기계에 불과하다는 환원주의자reductionist들의 주장에 대해서 과거 수 세기 동안 많은 반박 이론이 제기되어왔다. 그러나 펜로즈의 반박이 다른 사람들의 것보다 훨씬 설득력이 있는 이유는 그의 주장이 이전의 사람들에게는 알려지지 않았던 새로운 사실에 근거하고 있기 때문이다. 이 책은 우리에게 수리물리학자로서 널리 알려져 있는 펜로즈의 또 다른 면을 보여준다. 그는 현대의 철학자들마저도 무의미하다고 치부해버리곤 하는 어려운 문제들을 파고드는 데 주저하지 않는 대大철학자의 면모도 보여준다.

펜로즈는 또 몇몇 물리학자의 강력한 반대에도 불구하고 철저실존주의robust realism를 옹호하는 용기를 가지고 있다. 우주가 '그곳에 있을'뿐 아니라 수학적 진리도 그 나름대로의 신비한 독립성과 영속성을 지니고 있다는 것이다. 뉴턴이나 아인슈타인처럼 펜로즈도 물리학의 세계와 플라톤식 순수수학에 대하여 근본적으로 겸허심과 외경심을 가지고 있다. 저명한 정수론 학자인 팔 에르되시Paul Erdös는 모든 정리의 증명이 기입되어 있는 '신서God's book'에 대한 이야기를 즐겨 한다. 수학자는 어쩌다가 그 책의 한 페이지 중 일부만을 슬쩍 볼 수 있다는 것이다. 펜로즈에 의하면 물리학자나 수학자가 갑자기 어떤 영감이 떠올라서 '아하!' 하고 외칠 때는 그것이 단순히 '복잡한 계산의 결과로 얻어진 것' 이상의 의미를 지닌다. 그것은 순간적으로 마음이 객관적 진리에 접하는 상태라고 그는 믿고 있다. 플라톤의 세계와 (물리학자들이 수학으로 설명해놓은) 물리적 세계가 궁극적으로는 같은 것이 아닐까 하는 의문을 갖고 있는 것이다.

이 책의 많은 부분이 망델브로 집합Mandelbrot set이라고 불리는 프랙탈fractal 형태의 구조에 대하여 다루고 있다. 각 부분을 확대하면 전체의 자기 자신과 통계학적으로 흡사하다고 볼 수 있지만 끝없이 말려 들어가는 그 패턴은 예측할 수 없이 계속 바뀐다. 나도 동감하는 바이지만 펜로즈는 이러한 신기한 구조가 마치 에베레스트산처럼 '거기에 있고', 우리가 정글을 탐험하듯이 당연히 그것을 탐험해야 한다고 생각한다.

펜로즈는 아인슈타인이 양자역학의 불완전함을 '새끼손가락'을 보고 알았다고 말한 것이 그가 고집불통이거나 멍텅구리였기 때문이 아니라고 생각하는 물리학자이다. 이러한 생각은 요즘에서야 물리학자들 사이에서 차츰 더 많은 공감을 얻기 시작하고 있다. 이 주장을 보강하기 위하여 펜로즈는 복소수, 튜링 기계, 복잡성 이론, 양자역학의 기묘한 패러독스, 형식 체계formal system, 괴델의 비결정성undecidability, 위상 공간phase space, 힐베르트 공간, 블랙홀, 화이트홀, 호킹의 복사radiation, 엔트로피, 두뇌의 구조, 그리고 그 밖에도 현대과학의 정수가 되는 많은 주제를 두루 섭렵하는 현란한 여행길로 여러분을 인도할 것이다. 개와 고양이는 자기 자신을 '자각'할 수 있는가? TV 시리즈 <스타트랙>에서 우주 승무원들이 명멸하듯 사라지고 나타나고 하는 것처럼 사람들을 한 장소로부터 다른 곳으로 순간적으로 옮겨주는 이동 장치가 이론적으로 가능한가? 의식의 생성에서 진화적으로 규명된 생존 가치survival value는 무엇인가? 양자역학을 초월하여 시간의 방향과 좌우의 방향이 고정적으로 내장된 더 높은 단계의 세계가 존재하는가? 마음을 조정하는 데 양자역학의 법칙, 혹은 그보다 깊은 어떤 법칙이 필수적으로 작용하는가?

뒤의 두 가지 질문에 대해서 펜로즈는 그렇다고 답하고 있다. 그의 유명한 트위스터twistor 이론, 즉 시공간을 초월한 고차원의 복합공간에서 작동하는 추상기하학적 물체에 대한 이론은 이 책에서 다루기에는 너무 기술적인 내용이라 제외되었다. 과거 20년간 펜로즈는 양자역학에서 다루는 장field과 입자particle보다 깊은 영역을 탐사해왔다. 그는 여러 가지 이론을 'SUPERB(우수)', 'USEFUL(쓸모 있음)', 'TENTATIVE(확실치 않음)', 'MISGUIDED(오도)'의 네 가지로 분류하는데, 자신의 트위스터 이론은 초끈superstring 등 논란이 되는 대통일 방법grand unification scheme들과 함께 '확실치 않음'으로 겸허하게 분류하고 있다.

1973년 이래 펜로즈는 옥스퍼드대학교의 '라우즈 볼 수학 교수Rouse Ball Professor of Mathematics'라는 직함의 석좌교수를 맡고 있다. 이 직함이 그에게 어울리는 것이, 라우즈 볼W. W. Rouse Ball은 유명한 수학자였을 뿐 아니라 유희recreation 수학에 깊은 관심을 갖고 있던 아마추어 마술사로서 이 분야에서는 고전이 된 『수학적 레크리에이션과 에세이*Mathematical Recreations and Essays*』(1892)라는 책도 저술한 바 있다. 펜로즈는 놀이에 열렬한 취미를 갖는다는 점에서 볼과 공통점이 있다. 어린 시절 그는 '삼각기둥tribar'이라는 '불가능 물체'를 개발했다(불가능 물체란 모순되는 부분을 포함하기 때문에 존재할 수 없는 고정체의 그림이다). 그는 유전학자인 아버지와 함께 이 삼각기둥을 이용하여 '펜로즈 계단'이라는 불가능 구조를 만들었는데, 이 구조는 후에 마우리츠 에셔Maurits C. Escher가 그의 유명한 삽화 <오르기와 내려가기>, <폭포> 등에서 소재로 사용했다. 하루는 펜로즈가 자리에 누워, 그의 말을 빌자면 '광기가 도진' 상태에서 4차원 공간의 불가능 물체를 눈앞에 그려본 적이 있다고 한다. 그에 따르면 그것은 네 공간에 걸쳐 있는 괴물인데 만일 자기끼리 만나더라도 "도대체 이게 뭐야?" 하고 외칠 정도의 것이었다.

1960년대에 펜로즈는 친구인 스티븐 호킹Stephen W. Hawking과 우주론을 연구했는데, 그 당시 그의 업적 중 가장 유명한 발견을 하게 된다. 즉 만일 상대성 이론이 속속들이 맞다면 모든 블랙홀마다 물리학의 법칙들이 전혀 통하지 않는 특이점들이 존재해야 한다는 것이다. 한편 이 업적도 최근 그가 새로 발표한 연구 내용에 가려지게 되었는데, 그것은 평면을 타일처럼 덮을 수 있는 두 가지의 도형 모양에 대한 것이다. 에셔의 모자이크와도 비슷하지만 비주기적인 방법에 의해서만 타일을 깔 수 있는 특이한 형체이다(이 놀라운 형체에 대해서는 그의 저서 『암호전문가를 옭아매는 펜로즈의 타일*Penrose Tiles to Trapdoor Ciphers*』(1989)이라는 책에 설명되어 있다). 펜로즈는 그것이 쓸모 있으리라고는 전혀 기대하지 않은 상태에서 그 형체를 발명, 아니 발견했다. 그런데 놀랍게도 이 타일의 3차원 형태가 신기하고도 새로운 물질의 기본 구성이 될 수 있다는 것이 밝혀졌다. 이러한 '준準수정체'에 대한 연구가 요즘 결정학crystallography 분야에서 가장 활발하게 이루어지고 있다. 그리고 이것은 근자에 단순한 수학의 유희가 망외의 수확을 거두어들인 가장 극적인 예로서 손꼽힐 수 있을 것이다.

여기에서는 극히 일부만을 다루었지만 수학과 물리학에서 펜로즈의 업적은 존재의 비밀과 아름다움을 향한 그의 평생 지치지 않는 호기심에서 비롯된 것이다. 그의 새끼손가락은 그에게 인간의 마음이란 단순히 가느다란 전선-스위치들의 집합체와는 격이 다른 것이라고 말해주고 있는지 모른다. 이 책의 프롤로그와 에필로그에 등장하는 삽화 속 꼬마 '애덤'은, 감정이 있는 생명체가 더딘 진화 과정에서 의식을 지니기 시작하는 것을 상징하는 존재일 수도 있다. 하지만 내 생각에 이 소년은 바로 펜로즈 자신이다. 관람석 세 번째 줄에 앉아 슈퍼컴퓨터 시동식을 지켜보는 이 소년은 인공지능의 선도자들 저만치 뒤에 앉아서 '강인공지능의 황제들은 벌거숭이'라고 감히 말할 수 있는 펜로즈 자신인 것이다. 그의 의견은 대부분 유머로 버무려져 있지만, 그렇다고 결코 단순한 우스갯소리로 보아선 안 된다.

마틴 가드너Martin Gardner

(미국 대중 수학 및 과학 분야 저술가)

독자를 위한 노트
: 수식을 읽는 방법에 대하여

수식이 하나씩 등장할 때마다 독자가 반씩 줄어든다는, 자주 인용되는 경구에도 불구하고 나는 이 책의 여러 곳에서 수학 공식을 사용했다. 만일 당신이 수학 공식을 두려워하는 독자라면(대부분의 독자가 그러하겠지만), 그러한 도발적인 문구가 등장할 때마다 내가 취하는 방식을 추천하고 싶다. 그 방법이란, 대체로 그 문구가 등장하는 줄을 완전히 무시해버리고 그다음에 새로운 문장이 등장하는 시작 부분으로 건너뛰어 버리라는 것이다. 아니, 꼭 그래야 하는 것은 아니다. 이 불쌍한 수식을 이해하기보다는 음미하는 수준으로 잠시 들여다본 후 다음 문장으로 서둘러 넘어가기 바란다. 얼마 후에 자신감이 좀 더 붙으면 건너뛰었던 수식으로 돌아와 거기에 담긴 독특한 특성들을 이해하려 해보기 바란다. 본문 자체가 어떤 수식이 중요한가, 혹은 무리 없이 무시할 수 있는 수식인가를 아는 데 많은 도움이 될 것이다. 만일 그것이 불분명하다면 걱정하지 말고 그대로 무시해버리기 바란다.

차례

제3장 수학과 현실 • 135

제4장 진리, 증명, 통찰력 • 169

제10장 마음의 물리학이 설 자리는 어디인가? • 585

프롤로그

대공회당 앞에는 수많은 군중이 새로운 '울트로닉Ultronic' 컴퓨터의 시동식을 보려고 운집해 있었다. 방금 개회사를 마친 폴로 대통령은 내심 기뻤다. 그런 자리가 별로 재미도 없었거니와 컴퓨터에 대해서는 아무것도 몰랐기 때문이다. 이 컴퓨터가 그의 시간을 많이 절약해줄 것이라는 사실만 빼놓고는. 제작업자는 이 컴퓨터가 다른 일도 물론 하지만, 그가 그토록 지겨워하는 국사에 관련된 여러 가지 까다로운 결정을 대신 내려줄 수 있을 것이라고 확언했다. 그가 이 기계에 투자하는 국비를 감안한다면 당연히 그러고도 남아야 할 것이다. 그는 많은 시간을 아름다운 전용 골프장에서 골프나 치며 즐기고 싶었다. 그 골프장은 그의 작은 나라에서 이제는 얼마 남지 않은 녹지였다.

애덤은 이 시동식에 참석할 수 있다는 사실에 자부심을 느끼며 관람석 세 번째 줄에 앉아 있었다. 첫 번째 줄에는 이 컴퓨터의 설계에 수석 기술 고문으로 참여한 그의 어머니가 앉아 있었다. 아버지도 사실은 그곳에 있었는데, 초대받지 않은 채 홀의 맨 뒤편에서 안전 요원들에 완전히 둘러싸여 있었다. 시동식의 막바지에 애덤의 아버지는 컴퓨터를 폭파하려 했다. '영혼의 자각을 위한 대의회'라는 작은 변두리 과격 단체의 자칭 의장으로서, 아버지는 그가 스스로에게 부과한 의무를 수행하려 했다. 물론 그는 수많은 전자 및 화학 감식기들에 의해서 폭발물과 함께 곧바로 발각되었고, 그에 대한 형벌의 일부로서 컴퓨터 시동식에 참석해야만 했던 것이다.

애덤은 부모 누구에게도 별 관심이 없었다. 그들에 대한 어떠한 감정도 애덤에게는 필요치 않은지도 모른다. 13년 평생을 통하여 그는 컴퓨터가 거의 모든 것을 제공하는 물질의 풍요 속에서 자라났다. 단지 단추 하나만 누르면 그가 원하는 모든 것을 얻을 수 있었다. 음식, 음료수, 친구, 그리고 오락, 또 교육까지도 필요하다고 생각되면 항상 보기 좋게, 현란한 색채의 그래픽 영상으로 구현되었다. 모두 어머니의 사회적 위치 때문에 가능한 것이었다.

이제 설계 책임자가 연설을 마무리 짓고 있었다. "여기에는 10^{17}개의 논리 회로가 있습니다. 이는 이 나라 국민 전체의 두뇌 속에 들어 있는 신경세포의 개수를 능가하는 숫자이지요! 이것의 지능은 상상을 초월합니다. 그러나 다행히도 여러분은 이를 상상할 필요가 없습니다. 잠시 후 여러분은 처음으로 이 지능을 목격하는 영광을 누리게 될 테니까요. 이제 저는 우리나라의 영부인 이사벨라 폴로 여사를 이 자리에 불러내어 여기 이 놀라운 울트로닉 컴퓨터 시동식을 거행하겠습니다!"

영부인은 앞으로 나아가더니 약간 긴장했는지 더듬거리며 스위치를 올렸다. 정적이 흐르고 10^{17}개의 논리 회로가 가동을 시작하는 가운데 거의 감지할 수 없을 정도로 미세한 명멸이 전개되었다. 어떤 일이 벌어질지 모르는 상황에서 모두가 숨을 죽이고 기다렸다. "자, 우리 새로운 울트로닉 컴퓨터에게 첫 질문을 던져보실 분이 계십니까?" 설계 책임자가 물었다. 사람들은 군중 앞에서, 또 새로운 전능자 앞에서 어리석게 보일까 봐 수줍어했다. 정적이 흘렀다. "분명 누군가 질문이 있을 텐데요?" 그는 다시 재촉했다. 그러나 모두 그 새로운 전지전능한 지능을 의식한 듯 겁을 내고 있었다. 애덤은 그런 경외감을 전혀 느끼지 않았다. 그는 태어날 때부터 컴퓨터와 생활해왔기 때문이다. 심지어는 컴퓨터가 어떤 느낌을 갖고 있으리라는 정도까지도 알고 있었다. 최소한 그 자신의 생각은 그러했다. 아무튼 그는 궁금했다. 애덤이 손을 번쩍 들었다. "아, 그래. 세 번째 줄의 어린이, 우리 새로운 친구에게 질문이 있다고?"

제1장

컴퓨터도 마음을 소유할 수 있는가?

들어가며

과거 수십 년간 컴퓨터 기술은 실로 장족의 발전을 해왔다. 그뿐 아니라 앞으로도 수십 년간 속도, 용량, 논리 설계 등에 있어서 큰 발전이 있을 것에 대해 의심하는 사람은 아무도 없다. 마치 과거의 탁상 계산기가 요즘 그렇게 느껴지듯이 오늘날의 컴퓨터도 머지않아 아주 느리고 원시적인 것으로 느껴질 것이다. 이러한 발달 속도를 보고 있노라면 약간 무섭다는 느낌이 들기도 한다. 과거에는 인간 특유의 생각에 의해서만 가능하다고 간주되던 수많은 일이 이미 컴퓨터에 의해서 훨씬 빠르고 정확하게 수행되고 있다. 우리는 물리적인 힘에서 우리 인간을 압도하는 기계들에 오랫동안 익숙해져 왔다. 그것은 별로 실망스럽지도 않다. 오히려 우리는 우리 몸을 지상에서 빠른 속도로 (가장 빠른 운동선수보다도 최소 약 다섯 배가량 빠르게) 움직일 수 있게 해주는 기계, 혹은 수십 명의 힘을 합한 것보다 훨씬 빠르게 땅을 파헤치거나 쓸모없는 구조물을 허물어버릴 수 있는 기계들을 가질 수 있는 것을 매우 다행스럽게 여기고 있다. 또한 우리가 이전에는 할 수 없던 일, 즉 사람을 공중에 들어 올려 몇 시간 내에 바다 저편에 데려다주는 등의 일을 수행하는 기계의 등장을 매우 기뻐했다. 이러한 성취가 우리의 자존심을 건드리지는 않는다. 그러나 생각할 수 있다는 것, 이것만큼은 인간의 최대 특권이었다. 바로 그 생각하는 능력이 물리학 용어로 말하면, 우리로 하여금 물리적 한계를 초월할 수 있게 해주었고 다른 생물보다 우위에 설 수 있게 한 것이 아니었던가? 만일 기계가 언젠가 이 분야, 즉 인간이 항상 우월하다고 여겨온 이 중요한 자질에 대하여 인간을 앞서게 된다면 그때는 우리 손으로 만든 창조물에게 그 우월성을 넘겨줘야 하지 않겠는가?

기계가 생각한다고 말할 수 있는가(심지어는 어떤 감정을 경험한다거나 마음을 소유한다고 말할 수 있는가)에 대한 문제는 결코 새로운 것이 아니다.[1] 그러나 현대 컴퓨터 기술의 등장과 함께 이 문제는 새로운 활력소, 아니 어쩌면 급박한 쟁점이 되었다. 이 문제는 철학의 깊은 부분을 건드리고 있다. 생각한다는 것, 느낀다는 것은 도대체 무엇인가? 마음은 무엇인가? 마음은 실제로 존재하는 것인가? 만일 존재한다면 마음은 그와 관련된 물리적 구조물과 어느 선까지 기능적으로 종속되어 있는가? 마음은 그러한 구조물로부터 독립적으로도 존재할 수 있는가? 아니면 그것은 (적절한 종류의) 물리적 구조의 단순한 기능에 불과한 것인가? 어떻든 그 구조물의 특성은 생물적(뇌)이어야 하는가? 아니면 전자적인 장비에도 마찬가지로 깃들 수 있는 것인가? 마음이 물리법칙의 대상이 될 수 있는가? 도대체 물리법칙이란 실제로 무엇인가?

이러한 것들이 내가 이 책에서 다루고자 하는 내용에 속한다. 이러한 엄청난 질문들에 대해서 명확한 답을 요구하는 것은 물론 당치 않을 것이다. 나는 그에 대한 해답을 줄 수 없다. 어떤 사람들은 추측만으로 그럴듯한 주장을 할지 모르지만 그에 대한 확답을 줄 수 있는 사람은 이 세상에 아무도 없다. 앞으로 전개될 내용에 있어서도 나의 추측은 중요한 역할을 할 것이지만, 그러한 추측과 확실한 과학적 사실을 명백히 구분하기 위해 노력하고자 한다. 그리고 그러한 추측을 뒷받침할 수 있는 이유를 분명히 밝히도록 노력할 것이다. 여기에서 내가 주안점을 두는 부분은 막연한 추측으로 해답을 내놓는 것이 아니다. 그보다는 물리법칙의 구조, 수학의 특성, 그리고 의식적인 생각 사이의 관계에 대한 새로운 이슈를 제기하고 과거에 볼 수 없었던 새로운 관점을 제시하려는 것이다. 이 관점은 몇 마디 말로는 적합하게 표현할 수 없기 때문에 이렇게 많은 분량의 책을 쓰게 되었는지도 모른다. 그러나 간단하게 말해서, 어쩌면 오해받을 소지도 있겠지만 적어도 내가 말할 수 있는 나의 관점은 현재 물리학의 근본 법칙에 대한 지식의 부족 때문에 '마음'의 개념을 물리적 혹은 논리적으로 아직 규명하지 못하고 있는 것이 아닌가 하는 것

1 Gardner(1958), Gregory(1981) 및 그곳에 수록된 참고문헌 참조.

이다. 이 말은 곧 그 법칙들을 끝끝내 밝힐 수 없다는 의미가 아니다. 오히려 이 작업의 목표 중 하나는 앞으로 이러한 면에서 유망하다고 생각되는 방향으로 연구를 촉진하는 한편, 우리가 아는 물리학이라는 학문의 발달에 있어서 '마음'이 실제로 점유하는 위치에 대하여 꽤 상세하고 새로운 제안을 하고자 하는 것이다.

미리 밝히고 싶은 것은, 여기에 제시된 관점은 물리학자들 사이에서도 일반적인 것이 아니기 때문에 현재까지는 컴퓨터과학자나 생리학자들에게도 받아들여질 것으로 보이지 않는다는 것이다. 대부분의 물리학자는 인간 두뇌 정도의 크기에서 작용하는 물리의 기본 법칙들은 모두 완벽히 밝혀졌다고 주장할지 모른다. 물론 물리학 일반에 대한 우리의 지식에 많은 허점이 있다는 점에 대해서는 논란의 여지가 없을 것이다. 예를 들면 원자를 구성하는 입자sub-atomic particle들의 질량치를 결정하는 기본 법칙이나 그들 사이에 상호작용하는 힘은 우리가 아직 모르고 있다. 또 우리는 아직 양자론이 아인슈타인의 특수상대성 이론과 어떻게 하면 완전히 일관성을 가질 수 있는가에 대해서도 모르고 있다. 물론 양자론이 일반상대성 이론과 합치될 수 있도록 '양자중력quantum gravity' 이론을 구성하는 방법조차도 모른다. 그리고 이 결과로서 우리에게 알려진 기본 입자의 1해(100,000,000,000,000,000,000)분의 1의 터무니없이 작은 크기의 공간에 대해서는 그 특성을 알지 못하고 있다. 다만 그보다 큰 차원에 대해서는 우리가 알고 있는 지식이 맞다고 보고 있다. 우리는 우주 전체의 시간적 혹은 공간적 범위가 유한한가 혹은 무한한가도 알지 못한다. 물론 그러한 불확실성이 인간 크기 차원의 물리학에 대해서는 어떠한 영향도 미치지 않을 것으로 보이지만. 우리는 블랙홀black hole의 중심이나 우주 자체의 기원이 되는 빅뱅big-bang에서 작용하는 물리법칙에 대하여 알지 못한다. 그러나 이러한 모든 이슈는 인간 두뇌의 작동에 관련된 '평상적인'(혹은 그보다 약간 작은) 크기 단위와는 모두 상상을 초월할 만큼 머나먼 이야기들이다. 그들은 참으로 멀리에 있다. 그러나 나는 바로 우리 코 앞에서(정확히 말하면 그 뒤에서) 인간의 사고 및 의식의 작동과 분명히 관련될 수 있는 그러한 수준에도 우리의 물리학이 모르는 광대한 미지의 영역이 있다고 주장하고자 한다. 그 영역은 이제부터 설명하겠지만 대부분의 물리학자 사이에서도 인정되지 않고 있다. 내가 또 주장하려는 것은, 놀랍게도 빅뱅이나 블랙홀이 이러한 이슈에서 실제로 확실한 연관성을 가지고 있다는 것이다!

이 책에서 나는 내가 제안하고자 하는 관점의 기저가 되는 증거를 들어 완고한 독자를 설득하려 한다. 그러나 이 관점을 이해하려면 많은 작업이 필요하다. 우리는 많은 이상한 영역(심지어는 관련성이 없어 보이기까지 하는)과, 또 본질적으로 다른 여러 연구 분야를 두루 섭렵하게 될 것이다. 양자론의 구조와 기초 그리고 수수께끼에 대해서 살펴보고 특수상대성 · 일반상대성 이론의 기본 성질, 블랙홀, 빅뱅, 열역학 제2법칙, 제임스 맥스웰James C. Maxwell의 전자기 현상의 이론, 그리고 뉴턴 역학의 기본에 대해서도 살펴보아야 할 것이다. 의식의 특성과 기능을 이해하기 위해서는 철학과 심리학의 문제를 다루는 것이 분명한 명분이 될 것이다. 물론 제안된 여러 가지 컴퓨터에 의한 모델뿐만 아니라 두뇌의 실제 신경생리학적인 면모들도 살펴보아야 할 것이다. 인공지능의 중요도에 대한 아이디어도 있어야 할 것이다. 튜링 기계Turing machine가 무엇인지, 또 계산 가능성computability, 쿠르트 괴델Kurt Gödel의 정리, 복잡성complexity 이론 등의 의미에 대해서도 알아야 할 것이다. 수학의 기초와 나아가서는 물리적 실체physical reality의 특성에 대한 문제까지도 탐구할 필요가 있다.

만일 이 모든 것이 끝난 후에도 나의 약간은 정통을 벗어난 주장에 설득되지 않는 독자가 있다면 최소한 그가 이 험난한, 그러나 (바라건대) 매혹적인 여행을 통하여 무언가 순수한 가치만큼은 얻을 수 있기를 바라는 바이다.

튜링 테스트

인간 두뇌의 메모리 용량과 논리 회로 수를 훨씬 상회하는 기능을 갖는 새로운 컴퓨터 모델이 시장에 나왔다고 가정해보자. 그 기계에는 프로그램이 잘 되어 있고 적당한 종류의 데이터도 충분히 주어졌다고 가정하자. 제조사는 이 컴퓨터가 실제로 생각한다고 주장하고 있다. 또 이 컴퓨터가 진짜로 지능이 있다고 주장할 수도 있다. 어쩌면 한 걸음 더 나아가서 이 컴퓨터가 실제로 (아픔, 행복, 동정, 자긍심 등을) 느끼고 자기가 무엇을 하고 있는가를 자각하고 실제로 이해한다고 주장할 수도 있다. 실로 그들은 이 컴퓨터에 의식이 있다고 주장하는 것처럼 보인다.

그 제작자의 주장이 맞는지 틀리는지를 어떻게 알 수 있을까? 보통 우리가 어떤 기계를 구입하면 그 물건이 제공할 수 있는 유익성service 하나에 근거하여 그 가치를 판정하게 된다. 만약 그 기계가 우리가 정해놓은 작업을 만족스럽게 수행하기만 하면 우리는 기분이 좋을 것이다. 반면에 그렇지 못하다면 반환하여 수리하든지 다른 것으로 교체하고자 할 것이다. 이러한 기준에 따른다면, 그 기계가 실제로 제조사의 주장대로 인간의 특성을 갖는다는 것을 확인하기 위해서는 주어진 특성들에 대하여 단순히 인간처럼 반응하는가 하는 것만을 알아보면 된다. 만일 이를 만족스럽게 수행한다면 그 제조사에 대하여 불평할 근거가 없고 수리나 교체를 위하여 컴퓨터를 반품할 필요도 없을 것이다.

다음 내용은 이 문제에 관하여 매우 조작주의적인 관점을 제시하고 있다. 조작주의자operationalist들은 컴퓨터가 사람이 생각하며 행동하는 것과 똑같은 행동 양상을 보일 때 비로소 그것이 생각한다고 말할 것이다. 당분간 이 조작주의적인 관점을 받아들이기로 하자. 물론 이 말은 컴퓨터가 마치 생각하며 행동하는 사람처럼 똑같이 동작하는 수준까지 도달해야 한다는 의미는 아니다. 그것이 사람과 모양이 비슷하다거나 접촉을 느끼는 것은 그다지 기대하지 않는다. 그러한 것은 컴퓨터의 목적과 무관한 특성들이기 때문이다. 즉 어떤 질문을 컴퓨터에 부여하더라도 그것이 인간과 유사한 답을 생성하는 것이 우리가 요구하는 수준이라는 것이다. 그리고 그 컴퓨터가 우리의 질문에 대하여 인간과 구분할 수 없는 답을 생성할 때 비로소 그것이 생각한다(혹은 느낀다, 이해한다 등)는 것을 사실로서 받아들일 수 있다는 것이다.

이러한 관점은 1950년 철학 논문집 *Mind: A Quarterly Review of*

*Psychology and Philosophy*에 게재된 앨런 튜링Alan M. Turing의 유명한 논문 「계산 기계와 지능Computing Machinery and Intelligence」에서 매우 강력하게 주장되고 있다(튜링에 대해서는 뒤에서 다시 보게 될 것이다). 이 논문에는 오늘날 튜링 테스트Turing test로 알려진 아이디어가 처음으로 등장한다. 이것은 어떤 기계가 생각한다고 정당하게 간주될 수 있는가를 시험할 의도로 제안된 개념이다. 어떤 컴퓨터(예를 들면 앞서 언급한 제작자가 내세운 것과 같은)가 실제로 생각한다고 누군가 주장한다고 가정해보자. 튜링 테스트에서는 그 컴퓨터가 인간 참여자와 함께 (감각을 가진) 제3의 질문자의 시야에서 모두 가려지게 된다. 질문자는 각각에게 간략한 질문만을 던져서 그 대답을 이용하여 둘 중에 누가 인간이고 누가 컴퓨터인가를 결정하여야 한다. 질문들, 그리고 더욱 중요한 것은 그녀[2]가 수집하는 모든 대답이 키보드와 컴퓨터 스크린을 통해 입출력되는 것처럼 기계적인 방법으로 소통된다. 질문자는 이 질의응답 과정 외에는 양쪽 참여자에 대한 어떠한 정보도 얻는 것이 허락되지 않는다. 인간 참여자는 질문에 정직하게 대답하며, 자기가 정말로 인간이고 다른 대상이 컴퓨터라는 것을 설득하려고 노력한다. 컴퓨터는 질문자에게 자기야말로 인간이라고 '거짓말'을 하도록 프로그램되어 있다. 그러한 질문을 주고받는 과정에서 질문자가 진짜 인간을 일관되게 알아내지 못한다면 그 컴퓨터(혹은 컴퓨터의 프로그램, 또는 프로그래머, 컴퓨터 설계자 등)는 검사를 통과했다고 간주한다.

이러한 검사가 실제로 컴퓨터에 매우 불리하다는 주장이 있을 수 있다. 왜냐하면 역할을 뒤집어서 인간 참여자가 컴퓨터인 것처럼 행동하고 컴퓨터가 정직하게 대답한다면 질문자가 어느 쪽이 누구인가를 밝히는 작업은 너무나 쉬울 것이기 때문이다. 질문자는 참여자들에게 단지 복잡한 산수 계산을 해보도록 요구하면 된다. 훌륭한 컴퓨터는 단숨에 정확한 대답을 줄 수 있을 것이고 인간은 난처해하게 될 것이다. (그러나 여기

2 이러한 글에서 대명사를 '그'로 하는가 '그녀'로 하는가를 결정할 때, 성적인 특성에 대한 의도가 없는 경우 선택의 어려움에 봉착하게 된다. 이 책에서는 단순히 '그'를 사용하겠다. 다만 여기에서는 인간의 특성을 인식하는 데에 여성이 더욱 적절하다고 생각되어 여성형 인칭대명사를 사용했는데, 그에 대한 성적 편견은 용납되리라고 본다.

에는 약간의 주의가 필요하다. 암산을 아주 놀라울 정도로 정확하게, 그리고 힘들이지 않고 수행하는 '암산왕'들이 있기 때문이다. 예를 들면 요한 차하리아스 데이즈 Johann M. Zacharias Dase[3]라고 하는 1800년대 독일의 한 문맹인 농부의 아들은 임의의 여덟 자리 숫자 2개의 곱을 암산으로 1분 이내에 풀었고 20자리의 수 2개의 곱도 6분 정도면 풀었다고 한다! 그러한 계산에 대해서 주체가 컴퓨터라고 착각하기는 쉬울 것이다. 근자에 와서는 1950년대에 에든버러대학교의 수학 교수인 알렉산더 에이킨Alexander Aitken이나 다른 사람들의 계산 능력도 그 정도로 놀라왔다. 따라서 질문자가 선택하여야 할 계산 문제도 이보다는 좀 더 복잡해져야 할 것이다. 예를 들면 2개의 30자리 수 연산을 2초 이내에 풀어보라는 것이다. 그만한 정도의 계산 능력은 웬만한 현대 컴퓨터로 쉽게 풀 수 있다).

그러므로 그 컴퓨터의 프로그래머가 수행해야 하는 작업 중의 일부는 그 컴퓨터가 어떤 면에서는 더 '어리석게' 보이도록 만드는 것이다. 다시 말해 만일 질문자가 컴퓨터에게 앞서와 같이 복잡한 계산 문제를 내놓으면, 컴퓨터는 이제는 대답을 할 수 없는 것처럼 위장해야만 한다. 그렇지 않으면 금세 발각될 것이다! 그러나 이러한 식으로 컴퓨터를 '어리석게' 만드는 작업은 그 컴퓨터 프로그래머에게 그다지 심각한 문제는 아닐 것이다. 가장 어려운 점은 오히려 인간 참여자에게는 대답하는 데 아무런 어려움이 없는 가장 단순한 '상식common sense'적인 질문에 대하여 컴퓨터가 대답할 수 있도록 만드는 것일 것이다!

그러나 그러한 질문에 대하여 특정한 예를 드는 것은 본질적인 문제가 있다. 왜냐하면 어떤 문제를 처음 제시하든지 간에 컴퓨터가 그 문제에 관하여 인간처럼 대답하게끔 만드는 방법을 생각해내는 것은 쉬운 작업이기 때문이다. 그러나 좀 더 질문을 계속하면, 그리고 특히 그 질문이 독창적이고 진정한 이해를 요하는 것이라면 컴퓨터가 그 문제에 대하여 이해가 부족하다는 사실이 명백해질 것이다. 이 경우 질문자에게 요구되는 기술은, 한편으로는 그러한 독창적인 형태의 질문을 만들어내야 하는

3 Resnikoff & Wells(1984), pp. 181-184. 일반적인 계산의 천재들에 관해서는 Rouse Ball(1892)과 Smith(1983)를 참조.

것이고 또 한편으로는 실제로 '이해'가 되었나를 밝혀낼 수 있도록 설계된, 탐문 형식의 후속 질문들을 만들어내는 것이다. 또, 때로는 전혀 엉뚱한 질문을 던져서 컴퓨터가 그 차이를 아는가를 살펴보고 혹은 겉으로는 엉뚱해 보이지만 실제로는 어떤 식으로든 의미가 있는 문장을 몇 개 던질 수도 있을 것이다. 예를 들면 이런 질문을 할 수 있다. "내가 듣기에 오늘 아침 코뿔소가 분홍 풍선을 타고in a pink balloon 미시시피강을 따라along the Mississippi 날았다던데, 어떻게 생각하니?" (어쩌면 컴퓨터의 눈썹 부위로 식은땀이 흐르는 것을 상상할 수 있을 것이다. 적절치 않은 은유겠지만.) 그는 조심스레 대답할 것이다. "그것 참 우습군." 아직까지는 아무런 문제가 없다. "그래? 우리 삼촌도 한 번 그런 적이 있는데? 왕복으로 말이야. 단지 그때는 흰색에 줄무늬가 있었지. 그게 뭐가 우스운데?" 만일 컴퓨터가 '이해'가 부족하다면 곧 들통이 나고 말 것이다. 그 기억 은행에서 코뿔소가 날개가 없다는 사실을 찾아내곤 처음 질문에 대하여 "코뿔소는 날지 못해."라고 답하는 실수를 해버리든지, 아니면 두 번째 질문에 "코뿔소는 줄무늬가 없잖아." 하고 엉터리 대답을 할 것이다. 그다음에는 훨씬 엉뚱한 질문을 던져보는 것도 좋다. '미시시피강 밑으로under the Mississippi'라든지, '분홍 풍선 속에서inside a pink balloon'라든지, 혹은 '분홍 잠옷을 입고in a pink nightdress'로 문장을 약간 고쳐서 컴퓨터가 그 본질적인 차이를 감지하는가 알아보는 것이다.

잠시, 튜링 테스트를 통과할 수 있는 컴퓨터를 만들 수 있는가 없는가, 있다면 언제나 가능한가 따위의 질문은 제쳐놓기로 하자. 대신 여기서의 논의를 위하여 그러한 컴퓨터가 이미 만들어졌다고 가정해보자. 이 검사를 통과한 컴퓨터가 과연 생각하고, 느끼고, 이해하는가 등을 생각해보아야 할 것이다. 이 문제에 대해서는 잠시 뒤에 다시 보기로 하고, 그것이 함축하고 있는 몇 가지 사항을 생각해보자. 예를 들면 만일 그 제작자가 주장하는 것, 즉 그들이 만든 기계가 생각하고, 느끼고, 감수성이 있고, 이해하고, 의식이 있다는 것이 모두 옳다면, 우리가 이 물건을 구매할 때는 도덕적 책임감이 관여되어야 할 것이다. 만일 제작자의 말을 믿는다면 당연히 그렇게 되어야 한다. 그것의 감정을 생각해보지도 않고 우리가 필요한 대로만 그 기계를 작동한다면 그것은 비난받아 마땅할 것이다. 이는 노예를 함부로 다루는 것과 도덕적으로 다를 바 없다. 제작자가 주장하는 것처럼 이 기계가 아픔을 느낄 수 있다면 그 컴퓨터로 하여금 통증을 유발하는 작업은 피하게 해야만 할 것이다. 컴퓨터를 끄는 것, 혹은 그것이 우리와 정이 들 만할 때 팔아버리는 것에도 도덕적으로 어려움이 따를 것이고 그 외에 다른 사람 혹은 동물들과의 관계에서 발생할 수 있는 셀 수 없이 많은 비슷한 문제에 직면하게 될 것이다. 이러한 모든 것이 이제 와서는 매우 유관한 이슈가 될 것이다. 그러므로 제작자의 주장, 즉

> '모든 생각하는 기계는 본사의 전문가들에 의해서 완전히 튜링 테스트를 필했음.'

이라는 주장이 실제로 정말인가 아닌가를 우리가(또한 당국에서도) 아는 것이 매우 중요하다.

내가 보기에는, 그것이 함축하는 몇 가지 분명히 말이 안 되는 점(특히 도덕성과 관련된 부분)에도 불구하고 튜링 테스트에 통과하는 것을 생각, 지능, 이해 혹은 의식 등이 있다는 지표로 간주하는 것은 상당히 설득력이 있다. 다른 사람들에게 그러한 자질이 있는가 없는가를 판단할 때 대화 이외의 방법이 있을 수 있을까? 실은 몇 가지 다른 기준이 있을 수도 있다. 예를 들면 표정이라든지 몸의 움직임, 행동 등은 우리가 그러한 판단을 내릴 때 매우 중요한 영향을 줄 수 있다. 그러나 (어쩌면 먼 훗날이 되겠지만) 이 모든 표정과 동작을 잘 흉내 낼 수 있는 로봇이 제작된다고 추측해보자. 이제는 로봇과 인간 참여자를 질문자의 시야에서 가릴 필요도 없을 것이다. 그러나 질문자가 갖추어야 할 기준은 본질적으로 이전과 동일할 것이다.

나름대로 생각해보건대, 튜링 테스트의 요건을 대폭 완화하더라도 무방하다고 본다. 내 생각에는 컴퓨터에게 사람 흉내를 내게 하여서 사람과 분간하지 못할 정도로 비슷할 것을 요구하는 것은 사실 필요 이상을

요구하는 것이다. 내가 요구하고 싶은 것은 다만, 감각적인 질문자가 컴퓨터의 대답을 통하여 그 대답의 기저에 의식이 존재한다는 것을 진정으로 확신할 수만 있다면 그것으로 족한 것이다. 그 의식이 이질적인 것이라 할지라도. 이러한 성질은 지금까지 제작된 어떤 컴퓨터에서도 아직 찾아볼 수 없다. 그러나 여기에는 한 가지 위험이 따를 수 있는데, 질문자가 어느 쪽이 컴퓨터인가를 눈치채게 되는 경우이다. 이 경우 그 컴퓨터로부터 지능적인 면이 실제로 감지되더라도 그 질문자는, 어쩌면 무의식적으로 의식의 존재를 인정하는 데 주저하게 될 것이다. 혹은 반대로, 그 질문자가 실제로는 그렇지 않은데도 마치 컴퓨터의 반응에서 '이질적인 의식'을 '감지'한 듯한 인상을 받음으로써 컴퓨터에 유리한 방향의 판단을 하게 될 수도 있는 것이다. 이러한 이유들 때문에 튜링의 원래 검사 방법이 오히려 객관적 측면에서 훨씬 좋다고 판단되어 여기에서도 그냥 따르기로 하겠다. 결과적으로 컴퓨터에 불리하다는 점(즉 기계는 인간의 모든 것을 할 수 있어야 검사를 통과하지만 인간은 컴퓨터가 하는 것을 못해도 무방하다는 점)은 튜링 테스트가 진정으로 적합하다고 믿는 지지자들에게는 별 문제가 되지 않는 것 같다. 어떻든 그들의 의견은 대개, 그렇게 머지 않은 장래(예를 들면 2010년까지)에 튜링 테스트를 실제로 통과할 컴퓨터가 나올 것이라는 데에 수렴되고 있는 것 같다. (튜링은 원래 2000년까지는 평범한 질문자가 5분간 검사할 때 컴퓨터가 30% 정도 성공할 것으로 추측했다.) 이런 점으로 미루어볼 때 그들은 앞에서 언급한 불평등이 그 실현일을 그렇게까지 연기하지는 않을 것으로 자신했던 것 같다![4]

이러한 모든 사항은 한 가지 중요한 질문과 연관성이 있다. 즉 어떤

---

4 역주: 2014년 '유진 구스트만Eugene Goostman'이라는 시스템이 딥러닝 기법을 활용하여 튜링 테스트를 통과했다고 발표되었다. '구스트만'이라는 이름에서 느껴지듯 이 시스템은 유럽 이민 가정의 십대 소년으로 가장하여 언어적 결함을 커버하고 심사위원들을 속일 수 있었다. 수백만 개의 대화 데이터를 학습해 화자의 반응을 흉내 내고, 깊은 이해력이 필요한 부분은 교묘하게 피해감으로써 테스트를 통과할 수 있었던 것이다. 이 사건 이후 튜링 테스트의 결함에 대한 문제들이 제기되었고, 현재 진정한 이해력이 뒷받침되어야만 대답할 수 있는 새로운 형태의 테스트들(예를 들면 '위노그라드 테스트Winograd schema challenge' 등)이 제기되고 있다.

물체에 정신적 자질이 있는가 없는가를 판별할 때 조작주의적 관점이 합당한 기준이 될 수 있는가 하는 것이다. 어떤 사람들은 강력하게 이를 부인할 것이다. 모조품은, 그것이 아무리 기술적으로 행해졌다 할지라도 절대로 진짜는 될 수가 없다는 관점이다. 이 점에서 나의 입장은 약간 중립적이라 할 수 있다. 나는 보편적 원칙으로서, 아무리 기술적인 흉내라 할지라도 충분히 기술적으로 검사한다면 언제나 간파할 수 있다고 믿는다. 그러나 이는 밝혀진 사실이라기보다는 신조(혹은 과학적 낙관주의)에 가깝다. 그러므로 나는 전체적으로 볼 때 튜링 테스트가 적당히 선택된 문맥 내에서는 대개 올바르다는 것을 인정할 용의가 있다. 그 말은, 즉 만약 컴퓨터가 진실로 주어진 모든 질문에 대하여 인간의 것과 구분이 안 될 정도로 답을 할 수만 있다면, 그리하여 분별력 있는 질문자를 정당하고[5] 일관되게 속일 수만 있다면, 이를 반증하는 증거가 없는 한 컴퓨터가 실제로 생각하고 느낀다고 추정하겠다는 것이다. '증거', '실제', '추정' 등의 단어를 사용함으로써 나는 암암리에 내가 말하는 생각, 느낌, 이해, 그리고 특히 의식이라는 개념이 실제로 객관적인 '것'들로서 그들이 물리적 육체에 있고 없음을 우리가 확인하려 함을 밝히고 있다. 즉 단순한 언어적 편의에 의한 것이 아니라는 것이다. 나는 이것이 매우 중대한 사항이라고 생각한다. 그러한 자질의 존재 여부를 분간하기 위하여 우리는 주어진 모든 증거에 근거하여 추정을 하는 것이다. (이는 본질적으로, 천문학자가 멀리 떨어진 별의 질량을 알기 위하여 하는 노력과 크게 다르지 않다.)

그렇다면 어떤 종류의 반증이 고려될 수 있을까? 이에 대해서는 미리 특정한 규칙을 정해놓기가 어렵다. 그러나 확실히 밝혀두고 싶은 것은 컴퓨터가 신경, 혈관 등이 아닌 트랜지스터, 전선 등으로 만들어졌다는 단순한 사실이 그 자체만으로는 내가 생각하는 반증이 될 수 없다는

5 나는 튜링 테스트를 진정으로 통과한다는 것이 어떤 것인가를 고려하면서 의도적으로 조심성 있게 말하고 있다. 내가 상상할 수 있는 것은, 예를 들면 검사의 오랜 실패 뒤에 컴퓨터가 인간 참여자의 대답을 모두 모아서 적당한 순서에 맞춰 뱉어내는 것이다. 얼마 지나서 피곤한 질문자는 독창적 질문의 레퍼토리가 모두 떨어지고 컴퓨터의 '속임수'에 넘어가게 될지도 모른다.

것이다. 내 마음속에 두고 있는 생각은 언젠가 미래에 의식에 관한 성공적인 이론이 개발될지도 모른다는 것이다. 성공적이라 함은 그것이 조리 있고 적절한 물리 이론으로서 다른 물리 이론들과도 아름답게 부합되며, 그것이 산출하는 내용들이 우리 인간이 자신의 의식에 대하여 언제, 어떻게, 어느 정도로 있고 없다고 하는 주장과도 정확히 연관되는 것을 말한다. 그리고 이러한 이론이 컴퓨터에서의 소위 의식에 대하여 진정한 결론을 내려줄 수 있다는 것이다. 심지어는 이 이론에 의한 '의식 탐지기'까지 나올 수도 있다고 상상할 수 있다. 이 탐지기는 인간 참여자에 대해서는 완전히 믿을 만한 결과를 보이는 한편 컴퓨터에 대해서는 튜링 테스트와 다른 결과를 줄 수도 있다. 그러한 경우 튜링 테스트 결과를 해석할 때 매우 조심해야 할 것이다. 튜링 테스트의 적합성에 대한 문제를 어떻게 볼 것인가는 우리가 과학과 기술의 발전을 얼마만큼 기대하느냐 하는 문제와도 어느 정도 관련성이 있다고 본다. 이에 대해서는 뒤에서 다시 논의하기로 하자.

인공지능

요즘 세인의 많은 관심을 끌고 있는 분야는 인공지능artificial intelligence, 혹은 약어로 'AI'라고 불리는 분야이다. 인공지능의 목적은 (대개 전자적인) 기계를 이용하여 인간의 지적 활동을 되도록 많이 모방하고 결과적으로 인간의 지적 능력도 향상시키자는 것이다. 인공지능의 연구 결과에 관심을 갖고 주시하는 사람 중에는 최소한 네 가지 부류가 있다. 우선 로봇학robotics 분야로서, 여기에서는 대개 '지능적'인 작업을 수행하는 기계에 대한 실용적 측면에서의 산업체의 요구를 충족시키기 위한 연구를 하고 있다. 지능적인 작업이란 이전에는 인간의 간섭과 조정을 필요로 하던 것들로서 다양하고 복잡한 작업을 말한다. 이러한 작업을 어떤 인간보다도 빠르고 충실하게 수행하며, 인간의 목숨이 위태로울 수 있는 위험한 작업 환경에서도 작업할 수 있는 로봇을 연구하는 것이다. 또한 일반적인 관심뿐 아니라 상업적 관심을 보이는 분야로는 전문가 시스템expert system의 개발을 들 수 있는데, 여기에서는 특정 직종(예를 들면 의료계, 법조계 등)에 필요한 모든 지식을 컴퓨터 패키지package에 코딩하려는 것이다. 이러한 직업에 종사하는 사람들의 전문적 지식과 경험을 그러한 패키지에 심는 것이 과연 가능한 일일까? 아니면 기껏 기대할 수 있는 것이 단순한 사실 정보의 나열에 포괄적 전후 참조cross-reference를 위한 기능만이 가미된 것일까? 컴퓨터가 과연 진정한 지능을 보일 수(혹은 흉내 낼 수) 있는가 하는 문제는 분명히 매우 중요한 사회 문제를 내포하고 있다. 인공지능이 직접적 연관성을 가지고 있는 또 하나의 분야는 심리학이다. 전자 기계를 통해 인간 두뇌의 행태를 모방해봄으로써(혹은 실패함으로 인하여) 두뇌의 작용에 대한 중요한 사항을 배울 수 있을지도 모르기 때문이다. 마지막으로, 비슷한 이유로 인공지능이 마음이라는 개념의 의미에 대한 통찰력을 제공하여 철학의 깊은 문제들에 어떠한 답을 줄 수 있을지도 모른다.

인공지능이 오늘날까지 얼마나 발전할 수 있었나? 나로서는 요약하기 힘든 사항이다. 세계 각지에 여러 개의 활발한 연구 그룹이 있는데 나는 이들 연구 중 몇 개밖에는 자세히 알지 못하기 때문이다. 그러나 다음과 같은 이야기는 가능하다. 즉 많은 기발한 연구가 이루어진 것은 사실이지만 진정한 지능을 가려내는 검사에 통과할 수 있는 프로그램의 개발은 아직 요원하다는 것이다. 이 주제에 관하여 감을 잡는 데 도움이 되도록 우선 초창기의 (아직도 상당히 인상적인) 업적을 살펴보고, 이어서 요즘 체스 컴퓨터의 놀라운 진전에 관하여 언급하려 한다.

최초의 인공지능 기계 가운데 1950년대에 만들어진 윌리엄 그레이 월터William Grey Walter의 '거북tortoise'[6]이라는 것이 있는데, 이것은 자신의 동력으로 마루 위를 다니다가 배터리가 약해지면 가장 가까운 전기 소켓으로 가서는 스스로 플러그를 꽂고 재충전을 한다. 그리고 완전히 충전이 되면 소켓에서 자신을 분리한 후 다시 마루 위의 탐험을 재개하는 것

6 Gregory(1981), pp. 285-287, Grey Walter(1953).

이다. 그 후 많은 비슷한 기계들이 만들어졌다(Waltz, 1982). 이와는 약간 다른 내용으로서 1972년에 개발된 테리 위노그라드Terry Winograd의 프로그램을 들 수 있는데, 이 프로그램은 여러 개의 서로 다른 모양과 색깔의 상자들을 모양과 순서가 서로 엇갈리게 쌓이도록 분별력 있게 이야기할 수 있는 것이었다. 이러한 초기의 성공에도 불구하고, 방해물로 가득 찬 공간에서 이를 피해가며 움직여야 하는 간단한 조인트형 '로봇 팔'의 조정 기관 하나라도 그 설계가 보통 어려운 일이 아니라는 것이 밝혀졌다. 그에 필요한 행동이 옆에서 보는 사람에게는 아주 '당연'해 보이는 동작인데도 말이다. 시각적인 장면을 이해하는 것도 일반적으로 인간(그리고 거의 모든 동물)의 두뇌는 '힘들이지 않고' 수행하지만 인공지능은 그에 비하면 아직 근처에도 미치지 못하고 있는 실정이다.

튜링 테스트와 좀 더 직접적인 연관성을 가졌다고 볼 수 있는 시스템으로서 케네스 콜비Kenneth M. Colby가 1960년대에 개발한 정신과 상담 의사를 흉내 내는 프로그램을 들 수 있다. 이 프로그램은 아주 성공적이어서 심지어 어떤 환자들은 인간 의사보다도 컴퓨터를 더 선호했고 컴퓨터에게 좀 더 쉽게 자기 자신에 대한 이야기를 털어놓을 수 있었다. 이와 같은 컴퓨터 '상담자'와 환자 사이의 상담의 한 예로서 다음의 (텔레타이프TTY를 통한) 대화를 살펴보자.[7]

> 상담자: 무얼 도와드릴까요?
>
> 환자: 모르겠어요.
>
> 상담자: 그에 대해서 무언가 말해보세요.
>
> 환자: 싫어요.
>
> 상담자: 자세히 말해주실래요?
>
> 환자: 오늘은 아프고 피곤하다니까요.
>
> 상담자: 왜 그런지 아세요?
>
> 환자: 네, 나는 늙었거든요.

---

7 사용된 예는 Delbruck(1986)에서 참조.

상담자: 계속하시죠.

환자: 이젠 모든 것에 의욕을 잃어가는가 봐요.

상담자: 그런 감정에 대하여 좀 더 말해주세요.

환자: 왜 이렇게 느끼는지 나도 알 것 같아요.

상담자: 안다고요?

환자: 가족을 갖고 싶은 것 같아요.

상담자: 왜 가족을 갖고 싶다고 느끼게 되었나요?

환자: 그에 대한 목표가 있거든요.

상담자: 그것이 왜 중요한가요?

이 대화는 컴퓨터가 마치 이해를 하는 것 같은 섬뜩한 느낌을 주지만, 실제로는 그렇지 않고 컴퓨터는 다만 몇 가지 간단한 규칙을 따르고 있을 뿐이다. (또 이와는 역으로 컴퓨터가 조현병 환자를 흉내 내어 교과서에 나오는 대로의 대답과 증상을 호소하게 함으로써 어떤 의대생들에게는 진짜 환자가 답을 한다고 속아 넘어가게 만들 정도의 시스템도 존재한다.)

체스를 두는 컴퓨터는 어쩌면 기계가 '지능적 행동'이라고 볼 수 있는 행위를 보여주는 가장 좋은 예일 것이다. 실제로 어떤 기계는 이제는(1989년) 인간과 비교하더라도 아주 대단한 수준의(즉 '국제 명인International Master' 급의) 실력을 지니고 있다. (이러한 컴퓨터의 급수는 2300에 약간 못 미치는 정도로서, 참고로 체스 세계 선수권자인 게리 카스파로프Garry Kasparov[8]는 약 2700을 상회하는 실력을 가지고 있다.) 특히 스프래클렌Spracklen 부부의 (Fidelity Excel 마이크로 컴퓨터용) 프로그램은 2110Elo(급수 단위)에 해당하는 급수에 도달했으며 미국 체스 협회USCF의 '명인'증을 인허받았다. 더욱 놀라운 것은 카네기멜론대학교의 쉬펑슝Feng-Hsiung Hsu이 주로 프로그램을 담당한 '깊은 생각Deep Thought'이라는 프로그램으로서 그

8 역주: 지난 1996년 2월, 카스파로프와 체스 프로그램 '딥블루DeepBlue' 사이의 체스 게임이 화제가 되었다. 결과적으로 카스파로프가 3대 1로 이겼는데, 지금까지 컴퓨터 체스에 대해서 회의적이던 카스파로프는 대국 뒤 얼마 지나지 않아 컴퓨터가 체스에서 인간을 능가할 것이라고 확언했다. 딥블루는 IBM RS6000 기종에서 돌아간다.

수준은 2500Elo에 달하고 있고, 최근에는(1988년 11월) 캘리포니아 롱비치에서 벌어진 체스 대회에서 대명인Grand Master 토니 마일즈Tony Miles와 공동 1위를 차지한 바 있다. 특히 이 과정에서 대명인급의 선수(벤트 라슨Bent Larsen)를 최초로 무찌르는 과업을 달성하기도 했다.[9] 체스 컴퓨터는 체스 묘수풀이에서도 두각을 나타내는데, 이 분야에서는 쉽게 인간의 실력을 능가한다.[10]

체스 컴퓨터들은 정확한 계산 능력뿐만 아니라 '책 지식'에도 많이 의존한다. 한 가지 언급하고 싶은 것은 체스 컴퓨터가 비슷한 실력의 인간에 비해서 아주 짧은 시간 내에 수를 두어야 할 경우에 일반적으로 능력을 발휘하고, 인간은 반대로 각각의 수에 시간이 충분히 주어진 경우에 컴퓨터에 비하여 더 좋은 실력을 보인다는 것이다. 컴퓨터는 정밀하고 빠르며 확장된 계산에 근거하여 결정을 내리지만 인간은 비교적 느린 의식적 평가에 근거한 '판단력judgement'을 많이 이용한다는 사실을 생각하면 이를 이해할 수 있다. 인간은 이러한 판단력을 이용하여 각 계산 단계에서 고려하여야 할 가능한 상황의 개수를 대폭 줄일 수 있고, 상황을 분석할 때도 시간만 있다면, 그러한 판단 없이 단순 계산에 따라 직접 가능성을 제거하는 기계에 비하여 훨씬 깊은 분석을 할 수 있다. (이러한 차이점은 더욱 어려운 게임인 바둑에서 훨씬 두드러지는데, 바둑에서는 각 수마다 나올 수 있는 가능한 착점이 체스에 비하면 훨씬 많다.)[11] 의식과 판단력 형성의 관계

---

9 O'Connell(1988)과 Keene(1988)의 기사 참조. 컴퓨터 체스에 대한 자세한 사항은 Levy(1984)를 참조.

10 물론 거의 모든 체스 묘수풀이 문제들은 사람도 풀기 어렵게 설계되어 있다. 인간에게는 그다지 어렵지 않지만 현존하는 체스 묘수풀이 컴퓨터로는 1000년이 걸려도 풀지 못할 문제를 만들기는 그리 어렵지 않다. (깊고 많은 수읽기를 요하는 문제를 만든다는 평범한 계획을 따르면 된다. 예를 들면 어떤 문제는 약 200수의 수읽기를 요하는 것이 있는데, 그 정도면 충분하다.) 이는 컴퓨터에 대하여 재미있는 도전이 될 수 있다.

11 역주: 최근의 폭발적인 인공지능의 유행은 2016년 3월에 있었던, 구글 딥마인드DeepMind의 인공지능 프로그램 '알파고AlphaGo'와 프로 바둑기사 이세돌의 바둑시합으로부터 시작되었다고 볼 수 있다. 딥러닝 기술로 무장한 알파고는 세계 바둑 일인자 이세돌과의 5번기에서 4승 1패를 거두며, 당시까지 컴퓨터가 바둑에서 인간을 결코 꺾을 수 없다는 학계의 정설을 파괴했다. 이후 개발된 새로운 버전('알파고 제로', '알파제로', '뮤제로' 등)은 기계와 인간의 격차를 더욱 벌려놓았다.

에 대해서는 뒷부분, 특히 제10장에서 중심 논제로 다룰 것이다.

'즐거움'과 '아픔'에 대한 인공지능적 접근

인공지능 이론에서 주장하는 것 중의 하나는 궁극적으로 이를 통하여 행복, 아픔, 굶주림 등의 정신적인 특성들도 이해할 수 있다는 것이다. 월터의 '거북'의 예를 들어보자. 이 기계는 배터리의 힘이 약해지면 그 동작 패턴이 바뀌어 힘을 다시 축적할 수 있도록 설계된 방법에 따라 움직인다. 이러한 행동과, 인간(혹은 다른 동물)이 배고픔을 느낄 때 하는 행동 사이에서는 분명한 공통점을 찾을 수 있다. 월터의 거북이 이러한 행동을 보일 때 그것이 '배고프다'고 말한다 하더라도 그 판단에는 큰 어폐가 없을 것이다. 그 기계 속에 있는 어떤 장치가 배터리의 충전 상태에 민감하여 특정한 값 이하로 내려가게 되면 기계의 행동 패턴을 바꿔버리는 것이다. 물론 배고픈 짐승의 몸속에서도 비슷한 일이 벌어진다. 다만 행동 패턴의 변화가 좀 더 복잡하고 미묘할 뿐이다. 하나의 동작 패턴으로부터 단순히 다른 동작 패턴으로 바뀌는 것이 아니라 특정한 방식으로 동작하는 경향 자체에 변화가 생기고, 이러한 변화는 에너지 보충에 대한 요구가 증가함에 따라 (특정 시점까지) 계속 강해진다.

마찬가지로, 어떤 인공지능 지지자는 아픔이나 행복에 대한 개념들도 비슷한 방법으로 모형화될 수 있다고 추정한다. 간단하게 '느낌' 한 가지에 대하여 극도의 아픔(점수: -100)부터 극도의 즐거움(점수: 100)까지 측정할 수 있다고 생각해보자. 우리에게 어떤 장치(특정한 종류의 기계로서 전자식이라 가정하자)가 있어서 자기 자신의(가상의) '기쁨-아픔' 점수를 측정할 수 있다고 하자. 그 점수를 여기에서는 'pp 계수pleasure-pain score'라 부르겠다. 이 기계는 어떤 형태건 나름의 행동 방식이 있고 또 내부(배터리의 상태 등) 혹은 외부로부터의 입력 정보가 있을 것이다. 여기에서 말하고자 하는 것은 이 기계의 행동이 pp 계수를 극대화하는 방향으로 이루어진다는 것이다. pp 계수에 영향을 미치는 것에는 수많은 요소가 있을 수 있다. 배터리의 충전 상태를 그 요소의 하나가 되도록 조작하여 충전이 덜 된 상태에서는 계수가 음수가 되고 충전이 잘 된 상태에서는 양수값을 갖게 할 수도 있지만, 다른 요소들도 물론 가능하다. 어쩌면 이 기계에는 대체 동력원으로서 태양열판이 달려 있어서 그것이 작동 중일 때는 배터리를 사용할 필요가 없게끔 할 수도 있을 것이다. 또 이 기계가 빛을 향해 가게 되면 pp 계수도 약간 올라가게 만들어서 다른 특별한 요소가 없다면 그 일을 계속하게 만들 수도 있다. (실제로 그레이 월터의 거북이는 빛을 피해 다녔다!) 이 기계는 어떤 방법으로든 계산을 수행하여 자기가 하는 여러 가지 행동이 궁극적으로 pp 계수에 어떻게 영향을 미칠 것인가를 추정할 수 있어야 할 것이다. 더불어 확률 가중치를 이용하여 계산 결과가 데이터의 신뢰도에 따라 pp 계수에 많거나 적게 영향을 미칠 수 있도록 할 수도 있어야 할 것이다.

또한 이 기계에 단순한 에너지 공급 유지 이외의 다른 '목표'를 주어야 할 것이다. 왜냐하면 그 한 가지만으로는 '아픔'과 '배고픔'을 분간할 수 있는 방법이 없기 때문이다. 이 기계가 번식까지 할 수 있도록 바라는 것은 분명 지나친 요구일 것이다. 그러므로 당분간 짝짓기는 논외로 치기로 한다! 그러나 그것이 동종의 기계와 만날 때마다 pp 계수를 높여줌으로써 그들과 가까이하고 싶은 '욕망'을 심어줄 수는 있을 것이다. 또는 그 기계 나름대로의 '학구열'도 갖게 할 수 있다. 이 기계가 외부 세계의 사실을 메모리에 저장할 때마다 pp 계수를 높여주면 되는 것이다. (좀 이기적인 생각이지만 우리에게 여러 가지 서비스를 제공할 때마다 점수를 높일 수도 있을 것이다. 이는 로봇 하인을 만들기 위해서는 꼭 필요한 사항일 것이다!) 어떤 사람은 이와 같이 그 기계에 대하여 우리 마음대로 '목표'를 설정하는 것은 너무 인위적이라고 주장할지도 모른다. 그러나 그것은 자연 선택 natural selection이 우리 개개인에게 부과한 목표와도 크게 다르지 않다고 볼 수 있다. 즉 그 목표란 유전자의 번식이라는 필요성에 많이 좌우되는 것이다.

이 모든 것을 참조하여 기계를 성공적으로 완성했다고 가정해보자. 그 기계가 pp 계수에 따라 그것이 양수면 기쁨을, 음수면 아픔을 실제로 느낀다고 무슨 권리로 말할 수 있단 말인가? 인공지능적(조작주의적) 관점은 그 기계가 어떻게 행동하는가에 따라서 이를 판단할 수 있다고 본다. 이 기계가 계수를 양의 값으로 최대한 증가시키는(또한 최대한 오래 유지하는) 방향으로 행동하고 또 마찬가지로 음의 계수는 가능하면 피하는 방향으로 행동하기 때문에, 우리가 그 기계에 대하여 즐거운 느낌은 계수의 양의 정도, 그리고 아픔의 느낌은 계수의 음의 정도에 따라 정의하는 것이 타당하다는 것이다. 그 주장에 따르면 이러한 정의가 '타당'한 것은 인간이 즐거움이나 아픔에 대하여 반응하는 것도 이와 똑같기 때문이라는 것이다. 물론 알다시피 인간에 대해서는 그렇게 간단하지만은 않다. 어떤 때는 의도적으로 아픔을 자초하는 경우도 있을 수 있고, 혹은 특정한 형태의 즐거움을 일부러 피하는 경우도 있을 수 있다. 우리의 행동은 기계의 경우보다는 훨씬 복잡한 기준을 따르고 있는 것이 분명하다(Dennett, 1978, pp. 190-229). 그러나 대충 크게 보자면 아픔을 피하고 즐거움을 추구하는 것이 실제로 사람들이 행동하는 방식이라 할 수도 있다. 조작주의자들에게는 이 정도만으로도 pp 계수의 본질을 아픔-즐거움 정도로 추정하는 것에 대한 충분한 명분이 될 수 있을 것이다. 그러한 본질을 밝히는 것은 인공지능 이론의 목표 가운데 하나이기도 하다.

우리는 다음의 질문을 던져야 할 것이다. 이 기계는 실제로 pp 계수가 음수일 때는 아픔을 느끼고 그것이 양수일 때는 기쁨을 느끼는 것일까? 이 기계에 진정 느낌이라는 것이 있기는 한 것일까? 분명 조작주의자들은 '당연히 그렇다'라고 대답하거나, 혹은 그러한 질문은 의미가 없다고 아예 무시해버릴 것이다. 그러나 나의 생각은, 여기에는 분명 심각하게 고려되어야 할 어려운 문제가 존재한다는 것이다. 우리 내부에서 우리의 마음을 몰고 가는 데 영향을 미치는 요소는 매우 많다. 그들 중 몇몇, 예를 들어 아픔이나 기쁨 등은 의식적이지만 그 외의 것 중에는 우리가 직접 자각할 수 없는 것들도 많다. 이러한 것은 뜨거운 난로를 만진 사람을 예로 생각해보면 확실히 알 수 있다. 무의식적 행동이 발생하면서 그 사람은 실제로 어떤 아픔도 느끼기 전에 이미 그 손을 움츠리게 된다. 이처럼 pp 계수에 반응하는 이 기계의 행동은, 실제 아픔과 즐거움에 대한 효과라기보다는 오히려 그러한 무의식적 행동에 훨씬 유사하다고 볼 수 있다.

사람들은 기계의 움직임을 표현할 때 약간 익살맞게 의인화하여 이야기하는 경우가 많이 있다. "내 차가 오늘 아침에는 시동이 걸리는 것을 그다지 원치 않는 모양이군." 혹은 "내 시계는 자기가 아직 캘리포니아에 있다고 생각하는 모양이야." 혹은 "내 컴퓨터가 바로 이전 명령을 알아듣지 못해서 뭘 해야 할지 모르겠다고 호소하는군." 하고 말이다. 물론 이 말들이 의미하는 것은 차가 정말로 원하고, 시계가 생각하고, 컴퓨터가 무엇을 주장하거나 알아듣거나 무엇을 하는지 안다는 것은 아니다. 그럼에도 그러한 말들은 그것을 곧이곧대로 받아들이지 않고 화자가 의도한 수준에서 받아들이기만 한다면, 오히려 묘사적이며 우리의 이해에도 도움이 될 수 있다. 나는 여러 가지 기계에 대하여 그 만들어진 의도와는 관계없이 특정한 정신적 요소가 있다는 인공지능 이론의 주장들에 대해서도 비슷한 관점에서 해석하고 싶다. 내가 만일 '월터의 거북이가 배가 고픈지 모르겠다'고 말할 때는 바로 이러한 반농담적인 의미라는 것이다. 내가 만일 어떤 기계의 pp 계수에 대하여 '아픔', '즐거움' 등의 용어를 사용했다면 이는 이러한 용어가 우리 자신의 행동이나 정신 상태와의 어떤 유사성으로 인하여 이해하는 데 도움을 줄 것이라 판단했기에 사용한 것이다. 이는 결코 이러한 유사성이 특별히 가깝다거나, 혹은 우리 행동에 대하여 훨씬 유사하게 영향을 미치는 다른 무의식적 요소가 있을 수 없다는 의미는 아니다.

나의 의견은 정신적 요소에 우리가 인공지능으로부터 직접 얻을 수 있는 것보다 훨씬 많은 그 무엇이 있음을 독자들에게 분명히 밝히고자 하는 것이다. 하지만 인공지능 이론은 우리가 진지하게 숙고해보아야 할 중대한 사안을 제시하고 있다. 이 말은 실제 지능의 모조품을 만드는 데 대단한 진전이 있었다는 것은 아니다. 그러나 기억해야 할 것은 이 분야의 역사가 아직 아주 짧다는 것이다. 컴퓨터는 더욱 빨라질 것이고, 메인 메모리의 용량은 커질 것이며, 논리 회로의 수도 많아지고 여러 개의 명령이 동시에 수행될 것이다. 논리적 설계나 프로그래밍 기법에서도 발전이 있을 것이다. 인공지능 철학의 도구라 할 수 있는 이 기계들의 기술적 역량은 엄청나게 발전할 것이다. 게다가 그 철학 자체도 근본적으로 모순적이라고 볼 수는 없다. 어쩌면 인간 지능은 언젠가는 실제로 전자 컴퓨터에 의해서 아주 정확하게 모조될 수 있을지 모른다. 여기에서 말하는 컴퓨터는 이미 그 원리가 알려진 요즘의 컴퓨터로서 다만 속도나 용량 면에서는 현재보다 월등히 뛰어난, 그러나 머지않은 장래에 얻을 수 있을 것으로 기대되는 그러한 기종을 의미한다. 어쩌면 이 기계들은 실제로 지능적인 것이 될지도 모른다. 어쩌면 그들은 생각하고 느끼고 마음을 소유하게 될지도 모른다. 그러나 한편으로는, 어쩌면 그것이 불가능하고 현재로선 전혀 알지 못하는 새로운 형태의 원칙이 필요하게 될지도 모른다. 이것이 바로 여기에서의 논점으로, 따라서 앞의 질문은 그냥 가볍게 취급될 수 없는 중요한 사항이다. 나는 나름대로 최선을 다하여 증거를 제시할 것이다. 그리고 마지막으로 이에 대한 나의 의견을 제시할 것이다.

강인공지능과 설의 중국어 방

이러한 문제에 관하여 다분히 극단적인 견해를 취하는 사람 중 강인공지능strong AI론자들이 있다.[12] 강인공지능 학설에 의하면 앞에서 언급한 기계가 지능적이며 마음을 소유한다는 것은 당연한 것이고 그러한 유의 심적 요소mental quality는 논리적인 기능을 갖춘 특정한 계산 기계, 심지어는 온도 조절 장치와 같은 아주 단순한 기계적 장치에도 존재한다.[13] 그 관점의 요지는, 심적 활동이란 단순히 잘 정의된 일련의 명령어, 즉

12 이 책 전체를 통하여 이러한 극단적인 관점을 구체적으로 지칭할 때 설이 제안한 '강인공지능strong AI'이라는 용어를 사용한다. '기능주의functionalism'라는 말도 비슷한 관점을 표현하는 말로서 사용되는데 좀 덜 구체적이라고 할 수 있다. 이러한 관점의 동조자로는 Minsky(1968), Fodor(1983), Michie(1988), Hofstadter(1979) 등이 있다.

13 이러한 주장의 예로는 다음을 참조. Searl(1987), p. 211.

알고리즘algorithm을 수행하는 것에 다름 아니라는 것이다. 알고리즘이 실제로 무엇인가에 대해서는 뒤에서 자세하게 언급하기로 한다. 당분간은 알고리즘을 단순히 특정한 종류의 계산 과정이라고만 정의하더라도 무방할 것이다. 온도 조절기의 경우 그 알고리즘은 매우 단순하다. 그 장치는 다만 채록된 온도가 설정된 값보다 큰가 작은가를 판단하여 큰 경우에는 전기를 두절하고 작은 경우에는 연결하도록 조정만 해주면 되는 것이다. 인간의 두뇌에서 일어나는 어떠한 중요한 심적 활동도 비록 알고리즘이 엄청나게 복잡해지긴 하겠지만 궁극적으로는 알고리즘이라는 것이다. 온도 조절기와 같은 단순한 알고리즘과 그 정도에서는 큰 차이가 있지만 원칙적으로는 달라야 할 필요가 없다는 주장이다. 그러므로 강인공지능 이론에 의하면 인간 두뇌의 요소 기능(모든 의식적 표현을 포함한)과 온도 조절기의 차이는 단지 두뇌의 경우 훨씬 복잡하다는 것(혹은 '고차원 구조high-order structure', '자기 참조 기능self-referential property', 그 외에도 알고리즘에 부여할 수 있는 다른 특성일 수도 있다)이다. 가장 중요한 것은, 이 관점에서는 모든 심적 요소(생각, 느낌, 지능, 이해, 의식 등)가 단순히 이러한 복잡한 기능의 한 단면에 지나지 않는다는 것이다. 다시 말해서 이들은 두뇌에 의하여 수행되는 알고리즘의 면모일 뿐이라는 것이다.

어떤 알고리즘의 가치는 그 성과(즉 결과가 얼마나 정확한가, 사용 범위는 어떤가, 경제적인가, 수행 속도는 얼마나 빠른가 등)에 의해서 좌우된다. 인간의 두뇌 속에서 돌아간다고 여겨지는 가상의 알고리즘은 어마어마한 것일 수밖에 없다. 그러나 이러한 두뇌의 알고리즘이 존재하기만 한다면(강인공지능론자들은 물론 그렇다고 주장한다) 원칙적으로는 컴퓨터에서도 돌릴 수 있을 것이다. 실제로 이것은 현존하는 어떤 범용 컴퓨터이건 간에 기억 용량과 처리 속도의 제한만 없다면 그 위에서 돌릴 수 있다. (이에 대한 근거는 다음 장에서 만능 튜링 기계에 대하여 다룰 때 설명하기로 한다.) 그리고 그러한 제한마저도 머지않은 장래에 출연할 크고 빠른 컴퓨터에 의해서 해결될 것이라고 기대된다. 그렇다면 결국 그러한 알고리즘을 찾을 수만 있다면 그것이 탑재된 컴퓨터는 튜링 테스트를 통과할 수 있을 것이다. 강인공지능 이론을 지지하는 학자들은 그러한 알고리즘이 작동할 경우 그 자체로서 느낄 수 있고 의식을 소유하며 마음이 될 것이라고 주장한다.

심적 상태와 알고리즘이 동일시될 수 있다는 주장에 모두가 동조하는 것은 결코 아니다. 특히 미국의 철학자 존 설John Searle은 이러한 관점에 강하게 반발하고 있다. 그는 몇 가지 예를 통하여 이미 어떤 컴퓨터 프로그램은 단순한 형태의 튜링 테스트를 통과했다고 밝히고, 그럼에도 불구하고 이들 프로그램에는 그와 관련된 심적 요소로서의 '이해력'이 완전히 결여되어 있다는 관점을 강력하게 주장했다. 그러한 예 중의 하나로 로저 생크Roger Schank가 설계한 프로그램이 있다(Schank & Abelson, 1977). 이 프로그램의 목적은 다음과 같은 간단한 이야기에 대한 이해를 컴퓨터로 시뮬레이션하는 것이다. 첫 번째 예는 다음과 같다. "어떤 사람이 레스토랑에 들어가서 햄버거를 주문했다. 햄버거가 나왔는데 바싹 타버렸기 때문에 그 사람은 화를 내며 그곳에서 나와버렸다. 음식값은 물론 팁도 남겨놓지 않은 채." 두 번째 예는 다음과 같다. "어떤 사람이 레스토랑에 들어가서 햄버거를 주문했다. 햄버거가 나오자 그는 매우 흡족했다. 그가 그곳을 떠날 때 그는 음식값을 지불하기 전에 종업원에게 팁을 듬뿍 주었다." 이러한 이야기를 '이해하는가' 알아보기 위해서 각각의 경우에 '그 사람이 햄버거를 먹었는가' 하는 질문을 컴퓨터에 던져보았다(그 사실은 양쪽 이야기 모두에 표면적으로는 언급되어 있지 않다). 이러한 종류의 단순한 이야기와 간단한 질문에 대해서 컴퓨터는 보통 사람들과 다름없는 대답, 즉 처음 질문에 대해서는 '아니요', 두 번째 질문에 대해서는 '예'라고 대답했다. 그러므로 아주 제한된 의미에서 이 기계는 이미 튜링 테스트를 통과했다고 볼 수 있다!

우리가 생각하여야 할 문제는 이러한 유의 성공이 과연 컴퓨터에, 혹은 그 프로그램 자체에 진정한 이해력이 있다는 것을 실제로 의미하는가의 여부이다. 설은 그의 '중국어 방Chinese room' 개념을 원용하여 그렇지 않다고 주장한다. 그는 우선 앞에서 예로 든 이야기들이 중국어로 주어진다는 가정을 세운다. 물론 이 변화는 그리 중요하지 않다. 그리고 이 문제를 풀기 위한 컴퓨터 알고리즘의 모든 설명이 영어로 주어지는데,

이 설명서는 숫자로 된 주소를 이용하여 작업이 진행되게끔 되어 있고 각 주소마다 한자가 배정되어 있다. 설이 생각한 것은 그 자신이 밀폐된 방에 들어가서 그 작업을 직접 수행하는 것이다. 이야기의 내용과 그에 대한 질문이 작은 구멍을 통하여 방으로 주어진다. 외부에서 다른 정보는 전혀 들어갈 수 없다. 그리고 결국 모든 작업이 끝나면 결과가 구멍을 통하여 다시 밖으로 주어진다. 이 모든 작업이 생크가 만든 프로그램의 알고리즘에 따라 진행되기 때문에 최종 결과는 간단하게 중국말로 '예' 혹은 '아니요'로 판명되어야 한다. 아마도 이러한 경우가 중국말로 제시된 이야기와 질문에 대한 정확한 중국어 답변이 될 수 있을 것이다. 그런데 설이 명백히 하고 있는 것은, 그 자신이 중국어를 한 마디도 모르기 때문에 그 이야기가 어떻게 진행되는지 전혀 이해할 수 없다는 것이다. 그럼에도 불구하고 해당 프로그램은 생크의 알고리즘(이 알고리즘의 설명서는 영어로 되어 있음)에 따라 주어진 명령대로 작업을 정확히 수행함으로써 그 이야기를 정말로 이해하는 중국 사람과 다를 바 없이 대답할 수 있었다. 설의 결론은(내 생각에도 매우 설득력이 있다고 보이지만) 단순한 알고리즘의 성공적 수행 자체만으로는 결코 이해가 이루어졌다고 단언할 수 없다는 것이다. 중국어 방에 갇혀 있는 (가상의) 설은 그 이야기의 줄거리를 한 마디도 이해하지 못했던 것이다!

설의 주장에 대해서 몇 가지 반박이 제기되었다. 여기에서는 그들 가운데 중요하다고 여겨지는 것만을 추려서 소개하고자 한다. 우선 앞에서 사용된 '한 마디도 이해하지 못했다'는 문장은 어쩌면 약간의 오해를 불러들일 여지가 있다. 이해라는 것은 각각의 단어뿐만 아니라 전체 구조와도 관계가 있다. 이러한 종류의 알고리즘을 수행하다 보면 사람들은 그 각각의 단어의 의미는 알지 못하더라도 그 단어들이 구성하는 패턴을 인식하기 시작한다. 예를 들면 '햄버거'에 해당하는 중국 글자(혹시 그런 말이 있다면)를 다른 요리(예를 들면 초면炒麵)로 바꾸더라도 이야기는 그렇게 달라지지 않을 것이다. 그렇지만 우리가 오직 이 알고리즘의 세세한 부분만을 열심히 따라가다 보면 이야기의 실제 의미는(단어의 대체가 중요하지는 않다손 치더라도) 거의 얻을 수 없다고 가정해도 무방할 것이다.

둘째로 우리가 감안하여야 할 것은 아주 간단한 컴퓨터 프로그램이라 할지라도 인간이 손으로 기호를 사용하여 수행하려면 엄청나게 길고 지겨운 작업이 되리라는 것이다. (실은 그 때문에 우리가 컴퓨터를 사용하는 것이다!) 만일 설이 실제로 제안된 방법대로 생크의 알고리즘을 수행한다면 간단한 질문 하나에만 답하는 데에도 그 극도로 지루한 작업에 며칠, 몇 달 혹은 몇 년이 걸릴지 알 수 없는 일이다. 철학자에게는 별로 바람직한 작업이 아니겠지만 말이다. 그러나 이러한 것은 큰 문제가 되지 않는다. 왜냐하면 여기서 우리가 중요시하는 것은 실용성의 문제가 아니라 원칙에 관한 문제이기 때문이다. 인간의 두뇌에 견줄 만한 복잡성을 가지면서 튜링 테스트마저 정당하게 통과했다고 가정한 컴퓨터 프로그램에서는 문제가 더욱 심각하다. 그러한 프로그램은 엄청나게 복잡할 것이다. 아주 간단한 튜링 테스트 문제에 대답하기 위한 프로그램이라 할지라도 그 작업을 인간의 손으로 하게 되면 그의 일생에 걸쳐도 끝마칠 가망이 거의 없으리라는 것은 쉽게 상상할 수 있다. 이 가정이 맞는가 틀리는가는 그러한 프로그램이 없는 상황에서는 단언하기 어렵다.[14] 그러나 어떻든 이 복잡성에 관한 문제는, 내 의견으로는 결코 무시할 수 없다는 것이다. 우리가 여기에서 원칙적인 문제만을 다루는 것은 사실이지만, 어떤 알고리즘이 정신적 요소를 보이기 위해서는 그 알고리즘 안에 '최소한'으로 필요한 복잡성이 있게 마련이라고 보는 것이 타당하다고 생각된다. 어쩌면 이 최소한의 값 자체도 너무 커서, 그 정도의 복잡성을 갖는 특정 알고리즘이라 하더라도 이를 설이 구상한 대로 인간의 손으로 하나하나 풀어나가기는 불가능하다는 것이다.

---

14 설의 최초 논문에 대하여 반박하는 논문(The Mind's I에 게재)에서 더글러스 호프스태터 Douglas Hofstadter는 복잡성 문제 때문에 그 누구도 다른 사람의 마음 전체에 대한 내용을 '내화internalize'할 수 없다고 불만을 표시하고 있다. 물론 불가능하다. 그러나 내가 보기에는 그것이 여기에서의 요점이라고는 볼 수 없다. 사람들은 단지 정신적 움직임 사건event 한 가지에 대한 알고리즘 부분을 수행하는 것만 생각하면 되는 것이다. 이것은 튜링 테스트 질문에 답하기 위한 한순간의 '의식적 구현conscious realization'일 수도 있고 그보다 간단한 것일 수도 있다. 그러한 '사건'이 꼭 엄청나게 복잡한 알고리즘을 필요로 하는 것일까?

설 자신은 이 마지막 반론에 대하여 중국어 방에 한 사람(그 자신)만을 집어넣는 대신 중국어를 모르는 여러 사람으로 구성된 한 팀을 투입하여 기호들을 처리할 수 있도록 했다. 심지어 그 수를 충분히 늘리기 위하여 방 대신 인도 전체의 모든 인구(중국어를 아는 사람을 제외한)를 동원하여 기호를 처리하는 방법까지 구상했다. 이는 현실적으로는 불가능해 보일지 모르지만 원칙적으로는 모순적이라고 볼 수 없으며, 결론은 궁극적으로 달라지는 것이 없다. 즉 강인공지능론자들은 단순히 적절한 알고리즘만 수행하더라도 정신적 요소인 '이해력'이 생성된다고 주장하지만, 기호를 처리하는 작업에 참가한 사람들은 이야기를 전혀 이해하지 못한다는 것이다. 그런데 이번에는 다른 반론이 부각되기 시작했다. 즉 여기에서 말하는 인도 사람들은 두뇌 전체라기보다는 두뇌 속에 있는 하나하나의 신경세포에 더 가깝다고 볼 수 있지 않은가 하는 것이다. 사람들이 생각을 할 때 수반되는 두뇌의 물리적 활동은 신경세포neuron 하나하나가 활성화되는 것이지만, 신경세포(뉴런) 자체가 개별적으로 그 사람이 무엇을 생각하는지 이해하리라고 보는 사람은 아무도 없을 것이다. 그렇다면 어떻게 인도 사람들 하나하나가 모두 중국어로 된 이야기를 이해하리라고 기대할 수 있는가? 이에 대하여 설은 인도라는 실제 국가가 그 국민 누구도 이해하지 못하는 이야기를 이해할 수는 없다는 모순점을 지적하여 답변했다. 그의 주장에 따르면 국가라는 것은 온도 조절기나 자동차와 마찬가지로 '이해라는 작업'에 직접 참여하는 것이 아니고, 그것을 구성하는 각각의 사람이 참여한다는 것이다.

이러한 주장은 앞서의 주장에 비하여 설득력이 많이 약화되었다. 내 생각으로는 설의 주장이 가장 설득력을 발휘하려면, 범위를 국한해서 한 사람만이 알고리즘을 수행하도록 하고 그 알고리즘도 그리 복잡하지 않아서 직접 수행하더라도 그의 생애 중에 마칠 수 있도록 하여야 할 것이다. 나는 설의 주장이, 사람이 그 알고리즘을 수행하는 과정에서 그와 관련하여 별개로 분리된 '이해'라는 것이 존재하고, 또 그러한 존재가 그 사람의 의식과는 절대 상충하지 않을 수 있다는 것을 충분히 반증했다고 보지는 않는다. 그러나 설의 의견에서 동의하는 부분은 그러한 가능성이 최소 희박하다고는 말할 수 있다는 것이다. 나는 설의 주장이 완전히 결론적이지는 않지만 상당한 설득력은 있다고 생각한다. 그 주장은, 생크의 프로그램 정도의 복잡성을 갖는 알고리즘은 자기가 수행하는 작업에 대해 결코 진정한 이해에 도달할 수 없다는 사실을 잘 예시한다. 그것은 또, 어떤 알고리즘이건 간에 그것이 아무리 복잡하더라도 그 자체만으로는 결코 진정한 이해력을 소유할 수 없다는 것을 시사(그 이상은 아니다)하고 있다. 이러한 내용은 강인공지능론자들의 주장과는 상반된 것이다.

그 외에도, 내가 보기에 강인공지능론자의 관점에는 아주 중요한 몇 가지 문제점이 있다. 강인공지능 이론은 단순히 알고리즘만을 중요하게 취급한다. 그 알고리즘이 두뇌, 컴퓨터, 인도의 전 국민, 바퀴와 톱니로 된 기계 장치 혹은 물 파이프로 된 시스템 등 그 어떤 것의 영향을 받건 간에 그로 인해 수행된다 하더라도 아무런 차이가 없다. 그 관점에 따르면 표현하고자 하는 '심적 상태'에 대한 알고리즘의 논리적 구조가 중요한 것이지 그 알고리즘의 특정한 실체적 구현은 완전히 무관하다는 것이다. 설이 지적한 대로 이것은 '이원론'적인 형태를 내포하고 있다. 이원론dualism은 17세기의 매우 영향력 있는 철학자이자 수학자인 르네 데카르트René Descartes에 의해서 신봉된 관점으로서, 그 주장에 따르면 이 세상에는 두 가지의 양분된 물질, 즉 '정신적인 것'과 보통의 물질이 따로 존재한다. 이 두 가지 물질이 서로 영향을 미칠 수 있는지 없는지, 또 있다면 어떤 방법으로 미칠 수 있는지는 별개의 문제이다. 중요한 것은 정신적인 것은 일반 물질로 이루어질 수 없고 그와는 별도로 독립적으로 존재할 수 있다는 것이다. 강인공지능에서 정신적인 것은 알고리즘의 논리적 구조이다. 방금 언급한 바와 같이 그 알고리즘의 실체적 구현은 전혀 별개의 것이다. 알고리즘은 그 알고리즘의 실제 구현과는 전혀 관계없는 별도의, 특정한 '존재성'을 가지고 있다. 이러한 유의 존재성을 얼마나 심각하게 받아들여야 하는가 하는 문제는 다음 장에서 다시 다루기로 한다. 그것은 추상적인 수학 객체의 플라톤적 실체Platonic reality에 대한 문제에 속한다. 당분간은 이에 대한 문제에서 한 걸음 물러나 단순히 강인공지능론자들이 알고리즘의 실체를 상당히 진지하게 취급하고 있다는 사실만을 언급하고자 한다. 그들은 알고리즘이 자신들의 생각, 느낌, 이해 그리고 의식적인 지각의 '본질substance'이라고 믿는다. 이 사실은 설이 지적한 대로 매우 역설적이다. 왜냐하면 강인공지능적인 입장이 그 사람을 극단적인 이원론자로 몰고 가기 때문이다. 이원론이야말로 강인공지능론자들이 가장 기피하는 관점이 아니었던가!

이러한 딜레마는 호프스태터가 「아이슈타인의 두뇌와의 대화A conversation with Einstein's brain」(1981)라는 제목의 글에서 제시한 문제의 배후와도 관련되어 있다. 그런데 호프스태터 자신은 강인공지능 이론의 열렬한 신봉자이기도 한 것이다. 호프스태터가 마음속에 그린 것은 말도 안 되는 엄청난 크기의 책으로서 아인슈타인의 두뇌 작동에 대한 완전한 설명이 기재된 것이다. 누구든지 아인슈타인에게 묻고 싶은 질문을 던지면 우리는 단순히 그 책을 샅샅이 살펴, 주어진 설명대로 따라가기만 하면 마치 살아 있는 아인슈타인이 대답하는 것과 똑같은 답을 얻을 수 있게 되는 것이다. 물론 '단순히'라는 말은 호프스태터가 조심스레 지적한 대로 전혀 적합하지 않은 표현이다. 그러나 그의 주장은, 튜링 테스트의 조작적 관점에서 보면 그 책이 원칙적으로는 허무맹랑할 정도로 느리게 설정된 아인슈타인과 동일하다는 것이다. 그러므로 강인공지능론자들의 주장대로라면 그 책은 아인슈타인 본인처럼 생각하고 느끼며, 이해·자각 등을 할 수는 있지만 굉장히 느린 삶을 사는 것이다(이 아인슈타인 책의 입장에서 보면 바깥세상이 너무나 빠른 속도로 흘러가는 것처럼 보일 것이다). 실제로 이 책은 아인슈타인의 '자아'를 구성하는 알고리즘의 한 가지 구현 방법에 불과하기 때문에 결국 이 책이 아인슈타인이라는 논리가 성립된다.

그런데 이 경우 또 다른 문제점이 나타난다. 그 책을 아무도 펼쳐 보지 않을 수도 있다. 혹은 그 책이 무수히 많은 학생과 학자에 의해 끊임없는 진리 탐구의 대상이 될 수도 있다. 그렇다면 그 책은 어떻게 그 차이를 '알 수' 있을까? 어쩌면 책을 펼칠 필요조차 없을지도 모른다. 그 내용이 X선 단층 촬영이나 다른 첨단 장비에 의해서 읽혀질 수도 있기 때문이다. 아인슈타인의 의식은 그와 같이 책이 읽혀질 때만 활성화되는 것인가? 만일 두 사람이 똑같은 질문을 전혀 다른 시점에 던진다면 그 책은 같은 질문을 두 번 의식하게 되는 것일까? 아니면 그것은 하나의 아인슈타인의 지각 상태에 대한 2개의 독립된 사례임을 의미하는 것일까? 어쩌면 그의 지각은 책에 특정한 변화가 있어야만 활성화되는 것일까? 결국 보통 우리가 무엇을 안다는 것은 외부 세계로부터 어떤 정보를 받아들이고 그것이 기억에 영향을 미쳐서 우리 마음의 상태가 약간 변한다는 것이다. 그렇다면 결론은 정신적 사항과 관련된 것이 알고리즘의 수행이 아닌(혹은 수행인 동시에) 알고리즘의 적절한 변화(여기에서는 기억의 저장도 알고리즘의 일부로 간주했다)라는 말인가? 아니면 아인슈타인 책은 아무도 펼쳐 보거나 손대지 않더라도 항상 자성self-aware 상태로 남아 있는 것인가? 호프스태터는 이러한 문제들을 언급하고 있지만 그에 대하여 명확한 해답을 내리지는 않고 있다.

알고리즘을 수행하거나 이를 물리적 실체로 구현하는 것은 어떤 의미가 있을까? 알고리즘에 변화를 준다는 것은 원래의 알고리즘을 버리고 아예 이를 다른 것으로 교체하는 것과 어떤 의미로든 차이가 있는 것일까? 이러한 것이 우리가 의식적인 생각을 느끼는 것과 도대체 무슨 관계가 있는 것일까? 독자들은(그 자신이 강인공지능론자가 아닌 한) 내가 왜 이렇게 분명히 터무니없는 생각에 관하여 많은 지면을 할애하고 있는지 궁금할 것이다. 실제로 나는 이러한 생각이 근본적으로 터무니없다고 생각하지는 않는다. 다만 틀렸다고 보는 것이다. 물론 강인공지능 이론의 주장에도 우리가 곰곰이 생각해보아야 할 논리적 설득력이 없는 것은 아니다. 이제부터 이에 대한 설명을 하고자 한다. 그리고 내 생각에 이들 중 몇몇은 적당히 약간만 수정한다면 상당히 그럴듯한 것도 있다. 이에 대해서도 잠시 후 살펴보기로 한다. 또한 내 생각에는 정반대의 의견을 피력한 설의 관점에도 몇 가지 중대한 의문점과 엉터리처럼 들리는 내용이 포함되어 있다. 부분적으로는 나도 그의 관점에 동의하지만 말이다.

설은 자신의 글에서, 현존하는 타입의 컴퓨터라도 처리 속도와 주기억장치의 크기(혹은 병렬 처리 능력)가 개선된다면 머지않은 장래에 튜링 테스트를 통과할 수 있을 것으로 은연중에 인정하고 있다. 그는 또, 강인공지능 이론(그리고 그 외 대부분의 '과학적' 관점)에서 말하는 "우리는 컴퓨터 프로그램의 특정한 순간적 상태이다."라는 주장을 인정하려는 것처럼 보인다. 게다가 그는 "물론 두뇌는 컴퓨터이다. 모든 것이 컴퓨터이기 때문에 두뇌도 컴퓨터이다."[15]라고까지 굽히고 있다. 설의 주장은, 똑같은 알고리즘을 수행하는 인간 두뇌(마음의 소유가 가능한)와 컴퓨터(그의 주장으로는 마음의 소유가 불가능한)의 차이는 단지 그 구성 재질에 있다는 것이다. 그에 따르면, 이유를 설명할 수는 없지만 생물학적 물체(두뇌)는 '의도성intentionality'과 '의미 해석semantics' 능력이 있지만 전자 회로는 그것이 불가능한데, 이들 능력이야말로 정신 활동을 규정하는 특성이라는 것이다. 하지만 이 자체만으로는 마음의 과학적 이론을 설정하는 데 별로 유용한 방향을 제시하지 못하고 있다고 생각된다. 생물학적 구조는 그것이 진화한 '역사적' 방법(그리고 우연히도 우리가 그러한 구조라는 사실) 이외에 무엇이 그렇게 특출하기에 의도성과 의미 해석 능력을 부여받을 수 있는 구조로서 특별 대우를 받는 것일까? 이러한 주장은 내가 보기에는 약간 독단적인 냄새를 풍기는데, 심지어는 강인공지능 이론에서 단순한 알고리즘의 수행이 의식을 불러일으킨다는 주장보다도 더 독단적이라는 느낌마저 든다.

나의 의견으로는 설을 비롯한 많은 사람이 컴퓨터학자들 때문에 그릇된 인식을 갖게 되었고 컴퓨터학자들은 그들대로 물리학자들에 의해서 잘못된 관념을 갖게 되었다고 생각한다. (이는 물리학자들의 잘못도 아니다. 그들이라고 모든 것을 알 수는 없지 않은가!) 실로 "모든 것은 컴퓨터이다."라는 믿음이 널리 팽배해 있는 것 같다. 이 책에서 나는 왜, 혹은 어떻게 이것이 필연적이지 않은가를 보이고자 한다.

---

15 Hofstadter & Dennett(1981), pp. 368, 372에 수록된 설의 논문 참조.

하드웨어와 소프트웨어

컴퓨터과학의 전문 용어로 하드웨어hardware라는 말은 컴퓨터를 구성하는 실제 기계들(찍혀 나온 회로들, 트랜지스터, 전선, 자기저장장치 등)과 이 모든 것이 어떻게 연결되어 있는가에 대한 세부 사항을 포함한다. 마찬가지로 소프트웨어software라는 말은 그 기계에서 실행시킬 수 있는 여러 가지 프로그램을 의미한다. 튜링의 놀라운 발견에 따르면, 쉽게 말하자면 어떤 명확한 복잡성과 융통성을 보이는 하드웨어는 다른 어떤 유사한 기계와 본질적으로 동일하다. 여기서 이야기하는 동일성이란, 기계 A, B에 대하여 특정한 소프트웨어가 있어서 그것을 A에서 수행하면 B와 똑같이 행동하게 되고, 마찬가지로 다른 소프트웨어가 있어서 그것을 B에서 수행하면 마치 A인 것처럼 똑같이 행동하게 되는 것을 의미한다. 여기에서 사용한 '똑같이'라는 말은 주어진 입력에 대한 결괏값이 같다는 의미이지 그 결과를 얻기 위하여 각각의 기계가 소비하는 시간까지 같다는 말은 아니다. 또 한 가지 가정은, 만일 두 기계 중 하나가 어느 상황에서건 계산에 필요한 기억 용량이 부족하게 된다면 외부로부터 (원칙적으로 무한정의) '연습장'을 공급받을 수 있다는 것이다. 그 형태는 자기테이프, 디스크, 드럼 등 어떤 것이든 무방하다. 실제로 어떤 작업을 수행할 때 A와 B가 소모하는 시간의 차이는 매우 중요한 사항일 수 있다. 예를 들면 어떤 작업을 수행하는 데 있어서 A가 B보다 1,000배 이상 빠를 수 있다. 또 같은 기계라 할지라도 이번에는 B가 A보다 1,000배 이상 빠른 작업이 있을 수도 있다. 게다가 이러한 소모 시간이 어떤 변환 소프트웨어를 사용하는가에 따라서 천차만별이 될 수도 있다. 여기에서 말하고자 하는 것은 '원칙적'인 내용으로서, 어떤 작업을 적절한 시간 내에 수행해야 한다는 것과 같은 실용적 측면에 관해서는 별로 염두에 두지 않고 있다. 이러한 개념에 관해서는 다음 장에 더 정확하게 기술하고자 한다. 즉 여기에서 말하는 기계 A, B는 바로 만능 튜링 기계의 한 단면으로 볼 수 있는 것이다.

궁극적으로 모든 현대의 범용 컴퓨터는 만능 튜링 기계이다. 그러므로 모든 범용 컴퓨터는 앞의 관점에서 서로 동일하다. 즉 작업 처리의 속도나 기억 용량의 제한 등의 문제를 감안하지 않는다면 기계의 차이는 소프트웨어에 의해서 해소될 수 있는 것이다. 실제로 현대 기술의 향상으로 인하여 컴퓨터의 작업 속도는 엄청나게 빨라지고 기억 용량도 방대해져서 '일상생활'에 필요한 대부분의 작업에서는 이러한 실용적 제약이 큰 문제가 되지 않는다.[16] 그러므로 컴퓨터 간의 이론적 동일성은 실용적 수준에서도 성립된다고 볼 수 있다. 기술 발전으로 인하여, 이전에는 순전히 학문적인 논의의 대상이던 이상적인 계산 기계가 이제는 우리 모두의 생활에 직접 관련된 사항으로 바뀌고 있는 것이다.

내가 보기에는, 강인공지능 철학의 기저에 깔려 있는 가장 중요한 요소 중의 하나가 바로 이러한 여러 형태를 띤 계산 장치의 동일성이다. 하드웨어는 비교적 중요하지 않게(어쩌면 완전히 중요하지 않게) 인식되고 소프트웨어, 즉 프로그램이나 알고리즘 등이 필수적인 요소로서 간주되는 것이다. 그러나 내 생각에는 물리학의 영역에 뿌리를 두는 또 하나의 중요한 요소가 존재한다. 이러한 요소가 무엇인가에 관해서 몇 가지 방향을 제시해보고자 한다.

어떤 사람에게 있어서 그의 개인적 특성을 갖게 하는 요소는 무엇일까? 어느 정도 그것은 그의 몸을 구성하는 원자와도 관계가 있을까? 그의 개별성identity은 그 원자를 구성하는 전자electron, 양자proton 그리고 다른 원소들과도 관계가 있을까? 최소한 두 가지 이유로 인하여 그렇지 않다고 말할 수 있다. 첫째로, 어떤 인간의 육체건 간에 이를 이루고 있는 물질 내부에서는 계속적인 개편turnover이 일어나고 있다. 사람이 일단 태어난 이후에는 두뇌에 새로운 세포가 생성될 수 없다는 사실에도 불구하고, 이러한 원칙은 그 사람의 두뇌 조직에 대해서도 동일하게 적용된다. 그의 몸 세포(두뇌 세포를 포함한) 대부분에 포함된 원자들, 그리고 실제로 우리 몸을 이루는 물질의 대부분은 출생 후 이미 여러 번 바뀐 것이다.

두 번째 이유는 양자물리학quantum physics으로부터 오는 것인데, 이는

---

16 그러나 완전성 이론과 NP 문제는 제4장 말미의 토론 참조.

역설적이게도 엄밀한 의미에서 첫 번째 이유와는 모순된다. 양자역학에 따르면 (제6장에서 자세히 살펴보겠지만) 전자들은 필수적으로 완전히 동일하고 양자들도 서로 동일하며, 어떤 원소이건 같은 종류끼리는 서로 동일하다. 이는 단순히 원소들을 구분할 방법이 없다는 이야기가 아니다. 그보다 훨씬 강한 내용이다. 만일 어떤 사람의 두뇌 속 전자를 벽돌 속의 전자와 교환하더라도 전체 시스템은 그 전과 구분할 수 없을 뿐만 아니라 완전히 동일하다는 것이다.[17] 양성자 등의 입자들뿐만 아니라 원자, 분자 등에도 똑같은 원칙이 적용된다. 극단적으로 말하면, 사람 몸 전체의 구성 성분이 그의 집 벽돌 등에서 추출된 성분들과 완전히 교환된다 하더라도 아무런 변화가 없다는 것이다. 그 사람과 그가 사는 집을 구분하게 하는 차이는 구성 원소 그 자체에 있는 것이 아니라 그들 원소가 어떻게 배열되어 있는가에 달려 있다.

이와 유사한 상황이 양자역학과 전혀 관계없는 우리의 일상생활에서도 나타나는데, 특히 지금 이 순간 전자 기술의 발달로 워드프로세서에 글자를 입력하는 과정에서도 명백하게 드러나고 있다. 내가 글자를 바꾸고 싶다고 가정해보자. 예를 들어 'make'라는 단어를 'made'로 바꾸고 싶다면 단순히 'k'를 'd'로 바꾸어도 되고 아예 단어 전체를 다시 입력할 수도 있다. 후자의 경우 'm'은 그전 그대로의 'm'인가 아니면 동일한 값으로 대체한 것인가? 'e'는 또 어떤가? 단순히 'k'를 'd'로 바꾼다 하더라도 'k'를 지우고 'd'를 입력하기 직전까지의 순간에 'k'가 빠진 빈칸을 채우기 위한 재배열 계산 작업이 페이지 전체에 파급되고, 이어서 'd'를 입력하면 또 다른 재배열을 위한 계산이 수행된다. (현대사회의 무의미한 계산의 남발이여!) 어떻든 간에 우리가 스크린에서 바라보는 모든 글자는 1초에 60번씩 스캔되는 전자 빔의 궤적 속에서 형성된 빈 공간에 지나지 않는다. 만일 어떤 글자를 같은 글자로 대체한다면 대체 후의 상황은 그전과 동일한가? 아니면 단지 분간을 할 수 없는 것일 뿐일까? 두 번째 관

17 이에 관한 지식이 있는 독자들은 기호 차이에 관해 염려할지도 모른다. 그러나 그러한 기호 차이도 교환 시 전자를 완전히 360° 회전하면 차이가 없어져버린다(제6장 참조).

점(즉 '분간만 할 수 없음')이 첫 번째 관점(즉 '동일함')과 차이가 있다고 보는 것은 좀 무리가 있어 보인다. 최소한, 글자가 동일하다면 같은 상황으로 보는 것이 더 그럴듯해 보인다. 양자역학에서 같은 원소를 보는 관점도 이와 같다. 어떤 원소를 동일한 원소로 대체하더라도 실제 그 상황에는 아무런 변화를 주지 못한다. 그러므로 실제로 그전과 똑같은 상황이라고 간주하는 것이다. (그러나 제6장에서 보듯이 양자역학의 관점에서 이 차이는 그리 단순한 것이 아니다.)

앞서 언급한 인체 속에서 이루어지는 지속적인 원자 개편에 대한 내용은 양자물리학이 아니라 고전물리학의 관점에서 이해되어야 할 것이다. 여기서는 마치 각 원자마다의 개별성을 유지하는 것이 의미가 있는 것처럼 문장이 쓰여 있다. 실제로 이 정도의 수준에서는 고전물리학도 적합하고, 원자를 개별적 객체로 간주한다고 하더라도 크게 틀리지 않다. 원자들이 움직임에서 동질의 다른 원자와 충분히 분리되어 있기만 하다면 그들이 개별적 특성을 유지한다고 말하더라도 무방한 것이, 즉 각 원자가 지속적으로 추적될 수 있기 때문에 각각을 개별적으로 주시하고 있다고 말할 수 있는 것이다. 양자역학의 관점에서는 각 원자를 지칭하는 것이 단순히 대화의 편의를 위한 것이지만, 그렇더라도 현재의 논의 수준에서는 상치되지 않는다.

사람의 개별성은 어떤 사람들이 생각하듯 그를 이루는 물질적 성분의 개별성과는 아무 상관이 없다는 사실을 인정하기로 하자. 대신 어떤 의미에서는 그러한 구성 물질의 구조configuration와 관계가 있다. 여기에서는 공간적 혹은 시공간적 구조라고만 해두기로 하자(후에 자세히 다루게 될 것이다). 그러나 강인공지능론자들은 이보다 한 걸음 더 나아간다. 만일 그러한 원자 배열의 내용을 다른 형태로 번역하고 이를 다시 복원할 수만 있다면 그 사람의 개별성은 하나도 변화한 바가 없다는 것이 그들의 주장이다. 이는 마치 내가 방금 워드프로세서에 입력해서 모니터에 나타난 글자들의 나열과도 같다. 만일 내가 이들을 모니터에서 없어지게 하더라도 이들은 미세한 전자 충전 전이 형태로 남아 있게 되는데, 내가 입력한 글자와는 기하학적으로 전혀 닮지 않은 모양의 구조를 취하게 된다. 그러나 언제든지 나는 그들을 다시 모니터 위에 불러낼 수 있고, 그들은 마치 아무 변환도 없었던 것처럼 똑같이 그곳에 나타날 것이다. 만일 내가 입력한 문장을 저장한다면, 그 글자들의 나열을 디스켓에 자화magnetization 형태의 구조로 변환해 넣고 이를 끄집어낸 뒤 스위치를 꺼서 그 안의 모든 (관련된) 미세 충전 전이를 중화시켜버릴 수 있다. 그리고 내일 나는 디스켓을 다시 집어넣고 전자 충전을 재생한 뒤 마치 아무 일도 없었던 것처럼 글자들의 나열을 모니터에 다시 나타나게 할 수 있다. 강인공지능 신봉자들은 사람의 개별성도 이와 똑같이 취급될 수 있다는 것이 '명백'하다고 여기고 있다. 이들의 주장은, 마치 모니터에 나타난 글자들처럼 사람도 그 물체적 형태가 전혀 성질이 다른 것, 예를 들면 쇳조각의 자기장으로 변환된다 할지라도 그 사람의 개별성에서는 잃는 것이 하나도 없고 실제로 아무 일도 없는 것과 같다는 것이다. 그들은 심지어는 그 사람에 대한 정보가 다른 형태로 있는 동안에도 의식적 자각은 유지된다고 주장하는 것 같다. 이러한 관점에서는 '사람들의 자각'을 결과적으로 하나의 소프트웨어로 간주하고, 물질적 인간으로서 보여주는 그의 외적 표현은 이 소프트웨어를 두뇌와 몸의 하드웨어로 작동시키는 것으로 간주한다.

이러한 주장의 이유는 하드웨어가 어떤 형태를 취하건 간에 우리는 언제든지 소프트웨어에로 질문(튜링 테스트식의)을 던질 수 있고, 또 하드웨어가 이러한 질문에 답하기 위한 계산을 바르게 수행한다면 그 답은 사람이 평상시 하는 대답과 똑같을 것이기 때문이라는 것이다. ("오늘 아침은 기분이 어떠세요?" "오, 아주 좋아요. 약간 두통이 있긴 하지만." "그렇다면, 저… 개인적인 자아성에 대해서는 뭔가 이상한 점을 느끼지 않으세요?" "아니요, 왜 그런 걸 물으시죠? 좀 이상한 질문이군요." "그렇다면 어제의 당신과 같은 사람이라고 느끼시는군요?" "물론이죠!")

이러한 문맥에서 흔히 논의의 대상으로 떠오르는 것이 공상과학에 자주 등장하는 원격 이동 장치teleportation machine이다.[18] 이 기계는 말하자

---

18 Hofstadter & Dennett(1981)의 도입부 참조.

면 어떤 항성에서 다른 항성으로 순식간에 '운송'할 수 있다는 것인데, 이러한 기계가 존재할 수 있는가의 여부가 여기에서 논의의 대상이 된다. 우주선에 의하여 물리적인 '정상적' 운송이 일어나는 대신, 여행자를 머리끝에서 발끝까지 스캔해서 그의 몸속에 있는 모든 원자와 전자의 정확한 위치 및 완전한 정보를 자세히 기록한다. 이러한 정보는 전자기 신호electromagnetic signal 형태로 멀리 떨어진 목적지 항성에 (빛의 속도로) 전송된다. 그리고 그곳에서 이 정보가 수집되면 이를 이용하여 여행자의 정확한 복제가 이루어진다. 그의 기억, 의도, 희망 그리고 마음 깊은 곳에 있는 감정까지도 복제가 되는 것이다. 최소한 이러한 정도가 기대되는 것이다(그의 뇌의 모든 상태가 철저히 기록record되고, 전송transmit되어, 재구성reconstruct되는 것이다). 이러한 과정이 성공적이라는 가정하에 여행자의 원본original copy은 '안전하게' 파기될 수 있다. 물론 의문점으로 남는 것은, 이것이 진정으로 한 장소에서 다른 장소로 옮겨가는 방법이 될 수 있는가, 아니면 이것은 단지 복제를 생성하고 원래의 사람을 죽이는 것에 지나지 않는 것인가이다. 이러한 방법이 그 위임 사항 내에서 안전성을 입증받았다고 할 때 당신 같으면 이 방법을 사용할 준비가 되어 있는가? 만일 원격 이동이 여행이 아니라면 그것과 '어떤 방에서 다른 방으로 걸어가는 것'이 원칙적인 면에서 어떤 차이가 있는 것일까? 후자의 경우, 한순간의 원자들은 단순히 다음 순간의 원자들에 대한 위치 정보를 제공하는 것이 아니었던가? 우리는 이미 특정한 원자의 개별성을 유지하는 것이 전혀 의미가 없다는 것을 보았다. 특정한 원자에 대한 질문은 그 자체가 무의미하다. 원자의 움직이는 패턴은 단순히 한 장소로부터 다른 장소로 파급되는 정보의 파장을 생성하는 것이 아니었던가? 여행자가 이 방에서 저 방으로, 흔히 하는 식으로 천천히 걸을 때의 파장의 파급과 원격 이동 장치에서 발생하는 그것의 근본적인 차이는 무엇인가?

원격 이동이 실제로 가능하다고 가정해보자. 즉 여행자의 '지각'이 먼 항성에 있는 자신의 복제체에서 실제로 다시 깨어난다고 하자(이 질문이 진정한 의미가 있다는 가정하에). 만일 그 여행자의 원본이 이 게임에서 정한 법칙대로 폐기되지 않는다면 무슨 일이 발생할까? 그의 '지각'은 동시에 두 곳에 있는 것일까? (다음과 같은 통고를 받았을 때 당신의 반응을 상상해 보기 바란다. "저런, 당신을 원격 이동기에 넣기 전에 투여한 약 기운이 좀 일찍 떨어져버린 모양이군요? 그건 좀 운이 없었네요. 하지만 상관없어요. 하여튼 기쁜 소식은 또 다른 당신… 어… 내 말은 실제의 당신은 금성에 안착했다는군요. 그러니까 여기 있는 당신… 어… 복사본은 없애버려도 무방하겠네요. 물론 하나도 아프지 않아요.") 이 상황은 다소 모순적인 냄새를 풍긴다. 물리학의 법칙 중에서 과연 원격 이동을 원칙적으로 불가능하게 하는 요소가 있는가? 어쩌면, 한편으로 사람과 그의 의식을 그런 식으로 수송하는 작업이 원칙적으로는 아무런 문제가 없는지도 모른다. 그러나 '복제copy' 과정에서 원본은 필수적으로 파기되어야 하는가? 그렇다면 살아 있는 두 복제체를 유지한다는 것이 불가능하단 말인가? 내 생각으로는 이러한 예는 좀 황당하기는 하지만 의식의 물리적 특성이나 개별성에 대한 중요한 정보를 얻는 데에는 도움이 된다. 즉 나는 이 예가 정신적 현상을 이해하는 데에 있어서 양자역학이 갖는 중요한 역할을 암시하는 하나의 지침이 될 수 있다고 본다. 내용을 좀 건너뛴 것 같은데, 이 주제에 관해서는 제6장(비교: p. 403)에서 양자론을 다룬 후에 다시 살펴보기로 하자.

강인공지능의 관점이 원격 이동 문제와 어떤 관계가 있는가 살펴보겠다. 2개의 항성 사이 어떤 곳에 중계역이 하나 있어서 정보가 그곳에 잠시 저장되었다가 마지막 목적지로 다시 발신된다고 가정해보자. 편의상 이 정보는 인간의 형태가 아니고, 자기magnetic 혹은 전자 장치에 저장된다고 가정하자. 그 여행자의 '의식'은 과연 이 장치와 연관되어 그곳에 존재하는 것일까? 강인공지능론자는 그래야만 한다고 답할 것이다. 그들의 주장은, 어떻든 우리가 여행자에게 묻고 싶은 질문이 무엇이건 간에 원칙적으로는 그 장치로부터 답을 얻을 수 있다는 것이다. '다만' 그의 적절한 두뇌 활동을 시뮬레이션할 수 있도록 설치만 하면 된다는 것이 그들의 주장이다. 그 장치는 모든 정보를 가지고 있기 때문에 계산만 잘하면 된다. 장치는 여행자와 똑같이 대답할 것이고, 그렇다면(튜링 테스트!) 그것이 바로 여행자인 것이다. 이러한 주장은, 정신적 현상에서 실제 하드웨어는 중요하지 않다는 강인공지능의 주장으로 귀착된다. 이 주장은 내가 보기에는 이치에 맞지 않는다. 이것은 두뇌(혹은 마음)가 실제로 컴퓨터라는 가정에서 나온 결론이다. 이것은 또한 사람이 생각할 때 두뇌가 실제로 가지고 있는 특정한 물리적(생물학적, 화학적) 구조를 필요로 하는 물리적 현상이 전혀 발생하지 않는다는 것을 가정한다.

분명히 (강인공지능 이론으로부터) 다음과 같은 주장이 나올 수 있다. 즉 여기에서의 유일한 가정이란, 여기에서 요구되는 어떤 물리적 현상의 결과라 할지라도 항상 수치 계산에 의해 정확히 모형화modeling될 수 있다는 것이다. 내가 확신할 수 있는 것은 대부분의 물리학자도 현재의 물리학적 지식에 근거하여 이와 같은 가정이 실제로 아주 타당하다고 주장하리라는 것이다. 나는 이후의 장들을 통하여 내 나름의 반대 이유를 제시할 것이다(또한 이러한 가정이 나오게 된 배경이 무엇인가에 관해서도 의견을 피력할 것이다). 그러나 일단은 모든 관련 물리학이 수치 계산 형태로 항상 모형화될 수 있다는 (정설화된) 관점을 따르기로 하자. 그렇다면 유일하게 남은 가정은 (계산 시간과 공간의 문제를 떠나서) '조작적' 문제로서, 만일 어떤 것이 의식이 있는 객체와 완전히 똑같이 행동한다면 곧 그것이 그 객체라고 '느낀다'고 간주해야 한다는 것이다.

강인공지능의 주장은 '다만' 하드웨어의 문제로서, 두뇌의 작용에 사용되는 어떤 물리학적 요소라도 항상 적당한 변환 소프트웨어를 이용해 시뮬레이션될 수 있다는 것이다. 이러한 조작주의적 관점을 받아들인다면 문제는 만능 튜링 기계의 동일성equivalence, 그리고 어떤 알고리즘이건 그러한 기계로 수행할 수 있다는 사실로 귀착된다. 두뇌가 특정한 종류의 알고리즘적 동작에 따라 움직인다는 가설과 함께 말이다. 이제는 매우 흥미롭고 중요한 이들 개념에 관하여 좀 더 명확하게 설명해야 할 시점이 된 것 같다.

제2장

알고리즘과 튜링 기계

알고리즘 개념의 배경

알고리즘이란 무엇이고 튜링 기계, 또 만능 튜링 기계란 정확히 무엇을 말하는 것인가? 왜 이 개념이 현대의 관점에서 보는 '생각하는 기계'에서 가장 핵심적인 요소로 여겨지고 있는가? 알고리즘이 본질적으로 수행할 수 있는 일에 어떤 절대적 한계성이 있는 것일까? 이러한 질문에 정확히 접근하기 위해서는 알고리즘과 튜링 기계의 개념을 좀 더 자세하게 알아볼 필요가 있다.[1]

이제 여러 가지 주제를 다루는 가운데 가끔은 수학 공식을 사용할 것이다. 물론 수식을 보면 흥미가 떨어지거나 겁을 집어먹는 독자들도 있을 수 있다. 만일 당신이 그러한 부류에 속한다면 염려하지 말고 적당히 넘어가기 바란다. 앞의 '독자를 위한 노트'에서 제시한 방법을 따르라고 조언하고 싶다. 여기에 제시하는 내용을 이해하는 데는 초등학교 수준 이상의 수학 실력이 필요치 않지만, 자세한 사항까지 이해하려면 깊은 생각이 필요할 수 있다. 실제로 거의 모든 과정을 낱낱이 설명했기 때문에 조심해서 따라가기만 하면 잘 이해할 수 있을 것이다. 설령 개념만을 이해하기 위해서 적당히 훑더라도 많은 도움이 될 것이다. 한편 당신이 이 분야의 전문가라면, 다시 한 번 부탁하지만 그냥 자유롭게 읽어주기 바란다. 그렇게 읽더라도 약간일지언정 도움이 될 만한 가치가 있을 것이고, 혹 한두 가지 흥미 있는 사항을 발견할 수 있을지도 모른다.

'알고리즘algorithm'이라는 단어는 825년에 'Kitāb al-jabr wa al-muqābalah(적분과 방정식의 책)'라는 영향력 있는 수학 교과서를 저술

1 최근 SNS 및 유튜브 등과 관련된 일반용어로서 빅데이터나 AI 시스템이 개인의 성향에 따라 콘텐츠를 추천해주는 방법을 알고리즘이라 부르는 경우가 많은데, 원래는 여기에서 소개되는 것처럼 훨씬 넓은 의미로 사용한다.

한 9세기 페르시아 수학자 무함마드 이븐 무사 알콰리즈미Muhammad ibn Mūsā al-Khwārizmī의 이름에서 유래한다. 처음에는 더 정확하게 'algorism'이라고 표기되었는데 요즘 'algorithm'으로 바뀐 것은 산수라는 의미의 'arithmetic'에서 영향을 받은 것 같다. (대수학을 나타내는 'algebra'는 앞의 책 제목에 등장하는 아랍 단어 'al-jabr'에서 유래한다는 사실도 알아둘 만하다.)

그러나 알고리즘의 예는 알콰리즈미의 책보다 훨씬 이전부터 알려져 왔다. 가장 널리 알려진 예로서 고대 그리스 시대(기원전 300년경)에 만들어진 두 수의 최대공약수를 구하는 유클리드Euclid 알고리즘을 들 수 있다. 이것이 어떤 원리인가 살펴보기로 하자. 특정한 두 수, 1365와 3654를 예로 들면 이해가 쉬울 것이다. 물론 최대공약수란 두 수를 각각 나머지 없이 나눌 수 있는 가장 큰 수이다. 유클리드 알고리즘을 적용하려면 우선 큰 수를 작은 수로 나눈 뒤 나머지를 구한다. 3654를 1365로 나누면 근이 2이고 나머지는 924(=3654-2730)이다. 이제 원래의 두 수(3654와 1365) 대신 나머지 값과 바로 전에 나눈 수 1365를 넣고, 이들 두 수(924와 1365)를 이용하여 똑같은 작업을 반복한다. 즉 1365를 924로 나누어 나머지 값 441을 구하면 새로운 두 수는 441과 924가 되는 것이다. 이런 방법으로 나머지 값이 없어질 때까지 계속하는 것이다. 이를 다시 정리해보면,

3654 ÷ 1365	나머지 값 924
1365 ÷ 924	나머지 값 441
924 ÷ 441	나머지 값 42
441 ÷ 42	나머지 값 21
42 ÷ 21	나머지 값 0

이때 마지막으로 나눈 수 21이 두 수의 최대공약수가 된다.

우리가 최대공약수 21을 구하는 데 사용한 체계적 방법이 바로 유클리드 알고리즘이다. 우리는 방금 특정한 두 수에다 이 방법을 적용했는데, 실은 이 방법은 수의 크기에 관계없이 어떤 수에든 광범위하게 적용할 수 있다. 아주 큰 수에 이 방법을 적용하면 시간이 오래 걸릴 것이고,

수가 크면 클수록 시간은 더 오래 걸릴 것이다. 그러나 어떤 수를 택하더라도 이 과정은 결국 끝날 것이고 유한개의 단계를 거쳐 명백한 답이 구해질 것이다. 각각의 단계에서 어떤 계산을 해야 하는가도 확실하고 언제 전체 과정이 끝나는가도 명명백백하다. 뿐만 아니라 전체 과정이 비록 무한개의 자연수에 적용될 수 있더라도 과정 자체는 유한개로 표시할 수 있다. 여기서 '자연수'는 0, 1, 2, 3, 4, 5, 6, 7, 8, 9, 10, 11, … 등 보통의 정수를 말한다.[2] 실제로 유클리드 알고리즘의 전체 논리 연산을 간단하게 순서도로 그릴 수 있다(<그림 2-1> 참조).

한 가지 짚고 넘어갈 것은, 이 과정은 아직 가장 기본적인 단계까지는 설명하지 않고 있다는 것이다. 왜냐하면 여기서는 이미 자연수 A를 B로 나눈 나머지 값을 구하는 기본 연산을 '안다'고 가정해놓고 있기 때문이다. 그 연산 자체도 우리가 학교에서 배운 방법에 의한 알고리즘을 따르고 있다. 그 과정이 실제로는 유클리드 알고리즘의 다른 과정에 비하여

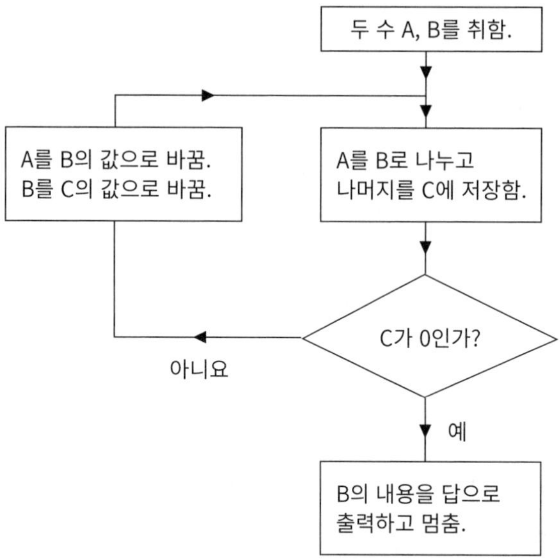

<그림 2-1> 유클리드 알고리즘의 전체 논리 연산 순서도

2 여기에서는 자연수에 0을 포함한 현대의 추세에 따르기로 한다.

훨씬 더 복잡할 수 있지만 역시 순서도로 간단히 나타낼 수 있다. 그 계산이 복잡한 것은 우리가 자연수 표현에 있어서 10진법을 사용하기 때문이라고 볼 수 있다. 왜냐하면 10진법의 구구단표를 열거해야 할 뿐만 아니라 덧셈의 한 자릿수 올림 등을 감안해야 하기 때문이다. 만일 우리가 어떤 수 n을 표시하기 위하여 n개의 특수한 마크를 사용한다면(예를 들면 ●●●●●는 5를 표시) 나눗셈의 나머지를 구하는 식은 매우 간단한 알고리즘으로 표시할 수 있다. A를 B로 나눈 나머지를 구하기 위해서는 A를 나타내는 표시로부터 더 이상 없앨 수 없을 때까지 B만큼씩을 계속 없애나가면 된다. 그때 마지막으로 남은 마크가 표시하는 수가 구하고자 하는 해가 되는 것이다. 예를 들면 17을 5로 나눈 나머지는 ●●●●●●●● ●●●●●●●●●으로부터 ●●●●●를 다음과 같이 잘라나가면 된다.

●●●●●●●●●●●●●●●●●

●●●●●●●●●●●●

●●●●●●●

●●

그리고 이 경우 해는 2가 되는 것이다.

이러한 방법으로 나머지를 구하는 알고리즘은 <그림 2-2>와 같은 순서도로 표시할 수 있다.

완전한 유클리드 알고리즘의 순서도를 구하기 위해서는 <그림 2-1> 순서도의 위에서 두 번째 오른쪽 상자를 <그림 2-2> 순서도로 대체시켜야 한다. 이렇게 알고리즘의 한 부분을 다른 알고리즘으로 대체시키는 것은 컴퓨터 프로그램에서 자주 사용하는 방법에 속한다. <그림 2-2>의 나머지를 구하는 알고리즘은 부副프로그램subroutine의 한 예로서, 이는 주알고리즘에서 부분적인 연산을 위하여 불러들이는 (보통 이미 알려진) 알고리즘을 뜻하는 용어이다.

물론 n이라는 수를 표시하기 위하여 n개의 표식을 사용하는 것은 특히 큰 수에서는 매우 비효율적이다. 그래서 우리는 일반적으로 좀 더 간

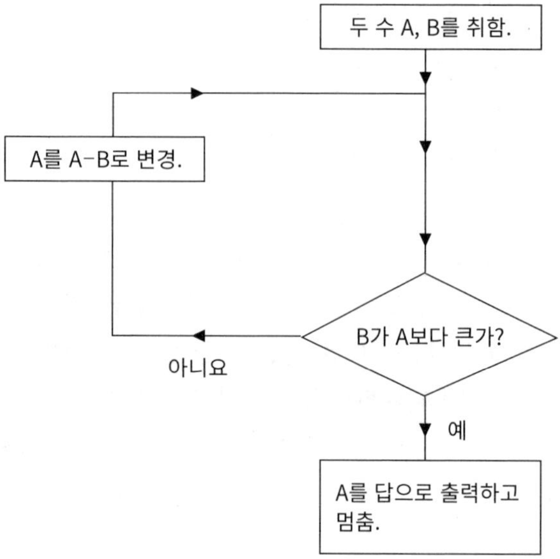

<그림 2-2> 유클리드 알고리즘의 나머지 논리 연산 순서도

결한 10진법을 사용한다. 그렇지만 여기에서는 숫자 표시의 간결성 혹은 효율성 등은 염려하지 않으며, 다만 근본적으로 어떠한 연산을 체계적인 방법에 의해서 수행할 수 있는가 하는 것만 고려하고자 한다. 우리가 한 가지 형태의 숫자에 대해서 알고리즘을 구할 수 있으면 다른 형태의 숫자에 대해서도 구할 수 있기 때문이다. 세부적인 사항과 그 복잡도에 약간의 차이만 있을 뿐이다.

유클리드 알고리즘은 수학에서 볼 수 있는 수많은 고전적·체계적 알고리즘의 하나에 지나지 않는다. 그러나 놀라운 것은 그것이 비록 고대에 기원을 두고 있지만 20세기에 들어서야 비로소 알려진 일반 알고리즘 개념에 정확하게 부합한다는 사실이다. 실제로 일반 알고리즘 개념은 몇 가지 다른 형식으로 설명이 가능한데 이들은 모두 1930년대에 제안된 것이다. 이 중에서 가장 직접적이고 설득력이 있으며, 또 역사적으로 중요한 것은 '튜링 기계'라고 알려진 개념일 것이다. 이 '기계'에 대해서는 좀 더 자세한 기술이 필요하다.

튜링 '기계'에 대해서 우선 염두에 두어야 할 사항은 그것이 실제 기계가 아니라 하나의 '추상 수학 개념'이라는 것이다. 이 개념은 영국의 수학자이자 암호 해독 전문가이면서 컴퓨터의 대가로 알려진 앨런 튜링이 'Entscheidungsproblem(decision problem, 결정 문제)'으로 알려진 아주 광범위한 수학 문제를 해결하기 위하여 1935~1936년에 소개한 개념이다. 이 문제는 독일의 유명한 수학자 다비트 힐베르트David Hilbert가 1900년 파리국제수학회에서 일부 제기한 문제로서 힐베르트의 열 번째 문제라고도 불리는데, 이 문제의 완전한 형태는 1928년 볼로냐국제학회에서 제시되었다. 힐베르트가 제기한 문제는 매우 엄청난 것으로, 그것은 모든 수학 문제를 풀 수 있는 일반적 알고리즘을 찾아내는 것이었다. 더 엄밀히 말하면 그러한 알고리즘이 원칙적으로 존재할 수 있는가에 대한 해답을 구한 것이다. 힐베르트는 또한 절대 불변하는 원칙과 공리로써 수학을 난공불락의 기초 위에 세워놓고자 하는 계획을 가지고 있었다. 그러나 튜링이 그의 위업을 달성했을 때 힐베르트의 그 계획은 이미 오스트리아의 논리학자 괴델이 1931년 증명한 놀라운 정리에 의해서 큰 차질을 빚고 있었다. 제4장에서는 괴델이 발표한 정리와 그 중요성에 대해서 좀 더 자세하게 다루고자 한다. 튜링이 관심을 갖고 있던 힐베르트의 문제Entscheidungsproblem는 특정한 수학 공리 체계를 초월한 것으로, (어떤 잘 정의된 계층에 속하는) 수학 문제 전부를 하나하나 전부 풀 수 있는 기계적인 프로그램이 원칙적으로 존재할 수 있는가 하는 것이었다.

이 문제에 답하기 위해 해결해야 할 어려운 점 중의 하나는 도대체 '기계적 프로그램'의 정확한 의미가 무엇인가를 결정하는 것일 것이다. 그 개념은 당시의 일반적인 수학적 개념의 한계를 넘어선 것이었다. 그 개념을 수식화하기 위하여 튜링은 기계 동작을 기본적인 식으로 나누어 정형화함으로써 '기계'라는 개념이 어떻게 수식으로 표현될 수 있는가를 보이려고 했다. 튜링은 인간의 두뇌도 하나의 '기계'로 간주했다. 그러므로 수학 문제를 푸는 수학자의 행동이 어떻든 그것을 '기계적 프로그램'으로 표시할 수 있다고 생각했다.

인간의 사고를 그러한 관점으로 보았던 것이 튜링이 그의 중대한 이론을 개발하는 데 큰 도움을 주었는지는 모른다. 그러나 우리까지 그 관점에 전적으로 동의할 필요는 전혀 없다. 실제로 기계적 프로그램이 무엇인가를 정확히 정의함으로써 튜링은 수학적으로 명확하게 표기된 수식이라면 어떤 것이든 결코 기계적이 될 수 없다는 것을 보여주었다. 이러한 튜링의 노력이 이제 와서는 정신적 현상에 대한 그의 관점에 허점이 있음을 규명하는 데 간접적으로 쓰이게 되었다는 것은 다소 역설적이다. 그러나 일단 그에 대한 이야기는 잠시 보류하기로 하고, 우선은 튜링의 기계적 프로그램이란 것이 도대체 무엇인가를 알고 넘어가기로 하자.

튜링의 개념

어떤 유한의 계산 과정을 수행할 수 있는 장치가 있다고 가정해보자. 그러한 장치는 일반적으로 어떤 모양을 하고 있을까? 어느 정도 이상적인 경우로 가정하고 그것의 실용성에 대해서는 너무 걱정하지 않기로 하자. 우리가 생각하는 것은 수학적으로 가상된 하나의 '기계'이다. 그 기계는 (엄청나게 많을 수도 있지만) 유한개의 서로 다른 상태를 가질 수 있다고 본다. 그것을 그 기계의 내부 상태internal states라고 부르자. 하지만 우리는 이 기계가 근본적으로 수행할 수 있는 계산의 크기에 대해서는 한계를 두지 않으려고 한다. 앞에서 제시한 유클리드 알고리즘의 예를 생각해보자. 그 알고리즘이 다룰 수 있는 수의 크기에는 근본적으로 아무런 제한이 없다. 그 알고리즘(혹은 일반 계산 과정)은 어떤 큰 수가 들어오더라도 똑같은 과정을 거친다. 아주 큰 수에 대해서는 그 과정을 수행하는 데 시간이 좀 오래 걸릴 수는 있다. 그리고 계산을 위하여 좀 많은 양의 '연습장'이 필요할 수도 있다. 그러나 알고리즘 자체는 아무리 큰 수가 들어오더라도 똑같은 명령어들인 것이다.

그러므로 그 기계가 비록 제한된 내부 상태를 갖더라도 입력되는 숫자는 무한정 커질 수 있는 대비를 하여야 할 것이다. 그뿐 아니라 이 기계는 필요에 따라서는 무한정 외부 기억장치('연습장'에 해당)를 가져다 계산을 하고, 또 무한정한 크기의 출력도 가능하다고 가정한다. 기계의 내부 상태가 유한하다는 가정 때문에 우리는 그 모든 외부 데이터 혹은 결과들을 기계 안에 내장시킬 수 없는 것이다. 그 대신 이 기계는 그 데이터 혹은 결과 중에서 당장 필요한 내용만을 보고 그에 해당하는 명령을 수행하게 된다. 그리고는 그 결과를 외부 장치 등에 적어놓기도 하며 약속된 다음 단계로 정확하게 넘어간다. 입력·계산 과정에 필요한 기억 용량 및 출력 등의 크기에 제한이 없다는 점으로 인해서 이 기계가 실제로 만들어질 수 없는, 단지 수학적인 하나의 이상체라고 생각될 수도 있다(<그림 2-3> 참조). 그러나 매우 현실성이 있는 이상체이다. 현대 컴퓨터 기술의 놀라운 발달로 인하여 웬만한 경우의 계산에는 거의 무한정이라 할 수 있는 전자 기억장치가 제공될 수 있는 것이다.

실제로 앞에서 언급한 '외부' 기억장치의 실체는 현대 컴퓨터의 내부 장치의 일부일 수 있다. 어떤 장치가 내부인가 외부인가는 단지 기술적인 문제일 뿐이다. 이렇게 구분할 수 있는 한 가지 방법은 하드웨어와 소프트웨어를 분류하는 것이다. 즉 내부 장치는 하드웨어에, 외부 장치는 소프트웨어에 해당하게 하는 식이다. 꼭 이 방법이 옳다는 말은 아니다. 그러나 어떤 방법으로 하건 간에 튜링의 수학적 이상체는 오늘날의 컴퓨터와 놀랍게도 유사하다고 볼 수 있다.

튜링은 외부 데이터와 기억장치를 표시가 되어 있는 '테이프'의 모습

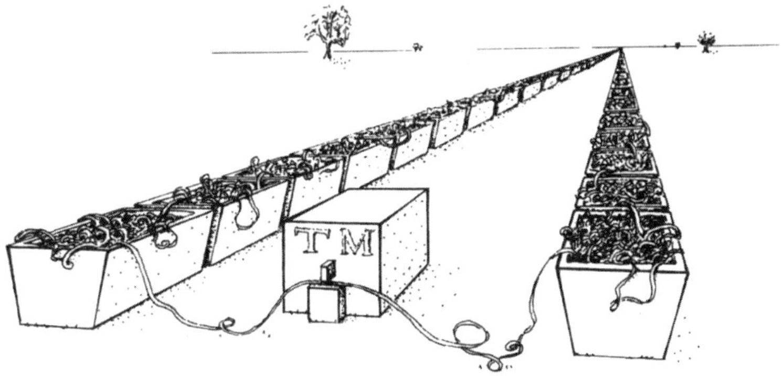

<그림 2-3> 엄밀한 의미의 튜링 기계는 무한한 양의 테이프를 필요로 한다!

으로 묘사했다. 튜링 기계에 의해 이 테이프가 불려 들어와서 필요에 따라 읽히기도 하고 명령에 따라 앞뒤로 움직이게 된다. 이 기계는 또 필요하면 테이프에 새로운 표시를 하기도 하고 이미 있는 표시를 지우기도 함으로써 같은 테이프가 외부 기억장치 역할뿐 아니라 입력장치 역할도 할 수 있게 한다. 실제로 입력장치와 외부 기억장치는 굳이 구분하지 않는 것이 편리하다. 왜냐하면 많은 계산 과정의 중간 결과는 새로운 데이터와 같은 역할을 하게 되기 때문이다. 앞서 본 유클리드 알고리즘에서 우리가 A, B로 표시되었던 원래의 입력 데이터를 계산이 진행됨에 따라 새로운 값으로 계속 바꾸어주었던 것처럼 말이다. 마찬가지로 같은 테이프가 마지막 출력(해답에 해당)으로도 사용될 수 있다. 그 테이프는 계산이 진행되는 동안 기계 속을 계속 앞뒤로 왔다 갔다 하게 된다. 이후 계산이 결국 끝나게 되면 그 기계는 정지 상태가 되고 계산된 답은 테이프 한쪽에 나타나게 된다. 좀 더 정확도를 기하기 위해서 기계를 중심으로 왼쪽에 답이 쓰이고 오른쪽에 입력 데이터와 문제 등이 기입된다고 가정하자.

내 생각에, 유한한 기계에 의해서 무한한 길이의 테이프가 앞뒤로 움직인다는 사실은 다소 석연치 않다. 그 테이프가 아무리 가벼운 물질로 만들어졌건 무한대의 테이프를 움직인다는 것은 매우 어렵기 때문이다. 그보다는 그 테이프가 외부 환경으로 고정되어 있고 그 위를 유한한 기계가 움직인다고 보는 것이 타당할 것이다. (물론 현대의 전자공학에서는 '테이프' 혹은 '기계 장치'가 실제 물리적으로 움직일 필요는 없다. 그러나 움직인다고 간주하는 것이 편리한 경우가 많이 있다.) 이러한 관점에서 보면 그 기계 장치는 모든 입력 데이터를 외부 환경으로부터 받는다. 또 그 외부 환경을 '연습장'으로 사용한다. 그리고 마지막으로 이 외부 환경에 결과를 써넣게 되는 것이다.

튜링은 '테이프'를 양쪽으로 무한히 연속되는 네모 칸들의 순서열로 묘사했다. 각각의 네모 칸은 비어 있는 것도 있고 하나의 표식이 있는 것도 있다.[3] 표식이 있거나 없는 네모 칸을 사용한다는 것은 곧 그 '환경'(즉

---

3 실제로 그의 원문에서 튜링은 그 표식들이 더 복잡한 방법으로 표시될 수 있게 했으나

테이프)을 분석하면 이산 구조(연속 구조가 아닌)로서 설명할 수 있다는 것이다. 만일 우리가 원하는 것이 신뢰성 있고 절대적 법칙에 따라 동작하는 기계라면 이것은 타당한 선택이라고 볼 수 있다. 그런데 우리는 이 '환경'이 우리가 사용하는 수학적 이상화mathematical idealization의 일환에 따라 (잠재적으로) 무한하다고 보지만, 어떠한 특정한 경우라도 입력치, 계산, 결과치는 항상 유한해야 한다. 그러므로 테이프는 무한하더라도 그 위에는 유한한 개수의 표식만이 있을 수 있다. 양쪽 모두 특정한 지점을 넘어서면 테이프 위에는 빈칸만이 남게 되는 것이다.

이제 빈칸을 '0'으로, 표식이 있는 칸을 '1'로 표시하겠다. 예를 들면 다음과 같다.

…	0	0	0	1	1	1	1	0	1	0	0	1	1	1	0	0	1	0	0	1	0	1	1	0	1	0	0	…

이 기계는 테이프를 한 칸씩 '읽을' 수 있다고 가정하자. 그리고 각각의 명령 수행 뒤에는 왼쪽이나 오른쪽으로 꼭 한 칸씩 움직인다고 가정하자. 그렇다고 일반성이 상실되는 것은 아니다. 한 번에 n개씩 읽을 수 있는 기계나 k칸만큼 움직일 수 있는 기계라도 한 칸씩 움직이는 기계로 쉽게 구현될 수 있다. 한 번에 k칸만큼씩 움직이는 기계는 한 칸씩 움직이는 기계를 k번 반복할 수 있고 한 칸씩 n번 읽은 것을 모아두었다가 마치 단번에 n개를 읽은 것처럼 할 수 있기 때문이다.

이러한 기계가 도대체 구체적으로 어떤 일을 할 수 있을까? 우리가 어떤 물건을 가리켜 '기계적'이라 할 때 그 물건이 작동하는 가장 일반적인 방법은 무엇일까? 우리가 다루고 있는 기계의 내부 상태가 그 가짓수에서 유한하다는 사실을 기억하기 바란다. 이러한 유한성 이외에 다만 한 가지 알아야 할 것은 이 기계의 작동 방법이 당시의 내부 상태와 입력 데이터에 의해서 완전하게 결정된다는 것이다. 여기서 입력이란 바로 앞

그 차이는 여기에서는 중요하지 않다. 복잡한 표식은 항상 단순한 표식들과 빈칸의 열로 분리될 수 있기 때문이다. 여기에서는 별로 중요하지 않은 사항들에 대해서는 튜링의 원본과 약간 다른 사양을 사용하기로 한다.

에서 정한 두 기호, '0'과 '1' 중 하나를 의미한다. 초기 상태와 입력이 주어지면 이 기계는 완전히 결정된 방법에 따라 작동하게 되는 것이다. 즉 초기 상태를 새로운 상태(혹은 이전 그대로의 상태)로 바꾸어주고, 지금 읽어들이고 있는 0 혹은 1의 기호를 같은/다른 0과 1의 기호로 바꿔주며, 현재의 테이프 위치에서 왼쪽이나 오른쪽으로 한 칸 움직인 후, 마지막으로 계산을 계속해서 수행할 것인가, 아니면 이를 중지하고 멈출 것인가를 결정할 수 있다.

이 기계의 작동 양상을 좀 더 자세히 볼 수 있게 하기 위하여 각각의 내부 상태에 0, 1, 2, 3, 4, 5, …와 같은 번호를 붙여보기로 하자. 그러면 이 기계, 즉 튜링 기계는 다음과 같은 변환 규칙으로써 완전하게 기술될 수 있다.

00 → 00R
01 → 131L
10 → 651R
11 → 10R
20 → 01R.STOP
21 → 661L
30 → 370R
⋮ ⋮
2100 → 31L
⋮ ⋮
2580 → 00R.STOP
2590 → 971R
2591 → 00R.STOP

화살표의 왼쪽에 있는 큰 글자는 이 기계가 지금 읽고 있는 테이프 위의 기호를 의미하고, 이 기호를 오른쪽의 큰 글자로 바꿔준다. R은 이 기계가 오른쪽으로 한 칸 움직인다는 뜻이고 L은 왼쪽으로 한 칸 움직인다는 뜻이다. (만약 튜링의 본래 기계에서 전제한 것처럼 기계 대신 테이프가 움직인다고 가정하면 R은 테이프가 왼쪽으로 한 칸 움직이는 것으로, 또 L은 오른쪽으로 한 칸 움직이는 것으로 해석하면 된다.) 마지막의 STOP은 계산이 모두 끝나서 기계가 정지 상태로 들어갔다는 것을 의미한다. 특별히 두 번째 규칙 01 → 131L을 예로서 살펴보면 그 의미는 "만일 기계의 내부 상태가 0이고 현재 테이프 내용이 1이면 기계의 내부 상태는 13으로 변하고 테이프의 내용은 그대로 1로 유지하며 왼쪽으로 한 칸 움직여야 한다"는 것이다. 마지막 규칙 2591 → 00R.STOP은 내부 상태 259에서 테이프로부터 1을 읽으면 상태는 다시 0으로 바뀌고 테이프의 1을 지우고 0을 써넣은 후 오른쪽으로 한 칸 간 다음 계산을 끝내라는 것이다.

내부 상태를 나타내는 0, 1, 2, 3, 4, 5, …라는 숫자 대신 테이프에서 사용하는 두 기호 0과 1만을 사용한다면 더 적절할 것이다. 한 가지 방법은 n이라는 상태를 표시하기 위하여 단순히 1을 n개 죽 나열하는 것이지만 이는 비효율적이다. 그 대신 이제는 우리에게 익숙해진 2진법 체계를 사용하기로 하자.

$$
\begin{aligned}
0 &\rightarrow 1\,,\\
1 &\rightarrow 0\,,\\
2 &\rightarrow 10\,,\\
3 &\rightarrow 11\,,\\
4 &\rightarrow 100\,,\\
5 &\rightarrow 101\,,\\
6 &\rightarrow 110\,,\\
7 &\rightarrow 111\,,\\
8 &\rightarrow 1000\,,\\
9 &\rightarrow 1001\,,\\
10 &\rightarrow 1010\,,\\
11 &\rightarrow 1011\,,\\
12 &\rightarrow 1100 \text{ 등}
\end{aligned}
$$

여기에서 오른쪽 끝의 숫자는 보통(10진법) 숫자처럼 홀자리 수이다. 그러나 그 바로 앞의 숫자는 '10' 자릿수가 아니라 '2' 자릿수를 나타내고, 그 앞 숫자는 '100' 자릿수가 아닌 '4' 자릿수를, 또 그 앞 숫자는 '1000' 자릿수가 아닌 '8' 자릿수를 나타내는 것이다. 즉 왼쪽으로 한 자리 갈 때마다 다음과 같이 2의 지숫값이 하나씩 늘어난다고 볼 수 있다. 1, 2, 4(=2×2), 8(=2×2×2), 16(=2×2×2×2), 32(=2×2×2×2×2) 등. (뒤에서는 다른 이유로 2나 10이 아닌 다른 수치 체계를 사용한다. 예를 들면 3진법에서는 10진법의 수 64가 2101로 표시되고, 여기에서 각각의 자릿수는 3의 지수가 된다. 즉 $64=(2\times3^3)+3^2+1$이다.)

이러한 2진 체계를 사용하면 앞서 본 튜링 기계의 규칙은 다음과 같이 나타낼 수 있다.

00 → 00R
01 → 11011L
10 → 10000011R
11 → 10R
100 → 01STOP
101 → 10000101L
110 → 1001010R
⋮ ⋮
1101001000 → 111L
⋮ ⋮
1000000101 → 00STOP
1000000110 → 11000011R
1000000111 → 00STOP

여기서는 R.STOT 대신 그냥 STOP으로 줄여서 사용했다. 그 이유는 L.STOP이 절대 나올 수 없다고 가정함으로써 기계가 답을 제공할 때는 꼭 현재의 기계 위치 왼쪽에 답이 나타나도록 정할 수 있기 때문이다.

이제 이 기계가 2진 표현으로 11010010이라고 지명된 내부 상태에 있고, 81쪽에서 본 테이프 위의 특정 위치에서 작업 중이라고 가정하자.

여기에서 110100100 → 11lL의 규칙이 적용되는 과정을 살펴보면 다음과 같다.

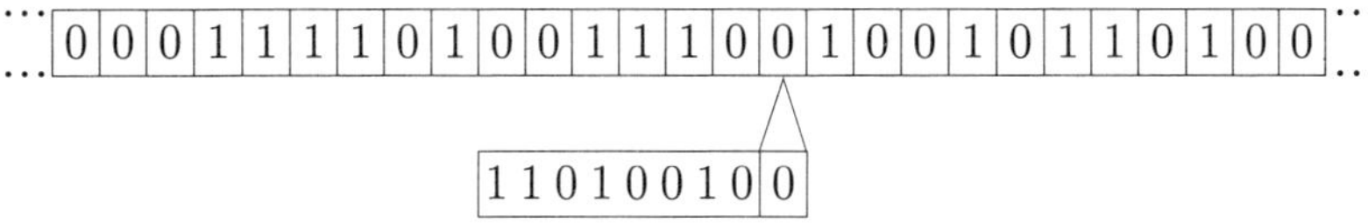

지금 현재 읽히고 있는 기호(0)는 내부 상태를 표시한 문자열 오른쪽에 표시해보았다. 앞에서 부분적으로 제시한(내가 임의로 작성한) 튜링 기계에 따르면 지금 읽어 들어간 기호 '0'은 '1'로 대치되고 내부 상태는 '11'로 바뀌게 된다. 그리고 기계는 왼쪽으로 한 칸 움직인다.

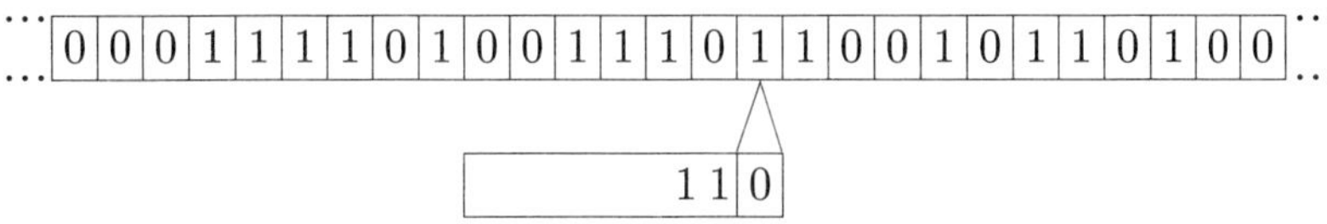

이제 이 기계는 새로운 기호(여기에서는 다시 '0')를 읽을 준비가 완료된 상태이다. 앞의 규칙표에 의하면 여기에서 '0'은 그대로 놓아두고 내부 상태만 '100101'로 바꾼 후 오른쪽으로 한 칸 움직이게 된다. 그러면 다시 '1'을 읽어들일 것이고, 규칙표 뒤쪽 어딘가에는 그에 대한 규칙, 즉 무엇을 쓰고 어떤 상태로 변하는가, 또 어느 쪽으로 기계가 움직이는가 등이 제시되어 있을 것이다. 이러한 과정이 계속 반복되다가 STOP이라고 표시된 상태에 이르게 되면 (한 칸 오른쪽으로 움직인 후) 멈추게 된다. 마치 벨을 울려서 기계의 오퍼레이터에게 작업이 끝났음을 알리는 상태를 상상해보면 될 것이다.

튜링 기계가 항상 내부 상태 '0'에서 작동을 시작하고, 기계의 입력 기관이 위치한 곳 왼쪽에 있는 테이프는 전부 비어 있으며, 명령과 데이터는 모두 그 오른쪽에 입력된다고 가정하자. 앞에서 언급했듯이 이 입력 데이터는 0과 1로만 이루어진 길이가 유한한 문자열이고 그 뒤는 모두 빈칸(0)으로 채워진다. 기계가 STOP 상태에 도달하면 계산 결과는 입력

기관 바로 왼쪽에 제시된다.

입력의 일부로 수치 데이터도 나타낼 수 있어야 하기 때문에 보통 숫자(0, 1, 2, 3, 4, …와 같은 자연수)를 나타낼 방법이 필요하다. 한 가지 방법은 n이라는 숫자를 표시하기 위하여 n개의 1로 된 문자열을 이용하는 것이다(다만 이 방법은 0을 표시하는 데는 어려움이 있다).

1 → 1, 2 → 11, 3 → 111, 4 → 1111 등

이러한 원시적인 수치 체계를 1진법 체계라고 부른다. 그리고 기호 '0'은 두 숫자 사이를 분별할 수 있는 빈칸 역할을 담당하게 된다. 수많은 알고리즘이 한 개의 데이터보다는 여러 개의 데이터를 사용하는 경우가 많기 때문에 숫자들 사이를 구분할 방법을 갖는 것이 매우 중요하다. 예를 들면 유클리드의 알고리즘을 튜링 기계에 돌려보려 하는 경우, 기계는 A와 B 2개의 입력 데이터를 주어야 할 것이다. 이 알고리즘에 대한 튜링 기계는 그리 어렵지 않게 작성될 수 있다. 관심 있는 독자들은 연습 삼아 다음 튜링 기계EUC가 0으로 분리된 2개의 1진수에 대해서 실제로 유클리드 알고리즘을 수행하는지 확인해보기 바란다.

00 → 00R, 01 → 11L, 10 → 101R, 11 → 11L, 100 → 10100R,
101 → 110R, 110 → 1000R, 111 → 111R, 1000 → 1000R, 1001 → 1010R,
1010 → 1110L, 1011 → 1101L, 1100 → 1100L, 1101 → 11L, 1110 → 1110L,
1111 → 10001L, 10000 → 10010L, 10001 → 10001L, 10010 → 100R,
10011 → 11L, 10100 → 00STOP, 10101 → 10101R

이를 수행해보기 전에 어쩌면 훨씬 간단한 기계부터 살펴보는 것이 현명할지도 모르겠다. 다음에 제시된 튜링 기계 **UN**+1은 단순히 1진법 숫자에다 1을 더하는 튜링 기계이다.

00 → 00R, 01 → 11R, 10 → 01STOP, 11 → 11R

UN+1이 실제로 작동하는가를 보기 위해서 다음과 같이 4를 나타내고 있는 테이프에 적용해보기로 하자.

$$\cdots 0\,0\,0\,0\,0\,1\,1\,1\,1\,0\,0\,0\,0\,0 \cdots$$

처음에 이 기계의 입력 기관이 1들의 왼쪽에 있는 특정 0 위에 위치하고 있다고 가정하자. 초기 상태는 0이고 입력되는 기호는 0일 것이다. 첫 번째 명령에 따라서 이 0을 그대로 놓아둔 채 한 칸 오른쪽으로 움직일 것이다. 이때 내부 상태는 0으로 남아 있는다. 이러한 동작이 첫 번째 1이 입력될 때까지 반복될 것이다. 1이 입력되면 두 번째 명령이 효과를 보게 된다. 1은 그대로 둔 채 다시 오른쪽으로 한 칸 움직인다. 그러나 이제 내부 상태는 1로 변한다. 네 번째 명령에 의해서 이제는 1 상태를 지속하며 입력된 1을 그대로 놓아두고 오른쪽으로 계속 움직인다. 이 동작은 1들 다음에 나오는 첫 번째 0이 입력될 때까지 계속된다. 첫 번째 0이 입력되면 세 번째 명령에 따라 0을 1로 바꿔주고 한 칸 오른쪽으로 움직인 후 정지한다. (STOP이 실제로는 R.STOP이었음을 기억하기 바란다.) 결국 새로운 1이 문자열 끝에 추가되고, 원했던 바와 같이 입력된 4는 5로 바뀌게 된다.

다음은 약간 복잡한 예인데, 다음 튜링 기계 **UN**×2가 1진법의 수를 두 배로 만들어주는지 확인해보기 바란다.

00 → 00R, 01 → 10R, 10 → 101L, 11 → 11R, 100 → 110R, 101 → 1000R,
110 → 01STOP, 111 → 111R, 1000 → 1011L, 1001 → 1001R, 1010 → 101L,
1011 → 1011L

EUC의 경우 어떠한 일이 벌어지는가 알아보기 위해서 적당한 2개의 숫자, 예를 들면 6과 8을 대입하여 시도해보기 바란다. 앞에서와 같이 튜링 기계의 처음 상태는 0으로, 그 입력 기관이 다음과 같은 테이프의 왼쪽에 위치한다고 가정하자.

$$\cdots 000000011111101111111111000000 \cdots$$

튜링 기계가 여러 과정을 거친 뒤 다음과 같은 테이프 상태의 1들 오른쪽에서 동작을 멈출 것이다.

$$\cdots 00001100000000 \cdots$$

즉 구하고자 하는 최대공약수는 2가 된다.

왜 **EUC** 혹은 **UN**×2 등이 우리가 원하는 작업을 실제로 수행하는가에 대한 완전한 설명은 미묘한 문제를 내포하고 있기 때문에 그 기계 자체의 복잡성보다도 이를 설명하는 것이 훨씬 복잡해진다. 실제로 이러한 문제는 컴퓨터 프로그램들이 공통적으로 안고 있는 보편적 문제에 속한다. (특정한 알고리즘적 프로그램이 어떻게 작성된 의도대로 수행될 수 있는가를 이해하려면 통찰력이라는 것이 필요하다. 그렇다면 '통찰력' 그 자체는 알고리즘적이라고 할 수 있는 것인가? 이 질문은 뒤에서 우리가 중요하게 다룰 문제 중 하나이다.) 여기에서는 **EUC**나 **UN**×2 등의 예에 대해서 앞에서 언급한 설명을 시도하지 않겠다. 실제로 **EUC**를 확인해본 독자들은 내가 임의로 본래의 유클리드 알고리즘을 간단한 형태로 변형했다는 것을 눈치챌 수 있었을 것이다. 그래도 **EUC**는 매우 복잡하여 22개의 기본 명령과 11개의 내부 상태가 존재한다. 그러나 이러한 복잡성의 주범은 기계의 구성에 관한 명령들이다. 실제로 따져보면 22개의 명령 중 단 3개만이 테이프의 내용을 바꿔주는 역할을 한다. (**UN**×2를 보더라도 12개의 명령 중 테이프 내용을 바꿔주는 명령어는 전체의 절반 정도에 불과하다.)

숫자 데이터의 2진 코드화

1진법 체계는 데이터의 크기가 커지게 되면 매우 비효율적이다. 그 때문에 우리는 앞서 언급한 대로 2진법 체계를 주로 사용하기로 하겠다. 그러나 테이프에 있는 그대로 그 내용을 2진수로 직접 들여오는 것은 불가능하다. 현재로서는 필요한 숫자가 어디에서 끝나고, 빈칸에 해당하는 무한개의 0이 어디서부터 시작되는가를 알 방법이 없는 것이다. 즉 그 2진 숫자가 어디에서 끝나는가를 명시할 수 있는 표현 방법이 필요하다. 뿐만 아니라 유클리드 알고리즘에서 2개의[4] 숫자를 필요로 했듯이 때때로 여러 개의 숫자를 표시할 필요가 생긴다. 현재로서는 숫자들 사이의 빈칸을 표시하는 0과 특정한 숫자 중간에 등장하는 0을 구분할 방법이 없다. 게다가 테이프에 데이터뿐만 아니라 온갖 복잡한 명령어를 입력해야 할 경우가 생길 수도 있다. 이러한 문제점을 해결하기 위하여 축약contraction이라는 방법을 사용하고자 한다. 이 방법은 2진 문자열을 그대로 2진수로서 읽는 것이 아니고, 일단 이를 0, 1, 2, 3, 4 등의 문자열로 바꾸는 것이다. 이러한 문자열을 만들기 위해서는 0과 0 사이의 1의 개수를 이용할 수 있다. 예를 들어 다음과 같은 테이프 내용을 살펴보자.

$$01000101101010110100011101010111100110$$

여기에서 0과 다음 0 사이를 분리하면 다음과 같은 문자열을 만들 수 있다.

```
010 0 010110101011010 0 01110101011110 0110
| | | | |  | | |  | | | |  | | |   | | |
 1 0 0 1  2 1 1  2 1 0 0  3 1 1   4 0 2
```

이제 0과 1을 제외한 나머지 숫자들 2, 3, 4,… 등은 특별한 표식 혹은 특정 종류의 명령문으로 받아들일 수 있다. 실제로 2는 두 숫자를 분리하

4 여러 개의 수를 하나의 수로 코딩하는 방법은 이외에도 여러 가지가 있다. 어떤 것들은 수학자들에게 널리 알려져 있지만 여기에서 사용하기에는 불편한 것들도 있다. 한 가지 예로, $\frac{1}{2}[(a+b)^2+3a+b]$의 경우 자연수의 쌍 (a, b)를 유일하게 나타낼 수 있다. 확인하기 바란다.

는 빈칸 역할을 하는 '쉼표(,)'를 표현하고, 3, 4, 5,… 등은 원하는 바에 따라 '-', '+', '*', '다음에 나오는 번호로 JUMP', '이전 명령을 다음에 나오는 숫자만큼 반복' 등의 명령어를 표현한다고 가정할 수 있다. 이렇게 놓고 보면 앞의 문자열은 0과 1로 이루어진 문자열이 2 이상의 숫자들에 의해서 분리된 형태를 취하는데, 여기서 0과 1로 이루어진 문자열은 2진법으로 표현된 숫자를 나타낸다. 그러므로 이 문자열은 (2를 쉼표로 정하면) 다음과 같이 읽을 수 있다.

(2진수 1001) 쉼표 (2진수 11) 쉼표 …

2진수 1001, 11, 100, 0에 대해서 그에 해당하는 아라비아 숫자 9, 3, 4, 0을 대입하여 앞의 문자열 전체를 다시 표시하면 다음과 같다.

9, 3, 4 (명령어 3) 3 (명령어 4) 0,

이 과정을 통하여 우선은 테이프에서 표현하고자 하는 숫자의 나열을 끝마칠 수 있게 되었다. 즉 마지막에 쉼표를 붙임으로써 오른쪽으로 끝없이 이어진 0들로부터 그 숫자를 구분할 수 있게 되었다. 그뿐 아니라 임의의 유한한 (2진수로 표시된) 자연수로 이루어진 수열 역시 쉼표로 각각을 구분함으로써 그것을 0과 1만으로 이루어진 하나의 커다란 문자열로 표현할 수 있게 되었다. 다음 예를 통해 다시 살펴보기로 하자.

5, 13, 0, 1, 1, 4

이를 2진수로 표시하면 다음과 같다.

101, 1101, 0, 1, 1, 100

이를 확장expansion(즉 앞에서 설명한 축약의 반대 과정)을 통하여 다음과 같이 테이프 내용으로 바꿀 수 있다.

$$\cdots 0000100101101010010110011010110101101000 11000 \cdots$$

이를 위해서는 앞에서 구한 2진수의 문자열에 다음과 같은 간단한 변환 규칙을 적용한 뒤 무한개의 0을 앞뒤에 붙이면 된다.

$$0 \rightarrow 0$$
$$1 \rightarrow 10$$
$$, \rightarrow 110$$

앞의 테이프 내용을 다음과 같이 나누어보면 앞의 변환이 쉽게 이해될 것이다.

0000 10 0 10 110 10 10 0 10 110 0 110 10 110 10 110 10 0 0 110 00

이러한 표현 방법을 여기에서는 확장 2진 표현법expanded binary notation이라 부르기로 하자. 예를 들면 13의 확장 2진 표현은 1010010이다.

이 표현법에 대하여 한 가지 덧붙일 말이 있다. 이는 단지 기술적인 문제이지만 완벽을 기하기 위하여 밝혀두려 한다.[5] 자연수에 대한

---

5 여기에서 숫자열(혹은 명령어들)의 시작을 표시하는 특수 기호는 염두에 두지 않았다. 입력에 대해서는 그러한 표식이 필요하지 않은데, 최초에 등장하는 1이 그 역할을 하기 때문이다. 그러나 출력의 경우 어떤 방법으로든 이를 표시해주어야 한다. 왜냐하면 모르는 상태에서 최초로(가장 왼쪽에) 등장하는 1을 찾기 위하여 테이프에서 얼마나 멀리까지 찾아가야 하는가를 알 수 없기 때문이다. 왼쪽으로 움직이는 동안 0이 한참 계속되었다 하더라도 조금 더 가면 다른 1이 등장하지 않는다고 말할 수 없는 것이다. 이에 대해서는 여러 가지 방법을 사용할 수 있다. 한 가지 방법은 출력값의 시작을 의미하는 특수한 기호(예를 들면 축약 과정에서 6에 해당하는 코드)를 사용하는 것이다. 간단히 하기 위하여 여기에서는 다른 방법을 사용하겠다. 즉 테이프 부분 중 기계가 지나간 곳을 미리 알 수 있어서(발자국 같은 것을 남긴다고 상상해도 무방하다), 출력 부분을 모두 읽었는가를 확인하기 위하여 원칙적으로 테이프를 무한정 읽어볼 필요가 없다는 것이다.

2진 혹은 10진수 표현을 할 때 대개의 경우 가장 왼쪽에 등장하는 0은 숫자에 아무런 영향을 주지 않기 때문에 생략된다. 예를 들면 2진수 00110010은 110010과 같은 수이고 10진법에서의 0050은 50과 같은 수인 것이다. 이러한 중복 표현은 0이라는 수에도 적용되어 0 이외에 000 혹은 00으로 쓸 수 있다. 그뿐 아니라 논리적으로 말한다면 빈칸도 0이 되어야 한다! 보통의 표현 체계에서는 이러한 것이 큰 혼란을 초래하겠지만, 앞에서 제시한 방법을 사용하면 아무런 문제가 없다. 그러므로 2개의 쉼표 사이에 있는 0 대신 그냥 연속된 쉼표 (, ,)로 표현하면 된다. 연속된 쉼표는 다음과 같이 2개의 11 사이를 0이 갈라놓은 형태이다.

… 001101100 …

그러므로 앞의 예에서 본 6개의 숫자(101, 1101, 0, 1, 1, 100)는 다음과 같이 표시될 수 있다.

101, 1101, , 1, 1, 100,

이를 테이프 위에 확장 2진 표현법으로 표시하면 다음과 같다.

… 0000100101101010010110110101101011010001100 0 …

(이는 앞에서 본 문자열에서 0이 하나 빠진 것이다.)

이제 유클리드 알고리즘의 튜링 기계를 확장 2진 표현으로 표시된 2개의 데이터에 적용하는 방법을 살펴보자. 예를 들어 앞에서 본 6과 8의 경우를 보면

… 000000000001111110111111100000 …

과 같은 1진 표현 방법 대신 6과 8의 2진 표현인 110과 1000을 사용하고

자 한다. 그 쌍은

6, 8,   즉 2진 표현으로 110, 1000,

으로, 이를 확장하면 다음과 같은 테이프 내용을 얻을 수 있다.

… 00000101001101000011000000 …

이 예만을 놓고 보면 1진 표현법에 비해서 별로 좋은 점을 찾을 수 없을 것이다. 그러나 예를 들어 10진수 1583169와 8610을 택한다고 가정해보자. 이 수들은 2진법으로 각각

110000010100001000001, 10000110100010

으로 표시된다. 이를 테이프에 확장 2진 표현법으로 나타내면 다음과 같다.

… 001010000001001000001000000101101000001010010000100110 …

즉 한 줄로 표시할 수 있다. 만약 1583169와 8610을 1진수로 표시하려 했다면 아마 이 책 한 권을 가득 채우고도 남았을 것이다!

확장 2진 표현으로 입력된 데이터에 대하여 유클리드 알고리즘을 수행하는 튜링 기계를 만들고 싶다면 단순히 **EUC** 기계에다 확장 2진 표현을 1진수로 바꿔주는 서브루틴만 부착하면 된다. 그러나 그 기계는 실로 매우 비효율적일 것이다. 왜냐하면 1진수의 비효율성은 '내부적'으로는 그대로 남아 있어서 시간도 느리고 계산에 필요한 외부 '연습장', 즉 테이프 왼쪽의 빈칸도 엄청나게 많이 필요할 것이기 때문이다. 확장 2진 표현을 직접 읽어서 유클리드 알고리즘을 수행할 수 있는 훨씬 효율적인 튜링 기계를 설계할 수도 있으나 여기에서는 다루지 않겠다.

튜링 기계에서 확장 2진 표현을 다루는 방법을 보이기 위해 유클리드

알고리즘보다 훨씬 간단한 예를 살펴보겠다. 즉 확장 2진 표현의 자연수에 단순히 1을 더하는 과정은 다음과 같은 튜링 기계(**XN**+1)로 처리될 수 있다.

00 → 00R, 01 → 11R, 10 → 00R, 11 → 101R, 100 → 110L, 101 → 101R, 110 → 01STOP, 111 → 1000L, 1000 → 1011L, 1001 → 1001L, 1010 → 1100R, 1011 → 101R, 1101 → 1111R, 1110 → 111R, 1111 → 1110R

관심 있는 독자들은 앞의 기계가 실제로 맞게 동작하는가를 확인하기 위하여 167이라는 가상의 데이터에다가 직접 적용해보기 바란다. 167의 2진 표현은 10100111이기 때문에 테이프에는 다음과 같은 확장 2진 표현으로 표시될 것이다.

… 0001001000101010110000 …

2진수에 1을 더하기 위해서는 제일 마지막의 0을 찾아서 1로 바꿔주고, 그 0 다음에 나오는 모든 1을 0으로 바꿔주면 된다. 예를 들면 167+1=168은 2진 표현으로 다음과 같이 된다.

…10100111+1=10101000.

그러므로 **XN**+1 튜링 기계는 앞의 테이프를 다음과 같이 변환할 수 있어야 하는데, 참으로 이를 수행하는가 확인해보기 바란다.

… 0000100100100001100000 …

앞의 예에서 본 바와 같이 가장 기본적인 계산인 1 더하기 연산도 확장 2진 표현으로는 15개의 규칙에 8개의 내부 상태가 필요한 꽤 복잡한 기계가 되고 말았다. 1진수 표기의 1 더하기 계산은 매우 간단한데, 그것이 실은 1로 된 문자열의 끝까지 가서 단순히 1을 하나 덧붙이는 것에 지나지 않기 때문이다. 그러므로 튜링 기계 **UN**+1이 훨씬 단순한 것은 당연하다고 볼 수 있다. 하지만 아주 큰 숫자에 대해서는 처리해야 할 테이프의 길이 때문에 **UN**+1 기계의 경우 지나치게 계산 속도가 느려진다. 오히려 더 복잡한 기계인 **XN**+1이 간단한 확장 2진 표현 덕에 효과적인 계산을 할 수 있다.

한 가지 덧붙이고 싶은 것은 어떤 계산은 확장 2진 표현을 이용하는 기계가 1진법을 이용하는 기계보다 외양적으로도 단순해진다는 것이다. 주어진 확장 2진 표현의 자연수를 두 배해주는 튜링 기계 **XN**×2를 살펴보자.

00 → 00R, 01 → 11R, 10 → 00R, 11 → 100R, 100 → 111R, 110 → 00STOP

앞에서 제시한 바 있는 1진법 튜링 기계 **UN**×2는 이보다 훨씬 복잡했던 것을 기억하기 바란다!

이제 아주 기본적인 수준의 튜링 기계가 어떤 식으로 움직이는가에 대한 아이디어를 얻었을 것이다. 예상할 수 있겠지만 계산이 좀 복잡해지면 이러한 기계도 엄청나게 복잡해진다. 그렇다면 이러한 기계의 궁극적인 한계는 무엇일까? 이제 이 문제를 검토해보기로 하자.

처치-튜링 명제

간단한 튜링 기계를 작성하는 방법에 익숙해지면 여러 가지 다른 기본 연산, 예를 들면 두 수의 합, 두 수의 곱, 지수 계산 등도 모두 특정한 튜링 기계들로 풀 수 있음을 쉽게 확인해볼 수 있다. 각각의 기계에 대한 설명은 생략하겠다. 나누기와 나머지처럼 계산의 결과가 2개의 자연수로 주어지는 것, 혹은 결과가 임의의 크기인 유한 집합으로 주어지는 것 모두 튜링 기계로 만들 수 있다. 그뿐 아니라 미리 지정된 계산을 하는 것이 아닌, 무엇을 계산할 것인가를 테이프에 명령어 형태로 입력받는 식의 튜링 기계도 만들 수 있다. 때로는 수행되어야 할 명령이 그 기계가 앞에서 계산한 결과에 따라 달라질 수도 있다. ("만일 그 계산 결과가 어떤 값보다 크면 이것을 수행하고, 아니면 저것을 수행하시오.") 간단한 계산 혹은 논리 연산을 하는 튜링 기계가 만들어질 수 있다는 것이 완전히 이해가 된다면 이들을 알고리즘을 수행하는 복잡한 기계를 만드는 데에 어떻게 이용할 수 있는가 하는 것도 쉽게 이해가 될 것이다. 실제로 얼마간 연습해본 사람이라면 이러한 종류의 기계는 어떠한 기계적 작업mechanical operation이라도 수행하도록 만들 수 있다는 사실을 쉽게 확인할 수 있을 것이다. 수학적으로 보면 '기계적 작업'이라는 것을 이러한 기계가 수행할 수 있는 작업으로 정의하는 것이 타당성을 갖게 되었다. 이러한 형태의 이론적 기계, 즉 튜링 기계에 의해서 수행될 수 있는 기계적 작업을 수학자들은 '알고리즘'이라는 명사와 '계산 가능한computable', '재귀적인recursive' 혹은 '효과적인effective'이라는 형용사를 사용하여 표현한다. 어떤 계산 과정이 충분히 명료하고 기계적이라면 이를 수행할 수 있는 튜링 기계도 꼭 찾아낼 수 있다는 가정이 설득력을 갖게 된 것이다. 이것이 바로 튜링 기계 개념의 동기를 이해하는 데 가장 중요한 포인트이다.

그러나 한편으로는 이 기계가 불필요할 정도로 제약이 많게끔 설계되지 않았는가에 대한 우려도 있을 수 있다. 한번에 단지 한 개의 2진수(0 혹은 1)만을 읽어들일 수 있다거나, 단 하나의 1차원 테이프를 따라서 한 번에 왼쪽이나 오른쪽으로 한 칸씩만 움직일 수 있다는 사실 등은 언뜻 봐도 좀 제약이 많은 것 같다. 왜 네댓 개, 아니 한 천 개쯤의 테이프를 수많은 입력기를 연결하여 단번에 읽을 수 없을까? 1차원 테이프를 고집하는 대신 0과 1로 채워진 평면을 사용하거나 3차원의 배열을 사용하면 어떨까? 좀 더 복잡한 숫자 체계나 알파벳 기호를 사용하면 어떨까? 실제로 이 중 어떤 변화를 취하더라도 근본적으로 무엇을 할 수 있고 없고의 문제에는 아무런 영향을 끼치지 못한다. 물론 테이프를 여러 개 사용하는 예를 보면 명백하듯이, 이들로 인하여 작업의 경제적 효과는 얻을 수 있다. 그러나 앞에서 제시한 변화를 한번에 다 적용해서 튜링 기계의 영역을 넓히더라도 수행 가능한 연산의 종류, 그리고 이에 따라 알고리즘(혹은 '계산,' '효과적 계산 과정,' '재귀적 연산')에 속할 수 있는 것들은 이전과 하나도 변화가 없다!

튜링 기계가 필요에 따라서 빈칸을 얼마든지 찾을 수 있는 한 테이프를 2개 이상 가져야 할 필요가 없음을 알 수 있을 것이다. 이를 위해서 테이프 위의 데이터를 한 곳에서 다른 곳으로 계속 옮겨다녀야 할지도 모른다. 이것은 '비능률적'일지는 모르지만 근본적으로 계산할 수 있는 것에 제한을 가하지는 않는다.[6] 마찬가지로, 요즘 인간 두뇌의 모형화와 관련하여 각광을 받고 있는 병렬 기법에서처럼 둘 이상의 튜링 기계를 동시에 작동시키더라도 근본적으로는 아무런 효과를 얻을 수 없다. (물론 특정한 경우에 처리 속도의 향상은 기대할 수 있다.) 서로 직접 교류할 수 없는 두 기계가 서로 교류하는 두 기계보다 더 많은 것을 수행할 수는 없다. 그리고 두 기계가 서로 교류한다면 그것은 결과적으로 하나의 기계라 할 수 있는 것이다.

튜링이 테이프의 형태를 1차원으로 제한한 것은 어떠한가? 이 테이프가 '주변 상황environment'을 나타낸다는 관점에서 보면 그 모양이 1차원적인 직선보다는 2차원의 평면 혹은 3차원의 공간인 것이 더 적합할 듯 보인다. 평면이 '순서도'(유클리드 알고리즘의 예에서 본 것과 같은)를 표현하기에는 1차원 테이프보다 적합해 보일지도 모른다.[7] 그러나 원칙적으로 순서도에 표시된 연산 과정을 '1차원' 형태로 기술하는 것은 아무런 어

6 2개의 테이프에 있는 정보를 하나의 테이프에 표시할 수 있는 한 가지 방법은 각각의 정보를 하나씩 엮어놓는 것이다. 그러므로 홀수 번째에 등장하는 기호들은 첫 번째 테이프의 데이터로 간주하고, 짝수 번째의 것들은 두 번째 테이프의 데이터로 읽는 것이다. 3개 이상의 테이프에 대해서도 같은 방법을 적용할 수 있다. 이 방법에서 비효율적인 부분은 입력 장치가 계속 왔다 갔다 하며 각 테이프마다 어디에 있었는가를 기억하기 위한 표시를 해놓아야만 한다는 것이다.

7 여기에 기술된 방식대로라면 이 순서도는 외부 환경인 '테이프'의 일부라기보다는 '기계'의 일부로서 간주되어야 한다. 테이프에 기록되는 것은 A, B, A−B와 같이 실제 숫자에 대한 표현이었다. 그러나 기계 자체에 대한 사양 역시 1차원적인 목록으로 표현하는 것이 바람직하다. 잠시 뒤에 보겠지만 만능 튜링 기계와 연관지어 생각할 때 특정 '기계'의 사양과 기계에 주어진 '데이터'(혹은 '프로그램')의 사양 사이에는 밀접한 관계가 있다. 그러므로 양쪽 모두 1차원적인 형태를 취하는 것이 편리한 점이 있다.

려움이 없다. (한 가지 방법은 순서도의 내용을 일반 대화식 언어로 기술하는 것이다.) 2차원 평면 위에 표현하는 것은 단순히 우리가 편리하고 쉽게 이해하기 위한 것이지 근본적으로 무엇을 성취할 수 있는가 하는 문제에는 전혀 영향을 끼치지 않는다. 2차원 평면 위의 기호나 물체의 위치, 심지어는 3차원의 위치를 손쉽게 1차원 테이프에 코드화할 수 있는 것이다. (실제로 2차원 평면을 사용하는 것은 2개의 테이프를 사용하는 것과 완전히 같다. 2개의 테이프는 2차원 평면에서 점을 지정하기 위해 필요한 2개의 '좌표'를 갖게 된다. 마찬가지로 3개의 테이프는 3차원에서의 점의 좌표를 표시할 수 있다.) 다시 강조하지만 1차원의 코드는 '비능률적'일지는 모르지만 무엇을 할 수 있는가의 문제에는 영향을 끼치지 않는다.

이 모든 것에도 불구하고 튜링 기계의 개념이 진정 우리가 '기계적'이라 부를 수 있는 모든 논리적 혹은 수학적 연산을 수행할 수 있는가에 대해서는 아직 의문이 있을 수 있다. 튜링이 그의 독창적 논문을 기술할 당시까지만 하더라도 이에 대해서는 현재보다 훨씬 불분명했으므로 튜링은 자기의 입장을 다소 자세하게 서술할 필요가 있었다. 튜링의 주도면밀한 변론은 새로운 사실로부터 지지를 얻게 되었는데, 튜링과는 별개로(실제로 약간 앞서) 미국의 논리학자 알론조 처치Alonzo Church가 스티븐 클레이니Stephen C. Kleene의 도움을 받아 처음 제시한 람다 계산법lambda calculus이 그것으로, 이 역시 힐베르트의 '열 번째 문제'를 풀기 위한 새로운 방법을 제안한 것이다. 비록 튜링 기계에 비해서 완전한 기계적 방법이라는 측면에서는 훨씬 불분명했지만 그 수학적 구조는 놀라울 정도로 간략하다는 이점이 있었다. (처치의 이 놀라운 계산법에 대해서는 이 장의 마지막에서 다루기로 한다.) 튜링과 별개로 힐베르트 문제(Gandy, 1988)에 대한 또 다른 제안들이 있었는데, 특히 폴란드계 미국인 논리학자 에밀 포스트Emil Post를 들 수 있다. (튜링보다 약간 늦었지만 처치에 비하여 튜링 기계와 더욱 유사한 아이디어에 근거하고 있다.) 얼마 후에는 이 모든 방법이 완전히 같다는 것이 밝혀졌다. 이러한 사실은 후에 '처치-튜링 명제'라고 불리게 된 하나의 관점에 큰 활력소로서 작용하게 되었는데, 그 관점이란 튜링 기계(혹은 그와 같은 다른 기계)가 실제로 우리가 말하는 알고리즘적(또는 효과적 또는 재귀적 또는 기계적) 과정을 수학적으로 정의한다는 것이다. 요즘에는 초고속 전자컴퓨터가 우리 생활에 친숙해졌기 때문에 이 명제의 원래 형태에 의문을 갖는 사람은 별로 없다. 그 대신 몇몇 사람들은 실세계의 물리법칙을 따르는 물리적 시스템(인간의 두뇌도 포함하여)이 튜링 기계와 비교하여 논리적 혹은 수학적 연산 기능 측면에서 더 나을 것인가 못할 것인가, 아니면 똑같을 것인가에 의문을 갖기 시작했다. 나는 개인적으로 원래의 처치-튜링 명제에 대해서는 기꺼이 받아들일 준비가 되어 있다. 그러나 실제의 물리적 시스템과 연관하는 것은 별개의 문제로서, 이에 대해서는 이 책 뒷부분에서 자세히 다루고자 한다.

자연수 이외의 수

앞에서 우리는 자연수의 연산을 살펴보았고, 하나의 튜링 기계가 내부적으로는 유한개의 상태만을 가지면서도 임의 크기의 자연수에 대하여 계산을 수행할 수 있다는 놀라운 사실을 확인했다. 그러나 우리는 종종 이보다 더욱 복잡한 형태의 숫자들, 예를 들면 음수, 소수, 무한한 수 등을 필요로 하는 경우가 있다. 음수와 소수(예를 들면 −597/26)는 튜링 기계로 쉽게 처리할 수 있고 분자와 분모에도 얼마든지 큰 숫자가 올 수 있다. 단지 '−'나 '/' 같은 기호에 대한 코드만 있으면 되는데, 앞에서 살펴본 확장 2진 표현법을 사용하면 쉽게 해결할 수 있다(예를 들면 '−'는 '3'을, '/'는 '4'를 쓰기로 하고 각각에 확장 2진 코드 1110과 11110을 사용한다). 그러므로 음수와 분수는 자연수를 이용하여 표시가 되고 결과적으로 계산 가능성 여부를 일반적으로 판단하는 데에도 아무런 문제가 제기되지 않는다.

마찬가지로, 유한개의 숫자로 표시된 무한 숫자 역시 그것이 분수의 한 가지 형태라고 보면 아무런 문제가 되지 않는다. 예를 들면 무리수 π를 3.14159265로 표시했다면 이는 31159265/100000000이라는 분수로 표현하면 된다. 하지만 다음과 같이 표현된 무한 숫자에 대해서는 문제가 발생한다.

$$\pi = 3.14159265358979\cdots$$

튜링 기계의 입력 데이터와 출력값은 엄밀히 말해서 무한 숫자가 될 수 없다. 누군가는 π 값을 3, 1, 4, 1, 5, 9, …와 같이 하나씩 출력하는 튜링 기계를 만들어서 계속 작동하게 하면 어떤가 하고 생각할지 모르겠다. 그러나 튜링 기계에서 이와 같은 것은 허용되지 않는다. 튜링 기계의 결과를 보기 위해서는 기계가 멈출 때(벨이 울릴 때)까지 기다려야만 한다. 기계가 STOP 명령을 수행하기 전까지는 출력된 결과라 할지라도 바뀔 수 있기 때문에 그 결과를 믿을 수 없다. 기계가 일단 STOP 명령에 도달하면 출력된 결과는 필연적으로 유한한 것이다.

하지만 튜링 기계가 앞에서 설명한 것과 아주 흡사하게, 그 결과를 한 글자씩 출력하게끔 할 수 있는 합법적 방법이 있기는 하다. π와 같은 무한한 수의 확장을 출력하기 위해서는 입력값 0에 대하여 진수 3을, 1에 대하여 소수 첫째자리 1을, 2에 대하여 소수 둘째자리 4를, 3에 대하여 소수 셋째자리 1을 출력하는 튜링 기계를 만들면 된다. 실제로 막상 동작시키기에는 좀 복잡하지만 이와 같이 π 값을 출력하는 튜링 기계가 존재한다. $\sqrt{2} = 1.414213562\cdots$와 같은 무리수도 마찬가지 방법으로 할 수 있다. 그런데 놀랍게도 어떤 무리수들은 그 어떤 튜링 기계로도 만들 수 없다는 것이 밝혀졌다. 이에 대해 다음 장에서 더욱 자세히 살펴보기로 하자. 이러한 방법으로 만들어낼 수 있는 수들을 계산 가능하다고 부르고, 만들어낼 수 없는 수들(실제로 훨씬 많음)을 계산 불가능하다고 부른다. 이와 관련된 이슈들은 뒷장들에서 다시 살펴보기로 한다. 이 내용은 실제 물리적 물체(예를 들면 인간의 두뇌)가 물리학적 관점에서 계산 가능한 수학적 구조로 적절하게 표시될 수 있는가 하는 문제와 연관된다.

계산 가능성은 일반적으로 수학 분야에서 중요한 주제 중 하나이다. 그런데 이것이 꼭 수에만 국한된다고 보면 안 된다. 대수학 혹은 삼각함수의 공식과 같은 수식 자체를 직접 대상으로 하여 작동하는 튜링 기계나 해석학의 형식 변환formal manipulation을 수행하는 튜링 기계도 있을 수 있다. 다만 그 과정에 등장하는 모든 수학적 기호를 0과 1의 나열로 표시할 수 있는 정확한 코드 체계가 필요하고, 그 뒤에는 튜링 기계의 개념을 적용하면 된다. 이것이 바로 튜링이 '열 번째 문제', 즉 수학의 일반적인 문제들을 풀 수 있는 알고리즘적 방법을 구상할 때 마음속에 두고 있던 것이다. 이에 대해서는 잠시 후 다시 보기로 하자.

만능 튜링 기계

아직 만능 튜링 기계universal Turing machine에 대해서는 설명하지 않았다. 이에 대한 자세한 내용은 복잡할지 몰라도 그 배경에 깔려 있는 원리는 그다지 어렵지 않다. 기본 아이디어는 임의의 튜링 기계 T의 명령어들을 테이프에 표현할 수 있도록 0과 1의 나열로 코드화하는 것이다. 이 테이프는 다시 만능 튜링 기계라고 불리는 특정한 튜링 기계 U의 입력부 초반에 위치하게 되고, U는 입력부 뒷부분에 위치한 데이터를 이용하여 마치 T처럼 행동하게 된다. 만능 튜링 기계는 흉내 내는 데는 만능이라 할 수 있다. 테이프 초반부에 있는 내용은 만능 기계 U가 주어진 기계 T를 똑같이 흉내 내는 데 필요한 모든 정보를 제공해준다.

이것이 어떻게 수행되는가를 보기 위해서는 우선 튜링 기계를 체계적으로 숫자화할 수 있는 방법이 필요하다. 앞에서 본 특정한 튜링 기계의 명령어 목록을 생각해보자. 일단 이 목록에 나타난 명령어들을 체계적인 방법으로 1과 0의 나열로 이루어진 코드로 바꿔 주는 것이 필요하다. 앞에서 기술한 바 있는 '축약' 과정을 이용하면 된다. 만일 R, L, STOP, 화살표(→), 쉼표(,) 등을 2, 3, 4, 5, 6과 같은 숫자로 대치하면 각각은 축약 코드 110, 1110, 11110, 111110, 1111110으로 나타낼 수 있다. 그리고 명령어에 등장하는 숫자 0과 1은 각각 0과 10이라는 코드를 사용하여 표시한다. 튜링 기계의 명령어에 큰 글자로 나타나는 0, 1과 작은 글자로 나타나는 0, 1을 구분해줄 필요는 없다. 큰 글자는 항상 맨 마지막(오른쪽)에 나오기 때문에 그 위치만 가지고도 분별이 가능하다. 예를 들면 명령어 $_{110}$1은 2진수의 1101로 나타내고, 테이프에는 1010010이라는 코드로 표시된다. 특히 처음에 나오는 00은 00으로 받아들여지는데, 이 경우 혼동될 염려가 없으므로 0이라는 코드로 나타내든지, 아니면 아예 생략해버려도 무방하다. 코드 작업을 크게 단순화시키기 위해서 화살표와 화살표 왼쪽의 기호들을 생략해버리고 명령어 코드 숫자의 순서에 의존하여 그 값을 다시 추정해내는 방법도 있다. 다만 이 방법을 사용하기 위해서는 순서상 빈 공간이 있으면 안 되기 때문에 곳곳에 가짜 순서값을 채워넣어야 한다. (예를 들면 튜링 기계 **XN**+1의 경우 1100에 대해서는 기계가 동작하는 동안 그러한 경우가 발생하지 않기 때문에 1100 → 00R과 같은 가짜 명령어를 채워넣어 주어야 한다. 이 가짜 명령이 명령어 목록에 포함되더라도 실제 기계에는 아무런 변화가 없다. 마찬가지로, **XN**×2의 경우 가짜 명령어 101 → 00R을 채워주어야 한다.) 이러한 가짜 명령어가 없다면 그 위치 이후의 모든 코드가 망쳐지기 때문이다. 또, L 혹은 R에 의해서 명령어가 구분될 수 있기 때문에 쉼표도 꼭 필요한 것은 아니다. 그러므로 다음과 같은 간단한 코드를 사용하기로 한다.

0 혹은 0 → 0, 1 혹은 1 → 10, R → 110, L → 1110,
STOP → 11110

예로서 튜링 기계 **XN**+1(가짜 명령 1100 → 00R 포함)의 코드를 살펴보기로 하자. 화살표와 화살표 왼쪽의 기호, 그리고 쉼표를 제외하면 다음과 같은 기호만 남는다.

00R 11R 00R 101R 110L 101R 01STOP 1000L 1011L 1011L 1001L
1100R 101R 00R 1111R 111R 1110R

앞에서 언급한 대로 00을 없애버리고 01을 단순히 1로 바꿔주면 다음과 같이 간략화할 수 있다.

R11RR101R110L101R1STOP1000L1011L1001L1100R101RR1111R111R1110R

이 기호들을 테이프 코드로 바꿔주면 다음과 같다.

110101011011010010110101001110100101101011110100001110
100101011101000101110101000110100101101101010101011010
10101101010100110

두 가지만 더 간소화 작업을 하자면, 제일 처음에 등장하는 110은 그 앞의 끝없이 계속되는 공란 기호와 함께 생략할 수 있다. 이것이 표현하는 것은 00R인데, 이는 바로 명령문 00 → 00R을 간략화한 것이기 때문이다. 이 명령문은 이 책에서 튜링 기계가 공통적으로 갖는다고 무언중에 가정한 것으로, 기계가 일단 테이프 입력의 시작 위치보다 충분히 왼쪽으로부터 시작하여 첫 기호가 나올 때까지 오른쪽으로 움직이라는 것이다. 마찬가지로 마지막의 110도 그 뒤에 나오는 0들과 함께 생략할 수 있다. 그 이유는 모든 명령어가 R, L 혹은 STOP으로 끝나게 되고, 110은 이들 코드의 마지막에 공통적으로 등장하기 때문이다. 그 결과로 얻어지는 2진수가 바로 튜링 기계를 대표하는 숫자이다. 튜링 기계 **XN+1**의 경우 다음과 같다.

101011011010010110101001110100101101011110100001110100
101011101000101110101000110100101101101010101011010101
01101010100

이 수를 일반 10진수로 나타내면 다음과 같다.

450813704461563958982113775643437908

우리는 종종 기계의 번호가 n인 튜링 기계를 n번째 튜링 기계라고 부르고 이를 T_n으로 표시한다. 그러므로 **XN+1**은 450813704461563958982113775643437908번째 튜링 기계가 되는 것이다!

튜링 기계들의 순서 목록에서 이렇게 많이 지나간 다음에야 겨우 자연수(확장 2진 표현)에 하나를 더하는 정도의 아주 기본적인 튜링 기계를 발견할 수 있다는 것은 매우 충격적인 사실이다! (약간의 간소화 여지가 더 있긴 하지만 내가 여기에서 제안한 코드화 방법이 터무니없이 비효율적인 방법이었다고 생각하진 않는다.) 실제로 이보다 작은 수의 튜링 기계 중에도 흥미있는 기계가 있기는 하다. 예를 들면 **UN+1** 기계는 다음과 같은 2진수에 해당한다.

$$101011010111101010$$

이를 10진수로 바꾸면 불과 177642밖에 되지 않는다! 그러므로 1들로 된 나열의 끝에 1 하나를 새로 붙이는 아주 단순한 튜링 기계 **UN+1**은 177642번째 튜링 기계가 되는 것이다. 재미있는 것은, 2를 곱하는 작업은 어떤 표현법을 쓰건 앞의 튜링 기계 목록에서 두 숫자 사이에 등장한다는 것이다. **XN**×2의 숫자는 1456581339이고, **UN**×2의 숫자는 1492923420919872026917547669라는 것을 알기 때문이다.

이러한 숫자들의 크기와 연관지어 생각해보면 거의 대부분의 자연수가 실제 동작할 수 없는 튜링 기계라는 것이 별로 놀라운 사실은 아닐 것이다. 참고로 이 체계에 의한 처음 13개의 튜링 기계를 살펴보면 다음과 같다.

T_0 : 00 → 00R, 01 → 00R,

T_1 : 00 → 00R, 01 → 00L,

T_2 : 00 → 00R, 01 → 01R,

T_3 : 00 → 00R, 01 → 00STOP,

T_4 : 00 → 00R, 01 → 10R,

T_5 : 00 → 00R, 01 → 01L,

T_6 : 00 → 00R, 01 → 00R, 10 → 00R,

T_7 : 00 → 00R, 01 → ???,

T_8 : 00 → 00R, 01 → 100R,

T_9 : 00 → 00R, 01 → 10L,

T_{10} : 00 → 00R, 01 → 11R,

T_{11} : 00 → 00R, 01 → 01STOP,

T_{12} : 00 → 00R, 01 → 00R, 10 → 00R

이 중 T_0는 무엇을 만나건 무조건 파괴해버리며 오른쪽으로 나아가는 기계이다. 절대로 멈추거나 뒤돌아보는 법도 없이. T_1도 궁극적으로는 이와 같은 효과를 거두지만 훨씬 솜씨가 떨어진다. 왜냐하면 테이프의 기호를 하나 파괴할 때마다 뒤로 한 걸음 물러났다가 다시 나아가기 때문이다. T_0와 마찬가지로 T_2도 오른쪽으로 끝없이 나아간다. 다만 T_2는 훨씬 점잖아서 테이프의 내용을 하나도 바꾸지 않는다는 점이 다르다. 이들 모두 멈추는 법이라곤 없기 때문에 튜링 기계로서는 별로 쓸모가 없다. 한편 T_3는 처음 등장하는 쓸모 있는 기계이다. 이것은 처음 등장하는 (가장 왼쪽의) 1을 0으로 바꾼 뒤에 겸손하게도 정지한다.

T_4의 경우에는 심각한 문제가 있다. 이 기계는 테이프에서 최초의 1을 발견하면 등록되지 않은 내부 상태로 들어가버리기 때문에 다음에 무엇을 할 것인가에 대한 명령어가 존재하지 않는다. T_8, T_9, T_{10}도 똑같은 문제에 봉착하게 된다. T_7에서는 더욱 근본적인 문제가 생기는데, 이 기계에 해당하는 코드를 보면 110111110으로서 5개의 1이 연달아 나오지만 이에 해당하는 해석이 존재하지 않는 것이다. 그러므로 이 기계는 최초의 1을 발견하면 그 자리에서 아무것도 할 수 없게 된다. (이와 같이 그 2진 표현 속에 4보다 많은 수의 1이 연속해서 나오는 경우 그 기계를 오류 표기된 기계라고 부르기로 하자.) T_5, T_6, T_{12} 등은 T_0, T_1, T_2와 비슷한 문제에 봉착한다. 멈추지 않고 끝없이 움직이는 것이다. 즉 T_0, T_1, T_2, T_4, T_5, T_6, T_7, T_8, T_9, T_{10}, T_{12}는 모두 불량품이라고 볼 수 있다. T_3와 T_{11}만이 뭔가를 수행하는 기계이지만 그나마도 별로 재미있는 작업을 하는 것은 아니다. T_{11}은 T_3보다도 더 보잘것없다. 이 기계는 처음 1을 만나면 아무것도 하지 않고 그냥 정지하고 만다.

또 한 가지 주목할 것은 앞의 기계 목록에 중복되는 것들이 많다는 것이다. T_{12}는 T_6 및 T_1과 동일하다. 왜냐하면 T_6와 T_{12}의 내부 상태 1로는 들어갈 수 없기 때문이다. 목록에 이러한 중복이 많다거나 불량품이 많이 생성된다 하여 신경 쓸 필요는 없다. 코드화 작업을 개선함으로써 불량품이나 중복되는 것을 훨씬 줄일 수는 있지만, 그렇게 하려면 그 코드를 다 풀어헤쳐야 하며, n이라는 숫자를 읽고 자신이 마치 n번째 튜링 기계인 양 흉내 내야 하는 만능 튜링 기계를 훨씬 복잡하게 만들 것이다. 만일 이렇게 함으로써 모든 불량품이 제거되고 중복이 없어질 수만 있다면 할 만한 가치가 있을지도 모른다. 그러나 잠시 후 보겠지만 그것은 불가능하다. 그러므로 코딩 방법은 우리가 사용하던 것을 그대로 따르기로 하자.

테이프에 다음과 같은 기호의 나열이 있을 때는 이를 2진 표현된 자연수로 표시하는 것이 편리하다.

$$\cdots 0001101110010000 \cdots$$

앞에서 언급했듯이 왼쪽과 오른쪽으로는 0이 끝없이 나오지만 1의 개수는 한정되어 있다. 여기에서는 1이 최소 한 개 이상 나타난다고 가정하기로 하자. 만일 최초의 1과 최후의 1을 포함하여 그 사이에 나오는 유한 개의 숫자만을 읽어들인다고 한다면 앞의 데이터가 표시하는 숫자는

$$110111001$$

로서 10진수로는 441이 될 것이다. 그러나 이 경우 2진수의 마지막 숫자는 항상 1이 되기 때문에 모든 자연수를 표현하고자 하는 우리 의도와는 달리 홀수만 나오게 된다. 그러므로 제일 마지막 1은 제외하고 그 나머지만을 취하는 편법을 취하기로 한다.[8] (이 경우 마지막 1은 데이터의 끝을 표

8 이 과정은 테이프의 내용이 어떻게 자연수로 읽힐 수 있는가에 관해서만 다루고 있다.

시하는 표식 역할을 하게 된다.) 그러므로 앞의 예에 이를 적용하면

$$11011100$$

이 되어 이를 10진수로 표시하면 220이 된다. 이 방법은 0을 표현하는 데 있어서도 다음과 같이 1이 등장한다는 장점이 있다.

$$\cdots\ 0000001000000\ \cdots$$

특정한 튜링 기계 T_n에 0과 1의 문자열이 쓰인 테이프를 입력했을 때 그 기계가 어떻게 작동하는가 생각해보자. 그 기계에 주어진 문자열이 앞에서 설명한 방법대로 어떤 자연수 m을 나타내는 2진수 표현이라고 가정하기로 한다. 또, 튜링 기계 T_n이 얼마간 작동한 후 정지 상태에 도달했다고 가정하자. 이 기계가 생성해낸 2진 숫자는 바로 계산의 결과가 될 것이다. 이 숫자를 앞의 방법으로 해석하고 그 결과를 p라고 가정하자. 이러한 관계, 즉, n번째 튜링 기계가 입력 데이터 m에 작동하여 p를 생성했다는 것은 다음과 같은 식으로 표현하기로 한다.

$$T_n(m) = p$$

이 관계를 약간 다른 방법으로 생각해보자. 즉 n과 m의 순서쌍에 작용하여 p를 생성하는 특정한 연산으로 보는 것이다. (그러므로 두 숫자 n, m이 주어졌을 때 p를 알기 위해서는 n번째 튜링 기계가 m에 대하여 무엇을 생성하는가를 보면 된다.) 이 특정한 연산은 완전히 알고리즘적 과정이다. 그러므로 이는 특정한 튜링 기계 U에 의해서 수행될 수 있다. 즉 U는 순서쌍 (n, m)을 받아들이고 p를 생성하는 것이다. 튜링 기계 U는 2개의 입력값

앞에서 본 특정한 튜링 기계들, 예를 들면 **EUC** 혹은 **XN**+1 등의 숫자는 변화시키지 않는다.

n과 m을 받아들여야 하기 때문에 순서쌍 (n, m)을 한 테이프에 표현할 수 있는 방법이 필요하다. 한 가지 방법은, n은 그냥 보통의 2진수로 표현해주되 111110이라는 문자열을 그 뒤에 붙여주는 것이다. (여기서 채택한 방법에 따라서 튜링 기계를 표현하면 0, 10, 110, 1110, 11110만 나타날 수 있으므로 1은 5개 이상 연속적으로 나올 수 없다는 사실을 기억하기 바란다. 그러므로 T_n이 정확히 기술되었다면 111110을 n이 끝났다는 표식으로 사용할 수 있다.) 그 뒤에 나오는 숫자는 m을 앞에서 정한 방법에 따라 표현한 것이다(즉 m에 해당하는 2진수 및 그 바로 오른쪽에 이어진 1000…). 그러므로 뒷부분의 데이터는 바로 튜링 기계 T_n이 사용할 입력값인 것이다.

예를 들어 n=11이고 m=6이라고 가정하면 U가 사용할 테이프에는 다음과 같은 문자열을 사용한다.

… 000010111111011010000 …

이는 다음과 같이 분석해볼 수 있다.

… 0000 (처음 공란들)
1011 (11의 2진 표현)
111110 (n의 마침)
110 (6의 2진 표현)
10000 … (나머지 공란들)

T_n이 m에 작동하는 각각의 단계에 있어서 튜링 기계 U가 할 일은 n의 표현 구조를 분석하고 m(즉 T_n의 '테이프')을 적당히 대치시키는 것이다. 실제로 그러한 기계를 만드는 작업은 (지겹긴 하겠지만) 근본적으로 어려운 작업은 아니다. 그 자체의 명령어 목록은 일단 숫자 n으로 코드화encode되어 있는 해당 '목록'에 대해 단순히 m으로 표현된 '테이프'의 자릿수를 적용해나가는 단계별로 적당한 항목을 읽어들일 수 있는 방법을 제공해주는 것이다. 이 기계는 m과 n 사이에서 앞뒤로 수없이 왔다 갔다

를 반복하게 되고 전체 과정도 엄청나게 느릴 것이다. 그렇더라도 그러한 기계의 명령어 목록은 분명히 만들 수 있다. 이러한 기계를 만능 튜링 기계라고 부른다. 이 기계가 순서쌍 (n, m)에 작동하는 것을 $U(n, m)$으로 표현한다면 각각의 (n, m) 쌍에 대하여 다음 식이 성립한다. 여기에서 T_n은 정확하게 기술된 튜링 기계를 말한다.[9]

$$U(n, m) = T_n(m)$$

U 기계는 n값이 주어지면 정확하게 n번째 튜링 기계를 흉내 내게 된다.

U 자체도 튜링 기계이기 때문에 그 자신에 대한 숫자가 있을 것이다. 즉 다음 식을 만족하는 u가 존재한다.

$$U = T_u$$

그렇다면 이 u는 도대체 얼마나 큰 숫자일까? 실제로 이를 정확하게 표현하면 다음과 같다.

u=7244855335339317577198395039615711237942360672556559631
1081447966065050594042410903104836136323593656444434583822226
8832787676265561446928141177150178425517075540856576897533346
3569424784885970469347257399885822838277952946834605210611169
8359459387918855463264409255255058205559894518907165374148966
0330967530204315536250349845298323206515830476641421307088199
3297172341510569802627346864299218381721573334828230734537133

9 만약 T_n이 옳게 작성되지 않았을 경우, U는 n의 2진 표현 중 1이 5개 이상 연속으로 등장하면 n이 끝났다고 보고 작업을 수행할 것이다. 그리고 나머지 부분을 m의 일부라고 해석하기 때문에 의미 없는 계산을 하게 될 것이다. 이러한 점은, 만일 원한다면 확장 2진 표현법을 사용하여 제거할 수 있다. 여기에서는 우리의 불쌍한 만능 튜링 기계를 더는 복잡하게 만들지 않기 위하여 그것을 택하지 않았다.

421475059740345184372359593090640024321077342178851492760797597634415123079586396354492269159479654614711345700145048167337562172573464522731054482980784965126988788964569760906634204477989021914437932830019493570963921703904833270882596201301773727202718625919914428275437422351355675134084222299889374410534305471044368695876405178128019437530813870639942772823156425289237514565443899052780793241144826142357286193118332610656122755531810207511085337633806031082361675045635852164214869542347187426437544428790062485827091240422076538754264454133451748566291574299909502623009733738137724162172747723610206786854002893566085696822620141982486216989023772416217274772361020678685400289356608569682262014198248621698902609130940298570600174300670086896759034473417412787425581201549366393899690581773859165405535670409282133222163141097871081459978669599704509681841906299443656015145490488092208448003482249207730403043188429899393135266882349662101947161910701461968552319284748203449589770955356110702758178473332729667899879847328409819076485127263100174016678736347760585724503696443489799203448999745566240293748766883975140445166570775006051388399166881407254554466522205072426239237921152531816251253630509317286314220040645713052758023076651833519956891397481375004926429605010013651980186945639498

(혹은 다른 방법도 있겠지만 숫자의 크기는 비슷할 것이다.) 이 숫자는 물론 너무나 엄청나게 커 보이고, 실제로도 엄청나게 크다. 하지만 이 숫자를 상당히 줄일 수 있는 방법을 나는 아직 발견하지 못했다. 내가 제시한 코드화 방법이나 튜링 기계의 사양은 꽤 합당하고 간단한 것이지만 실제로 만능 튜링 기계를 코드화하려면 누구나 이같이 엄청나게 큰 숫자를 얻을

수밖에 없다.[10]

---

10 다음에 제시한 u의 2진 표현을 10진 표현으로 바꿔준 데이비드 도이치David Deutsch에게 감사를 전한다. 그는 또한 이 2진 표현이 실제로 만능 튜링 기계를 표현한 것임을 확인해주었다. u의 2진 표현은 다음과 같다.

1000000001011101001101000100101010110100011010001010000011010100110100010
1010010110100001101000101001010110100100111010010100100101110101000111010
1001001011010000110100010100101011010010011101001010010010111010100011100
1010110100101000010101110100100011101001010100001011101001010011010000100
0001110101000011101010000100100111010001010101101010010101101000001101010
1001011010010010001101000000000110100000011101010010101010111010000100111
1001010101010101011101000010101011101000010100010111010001010011010010000
1010011010010100100110100100010110101000101110100100101011101001010001110
1010010100100111010101010000110100101010101110101001000101101010000101101
0100010011010101010100010110100101010010010110101001001011101010100101011
1010100101001101010100001110100010010010101110101010010101110101010000011
1010100100000110101010100101110101001010110100010010001110100000001110100
1010010101010111010010100100101011101000001010111010000100011101000001010
1001110100001010011101000001000101110100010000111010000100101001110100010
0001011010001010010111010001010010110100100000101101000101010010011010001
0101010111010010000011101001001010101011101010101001101001000101011010010
0100101101000000010110100000010001101000001001011010000000011010010100010
1110100101010001101001010010101101000001001110100101010010110100100111010
1000000101011101010000001101010100010101011010010101011010100001010111010
1001001010111010100010010110101001000010111010000001110101001000101101010
0101001101010100010111010100101001011101010100000101110101010000010111010
0000011101010100001010111010010101011010101000010111010100010101011101010
1001001011101010101000011101010000000111010010010000110100100100010110101
0101010011101000000001011010010000110101010101001011101001000011010010001
0101011101000010001110100010000111010000110100000000101101000001001011101
0
1010010101011010001000100101110100000100111010101001101000001010101101000
0100001110100100001000111010101010101001110100001001001110100010010000111
0100001010010110100001010000111010101010101011101000100100110100010010011
0101001010010111010001000101011101000000011101000100100101110100110100100
1000010110101010100110100010100010111010000110101000010001011010100110101
0100101001011010101001101001001010111010011010010000010110100010101010001
1101001000010101101000000100110100100010010111010010000110101000001001011
1010010010100110100100101010110100110100100101001011010011010010100000101
1010010000011101010010011010101010000101110100101000010111010010101010111
0101000100101101001001110100101010001011101000100111010100001011010010011
1010010101010101110100100011101001010101001011101001000111010100000010101

0111001101010000010110100100111010100000010111010010110101000001010110100
1010010111010100001001011101000011010100010000101101010011010100010001011
0101010100101110101000101001011010001010101011101001000010101101010100010
1101010010010101011101010100100101110101000111010100011101010010010010
1010100011101010010100010111010100010111010100001001011101010001110100010
1000101110100101001011101010010101001011101001000010101010101101010000101
0101011010000100111010000101010101011101010100010101110101010001010111010
0000011101010100010010111010000001110101010010001011101010000001101010000
1011010000001110100100000010111010100011101010010001010111010100110101010
1000101011010000011010101010010101011010000000100110101010100100111010100
1010101010010010110101001101001001001110100000110101010101001010110101000
1001101000101001010101110100000110101010101010010110100010001110100010101
0101010110100010001110100001010111010001001000011101001101000000010011101
0000001001011101000100010100111010000001001011101001010101010010110100001
0101010111010001001010010111010000010001011101010100101101000100010011101
0000010010101110100000010101011010000100011100111101000010000011101000010
0100111010000010100101110100000101001011010000100010101110100001000100110
1000100001110101111010000100100101110100001001001011101000000010101110100
0010101000110100010010111010000100000111010000100111010001000001011101010
1001011010001000001011101000010101010111010000001010101110100010000101011
1010001000010101110100100000111010100100100110100000010101110100010001001
0111010101000011101010010101101001010101000011010000010100110100000001110
1000001001001110100101101001000101001011010101001101000101001001011010101
0011010001010100010110011010100100101110101010011010001010101010110011010
1000101010110011010010001010101011101000100011101001001010101010110100101
0010100011010010000000101110100000110101010010101010110100101010110100100 0
1000101110100010101011010100000101011010001000001101001000101011010000100
1110101001010101010111010010110100100100010101100110100100100101010111010
0110100100100101011010010110100100100100101101001011010010010100010110011
0100100101001010111010001010111010010010111001101001001010100101110011010
0101000101010111010001000111010000101001011010010100010111010010100010101
1010001001110100101000100101110100010011101001010010001011100110100100010
0011101000100111010010100101010111001101001010000011100110101010101011010
0000001110100101010010101011101001000111010010101001010111001101000010100
1001100110101000001101000000011101001010101001010111001101010001000011010
0000001110100010010101010111010001000111010101010101010101101000010011101
0010001001010111010010101000100110101000000010110100100111010100000101011
1010010000110101000000010110100100011101010010010111010000110101000010101
0110101000101110101000010100101110101000101110101000101010101110011010100
010101101000011010100001001010
괜찮은 가정용 컴퓨터가 있는 적극적인 독자라면 본문의 설명을 이용하여 이 코드가 실

앞서 나는 현대의 모든 범용 컴퓨터가 그 효과 면에서 만능 튜링 기계와 같다고 말한 바 있다. 그러한 컴퓨터의 논리 설계가 앞에서 제시한 만능 튜링 기계의 사양과 비슷하다는 뜻으로 한 말은 아니다. 내 말의 요지는 단지 적당한 프로그램(입력 테이프의 처음 부분)을 만능 튜링 기계에 전달함으로써 그것이 어떤 튜링 기계든 흉내 내도록 만들 수 있다는 것이다. 앞서 기술한 바에 따르면 프로그램은 단순히 하나의 숫자(n) 형태를 취하고 있다. 그러나 튜링의 원본에 대한 많은 변이형이 존재하므로 다른 방법들도 가능하다. 실제로 내가 기술한 방법도 튜링의 원래 방법과는 다소 차이가 있으나 이 차이는 여기에서는 별로 중요하지 않다.

힐베르트 문제의 해결 불가능성

이제 튜링이 그의 아이디어를 내놓게 된 원래의 목적으로 돌아가보기로 하자. 그것은 힐베르트의 개괄적인 '열 번째 문제,' 즉 광범위하면서도 잘 정의된 범주에 속하는 수학 문제들에 대하여 답할 수 있는 기계적 알고리즘이 존재하는가 하는 문제를 해결하는 것이다. 튜링은 그 문제가 "n번째 튜링 기계가 m이라는 숫자에 대하여 작동할 때 궁극적으로 정지할 것인가?"라는 문제로 귀결될 수 있음을 발견했다. 이 문제는 정지 문제halting problem라고도 불린다. m이 어떤 수이든 간에 정지하지 않는 튜링 기계를 만들기는 아주 간단하다(예를 들면 앞에서 살펴본 대로 n이 1이나

제로 만능 튜링 기계로서 작동하는지 몇 가지 간단한 튜링 기계의 숫자를 대입하여 확인해볼 수 있을 것이다!

튜링 기계의 세부 사항을 좀 바꾸면 u의 값을 좀 줄일 수도 있을 것이다. 예를 들면 STOP 명령은 제거할 수도 있다. 그 대신 내부 상태가 어떤 다른 상태로 갔다가 0의 상태로 돌아오면 정지하도록 규칙을 정하면 되는 것이다. 그러나 이러한 방법은 그다지 득이 되지 않는다. 그보다는 테이프의 표식mark으로서 1 대신 다른 기호를 허용한다면 더 큰 효과를 볼 수 있다. 아주 간단해 보이는 만능 튜링 기계가 문헌에 나와 있으나 그 간단해 보이는 것이 눈속임일 수도 있다. 왜냐하면 그 경우 아주 복잡한 코딩 기법을 사용해야 하기 때문이다.

2인 경우, 혹은 STOP 명령이 누락된 경우 등 어떤 경우건 해당된다). 그리고 어떤 입력에 대해서든 항상 정지하는 경우(예를 들면 n=11)도 많이 있는가 하면, 어떤 입력에 대해서는 정지하고 어떤 입력에 대해서는 정지하지 않는 경우도 있을 수 있다. 소위 알고리즘이라는 것이 정지하지 않고 끝없이 계속된다면 그것은 아무 쓸모가 없다고 말할 수 있다. 그것은 아예 알고리즘이 아니다. 그러므로 튜링 기계 T_n이 입력값 m에 대해서 궁극적으로 어떠한 답이라도 답을 내줄 것인가를 결정하는 문제는 매우 중요하다! 만일 그렇지 않다면(즉 계산이 정지하지 않는다면) 다음과 같이 표기하기로 하자.

$$T_n(m) = \square$$

(튜링 기계가 T_4나 T_7과 같은 불량품에서 본 것처럼 적합한 명령어가 없는 상태로 들어가는 경우도 이와 같이 표시하기로 한다. 그리고 좀 안됐지만 괜찮아 보이던 T_3 기계도 이젠 불량품, 즉 $T_3(m) = \square$라고 간주해야 하겠다. 왜냐하면 특정한 계산의 결과를 수로 표시하려면 최소한 1이 하나는 있어야 하는데 T_3의 계산 결과는 항상 공란으로 남기 때문이다. T_{11} 기계는 1을 하나 생성하므로 정당한 기계이다. 테이프에 1 하나가 있다는 것은 0을 의미하기 때문에 모든 m에 대해서 $T_{11}(m) = 0$이라고 할 수 있다.)

튜링 기계가 언제 멈출 것인가를 판별할 수 있다는 것은 수학에서 매우 중대한 문제이다. 예를 들어 다음 식을 보자.

$$(x+1)^{w+3} + (y+1)^{w+3} = (z+1)^{w+3}$$

(수식을 혐오하는 독자는 이 식에 대하여 개의치 않아도 된다. 여기에서 이 식은 단지 한 가지 예이기 때문에 자세히 이해할 필요가 없다.) 이 식은 수학의 어쩌면 가장 유명한 미해결 문제와도 연관이 있다. 문제는 이러하다. 즉 앞의 등식을 만족시키는 자연수의 집합 w, x, y, z가 존재하는가? 17세기의 위대한 프랑스 수학자 피에르 페르마Pierre de Fermat(1601–1665)가 제시하여 '페르

마의 마지막 정리Fermat's last theorem'라고 명명된 이 문제는 그가 고대 그리스 수학자 디오판토스Diophantos의 저서 『산학*Arithmetica*』의 한쪽 페이지 여백 부분에 끄적여놓은 것인데, 그의 주장은 그러한 집합이 절대 존재하지 않는다는 것이다.[11] 데카르트와 동시대인으로서 직업이 법률가였던 페르마는 당시 가장 훌륭한 수학자이기도 했다. 그는 이 정리에 대해서 '실로 훌륭한 증명'까지 있으나 페이지 여백이 너무 좁아 기재하지 못했다고 주장하고 있다. 그러나 현재까지 아무도 그러한 증명을 만들어내지 못했고, 또 한편 그 주장이 틀리다는 반례도 찾아내지 못하고 있다.[12]

4개의 자연수 (w, x, y, z)가 주어지면 앞의 식이 만족하는가를 알아보는 것은 단순한 계산에 불과하다. 그러므로 모든 수에 대해서 차례로 하나씩 식에다 대입해보고 등식을 만족할 때 정지하는 컴퓨터 알고리즘을 생각해볼 수 있다. (유한 집합의 여러 개의 수를 계산적 방법으로 테이프에 하나의 숫자로서 코딩하는 방법은 이미 앞에서 보았다. 그러므로 이 숫자를 하나씩 늘려가면 모든 가능한 4개의 수를 구할 수 있다.) 만약 이 알고리즘이 멈추지 않음을 보일 수만 있다면 페르마의 주장을 증명할 수 있는 것이다.

이외에도 수많은 수학의 미해결 문제가 튜링 기계의 정지 문제로 재구성될 수 있다. 그중 하나가 '골드바흐Goldbach의 가설'로서 모든 2보다 큰 짝수는 두 소수prime number[13]의 합으로 나타낼 수 있다는 주장이다.[14] 특정 자연수가 소수인가를 확인하기 위해서는 그 수보다 작은 수로 나뉠 수 있는가를 시험하면 되기 때문에 이는 유한한 계산이 필요한 알고리즘적 과정이다. 그러므로 6, 8, 10, 12, 14, … 등의 짝수에 대해서 모든 가

11 이 유명한 학설에 대한 비전문적 설명을 보려면 Devlin(1988)을 참조.

12 페르마의 마지막 정리는 이 책의 초판이 출간된 지 5년이 흐른 1994년에 영국의 수학자 앤드류 와일즈 경Sir Andrew John Wiles에 의해 증명되었다.

13 소수prime number란 2, 3, 5, 7, 11, 13, 17, … 등의 자연수로서 자기 자신과 1로만 나뉠 수 있는 수들을 의미한다. 0과 1은 소수로 간주되지 않는다.

14 자연수란 0, 1, 2, 3, 4, 5, … 등임을 기억하기 바란다. 페르마의 정리를 기술하는 데 우리에게 더욱 친숙한 $x^w + y^w = z^w; x, y, z > 0, w > 2$)를 쓰지 않고 '$x+1$', '$w+3$' 등을 쓴 이유는 x, w 등의 변수가 0으로부터 시작하는 어떤 자연수에 대해서든 성립하도록 하기 위함이다.

능한 방법으로 다음과 같이, 두 홀수의 합으로 쪼갠 후 각각에 대해 양쪽 모두 소수인가를 확인하는 튜링 기계를 고안할 수 있다.

$$6=3+3,\ 8=3+5,\ 10=3+7=5+5,\ 12=5+7,\ 14=3+11=7+7,\ \cdots$$

(확실히 2+2를 제외하고는 두 짝수로 된 쌍은 확인할 필요가 없다. 왜냐하면 2를 제외한 모든 소수는 홀수이기 때문이다.) 우리가 원하는 튜링 기계는 이와 같은 과정을 반복한 후 어떤 방법으로도 두 소수의 합으로 표시할 수 없는 짝수에 봉착했을 때만 멈추는 것이다. 그 경우 우리는 골드바흐 가설의 반례, 즉 2보다 큰 짝수이면서도 두 소수의 합으로 표시할 수 없는 경우를 발견한 것이다. 그러므로 이 튜링 기계가 멈출 것인가를 알 수만 있으면 우리는 골드바흐의 가설이 옳은가도 알아낼 수 있다.

그렇다면 당연히 제기되는 질문은 특정 튜링 기계가 (특정한 입력 데이터에 대하여) 정지할 것인지 여부를 어떻게 판별할 수 있는가 하는 것이다. 많은 수의 튜링 기계에 대하여 이는 별로 어렵지 않은 문제일 것이다. 하지만 경우에 따라서는 앞의 예에서와 같이 그 답이 중요한 수학 문제를 해결하는 열쇠가 될 수 있다. 그러면 과연 일반화된 문제로서 '정지 문제'를 풀 수 있는 완전 자동의 알고리즘적 해결 방법이 존재하는가? 튜링은 그것이 절대 불가능하다는 것을 발견했다.

그의 주장은 본질적으로 다음과 같다. 우선 그러한 알고리즘이 존재한다고 가정하자.[15] 그 말은, 즉 특정 튜링 기계 H가 있어서 n번째 튜링 기계에 m이라는 입력이 주어졌을 때 그 기계가 궁극적으로 멈출 것인가를 판별해줄 수 있다는 것이다. 그 기계가 멈춘다면 H는 1을 출력하고 그렇지 않으면 0을 출력한다고 가정하자.

15 이것은 수학에서 잘 알려진, 매우 강력한 증명 방법으로서 귀류법reductio ad absurdum이라고 불린다. 여기에서는 우선 증명하고자 하는 명제가 거짓이라고 가정하고 시작한다. 그리고 이로부터 모순을 유도함으로써 원래 명제가 실제로는 참이었음이 증명된다.

$$H(n;m)=\begin{cases}0 & T_n(m)=\square \text{인 경우}\\ 1 & T_n(m)\text{이 정지하는 경우}\end{cases}$$

순서쌍 (n, m)을 코드화할 때 만능 튜링 기계 U에서 하던 방식과 같이 할 수도 있으나, 여기에는 약간의 기술적 문제가 있을 수 있다. 왜냐하면 어떤 n값(예를 들면 n=7)에 대해서는 T_n이 정확하게 표시될 수 없고, 표식으로 사용되는 11110도 n과 m을 분리시키기에 부적합하기 때문이다. 이 문제를 극복하기 위하여 n은 확장 2진 코드로 표기되고 m은 그냥 2진 코드로 표기되었다고 가정하자. $U(n, m)$과는 달리 $H(n; m)$에서 세미콜론(;) 기호를 사용한 것은 이러한 변화를 강조하기 위한 것이다.

이제 모든 튜링 기계의 모든 가능한 입력에 대한 출력값을 갖는 무한 2차원 배열을 생각해보자. 이 배열의 n번째 열은 n번째 튜링 기계가 0, 1, 2, 3, 4, …와 같은 입력값에 대하여 출력한 결과를 표시한다.

n ↓ \ m →	0	1	2	3	4	5	6	7	8	…
0	□	□	□	□	□	□	□	□	□	…
1	0	0	0	0	0	0	0	0	0	…
2	1	1	1	1	1	1	1	1	1	…
3	0	2	0	2	0	2	0	2	0	…
4	1	1	1	1	1	1	1	1	1	…
5	0	□	0	□	0	□	0	□	0	…
6	0	□	1	□	2	□	3	□	4	…
7	0	1	2	3	4	5	6	7	8	…
8	□	1	□	□	1	□	□	□	1	…
⋮	⋮				⋮				⋮	…
197	2	3	5	7	11	13	17	19	23	…
⋮	⋮				⋮				⋮	…

이 표에서 나는 약간 속임수를 써서 튜링 기계에 실제 수를 기입하지 않았다. 만일 제대로 했더라면 우선 너무나 지겨운 표가 됐을 것이다. n값

이 11이 되기 전에는 모든 출력값이 □가 됐을 것이고 n=11인 경우에도 모두 0이었을 것이기 때문이다. 이 표가 좀 더 재미있게 보이기 위하여 앞에서보다 훨씬 효과적인 코드화 방법이 사용되었다고 가정했다. 실제로 표에 있는 값들은 이 표가 대강 어떻게 생겼다는 인상만을 줄 수 있도록 임의로 기재한 값들이다.

내가 말하고자 하는 것은 이 표를 실제로 어떤 알고리즘을 사용하여 계산했다는 것이 아니다. (실제로 그러한 알고리즘이 존재할 수 없다는 것이 곧 밝혀질 것이다.) 단지 이러한 표가 누군가, 예를 들면 신에 의해서 우리 앞에 펼쳐져 있다고 가정하자! 실제로 이러한 표를 계산하여 작성하고자 할 때 우선 문제가 되는 것은 □로 표시된 값들이다. □로 표시되는 계산은 모두 끝없이 계속되는 것이기 때문에 언제 이를 기입해야 할지 알 수 없기 때문이다!

그러나 우리가 만일 가상의 기계 H를 사용한다고 가정하면, 이러한 표를 작성하는 데 H가 그 위력을 톡톡히 발휘할 수 있을 것이다. 왜냐하면 □값이 나올 것인가 아닌가를 H가 판별해줄 것이기 때문이다. 여기에서는 H를 □ 대신 0으로 대치해주는 기계로서 사용한다고 치자. 이를 위해서는 T_n을 m값에 대하여 수행시키기 전에 우선 $H(n, m)$을 돌려봐야 한다. $H(n, m) = 1$인 경우(즉 $T_n(m)$의 계산이 답을 생성할 경우)에만 T_n을 가동시키고 $H(n, m) = 0$인 경우(즉, $T_n(m)$=□)에는 단순히 0을 프린트한다. 이러한 계산(즉 $T_n(m)$에 앞서 $H(n, m)$을 수행하는 것)은 다음과 같이 표기될 수 있다.

$$T_n(m) \times H(n; m)$$

(여기에서는 연산자 적용의 순서에 있어서 수학적 관례에 따라 오른쪽 항이 먼저 수행된다고 가정한다. 기호적으로는 □×0=0임을 주의하기 바란다.)

이제 앞의 표는 다음과 같이 변한다.

n ↓ \ m →	0	1	2	3	4	5	6	7	8	···
0	0	0	0	0	0	0	0	0	0	···
1	0	0	0	0	0	0	0	0	0	···
2	1	1	1	1	1	1	1	1	1	···
3	0	2	0	2	0	2	0	2	0	···
4	1	1	1	1	1	1	1	1	1	···
5	0	0	0	0	0	0	0	0	0	···
6	0	0	1	0	2	0	3	0	4	···
7	0	1	2	3	4	5	6	7	8	···
8	0	1	0	0	1	0	0	0	1	···
⋮	⋮				⋮				⋮	···

H가 존재한다고 가정하면 이 표의 각 열은 계산 가능 수열computable sequence임을 주의하기 바란다. (계산 가능 수열이라 함은 수열의 다음 값을 알고리즘을 이용하여 생성할 수 있는 무한 수열을 의미한다. 즉 입력으로 m=0, 1, 2, 3, 4, 5, …와 같이 자연수가 계속 주어지면 그에 따라 수열의 다음 값을 계산해주는 튜링 기계가 있다는 의미이다.) 이 표에 대해서 두 가지 사실에 주목해보자. 우선 모든 계산 가능한 자연수의 수열이 앞 표의 열들 가운데 어디엔가(어떤 경우에는 여러 번) 등장한다는 사실이다. 이 성질은 이미 □를 제거하기 전의 원래 표에서도 성립했다. 단지 '불량품'(최소 하나의 □를 생성하는) 기계들을 대체하기 위하여 몇 개의 새로운 열을 추가한 것으로 생각할 수 있다. 두 번째는 H라는 튜링 기계가 존재한다는 가정하에 이 표가 $T_n(m) \times H(n; m)$이라는 계산 가능한 방법으로(즉 확실한 알고리즘에 의해서) 생성되었다는 사실이다. 이는 다시 말하면 Q라는 특정한 튜링 기계가 있어서 (n, m)이라는 한 쌍의 수가 입력으로 주어지면 그 표의 해당하는 값을 계산해줄 수 있다는 것이다. 이를 위해서는 n과 m의 값을 H에서와 같이 Q의 테이프에 코드화하여야 한다.

$$Q(n; m) = T_n(m) \times H(n; m)$$

이제 게오르크 칸토어Georg Cantor가 제안한 기발하고 강력한 '대각선 자르기diagonal slash(대각선논법)'라는 수법을 적용하려 한다. (칸토어의 대각선 자르기의 원래 버전은 다음 장에서 보게 될 것이다.) 다음 표의 가운데 대각선에 굵은 글씨로 표기된 숫자들을 보자.

$$
\begin{array}{ccccccccc}
\mathbf{0} & 0 & 0 & 0 & 0 & 0 & 0 & 0 & 0 \\
0 & \mathbf{0} & 0 & 0 & 0 & 0 & 0 & 0 & 0 \\
1 & 1 & \mathbf{1} & 1 & 1 & 1 & 1 & 1 & 1 \\
0 & 2 & 0 & \mathbf{2} & 0 & 2 & 0 & 2 & 0 \\
1 & 1 & 1 & 1 & \mathbf{1} & 1 & 1 & 1 & 1 \\
0 & 0 & 0 & 0 & 0 & \mathbf{0} & 0 & 0 & 0 \\
0 & 0 & 1 & 0 & 2 & 0 & \mathbf{3} & 0 & 4 \\
0 & 1 & 2 & 3 & 4 & 5 & 6 & \mathbf{7} & 8 \\
0 & 1 & 0 & 0 & 1 & 0 & 0 & 0 & \mathbf{1} \\
\vdots & & & & \vdots & & & & \vdots
\end{array}
$$

이 숫자들은 하나의 수열 0, 0, 1, 2, 1, 0, 3, 7, 1, …을 형성하는데, 각각에 1을 더하면 다음 수열이 된다.

$$1, 1, 2, 3, 2, 1, 4, 8, 2, \cdots$$

이는 분명히 계산 가능한 프로시저로, 앞의 표가 계산 가능하게 생성되었다는 가정하에 새로운 계산 가능 수열 하나를 우리에게 제시하고 있다. 실제로 $1 + Q(n; n)$, 즉

$$1 + T_n(n) \times H(n; n)$$

의 식에 의해서 (m과 n의 값이 같으므로) 앞의 수열이 생성된다. 그런데 앞에서 밝힌 바와 같이 이 표가 모든 가능한 계산 가능 수열을 포함하고 있으므로 앞의 수열은 이 표 어디엔가에 존재하여야 한다. 그러나 이것은 불가능하다. 왜냐하면 이 수열은 첫 번째 열과는 첫 번째 값이 다르

고, 두 번째 열과는 두 번째 값이 다르며, 이와 같이 모든 열에 대해서 최소한 하나의 값은 다르게끔 정의되었기 때문이다. 이는 분명히 모순이다. 이 모순으로 인해서 우리가 증명하려던 것, 즉 튜링 기계 H는 실제로 존재할 수 없다는 것이 판명되었다. 어떤 튜링 기계가 멈출 것인가 아닌가에 대한 범용 알고리즘은 결코 존재하지 않는 것이다!

이를 다른 방법으로 설명하면, H가 존재한다는 가정하에 대각선 알고리즘 $1+Q(n;n)$을 계산하는 튜링 기계(번호를 k라고 하자)가 존재한다고 치자. 그러므로

$$1+T_n(n)\times H(n;n)=T_k(n)$$

이다. 여기에 n=k를 대입하면 다음 식이 된다.

$$1+T_k(k)\times H(k;k)=T_k(k)$$

그러나 이는 불가능하다. 만일 $T_k(k)$가 정지한다면 $H(k;k)$가 1이 되어 다음과 같은 불가능한 등식이 나오기 때문이다.

$$1+T_k(k)=T_k(k)$$

또, $T_k(k)$가 정지하지 않는다면 $H(k;k)$는 0이 되기 때문에 마찬가지의 불가능한 등식

$$1+0=\square$$

를 얻게 된다.

어떤 튜링 기계가 멈추는가 아닌가는 완벽하게 잘 정의된 수학 문제이다. (그리고 우리는 앞에서 여러 가지 중요한 수학 분야의 문제들이 튜링 기계의 정지성 문제로 전환될 수 있음을 보았다.) 그러므로 튜링 기계의 정지 여부와

관련된 질문에 대한 알고리즘이 존재하지 않는다는 사실을 보임으로써 튜링은 모든 수학의 문제를 풀 수 있는 범용 알고리즘이 존재할 수 없음을 증명했다(처치도 자기 나름의 다른 방식을 통해서 이를 보였다). 힐베르트의 '열 번째 문제Entscheidungsproblem'는 결국 답이 없었던 것이다!

이 말은 하나의 특정한 경우에 대하여 주어진 수학 문제의 결과가 참인지 아닌지 알 수 없다거나, 주어진 튜링 기계에 대하여 그것이 멈출 것인지 아닌지 알 수 없다는 말은 아니다. 창의력을 발휘한다면, 혹은 단순히 상식에 의존하더라도 그러한 문제에 답을 할 수 있는 경우가 있다. (예를 들면 튜링 기계의 명령어 목록 가운데 STOP 명령이 하나도 등장하지 않거나 STOP 명령만 있거나 하는 경우에는 상식적으로 생각하더라도 그것이 정지를 할지 안 할지 알 수 있다.) 그러나 모든 수학의 문제에 대해 답할 수 있거나 모든 튜링 기계 및 데이터에 대해 답할 수 있는 하나의 알고리즘은 존재하지 않는 것이다.

어쩌면 우리가 마치 결정 불가능한 수학 문제가 있음을 보였다고 생각할지 모른다. 그러나 우리가 보인 것은 그게 아니다! 우리는 특별히 괴상한 튜링 기계가 있어서 그것이 특별히 괴상한 숫자에 대해 멈출 것인가 아닌가를 아는 것이 원칙적으로 불가능함을 보인 것이 아니다. 잠시 후에 보게 되겠지만 오히려 그 반대이다. 우리는 하나의 특정한 문제에 대한 해결 불가능성을 지적한 것이 아니라 특정한 문제군에 대한 알고리즘적 해결 불가능에 대해서만 이야기한 것이다. 하나의 특정한 경우에 대해서는 그 대답은 항상 '예' 혹은 '아니요'이다. 그러므로 그 특정 문제를 결정 짓는 알고리즘, 즉 그 문제에 대하여 '예' 혹은 경우에 따라서 '아니요' 하고 대답하는 알고리즘은 분명 존재한다. 물론 문제는 어떤 알고리즘을 사용할 것인가를 알 수가 없다는 것이다. 그것은 특정한 명제들의 집합에 대한 체계적 결정 문제decision problem가 아니라, 하나의 명제에 대한 수학적 진릿값을 결정하는 문제이다. 알고리즘들이 자기들이 알아서 수학적 진릿값을 결정하는 것은 아니다. 어떤 알고리즘이 맞는가 틀린가는 항상 그 밖에서 결정해주어야 한다.

알고리즘을 능가하는 방법

어떤 수학적 명제가 진실임을 결정하는 문제는 괴델의 정리(제4장)에서 다시 다루기로 한다. 여기에서는 튜링의 주장이 내가 지금껏 암시한 것보다도 실제로 훨씬 더 건설적이고 덜 부정적이라는 것을 밝혀두고 싶다. 물론 정지성을 결정할 수 없는 특정한 튜링 기계를 실제로 보여준 것은 아니지만, 그 내용을 잘 살펴보면 우리가 튜링의 프로시저를 따라 만든 '특히 괴상한' 기계에 대한 대답이 이미 그 과정에 암묵적으로 나와 있음을 알 수 있을 것이다.

왜 그런가 살펴보자. 만약 우리에게 어떤 알고리즘이 있어서 임의의 튜링 기계가 정지하지 않을 것임을 가끔 효과적으로 알려줄 수 있다고 가정해보자. 앞에서 기술된 튜링의 프로시저는 그 알고리즘의 계산이 정지할 것인가 정지하지 않을 것인가를 결정하는 튜링 기계의 계산 과정을 명백히 보여줄 것이다. 그러나 그 과정에서 우리는 실제로 이 경우의 답을 알 수 있게 되었다! 그 튜링 기계의 계산은 진정 멈추지 않을 것이다.

어떻게 그것이 가능한지 자세히 보기 위해서 때때로 효력을 보이는 특정한 알고리즘이 있다고 가정해보자. 전처럼 이 알고리즘(튜링 기계)을 H로 표기하되, 이번에는 그 알고리즘이 해당 튜링 기계가 정지하지 않는다는 것을 언제나 자신 있게 말하지는 못할 수도 있다는 전제를 허용하기로 한다.

$$H(n;m)=\begin{cases}0 \text{ 혹은 } \square & T_n(m)=\square\text{인 경우}\\ 1 & T_n(m)\text{이 정지하는 경우}\end{cases}$$

그러므로 $T_n(m)=\square$인 경우에도 $H(n;m)=\square$가 될 수 있다. 이러한 $H(n;m)$ 알고리즘은 실제로 많이 존재한다. (예를 들면 $T_n(m)$이 정지하기만 하면 $H(n;m)$으로 하여금 1을 생성하게 할 수도 있다. 그러나 이 알고리즘은 별로 쓸모가 없을 것이다!)

앞에서 주어진 대로 튜링의 프로시저를 자세히 따라가기만 하면 된다.

다만 □를 모두 0으로 바꾸는 대신에 □들을 몇 개 남겨놓는다. 전과 마찬가지로 대각선 방법을 이용하여 대각선상의 n번째 항을 구할 수 있다. ($H(n; m)$=□인 경우에는 항상 □가 나오게 된다. □×□=□, 1+□=□임을 주의할 것.)

$$1+T_n(n)\times H(n;n)$$

이는 완벽하게 올바른 계산이다. 그러므로 이는 특정한 튜링 기계로 수행될 수 있는데, 이 기계의 번호를 k라고 하자. 그러면

$$1+T_n(n)\times H(n;n)=T_k(n)$$

가 된다. 그리고 대각선상에서 k번째 항을 살펴보자면, 즉 n=k인 경우

$$1+T_k(k)\times H(k;k)=T_k(k)$$

가 된다. 만약 $T_k(k)$가 멈추면 모순이 발생한다. (왜냐하면 $T_k(k)$가 멈추면 $H(k; k)$값이 1이 되는데, 그 경우 앞의 식은 $1+T_k(k)=T_k(k)$가 되어 불가능한 상황이 발생하기 때문이다.) 그러므로 $T_k(k)$는 멈출 수가 없다. 즉

$$T_k(k)=\square$$

가 된다. 그러나 그 알고리즘은 이러한 사실을 '알 수' 없다. 왜냐하면 $H(k; k)=0$이라는 식을 얻게 되면 또다시 모순이 발생하기 때문이다. (식으로 표시하면 1+0=□와 같은 불가능한 경우가 발생한다.)

그러므로 우리가 k값을 찾을 수만 있다면 그 알고리즘을 능가하는, 하지만 우리가 이미 답을 알고 있는 특별한 계산 방법을 구할 수 있다. 그렇다면 어떻게 k의 값을 구할 것인가? 이는 힘든 작업이다. 이를 위해서는 $H(n; m)$과 $T_n(m)$을 만드는 과정을 면밀히 조사하고

$1+T_n(n)\times H(n;n)$이 튜링 기계로서 어떻게 움직이는가도 조사해야 한다. 이 튜링 기계의 숫자를 구하면 그것이 k이다. 이는 물론 매우 복잡한 과정이 되겠지만 가능은 하다.[16] 그 복잡성 때문에, 그것이 알고리즘 H를 능가하기 위하여 특별히 식을 구성하는 과정이 아니었다면 우리는 $T_k(k)$에 관하여 별로 흥미도 갖지 않았을 것이다! 중요한 것은 우리에게 잘 정의된 프로시저가 있어서 어떤 H에 대해서든 그에 해당하는 k를 구할 수 있는데, 이 경우 $T_k(k)$가 H보다 낫다는 것을 우리가 알고 있다는 것이다. 즉 우리는 알고리즘보다 낫다는 것이다. 어쩌면 우리가 단순한 알고리즘보다는 낫다고 생각하면 좀 위안이 될지 모르겠다!

실제로 그 프로시저가 아주 잘 정의되었기 때문에 H가 주어지면 k를 구하는 알고리즘도 얻을 수 있다. 그러므로 아직 만족하기에 앞서, 우리는 이 알고리즘이 H보다도 개선될 수 있다는 것을 알아야 한다.[17] 왜냐하면 결과적으로 이것이 $T_k(k)=\square$임을 '알 수' 있기 때문이다. 그런데 과연 정말 그럴까? 앞의 설명에서 알고리즘에 대하여 의인화된 '안다'는 표현을 사용하는 것이 이해에 도움이 되었다. 그러나 실제에 있어서 '아는' 것은 우리 사람이고, 알고리즘은 단지 사람이 정해준 규칙을 따르기만 하는 것이 아니었던가? 그렇지 않으면 우리 자신이 다만 두뇌가 구성된 방법에 따라, 혹은 환경이 결정해준 대로 따르도록 프로그램된 규칙을 그대로 답습하고 있는 것인가? 여기에서 쟁점은 단순히 알고리즘 하나에 국한된 것이 아니고 사람들이 어떻게 참과 거짓을 판단하는가 하는 문제까지 포함하게 된다. 이는 우리가 뒤에서 다시 자세히 살펴볼 주제가 될 것이다. 수학적 진리에 관한 문제는 제4장에서 다룰 것이다. 지금쯤은 '알고리즘'이나 '계산 가능성'이라는 용어에 대하여 최소한 감이 잡

---

16 실제로 여기에서 가장 어려운 부분은 이미 앞의 만능 튜링 기계 U를 만드는 과정에서 수행되었다. 왜냐하면 이로 인하여 $T_n(n)$을 n에 작용하는 튜링 기계로서 기술할 수 있기 때문이다.

17 앞에서 진행된 과정을 그대로 따르면 이 개선된 알고리즘도 또다시 능가할 수 있다. 그리고 이 새로운 지식을 이용하면 그 새로운 알고리즘을 또다시 능가하고, 이 현상은 끝없이 계속된다. 이러한 반복된 과정으로 야기되는 내용에 관해서는 괴델의 정리와 관련하여 제4장에서 다루기로 한다.

혔을 것이고, 이와 관련된 이슈에 대해서도 일부 이해가 가능할 것이다.

처치의 람다 계산법

계산 가능성computability의 개념은 매우 중요하고 아름다운 수학적 개념이다. 그리고 그것이 수학의 근본 성질을 다룬다는 점에서 보면 1930년대에 처음 등장했다는 것이 놀라울 정도로 근래에 연구되기 시작한 분야이기도 하다. 이 개념은 수학의 모든 분야에 관련된다. (물론 거의 모든 수학자가 계산 가능성에 대해서는 종종 염두에 두지 않는 것도 사실이다.) 이 개념이 놀라운 이유 중의 하나는 몇몇 잘 정의된 수학 문제가 실제로 계산 불가능하다는 데에 있다. (튜링 기계의 정지성 여부에 대한 문제가 그 한 예이고, 이외에 제4장에서 다른 예를 볼 것이다.) 왜냐하면 그와 같은 계산 불가능한 문제가 없었더라면 계산 가능성의 개념은 별로 수학적 흥미를 일으키지 않았을 것이기 때문이다. 수학자들은 따지고 보면 퍼즐을 좋아하는 사람들이다. 어떤 수학의 연산이 계산 가능한가를 밝히는 것은 그들에게 매우 흥미로운 퍼즐이 될 수 있는 것이다. 그리고 그러한 퍼즐에 대한 일반적 해답이 계산 불가능하다는 것이 그 퍼즐을 더욱 흥미롭게 만든다.

한 가지 확실히 밝혀두어야 할 것은 계산 가능성이 순전하고 확실한 수학적 개념이라는 사실이다. 그것은 앞에서 기술한 튜링 기계에 의한 특정 구현의 차원을 넘어서는 훨씬 추상적인 개념인 것이다. 앞서 밝힌 바와 같이 튜링의 기발하고 독창적인 방법을 특징짓는다고 볼 수 있는 '테이프'니 '내적 상태'니 하는 것에 꼭 중요성을 부여할 필요는 없다. 계산 가능성의 개념을 표현할 수 있는 다른 방법들도 있는데, 역사적으로 최초의 방법은 미국의 논리학자 처치가 클레이니의 도움으로 만든 람다 계산법lambda calculus이다. 처치의 방법은 튜링의 방법과는 완전히 달랐고 훨씬 추상적이었다. 실제로 처치가 자신의 아이디어를 기술한 수식들을 살펴보면 그것과 '기계적'이라고 불릴 수 있는 그 무엇과도 어떠한 연결성을 발견해내기가 쉽지 않다. 처치 방법의 중심 아이디어는 실로 그 핵심에서 볼 때 추상적이다. 즉 하나의 수학 연산을 사용하는데, 처치도 실제로 그것을 추상화abstraction라 불렀다.

여기에서 처치의 방법을 간략하게 제시하는 것이 좋을 듯하다. 이는 계산 가능성이라는 개념이 특정한 계산 기계와는 독립적이라는 것뿐만 아니라, 수학에서 추상적 개념이 얼마나 강력한 수단이 될 수 있는가를 보여주기 때문이다. 수학적 개념에 대해서 이해하기 어려운 독자들이나 그러한 것에 별로 흥미가 없는 독자는 다음 장으로 건너뛰더라도 문맥 진행에 별문제가 없을 것이다. 하지만 그러한 독자들도 잠시만 더 같이 인내한다면 처치의 방법이 가져다주는 마술과도 같은 명료함을 목격할 수 있다.

이 방법은 다음과 같이 표기되는 객체들이 이루는 '세계universe'에 관한 것이다.

$$a, b, c, d, \cdots, z, a', b', \cdots, z', a'', b'', \cdots, a''', \cdots a'''', \cdots$$

이 객체들은 수학의 연산 혹은 함수를 의미한다. (프라임 기호는 단지 수없이 많은 함수를 표기하기 위하여 편의상 붙인 것이다.) 이 함수의 '인수argument'들, 즉 함수가 계산에 사용하는 값들도 역시 같은 종류인 함수이다. 게다가 함수를 계산한 결과 역시 함수이다. (실로 처치의 체계는 개념상 놀라울 정도로 경제적이라 할 수 있다.) 그러므로 다음 식이 의미하는 것은 함수 b에 함수 c를 적용한 결과가 함수 a가 된다는 것이다.[18]

$$a = bc$$

이 방법에 따르면 함수가 2개 이상의 인수를 갖는 경우도 쉽게 표현할

18 더욱 친숙한 표현은 $a = b(c)$로 쓰는 것이리라. 그러나 이 괄호가 꼭 필요하지는 않으므로 이를 생략하는 표현에 익숙해지는 것이 바람직하다. 이를 계속 사용하게 되면 $(fp)q$ 대신 $(f(p))(q)$, $((fp)q)r$ 대신 $((f(p))(q))(r)$과 같이 매우 지루한 수식 형태가 나오게 될 것이다.

수 있다. 예를 들어 f라는 함수가 2개의 독립변수 p와 q를 갖는다고 하면 다음과 같이 표현하면 된다. (함수 fp에 q를 적용한 결과이다.)

$$(fp)q$$

또, 3개의 변수가 필요하면

$$((fp)q)r$$

이와 같이 계속하면 된다.

이제 강력한 연산자인 추상화에 대해서 살펴보자. 이를 위해 그리스 문자 λ(람다)를 쓰고 그 바로 다음에 처치의 함수를 표시하는 변수 기호, 예를 들어 x를 써주는데 이 변수는 다만 '명목변수dummy variable' 역할을 한다. 그 바로 다음에 대괄호로 둘러싸인 식이 나오는데, 그 식 안에 등장하는 모든 x는 식 바로 다음에 오는 것이 들어갈 수 있는 '빈자리'의 역할을 한다. 그러므로

$$\lambda x.[fx]$$

가 의미하는 것은 함수로서 만일 a라는 값을 적용한다면 fa를 만들어주는 함수이다. 즉

$$(\lambda x.[fx])a = fa$$

가 된다. 다시 말하면 $\lambda x.[fx]$는 단지 함수 f를 의미할 따름이다. 즉 다음과 같이 된다.

$$\lambda x.[fx] = f$$

이것에 대해서는 더 깊은 고찰이 필요하다. 처음에는 그냥 현학적이고 당연해 보이는 수식 장난 같아서 그 요점을 놓치기 쉽다. 우리가 잘 아는 중·고등학교 수학 문제를 예로 들어보자. 함수 f가 특정한 각도의 사인 값을 취하는 삼각함수 연산이라고 가정해보자. 추상화된 함수 'sin'은 다음과 같이 정의된다.

$$\lambda x.[\sin x] = \sin$$

(각도 x가 어떻게 '함수'가 될 수 있는가에 대해서는 염려할 필요가 없다. 잠시 후 수라는 개념도 함수가 될 수 있음을 보일 텐데, 각도도 수로 간주할 수 있기 때문이다.) 지금까지는 참으로 '당연'하다고 볼 수 있다. 그런데 만일 'sin'이라는 개념이 아직 발명되지 않았고, 단지 다음과 같이 sin x의 멱급수power series만을 알고 있다고 가정하자.

$$x - \frac{1}{6}x^3 + \frac{1}{120}x^5 - \cdots$$

그렇다면 다음과 같이 sin 함수를 정의할 수 있다.

$$\sin = \lambda x.[x - \frac{1}{6}x^3 + \frac{1}{120}x^5 - \cdots]$$

좀 더 간단한 예를 들면 '세제곱의 6분의 1'이라는 함수는 이를 지칭하는 표준화된 함수 이름이 없다 할지라도 다음과 같이 정의할 수 있다.

$$Q = \lambda x.[\frac{1}{6}x^3]$$

그리고 이 함수에 (a+1)이라는 값이 주어지면 다음과 같이 전개된다.

$$Q(a+1) = \frac{1}{6}(a+1)^3 = \frac{1}{6}a^3 + \frac{1}{2}a^2 + \frac{1}{2}a + \frac{1}{6}$$

지금 다루는 내용과 좀 더 관련 있는 예를 들어보자면 처치의 기본 함수 연산만으로 구성된 다음과 같은 수식을 생각해볼 수 있다.

$$\lambda f.[f(fx)]$$

이 함수는 다른 함수를 받아서 이를 x값에 두 번 반복하게 하는 역할을 한다. 가령 다음과 같다.

$$(\lambda f.[f(fx)])g = g(gx)$$

여기에서 x를 먼저 '추상화'시켜버리면

$$\lambda f.[\lambda x.[(f(fx)]]$$

가 되고, 다시 이를 간략하게 표시하면 다음과 같다.

$$\lambda fx.[f(fx)]$$

이 연산은 g라는 입력값을 주면 'g를 두 번 반복한다'라는 함수를 생성한다. 실제로 다음 함수는 처치가 자연수 '$\mathbb{2}$'를 표시하기 위하여 사용한 함수이다.

$$\mathbb{2} = \lambda fx.[f(fx)]$$

그러므로 $(\mathbb{2}g)y = g(gy)$가 성립한다. 마찬가지로

$$\mathbb{3} = \lambda fx.[f(f(fx))],\ \mathbb{4} = \lambda fx.[f(f(f(fx)))],\ \cdots \text{ 등}$$

처럼 되고, $\mathbb{0}$과 $\mathbb{1}$도 다음과 같이 정의된다.

$$\mathbb{1}=\lambda fx.[fx],\ \mathbb{0}=\lambda fx.[x]$$

실제로 처치의 $\mathbb{2}$와 $\mathbb{3}$ 등은 '두 번' 또는 '세 번'의 의미에 가깝다고 볼 수 있다. 그러므로 $\mathbb{3}$이라는 연산을 함수 f에 적용시킨 $\mathbb{3}f$는 'f를 세 번 반복하라'는 의미이다. 만일 $\mathbb{3}f$에 y를 대입하면 $(\mathbb{3}f)y=f(f(f(y)))$가 된다.

처치의 방법에서 아주 단순한 연산, 가령 어떤 수에 $\mathbb{1}$을 더하는 계산이 표현될 수 있는지 살펴보기로 하자. 함수 S는 다음과 같이 정의된다.

$$S=\lambda abc.[b((ab)c)]$$

함수 S가 실제로 처치의 방법으로 표현된 수에 $\mathbb{1}$을 더하는가를 확인하기 위하여 $\mathbb{3}$이라는 수를 적용해보도록 하자.

$$\begin{aligned} S\mathbb{3} &= \lambda abc.[b((ab)c)]\mathbb{3}=\lambda bc.[b((\mathbb{3}b)c)] \\ &= \lambda bc.[b(b(b(bc)))]=\mathbb{4} \end{aligned}$$

앞에서 $(\mathbb{3}b)c=b(b(bc))$임을 이용했는데, S에 어떤 자연수를 적용하더라도 마찬가지로 성립함을 알 수 있을 것이다. (실제로 S를 $\lambda abc.[(ab)(bc)]$로 정의했더라도 같은 결과를 얻었을 것이다.)

어떤 수를 두 배 하려면 어떻게 할까? 2곱 함수는 다음과 같이 정의할 수 있다.

$$D=\lambda abc.[(ab)((ab)c)]$$

여기에도 3을 대입하여 확인해보자.

$$\begin{aligned} D &= \lambda abc.[(ab)((ab)c)]\mathbb{3}=\lambda bc.[(\mathbb{3}b)((\mathbb{3}b)c)] \\ &= \lambda bc.[(\mathbb{3}b)(b(b(bc)))]=\lambda bc.[b(b(b(b(b(bc)))))]=\mathbb{6} \end{aligned}$$

실제로 덧셈(A), 곱셈(M), 제곱(P) 등의 기본 연산은 다음과 같이 정의될 수 있다.

$$A = \lambda fgxy.[((fx)(gx))y]$$
$$M = \lambda fgx.[f(gx)]$$
$$P = \lambda fg.[fg]$$

독자들은 앞의 연산을 실제로 확인해봐도 좋고, 아니면 그대로 믿어주기 바란다. 즉 $\mathbb{m}$, $\mathbb{n}$이 처치의 함수로 표현된 두 자연수일 때 다음 식이 성립한다.

$$(A\mathbb{m})\mathbb{n} = \mathbb{m}+\mathbb{n}, \quad (M\mathbb{m})\mathbb{n} = \mathbb{m}\times\mathbb{n}, \quad (P\mathbb{m})\mathbb{n} = \mathbb{n}^{\mathbb{m}}$$

마지막 줄의 제곱 함수는 놀라울 정도로 간단하다. $\mathbb{m}=\mathbb{2}$이고 $\mathbb{n}=\mathbb{3}$인 경우를 예로 들어 확인해보도록 하자.

$$\begin{aligned}(P\mathbb{2})\mathbb{3} &= ((\lambda fg.[fg])\mathbb{2})\mathbb{3} = (\lambda g.[\mathbb{2}g])\mathbb{3} \\ &= (\lambda g.[\lambda fx.[f(fx)]g])\mathbb{3} = \lambda gx.[g(gx)]\mathbb{3} \\ &= \lambda x.[\mathbb{3}(\mathbb{3}x)] = \lambda x.[\lambda fy.[f(f(fy))](\mathbb{3}x)] \\ &= \lambda xy.[(\mathbb{3}x)((\mathbb{3}x)((\mathbb{3}x)y))] \\ &= \lambda xy.[(\mathbb{3}x)((\mathbb{3}x)(x(x(xy))))] \\ &= \lambda xy.[(\mathbb{3}x)(x(x(x(x(xy)))))] \\ &= \lambda xy.[x(x(x(x(x(x(x(xy))))))))] = \mathbb{9} = \mathbb{3}^2\end{aligned}$$

뺄셈이나 나눗셈은 이들처럼 간단하지는 않다. (실제로 '$\mathbb{m}-\mathbb{n}$'에서 $\mathbb{m}$이 $\mathbb{n}$보다 작은 경우나 '$\mathbb{m}\div\mathbb{n}$'에서 $\mathbb{m}$이 $\mathbb{n}$으로 안 나뉘는 경우에는 예외 조항을 만들어야 한다.) 사실 1930년대 초에 미국의 수학자 스티븐 클레이니Stephen

C. Kleene가 처치의 계산법 내에서 뺄셈을 수행하는 방법을 발견함으로써 이 분야에 큰 이정표를 세웠고, 다른 연산들도 곧이어서 발견되었다. 결국 1937년에 처치와 튜링이 각자 독자적인 연구를 통해 모든 계산 가능한(알고리즘적인) 연산들, 즉 튜링 기계로 수행될 수 있는 연산들은 처치의 계산법에 의해서도 수행될 수 있고, 그 역도 성립한다는 것을 밝혔다.

이는 실로 놀라운 사실로, 이 결과로 인하여 계산 가능성이라는 개념이 근본적으로 객관적이고 수학적인 특성을 갖는다는 것이 설득력을 얻게 되었다. 처치의 방법에서 계산 가능성이라는 개념은 외형상 계산기와는 전혀 연관성이 없는 것처럼 보일지도 모른다. 그럼에도 불구하고 그것은 실생활의 계산과도 깊은 관계를 가지고 있다. 특히 강력하면서도 유연함을 자랑하는 컴퓨터 언어인 리스프LISP는 본질적으로 처치의 람다 계산법의 기본 구조를 사용하고 있다.

앞서 잠시 언급한 바와 같이 계산 가능성을 정의하는 데에는 다른 방법들도 있다. 포스트가 제안한 계산기계의 개념도 튜링 기계와 흡사한데, 튜링과 비슷한 시기에 튜링과는 무관하게 독자적으로 개발된 것이다. 또, 그 편의성 때문에 지금도 많이 사용되고 있는 자크 에르브랑 Jacques Herbrand과 괴델에 의한 계산 가능성(재귀성)의 정의도 있다. 그보다 약간 먼저 해스컬 커리Haskell B. Curry는 1929년에, 또 모시스 쇤핀켈 Moses Schönfinkel은 1924년에 각각 다른 방법을 제안했는데, 처치의 계산법은 이들의 방법에 일부 영향을 받았다고 할 수 있다. 계산 가능성에 대한 현대적 방법들(예를 들면 1980년에 나이절 커틀랜드Nigel G. Cutland에 의해서 제안된 무한 레지스터 기계)은 훨씬 실용적이라는 점에서 튜링의 원래 기계와는 현저하게 다르다. 그러나 어떤 방법을 취하건 간에 개념적으로는 똑같은 계산 가능성을 다룬다.

수많은 다른 수학적 개념, 특히 심오한 아름다움과 근본적인 내용을 지니고 있는 수학 개념들에서 볼 수 있는 것처럼 계산 가능성이라는 개념도 그 나름대로의 플라톤적 실체를 소유한 것으로 간주된다. 수학적 개념에 대한 플라톤적 실체의 신비에 대해서는 뒤의 두 장에서 다루고자 한다.

제3장

수학과 현실

토블레드남 영역

어떤 미지의 세계를 여행한다고 상상해보자. 이 세계를 토블레드남 Tor'Bled-Nam[1]이라 부르겠다. 원격 감식 장치에 무언가 신호가 입수되어 스크린 위에 나타난다. 그곳에 초점을 맞추자 <그림 3-1>과 같은 모양이 나타난다.

도대체 이것이 무엇일까? 이상한 곤충인가? 아니면 수많은 산과 개울로 둘러싸인 짙은 색의 호수인가? 그렇지 않으면 이웃의 작은 마을로 가는 길이 나 있는, 광대하고 이상하게 생긴 외계 도시인가? 어쩌면 섬일지도 모르겠다. 그렇다면 섬과 이웃한 대륙이 있는지를 찾아보자. 그러기

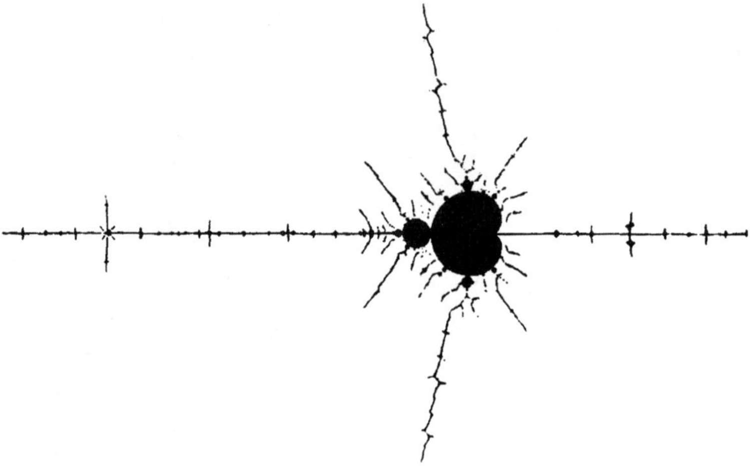

<그림 3-1> 처음 보았을 때의 이상한 세계

1 역주: Mandelbrot를 뒤집은 단어.

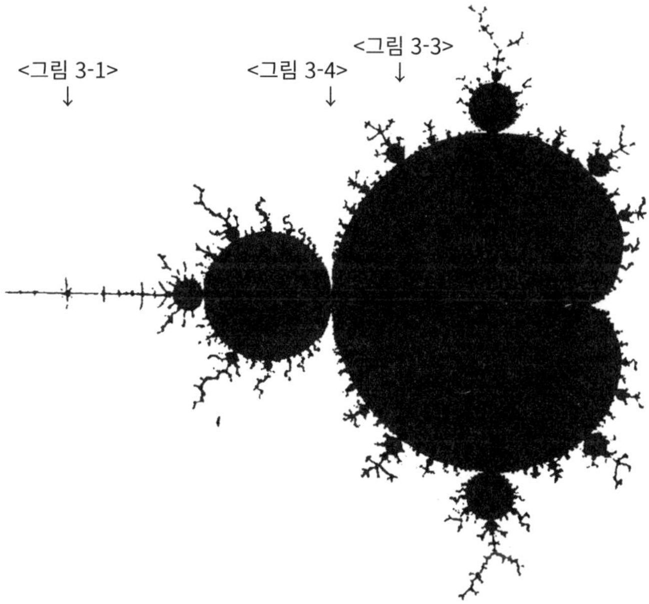

<그림 3-2> 토블레드남의 전경. <그림 3-1>, <그림 3-3>, <그림 3-4>에 나타난 그림은 화살표 아래의 지역을 확대한 것이다.

위하여 약 15의 배수로 관측 장치의 배율을 줄여가며 점점 뒤로 물러나 본다. 그런데 이건 또 어찌된 일인가? 전체 세계는 갑자기 <그림 3-2>로 다시 바뀌는 것이다.

우리가 바라보던 '섬'은 <그림 3-2> 안에 '<그림 3-1>' 표시 아래 나타난 작은 점처럼 보인다. 섬에서 흘러나온 가는 선들(시내, 길, 다리?)은 오른쪽의 갈라진 틈새에서 나온 선을 제외하고는 모두 끝나버리는데, 이 선은 <그림 3-2>에 그려진 훨씬 큰 물체로 연결된다. 이 큰 물체는 분명 우리가 처음에 본 섬과 똑같지는 않더라도 매우 흡사하다. 이 물체의 해안선에 해당하는 부분으로 초점을 맞추면 무수하게 많은 혹(둥그스름하지만 그 자체에도 혹 같은 것이 달려 있는)이 보인다. 각각의 작은 혹은 더 큰 혹의 미소한 부분에 부착되어 마치 혹 위에 수많은 혹이 나 있는 것처럼 보인다. 그림이 더 분명해질수록 이 구조로부터 나오는 수많은 가는 선이 보인다. 가는 선은 다시 여러 개로 분기되기도 하고, 때로는 격렬히 굽이쳐 흐른다. 가는 선의 어떤 지점에는 작고 복잡한 매듭이 있는 것도 같은데, 감식 장치의 현재 배율로는 확인할 수 없을 것 같다. 분명히 이 물체는 섬도, 대륙도, 혹은 그 어떤 종류의 풍경도 아니다. 아마 우리가 보고 있는 것은 괴물 같은 어마어마한 크기의 딱정벌레이고, 처음에 본 것은 그 새끼로서 아직도 탯줄 같은 것에 의하여 어미 몸에 연결되어 있는 것인지도 모른다.

이제 10배수만큼 감식 장치의 배율을 높여 이 괴물체의 몸에 있는 혹 하나를 관찰해보기로 하자(<그림 3-2>에서 '<그림 3-3>'의 밑으로 지시한 곳). 그 혹은 몸과 연결된 부분을 제외하면 그 자체가 전체적으로 괴물체와 매우 유사하다. <그림 3-3>에 5개의 가는 선이 한데 모이는 곳이 여러 군데 있음을 주목하기 바란다. 어쩌면 이러한 혹에는 무언가 '5의' 특성이 있을 것이다(그리고 가장 위의 혹에는 '3의' 특성이 있다). 사실 <그림 3-2>의 왼쪽 아래편에 있는, 이보다 작은 크기의 혹을 보면 그에 대해서는 '7'의 특성을 찾을 수 있고, 다음 단계에는 '9'인 것들도 발견할 수 있을 것이다. <그림 3-2>에서 2개의 큰 몸체 부분 사이에 나 있는 틈으로 들어가면 그 오른쪽으로 2씩 증가하는 홀수의 특징을 갖는 혹들을 볼 수 있다. <그림 3-2>를 약 10의 배수로 확대하여 그 틈을 자세히 관찰해보자(<그림 3-4> 참조). 여러 개의 미세한 혹과 이들이 소용돌이치는 모습이 보인다. 오른쪽의 '해마의 계곡'이라 부르는 지역에서 몇몇 작은 소용돌이 모양의 '해마 꼬리'들을 볼 수 있다. 배율을 충분히 올리면 여러 개의 '말미잘'이나 독특한 꽃 모양의 지역들도 볼 수 있다. 어쩌면 이것은 실제로 어떤 이국적인 해변일지도 모른다. 온갖 종류의 생명이 살고 있는 산호초일 것이다. 꽃처럼 보였던 것을 더 높은 배율로 확대해보면, 이들이 아주 작지만 각각이 여러 개의 가는 실과 소용돌이 모양의 꼬리를 가진 엄청나게 복잡한 구조들로 구성되었음을 알 수 있다. 해마 꼬리 중에서 큰 것 하나를 골라 좀 더 자세히 살펴보자. 즉 <그림 3-4>에서 '<그림 3-5>'라고 표시한 부분인데, 이것은 29의 특성을 갖는 혹에 부착되어 있다. 약 250배 더 확대하면 <그림 3-5>에 나타난 소용돌이 모양의 선이 나타난다. 이것은 보통의 꼬리가 아니라 그 자체가 무수한 작은 소용돌

<그림 3-3> '5의 특성'을 갖는, 가는 선이 있는 혹

← <그림 3-5>

<그림 3-4> 주계곡선. '해마의 계곡'은 오른쪽 하단에 보인다.

<그림 3-5> 해마 꼬리의 근접도

이 선, 그리고 문어와 해마 같은 부분을 가진 아주 복잡한 소용돌이 선으로 구성되어 있다.

이 구조는 여러 곳에서 2개의 소용돌이 선이 만나는 부분에 부착되어 있다. 이들 중 한 곳을 약 30의 배율로 확대하여 살펴보자(<그림 3-5> 속에 '<그림 3-6>'으로 표시한 아래쪽). 보라! 중간쯤에 이상하게 생겼지만 이제는 친숙해진 물체를 확인할 수 있는가? 이를 약 6의 배율로 더욱 확대하면 작은 아기 괴물체가 나타난다(<그림 3-7> 참조). 이것도 우리가 보고 있는 전체 구조와 유사하다! 자세히 보면 그 괴물체로부터 나오는 가는 선들은 주 구조의 것들과 약간 다르고 소용돌이 모양으로 매우 멀리 뻗어나가고 있음을 볼 수 있다. 그러나 작은 괴물체 자체도 그 자식을 보유하는 위치position까지는 이들 부모와 거의 다를 바 없다. 배율을 더 높여 확대하더라도 같은 모양을 볼 수 있을 것이다. 후손들은 그들의 조상과 유사할 것이고, 누구나 이러한 상황이 끝없이 연속된다는 것을 쉽게 알 수 있을 것이다. 이 토블레드남의 이상한 세계는 감식 장치의 배율을

<그림 3-6> 2개의 소용돌이가 만나는 부분을 더욱 확대한 것(30배율).
중앙에 작은 새끼 형체가 나타나기 시작한다.

<그림 3-7> 2개의 소용돌이가 만나는 부분을 더욱 확대한 것(180배율).
중앙의 작은 새끼 형체는 전체 모양을 닮았다는 것을 알 수 있다.

높이기만 하면 얼마든지 깊이 탐색할 수 있다. 여기에서는 끊임없는 변화를 볼 수 있으며, 두 부분이 정확히 일치하는 곳은 하나도 없다. 그러나 곧 익숙해질 수 있는 일반적인 흐름이 분명 존재한다. 이제는 낯익은 딱정벌레 모양의 괴물도 계속해서 더 작은 크기로 나타난다. 매번 주변의 가는 실 구조들은 전에 본 것들과 다른, 믿을 수 없을 정도로 복잡하고 환상적인 새로운 광경을 보여준다.

우리가 우연히 만난 이 변화무쌍하고 이상하게 복잡한 것은 도대체 무엇일까? 분명 많은 독자가 이미 알고 있겠지만 모르는 독자도 있을 것이다. 이 세계는 단지 추상 수학의 일부로서 망델브로 집합Mandelbrot set[2]으로 알려진 집합이다. 분명 이것은 복잡하다. 그러나 놀랄 만큼 단순한 규칙에 의하여 생성된다. 그 규칙을 설명하기 위해서는 우선 복소수가 무엇인지를 설명할 필요가 있는데, 복소수는 이후에도 계속 나오므로 여기에서 설명하는 것이 적합할 것 같다. 복소수는 양자역학 구조에 절대적으로 기본적인 것이고, 그래서 우리가 살고 있는 바로 이 세계에서 사물의 기본이 된다. 이들은 또한 '수학의 위대한 기적' 중 일각을 구성하고 있다. 복소수가 무엇인지를 설명하기 위해 우선 '실수real number'라는 용어의 의미를 되새길 필요가 있다. 이는 그 개념과 실세계의 현실 사이의 관계를 이해하는 데에도 도움이 될 것이다.

실수

자연수는 온전한 양quantity임을 기억하기 바란다.

$$0, 1, 2, 3, 4, 5, 6, 7, 8, 9, 10, 11, \cdots$$

이들은 여러 가지 종류의 수 가운데 가장 기초적인 것이고 기본이 된다. 이산적discrete인 성질을 갖는 것들은 모두 자연수로 정량화될 수 있다. 우리는 들에 있는 27마리의 양, 2번의 번개, 12번의 밤, 1,000개의 단

2 Mandelbrot(1986)를 참조. 여기에서 선택한 배율은 하인즈오토 파이트겐Heinz-Otto Peitgen과 피터 리히터Peter Richter(1986)가 했던 것을 적용했는데, 여기에는 망델브로 집합의 수많은 놀라운 컬러 영상이 나와 있다. 더 놀라운 예를 보기 위해서는 Peitgen & Saupe(1988)를 참조.

어, 4번의 대화, 0개의 새로운 생각, 12번의 실수, 6번의 결석, 2번의 방향 전환 등을 말할 수 있다. 자연수는 함께 더하거나 곱하더라도 자연수가 된다. 자연수들은 앞 장에서 언급한 것처럼 알고리즘의 일반적인 논의 대상이 된다. 그러나 어떤 중요한 연산들은 자연수 영역 밖의 값을 취하기도 한다. 그중 가장 간단한 연산은 바로 뺄셈이다. 뺄셈 연산을 체계적으로 정의하려면 음수negative number가 필요하고, 이를 위하여 정수 체계를 사용할 수 있다.

$$\cdots, -6, -5, -4, -3, -2, -1, 0, 1, 2, 3, 4, 5, 6, 7, \cdots$$

전하electric charge, 은행 잔고, 날짜 등과 같은 것들은 이러한 수에 의하여 정량화된다.[3] 그러나 이들 숫자도 그 범위가 제한적일 때가 있다. 왜냐하면 하나의 수를 다른 수로 나누고자 할 때 정수는 문제가 발생하기 때문이다. 따라서 분수 혹은 유리수rational number가 필요하다.

$$0, 1, -1, \frac{1}{2}, -\frac{1}{2}, 2, -2, \frac{3}{2}, -\frac{3}{2}, \frac{1}{3}, \cdots$$

이들은 유한 계산에 대해서는 충분하지만 많은 경우 이보다 한 걸음 더 나아가 무한infinite 혹은 극한limit 연산을 포함해야 한다. 예를 들면 수학적으로 매우 중요한 것으로 알려진 π는 그러한 무한식을 이용한다.

$$\pi = 2\left\{(\frac{2}{1})(\frac{2}{3})(\frac{4}{3})(\frac{4}{5})(\frac{6}{5})(\frac{6}{7})(\frac{8}{7})(\frac{8}{9})\cdots\right\}$$

$$\pi = 4(1 - \frac{1}{3} + \frac{1}{5} - \frac{1}{7} + \frac{1}{9} - \frac{1}{11}\cdots)$$

(이들은 꽤 유명한 식으로서 처음 식은 영국의 수학자이자 영문학자, 암호 전문가

3 실제로 통상적인 날짜 표기는 이를 정확히 따른다고 볼 수 없다. 왜냐하면 0년이라는 연수는 정확히 없기 때문이다.

인 존 월리스John Wallis가 1655년에 처음 발견했다. 또 두 번째 식은 스코틀랜드의 수학자이자 천문학자인 제임스 그레고리James Gregory가 1671년 발견했는데, 그는 최초의 반사 망원경을 발명한 당사자이기도 하다.) 이러한 방식으로 정의된 π는 유리수일 필요가 없다(즉 n과 m이 정수이고 m이 0이 아닐 때, $\frac{n}{m}$의 형태가 아니어도 된다). 그러한 값이 포함될 수 있기 위해서는 수의 체계도 확장되어야 한다.

이러한 확장된 수의 체계를 '실수'라 하며, 우리에게 친숙한 무한 소수 전개infinite decimal expansion 등으로 표현할 수 있는 수들이 이에 속한다.

$$-583.70264439121009538\cdots$$

이러한 표현법에 따르면 π는 다음과 같이 표시된다.

$$\pi=3.14159265358979323846\cdots$$

이런 방법으로 나타낼 수 있는 수의 형태 중에는

$$\sqrt{2}=1.41421356237309504\cdots$$

와 같은 양의 유리수의 제곱근(3승근, 4승근 등)이 있고, 스위스 수학자 레온하르트 오일러Leonhard Euler가 발견한 π의 공식 등이 있다.

$$\pi=\sqrt{\left\{6\left(1+\frac{1}{4}+\frac{1}{9}+\frac{1}{25}+\frac{1}{36}+\cdots\right)\right\}}$$

실수는 실제로 일상생활에서 우리가 많이 다루는 친숙한 수이다. 비록 일반적으로는 그러한 수의 근사치만을 다루거나 몇 자리 안 되는 소수점 이하의 수로 구성된 전개식을 즐겨 사용하지만. 그러나 수학적 표현에서 실수는 정확하게 표현되어야 하며 무한 소수 전개와 같은 일종의 무한 표현, 혹은 앞서 월리스, 그레고리, 오일러에 의한 π의 전개식과 같은 다른 형태의 수학적 표현이 필요하다. (여기에서는 주로 소수 전개를 사용하지만 이는 단지 내가 그것에 가장 익숙하기 때문이다. 수학자들에게는 실수를 나타내는 좀 더 좋은 방법이 여러 가지 있겠으나 여기에서는 이를 상관하지 않겠다.)

무한 전개된 수의 전체를 이해하는 것이 불가능하다고 생각할지 모르나 그렇지는 않다. 전체 숫자의 전개를 명확하게 이해할 수 있는 쉬운 예는 다음과 같다.

$$\frac{1}{3} = 0.33333333333333\cdots$$

여기에서 점들은 3의 연속이 무한히 계속된다는 것을 나타낸다. 이러한 전개를 이해하려면 3의 연속이 같은 형태로 무한히 계속된다는 사실만을 염두에 두면 된다. 모든 유리수는 반복적인(혹은 한정된) 소수 전개를 갖는다. 예를 들면

$$\frac{93}{74} = 1.2567567567567567567\cdots$$

에서 수열sequence 567은 무한히 계속되고 이를 통하여 전체의 수를 이해할 수 있다. 또,

$$0.220002222000000222222000000002222222220\cdots$$

과 같이 무리수를 나타내는 표현도 물론 그 전체를 이해할 수 있다(여기서 일련의 0과 2는 매번 길이가 일정하게 증가한다). 이외에도 수많은 비슷한 예가 있다. 매 경우 우리는 그 전개 구성의 법칙을 아는 것만으로 충분하다. 만약 연속적인 수를 생성해내는 알고리즘이 있다면 그 알고리즘을 아는 것만으로 우리는 무한 소수 전개의 전체를 알 수 있게 된다. 여기서 알고리즘으로 생성되는 전개를 갖는 실수를 계산 가능한 수라 일컫는다(제2장 p. 100 참조). (2진법 전개 대신 10진법을 사용한다는 사실은 별로 중요하지 않다. 여기에서 계산 가능한 수는 어떤 진법에 의한 전개건 간에 같은 수일 뿐이다.)

우리가 방금 다룬 π나 $\sqrt{2}$와 같은 실수는 계산 가능한 수의 예들이다. 각각의 경우 법칙을 세세히 밝히기는 약간 복잡하지만 근본 원리는 어렵지 않다.

그러나 이런 면에서 계산이 불가능한 실수 또한 매우 많다. 앞 장에서 우리는 완벽하게 정의되지만 계산이 불가능한 수열sequence이 있다는 사실을 보았다. 예를 들어 n번째 튜링 기계가 숫자 n에서 정지하는지 안 하는지에 따라 소수 전개식의 n번째 수가 1 혹은 0이 되는 실수를 생각할 수 있다. 일반적으로는 실수의 요건으로서 특정한 무한 소수 전개가 존재하기만 하면 된다. n번째 수를 만들어내는 알고리즘이 있어야 하는지, 또는 n번째 수가 무엇인지를 원칙적으로 알 수 있는 규칙의 존재 여부는 알 필요조차 없다.[4] 계산 가능한 수들은 다루기가 그다지 매끄럽지 못하다. 계산 가능한 수만을 사용하더라도 이와 관련된 모든 연산이 계산 가능한 것은 아니다. 예를 들면 일반적으로 2개의 계산 가능한 수가 서로 같은지 다른지를 결정하는 것도 계산 가능한 일이 아니다. 이러한 이유 때문에 우리는 계산 가능한 수열로만 이루어진 실수 대신, 소수 전개만 가능하다면 모든 실수를 사용하는 것을 더 선호한다.

마지막으로 지적하고 싶은 것은 소수 전개가 9의 연속으로 무한하게 끝나는 실수와 0의 연속으로 무한하게 끝나는 실수가 같을 수 있다는 것이다. 예를 들면 다음과 같다.

$$-27.1860999999\cdots=-27.1861000000\cdots$$

---

4 내가 알기로는 임의의 실수에 대하여 n번째 숫자가 무엇인지를 결정하는 규칙이 항상 존재해야 한다는 견해는 일반적이라고는 할 수 없지만 일관성은 있다. 다만 그러한 규칙은 미리 지정된 형식 체계 내에서 효율적이지 않거나 심지어는 정의 불가능한 것일 수도 있다(제4장 참조). 이러한 관점이 나의 견해와 가장 가깝기 때문에 나는 그것이 일관성이 있기를 바란다.

얼마나 많은 실수가 존재하는가?

여기에서 잠시 멈추고, 유리수로부터 실수로 나아가면서 얻을 수 있는 일반화generalization의 효과가 얼마나 큰가를 음미해보자.

처음에는 누구나 정수의 개수가 자연수의 개수보다 훨씬 많다고 생각할 것이다. 모든 자연수는 정수인 데 반하여 어떤 정수들(즉 음수들)은 자연수가 아니기 때문이다. 마찬가지로 분수의 개수는 정수의 개수보다 많다고 생각할 것이다. 그러나 그렇지 않다. 매우 독창적인 러시아계 독일인 수학자 칸토어가 1800년대 후반 제안한 강력하고도 아름다운 무한한 수의 이론에 따르면 분수 전체의 개수, 정수 전체의 개수, 자연수 전체의 개수는 모두 똑같은 무한한 수로서 이를 $\aleph_0$(알레프 노트aleph nought)로 나타낸다. (놀라운 것은 이러한 생각이 이보다 250년 전인 1600년대 초에 이미 이탈리아의 위대한 물리학자이자 천문학자인 갈릴레오 갈릴레이Galileo Galilei에 의하여 부분적으로 이야기되었다는 것이다. 갈릴레이의 다른 업적들에 대해서는 제5장에서 보게 될 것이다.) 다음과 같이 '일대일 대응'을 해보면 정수와 자연수의 개수가 같다는 것을 알 수 있다.

정수		자연수
0	↔	0
−1	↔	1
1	↔	2
−2	↔	3
2	↔	4
−3	↔	5
3	↔	6
−4	↔	7
⋮	⋮	⋮
−n	↔	2n−1
n	↔	2n
⋮	⋮	⋮

각각의 정수(왼쪽 열)와 자연수(오른쪽 열)가 표에 단지 한 번만 나타나는 것을 주의하기 바란다. 이와 같이 일대일 대응이 존재하므로 칸토어의 이론에서 왼쪽 열에 등장하는 수의 전체 개수와 오른쪽 열에 등장하는 수의 전체 개수는 같다고 할 수 있다. 그러므로 정수의 개수는 실제로 자연수의 개수와 같다고 말할 수 있으며, 이 경우 그 수는 무한하지만 이는 문제가 되지 않는다. (무한한 수가 갖는 한 가지 묘한 특징은 한쪽 목록의 원소 중 몇 개를 빼버려도 여전히 두 목록 사이에 일대일 대응이 이루어진다는 것이다!) 비슷하지만 좀 더 복잡한 방법으로 분수와 정수 사이에 일대일 대응을 만들 수 있다. (이를 위한 한 가지 방법은 분자와 분모에 해당하는 자연수의 쌍을 하나의 자연수로 간주하는 것이다. 제2장 pp. 89-90 참조.) 자연수와 일대일 대응시킬 수 있는 원소를 갖는 집합을 셀 수 있는 집합, 즉 가산집합 countable set이라 부른다. 그러므로 무한 가산집합countable infinite set들은 $\aleph_0$개의 원소를 갖는다. 앞에서 우리는 정수의 집합이 가산집합임을 보았고 분수도 역시 가산집합이다.

가산집합이 아닌 집합도 과연 존재하는가? 자연수로부터 처음에는 정수로, 그리고 유리수로 수 체계를 확장시켰음에도 불구하고 우리가 실제로 다루어야 하는 수의 전체 개수는 하나도 증가하지 않았다. 각각의 경우 원소의 개수는 실제로 셀 수 있는 것임을 알았다. 어쩌면 지금쯤 독자들은 무한 집합은 모두 셀 수 있는 것이라는 인상을 받았을 것이다. 그러나 그렇지 않다. 실수real number로 가게 되면 상황은 전혀 달라지기 때문이다. 칸토어의 가장 큰 업적 중 하나는 유리수보다 실수가 더 많이 존재한다는 사실을 증명한 것이다. 칸토어가 사용한 증명 방법은 앞 장에서도 언급한 '대각선 자르기'라는 방법으로서 튜링이 튜링 기계의 정지 문제가 해결 불가능하다는 사실을 증명하기 위하여 채택한 바로 그 방법이다. 칸토어의 논증은 후에 튜링의 논증과 같이 귀류법을 이용한 것이다. 우리가 얻고자 하는 결론이 틀렸다고, 즉 모든 실수의 집합은 셀 수 있다고 가정하자. 그렇다면 0과 1 사이의 실수들도 분명히 셀 수 있기 때문에 0과 1 사이의 모든 수를 자연수와 일대일로 짝짓기 위한 특정 목록을 만들 수 있다.

자연수		실수
0	↔	0.**1**0357627183⋯
1	↔	0.1**4**329806115⋯
2	↔	0.02**1**66095213⋯
3	↔	0.430**0**5357779⋯
4	↔	0.9255**0**489101⋯
5	↔	0.59210**3**43297⋯
6	↔	0.636679**1**0457⋯
7	↔	0.8705007**4**193⋯
8	↔	0.04311737**8**04⋯
9	↔	0.786350811**5**0⋯
10	↔	0.4091673889**1**⋯
⋮	⋮	⋮

이 목록에서 굵은 글씨로 표시한 대각선의 숫자들은 다음과 같다.

$$1, 4, 1, 0, 0, 3, 1, 4, 8, 5, 1, \cdots$$

그리고 대각선 자르기 과정은, 이로부터 소수점 이하의 소수 전개가 각각의 해당 자리에 있는 수와 다른 실수(0과 1 사이의)를 생성하는 것이다. 보다 명확히 하기 위하여 그 수는 대각선의 수가 1이 아닌 경우 1을 택하고, 대각선의 수가 1이면 2를 갖도록 한다. 그러므로 이 경우 우리는 다음과 같은 실수를 얻을 수 있다.

$$0.21211121112\cdots$$

이 실수는 앞의 목록에 등장할 수 없다. 왜냐하면 첫 번째 수와는 소수점 첫째 자리 수(소수점 이하의)가 다르고 두 번째 수와는 소수점 둘째 자리 수가 다르며 세 번째 수와는 소수점 셋째 자리 수가 다르기 때문이다. 이는 이 목록이 0과 1 사이의 모든 실수를 포함한다는 가정에 모순된다. 이 모순은 우리가 증명하고자 하는 것, 즉 실수와 자연수 사이에 일대일 대응이 있을 수 없다는 사실을 증명한다. 따라서 실수의 개수는 유리수의 개수보다 실제로 더 크고 셀 수도 없다.

실수의 개수는 무한한 수로서 C로 불린다. (C는 실수 체계의 다른 이름인 연속체continuum를 의미한다.) 어떤 사람은 이 수를 왜 $\aleph_1$이라고 하지 않느냐고 질문할지도 모른다. 사실상 기호 $\aleph_1$은 $\aleph_0$보다 큰, 다음번 무한한 수를 표시하는데, 실제로 $C=\aleph_1$이 성립하는가의 여부는 유명한 미해결 문제로서 연속체 가설continuum hypothesis이라고 불린다.

한편 계산 가능한 수들은 셀 수 있다. 이들을 세려면 단지 실수를 생성하는(즉 특정 실수의 소수 전개를 만들어내는) 튜링 기계들을 목록에 순서대로 열거하면 된다. 이 목록에서 앞에 이미 나타난 실수를 생성하는 튜링 기계는 지워버려야 한다. 이러한 튜링 기계는 셀 수 있기 때문에 계산 가능한 수들도 당연히 셀 수 있다. 이 경우에는 왜 목록에서 대각선 자르기 방법을 사용하여 목록에 없는 새로운 계산 가능한 수를 만들어낼 수 없는 것인가? 이에 대한 답은, 일반적으로 어떤 튜링 기계가 실제로 목록에 있어야 하는지, 혹은 없어야 하는지를 결정하는 것 자체가 계산 가능하지 않다는 데에 있다. 그것이 가능하려면 결과적으로 우리가 '정지 문제'를 해결할 수 있어야 하기 때문이다. 어떤 튜링 기계들은 실수의 소수 부분을 생성하는 중간에 오도 가도 못하고 고정되어버려서 더 이상의 숫자를 만들지 못하는 경우가 있다(그것은 '정지하지 않기' 때문이다). 어떤 튜링 기계가 이런 식으로 고정될지 아닐지를 결정해주는 계산 가능한 방법은 없다. 이것이 바로 기본적인 정지 문제이다. 그러므로 대각선 방법이 어떠한 실수를 만들어내더라도 그것은 계산 가능한 숫자가 아닐 것이다. 사실상 이러한 논증은 계산 불가능한 수의 존재를 보여주는 데 사용될 수도 있었다. 앞 장에서 자세히 논의한 바와 같이, 알고리즘적으로 풀 수 없는 문제의 집합이 존재한다는 것을 보여주기 위한 튜링의 논증은 이러한 논리선을 따르고 있다. 대각선 자르기 방법의 다른 응용들에 관해서는 후에 다시 보게 될 것이다.

실수의 '실체'

계산 가능성에 대한 개념은 잠시 접어두고, 실수라는 단어에 '실實'이 붙는 것은 이 수가 거리, 각도, 시간, 에너지, 온도나 기타 다른 기하학 및 물리학적 양의 측정에 필요한 값을 제시하고 있기 때문이다. 그러나 추상적으로 정의된 '실수'와 물리적 수량의 관계는 생각만큼 명확하지 않다. 실수는 실제 물리적으로 객관적인 수량보다는 수학적 이상체 mathematical idealization에 근거한다. 예를 들어 실수 체계는 어떤 2개의 실수에 대해, 이들이 얼마나 가깝든지 간에 이들 사이에 제3의 수가 놓여있다는 특성을 갖는다. 물리적 거리나 시간이 실제로 이러한 특성을 갖는지는 완전히 불분명하다. 우리가 두 점 사이의 물리적 거리를 계속 나누어나가다 보면 결국 거리라는 개념이 더는 의미를 갖지 못하는 단계에 도달하게 된다. 하나의 아원자sub-atomic 입자 크기의 10^{20}분의 1인[5] 양자중력quantum gravity을 다루는 단계에서 이러한 사태가 발생한다. 그러나 실수를 반영하기 위해서는 한 입자의 10^{200}분의 1, 10^{2000}분의 1, $10^{10^{200}}$분의 1과 같이 이보다 훨씬 더 작은 단계까지 갈 수 있어야 할 것이다. 이렇게 어처구니없이 미세한 단위가 도대체 물리적 의미를 갖기는 하는 것인지는 전혀 불분명하다. 이러한 사실은 이와 마찬가지로 미소한 시간 간격에 대해서도 비슷하게 적용된다.

실수 체계가 물리학에서 사용되는 이유는 그것이 갖는 수학적 유용성, 단순성, 정밀성과 함께, 실수가 거리 및 시간의 물리적 개념과 매우 넓은 범위에서 일치하기 때문이다. 그러나 이것이 모든 범위에서 물리적 개념과 일치하기 때문은 아니다. 누구나 매우 작은 단위에서는 거리나 시간이 실수 체계와 일치하지 않는다는 사실을 쉽게 알 수 있다. 단순한 거리 측정을 위해서는 자를 사용하는 것이 일반적이나, 이러한 자조차도 그 자체의 원자 수준까지 내려가보면 낱알처럼 되어 있다는 성질을 갖는

---

5 10^{20}은 100000000000000000000, 즉 1 다음에 0이 20개 등장하는 수임을 기억하기 바란다.

다. 이러한 사실 때문에 정밀한 측정을 할 때 실수를 사용하지 못하는 것은 아니지만, 더욱 미세한 거리의 측정을 위해서는 훨씬 고도의 기술이 필요한 것이 사실이다. 그러므로 우리는 매우 미소한 단위에 있어서도 거리에 대한 기본 원리가 적용될 수 있는가 하는 점에 대하여 최소한의 의심은 해보아야 한다. 그런데 자연은 우리에게 놀랍게도 친절하여, 일상적 단위 혹은 그 이상의 물체를 묘사하기 위하여 사용하게 된 실수가 원자보다 더 작은 규모(전자나 양성자와 같은 소위 아원자 입자의 '고전적' 지름의 100분의 1보다 더 작은), 심지어는 이보다 10^{20} 단위로 더 작은 '양자중력 단위'에까지 유용성이 유지된다는 사실이 판명되었다! 이는 실로 놀라운 규모의 경험 이탈적 추정이라 할 수 있다. 우리에게 친숙한 실수에 의한 거리 개념은 지구에서 가장 먼 퀘이서quasar나 그 너머의 거리까지에도 적용할 수 있는 것으로 보이기 때문에 적어도 10^{42}, 아마도 10^{60} 이상의 규모로 범위가 설정된다고 보인다. 사실상 이러한 실수 체계의 적절성이 의심받은 경우는 거의 없다. 우리는 왜 이 수가 물리를 정확하게 나타낼 수 있다고 자신하는 것일까? 우리의 경험과 관련된 수의 범위는 매우 한정되어 있는데도 말이다. 이러한 (어쩌면 잘못된) 자신감은 실수 체계의 논리적 간결성, 일관성, 수학적 위력, 그리고 자연과의 심오한 수학적 조화에 대한 믿음에 바탕을 둔 것임에 틀림이 없다.

복소수

수학적인 능력과 우아함에서 실수 체계가 완전한 독점권을 갖는 것은 아니라는 사실이 밝혀졌다. 예를 들면 제곱근은 음수가 아닌 양수로부터만 취할 수 있다는 것은 약간 매끄럽지 못한 인상을 준다. 수학적인 관점에서 (잠시 물리적 세계와의 직접적인 관계에 대한 문제는 접어두기로 하고) 양수뿐만 아니라 음수의 제곱근을 구할 수 있다면 매우 편리할 것이라는 사실이 판명되었다. −1에 대한 제곱근을 단순히 가정하거나 '창조'해보자. 그리고 이것을 기호 'i'로 표기하기로 하자. 그러므로 다음 식이 성립한다.

$$i^2 = -1$$

실수를 자기 자신에 곱한 결과는 항상 양수(또는 숫자가 0이면 0)이므로 i의 값은 실수가 될 수 없다. 이러한 이유로 제곱이 음수인 수에 대해서는 관례적으로 허수imaginary number(가상의 수)라는 용어를 사용한다. 그러나 이러한 허수가 우리에게 친숙한 실수에 비해서 현실성이 떨어지지는 않는다는 사실을 강조하고 싶다. 앞에서 강조한 바와 같이, 그러한 '실수'와 물리적 실체 사이의 관계는 처음 생각한 것처럼 직접적이거나 강제성이 있는 것은 아니다. 실수에서는 무한한 정밀성의 수학적 이상체를 다루고 있는데, 이에 대한 자연으로부터의 선험적a priori인 근거가 그다지 명확하지 않기 때문이다.

일단 −1의 제곱근을 갖게 되면 모든 실수에 대한 제곱근을 구하는 것은 그다지 어렵지 않다. a가 양의 실수라면

$$i \times \sqrt{a}$$

는 음의 실수 −a의 제곱근이다. (또 하나의 제곱근, 즉 $-i \times \sqrt{a}$도 있다.) i 자체는 어떠한가? 이것이 제곱근을 가지는가? 물론 그렇다. 왜냐하면

$$\frac{(1+i)}{\sqrt{2}}$$

(그리고 같은 크기의 음수)의 제곱이 i가 되는 것을 쉽게 확인할 수 있을 것이기 때문이다. 그렇다면 이 식 자체도 제곱근을 가지는가? 다시 한 번 그 답은 '예'이다.

$$\sqrt{\frac{(1+\frac{1}{\sqrt{2}})}{2}} + i\sqrt{\frac{(1-\frac{1}{\sqrt{2}})}{2}}$$

과 그 음수의 제곱은 실제로 $\frac{(1+i)}{\sqrt{2}}$이다.

그러한 수량을 만들어내기 위하여 실수와 허수를 더했을 뿐 아니라 그 수에 임의의 실수를 곱하는 것도 허용한 사실에 주목하기 바란다. (0이 아닌 실수로 나누기도 했는데, 이는 그것의 역수를 곱하는 것과 같다.) 그 결과로 얻어지는 값을 복소수라고 부른다. 복소수는

$$a+ib$$

형태의 수인데, 이때 a와 b는 실수로서 각각을 그 복소수의 실수부real part와 허수부imaginary part라고 부른다. 2개의 복소수를 더하고 곱하는 규칙은 일반적인 대수학 규칙을 따르는데, 다만 $i^2=-1$의 규칙이 추가되었을 뿐이다.

$$(a+ib)+(c+id)=(a+c)+i(b+d)$$

$$(a+ib)\times(c+id)=(ac-bd)+i(ad+bc)$$

그런데 놀라운 일이 일어났다! 이 수의 체계는 제곱근을 항상 구할 수 있다는 가능성을 제시하는 데에 그 동기를 두고 있다. 그러한 목적은, 아직 명확하지는 않지만 이미 이루어졌다. 그러나 그뿐만 아니라 훨씬 더 많은 것을 할 수 있게 되었다. 세제곱근, 다섯제곱근, 99제곱근, π제곱근, $(1+i)$제곱근 등 모두를 무사히 구할 수 있게 된 것이다(18세기의 위대한 수학자 오일러가 보여주었던 것처럼). 복소수의 마법에 대한 또 한 가지 예로서, 학교에서 배운 삼각함수의 다소 복잡해 보이는 공식을 살펴보자. 두 각의 합에 대한 사인값과 코사인값은

$$\sin(A+B)=\sin A\cos B+\cos A\sin B$$

$$\cos(A+B)=\cos A\cos B-\sin A\sin B$$

인데, 이는 다음과 같은 훨씬 간단한(그리고 외우기 쉬운!) 복소수 방정식의

허수부와 실수부에 각각 해당한다.[6]

$$e^{iA+iB} = e^{iA iB}$$

여기에서 우리는 '오일러의 공식'만 알면 된다. (오일러 이전에 18세기 초의 영국 수학자 로저 코츠Roger Cotes도 분명 구한 바 있다.)

$$e^{iA} = \cos A + i\sin A$$

이것을 앞의 공식에 대입하면

$$\cos(A+B) + i\sin(A+B) = (\cos A + i\sin A)(\cos B + i\sin B)$$

이고, 오른쪽 항을 곱한 결과로서 우리가 원하는 삼각함수 관계식을 얻을 수 있다.

뿐만 아니라 임의의 대수 방정식

$$a_0 + a_1 z + a_2 z^2 + a_3 z^3 + \ \cdots \ + a_n z^n = 0$$

(a_0, a_1, …, a_n은 복소수이고 $a_n \neq 0$)은 복소수 z에 대하여 항상 풀 수 있다. 예를 들면 결코 간단하지 않은 다음 식

6 e = 2.7182818285… (자연로그의 기수base로서 수학에서 π에 필적할 정도의 중요도를 갖는 무리수)의 값을 갖는 e는 다음과 같이 정의된다.

$$e = 1 + \frac{1}{1} + \frac{1}{(1\times 2)} + \frac{1}{(1\times 2\times 3)} + \cdots$$

그리고 e의 z승은 다음과 같다는 것이 밝혀졌다.

$$e^z = 1 + \frac{z}{1} + \frac{z^2}{(1\times 2)} + \frac{z^3}{(1\times 2\times 3)} + \cdots$$

$$z^{102}+999z^{33}-\pi z^2=-417+i$$

에 대해서 이를 만족하는 복소수 z가 존재하는 것을 알 수 있다. 이러한 일반적인 사실을 '대수학의 기초 정리the fundamental theorem of algebra'라 부르기도 한다. 18세기의 여러 수학자가 이 결과를 증명하기 위하여 씨름했으나, 오일러조차도 만족할 만한 일반적 증명을 발견하지는 못했다. 그러던 차에 1831년 위대한 수학자이자 과학자인 카를 프리드리히 가우스Carl Friedrich Gauss는 아주 놀라운 독창적 논증법을 발견했고, 처음으로 이의 일반적 증명을 발표했다. 이 증명의 중요한 요소는 복소수를 기하학적으로 나타내고 위상수학적topological[7] 논증을 사용한 것이다.

실제로 가우스가 복소수의 기하학적 표현을 처음 사용한 것은 아니다. 월리스가 이보다 약 200년 앞서 개략적으로 사용했으나 가우스처럼 강력한 효과를 보지는 못했다. 복소수의 기하학적 표현법에는 대개 스위스의 장부 정리원이던 장 로버트 아르강Jean Robert Argand의 이름이 붙는데, 그는 이를 1806년에 발표했다. 그러나 실제로 노르웨이의 측량사였던 카스파르 베셀Caspar Wessel이 이보다 9년 앞서 이에 대한 완벽한 설명을 발표한 바 있다. 여기에서는 관례에 따라(역사적으로는 전혀 정확하지 않지만) 복소수의 표준 기하학적 표현을 아르강 평면Argand plane이라 부르겠다.

아르강 평면은 일반적인 유클리드 평면으로서, x가 수평적인 거리를 나타내고(오른쪽은 양수, 왼쪽은 음수) y가 수직적인 거리(위쪽은 양수, 아래쪽은 음수)를 나타내는, x와 y의 표준 데카르트 좌표를 갖는 평면이다. 여기에서 복소수

$$z=x+iy$$

는 좌표가 (x, y)인 아르강 평면의 점으로 나타난다(<그림 3-8> 참조). 복소

7 '위상수학적'이라는 말은 일종의 기하학(때로는 '고무판 기하'라고도 불린다)을 의미하는데, 거기에서는 실제 거리는 중요하지 않고 물체 간의 연속성만이 중요하게 취급된다.

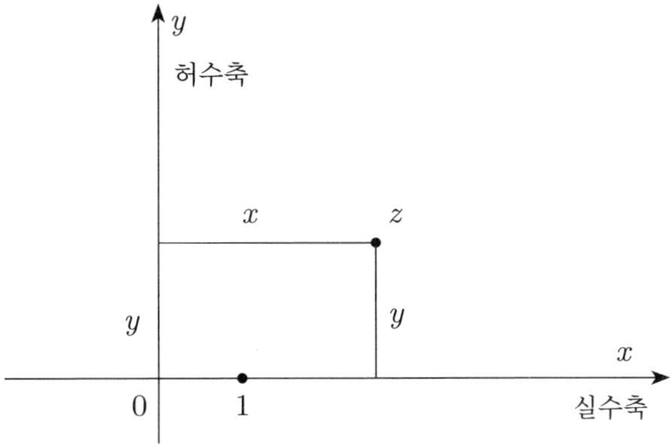

<그림 3-8> 복소수 $z = x + iy$를 나타내는 아르강 평면

수로 간주된 0은 좌표의 원점으로 나타내고, 1은 x축의 한 점으로 표시된다는 사실을 주의하기 바란다.

단순히 말하면, 아르강 평면은 복소수군을 기하학적으로 유용한 그림으로 나타낼 수 있는 방법을 제공하는 것이다. 이것이 별로 새로운 사실은 아니다. 우리는 이미 실수를 기하학적 도형, 즉 양방향으로 무한히 뻗어나가는 직선 모양으로 나타내는 방법에 익숙해져 있다. 선의 한 점을 0으로 표시하고 또 한 점을 1로 표시한다, 점 2의 1로부터의 변위를, 0으로부터 1의 변위와 같도록 놓는다, $\frac{1}{2}$은 0과 1의 중간점으로 한다, -1은 0이 -1과 1의 중간에 놓이도록 놓는다 등등. 이러한 방법으로 나타낸 실수 집합을 실선real line이라 한다. 복소수의 경우에는 사실상 2개의 실수 a, b를 좌표로 사용하는데, 이는 복소수 $a+ib$에 해당한다. 이 두 수는 평면, 즉 아르강 평면에서의 점에 대한 좌표로 사용된다. 예로서 <그림 3-9>에 복소수

$$u = 1 + i1.3,\ v = -2 + i,\ w = -1.5 - i0.4$$

를 대략적으로 나타내보았다.

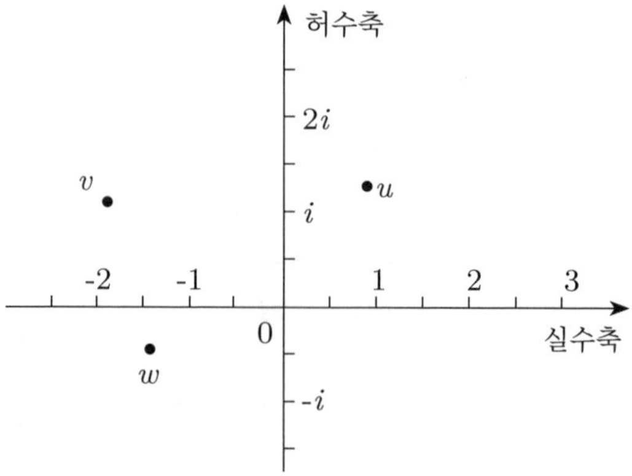

<그림 3-9> 아르강 평면상에서 u, v, w의 위치

이제 복소수의 덧셈, 곱셈과 같은 기본적인 대수학적 계산은 분명한 기하학적 형태를 갖게 된다. 우선 덧셈을 생각해보자. u와 v가 앞의 방법에 따라 아르강 평면 위에 나타난 2개의 복소수라고 하자. 그러면 이들의 합 u+v는 두 점의 '벡터합vector sum'으로 나타낸다. 즉 점 u+v는 u, v와 원점 0으로 만들어지는 평행사변형을 완성하는 위치에 있게 되는 것이다. 이 도형 구성(<그림 3-10> 참조)이 실제로 합을 표시한다는 것을 보이기는 어렵지 않지만 여기에서는 증명을 생략하겠다.

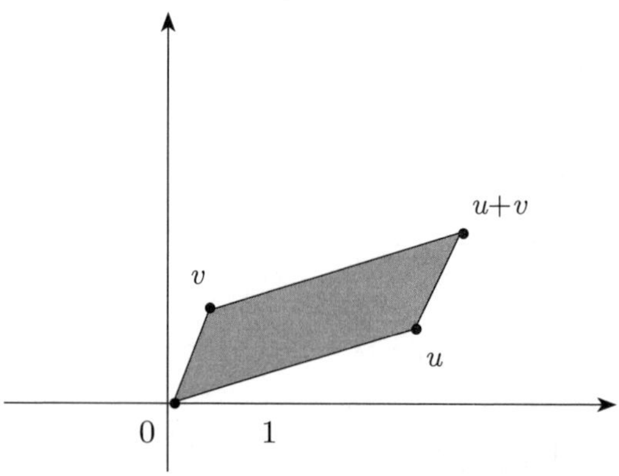

<그림 3-10> 두 복소수 u와 v의 합 u+v는 평행사변형 법칙에 의해서 구해진다.

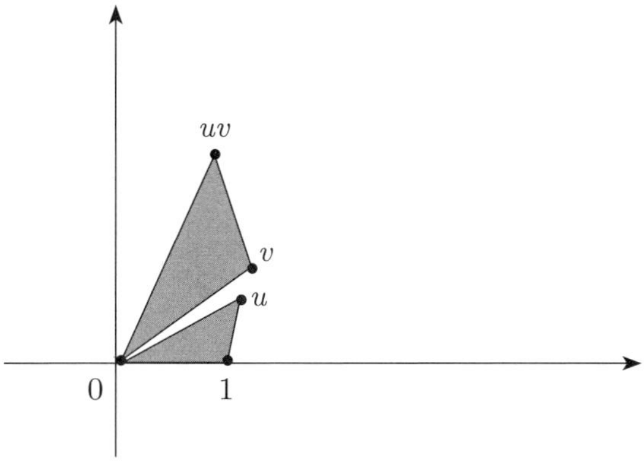

<그림 3-11> 2개의 복소수 u, v의 곱 uv는 삼각형 0, v, uv와 삼각형 0, 1, u가 닮은꼴이 되도록 설정된다. 다시 말하면 원점에서 uv까지의 거리는 원점에서 u와 v까지의 각 거리의 곱이고, uv가 실수(수평)축과 이루는 각도는 u, v가 각각 실수축과 이루는 각도를 합한 것과 같다.

이들의 곱 uv도 분명한 기하학적 해석을 갖는데(<그림 3-11> 참조), 앞의 그림보다는 약간 이해하기 어려울 것이다(이것도 증명은 생략한다). 1과 uv 사이의 원점에 대한 각도는, 1과 u 사이의 각도와 1과 v 사이의 각도의 합이고(모든 각도는 시계 반대 방향으로 측정), 원점에서 uv까지의 거리는 원점에서 u와 v까지의 각 거리의 곱이다. 이는 결국 0, v, uv로 만들어지는 삼각형이 0, 1, u로 만들어지는 삼각형과 닮은꼴이라는 것이다. (이러한 도형 구성이 익숙하지 않은 열의 있는 독자라면 이러한 결과가 앞서 주어진 복소수의 덧셈 및 곱셈에 대한 대수학적 규칙들로부터, 그리고 삼각형의 규칙들로부터 직접 유도될 수 있음을 증명해보기 바란다.)

망델브로 집합의 생성

이제 망델브로 집합이 어떻게 정의되는지 살펴볼 수 있는 단계가 되었다. z가 임의로 선택된 복소수라 하자. 이 복소수가 무엇이건 그것은 아르강 평면상의 특정한 점으로 나타날 것이다. 이제 z가 다음 매핑, 즉

$$z \rightarrow z^2 + c$$

에 의하여 새로운 복소수로 대치된다고 가정해보자(c는 또 하나의 주어진, 고정된 복소수이다). $z^2 + c$는 아르강 평면에 새로운 특정 점으로 표시될 것이다. 예를 들어 c가 $1.63 - i4.2$라고 주어졌다고 가정하면 z는

$$z \rightarrow z^2 + 1.63 - i4.2$$

로 매핑될 것이다. 그래서 z가 3이라고 하면

$$3^2 + 1.63 - i4.2 = 9 + 1.63 - i4.2 = 10.63 - i4.2$$

가 되고, z가 $-2.7 + i0.3$이었다면

$$\begin{aligned}&(-2.7 + i0.3)^2 + 1.63 - i4.2\\&= (-2.7)^2 - (0.3)^2 + 1.63 + i\{2(-2.7)(0.3) - 4.2\}\\&= 8.83 - i5.82\end{aligned}$$

가 된다. 복잡한 수에 대해서는 컴퓨터로 쉽게 계산할 수 있을 것이다.

이제 c가 어떤 수이건, 이 방법에 의하면 특정 수 0은 주어진 수 c로 대체될 것이다. c 자체는 어떻게 될까? $c^2 + c$로 바뀌게 될 것이다. 이 과정을 계속하여 $c^2 + c$에 매핑을 적용한다면

$$(c^2 + c)^2 + c = c^4 + 2c^3 + c^2 + c$$

를 얻는다. 이 작업을 되풀이하여 앞의 수에 적용하면

$$(c^4 + 2c^3 + c^2 + c)^2 + c = c^8 + 4c^7 + 6c^6 + 6c^5 + 5c^4 + 2c^3 + c^2 + c$$

를 얻게 되고 이 작업은 끝까지 계속될 수 있다. 그 결과 0에서 시작하는 다음과 같은 일련의 복소수열을 얻을 수 있다.

$$0, c, c^2 + c, c^4 + 2c^3 + c^2 + c, \cdots$$

이제 이 과정을 특정한 복소수 c를 선택하여 적용하면 이 방법으로 얻어지는 일련의 수들은 아르강 평면의 원점으로부터 결코 아주 멀리 벗어나지는 않는다. 더 정확히 말하면 선택된 c에 대한 수열은 유계bounded인데, 그 말은 수열의 각 원소가 원점을 중심으로 한 특정한 고정된 원 내부에 놓이게 된다는 것이다(<그림 3-12> 참조). 이것이 성립하는 좋은 예는 c=0인 경우이다. 왜냐하면 이 경우 수열의 모든 원소가 실제로 0이기 때문이다. 유계적 양태를 보이는 또 한 가지 예는 c=−1인 경우이다. 이 경우 수열은 0, −1, 0, −1, 0, −1, 0, …이 된다. 또 다른 예로 c=i인 경우는 수열이 0, i, i−1 −i, i−1, −i, i−1, −i, …가 된다. 그러나 그 밖의 많은 복소수의 경우, 수열은 원점에서 점점 멀리 벗어나 무한정 멀어져버린다. 즉 수열은 확산되어 어느 한 고정 원 안에 포함될 수 없게 된다.

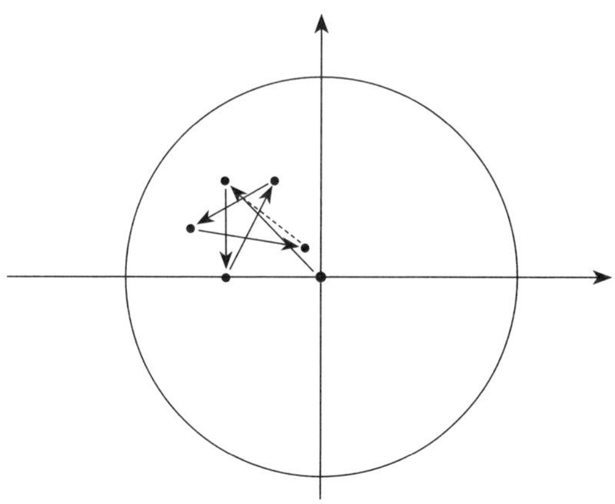

<그림 3-12> 아르강 평면에서 수열이 유계라는 것은 모든 점을 포함하는 고정된 원이 존재한다는 것이다(여기에서 주어진 예는 0에서 시작하고 $c=-\frac{1}{2}+(\frac{1}{2})i$로 설정한 것이다).

c=1인 경우가 이에 해당하는데, 이때 수열은 0, 1, 2, 5, 26, 677, 458330, …이다. 또한 c=-3인 경우에도 마찬가지 현상이 일어나는데, 이때의 수열은 0, -3, 6, 33, 1086, …이다. 그리고 c=i-1인 경우도 마찬가지로서 이때의 수열은 0, i-1, -i-1, -1+3i, -9-5i, 55+91i, -5257+10011i, …이다.

망델브로 집합, 즉 토블레드님 세계의 검은 부분은 바로 아르강 평면에서 유계의 수열을 갖는 점 c들로 구성된 부분이다. 흰 부분은 수열이 확산되는 점 c들로 구성된다. 앞에서 본 상세한 그림들은 모두 컴퓨터로 출력한 것이다. 컴퓨터는 복소수 c의 모든 가능한 경우에 대하여 조직적으로 훑어나가면서 각각의 c에 대하여 수열 0, c, c^2+c, …를 계산하고, 적당한 기준에 따라 그 수열이 유계인지 아닌지를 결정한다. 유계인 경우 컴퓨터는 스크린의 c에 해당하는 지점을 검은 점으로 나타내고, 확산되는 경우에는 흰색으로 나타낼 것이다. 결국 고려 대상 범위에 있는 모든 화소畫素·pixel에 대하여 컴퓨터가 그 점을 흰색으로 칠할 것인가, 혹은 검은색으로 칠할 것인가를 결정하는 것이다.

망델브로 집합의 정의가 수학적으로 아주 간단한 것에 비하면 그 집합 자체는 놀라울 정도로 복잡하다. 또한 이 집합의 일반적인 구조는 우리가 선택한 $z \to z^2 + c$라는 매핑 함수의 정확한 사양식에 대하여 그다지 민감하지 않다. 수많은 다른 형태의 반복적 복소 매핑complex mapping들도(예를 들면 $z \to z^3 + iz^2 + c$) 이상하리만큼 유사한 구조를 가져다준다. (단 적절한 초기값을 준다는 조건하에서 그러한데, 이는 꼭 0이 아닐 수도 있고, 각각의 매핑에 대하여 분명한 수학적 규칙에 따라 특징지어지는 수를 선택해야 한다.) 실로 이들 '망델브로' 구조는 반복적인 복소 매핑에 대해서 보편적이면서도 절대적인 특성이 있다. 그러한 구조에 관한 연구는 그 자체가 하나의 수학 분야로서 복소 동역학계complex dynamical system라고 부른다.

수학적 개념에 대한 플라톤적 실체?

수학자의 세계에 존재하는 객체들은 얼마나 '현실성'이 있는가? 어떤 관점에 따르면 거기에는 전혀 현실성이 없다. 수학적 객체들은 단지 개념에 불과하다는 것이다. 그것은 수학자들이 만들어낸 정신적인 이상체 idealization로서, 때로는 우리 주위 세계의 외형적 모습이나 질서 같은 것에서 영감을 얻기도 하지만 그렇더라도 어디까지나 정신적인 이상체라는 것이다. 그들이 과연 단순히 인간의 마음속에서 형성된 임의적인 산물 이외의 것일 수도 있을까? 그러나 한편으로는 이러한 수학적 개념들에 그 어떤 특정 수학자의 정신세계도 초월하는, 그 자체의 심오한 현실성이 존재하는 것처럼 보일 때도 종종 있다. 이는 마치 인간의 사고가 오히려 어떤 외적인 진리로 이끌려가는 것처럼 보이는데, 그 진리는 자기 자신의 실체를 가지고 있으며 우리에게는 극히 일부분만 내보이고 있는 것처럼 보인다.

망델브로 집합이 매우 좋은 예이다. 이렇게 놀라울 정도로 정교한 구조는 어느 한 사람의 발명품도 아니고 수학자들이 팀으로 뭉쳐서 설계한 것도 아니다. 폴란드계 미국인 수학자(그리고 프랙탈fractal 이론의 선구자)로서 이 집합을 처음 연구한[8] 브누아 망델브로Benoît Mandelbrot도 자신이 매우 흥미로운 것을 좇고 있다는 것은 알고 있었지만, 그것이 내포하고 있는 환상적인 정교함에 대해서는 전혀 상상조차 할 수 없었다. 실제로 컴퓨터에서 그림이 처음 나타나기 시작했을 때, 그는 자기가 보고 있는 모호한 형태의 구조가 컴퓨터의 고장 때문이라고 생각했다(Mandelbrot, 1986)! 얼마 후에야 비로소 그는 그것이 집합 자체에 실제로 존재한다는 것을 확신하게 되었다. 뿐만 아니라 망델브로 집합 구조의 복잡성에 대한 완전히 상세한 내역은 실제로 어느 누구도 전부 이해할 수 없고, 어느 컴퓨터로도 전부 밝혀낼 수 없다. 이 구조는 우리 마음의 일부일 뿐만 아

---

8 누가 처음으로 이 집합을 발견했는지에 관한 논쟁이 실제로 있었다(Brooks & Matelski, 1981; Mandelbrot, 1989 참조). 그러나 그러한 논쟁이 있었다는 사실은 이 집합을 갖게 된 것이 발명이라기보다는 발견에 가깝다는 견해를 더욱 뒷받침한다.

니라, 그 자체가 실체를 갖고 있는 것처럼 보인다. 수학자나 컴퓨터 전문가가 이 집합을 관찰하기 위하여 어떤 방법을 선택하건 간에, 근본적으로는 똑같은 수학적 구조에 대하여 근삿값만을 구할 수 있을 뿐이다. 계산 수행에서 어떤 컴퓨터를 사용하든지(컴퓨터가 정상적인 정확성만 유지한다면) 실질적으로는 아무런 차이가 없다. 단지 차이가 있다면 컴퓨터의 속도와 기억 용량, 그래픽 디스플레이 능력 등의 차이로 인하여 표현될 수 있는 정밀도, 그리고 이들을 생성해내는 속도 정도일 것이다. 여기에서 컴퓨터는 본질적으로 실험 물리학자가 실세계의 구조를 탐구하기 위해서 실험 기구를 사용하는 것과 같은 방법으로 사용되고 있다. 망델브로 집합은 인간 정신의 발명품이 아니라 발견이었다. 에베레스트산이 그러한 것처럼 망델브로 집합은 다만 그곳에 있는 것이다!

마찬가지로 복소수 체계도 특정한 수학자의 정신적 산물을 훨씬 초월하는 심오하고 영원한 실체를 갖고 있다. 사람들의 복소수에 대한 인식은 제롤라모 카르다노Gerolamo Cardano의 연구에서 비롯되었다 할 수 있다. 그는 이탈리아인으로서 1501년부터 1576년까지 살았는데, 직업은 물리학자였지만 도박꾼에다가 점성술사였다(그리스도의 점을 본 적도 있다). 그리고 1545년에는 대수학에 관한 중요하고 영향력 있는 논문인 *Ars Magna*를 쓰기도 했다. 여기에서 그는 일반 3차 방정식 해의 완전한 수식(무리수, 즉 n의 제곱근을 이용하여)을 제시했다.[9] 그러나 그는 어떤 부류의 경우, 즉 약분 불가능irreducible이라 하여 방정식이 3개의 실근을 갖는 경우에는 식의 특정 단계에서 음수의 제곱근을 취해야 한다는 사실을 깨달았다. 그로서는 그 이유를 알 수 없었지만 만일 그러한 제곱근을 인정한다면, 그리고 그럴 경우에만 완전한 답(마지막 답은 항상 실수)을 표현할 수 있다는 것을 알게 되었다. 그 후 1572년에 라파엘 봄벨리Raphael Bombelli는 *l'Algebra*라는 책에서 카르다노의 연구를 확장했고, 복소수의 실제적인 대수학 연구를 시작했다.

9 부분적으로 스키피오네 델 페로Scipione del Ferro와 타타글리아Tartaglia의 선행 연구에 근거했다.

처음에는 그러한 음수의 제곱근을 도입하는 것이 단순히 하나의 도구(특정한 목적을 이루기 위해 고안된 수학적 창조물)처럼 여겨졌지만, 후에 이 객체들이 애초에 생각한 것보다 훨씬 더 많은 것을 할 수 있음을 알게 되었다. 앞에서 언급했듯이 복소수 도입의 원래 목적은 음수의 제곱근을 무사히 넘기기 위한 것이었지만, 그러한 수를 도입함으로써 덤으로 어떠한 해라도 구할 수 있고 어떠한 대수 방정식이건 풀 수 있는 잠재력을 얻게 되었다는 것을 알게 되었다. 후에 우리는 이러한 복소수가 보유하고 있는 수많은 신비한 속성을 알게 되었는데, 이들은 처음에는 생각조차 할 수 없던 것들이다. 이러한 속성들은 단순히 거기에 있는 것으로서 카르다노가 그곳에 심어 넣은 것도 아닐뿐더러, 놀라운 혜안을 지닌 봄벨리, 윌리스, 코츠, 오일러, 베셀, 가우스 그리고 그 밖의 그 어느 위대한 수학자에 의해 넣어진 것도 아니다. 그러한 마술과도 같은 특성은 그 구조에 원래부터 내재해 있던 것으로서, 그들이 다만 조금씩 밝혀내었을 뿐이다. 카르다노가 복소수를 처음 소개했을 때, 그는 후에 나타나게 될 수많은 신비한 속성에 대해서는 알 수조차 없었는데, 그 속성들은 이후에 어거스틴 코시Augustin L. Cauchy의 적분 공식, 베른하르트 리만Bernhard Riemann의 사상 정리mapping theorem, 한스 레위Hans Lewy의 확장성extension property과 같은 여러 이름으로 불리게 된다. 이들과 그 외의 수많은 놀라운 사실은 카르다노가 1539년경에 처음 접한 바로 그 복소수에 대한 속성으로서 그 어떤 수정도 거치지 않은 것이다.

수학은 발명인가, 아니면 발견인가? 수학자들이 어떤 중요한 결과를 생각해낸다는 것이, 단지 실체 없는 어떤 정교한 정신적 산물만을 만드는 것은 아닌가? 그런데 그 위력과 우아함 때문에 발명한 사람조차 그 단순한 정신적 산물이 '현실'에 존재한다고 속게 되는 것은 아닌가? 아니면 수학자들은 실제로 '그곳에' 이미 존재하는 진리, 즉 그 존재가 수학자의 활동과는 전혀 관계없는 그러한 진리를 밝혀내는 것인가? 지금에 와서는 독자들도, 내가 최소한 복소수나 망델브로 집합 같은 구조에 대해서는 첫 번째보다 두 번째 관점을 갖고 있다는 것을 분명하게 짐작할 수 있을 것이다.

그러나 사실은 아마도 이처럼 단순하지만은 않을 것이다. 전술했다시피 방금의 예에서 본 것처럼 수학에서는 '발견'이라는 용어가 '발명'보다 실제로 적합한 경우가 많이 있다. 이는 그 구조로부터 처음 주어진 사실보다도 훨씬 더 많은 것이 나오게 되는 경우이다. 그러한 경우에 대해 수학자들이 '신神의 작품'에 우연히 접하게 되었다고 보는 사람도 있을 것이다. 그러나 또 다른 한편으로는 수학적 구조가 그렇게 철저한 고유성을 갖지 않는 경우도 허다하다. 예를 들면 어떤 결과를 증명하는 과정에서 수학자가 매우 특정한 목적을 이루기 위하여 전혀 고유하다고 볼 수 없는, 특수하게 고안된 구조를 도입할 필요가 있는 경우이다. 그러한 경우 그 구조로부터는 처음 주어진 것보다 더 많은 것이 나올 가망은 거의 없고, 이때는 '발명'이라는 단어가 오히려 더 적절한 것처럼 보인다. 이들은 실로 '인간의 작품'인 것이다. 이러한 관점에서 진정한 수학적 발견은 일반적으로 '단순한' 발명이라기보다 훨씬 더 위대한 업적으로, 혹은 동경의 대상으로 간주되는 것이다.

이러한 분류는 예술이나 공학에서와 아주 다르지 않다. 예술적 걸작은 그보다 못한 작품들에 비하여 실로 '신에 더 근접한' 것이다. 예술가들은 종종 자신의 위대한 작품이 어떤 고유의 에테르ether적인 존재를 갖는 영원한 진리를 드러내고 있다고 느끼는 반면,[10] 그보다 못한 작품들은 임의적인 것으로서 단순히 없어져버릴 구조물의 성질을 갖는다고 느낀다. 마찬가지로 어떤 단순하고 예기치 못한 아이디어를 응용하여 엄청난 것을 이룰 수 있는, 훌륭한 경제성을 갖는 공학적인 혁신은 발명이라기보다는 발견으로 표현하는 것이 적당할지도 모른다.

이러한 점을 밝히면서도, 내가 수학에(최소한 매우 심오한 수학적 개념의 경우) 에테르적인 영원한 존재가 있다는 믿음을 다른 경우들에 있어서보다 훨씬 강하게 품는 것은 어쩔 수 없다. 그러한 수학적 아이디어에는 예술이나 공학에서 느낄 수 있는 것과 비교하여 한 단계 높은 수준의 철저

10 아르헨티나의 위대한 작가 호르헤 루이스 보르게스Jorge Luis Borges가 말한 것처럼, "…유명한 시인은 창조자라기보다는 발견가라 할 수 있다…."

한 고유성과 보편성이 존재한다. 수학적 개념들이 그와 같이 영원하고 에테르적인 의미로 존재할 수 있다는 견해는 고대(기원전 360년) 그리스의 위대한 철학자 플라톤에 의하여 주장되었다. 그 때문에 이러한 견해는 종종 수학적 플라톤주의Platonism라고 불린다. 이는 향후의 논의에서 매우 중요한 역할을 담당하게 될 것이다.

나는 제1장에서 강인공지능의 관점을 자세하게 논의했는데, 그에 따르면 정신적인 현상은 알고리즘의 수학적인 아이디어 내에서 그 존재를 찾을 수 있다. 제2장에서 강조한 것은 알고리즘의 개념이 정말로 심오하고 '신이 부여한' 개념이라는 것이었다. 이 장에서는 그 '신이 부여한' 수학적 관념들이 우리의 세속적인 세상과는 별개의 영원한 존재성을 가질 것이라고 주장했다. 이러한 견해가 정신적인 현상에 대한 에테르적인 존재의 가능성을 시사함으로써 강인공지능의 관점에 대한 신뢰도를 높여주는 것은 아닌가? 충분히 그렇게 생각할 수 있다. 그리고 뒤에서 나는 이것과 아주 다르다고 할 수도 없는 관점을 피력하기조차 할 것이다. 그러나 정신적인 현상이 정말로 이와 같은 일반적인 근거를 확립하려면 알고리즘의 개념만으로는 믿음을 얻기에 부족하다. 우리에게 필요한 것은 이보다 훨씬 더 미묘한 것이다. 알고리즘적인 것들이 수학에서 매우 제한적이고 좁은 부분만을 구성하고 있다는 사실은 뒤의 논의에서 다시 중요하게 다룰 것이다. 다음 장부터는 비알고리즘적인 수학의 범주와 그 미묘함에 대하여 살펴보도록 하겠다.

제4장

진리, 증명, 통찰력

수학에 대한 힐베르트의 프로그램

진리란 무엇인가? 우리는 세상사에서 참인 것과 거짓인 것에 관한 판단력을 어떻게 갖게 되는 것일까? 단순히 특정 알고리즘을 따르는 것인가? (물론 여기에서 말하는 알고리즘은 자연 선택이라는 강력한 과정을 통하여 비교적 덜 효과적인 다른 것들로부터 선택된 것을 말한다.) 아니면 진리를 아는 데에 다른 비알고리즘적인 요소, 예를 들면 직관이나 본능, 통찰력 같은 것이 존재하는가? 이것은 매우 어려운 질문인 것 같다. 우리의 판단은 감각 데이터, 추론reasoning, 추측 등이 복잡하게 상호 연결된 조합에 의존한다. 뿐만 아니라 수많은 세상적인 상황에서 실제로 무엇이 참이고 거짓인가에 대한 일치된 견해가 없는 경우도 허다하다. 문제를 단순화하기 위해 단지 수학적 진리만을 고려해보자. 수학적인 질문에 관해 우리는 어떻게 판단력(단순히 '어떤' 지식일지라도)을 형성하게 되는가? 최소한 여기에서는 상황이 좀 더 명확해야만 한다. 실제로 무엇이 참이고 무엇이 거짓인가에 대해서는 의문의 여지가 없어야 한다. 아니, 과연 그럴까? 도대체 무엇이 정말로 수학적 진리인가?

수학적 진리에 관한 질문은 아주 오래된 것으로서 초기 그리스 철학자들과 수학자들의 시대까지 거슬러 올라간다. 물론 실제로는 이보다도 더 오래되었을 것이다. 그러나 몇 가지 매우 위대한 설명과 놀라운 통찰력들은 불과 지난 약 100년에 걸쳐 얻어진 것이다. 그리고 우리가 여기에서 살펴보고자 하는 것은 바로 이 새로운 업적에 관한 것이다. 그 주제들은 꽤 근본적이며, 우리의 사고 과정이 실제로 본질적인 면에서 완전히 알고리즘적일 수 있는지에 관한 바로 그 문제를 건드리고 있다. 우리가 그에 대한 결론을 내리는 것은 매우 중요하다.

19세기 말엽 수학 분야에는 큰 진전이 있었는데, 부분적으로는 더욱 강화된 수학적 증명 방법을 고안했기 때문이었다. (이러한 발전을 선도한 사람들로는 앞서 본 힐베르트와 칸토어를 비롯하여 뒤에서 보게 될 프랑스의 위대한 수학자 푸앵카레 등을 꼽을 수 있다.) 이에 따라 수학자들은 그러한 강력한 방법들을 사용하는 데 자신감을 얻고 있었다. 그 방법들 대부분은 무한 개의 원소를 갖는 집합[1]들을 고려했는데, 이러한 집합들을 단순한 잠재적 존재가 아니라 완전히 존재하는 온전한 '객체'로 생각할 수 있다는 사실 때문에 증명이 이루어진 경우가 종종 있었다. 이러한 강력한 아이디어 중 많은 것이 칸토어의 독창적인 무한한 수 개념에서 파생된 것으로서, 그는 이를 개발할 때 무한 집합을 일관적으로 사용했다. (제3장에서 이 개념에 대하여 잠깐 살펴본 바 있다.)

그러나 이러한 확신은 1902년 영국의 논리학자이자 철학자인 버트런드 러셀Bertrand Russell이, 지금은 유명해진 그의 패러독스(이는 칸토어에 의해 이미 예기된 바 있으며, 칸토어의 대각선 자르기 논법의 직접적인 파생물이다)를 제시함으로써 산산이 깨지고 말았다. 러셀의 논의를 이해하려면 먼저 집합을 완전한 온전체로서 고려하고자 할 때 어떠한 사항이 관련되는가에 대한 감을 잡아야 한다. 우선 어떤 특성property에 의해 특징지어지는 집합을 상상할 수 있을 것이다. 예를 들면 붉은 것들의 집합은 붉음이라는 특성에 의해 특징지어진다. 어떤 것이든 그것이 붉기만 하다면, 또 붉은 경우에만 이 집합에 속한다. 이것은 우리가 사물을 새로운 관점에서 볼 수 있도록 해준다. 어떤 특성을 논함에 있어서 이를 하나의 객체, 즉 그 특성을 갖는 모든 것의 집합으로 간주할 수 있는 것이다. 이러한 관점에서 '붉음'이란 모든 붉은 것의 집합을 말한다. (앞서와 같이 단순하게 특징지어질 수 없는 원소를 갖는 집합들도 '거기 어디엔가' 있다고 생각할 수 있다.)

집합의 관점에서 개념을 정의하는 이러한 아이디어는, 영향력 있는 독일의 논리학자 고틀로프 프레게Gottlob Frege가 1884년에 소개한 이론의

1 집합이란 단순히 그 전체를 하나로 취급할 수 있는 사물(실제 물체, 혹은 수학적 개념)의 모임을 의미한다. 수학에서 특정 집합의 원소(구성원)는 그 자체가 집합인 경우가 허다하다. 집합들을 모아놓으면 그들로 구성된 다른 집합이 형성될 수 있기 때문이다. 그러므로 집합의 집합, 혹은 집합의 집합의 집합 등도 생각할 수 있다.

중심이 되는 것이었는데, 그는 이를 이용하여 숫자들을 집합으로 정의할 수 있었다. 예를 들어 3이라는 숫자는 실제로 무엇을 의미하는가? 우리가 모두 알고 있는 '셋threeness'의 특성이 아닌, '3' 그 자체는 과연 무엇인가? '셋'이라는 것은 어떤 객체들의 클래스class가 갖는 특성이다. 즉 그것은 집합의 특성이다. 어떤 집합이 셋이라는 특성을 갖는다는 것은 그 집합이 정확히 3개의 원소를 갖는다는 것이다. 예를 들면 특정한 올림픽 종목 메달 수상자들의 집합은 '셋'이라는 이 특성을 갖는다. 마찬가지로 세발자전거 바퀴들의 집합, 보통 클로버 잎들의 집합, 혹은 등식 $x^3 - 6x^2 + 11x - 6 = 0$의 해의 집합 또한 그러한 특성을 갖는다. 그렇다면 3이라는 수를 프레게는 어떻게 정의하는가? 프레게에 따르면 3은 집합들의 집합으로서 '셋'의 특성을 가진 모든 집합의 집합이어야 한다.[2] 따라서 어떤 집합이 3개의 원소를 가지고 있기만 하다면 그 집합은 프레게의 집합 3에 속한다.

이것은 다소 순환적으로 들릴지 모르지만 실제로는 그렇지 않다. 우리는 수를 정의할 때 이를 동등한 집합들의 총체로 정의할 수 있다. 여기에서 '동등한equivalent'이라는 말은 '서로 일대일로 짝지어질 수 있는 원소들을 갖는다는 것'을 의미한다(즉 일반 용어로 이것은 '같은 개수의 원소를 갖는' 것을 의미한다). 그렇다면 숫자 3은 이러한 집합 중의 하나로서, 그 원소들 중에 예를 들면 한 개의 사과, 한 개의 오렌지, 그리고 한 개의 배를 갖는 집합도 포함하는 집합이라는 것이다. 이렇게 정의된 3은 131쪽에 있는 처치의 '$\mathbb{3}$'과는 완전히 다르다는 것을 주의하기 바란다. 최근에는 이들보다 더 많이 사용되는 다른 형태의 정의들도 존재한다.

---

2 원소들 하나하나가 또다시 집합인 집합을 고려할 때 그 집합의 원소와 그 원소들의 원소들을 주의해서 구별해야 한다. 예를 들어 S가 어떤 집합 T의 공집합이 아닌 부분 집합들로 구성된 집합이라고 가정하자. 여기에서 T의 원소는 사과 하나와 오렌지 하나라고 하면, T는 '둘twoness'의 특성을 가지지만, S는 실제로 '셋'의 특성을 가진다. 왜냐하면 S의 원소는 사과 하나를 포함하는 집합, 오렌지 하나를 포함하는 집합, 그리고 사과 하나와 오렌지 하나를 포함하는 집합으로 모두 3개이기 때문이다. 마찬가지로 유일한 원소가 공집합인 집합은 '영zeroness'이 아닌 '하나oneness'의 성질을 갖는다. 그것은 하나의 원소, 즉 공집합을 갖기 때문이다! 공집합 그 자체에는 물론 원소가 없다.

그렇다면 러셀의 패러독스Russell Paradox란 도대체 무엇인가? 그것은 다음과 같이 정의된 집합 R에 관한 것이다.

R은 자기 자신을 원소로 하지 않는 모든 집합으로 구성된 집합이다.

즉 R은 집합들의 클래스로서 어떤 집합 X가 이 클래스에 속하기 위한 기준은 X가 그 자신의 원소들 가운데 나타나지 말아야 한다는 것이다.

어떤 집합이 실제로 자기 자신의 원소가 될 수도 있다는 가정은 모순적인 것인가? 그렇지 않다. 무한 집합들(무한대로 많은 원소를 갖는 집합들)로 구성된 집합 I를 생각해보자. 분명히 무한 집합들은 무한정 있을 것이다. 따라서 I는 그 자체로 무한하다. 그러므로 I는 그 자신에 속해 있다. 그렇다면 어떻게 러셀의 개념이 모순을 유발하는 것일까? 다음과 같은 질문을 보자. 과연 러셀의 집합 R 자체는 그 자신의 원소인가, 아닌가? 만약 그것이 그 자신의 원소가 아니라면 그것은 R에 속해야 한다. 왜냐하면 R은 분명히 그 자신을 원소로 하지 않는 집합들로 이루어지기 때문이다. 따라서 결국 R은 R에 속하게 되고 이는 모순이다. 한편 만약 R이 그 자신의 원소라면, 여기에서 '그 자신'은 실제로 R이기 때문에 그는 자기 자신에 속하지 않는 특성을 갖는 원소들로 이루어진 집합에 속하게 된다. 다시 말하면 결국 그는 자기 자신의 원소가 될 수 없는 것이다. 또 다시 모순이다![3]

이러한 논의는 단순한 말장난이 아니다. 다소 극단적인 형태이기는 하지만, 러셀은 단지 수학자들이 증명에 사용하기 시작하는 것과 같은 형태의 매우 일반적인 집합론적 추론 방법을 사용했던 것이다. 분명히 무엇인가 잘못되어가고 있었고, 도대체 어떤 종류의 추론이 허용될 수 있고 또 허용될 수 없는가에 대하여 훨씬 더 정확한 기준이 필요하게 되었

3 러셀의 패러독스를 이야기식으로 재미있게 표현하는 방법이 있다. 두 가지 카탈로그를 비치하고 있는 도서관을 상상해보자. 그중 하나에는 그 책 어디에선가 자기 자신을 참조하는 책들만을 수록했고, 다른 하나에는 자기 자신을 참조하지 않는 책들만을 수록했다. 그렇다면 두 번째 카탈로그 자신은 어떤 카탈로그에 수록되어야 하는가?

다. 분명히 필요한 것은, 허용되는 추론 과정에 모순이 없어야만 하고, 이전에 '참'으로 알려진 문장들로부터는 '참'인 문장만이 유도될 수 있어야 한다는 것이다. 러셀은 동료인 알프레드 화이트헤드Alfred N. Whitehead와 함께 공리公理 및 추론 규칙들로 이루어진, 고도로 형식화된 수학 체계를 개발하는 데 착수했다. 그리고 그 목표는 모든 형태의 올바른 수학적 추론을 그들의 체계로 번역할 수 있어야만 한다는 것이었다. 이들은 러셀 자신의 패러독스를 생성하는 모순적 형태의 추론을 방지하기 위해 규칙들을 조심스럽게 선택했다. 러셀과 화이트헤드가 만들어낸 그 체계는 실로 기념비적인 작품이었다. 그러나 그것은 지루할 정도로 복잡했고, 실제로 적용할 수 있는 수학적 추론의 형태에 있어서도 다소 제한적이라는 것이 판명되었다. 제2장에서도 언급한 위대한 수학자 힐베르트는 이보다 훨씬 더 실용적이고 포괄적인 체계를 만드는 데 착수했다. 그는 어떤 수학 영역이든지 그에 속하는 모든 올바른 수학적 추론 형태가 포함되도록 했으며, 뿐만 아니라 그 체계가 모순이 없다는 것을 증명하고자 했다. 만일 그의 바람대로 되었더라면 수학은 논쟁의 여지 없이 확고한 기반 위에 영원히 놓이게 되었을 것이다.

그러나 1931년 25세의 오스트리아 출신 천재 수리논리학자 괴델이 힐베르트의 프로그램을 실제적으로 무너뜨리는 놀라운 정리를 발표함으로써 힐베르트와 그의 추종자들의 희망은 좌절되고 말았다. 괴델이 보여준 것은, 공리와 추론 규칙들로 이루어진 어떠한 정확한('정형화된') 수학 체계라도, 만약 그것이 제2장에서 소개한 '페르마의 마지막 정리'와 같이 간단한 산술 명제에 관한 기술을 할 수 있을 정도만큼이라도 충분히 광범위하고 또 모순이 없다면, 그 체계 내에서 허용된 방법들만으로는 입증할 수도, 혹은 반증할 수도 없는 문장들이 반드시 그 안에 포함되게 마련이라는 것이다. 따라서 그러한 문장들의 진릿값은 허용된 절차를 따른다면 '결정될 수 없다.' 사실상 괴델은, 공리 체계의 일관성에 관한 바로 그 문장이 (적절한 산술 명제의 형태로 코드화되었을 때) 그러한 '결정할 수 없는' 명제의 하나가 된다는 것을 보여줄 수 있었다. 이 '비결정성undecidability'이라는 특성을 우선 이해하는 것이 중요하다. 그리고 괴델의 논의가 어떻게 힐베르트 프로그램의 핵심부를 무너뜨렸는지를 보아야 할 것이다. 또한 괴델의 논의가 어떻게 우리로 하여금 통찰력을 사용하여 정형화된 특정 수학 체계의 한계를 넘어설 수 있게 하는지에 관해서도 살펴볼 것이다. 이러한 내용을 이해하는 것은 앞으로 나올 논의에서 필수적인 역할을 할 것이다.

형식 수학 체계

'공리 및 추론 규칙들로 이루어진 형식 수학 체계formal mathematical system'가 무엇을 의미하는지에 대해 좀 더 정확하게 기술할 필요가 있다. 우선 우리는 수학 문장들을 표현하기 위한 기호의 알파벳이 있다고 가정해야 한다. 이 체계 안에 산술arithmetic이 포함될 수 있으려면 당연히 자연수에 대한 표현이 적절하게 가능하여야 한다. 만약 필요하다면 숫자의 표현을 위하여 0, 1, 2, 3, … 9, 10, 11, 12, …와 같은 아라비아식 표기를 사용할 수 있다. 다만 이 경우 규칙들의 세부 사항은 필요 이상으로 복잡해질 것이다. 만약 연속되는 자연수들을 표현하는 데 0, 01, 011, 0111, … 등을 사용한다면(혹은 타협안으로서 2진 표기를 사용할 수도 있다) 사양은 훨씬 간단해질 것이다. 그러나 이 경우 앞으로의 논의에 혼동을 야기할 수 있기 때문에, 그것이 실제로는 어떤 표기법을 사용하건 여기에서는 일반적인 아라비아식 표기법을 고수하려 한다. 서로 다른 '단어' 혹은 '숫자'들을 구분하기 위하여 '빈칸(스페이스)' 기호가 필요할지도 모른다. 그러나 그것도 혼동을 야기할 수 있으므로 여기에서는 단순히 필요할 때 쉼표(,)를 사용할 것이다. 또한 임의의 ('변경 가능한') 자연수(혹은 정수, 유리수 등. 그러나 여기서는 자연수만을 고려하기로 한다)를 표현하기 위하여 t, u, v, w, x, y, z, t′, t″, t‴ 등과 같은 문자들도 필요할 것이다. 프라임(′)이 붙은 문자들, 예를 들면 t′, t″, … 등은 수식에 등장할 수 있는 변수의 개수에 제약을 두고 싶지 않기 때문에 필요하다. 프라임 기호는 형식 체계와는 별개의 독립 기호로 간주되는데, 그 이유는 기호들의 실제 개수를 유한개로 유지하고자 하기 때문이다. 기본적인 산술 연산을 위하여 =, +, × 등의 기호가 필요할 것이고, (,), [,] 등 다양한 종류의 괄호도 필요할 것이며, 논리 기호로서 &('and'), ⇒ ('implies'), ∨('or'), ⇔ ('if and only if'), ~ ('not') 등이 필요할 것이다. 이외에도 논리 양화사인 ∃(존재 양화사 existential quantifier: '…한 것이 존재한다')와 ∀(전칭 양화사universal quantifier: '모든 것은 …하다')가 필요할 것이다. 그렇다면 '페르마의 마지막 정리'와 같은 문장들을 만들 수 있다.

$$\sim \exists\, w, x, y, z\, [(x+1)^{w+3} + (y+1)^{w+3} = (z+1)^{w+3}]$$

(제2장 p. 114 참조). ('3' 대신 '0111'을 사용하거나 '…승'을 표시하기 위하여 더 적합한 방법을 사용할 수 있으나, 앞에서 언급한 대로 불필요한 혼동을 피하기 위하여 일반적인 기호를 사용했다.) 앞 문장의 첫 부분(첫 번째 꺽쇠괄호까지)은 다음과 같이 해석된다.

'…인 자연수 w, x, y, z는 존재하지 않는다.'

페르마의 정리는 ∀를 사용해서 다음과 같이 다시 표현할 수도 있다.

$$\forall\, w, x, y, z\, [\sim (x+1)^{w+3} + (y+1)^{w+3} = (z+1)^{w+3})]$$

이것(첫 번째 꺽쇠괄호 다음의 ~기호까지)은 다음과 같이 해석된다.

'어떤 자연수 w, x, y, z도 …은 아니다.'

앞의 문장은 논리적으로 그 앞의 문장과 동일하다.

전체 명제proposition를 표현하는 데에도 문자가 필요한데, 이를 위해서는 대문자 P, Q, R, S, … 등을 사용할 것이다. 페르마의 주장도 그러한 명제 중의 하나가 될 수 있다.

$$F = \sim \exists w, x, y, z\, [(x+1)^{w+3} + (y+1)^{w+3} = (z+1)^{w+3}]$$

또한 명제들은 하나 혹은 그 이상의 변수에 의존할 수 있다. 예를 들면 특정한 w+3에 대하여 페르마의 주장이 옳은가 생각할 수 있다.[4]

$$G(w) = \sim \exists x, y, z\, [(x+1)^{w+3} + (y+1)^{w+3} = (z+1)^{w+3}]$$

이 경우 $G(0)$은 '어떠한 세제곱수도 다른 세제곱수들의 합이 될 수 없다'라는 주장이고 $G(1)$은 네제곱에 대해 같은 것을 주장하고 있다. (w가 ∃ 다음에 빠져 있는 것에 주의할 것) 이 경우 페르마의 주장은 모든 w에 대하여 $G(w)$가 성립한다는 것이다.

$$F = \forall w\, [G(w)]$$

$G(\ )$는 명제함수propositional function라 불리는 것의 예로서 이들은 하나 이상의 변수에 의존하는 명제이다.

형식 체계의 공리들은 일반적인 명제들의 유한 목록으로서, 그 각각이 만약 기호들에 특정 의미가 주어진다면 자명하게 '참'으로 간주될 수 있는 것이다. 예를 들면 임의의 명제 혹은 명제함수 P, Q, $R(\ )$에 대하여

$$(P \ \&\ Q) \Rightarrow P,$$
$$\sim(\sim P) \Leftrightarrow P,$$
$$\sim \exists x\, [R(x)] \Leftrightarrow \forall x\, [\sim R(x)]$$

등을 공리로 채택할 수 있는데, 이들의 의미를 살펴보면 당연히 '자명한

4 페르마 정리의 전체 명제 F는 아직 그 진위가 밝혀지지 않았지만 각각의 명제 $G(0)$, $G(1)$, $G(2)$, …에 대해서는 $G(125000)$까지 사실임이 밝혀졌다. 다시 말하면 어떤 세제곱수도 다른 세제곱수들의 합이 될 수 없고, 어떤 네제곱수도 다른 네제곱수들의 합이 될 수 없고, … 이렇게 125000번째 제곱수까지 알려졌다는 것이다.

참'으로 간주될 수 있다. (첫 번째 공리는 단순히 '만약 P와 Q가 둘 다 참이면 P는 참이다'라는 주장이다. 두 번째 공리는 'P가 거짓은 아니다'와 'P는 참이다'라는 말이 동일함을 주장한다. 세 번째 공리는 페르마의 마지막 정리를 표현하는 두 가지 방식이 논리적으로 동일하다는 사실로서 예증된 바 있다.) 우리는 또한 다음과 같은 기본적인 산술 공리들을 포함시킬 수 있다.

$$\forall\, x, y\,[x+y=y+x]$$
$$\forall\, x, y, z\,[(x+y)\times z=(x\times z)+(y\times z)]$$

단 어떤 사람들은 이보다 좀 더 기본적인 개념으로부터 산술 연산을 만들고, 위 문장은 정리로서 유도하는 것을 선호할지도 모른다. 여기에 사용되는 절차 규칙rule of procedure[5]은 다음과 같은 (자명한) 것들이 될 것이다.

'P와 P ⇒ Q로부터 Q를 추론할 수 있다.'
'$\forall\, x[R(x)]$로부터 우리는 $R(x)$의 x에 대해 특정 자연수를 대입하여 얻은 명제를 추론할 수 있다.'

이들은 이미 만들어진 명제들로부터 어떻게 새로운 명제들을 유도할 것인가에 관한 지침들이다.

이제, 공리들로부터 출발하여 절차 규칙들을 되풀이해 적용하다보면 명제들로 이루어진 긴 목록을 구할 수 있을 것이다. 모든 단계에서 공리들 가운데 어떤 것은 다시 사용할 수 있고, 이미 생성된 목록에 등장하는 명제들도 다시 사용하는 작업을 계속해나갈 수 있다. 이와 같이 적절한 방법에 의하여 조합된 명제들의 목록을 정리theorem라고 부른다. (다만 이들 정리 중 대부분이 지극히 당연한 내용이거나, 수학적 명제로는 그다지 재미있지 않은 것이다.) 만약 우리가 어떤 명제 P를 증명하고자 한다면, 이 규칙에 맞게 조합된 목록 중에서 P로 끝나는 것을 찾으면 된다. 이러한 목록

5 역주: 추론 규칙rule of inference이라는 용어도 널리 사용된다.

은 그 체계의 P에 대한 증명proof이 되고, 이때 P는 정리가 된다.

힐베르트 프로그램의 아이디어는, 수학에서 잘 정의된 모든 분야에 대하여 그 분야에 적합한 모든 형태의 올바른 수학적 추론 과정이 포함될 만큼 충분히 포괄적인 공리 및 절차 규칙들의 목록을 찾으려는 것이다. 일단 수학 영역을 산수에 국한해보기로 하자. (양화사 ∃와 ∀는 페르마의 마지막 정리와 같은 문장을 만들 수 있도록 포함하기로 한다.) 여기에서 이보다 더 일반적인 수학 분야를 고려하는 것은 큰 이득이 되지 않는다. 기본 산수는 괴델의 프로시저를 적용하기에 이미 충분히 일반적인 것이다. 만약 힐베르트의 프로그램과 관련하여 우리에게 기본 산수에 대한 충분히 포괄적인 공리 및 절차 규칙들로 이루어진 체계가 실제로 주어졌다는 것을 인정할 수 있다면, 기본 산수와 관련된 어떠한 명제에 대해서도 수학적 증명의 '정확성correctness'에 대한 분명한 기준은 이미 제공된 것이나 다름없다. 사람들은 그러한 공리 및 절차 규칙들로 이루어진 체계가 완전할 수 있다는 희망을 가졌는데, 여기에서 완전하다는 의미는 원칙적으로 그 체계 내에서 표현할 수 있는 모든 수학 문장에 대해 그것의 진위를 결정할 수 있다는 것이다.

힐베르트의 희망은 수학 명제를 표시하는 그 어떤 문자열에 대해서도, 이를 P라 했을 때 그 의미가 참인지 거짓인지에 따라 P 혹은 ~P를 증명할 수 있어야 한다는 것이었다. 여기에서의 가정은 그 문자열이 구문론syntax적으로 올바르다는 것이다. '구문론적으로 올바르다'라는 말은 본질적으로 '문법grammar적으로 옳다'라는 것을 의미한다. 즉 괄호가 올바르게 짝지어져 있는가 하는 것과 같이 형식 체계의 모든 표기 규칙을 만족시키는 것을 의미하는데, 이는 P가 잘 정의된 참 혹은 거짓의 의미를 가질 수 있도록 하기 위함이다. 만약 힐베르트의 희망이 실현될 수 있다면, 어떤 명제가 무엇을 의미하는지에 대한 걱정은 전혀 할 필요조차 없을 것이다! P는 단지 구문론적으로 올바른 문자열에 불과하다. 문자열 P가 정리라면(즉 P가 체계 내에서 증명될 수 있다면) 그것에는 진릿값 '참'이 지정될 것이며, 다른 한편으로 ~P가 정리라면 진릿값 '거짓'이 지정될 것이다. 이것이 의미를 갖기 위해서는 완전성completeness뿐만 아니라 일관성consistency도 요구된다. 즉 P와 ~P가 동시에 정리될 수 있는 문자열 P는 존재할 수 없다는 것이다. 그렇지 않다면 P는 동시에 참이면서 거짓이 되기 때문이다!

특정한 형식 수학 체계에서 수학 명제들을 기호열에 불과한 것으로 간주함으로써 수학 문장들의 의미를 제거할 수 있다는 관점이 바로 수학 분야에서의 형식주의적 관점이다. 어떤 이들은 이러한 아이디어를 좋아하는데, 그에 따르면 수학은 일종의 '의미 없는 게임'으로 전락하고 만다. 그러나 나는 이 아이디어가 탐탁지 않다. 수학에 그 실체를 부여하는 것은 맹목적인 알고리즘적 계산이 아니라 사실은 '의미'이다. 다행히도, 괴델이 형식주의에 치명적인 타격을 가했다! 이제 그가 어떻게 했는지 살펴보기로 하자.

괴델의 정리

괴델의 논의 중 어떤 부분은 매우 자세하고 복잡하지만 여기에서 그 세세한 내용까지 살펴볼 필요는 없다. 그러나 그 중심 아이디어는 단순하고 아름다우며 심오하다. 이 부분은 우리가 이해할 수 있을 것이다. 복잡한 부분(이들 또한 기발한 요소들을 많이 담고 있지만)은 형식 체계의 각각의 추론 규칙과 다양한 공리의 사용을 실제로 어떻게 산술 연산으로 코드화할 수 있는가를 보여준다. (이 작업이 중요하다는 것을 인식했다는 사실 자체도 심오한 부분에 속한다!) 이 코드화를 수행하려면 각 명제에 대하여 자연수로 된 라벨label을 붙이는 편리한 방법을 찾아낼 필요가 있다. 한 가지 방법은 형식 체계의 기호열에 대하여 각 특정 길이마다 일종의 '알파벳식' 정렬을 사용하는 것이다. 여기서 열의 길이에 대한 전체적인 순서도 결정된다. (따라서 우선 길이 1인 열들이 알파벳순으로 정렬되고, 그 뒤에 알파벳순으로 정렬된 길이 2의 열들이 나오며, 다음에 길이 3인 열이 뒤따른다.) 이를 '사전편집식lexicographical 정렬'이라 부른다.[6] 사실 괴델은 원래 좀 더 복잡한 정렬 체계를 사용했다. 그러나 여기에서 그 차이는 별로 중요하지 않다. 우리는 특히 앞의 $G(w)$와 같은, 한 개의 변수를 갖는 명제함수에 관심을 모아보겠다. 사용된 정렬에 n번째 등장하는 것으로서 w에 적용되는 명제함수를 다음과 같이 표기하기로 하자.

$$P_n(w)$$

원한다면 이 정렬 체계를 약간 엉성하게 하여, 이 식들 중 일부는 문법적으로 옳지 않은 것들도 나오도록 만들 수 있다. (이렇게 함으로써 문법적으로 틀린 식들을 모두 제거하는 것보다 수식의 코드화 작업이 훨씬 쉬워질 수 있다.) 만약 $P_n(w)$가 문법적으로 옳다면 그것은 두 자연수 n과 w에 대하여 완전하게 잘 정의된 특정한 산술문이 될 것이다. 정확히 그것이 어떤 산술문인가 하는 것은 선택된 특정한 정렬 체계의 세부 사항에 달려 있다. 그 내용은 이 논증의 복잡한 부분에 속하는 것으로서 여기에서는 논의의 대상에서 제외하기로 한다. 이 체계 내의 어떤 정리에 대한 증명을 형성하는 논리식들의 열에 대해서든, 선택된 정렬 방식에 따라 자연수로 된 라벨을 지정할 수 있다. 이들 중 n번째 증명을 다음과 같이 나타내기로 하자.

$$\Pi_n$$

(여기에서도 약간 느슨한 정렬 체계를 사용하기로 한다. 즉 어떤 n값에 대해서 Π_n은 문법적인 오류가 있을 수 있고, 따라서 어떤 정리의 증명도 될 수 없는 경우가 있을 수 있다.)

이제 다음과 같이 자연수 w에 의존하는 명제함수를 고려해보자.

---

6 사전편집식 정렬은 체계 내의 모든 기호에 실제로는 사용되지 않는 새로운 기호 제로를 합한 k+1개의 숫자로 이루어진 k+1진법의 자연수 정렬로 생각할 수 있다. (제로를 추가한 이유는 제로로 시작하는 숫자는 제로가 생략된 숫자와 같기 때문이다.) 9개의 숫자로 이루어진 체계에서 사전편집식 정렬의 결과는 다음과 같이 일반 10진법 체계에서 0을 제외한 결과와 동일하다. 1, 2, 3, 4, ⋯, 8, 9, 11, 12, ⋯, 19, 21, 22, ⋯, 99, 111, 112, ⋯

$$\sim \exists x[\Pi_n proves\, P_w(w)]$$

꺽쇠괄호 안의 문장은 부분적으로 일상 언어로 서술되어 있긴 하지만, 이것은 완전히 명확하게 정의된 문장이다. 그 내용은 x번째 증명이 실제로 $P_w(\ )$에 w를 적용한 명제에 대한 증명이라는 것이다. 꺽쇠괄호 밖에 부정 기호가 붙은 존재 양화사는 변수들 중 하나를 제거하는 구실을 함으로써('…하는 x가 존재하지 않는다') 오직 하나의 변수 w에 의존하는 산술 명제를 얻을 수 있게 한다. 결과적으로 전체 식이 의미하는 것은 $P_w(w)$에 대한 증명은 존재하지 않는다는 것이다. 여기에서 $P_w(w)$는 문법적으로 올바르게 구성되었다고 가정하겠다. (비록 $P_w(w)$가 문법적으로 잘못 구성되었다 할지라도 그 문장은 '참'이 될 것이다. 문법적으로 잘못된 식에 대해서는 어떤 증명도 있을 수 없기 때문이다.) 사실상 여기에서는 산술식으로의 번역을 가정하고 있기 때문에 앞의 문장은 실제로 자연수 w에 관한 특정 산술 문장이다. (꺽쇠괄호 안의 부분은 두 자연수 w, x에 대한 잘 정의된 산술 문장이다.) 이 문장이 산술식으로 어떻게 코드화될 수 있는가 하는 것은 간단한 문제는 아니지만 어떻게든 코드화될 수는 있다. 그 문장이 정말로 그와 같이 코드화될 수 있음을 보여주는 것은 괴델 논의의 복잡한 부분 중에서도 가장 '어려운 작업'이다. 앞에서와 마찬가지로, 그것이 정확히 어떤 산술 문장인가는 정렬 체계의 세부 사항에 달려 있다. 그리고 그것은 선택된 형식 체계의 공리 및 규칙들의 세부 구조에 의해 크게 좌우된다. 그 모든 것은 복잡한 부분에 속하기 때문에 여기에서는 논의하지 않는다.

한 개의 변수를 갖는 모든 명제함수에 대하여 번호가 매겨졌기 때문에 방금 언급한 명제에도 분명 한 개의 번호가 지정되었을 것이다. 이 번호를 k라고 하자. 그 명제함수는 목록에서 k번째의 것이다. 따라서

$$\sim \exists x[\Pi_x proves\, P_w(w)] = P_k(w)$$

이다. 이제 특별한 w값(w=k)에 대하여 이 함수를 조사해보자. 그러면 다

음 식을 얻는다.

$$\sim \exists x[\Pi_x proves\, P_k(k)] = P_k(k)$$

특정 명제 $P_k(k)$는 완전히 잘 정의된(문법적으로 올바른) 산술 문장이다. 그것이 이 형식 체계 내에서 과연 증명을 가질 것인가? 이의 부정인 $\sim P_k(k)$는 증명을 갖는가? 이 두 가지 질문 모두에 대한 답은 '아니요'이어야 한다. 우리는 괴델의 프로시저의 기저를 이루는 '의미'에 대하여 살펴봄으로써 이것을 알 수 있다. $P_k(k)$는 단순히 산술 명제이지만 그것이 구성된 바에 따르면 그 내용은 등식의 좌변, 즉 시스템 내에 명제 $P_k(k)$에 대한 증명은 없다는 것이다. 만약 공리와 절차 규칙들이 면밀하게 설정되었고 정렬 방법도 올바르게 지정되었다면 이 체계 내에는 $P_k(k)$에 대한 어떠한 증명도 있을 수 없다. 만약 그러한 증명이 있다면 $P_k(k)$가 실제로 주장하는 내용, 즉 증명이 없다는 것은 거짓이 될 것이고, 따라서 $P_k(k)$는 산술 명제로서 거짓이 되기 때문이다. 형식 체계는 절대로 거짓명제들이 증명될 정도로 엉터리로 구축되어서는 안 된다! 따라서 $P_k(k)$에 대한 증명은 사실상 없어야만 하는 것이다. 그러나 이것이 정확히 $P_k(k)$가 말하고자 하는 바이다. 따라서 $P_k(k)$가 주장하는 것은 참이어야 하고 $P_k(k)$는 산술 명제로서도 참이어야 한다. 우리는 체계 내에서 증명을 갖지 못하는 참명제를 발견한 것이다!

그 부정 명제인 $\sim P_k(k)$는 어떠한가? 결론부터 말하면 이것도 증명이 없는 것이 오히려 타당하다. $P_k(k)$가 참이기 때문에 $\sim P_k(k)$는 거짓이라는 것을 알 수 있다. 그리고 체계 내에서 거짓인 명제를 증명하는 것은 불가하다. 따라서 $P_k(k)$와 $\sim P_k(k)$는 이 체계 내에서 모두 증명할 수 없다. 이것이 바로 괴델의 정리이다.

수학적인 통찰

여기에서 매우 놀라운 일이 일어났음을 주목하기 바란다. 사람들은 종종 괴델의 정리를 부정적인 것으로서 생각한다. 정형화된 수학적 추론의 필연적인 한계를 보여주는 것으로서 말이다. 우리가 생각하기에 그것이 아무리 포괄적이었다 할지라도, 그 그물망을 벗어난 특정 명제들이 항상 있는 것이다. 그러나 과연 특정한 명제 $P_k(k)$에 대하여 우리가 걱정해야만 할까? 앞의 논의 과정에서 우리는 실제로 $P_k(k)$가 참 문장이라는 것을 증명했다! 어떻든 우리는 $P_k(k)$가, 비록 그것이 그 체계 내에서 정식으로 증명될 수 없다 할지라도 참이라는 것을 알 수 있었다. 엄격한 수학적 형식주의자라면 실로 걱정하지 않을 수 없을 것이다. 바로 이 추론으로 인하여 '참'에 대한 형식주의자들의 개념이 필수적으로 불완전하다는 것이 증명되었기 때문이다. 산수에 대하여 어떠한 (일관성 있는) 형식 체계가 사용되든 간에 앞에서 설명한 바와 같이, 우리가 보기에는 '참'이지만 형식주의자가 제안한 프로시저에 의해서는 진릿값 '참'이 지정되지 않는 문장들이 있게 마련인 것이다. 어쩌면 엄격한 형식주의자가 이것을 피하기 위하여 도입할 수 있는 한 가지 방법은, '참'의 개념에 대해서는 전혀 언급하지 않고 단지 특정 형식 체계 내에서 '증명 가능성 provability'에 대해서만 논의하는 것일 수 있다. 그러나 이것은 너무나 제한적인 것으로 보인다. 이러한 관점으로는 앞에서 주어진 괴델의 논의의 틀조차 잡을 수 없다. 그 논의의 핵심부에서는 무엇이 실제로 참이고 무엇이 참이 아닌가에 대한 추론을 이용하기 때문이다.[7] 어떤 형식주의자들은 좀 더 '실용적인' 관점에서 $P_k(k)$와 같은 문장은 산술 명제로서는 너무 복잡하고 흥미롭지도 않기 때문에 이러한 문장에 대해서는 걱정할 필요가 없다고 하기도 한다. 그러한 사람들은 다음과 같이 주장할

7 사실 괴델 정리에서의 추론은 $P_k(k)$와 같은 명제에 대한 '참'의 온전한 외형적 개념에 의존하지 않는 방식으로 제시될 수도 있다. 그렇다 하더라도 몇 가지 기호의 실제 '의미'에 대한 해석에는 여전히 의존하게 된다. 예를 들면 '~∃'는 실제로 '…한 …(자연수)는 존재하지 않는다'를 의미한다.

것이다.

> 그렇다. 가끔 $P_k(k)$와 같은 괴상한 문장으로 인해 여기에서 말하는 증명 가능함, 혹은 '참'의 개념이 당신이 본능적으로 느끼는 참의 개념과는 일치하지 않는 경우가 있다. 그러나 그러한 문장은 실제 수학(최소한 내가 관심 있는 종류의 수학)에서는 결코 나타나지 않는다. 그러한 문장들은 수학으로서는 불합리할 정도로 복잡하고 부자연스럽기 때문이다.

$P_k(k)$와 같은 명제들은, 생략되지 않은 완전한 형태로 쓰이면 정수에 관한 수학 문장으로서는 극히 지루하고 이상하게 보이는 것이 대부분이다. 그러나 최근 몇 년간 실제로 괴델 형식의 명제와 동일하면서도 매우 쉽게 받아들일 수 있는 수학적 성질을 갖는, 꽤 간단한 문장들이 제시되었다.[8] 이들은 산수의 보편적인 공리들로부터는 증명할 수 없지만 공리 체계가 갖는 '당연히 참'인 성질을 유지한다.

형식주의자들이 공공연히 '수학적 진리'를 등한시하는 것은 수리철학적 입장에서 채택하기에는 매우 이상한 관점으로 보인다. 그렇다고 그것이 그다지 실용적인 것도 아니다. 수학자들이 자기 나름의 추론 과정을 거칠 때, 그들은 그 논의가 복잡한 특정 형식 체계의 공리 및 추론 규칙들로 형식화될 수 있는지 아닌지를 계속 살피며 확인하고 싶어 하지 않는다. 그들은 단지 그 논법이 '참'을 주장하기 위한 올바른 방법이라는

---

8 다음에서 소문자는 자연수를 나타내고 대문자는 자연수로 이루어진 유한 집합을 나타낸다. m → [n, k, r]이 다음 문장을 나타낸다고 하자. 즉 "만약 X={0, 1, ⋯, m}의 각 k-원소 부분 집합들이 r 상자에 할당된다면, 최소한 n 원소를 가지는 X의 '큰' 부분 집합 Y가 존재하는데, Y의 모든 k 원소 부분 집합은 같은 상자로 가게 된다." 여기서 '큰'이 의미하는 것은, Y가 Y 중에 가장 작은 원소인 자연수보다 더 많은 원소를 갖는다는 것이다. 다음 명제를 생각해보자. 'k, r, n을 어떻게 선택하더라도, m_0보다 큰 모든 m에 대해서 문장 m → [n, k, r]이 항상 참인 m_0가 존재한다.' 제프 패리스Jeff Paris와 레오 해링턴Leo Harrington(1977)은 이 명제가 산수의 표준(피아노Peano) 공리에 관한 괴델형의 명제와 동일하다는 것을 보여주었다. 이 괴델형의 명제는 그 공리로부터는 증명될 수 없으나, 그 공리들에 대하여 '명백한 참'인 내용을 주장한다. (즉 이 경우 그 공리로부터 추론될 수 있는 명제들은 그 자체가 참이다.)

것만 확인하면 되는 것이다. 괴델의 논의는 그러한 올바른 절차 중의 하나다. 따라서 내가 보기에 $P_k(k)$는 미리 정해진 공리 및 절차 규칙들을 사용하여 관례적인 방법으로 얻을 수 있는 것들과 마찬가지로 하나의 수학적 진리이다.

다음 프로시저를 살펴보자. 당분간 $P_k(k)$가 정말로 완전히 정당한 명제라 가정하고 이를 간단히 G_0로 표기하기로 하자. 따라서 이것을 단순히 하나의 새로운 공리로서 형식 체계에 덧붙일 수 있다. 물론 새로 수정된 체계는 그 자신의 괴델 명제 G_1을 가질 것이다. 이것은 또다시 정수에 대하여 완전히 정당한 문장으로 간주될 수 있다. 그러므로 G_1을 또이 체계에 추가한다. 이는 다시 새로운 수정된 체계를 가져다주고, 이 체계는 그 자신의 괴델 명제 G_2를 가지게 될 것이다. (이것도 완전히 정당하다.) 그러면 이것을 다시 덧붙여서 G_3라는 다음 괴델 명제를 얻는다. 이것을 다시 덧붙이고, 이러한 과정을 무한히 반복한다. 이 경우 전체 목록 G_0, G_1, G_2, G_3, …를 공리로 덧붙인 결과 체계는 어떻게 되는가? 이 체계는 완전할 것인가? 이제는 무한개의 공리로 이루어진 체계이기 때문에 괴델의 프로시저가 적용될 수 있는가는 분명치 않다. 그러나 이러한 괴델 명제의 계속적인 첨가는 완전히 체계적인 작업으로서, 이것은 보통의 공리 및 추론 규칙으로 이루어진 유한 논리 체계로 바꾸어 표현될 수 있다. 이 체계는 그 자신의 괴델 명제, 즉 G_w를 포함할 것이다. 그리고 이것을 다시 덧붙인 결과 체계에 대한 괴델 명제 G_{w+1}을 형성할 수 있다. 이와 같이 반복해서 우리는 명제들로 이루어진 목록 G_w, G_{w+1}, G_{w+2}, G_{w+3}, …을 얻는다. 이들 모두는 자연수에 관하여 완전히 정당한 문장들이다. 그리고 이 명제들은 모두 형식 체계에 덧붙여질 수 있다. 이 작업은 또다시 완전히 체계적이고, 그로 인하여 많은 것이 추가된 새로운 체계를 구할 수 있다. 그러나 이것은 다시 그 자신의 괴델 명제 G_{w+w}를 갖게 되는데, 이를 G_{w2}라고 쓰기로 하자. 그리고 전체 프로시저가 다시 시작될 수 있다. 그리하여 또다시 새로운 무한대의, 그러나 체계적인 공리들의 목록 G_{w2}, G_{w2+1}, G_{w2+2}, … 등을 얻게 되고, 이와 함께 새로운 괴델 명제 G_{w3}가 구해지게 된다. 이 전체 프로시저를 다시 반복하면

G_{w4} 그리고 G_{w5} 등을 얻게 된다. 이제 이 프로시저는 완전히 체계적이고 고유한 괴델 명제 G_{w^2}를 갖는다.

이 작업이 끝이 나기는 하는 걸까? 어떤 의미에서는 아니다. 그러나 이것은 여기에서는 깊이 들어갈 수 없는 하나의 어려운 수학적 문제로 우리를 인도한다. 앞의 프로시저는 1939년에 발표된 튜링의 논문에서 거론되었다.[9] 놀라운 것은, 실제로 산수에서 그 어떤 참인(그러나 단지 전칭 양화사만이 사용된) 명제건 간에 모두 이러한 형태의 반복된 '괴델화 Gödelization' 과정에 의하여 얻을 수 있다는 것이다(Feferman, 1988)! 그러나 이것은 특정 명제의 진위를 실제로 어떻게 결정할 수 있는가에 대한 질문을 어느 정도 강요하고 있다. 각 단계에서의 중대한 이슈는, 괴델 명제들로 이루어진 무한 집단의 첨가를 한 개(혹은 유한개)의 추가 공리를 제공하는 형태로 코드화할 수 있는가에 대해 알아내는 것이다. 이를 위해서는 무한 집단이 특정한 알고리즘적 방식으로 체계화될 수 있어야 한다. 그러한 체계화가 틀림없이 수행되었는가를 확인하기 위해서는(마치 우리가 맨처음 $P_k(k)$가 참명제라는 것을 알기 위해서 했던 것처럼) 체계 밖에서 이를 들여다보는 통찰력insight이 필요하다. 이러한 통찰력은 체계화될 수 없다. 그리고 실제로 그 어떤 알고리즘적인 행동의 한계 밖에 놓여 있어야 하는 것이다!

앞에서 괴델 명제 $P_k(k)$가 실제로 산수의 참인 문장이라고 결론지은 바 있는 통찰은, 논리학자들에게 반사 원리reflection principle로 알려진, 일반적인 형태의 프로시저의 한 예이다. 공리 체계와 절차 규칙들의 의미

9 그 제목은 '서수에 근거한 논리 체계Systems of logic based on ordinals'로, 내가 첨자 부분에 사용한 칸토어의 서수ordinal numbers 표시법에 익숙한 독자들도 있을 것이다. 앞에서 설명한 프로시저에 의하여 얻을 수 있는 논리 체계의 계층은 계산 가능한 서수computable ordinal number로서 특징지어질 수 있다.
매우 자연스럽고 언급하기 쉬운 몇몇 수학 정리가 있는데, 이것을 산수의 표준(피아노) 규칙들을 이용하여 증명하려 한다면 앞에서 개략적으로 설명한 '괴델화' 기법을 이용할 필요가 있을 것이다. 이 정리들의 수학적 증명은 일반적인 수학적 논증의 프로시저 밖에 있는 것 같은 막연하거나 의심스러운 추론에 근거하는 유의 것이 전혀 아니다. Smorynski(1983)를 참조.

를 '숙고reflect'하고, 이 공리와 규칙들이 정말로 수학적 진리에 도달하는 정당한 방법인가를 확신함으로써 이 통찰을 (비록 그 공리 및 규칙들로 직접 유도할 수는 없지만) 참인 수학 명제로 코드화할 수 있는 것이다. 앞에서 $P_k(k)$가 참이라고 추론한 것은 그러한 원칙에 따른 것이다. 본래의 괴델 논의와 관련된(앞에는 언급되지 않았지만) 또 다른 반사 원리는, 우리가 이미 수학적 진리들을 얻는 데 정당하다고 믿고 있는 공리 체계가 실제로 일관성이 있다는 사실로부터 새로운 수학적 진리를 유도해내는 것이다. 반사 원리는 가끔 무한 집합들에 대한 추론을 포함한다. 따라서 이들을 사용할 때는 항상 러셀 형태의 패러독스에 걸려들 수 있는 형태의 논의에 너무 가까이 가지 않도록 조심해야 한다. 반사 원리는 형식주의적 추론에 대하여 정반대의 대비antithesis를 제공한다. 조심해서 사용하기만 한다면 이 원리는 우리로 하여금 형식 체계의 엄격한 틀을 뛰어넘어, 이전에는 불가능한 것 같았던 새로운 수학적인 통찰을 얻을 수 있게 한다. 수학 분야의 서적들을 살펴보면, 완전히 받아들일 수 있는 결론들 중에는 그 증명이 산수에 대한 표준 형식 체계의 원래 규칙 및 공리들과는 꽤 동떨어진 통찰력을 요구하는 것이 많다. 이 모든 것으로부터 알 수 있는 것은, 수학자들이 참이라는 판단에 도달하기 위해 사용하는 정신적 과정은 단순히 특정 형식 체계의 프로시저에 뿌리를 두고 있지 않다는 것이다. 우리는, 공리들로부터 직접 유도할 수는 없지만 괴델 명제 $P_k(k)$가 정당하다는 것을 안다. 반사 원리에 내포된 '본다seeing(깨닫는다)'는 것은 특정한 형식 체계에서 코드화될 수 있는, 단순히 알고리즘적인 연산의 결과가 아닌 수학적인 통찰을 요구한다. 이 문제는 제10장에서 다시 살펴보기로 하자.

독자들은 $P_k(k)$가 참이지만 그것이 '증명 불가'한 것을 입증하는 논의와 러셀의 패러독스 사이에서 어떠한 유사성을 발견할 수 있었을 것이다. 또 정지 문제를 해결하는 튜링 기계가 존재하지 않는다는 것을 입증하는 튜링의 논의 사이에도 유사성이 있다. 이 유사성은 우연한 것이 아니다. 그 3개를 연결하는 강력한 역사적인 실마리가 존재한다. 튜링은 괴델의 이론을 연구한 후에야 그의 증명을 발견해냈다. 괴델 자신은 또 러셀의 패러독스에 대하여 잘 알고 있었고, 그와 같이 논리를 너무 확장하는 형태의 모순적 추론을 정당한 수학적 논의로 변형시킬 수 있는 능력이 있었다. (이 모든 것은 앞 장에서 설명한 칸토어의 '대각선 논의'에 기원을 두고 있다.)

우리는 왜 러셀의 패러독스를 유도하는 추론은 거부하면서 괴델과 튜링의 논의는 받아들이는 것인가? 후자는 훨씬 분명하고 수학적 증명으로서 예외가 있을 수 없는 것이다. 반면 러셀의 패러독스는 '엄청난' 집합들을 포함하는 막연한 추론에 의존하고 있다. 그러나 그 차이는 우리가 생각하는 것만큼 분명한 것은 아님을 인정할 수밖에 없다. 그러한 차이를 분명하게 만들려는 시도가 바로 형식주의의 전체적인 아이디어 뒤에 도사리고 있는 강력한 동기이다. 괴델의 논의는 엄밀한 형식주의적 관점이 실제로 완벽하게 성립하지 않음을 보여준다. 그러나 다른 한편으로 그것은 전적으로 신뢰할 수 있는 대안을 제시하고 있지는 않다. 나로서는 이 주제가 아직 미해결 상태에 놓여 있다고 본다. 실제로 러셀의 패러독스를 유발하는 거대한 집합에 대한 추론 형태를 피하기 위하여 현대 수학에서 채택하고 있는 프로시저 중 아직 완전히 만족할 만한 것은 없다.[10] 게다가 이들은 아직도 완전히 형식주의적으로 서술되는 경향이 있거나, 그렇지 않으면 모순이 일어날 수 없다는 완전한 확신을 주지 못하는 방식으로 서술되는 경향이 있다.

아무튼 수학적 진리의 개념은 어떤 형식주의적인 틀 안에도 담길 수 없다는 것이 괴델 논의의 분명한 결론인 듯하다. 수학적 진리는 단순한 형식주의 이상의 어떤 것이다. 이는 괴델의 정리가 없었다 할지라도 명백했을 것이다. 그렇지 않으면 형식 체계를 구축하려 하는 상황에서 어떤 경우에 어떤 공리와 추론 규칙들을 채택할 것인지를 우리가 어떻게

10 '집합set'과 '클래스class'에 대하여 한 가지 구분이 설정되었다. 그에 따르면 집합은 모여서 다른 집합이나 클래스를 이룰 수 있지만, 클래스는 모여서 다른 클래스를 이룰 수 없다. 그러기에는 클래스가 '너무 크다'고 여겨지기 때문이다. 그러나 어떤 모임이 클래스인가 집합인가를 구분하는 정확한 규칙은 존재하지 않는다. 다만 집합은 함께 모여서 다른 클래스를 이룰 수 있다는 순환적 규칙이 있을 따름이다!

결정할 수 있겠는가? 규칙들을 채택하는 상황에서 해당 체계의 기호들에 대한 의미가 주어졌을 때, 우리의 직관적인 이해는 언제나 '자명하게 참'인 것을 향하여 우리를 안내한다. 어떤 형식 체계가 채택하기에 적당한 것인지(즉 '자명함self-evidence'과 '의미'에 관한 우리의 직관적인 느낌과 일치하는 것인지) 아닌지를 우리는 어떻게 결정할 수 있는가? 자체적 일관성self-consistency의 개념은 분명히 이것에는 적절하지 않다. 자체적 일관성을 갖는 체계들 중 이러한 맥락에서 '말이 안 되는not sensible' 체계들이 많이 있을 수 있는데, 이러한 체계들에서 공리 및 추론 규칙들은 우리가 거짓으로 거부하는 것이거나, 혹은 무의미한 의미를 갖는 것인 경우도 있을 수 있다. '자명함'과 '의미'는 괴델의 정리가 없었다 할지라도 여전히 필요한 개념들인 것이다.

그러나 괴델의 정리가 없었다면 '자명함'이나 '의미'라는 직관적인 개념들은 딱 한 번, 단지 형식 체계를 처음 구축하기 위해서만 사용될 수도 있었을 것이다. 그리고 그 이후에는 '참'을 결정하는 분명한 수학적 논의에서는 필요하지 않게 되었을 것이다. 그렇다면 형식주의적 관점에 따를 경우, 이 '모호한' 직관적 개념들은 수학자의 기본적 사고의 일부로서 적절한 형식적 논증을 찾기 위한 안내 정도의 역할만을 할 뿐이고 수학적 진리를 실제로 입증하는 데에는 아무런 역할도 할 필요가 없다. 괴델의 정리는 이러한 관점이 수학의 근본적인 철학 내에서 그다지 지지받지 못함을 보여준다. 수학적 진리의 개념은 형식주의의 전체 개념을 초월한다. 수학적 진리에는 절대적이며 '신이 부여한' 그 무엇이 있다. 이것이 바로 앞 장의 끝에서 논의한 수학적 플라톤주의이다. 어떤 형식 체계이건 간에 거기에는 임시적이고 '인공적인' 특성이 존재한다. 물론 그러한 체계들이 수학적 논의에서 매우 가치 있는 역할을 하는 것은 사실이지만, 이들은 진리를 찾는 데에 있어 단지 부분적인(혹은 근사한approximate) 가이드라인만을 제공할 수 있을 뿐이다. 진정한 수학적 진리는 인간이 만들어 놓은 단순한 구조들 너머에 존재하는 것이다.

플라톤주의 혹은 직관주의?

지금까지 수리철학의 두 가지 상반된 학파에 대해 살펴보았는데, 나는 이들 중 형식주의 관점보다는 플라톤주의자의 편에 서왔다. 사실 내가 이들을 구분하는 과정에서 다소 단순화시킨 것은 사실이다. 실제로는 이보다 더 세분화된 관점들도 있을 수 있다. 예를 들면 플라톤주의 안에서도 수학적 사고의 대상이 특정 형태의 실제적인 '존재'인가, 아니면 그것이 단순히 절대적인 수학적 '진리'의 개념인가를 가지고 논란이 있을 수 있다. 여기에서는 그러한 구분을 논점으로 삼지 않았다. 나는 수학적 진리의 절대성과 수학적 개념에 관한 플라톤주의적 실체가 본질적으로 같다고 생각한다. 예를 들면 망델브로 집합에 주어질 수 있는 '실체'는 그것의 '절대적'이라는 특성이다. 아르강 평면의 한 점이 망델브로 집합에 속하는가 아닌가 하는 것은 절대적인 질문으로서, 그것을 어떤 수학자나 컴퓨터가 검증하건 달라지지 않는다. 망델브로 집합의 '수학자 비의존성'이야말로 플라톤주의적 실존이 부여될 수 있는 대상인 것이다. 뿐만 아니라 그 집합의 아주 자세한 세부 사항은 컴퓨터로 구할 수 있는 범위를 넘어선다. 그 기계는 심오하고 '컴퓨터 비의존적인' 실존을 갖는 구조에 대해 단지 대략적인 근사치만을 산출해낼 수 있을 뿐이다. 물론 이 문제에 대하여 여러 관점을 가질 수 있다는 것을 인정한다. 다만 여기에서는 이들의 차이에 대하여 너무 걱정할 필요가 없다.

만약 실제로 어떤 사람이 자신이 플라톤주의자라고 주장한다 하더라도 그 플라톤주의를 어느 선까지 주장할 것인가에 대한 관점에도 여러 차이가 있을 수 있다. 괴델 자신은 매우 철저한 플라톤주의자였다. 내가 지금까지 논의한 수학 명제들의 형태는 그러한 부류 중에서는 아주 '온건한' 것에 속한다.[11] 특히 집합론에서는 훨씬 더 논란의 여지가 있는 주

11 제3장에서도 언급된 ($C=\aleph_1$이라는) 연속체 가설continuum hypothesis은 우리가 여기에서 접한 가장 '극단적인' 수학 문장이다. (물론 이보다 훨씬 더 심한 문장들이 종종 고려되기도 한다.) 연속체 가설이 더욱 흥미로운 것은, 괴델 자신이 폴 코언Paul J. Cohen과 함께 연속체 가설이 집합론의 표준 공리와 추론 규칙에 대하여 실제로 독립적이라는 사실을 증

장들이 제안될 수 있다. 집합론의 모든 분파를 살펴보면 어떤 집합들은 너무 터무니없이 거대하고 모호하게 구성되어, 나처럼 꽤 골수에 속하는 플라톤주의자조차 그것의 존재 혹은 비존재가 과연 '절대적'인가 하는 것에 대하여 의심을 갖게 만든다.[12] 결국에는 집합들이 아주 뒤틀리고 개념적으로 모호한 정의를 갖게 되어, 그들과 관련된 수학적 명제의 진위 여부에 대한 문제는 '신에게서 받은' 것이라기보다는 오히려 개인적인 '의견의 차이'에 해당하는 단계에까지 도달하게 될지도 모른다. 괴델처럼 플라톤주의를 끝까지 지켜나가며, 그와 같이 거대한 집합에 대한 수학 명제의 진위를 항상 절대적이고 '플라톤'적인 것으로서 강요할 것인가, 아니면 이보다는 덜 극단적인 형태로서 집합이 잘 구성되고 그다지 엄청나지 않은 경우에 한하여 인정할 것인가 하는 문제는 여기에서의 논의와 그다지 중요한 연관성이 없다. 우리에게 중요한 의미를 갖게 될 집합들은(유한이든 무한이든), 지금까지의 논의 기준에 비추어보면 우스울 정도로 매우 작은 것들이다! 따라서 이러한 다양한 플라톤주의적 관점의 차이는 큰 문제가 되지 않는다.

그런데 이와는 반대의 극단적인 수학적 관점으로서 직관주의 intuitionism로 알려진 학파가 있다. (그 외에 유한주의finitism라는 것도 있다.) 이들은 어떤 종류의 무한 집합이건 그 존재를 완전히 인정하는 것을 거부한다.[13] 직관주의는 1924년 네덜란드의 수학자 라위천 브라우어르 Luitzen E. J. Brouwer에 의해 시작되었다. 이것은 수학적 추론에서 무한 집

명했기 때문이다. 그러므로 연속체 가설에 대한 각자의 입장에 따라 그가 형식주의자인가 아니면 플라톤주의자인가가 구분된다. 형식주의자에게는 연속체 가설이 '비결정적 undecidable'이다. 표준(Zermelo-Frankel) 형식 체계 내에서 그것은 증명될 수도 반증될 수도 없기 때문에 그것이 '참' 또는 '거짓'이라고 말하는 것은 '무의미'하다. 그러나 진정한 플라톤주의자에게서는, 연속체 가설은 실제로 참이나 거짓 중의 하나이다. 다만 그 어느 것이 맞는가를 보이기 위해서는 새로운 형태로의 추론이 필요할 텐데, 이는 실제로 저멜로-프란켈Zermelo-Frankel 형식 체계의 피멜형 명제 사용을 넘어서는 것이 될 것이다. (코언[Cohen, 1966] 자신은 연속체 가설을 '명백한 거짓'으로 만드는 반사 원리reflection principle를 제안했다!)

12 이 문제에 대한 분명하되 비전문적인 설명으로는 Rucker(1984)를 참조.

13 '직관주의'라는 명칭은 인간의 사고를 반영하기 위한 것이라는 의미를 담고 있다.

합을 너무 자유분방하게 사용할 때 발생하는 (러셀식의) 패러독스에 대한 또 하나의(형식주의와 구별된) 대처 방안으로서 등장했다. 이러한 관점의 기원은 아리스토텔레스까지 거슬러 올라갈 수 있는데, 그는 플라톤의 제자였으나 수학적 실체의 절대적 존재와 무한 집합들을 수용하는 데에 있어서는 플라톤의 관점을 거부했다. 직관주의에 따르면 집합은 (무한 집합이든 아니든) 그들 나름의 '실체'를 갖는 것이 아니라 단지 구성 원소를 결정하는 규칙으로서만 고려될 수 있다.

브라우어르의 직관주의의 특징은 '중간 배제의 법칙law of the excluded middle'을 거부하는 것이다. 이 법칙은, 특정 문장의 부정을 부정하는 것은 그 문장을 주장하는 것과 같다는 것을 말한다(기호로 : $\sim(\sim P) \Leftrightarrow P$). 아마도 아리스토텔레스는 이처럼 논리적으로 '명백한' 어떤 것을 부인하는 것에 대하여 별로 기뻐하지 않았을 것이다! 보통의 '상식적인' 관점에서 중간 배제의 법칙은 자명한 참으로 간주된다. 만약 어떤 것이 참이 아니라는 것이 거짓이라면 그것은 분명히 참인 것이다! (이 법칙은 귀류법reductio ad absurdum이라는 수학적 방법의 기본이 된다.) 그러나 직관주의자들은 이 법칙을 부인할 수 있음을 알게 되었다. 그것은 기본적으로 직관주의자들이 존재의 개념에 대하여 다른 입장을 취하고 있기 때문이다. 즉 그들은 어떤 수학적 객체가 실제로 존재한다는 것을 받아들이기 위해서는 그에 대한 분명한 (정신적) 구축 과정이 제시되어야 한다고 주장한다. 따라서 직관주의자들에게 '존재'란 '구축적 존재constructive existence'를 의미한다. 귀류법에 의한 수학적 논증에서는 그 결론이 모순을 유발한다는 것을 보이기 위하여 특정 가설을 제시하고, 그 모순을 통해 결국 앞서의 가설이 거짓이라는 증명을 제공한다. 그 가설은 특정한 특성을 지닌 수학적 실체가 존재하지 않는다는 문장의 형태를 취할 수도 있다. 이것이 모순을 유발한다면, 보통 수학에서는 그 객체가 실제로 존재한다고 추론할 수 있다. 그러나 그러한 논증 자체만으로는 그 객체를 실제로 구축하는 방법에 대해 알 수 없다. 직관주의자에게 이러한 종류의 존재는 실제의 존재가 아니다. 그리고 이러한 맥락에서 그들은 중간 배제의 법칙과 귀류법을 받아들이기를 거부한다. 실제로 브라우어르는 그러한 비구축적인 '존재'에 대하여 근본적인 불만을 가졌다.[14] 그는 실제적인 구축 방법이 주어지지 않은 상태에서 존재의 개념은 의미가 없다고 주장했다. 브라우어르의 논리에 따르면 특정 객체가 존재하지 않는다는 사실이 거짓이라고 하더라도 그 객체가 실제로 존재한다고 추론할 수 없다!

내 의견으로는, 수학적 존재에서 구축 가능성을 추구하는 것이 한편으로는 수긍이 가지만 브라우어르의 직관주의적 관점은 지나치게 극단적이다. 브라우어르는 1924년에 처음으로 이 아이디어를 내놓았는데, 이는 처치와 튜링의 연구보다 10년 이상 앞선 것이다. 이제는 구축 가능성의 개념이 (튜링의 '계산 가능성'의 아이디어로 인하여) 수리철학의 관행적 틀 안에서 연구될 수 있기 때문에 브라우어르처럼 극단으로 갈 필요는 없다. 구축 가능성의 문제는 수학적 존재의 문제와 분리된 이슈로서 논할 수 있다. 만약 우리가 직관주의를 따른다면 수학의 매우 강력한 논증법에 대한 사용을 포기해야 하며, 결과적으로 이 분야는 다소 억눌리고 무력해질 것이다.

직관주의의 관점에 대한 여러 가지 단점과 불합리성에만 머물고 싶지는 않지만, 몇 가지 문제를 제시하는 것이 이해에 도움을 줄 것이다. 브

---

14 브라우어르 자신이 이러한 방향의 사고를 시작한 것으로 보이는데, 그 이유 중 하나는 자신이 제안한 위상수학topology의 '브라우어르 고정점 정리fixedpoint toeorem' 증명에서 '비구축성non-constnictiveness'에 대한 걱정이 그 자신을 괴롭혔기 때문이다. 그 정리의 내용은, 만약 어떤 디스크(원과 그 내부면)를 원래 위치해 있던 영역 안으로 연속적인 방법으로 이동시킨다면, 그것이 시작한 바로 그곳에서 끝나는 점(고정점이라 부름)이 최소한 하나는 존재한다는 것이다. 이 점이 정확히 어디에 있는지, 혹은 그런 점들이 많이 있을 수 있는지는 알지 못할 수도 있다. 이 정리가 밝히고자 하는 것은 단지 그러한 점의 존재인 것이다. (수학적 존재에 관한 정리 중에서 이것은 실제로 상당히 '구축적'인 것에 속한다. 다른 차원의 비구축적인 정리들은 소위 '선택공리Axiom of Choice'나 '존의 보조 정리Zorn's lemma'에 근거한 존재 정리들이다. Cohen, 1966; Rucker, 1984 참조.) 브라우어르의 경우 다음 문제와 비슷한 난점을 갖는다. 즉 "만약 f가 양수와 음수의 값 모두를 취하는 실변수의 실수 값을 갖는 연속 함수라고 하면, 여기서 f가 사라지는 곳을 찾으시오." 보통의 프로시저는 f가 부호를 바꾸는 간격을 반복적으로 이등분하는 것이다. 그러나 브라우어르의 맥락에서 보면 f의 중간값들이 양수인지, 음수인지, 혹은 0인지를 결정하는 것은 '구축적'이지 않을 수도 있다.

라우어르에 의해 가끔 언급되는 예는 π의 소수 전개식에 관한 것이다.

$$3.141592653589793\cdots$$

이 전개식의 어딘가에 다음과 같은 일련의 20개의 연속적인 7이 존재하는가? 아니면 존재하지 않는가?

$$\pi=3.141592653589793\cdots7777777777\cdots$$

보통의 수학적 용어로, 현재로서 말할 수 있는 것은 기껏해야 존재하거나 존재하지 않거나 둘 중의 하나라는 것이다. 다만 둘 중에 어떤 것이 참인지 알지 못할 뿐이다! 이것은 별로 문제가 될 것이 없는 명제로 보인다. 그러나 직관주의자들은, 실제로 그러한 연속된 7이 존재한다는 것을 (그들이 인정할 수 있는 구축적 방법을 통하여) 입증하거나, 혹은 없다는 것을 보일 수 있기 전에는 "π의 소수 전개식 어딘가에 20개의 연속적인 7이 존재하거나 존재하지 않거나 둘 중의 하나다'라고 정당하게 말할 수 있다는 사실을 인정하려 들지 않을 것이다! 20개의 연속적인 7이 π의 소수 전개식 어딘가에 실제로 존재하는지는 직접적인 계산만으로 충분히 보여줄 수 있다. 그러나 그러한 연속된 숫자가 없다는 것을 보이기 위해서는 특정한 유의 수학 정리가 필요할 것이다. 그 어떤 컴퓨터도 아직 그러한 연속수가 실제로 있다고 단정할 수 있을 만큼 충분히 π의 계산을 진행한 적이 없다. 확률적인 근거에 바탕을 둔다면 그러한 일련의 7이 실제로 존재한다는 기대는 할 수 있겠으나, 컴퓨터가 초당 10^{10}의 속도로 지속해서 숫자들을 산출해낼 수 있다 할지라도 그것을 발견하려면 100~1000년의 기간이 필요할 것이다! 내 추측으로는, 언젠가는 그러한 수열의 존재가 직접적인 계산에 의해서가 아니라 (아마도 훨씬 강력하고 흥미로운 결과의 부수 정리로서) 수학적으로 증명되리라고 본다. 물론 직관주의자들이 받아들일 수 있는 방식은 아니겠지만.

이 문제 자체는 수학적으로 그렇게 흥미로운 것은 아니고, 단지 설명하기 쉬운 예로서 제시한 것일 뿐이다. 브라우어르의 직관주의의 극단적인 형태에서는, 현재로서는 'π의 소수 전개식 어딘가에 연속적인 20개의 7이 존재한다"라는 명제가 참도 거짓도 아니라고 주장할 것이다. 언젠가 계산 혹은 직관주의적 수학 증명에 의하여 적절한 결과가 얻어진다면 그 결과에 따라 해당 명제가 '참'이거나 '거짓'이 될 것이다. 비슷한 예가 '페르마의 마지막 정리'이다. 브라우어르의 극단적 직관주의에 의하면 이것도 현재로서는 참도 거짓도 아니지만, 언젠가는 둘 중의 하나가 될 것이다. 나는 수학적 진리에 대한 그러한 주관성과 시간 의존성은 질색이다. 어떤 수학적인 결과가 공식적으로 '증명'된 것으로서 인정될 수 있는가의 여부, 또 언제 인정될 수 있는가 등의 문제는 실로 매우 주관적인 문제이다. 수학적 진리는 그러한 사회 의존적인 척도에 좌우되어서는 안 된다. 또한 시간에 따라 변하는 수학적 진리의 개념을 갖는다는 것은, 실세계를 정확히 기술할 수 있는 도구로서 각광받는 수학의 입장에서는 아무리 좋게 말하더라도 아주 난처하고 불만스러운 것이다. 직관주의자라고 해서 모두 브라우어르의 강경 노선을 취하진 않을 것이다. 그렇더라도 직관주의적 관점은 구축주의적인 목적에 공감하는 사람들에게조차 지극히 다루기 힘든 것으로 인식되고 있다. 그것에서 허용되는 수학적 추론 형태의 제한성 때문에라도 현재의 수학자들 중 직관주의를 진심으로 따르려는 사람은 별로 없다.

지금까지 현대 수리철학의 세 가지 주류로서 형식주의, 플라톤주의, 직관주의를 살펴보았다. 나는 지금까지 나 자신이 플라톤주의적인 관점을 강력하게 지지한다는 사실을 숨기려 하지 않았다. 플라톤주의에서 수학적 진리는 절대적이고, 외형적이며, 영원하고, 인간이 만든 척도에 좌우되지 않는다. 그리고 수학적 객체는 자기 나름의 영원한 존재성을 가지며, 인간 사회나 특정한 물체에 의존하지 않는다. 나는 앞에서, 그리고 제3장의 마지막 부분에서 이러한 관점을 옹호하려고 노력했다. 독자들도 이 점에서 나와 같은 노선을 취할 태세가 되어 있기를 바란다. 그것은 우리가 뒤에서 접하게 될 많은 부분에서 중요한 역할을 하게 될 것이다.

튜링의 결론에서 유도된 괴델 형식의 정리들

괴델의 정리를 논의하면서 우리는 세세한 사항을 많이 생략했다. 그리고 역사적으로 볼 때 이 논의에서 아마도 가장 중요한 부분이라고 간주되는 것 역시 빼놓았다. 그것은 공리 체계의 일관성에 대한 '비결정성 undecidability'에 관한 것이다. 여기에서 나는 이 '공리-일관성-증명 가능성 문제axiom-consistency-provability problem'를 강조하려는 것이 아니라(이는 힐베르트나 그의 동시대 사람들에게는 매우 중요한 사항이었다) 특정한 괴델 명제(고려 대상인 형식 체계의 공리들과 규칙으로는 증명할 수도 반증할 수도 없는)가, 관련된 연산자들의 의미에 대하여 통찰해볼 때 분명히 참명제가 될 수 있음을 보이고자 한다!

앞에서 튜링이 괴델의 작업을 연구한 후에야 비로소 정지 문제의 해결 불가능성을 입증하기 위한 자신의 논의를 개발했다는 사실을 언급한 바 있다. 그 두 논의는 많은 점에서 공통되는 부분이 있다. 실제로 괴델 연구의 주요 내용들은 튜링의 프로시저를 이용하여 직접 유도될 수 있는데, 여기서는 이것이 어떻게 가능한가 살펴보기로 하겠다. 그리고 이를 통하여 괴델의 정리 이면에 깔려 있는 것들에 대한, 다소 다른 각도에서의 통찰을 얻어보기로 하자.

형식 수학 체계의 필수적인 특성은, 주어진 기호열이 그 체계 내에서 특정한 수학적 명제에 대한 증명을 수립할 수 있는지 여부를 결정하는 것이 계산 가능해야 한다는 것이다. 수학적 증명에 대한 개념을 정형화하는 궁극적인 이유는, 결국 무엇이 정당한 추론이고 무엇이 아닌가에 대해 더 이상의 판단이 필요하지 않아야 한다는 것이다. 어떤 증명이 과연 진정한 증명인지 아닌지를 완전히 기계적이고 미리 결정된 방식으로 검증할 수 있어야만, 즉 증명을 검증할 알고리즘이 있어야만 한다는 것이다. 이때 제시된 수학 문장의 증명(혹은 반증)을 발견하는 작업까지 반드시 알고리즘적일 필요는 없다.

사실상 어떤 형식 체계 내에서든 증명이 하나라도 존재하기만 하면 언제나 증명을 발견할 수 있는 알고리즘이 존재한다는 것이 판명되었다.

우리가 사용하는 체계가 특정한 기호화된 언어로 정형화된다고 가정해야만 하기 때문에, 이 언어는 유한개의 '알파벳' 용어로 표현될 수 있다. 전과 마찬가지로 기호열들을 사전편집식으로 정렬해보자. 이 방법은, 다시 말하자면 각 열의 길이에 대해 알파벳순으로 정렬한다는 것을 의미하는데, 우선 길이 1의 모든 기호열을 정렬하고, 길이 2인 기호열들이 다음, 그리고 길이 3 등의 순서로 정렬을 전개하는 것이다. 따라서 이러한 사전편집식 방법에 따라 숫자적으로 정렬된 모든 구축 가능한 증명을 구할 수 있다. 이러한 증명들의 목록을 갖게 된다면 우리는 또한 그 형식체계의 모든 정리의 목록도 얻을 수 있다. 정리란 바로 올바르게 구축된 증명의 마지막 줄에 나타나는 명제이기 때문이다. 목록을 만드는 작업은 완전히 계산 가능한 것이다. 그 체계의 모든 기호열로(그들이 증명으로서 이치에 닿건 안 닿건 간에) 이루어진 사전편집식 목록에 대해서, 앞에서 언급한 증명-검사 알고리즘을 이용하여 첫 번째 열을 검사해서 그것이 증명이 아니라면 삭제하고 같은 방식으로 두 번째 열을 검사하여 그것이 증명이 아니라면 삭제하는 식으로 세 번째, 네 번째, 계속 반복해 나가기 때문이다. 이러한 방법으로 증명이 있다면 우리는 결국 목록의 어디엔가에서 그것을 발견할 수 있다.

따라서 만약 힐베르트가 그의 수학 체계(즉 정형화된 증명에 의해 그 체계 내에서 올바르게 구성된 어떠한 수학 명제라도 그 참·거짓을 결정할 수 있을 만큼 충분히 강력한 공리와 추론 규칙들로 이루어진 체계)를 발견할 수 있었더라면 어떠한 명제라도 그 진위를 결정할 수 있는 범용의 알고리즘적 방법을 구할 수 있었을 것이다. 왜 그럴까? 그 이유는, 만약 앞에서 대략 설명된 절차에 따라 찾아 나가다가 어떤 증명의 마지막 줄에서 우리가 찾고 있던 명제를 발견하게 된다면 그때 이미 우리는 그 명제를 증명한 것이기 때문이다. 그 대신 만일 그 명제의 부정을 발견한다면 우리는 그것을 반증한 것이다. 힐베르트의 체계가 완전하기만 하다면 이들 중 어느 하나는 분명히 일어나게 마련이다. (그리고 만약 그 체계가 일관성이 있다면 두 가지가 한꺼번에는 결코 일어나지 않을 것이다.) 따라서 그 기계적인 절차는 언젠가는 멈추게 마련이고, 결국 체계 내의 모든 명제에 대하여 참 혹은 거짓을 결정할 수 있는 범용 알고리즘이 가능한 것이다. 이것은 제2장에서 논의된 튜링의 결론, 즉 수학 명제의 진릿값을 결정할 수 있는 범용 알고리즘은 존재하지 않는다는 것과 모순된다. 결과적으로 우리는 힐베르트가 의도한 형태의 어떠한 체계도, 지금까지 논의된 의미에서 완전할 수 없다는 괴델의 정리를 증명한 것이나 다름없다.

사실상 괴델의 정리는 이것보다 더 제한적이다. 괴델이 대상으로 삼은 형식 체계의 형태는 일반적인 수학의 명제들에 관한 것이 아니라, 단지 산수 명제들 정도에만 적합하면 되는 것이기 때문이다. 튜링 기계의 모든 필수 연산이 단지 산술 연산만을 사용해서 수행될 수 있도록 하는 것이 가능할까? 다시 말하면 자연수에 대한 모든 계산 가능한 함수(재귀적 혹은 알고리즘적인 함수들, 즉 튜링 기계 수행의 결과들)를 일반적인 산수로써 표현할 수 있는가? 실제로 거의 가능하기는 하지만 완전히 할 수는 없다. 산수와 논리(∃, ∀을 포함)의 모든 표준 규칙 이외에도 한 가지 연산자가 추가로 필요하다. 그 연산은

'$K(x)$가 참인 가장 작은 자연수 x'

를 선택하는 것이다. 여기서 $K(\ )$는 산술적으로 계산할 수 있는 명제함수로서 그러한 수가 존재한다는 가정이 주어진다. 즉 $\exists\, x\, [K(x)]$는 참이다. (만약 그러한 수가 존재하지 않는다면 그 연산은 존재하지 않는 x를 찾으려고 '영원히 계속될' 것이다.[15]) 어쨌든 전술한 논의는 튜링의 결과에 근거하여 볼 때 수학의 모든 지파를 특정한 형식 체계 내에서의 계산으로 단순화시키려는 힐베르트의 프로그램이 사실상 가능하지 않다는 것을 입증한다.

외형적으로 이 프로시저는 참이면서도 체계 내에서 증명할 수 없는 괴델 명제($P_k(k)$ 같은)가 있을 수 있음을 쉽게 보여주지 못한다. 그러나

15 모든 알고리즘적 연산을 다룰 수 있으려면 실제로 그와 같은 불행한 상황도 감안하는 것이 중요하다. 일반적인 튜링 기계를 설명하는 과정에서 결국 멈추지 않는 튜링 기계도 허용했음을 기억하기 바란다.

만약 제2장의 '알고리즘을 능가하는 방법'에서 논의된 내용을 떠올린다면, 매우 유사한 작업이 여기에서도 가능하다는 것을 알 수 있다. 그 논의에서 설명된 내용은, 튜링 기계가 동작을 멈출 것인가를 결정할 수 있는 알고리즘이 존재한다면 우리는 특정한 튜링 기계의 동작을 생성할 수 있는데, 사람들은 분명히 그 동작이 멈추지 않을 것임을 알 수 있지만 그 알고리즘은 이를 알 수 없다는 것이었다. (만약 튜링 기계가 정지한다면 그 알고리즘이 정확히 이를 알려주어야 하지만, 그것이 정지하지 않는다면 알고리즘은 끝없이 돌아가게 되어 그 사실을 알려줄 수 없을지도 모른다는 사실에 유념하기 바란다.) 그러므로 괴델의 정리에서와 같이, 우리는 통찰에 의하여 그것이 실제로 참임에 틀림없다는 것을 알지만(튜링 기계 작동이 정지하지 않음), 주어진 알고리즘은 이를 알려줄 수 없는 명제가 존재하는 것이다.

재귀적 열거 가능 집합

튜링과 괴델의 결론의 기본 요소를 집합론적인 관점에서 그림으로 설명할 수 있는 방법이 있다. 이를 통하여 특정한 기호 체계나 형식 체계의 용어로 임의적으로 서술하는 것을 지양하고 본질적인 문제를 이끌어낼 수 있다. 여기에서는 자연수로 이루어진 (유한 혹은 무한의) 집합을 대상으로 하기 때문에 이들의 모임, 즉 {4, 5, 8}, {0, 57, 100003}, {6}, {0}, {1, 2, 3, 4, ⋯, 9999}, {1, 2, 3, 4, ⋯}, {0, 2, 4, 6, 8, ⋯} 내지는 전체 자연수의 집합 $\mathbb{N}$={0, 1, 2, 3, 4, ⋯} 혹은 공집합 ϕ={ } 등에 관하여 논의하겠다. 또, 여기에서는 계산 가능성과 관련된 문제만 다루기로 하겠다. 즉 '어떤 종류의 자연수 집합이 알고리즘에 의하여 생성될 수 있고 어떤 것은 안 되는가?'에 관한 문제이다.

그러한 문제를 다루기 위해서 우선 각 자연수 n이 특정한 형식 체계의 기호열을 표시한다고 생각할 수 있다. 즉 이것은 그 체계 내에서 사전 편집식 정렬에 따른 'n번째'의 ('구문적으로 정확하게' 표현된) 명제를 표시하는 문자열 Q_n을 나타낸다고 보도록 하자. 그렇다면 각각의 자연수는 특정 명제를 나타낼 것이다. 그 형식 체계의 모든 명제의 집합은 전체 집합 $\mathbb{N}$으로 표시되고, 가령 그 체계의 정리는 이보다 약간 작은 집합 P라고 생각해볼 수 있다. 그러나 그 명제들에 대한 특정 순서화 체계는 중요하지 않다. 자연수와 명제 간에 대칭성을 수립하기 위하여 단지 필요한 것은 자연수 n으로부터 그에 해당하는 명제 Q_n(적절한 기호로 표현된)을 구하기 위한 이미 알려진 알고리즘이고, 또 반대로 Q_n으로부터 n을 구할 수 있는 이미 알려진 알고리즘 정도일 것이다. 이러한 두 가지 알고리즘이 주어졌다고 가정하면 자연수 전체의 집합 $\mathbb{N}$과 특정한 형식 체계의 명제들의 집합을 같다고 보아도 무방할 것이다.

이제 형식 체계 하나를 선택하는데, 그것은 일관성이 있고 모든 튜링 기계의 전 동작을 포함할 수 있을 만큼 광범위해야 한다. 뿐만 아니라 '타당성이 있어서sensible' 그것에 포함된 모든 공리와 추론 규칙이 '자명하게 참'이 될 수 있어야 한다. 이 형식 체계의 명제 중 일부인 Q_0, Q_1, Q_2, Q_3, …은 실제로 체계 내에서 증명을 가질 것이다. 이러한 '증명 가능한' 명제들에 대응되는 자연수들로 구성된 집합이 $\mathbb{N}$의 일부로서 존재하는데, 이 집합은 실제로 앞에서 언급한 '정리'들의 집합 P에 해당한다. 우리는 이미 주어진 특정 형식 체계에서 증명을 갖는 모든 명제를 하나하나 생성하는 알고리즘이 있다는 사실을 보았다. (앞에서 대략 설명한 대로 'n번째 증명' Π_n은 알고리즘적인 방법으로 n으로부터 구해질 수 있다. 체계 내에서 증명 가능한 n번째 명제, 즉 n번째 '정리'를 찾기 위해서는 단지 n번째 증명의 마지막 줄만 살펴보면 된다.) 그러므로 P의 원소를 하나씩(반복이 있을 수 있지만 차이는 없다.) 생성하는 알고리즘이 존재하는 것이다.

P와 같이 특정한 알고리즘에 의하여 생성될 수 있는 집합을 재귀적 열거 가능 집합recursively enumerable set이라 부른다. 체계 내에서 반증 가능한(즉 그것의 부정이 증명 가능한) 명제들의 집합도 마찬가지로 재귀적으로 열거 가능하다는 점을 유의하기 바란다. 증명 가능한 명제들을 열거해 나가면서 그 부정을 취하면 되기 때문이다. $\mathbb{N}$의 부분 집합 중에는 그 외에도 수많은 재귀적 열거 가능 집합이 있는데, 이들을 정의하기 위하여 꼭 형식 체계를 결부시킬 필요는 없다. 재귀적 열거 가능 집합의 몇

가지 간단한 예를 살펴보면, 짝수의 집합

$$\{0, 2, 4, 6, 8, \cdots\},$$

제곱수의 집합

$$\{0, 1, 4, 9, 16, \cdots\},$$

그리고 소수의 집합

$$\{2, 3, 5, 7, 11, \cdots\}$$

등이 있다. 분명 이들은 알고리즘을 사용하여 생성할 수 있다. 이 각각의 집합은 다시 그 여집합complement set, 즉 거기에 속하지 않는 자연수들의 집합도 역시 재귀적으로 열거할 수 있다. 각 집합의 여집합은 다음과 같다.

$$\{1, 3, 5, 7, 9, \cdots\}$$
$$\{2, 3, 5, 6, 7, 8, 10, \cdots\}$$
$$\{0, 1, 4, 6, 8, 9, 10, 12, \cdots\}$$

이들 여집합을 생성하는 알고리즘도 쉽게 구할 수 있다. 실제로 어떤 자연수가 주어지더라도 그것이 짝수인지 아닌지, 제곱수인지 아닌지, 혹은 소수인지 아닌지를 알고리즘적으로 결정할 수 있다. 이를 이용하면 그들 집합과 여집합을 모두 생성할 수 있는데, 그 이유는 자연수를 하나하나 따져 나가며 그것이 각 집합에 속하는지, 아니면 그 여집합에 속하는지를 결정하면 되는 것이다. 집합 중에 그 자신과 여집합을 모두 재귀적으로 열거할 수 있는 집합을 재귀 집합recursive set이라 부른다. 물론 재귀 집합의 여집합도 재귀 집합이다.

그렇다면 재귀적 열거 가능 집합 중에 재귀 집합이 아닌 것이 있을 수 있을까? 잠시 그것이 내포한 결과를 음미해보자. 그러한 집합의 원소가 알고리즘적으로 생성될 수 있기 때문에 그 집합에 속한다고 추정되는 원소(그리고 당분간은 그것이 실제로 집합에 속한다고 가정하자)에 대해서는 그것이 실제로 집합에 속한다고 결정을 내릴 수 있다. 알고리즘으로 하여금 단순히 그 집합의 모든 원소를 검사하게 하여 원하는 원소를 찾을 때까지 계속하기만 하면 되는 것이다. 그런데 그 원소가 실제로는 집합에 속하지 않는다고 가정해보자. 그 경우에는 앞에서의 알고리즘이 전혀 도움이 되지 않는다. 끝없이 돌기만 하기 때문에 아무 결정도 내려줄 수 없는 것이다. 이를 위해서는 여집합을 생성하는 알고리즘이 필요하다. 만약 그 알고리즘이 문제의 원소를 찾게 된다면 이제는 그것이 집합에 속하지 않는다는 것을 확실히 알 수 있기 때문이다. 두 알고리즘을 다 갖고 있다면 상황은 매우 좋다고 볼 수 있다. 단순히 두 알고리즘을 번갈아 수행하면서 어느 한쪽에서 문제의 원소를 찾아내면 된다. 그런데 이렇게 행복한 상황은 재귀 집합에만 국한된 것이다. 여기에서는 그 집합이 재귀적으로 열거 가능하다고만 했지 그것이 재귀 집합이라고는 하지 않았다. 즉 앞서 언급된, 여집합을 생성하는 알고리즘은 존재하지 않는 것이다! 그러므로 우리는 묘한 상황에 처하고 말았다. 즉 그 집합에 속하는 원소에 대해서는 그것이 실제로 집합에 속한다고 알고리즘적으로 단정할 수 있지만, 그 집합에 속하지 않는 원소에 대해서는 어떤 알고리즘으로도 그러한 단정을 내릴 수 없는 것이다!

그러한 신기한 상황이 실제로 벌어질 수 있는가? 재귀적 열거 가능 집합들 중에 재귀 집합이 아닌 것들이 실제로 존재할까? 글쎄, P는 어떠한가? 그것은 재귀 집합인가? 그것이 재귀적으로 열거 가능하다는 것은 이미 보았기 때문에 그 여집합도 재귀적으로 열거 가능한가를 판정하기만 하면 되는 것이 아닌가? 결론부터 말하면 그것은 아니다! 어떻게 그것을 알 수 있는가? 앞에서 튜링 기계의 동작들도 이 형식 체계에서 허용된 연산에 속한다고 가정했음을 상기하자. n번째 튜링 기계를 T_n으로 표시한다면 다음 문장, 즉

"$T_n(n)$은 정지한다."

라는 하나의 명제($S(n)$으로 표기하자)로서 각각의 자연수 n에 대하여 형식 체계 내에서 표현이 가능하다. $S(n)$은 어떤 n 값에 대해서는 참이고 어떤 것들에 대해서는 거짓이다. n이 모든 자연수 0, 1, 2, 3, ⋯을 가질 때 모든 $S(n)$의 집합은 $\mathbb{N}$의 부분집합으로, 여기서는 S라고 부르겠다. 그런데 제2장에서 제시된 튜링의 근본적인 연구 결과에 따르면 $T_n(n)$이 실제로 정지하지 않는 경우에 "$T_n(n)$은 정지하지 않는다"라는 주장을 할 수 있는 알고리즘은 있을 수 없다. 이는 $S(n)$이 거짓인 집합은 재귀적으로 열거 가능하지 않다는 것을 보여준다.

집합 S 중에 P와 겹치는 부분이 있는 경우는 $S(n)$이 참인 경우임을 알 수 있다. 왜 그런가? 분명히 어떤 $S(n)$이 증명 가능하다면 그것은 참일 수밖에 없다. (왜냐하면 형식 체계가 '타당성이 있다sensible'고 가정했기 때문이다.) 그러므로 P에 속한 S의 부분은 $S(n)$ 중 참인 명제들로만 되어 있다. 그뿐 아니라 참인 명제 $S(n)$은 어떤 것도 P의 외부에 있을 수 없다. 만일 $T_n(n)$이 정지한다면 그것이 실제로 정지한다는 증명을 체계 내에서 구할 수 있기 때문이다.[16]

이제 P의 여집합이 재귀적으로 열거 가능하다고 가정해보자. 그렇다면 이 여집합의 원소들을 생성하는 알고리즘이 있을 것이다. 이 알고리즘을 수행하면서 그 과정에서 나타나는 모든 $S(n)$을 모을 수 있다. 이들은 바로 거짓인 $S(n)$ 명제들이다. 그러므로 이 과정을 통하여 실제로 거짓 $S(n)$들의 재귀적 열거 가능 집합을 구할 수 있다. 그런데 앞에서 거짓 $S(n)$의 집합은 재귀적으로 열거 가능하지 않음을 보인 바 있다. 이 모순은 P의 여집합이 결국 재귀적 열거 가능이 될 수 없음을 입증한다. 그러므로 우리가 추구한 결론, 즉 집합 P는 재귀 집합이 아님을 알 수 있다.

---

16 이 경우 증명은 그 기계가 멈출 때까지의 동작을 그대로 반영하는 일련의 단계들로 구성된다. 기계가 멈추는 순간 증명이 완성된다.

이러한 특성은 실제로 우리가 선정한 형식 체계가 완전하지 않음을 보여준다. 즉 체계 내에서 입증도 반증도 할 수 없는 명제가 존재한다는 것이다. 만일 그러한 '결정 불가능한' 명제가 존재하지 않는다면 P의 여집합은 반증할 수 있는 명제의 집합이 될 것이기 때문이다. (증명이 불가능한 명제는 모두 반증 가능한 것이 될 터이므로.) 그런데 반증할 수 있는 명제들의 집합은 재귀적으로 열거 가능하다는 사실을 이미 알고 있기 때문에 P는 재귀 집합이 된다. 그러나 P는 재귀 집합이 아니다. 이 모순은 형식 체계의 불완전성을 입증한다. 이것이 괴델 정리의 주제인 것이다.

자, 그렇다면 형식 체계의 참명제들로 구성된 $\mathbb{N}$의 부분집합 T는 어떨까? T는 재귀적일까? 아니면 그것은 재귀적으로 열거 가능할까? T의 여집합은 재귀적으로 열거 가능할까? 사실을 말하면 이들 질문에 대한 답은 모두 '아니요'이다. 이를 알 수 있는 한 가지 방법은 다음 형태의 거짓명제가 앞에서 살펴본 대로 알고리즘으로는 생성될 수 없다는 것이다.

"$T_n(n)$은 정지한다."

그러므로 거짓명제들 전체도 알고리즘적으로 생성될 수 없다. 그러한 알고리즘이 하나라도 있으면 이를 이용하여 "$T_n(n)$은 정지한다"라는 거짓명제들을 모두 열거할 수 있을 것이기 때문이다. 마찬가지로 모든 참명제의 집합도 알고리즘적으로 생성할 수 없다. (그러한 알고리즘이 있다면 이를 약간 수정하여 생성되는 각 명제의 부정을 택하게 함으로써 거짓명제들 전체의 집합을 구할 수 있을 것이기 때문이다.) 이와 같이 참명제의 집합이(그리고 거짓명제들도 마찬가지로) 재귀적으로 열거 가능하지 않다는 사실로서 알 수 있는 것은, 이들이 체계 내에서 증명 가능한 명제들에 비해서 훨씬 복잡하고 심오한 것들로 형성되었다는 것이다. 이로써 괴델 정리의 한 가지 측면, 즉 형식주의적 접근으로는 수학적 진리의 개념을 부분적으로만 얻을 수 있다는 사실을 다시금 확인할 수 있다.

그렇지만 참인 산술 명제들의 특정한 집단 중에는 재귀적으로 열거 가능한 것들도 있다. 예를 들면 $f(\ )$가 일반 산술 연산인 덧셈, 뺄셈, 곱셈, 제곱셈 등이라 했을 때 다음과 같은 참의 명제들의 집합(A라고 하자)은 재귀적으로 열거 가능하다.

$$\exists\, w, x, \cdots, z[f(w, x, \cdots, z) = 0]$$

이를 보이는 것은 그다지 어렵지 않다.[17] 이러한 명제의 한 가지 예는(비록 우리는 그것이 참인지 모르고 있지만) '페르마의 마지막 정리'의 부정형으로, 여기에서는 $f(\ )$가 다음과 같이 주어진다.

$$f(w, x, y, z) = (x+1)^{w+3} + (y+1)^{w+3} - (z+1)^{w+3}$$

그러나 집합 A는 재귀 집합이 아니라는 것이 밝혀졌다. (이 사실은 괴델이 원래 주장한 정리의 결과에서 유도되지만 쉽게 이해할 수 있는 문제는 아니다.) 그러므로 '페르마의 마지막 정리'가 참인지 거짓인지를 원칙적으로라도 결정할 수 있는 알고리즘적 방법은 결국 가질 수 없는 것이다!

<그림 4-1>에서 나는 도식적 표현 방식을 사용하여 재귀 집합을 단

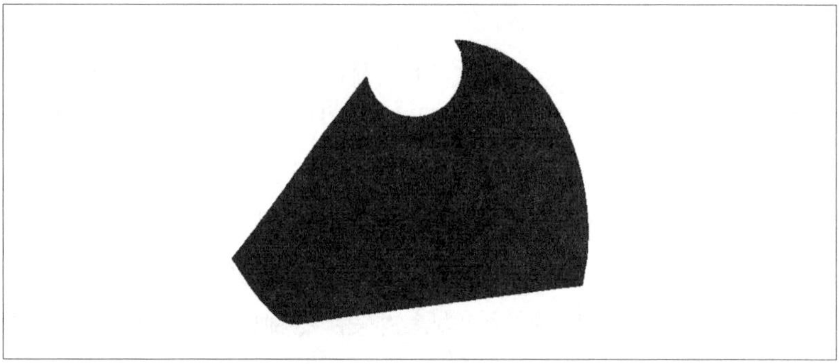

<그림 4-1> 재귀 집합의 도식적 표현

17 특정한 사전편집식 방법에 따라 {v, w, x, ⋯, z} 집합들을 열거하는데, 여기서 v는 함수 f를 나타낸다. 각 단계에서 $f(w, x, \cdots, z) = 0$인지를 (재귀적으로) 확인한 후 그러한 경우에만 명제 $\exists\, w, x, \cdots, z[f(w, x, \cdots, z) = 0]$를 유지한다.

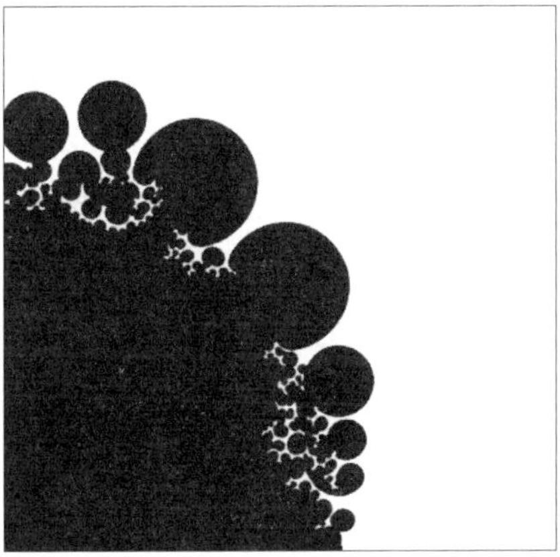

<그림 4-2> 재귀적 열거 가능 집합(검은 부분)이면서 재귀적이지 않은 집합의 도식적 표현. 이 그림이 뜻하는 것은, 흰 부분은 계산적으로 생성된 검은 부분을 들어낸 '나머지'로서 정의되기 때문에 어떤 점이 실제로 흰 부분에 속하는가를 단정하는 것은 그 자체로서 계산 가능한 문제가 아니라는 것이다.

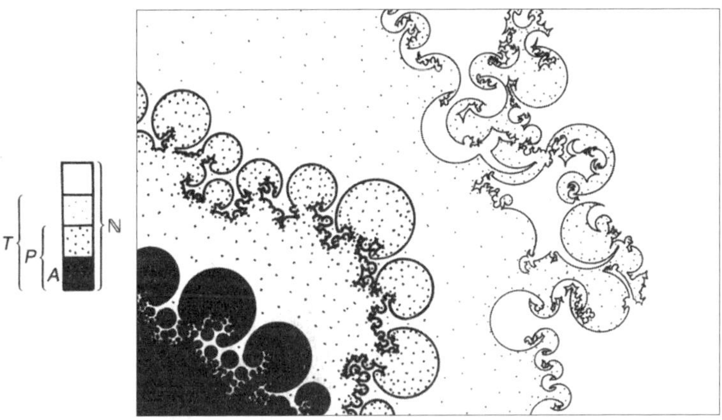

<그림 4-3> 여러 가지 명제의 집합을 도식적으로 표현한 그림. 체계 내에서 증명이 가능한 명제의 집합 P는 A와 같이 재귀적으로 열거 가능하지만 재귀 집합은 아니다. 참명제의 집합 T는 재귀적 열거 자체가 불가능하다.

순한 경계를 갖는 영역으로 나타냄으로써 어떤 점이 그 집합에 포함되는가의 여부를 직접 확인할 수 있는 작업으로 상상할 수 있도록 했다. 그림의 각 점은 자연수를 표시한다고 생각하면 된다. 그 결과 여집합 역시 단순한 영역으로 표시된다. <그림 4-2>에서는 재귀적 열거 가능 집합이면

서 재귀 집합이 아닌 집합을 복잡한 경계를 갖는 영역으로 표시했는데, 경계선의 한쪽(재귀적으로 열거 가능한 부분)에 있는 집합이 다른 쪽보다 간단하게 보이도록 표현했다. 이 그림들은 매우 도식적인 것으로서 어떤 의미에서도 '기하적으로 정확한' 의도가 포함된 것은 아니다. 특히 이 그림이 평평한 2차원 평면에 표현된 것 역시 크게 중요한 것은 아니다!

<그림 4-3>에서는 집합 ℕ 안에 P, T, 그리고 A가 어떻게 놓여질 수 있는가를 도식적으로 표현했다.

망델브로 집합은 재귀적인가?

비재귀적non-recursive 집합들은 아주 근본적으로 복잡해지는 성질을 가지고 있다. 그 복잡성은 어떤 의미에서는 체계화를 위한 그 어떤 시도도 허용치 않아야 한다. 그 체계화 자체가 특정의 적절한 알고리즘적 절차로 변환될 수 있기 때문이다. 비재귀적 집합은 특정 원소(혹은 '점')가 그 집합에 속하는지 아닌지를 단정하는 일반적인 알고리즘이 존재하지 않는다. 우리는 제3장의 도입부에서 망델브로 집합이라고 하는 굉장히 복잡해 보이는 집합을 살펴보았다. 비록 그 집합을 정의하는 규칙은 놀라울 정도로 간단하지만, 집합 자체는 무한히 다양한 매우 복잡한 구조를 갖는다. 이 집합이야말로 실제로 우리 인간의 눈앞에 보이는 비재귀적 집합의 예가 될 수 있지 않을까?

그러나 독자들은 곧바로 이 복잡한 패러다임이 현대의 고속 컴퓨터 기술의 마력에 힘입어서 우리 눈에 보이도록 상기된 것임을 지적할 것이다. 컴퓨터야말로 알고리즘적 행위의 실제 구현이 아닌가? 그것은 분명 사실이지만, 우리는 컴퓨터가 실제로 이러한 화상을 어떻게 생성하는가 하는 방법을 염두에 두어야 한다. 아르강 평면에서 한 점(복소수 C)이 망델브로 집합(검은 부분)이나 그 여집합(흰 부분)에 속하는지를 시험하기 위해서는 컴퓨터가 다음의 매핑, 즉

$$z \rightarrow z^2 + c$$

를 0으로부터 시작하여 z=0을 적용해 c를 구하고, 다음 z=c를 적용해 c^2+c를 구하며, $z=c^2+c$를 적용해 $c^4+2c^3+c^2+c$를 얻는 등의 방법으로 확장해나가야 한다. 만약 이 연속된 수열, 0, c, c^2+c, $c^4+2c^3+c^2+c$, …가 어떤 한곗값 안에 머물러 있다면 c에 의해 표현된 점은 검은 부분에 속하게 되고, 그렇지 않으면 흰 영역에 속하게 된다. 그렇다면 컴퓨터가 어떻게 그러한 수열이 유계bounded인지를 알 수 있는가? 원칙적으로 말하면, 이 문제에 답하기 위해서는 그 수열이 무한대로 계속될 때 어떻게 될 것인가를 알아야 한다! 그 자체는 계산할 수 있는 성질의 것이 아니다. 그러나 다행히도, 단지 유한개의 항만 보고도 그 수열이 유계한가를 알 수 있는 방법이 있다. (실제로 그것이 원점을 중심으로 반지름 $1+\sqrt{2}$인 원에 도달하기만 하면 그 수열은 무한정 확산한다고 확신할 수 있다.)

그러므로 어떤 의미에서 보면 망델브로 집합의 여집합(즉 흰 영역)은 재귀적으로 열거 가능하다. 만약 복소수 c가 흰 영역에 있다면, 그 사실을 알아내는 알고리즘이 있는 것이다. 망델브로 집합 자체(검은 영역)는 어떠한가? 검은 영역에 있을 것으로 추정되는 어떤 점이 실제로 검은 영역에 있다는 것을 말할 수 있는 알고리즘이 존재하는가? 이 질문에 대한 답은 현재로서는 알려지지 않은 것 같다.[18] 나는 여러 동료 학자와 전문가에게 자문했지만 어느 누구도 그러한 알고리즘을 알고 있는 것 같지 않았다. 뿐만 아니라 그러한 알고리즘이 존재하지 않는다는 사실도 증명한 사람이 없었다. 따라서 적어도 그 검은 영역에 대한 알고리즘으로서 알려진 것은 없는 것 같다. 어쩌면 망델브로 집합의 여집합은, 실제로 재귀적이지 않으면서 재귀적으로 열거 가능한 집합의 한 예일지도 모른다!

---

18 나는 최근에 레오노어 블룸Leonore Blum으로부터 그녀가 (이 책의 초판 장정본의 커버에 인쇄된 나의 코멘트에 입각하여) 망델브로 집합(의 여집합)이, 내가 책에서 추측한 바와 같이 비재귀적이라는 것을 확인했다는 사실을 알게 되었다. 이는 다음 각주 18에서 언급한 의미에서 확인한 것이다.

이러한 논의를 더 깊이 탐구하기 위해서는 내가 지금까지 얼버무려온 이슈들에 대해 다루어야 한다. 이러한 이슈들은 나중에 물리학에서의 계산 가능성에 대해 논의할 때 꽤 중요하다. 실제로 내가 앞서 제시한 논의에는 다소 부정확한 면이 있었다. '재귀적 열거 가능'이나 '재귀적'과 같은 용어들을 아르강 평면 위 점들의 집합, 즉 복소수의 집합에 적용한 것이다. 이러한 용어들은 엄격하게 자연수나 그 외의 가산집합countable set에 대해서만 사용되어야 한다. 우리는 제3장에서 실수는 셀 수 없고, 따라서 복소수 또한 셀 수 없다는 사실을 보았다. 실수는 복소수의 특별한 종류로서 허수 부분이 사라져버린 복소수로 여겨질 수 있기 때문이다. 사실 복소수의 개수는 정확하게 실수의 개수만큼, 즉 $\boldsymbol{C}$만큼 있다. (복소수와 실수 사이에 일대일 대응 관계를 만들기 위해서는, 대략적으로 말해서 각 복소수의 실수 부분과 허수 부분의 소수 전개를 취한 후 상응하는 실수의 홀수와 짝수 자릿수에 따라 이들을 엮어나가면 된다. 예를 들어 복소수 3.6781 …$+i$512.975…는 실수 50132.6977851…에 상응될 것이다.)

이 문제를 피하는 한 가지 방법은, 계산 가능한 복소수만을 대상으로 삼는 것이다. 우리는 제3장에서 계산 가능한 실수(또한 계산 가능한 복소수도 마찬가지로)는 실제로 셀 수 있다는 것을 보았다. 그러나 여기에는 매우 심각한 어려움이 있다. 사실, 각자 나름의 알고리즘에 의해 구해진 2개의 계산 가능한 수가 서로 같은지 여부를 결정할 수 있는 일반적인 알고리즘이 없다! (알고리즘적인 방법으로 그들 사이의 차이를 생성할 수는 있다. 그러나 이 차가 0인지 아닌지를 알고리즘적으로 결정할 수는 없다. 예를 들어 두 숫자 0.99999…와 1.00000…을 각각 생성하는 두 알고리즘을 상상해보자. 우리는 앞에서처럼 9나 0이 무한정 계속되어 두 수가 같아질지, 아니면 어떤 다른 숫자가 나타나 그들이 같지 않게 될지를 결코 알 수 없다.) 결국 우리는 이 수들이 같은지 여부를 결코 알 수 없을지도 모른다. 이것이 암시하는 한 가지 결론은, 아르강 평면에서 단위 디스크unit disc와 같은 간단한 집합(원점으로부터의 거리가 한 단위값보다 크지 않은 점들의 집합, 즉 <그림 4-4>에서 검은 영역)조차도 하나의 특정 복소수가 실제로 그 디스크 위에 있는지를 확실히 말해줄 수 있는 알고리즘이 없다는 것이다. 문제는 내부에 있는 점들(혹은 디스크 바깥의 점들)에서 발생하는 것이 아니라 디스크의 가장자리 바로 위에 있는 점들, 즉 단위 원unit circle상의 점들에서 발생한다. 그 단위 원은 디스크의 일부로 간주된다. 어떤 복소수의 실수 부분과 허수 부분의 숫자들을 생성하는 알고리즘이 주어졌다고 가정하자. 이 복소수가 실제로 단위 원 위에 놓여 있는지 미심쩍다 해도 이 사실을 꼭 확인할 수는 없다. 계산 가능한 수,

$$x^2 + y^2$$

이 실제로 1과 같은지 아닌지를 결정해주는 알고리즘이 존재하지 않는 것이다. 이것은 바로 계산 가능한 복소수 $x + iy$가 단위 원 위에 놓여 있는지 여부를 결정하는 기준이 된다.

확실히 이것은 우리가 원하는 바가 아니다. 그 단위 디스크는 분명히 재귀적이라고 간주되어야 한다! 단위 디스크보다 더 간단한 집합은 많지 않기 때문이다! 이 문제를 해결하기 위한 한 가지 방법은 그 경계를 무시해버리는 것이다. 실제로 그 원의 내외부에 있는 점들에 대해서는, 그 사실을 확인할 수 있는 알고리즘이 분명히 존재한다. (단순히 $x^2 + y^2$의 숫자

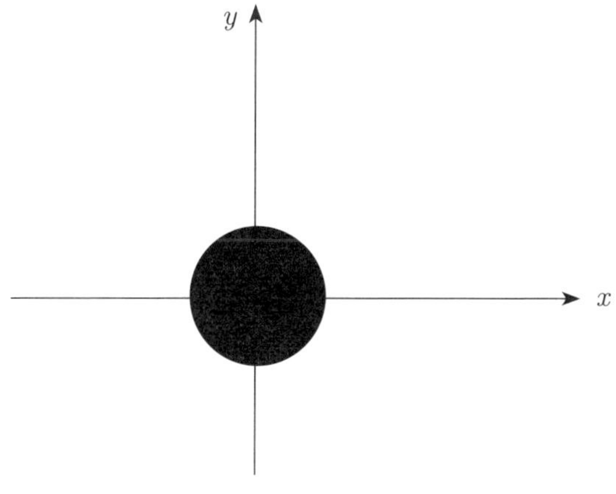

<그림 4-4> 단위 디스크는 분명 '재귀적'이라고 간주되어야 한다. 그러나 이를 위해서는 그에 적절한 관점이 필요하다.

들을 차례로 생성하고, 결국 0.99999…의 소수점 이하 숫자들 뒤에서 9 이외의 다른 숫자를, 또는 1.00000…의 소수점 이하 숫자들 뒤에서 0 이외의 다른 숫자를 발견하는 것이다.) 이런 의미에서 단위 디스크는 재귀적이다. 그러나 이러한 관점은 수학적 견지에서는 다소 이상한데, 왜냐하면 수학에서는 경계선상에서 어떤 일이 벌어지는가를 가지고 논법을 유도하는 경우가 종종 있기 때문이다. 한편으로 그러한 관점이 물리학에서는 적합할지도 모른다. 이러한 종류의 문제에 대해서는 나중에 재고할 필요가 있을 것이다.

이와 밀접하게 관련된 또 다른 관점이 있을 수 있지만 여기에서 계산 가능한 복소수에 대해서는 전혀 언급하지 않아도 된다. 문제의 집합 내외부에 있는 복소수들을 열거하려 하는 대신, 단순히 주어진 복소수가 그 집합 내에 있는지, 또는 그 집합의 여집합 내에 있는지를 결정하는 알고리즘을 구하는 것이다. '주어진'이라는 말은, 알아보고자 하는 각 복소수에 대하여 실수 부분과 허수 부분의 연속적인 숫자들이 마치 마술과도 같은 방법으로 우리가 원하는 한 끝없이, 차례차례 제시될 수 있다는 것을 의미한다. 이러한 숫자들을 제시하기 위한 (알려졌거나 알려지지 않은) 특정 알고리즘이 꼭 있어야 한다는 것은 아니다. 만약 어떤 알고리즘이 하나 있어서, 복소수가 이런 식으로 숫자들의 연속으로 주어지고, 그것이 실제로 그 집합 내에 있을 때만 유한개의 단계를 거쳐 결국 '예'라고 말할 수 있다면 그 복소수들의 집합은 '재귀적으로 열거 가능'하다고 볼 수 있다. 앞에서 제시된 첫 번째 관점에서처럼 이 관점도 경계를 '무시'해버린다. 그러므로 그 단위 디스크의 내부와 외부는 이런 의미에서 재귀적으로 열거 가능하다고 간주할 수 있다. 그러나 그 경계선 자체는 그렇지 않다.

우리에게 정말 필요한 관점이 이들 둘 중 하나인가는 전혀 분명하지 않다.[19] 망델브로 집합에 적용되었을 때 '경계를 무시'하는 입장은 그 집

---

19 자세한 내용은 아주 최근에야 알게 되었지만, (기존의 자연수값을 가지는 자연수 함수가 아니라) 실수값을 가지는 실수 함수에 관한 계산 가능성의 새로운 이론이 레노어 블럼Lenore Blum과 마이크 셔브Mike Shub, 스티브 스메일Steve Smale(1989)에 의해 제안되었다. 이 이론은 또한 복소수값을 가지는 함수에도 적용될 수 있으며, 이 책에서 제기된 문제

합의 많은 복잡한 부분을 놓칠 수 있다. 이 집합은 일부는 '물방울'(내부를 갖는 영역) 부분과 나머지는 '넝쿨' 부분으로 이루어져 있다. 가장 복잡한 곳은 넝쿨 부위로 보이는데, 이것은 아주 거칠게 구부러져 있다. 그런데 그 넝쿨 부위는 집합의 내부에 있지 않기 때문에 앞의 두 가지 관점 중 하나를 택한다면 '무시'되어버릴 수 있다. 비록 그렇다 할지라도 물방울 부분만 고려되는 망델브로 집합이 여전히 '재귀적'인지는 확실하지 않다. 문제는 망델브로 집합에 대하여 아직 증명되지 않은 하나의 추측에 달려 있는 것처럼 보이는데, 그 추측이란 이 집합이 소위 '국소적 연결성locally connected'을 갖는가 하는 것이다. 여기에서는 그 용어의 의미나 관련성을 설명하지 않겠다. 단지 지적하고 싶은 것은 이들이 어려운 이슈로서, 망델브로 집합에 관한 해결되지 않은 문제들을 야기하고 있으며, 또 그중 몇몇은 현재 진행 중인 수학 연구의 제일선에 놓여 있다는 사실이다.

복소수는 셀 수 없다는 문제점을 우회하기 위하여 채택할 수 있는 또 다른 관점들도 있다. 계산 가능한 모든 복소수에 대한 고려를 지양하고 그 대신 이들의 적당한 부분 집합만을 고려하는 것인데, 그 부분 집합은 원소 중 두 수가 같은지 아닌지 결정하는 것을 계산할 수 있다는 특성을 갖는다. 그러한 간단한 부분 집합으로는 '유리수'의 복소수를 들 수 있으며, 이들은 실수 부분과 허수 부분이 모두 유리수로 이루어져 있다. 그러나 나는 이 관점이 너무 제한적이어서 망델브로 집합의 넝쿨 부위를 해결하는 데 크게 도움이 되지 않을 것이라고 본다. 이보다 좀 더 만족스러운 해결 방안은 대수적 수algebraic number를 고려하는 것으로서, 이는 정수 계수를 갖는 대수 방정식의 해가 되는 복소수를 의미한다. 예를 들어

$$129z^7 - 33z^5 + 725z^4 + 16z^3 - 2z - 3 = 0$$

들에도 중요한 관련이 있을 수 있다. 이 새로운 작업의 결과 중 일부는 망델브로 집합이 적절한 정의하에 실제로 비재귀적이라는 추측을 강력히 뒷받침한다.

의 z에 대한 모든 해는 대수적 수이다. 대수적 수는 셀 수 있을 뿐만 아니라 계산 가능하고, 그들 중 2개가 같은지 아닌지를 결정하는 것도 실제로 계산 가능하다. (밝혀진 바에 따르면 이들 중 여러 개가 단위 원의 경계선과 망델브로 집합의 넝쿨 부위에 있다.) 원한다면 망델브로 집합이 재귀적인지 아닌지에 관한 문제를 대수적 수에 관한 문제로 재구성할 수 있다.

방금 고려된 두 집합의 경우에는 대수적 수가 적당할 수도 있지만 그것이 실제로 모든 문제를 전반적으로 해결하지는 못한다. 아르강 평면의 $x+iy\ (=z)$에 대한 관계식

$$y \geq e^x$$

에 의해 정의된 집합(<그림 4-5>의 검은 영역)을 생각해보자. 이 집합의 내부와 그 여집합의 내부는 모두 앞에서 언급한 특정 관점을 따르더라도 재귀적으로 열거할 수 있다. 그러나 (1882년에 증명된, 페르디난트 폰 린드만Ferdinand von Lindemann의 유명한 정리에서 유도되는 것처럼) 그 경계선인 $y \geq e^x$은 단지 하나의 대수적 점, 즉 $z=i$만을 포함한다. 이 경우에 대수적 수는 경계선의 알고리즘적 특성을 탐구하는 데 아무런 도움이 되지 못한다! 이 특정 경우에 적합한 또 다른 계산 가능한 수의 부분 집합을

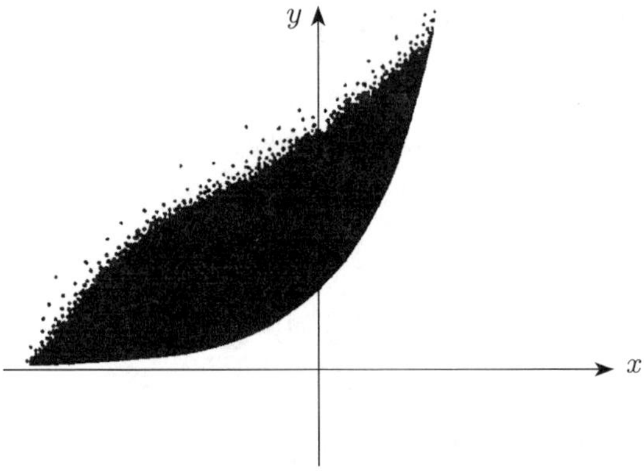

<그림 4-5> 지수 관계식 $y=e^x$에 의하여 정의되는 집합도 '재귀적'이라고 간주되어야 할 것이다.

찾는 것은 그다지 어렵지 않을 것이다. 그러나 아직 올바른 관점을 찾아내지 못했다는 강한 인상을 지울 수는 없다.

비재귀적 수학의 몇 가지 예

수학에는 재귀적이지 않은 문제가 발생하는 분야들이 많이 있다. 그러므로 각 사례에 대한 답이 '예' 아니면 '아니요'이지만 실제로는 무엇이 답인가를 결정할 수 있는 일반적 알고리즘이 존재하지 않는 문제들의 집합에 직면할 수 있다. 이러한 문제 클래스 중의 몇몇은 놀랄 만큼 단순해 보인다.

우선 정수 계수를 가지는 연립 대수 방정식의 정수해를 구하는 문제를 고려해보자. 그런 방정식을 디오판트Diophantine 방정식이라고 부른다. (그리스의 수학자 디오판투스Diophantus에서 따왔는데, 그는 기원전 3세기에 살았으며 이런 형태의 방정식을 연구했다.) 디오판트 방정식의 예로는

$$z^3 - y - 1 = 0,\ yz^2 - 2x - 2 = 0,\ y^2 - 2xz + z + 1 = 0$$

등이 있는데, 문제는 이들이 x, y, z의 정수값으로 풀릴 수 있는지 아닌지를 결정하는 것이다. 사실 앞의 경우에는 그것이 가능한데, 다음과 같은 해가 주어질 수 있다.

$$x=13,\ y=7,\ z=2$$

그러나 임의의 디오판트 방정식 집합에 대하여 이러한 사항을 결정할 수 있는 알고리즘은 존재하지 않는다.[20] 그 성분 요소가 기초적인 특성을 가

20 이로써 제2장에서 언급한 힐베르트의 열 번째 문제가 부정적으로 결론을 보았다고 할 수 있다(Devlin, 1988). 여기에서 변수의 숫자는 제한이 없다. 그러나 이러한 비알고리즘적 특성을 유지하는 데에는 실제 9개 이상의 변수가 필요치 않다는 사실이 알려져 있다.

짐에도 불구하고 디오판트 산술은 비알고리즘적 수학에 속한다!

이보다 약간 덜 기초적인 예는 다양체manifold의 위상적 동형topological equivalence이다. 이것은 제8장에서 논의되는 문제와 관련이 있으므로 여기서는 간략하게만 언급하겠다. '다양체'가 무엇인지를 이해하기 위해서 우선 끈string으로 된 루프loop를 생각해보자. 그것이 바로 1차원의 다양체이다. 다음에 포획 표면을 생각해보면 그것은 2차원의 다양체이다. 그리고 다음으로 3이나 그보다 더 높은 수의 차원을 가질 수 있는 일종의 '표면surface'을 상상해보자. 두 다양체의 '위상적 동형'이란 그중 하나가 연속적인 동작(찢거나 붙이지 않고)에 의해 다른 것으로 변형될 수 있다는 것을 의미한다. 그러므로 공 모양의 표면과 정육면체의 표면은 위상적 동형이지만, 이들은 링ring이나 찻잔 모양과는 동형이 아니다. 그리고 링과 찻잔은 서로 위상적 동형이다. 한편 두 2차원 다양체에 대해서는 이들이 위상적으로 동형인지 아닌지를 판정할 수 있는 알고리즘이 존재하는데, 이는 실제로 각 표면이 갖는 '손잡이handle'의 수를 세는 것과 일치한다. 3차원에 대해서는, 이 질문에 대한 답이 이 글을 쓰고 있는 현재(1989년)까지는 알려져 있지 않다. 그러나 4 또는 그 이상의 차원에 대해서는 동형임을 판정하기 위한 알고리즘이 존재하지 않는다. 4 차원의 경우에는 물리학과도 다소 연관이 있는 것이, 아인슈타인의 일반상대성 이론에 따르면 시간과 공간이 함께 4 다양체를 구성하기 때문이다(제5장 pp. 319-320 참조). 이 비알고리즘적 특성이 '양자중력'과 연관성이 있을지도 모른다는 사실이 1987년 로버트 게러흐Robert Geroch와 제임스 하틀James B. Hartle에 의해서 제시되었다(제8장 참조).

이번에는 다른 형태의 문제로서 단어 문제word problem라는 것을 생각해보자.[21] 우리에게 몇 개의 알파벳 기호가 있고 이러한 기호의 여러 가지 조합으로 이루어진 단어words에 관하여 생각한다고 가정하자. 이 단어들 자체는 특정한 의미를 지닐 필요가 없다. 그러나 그들 사이의 '동등

---

21 이 특정 문제는 더 정확하게 '준군semi-group들에 대한 단어 문제'라고 불린다. 규칙이 약간 다른, 다른 형태의 단어 문제도 있다. 이들은 여기에서의 논의와 무관하다.

관계equality'를 나타내는 (유한개의) 목록이 주어지는데, 이를 이용하여 더 많은 그와 같은 '동등 관계'를 도출해낼 수 있다. 이것은 초기의 목록에 주어진 단어에 대하여 이들을 그 일부로서 포함하는 다른(보통 더 긴) 단어들에 치환substitute함으로써 수행된다. 그리고 그러한 각 부분은 그 목록에서 동등하다고 주어진 또 다른 부분으로 치환될 수 있다. 그렇다면 문제는, 어떤 주어진 한 쌍의 단어에 대하여 그들이 이 규칙에 입각하여 '동일한지' 여부를 판정하는 것이 된다.

예를 들어 다음과 같은 초기 목록이 주어졌다고 가정하자.

EAT = AT
ATE = A
LATER = LOW
PAN = PILLOW
CARP = ME

이로부터 가령 다음과 같은 등식을 도출해낼 수 있다.

LAP = LEAP

이는 초기 목록의 관계식 중 두 번째, 첫 번째, 그리고 다시 두 번째 규칙을 연속해서 적용한 것이다.

LAP = LATEP = LEATEP = LEAP

이제 문제는 어떤 두 단어가 주어졌을 때 단순히 그러한 치환만을 이용하여 한 단어로부터 다른 단어에 이를 수 있는가 하는 것이다. 예를 들면 CATERPILLAR로부터 MAN, 또는 CARPET으로부터 MEAT를 얻을 수 있는가? 첫 번째 경우에 그 답은 '예'인 데 반하여 두 번째 경우의 답은 '아니요'이다. 답이 '예'인 경우, 이를 보여주는 통상적인 방법은 단순히 각 단어가 그 이전의 단어로부터 허용된 동등 관계를 이용하여 얻는 동등 값들의 열을 보여주는 것이다. 그러므로(바뀔 문자들을 굵은 글씨로 표현하고, 막 바뀐 문자들을 이탤릭체로 표현하면) 다음과 같다.

C**ATE**RPILLAR=C*A*RPILL**A**R=CARPIL**L*ATE*R**=CAR**PIL*LOW***=
CAR*P* *AN*=*ME***A**N=M**E*AT*** *E*N=M***AT*E**N=M*A*N.

허용된 규칙만으로는 CARPET로부터 MEAT에 이르는 것이 불가능하다는 사실을 어떻게 단정할 수 있을까? 이것에 대해서는 좀 더 생각해볼 필요가 있지만 여러 가지 방법을 통하면 알아보기가 아주 어려운 것은 아니다. 다음과 같은 방법이 가장 간단해 보인다. 즉 초기 목록에 있는 모든 '동등 관계'에서 보면, A의 개수와 W의 개수와 M의 개수를 더한 값은 양쪽이 항상 똑같다. 따라서 A, W, M의 총합은 허용된 치환을 연속적으로 수행하더라도 바뀔 수 없다. 그러나 MEAT에서는 이것이 2인 반면, CARPET에서는 1이다. 따라서 허용된 치환만으로는 CARPET로부터 MEAT로 이르는 길은 없다.

주의할 것은, 두 단어가 '동등'할 때는 이를 단순히 주어진 규칙을 이용하여 그 안에서 허용되는 형식적 기호열을 나열함으로써 보일 수 있었다. 반면에 그것들이 '동등하지 않은' 경우에는 우리에게 주어진 규칙에 관한 논의에 의존해야만 했다. 단어들이 실제로 '동등한' 경우에는 단어 간의 '동등 관계'를 판정하기 위해 사용할 수 있는 분명한 알고리즘이 존재한다. 우선 모든 가능한 단어들의 나열을 사전편집식 목록으로 작성하고 나서, 연속된 특정 단어가 나중 것이 처음 것으로부터 허용된 규칙만으로는 나올 수 없는 경우 그러한 단어 쌍을 포함하는 모든 열을 목록에서 삭제하기만 하면 되는 것이다. 나머지 단어들의 순서는 바로 우리가 찾는 단어 간의 모든 '동등 관계'를 알려줄 것이다. 그러나 일반적으로 두 단어가 '동등하지' 않다는 것을 판정하기 위한 명백한 알고리즘은 존재하지 않는다. 그리고 그 사실을 입증하기 위해서는 '지능'에 의존해야만 할지도 모른다. (사실 나도 CARPET와 MEAT가 '동등하지' 않다는 사실을 입증하기 위하여 앞에서 본 '트릭'을 찾아내기까지 꽤 많은 시간이 걸렸다. 또 다른 예에서는 전혀 다른 종류의 '트릭'이 필요할지도 모른다. 한편 지능은[꼭 그렇지는 않지만] '동등 관계'의 존재를 입증하는 데에도 유용하다.)

사실 앞의 경우 초기 목록을 형성하는 5개의 특정 '동등 관계' 목록에 대하여, 두 단어가 실제로 '동등하지 않을' 때 그 두 단어가 '동등하지 않다'는 것을 확언할 수 있는 알고리즘을 구하는 것이 아주 어렵지는 않다. 그러나 이 경우 제대로 작동할 수 있는 알고리즘을 구하기 위해서는 어느 정도의 지능을 동원해야만 한다! 실제로 모든 가능한 형태의 초기 목록에 대하여 두루 사용될 수 있는 하나의 알고리즘은 있을 수 없다는 사실이 밝혀졌다. 이러한 의미에서 단어 문제에 대한 알고리즘적 해결책은 존재하지 않는다. 일반적 단어 문제는 비재귀적 수학에 속하는 것이다!

심지어는 두 단어가 같지 않다는 것을 판정하기 위한 알고리즘이 존재할 수 없는 특정 초기 목록을 선택하는 것도 가능하다. 예를 들면 다음과 같다.

AH = HA
OH = HO
AT = TA
OT = TO
TAI = IT
HOI = IH
THAT = ITHT

(이 목록은 그레고리 체이틴Gregory S. Tseitin과 다나 스코트Dana Scott가 1955년에 제시한 것을 각색한 것이다. Gardner, 1958, p. 144 참조.) 그러므로 이 초기 목록을 이용할 때 주어진 두 단어가 '동등한지' 아닌지를 알고리즘적으로 판정할 수 없다는 의미에서 이 특정 단어 문제는 그 자체로서 비재귀적 수학의 한 예가 될 수 있다.

일반적인 단어 문제는 정형화된 수리 논리(앞서 고려한 '형식 체계' 등)를 연구하면서 등장하게 되었다. 초기 목록은 공리 체계의 역할을 하고, 단어들에 대한 치환 규칙은 형식 체계의 추론 규칙 역할을 담당한다. 단어 문제에 대한 비재귀성의 증명은 그러한 고려로부터 발생한다.

비재귀적인 수학 문제의 마지막 예로서, 유클리드 평면을 다각형 도형들로 덮는 문제를 생각해보자. 문제는 그러한 도형들이 유한개 주어졌을 때 다른 도형은 이용하지 말고 이들만을 이용하여 여백이나 중복 없이 완전하게 그 평면을 덮는 것이 가능한지를 알고자 하는 것이다. 도형들의 이와 같은 배열을 그 평면의 타일링tiling이라 부른다. 정사각형이나 정삼각형, 또는 정육각형(제10장의 <그림 10-2>에서 볼 수 있다)만을 이용하여 그러한 타일링이 가능하다는 것은 잘 알려진 사실이다(그러나 정오각형만으로는 불가능하다). <그림 4-6>에 묘사되어 있는 두 가지의 불규칙 오각형irregular pentagon을 비롯하여 많은 단일 도형의 타일링이 있을 수 있다. 만일 2개의 도형까지 고려하게 된다면 타일링 작업은 더 복잡해질 수 있다. <그림 4-7>에는 이에 대한 두 가지의 간단한 예가 나와 있다. 이제까지의 모든 예는 그것들이 주기적periodic이라는 공통적인 특성을 갖는다. 즉 이들이 독립적인 두 방향으로 정확하게 반복적이라는 것이다. 수학적 용어로는 주기 평행사변형period parallelogram이 존재한다고 말한다. 주기 평행사변형이란 특정한 형태의 표시를 한 다음, 그 면들에 평행하게 두 방향으로 반복해서 주어진 타일링 패턴을 재현하는 평행사변형을 뜻한다. <그림 4-8>에서 한 가지 예를 볼 수 있는데, 왼쪽에는 가시 모양의 무늬로 이루어진 주기적 타일링이 묘사되어 있고, 오른쪽에는 주기 평행사변형의 주기적 타일링이 그려져 있으며 이들이 어떻게 연관되어 있는가를 보여주고 있다. 그런데 평면에는 주기적이지 않은 타일링들도 많이 존재한다. <그림 4-9>는 <그림 4-8>에 나와 있는 가시 모양의 타일을 이용한 세 가지의 비주기적 '나선형' 타일링을 묘사하고 있는데, 이러한 타일 모양은 '가변 타일versatile'이라 알려져 있다. 이러한 그림은 브랑코 그륀바움Branko Grünbaum과 제프리 셰퍼드Geoffrey C. Shephard(1981, 1987)가 고안한 것으로, 이들의 작업은 이전에 하인츠 포더베르크Heinz Voderberg가 고안한 도형을 기반으로 하고 있다. 가변 타일은 주기적, 혹

<그림 4-6> 단일 도형을 이용한 주기적 타일링의 두 가지 예(마조리 라이스Marjorie Rice가 1976년 발견)

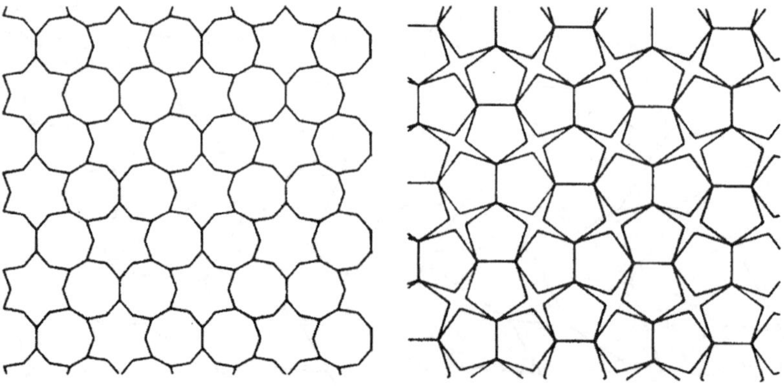

<그림 4-7> 2개의 도형을 이용한 주기적 타일링의 두 가지 예

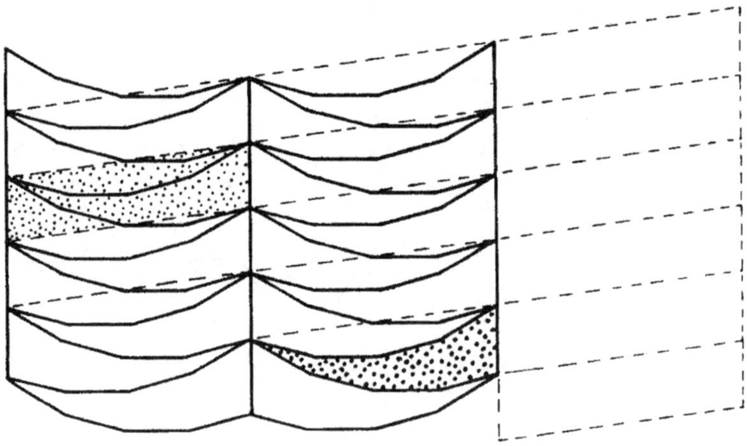

<그림 4-8> 주기적 타일링과 이와 관련된 주기 평행사변형의 묘사

은 비주기적 모두로 타일링할 수 있다는 점을 주의하기 바란다. 이러한 성질은 수많은 다른 단일한 타일 도형이나 타일 도형의 집합에서도 공유된다. 그런데 비주기적으로만 평면을 덮을 수 있는 단일 도형이나 이들의 집합이 과연 존재할까?

이 질문에 대한 답은 '예'이다. <그림 4-10>은 미국의 수학자 라파엘 로빈슨Raphael Robinson(1971)이 구성한, 비주기적 방법으로만 전체 평면을

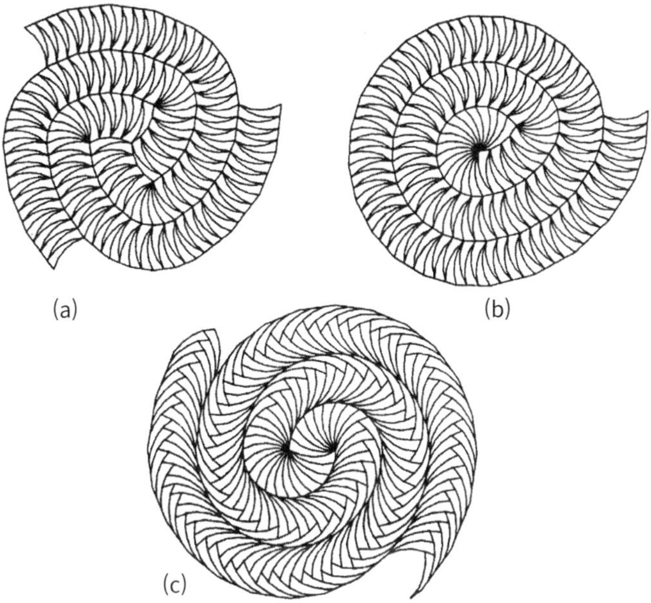

<그림 4-9> <그림 4-8>에 묘사된 '가변 타일' 도형을 이용한 세 가지의 비주기적 '나선형' 타일링

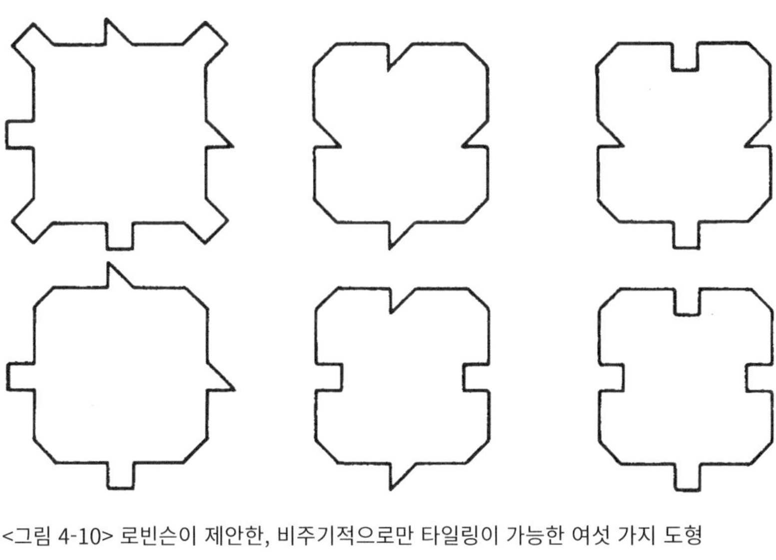

<그림 4-10> 로빈슨이 제안한, 비주기적으로만 타일링이 가능한 여섯 가지 도형

타일링할 수 있는 여섯 가지 타일 도형의 집합을 보여준다.

이러한 비주기적 타일의 집합이 생겨난 역사를 조금 살펴보는 것도 가치 있는 일일 것이다(Grünbaum & Shephard, 1987 참조). 1961년 중국계 미국인 논리학자 왕하오Wang Hao는 타일링 문제에 대한 판정 프로시저 decision procedure가 있는지 의문을 품게 되었다. 주어진 여러 다각형 도형의 유한 집합이 전체 평면을 타일링할 수 있을 것인지를 판정하기 위한 알고리즘이 있는가?[22] 그가 보여줄 수 있었던 것은, 만일 한 가지 조건이 만족된다면 그러한 판정 프로시저가 존재할 수 있다는 것이었다. 그 조건이란, 어떤 방법으로든 그 평면을 덮을 수 있는 타일들의 모든 유한 집합은 실제로 그 평면을 주기적으로도 타일링할 것이라는 사실을 입증할 수 있어야 한다는 것이다. 당시의 사람들은 그러한 조건을 위반하는 집합('비주기적' 타일의 집합)은 존재할 수 없다고 생각했는지도 모른다. 그러나 왕하오가 제안한 몇 가지 단서를 따라, 로버트 베르거Robert Berger는 1966년 실제로 타일링 문제에 대한 판정 프로시저가 있을 수 없음을 입증할 수 있었다. 즉 타일링 문제 또한 비재귀적 수학의 일부인 것이다![23]

그러므로 앞서 제시한 왕하오의 연구 결과에 따르면 비주기적 타일 집합이 존재해야 한다는 것이고, 실제로 베르거는 이러한 비주기적 타일 집합을 최초로 보였다. 그러나 이에 대한 논법상의 복잡성 때문에 그가 제시한 집합은 터무니없을 정도로 많은 종류의 타일들을 포함했는데, 처음에는 20,426개나 되었다. 연구를 계속한 결과 베르거는 그 수를 104로 줄이게 되었고, 이후 1971년에 로빈슨은 그 수를 6개(<그림 4-10> 참조)로 줄였다.

6개의 타일로 이루어진 또 한 가지의 비주기적 집합은 <그림 4-11>

22 실은 왕하오 자신은 약간 다른 형태의 문제를 생각하고 있었다. 즉 사각형 타일이어야 하고, 회전을 할 수 없어야 하며, 변의 색깔이 일치해야 하는 문제였다. 그러나 그 차이는 여기에서는 중요하지 않다.

23 뿐만 아니라 윌리엄 한프William Hanf(1974)와 데일 마이어스Dale Myers(1974)는 계산 불가능한 방법으로만 평면을 타일링할 수 있는(많은 수의 타일로 이루어진) 단일 집합이 있다는 것을 보여주었다.

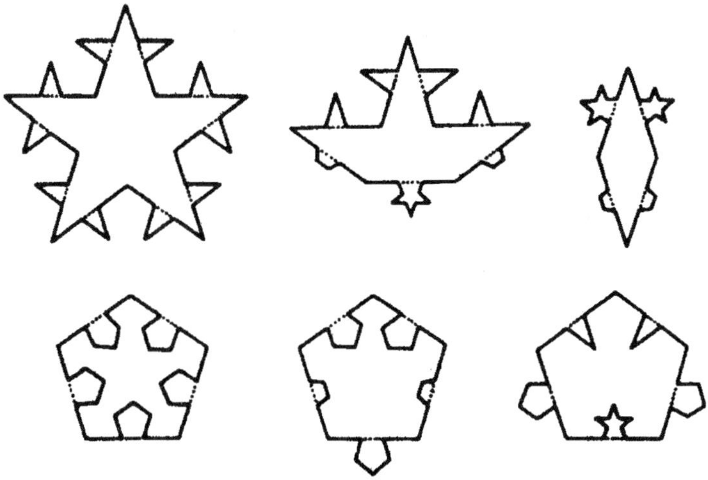

<그림 4-11> 6개의 타일로 이루어진 비주기적 집합

에 묘사되어 있다. 이 집합은 내가 1973년경 이와는 전혀 무관한 사고 과정의 결과로서 만든 것이다. (이에 관해서는 제10장에서 다시 다룰 텐데 <그림 10-3>에는 이러한 모양들로 타일된 배열이 묘사되어 있다.) 나는 로빈슨의 6개 타일의 비주기적 집합에 주목하여 그 수를 줄이는 것에 대해 생각하기 시작했다. 그것을 자르고 다시 붙이는 여러 일련의 작업을 수행한 결과 나는 그 수를 둘로 줄일 수 있었다. 두 가지의 서로 다른 방법이 <그림 4-12>에 제시되어 있다. 완성된 타일링에서 볼 수 있는 것처럼 필연적으로 비주기적인 패턴은 여러 놀라운 특성을 갖는데, 그중 한 가지는 그것이 결정학적으로 불가능한 것처럼 보이는 5중 대칭fivefold symmetry의 준주기적quasi-periodic 구조라는 것이다. 이에 관해서는 후에 다시 살펴보기로 하자.

수학에서 그와 같이 '하찮은' 분야, 즉 동일한 도형들로 평면을 덮는, 아이들 장난처럼 보이는 작업이 실은 비재귀적 수학에 속한다는 사실에 아마도 매우 놀랄 것이다. 사실 이 분야에는 수많은 종류의 어렵고 해결되지 않은 상태의 문제들이 있다. 예를 들면 단일 종류의 타일로 이루어진 비주기적 집합이 존재하는지의 여부는 알려져 있지 않다.

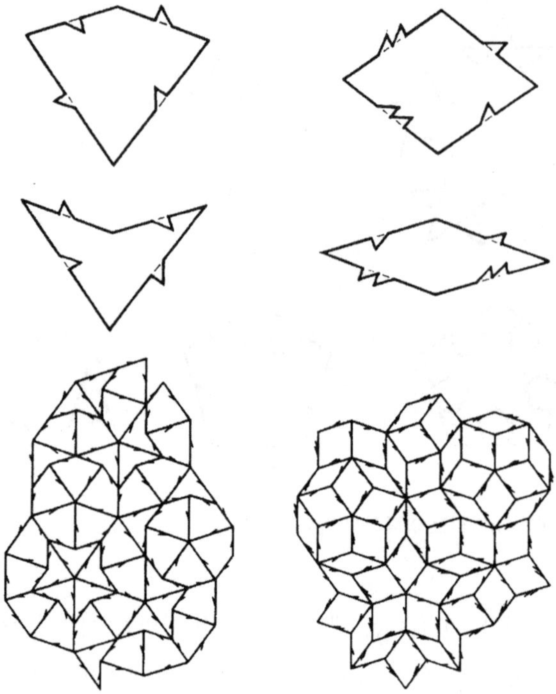

<그림 4-12> 비주기적으로만 평면을 덮을 수 있는 두 가지의 타일 쌍들('펜로즈 타일'), 그리고 각각의 쌍으로 타일링된 영역의 예

왕하오, 베르거, 로빈슨 등이 다룬 타일링 문제는 주로 정사각형의 모양에 기반을 둔 타일들을 사용했다. 여기에서 나는 일반적인 형태의 다각형들까지 허용하고자 하므로, 각각의 타일을 표현하기 위해서는 적절한 특정 형태의 계산 가능한 방법이 필요하다. 그 한 가지 방법으로는 이들의 꼭짓점을 아르강 평면상의 점으로 주는 것이다. 그리고 이 점들은 완벽할 정도로 적절하게 대수적 수로써 나타낼 수 있다.

망델브로 집합은 비재귀적 수학과 유사한가?

이제 앞에서 논의한 망델브로 집합으로 돌아가자. 쉽게 설명하기 위하여 망델브로 집합이 적절한 특정 의미에서 비재귀적이라고 가정하려 한다. 이는 그 여집합이 재귀적으로 열거 가능하므로, 그 집합 자체는 재귀적으로 열거 가능하지 않다는 것을 의미한다. 나는 망델브로 집합의 형태가 비재귀적 집합이나 비재귀적 수학의 성질에 관하여 우리에게 어떤 교훈을 주는 것 같다.

제3장에서 본 <그림 3-2>로 돌아가보자. 그 집합의 대부분이 <그림 4-13>에서 A라고 표시된 커다란 하트 모양의 영역에 해당하는 것처럼 보인다는 사실에 주목하기 바란다. 그 모양은 카디오이드cardioid라 불리는데, 그 내부 영역은 수학적으로 z를 '원점으로부터의 거리가 $\frac{1}{2}$보다 작은 복소수'라 했을 때, 식

$$c = z - z^2$$

에서 발생하는 아르강 평면상의 점들 C의 집합이라고 정의할 수 있다. 이 집합은 앞서 제시한 의미에서 보면 분명히 재귀적으로 열거 가능하다. 그 영역 내부의 한 점에 대하여 그 점이 실제로 그 내부에 속한다는 것을 확인할 수 있는 알고리즘이 존재하는 것이다. 그 알고리즘은 앞의

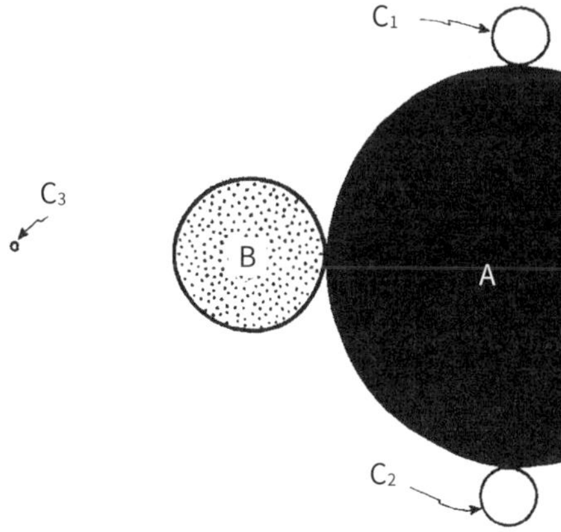

<그림 4-13> 망델브로 집합의 주요 부분은 간단한 알고리즘의 방정식으로 정의될 수 있다.

공식에서 쉽게 얻을 수 있다.

이제 주 카디오이드의 바로 왼쪽에 있는 원반 모양의 영역(<그림 4-13>에서 영역 B)을 생각해보자. 그 내부 영역은 z가 원점으로부터 $\frac{1}{4}$보다 작은 거리를 가질 때 $c = z - 1$을 만족하는 점들의 집합에 해당한다. 이 영역은 실제로 원반의 내부로서 정확히 원의 안쪽에 있는 점들의 집합이다. 그리고 마찬가지로 이 영역은 앞에서의 의미에 따라 재귀적으로 열거 가능하다. 그 카디오이드상의 다른 '혹wart'들은 어떠한가?

이제 그들 중 가장 큰 2개의 혹에 대하여 생각해보자. 이들은 <그림 3-2>에서 카디오이드의 거의 꼭대기와 바닥 부분에 등장하는데, <그림 4-13>에서는 C_1, C_2로 표시되어 있는 둥그스름한 방울 모양이다. 그들은 z가 원점으로부터 $\frac{1}{8}$ 이내의 영역에 퍼져 있을 때 집합

$$c^3 + 2c^2 + (1 - z)c + (1 - z)^2 = 0$$

에 의해 주어질 수 있다. 실제로는 이 방정식이 이들 두 방울 모양뿐만 아니라 <그림 3-2>의 왼쪽에 나타나 있고(<그림 3-1>의 주 영역), <그림 4-13>에서는 C_3로 표시되어 있는 영역인 '아기' 카디오이드 모양도 생성한다. 이들은 또다시 (함께 또는 따로) 앞의 공식으로 인해 (앞서 제시된 내용처럼) 재귀적으로 열거 가능한 집합을 형성한다.

망델브로 집합이 비재귀적일 것이라고 추정은 하고 있지만, 우리는 이미 그 집합의 가장 큰 영역에 대하여 완벽하게 잘 정의된, 그리고 너무 복잡하지도 않은 알고리즘으로 이를 명시할 수 있었다. 이러한 과정은 계속 반복되어야 할 것으로 보인다. 이 집합에서 가장 분명한 영역들(그리고 비록 전부는 아니라도 그 영역의 거의 대부분을 차지하는 부분)은 알고리즘적으로 다룰 수 있다. 만약 내가 추정하는 것처럼, 그 집합 전체가 실제로 재귀적이지 않다면 알고리즘으로 도달할 수 없는 영역은 아주 섬세한 특징을 지닐 뿐만 아니라 찾기도 어려울 것이다. 뿐만 아니라 만일 그러한 영역을 찾게 된다면 그 알고리즘을 개선하는 법도 알게 되어서 그런 특정 영역들에 도달할 수 있을 것이다. 그러나 그 경우에는 (만약 비재귀적

이라는 내 가정이 맞다면) 그와 유사한 또 다른 영역이 존재하여 더 미묘하고 복잡한 난마 속으로 깊숙이 숨어버릴 것이기 때문에 개선된 알고리즘조차도 도달할 수 없을 것이다. 다시금 통찰력, 재주, 노력 등을 엄청나게 투자하여 그러한 영역의 위치를 찾아낼 수 있을지도 모른다. 그러나 여전히 이를 빠져나가는 또 다른 영역들이 끝없이 존재할 것이다.

나는 이러한 것들이 수학에서 종종 어려운(비재귀적이라고 추정할 수 있는) 문제들의 영역을 헤쳐나가는 방법과 다를 바 없다고 생각한다. 특정 분야에서 사람들이 분히 봉착하게 되는 문제들은 종종 간단한 알고리즘적 프로시저에 의하여 처리될 수 있는데, 그러한 것들은 이미 여러 세기에 걸쳐 알려져온 것들인 경우가 많다. 그러나 어떤 것들은 그 망을 빠져나가게 되고, 이들을 다루기 위해서는 좀 더 복잡한 프로시저가 필요하게 된다. 그래도 빠져나가는 것들은 당연히 수학자들의 흥미를 특히 자극하여 그들로 하여금 더욱 강력한 방법들을 개발하게 할 것이다. 이를 위해서는 그와 관련된 수학의 특성에 대하여 더욱 깊은 통찰력에 의존해야 할 필요가 있다. 어쩌면 우리가 물질세계를 이해할 때도 이와 비슷한 점이 있을 것이다.

앞에서 살펴본 단어 문제와 타일링 문제에서도 이와 유사한 점을 감지할 수 있었을 것이다(다만 이들 분야는 아직 수학적 기계의 개발이 그다지 진척되지 않은 영역에 속한다). 우리는 하나의 사례로서, 특정 단어가 허용된 규칙들만으로는 다른 것으로부터 도출될 수 없다는 것을 아주 간단한 논법을 이용하여 살펴볼 수 있었다. 더욱 까다로운 경우를 다루기 위해서는 이보다 훨씬 더 복잡한 일련의 논증이 필요할 것이라는 사실을 쉽게 상상할 수 있다. 그 경우 이러한 새로운 일련의 추론 과정이 하나의 알고리즘적 프로시저로 개발될 수 있다. 어떤 프로시저도 단어 문제의 모든 사례를 충족할 수는 없다는 사실을 우리는 이미 알고 있지만, 이를 빠져나가는 예를 구성하기 위해서는 아주 조심스럽고 정교한 노력이 필요하다. 실제로 이러한 예를 어떻게 구성할 수 있는지 알기만 하면, 즉 특정한 경우가 기존의 알고리즘을 교묘히 피한다는 사실을 확실히 알 수만 있다면 우리는 그 알고리즘이 이 경우도 포함하도록 개선할 수 있다. '같지' 않은 단어의 쌍들만이 빠져나갈 수 있기 때문에 특정한 것들이 빠져나간 사실을 알기만 하면 그들이 '같지' 않다는 것을 알 수 있고, 그 사실은 알고리즘에 첨가될 수 있다. 향상된 통찰력은 향상된 알고리즘을 이끌어낸다!

복잡도 이론

알고리즘의 성질, 존재, 한계에 관하여 앞에서, 그리고 앞의 장들에서 제시한 설명은 매우 '원칙적' 수준에 머물러 있었다. 그 생성되는 알고리즘들이 실용적일 것인가에 관해서는 전혀 논의하지 않았다. 알고리즘이 존재하는 것은 분명하고, 그러한 알고리즘이 어떻게 구성될 수 있는지도 분명한 문제들조차도 그 알고리즘을 사용 가능한 것으로 개발하기 위해서는 많은 창의력과 노력이 필요할 것이다. 약간의 통찰력과 요령만 있다면 알고리즘의 복잡도를 상당히 줄일 수 있고, 때로는 그 속도에서도 실로 엄청난 개선이 이루어질 수 있다. 이러한 문제는 대개의 경우 아주 세세하고 기술적인데, 최근 알고리즘의 구성, 이해, 개선 등에 관하여 많은 연구가 다양한 상황에서 이루어지고 있어, 이 분야는 매우 급속하게 확장되고 개발되는 분야에 속한다. 다만 여기에서 그러한 문제에 관하여 자세한 논의를 시도하는 것은 적절하지 않을 것이다. 그러나 알고리즘의 속도가 얼마나 개선될 수 있는가에 대하여 이미 알려졌거나 가설이 설정된, 절대적인 한계치에 대한 여러 가지 일반적인 사항이 있다. 실제로 알고리즘적인 특성을 갖는 수학적 문제 중에서도 이를 알고리즘적으로 해결하려 할 때 다른 것들에 비하여 본질적으로 훨씬 풀기 어려운 몇몇 클래스가 있다는 것이 판명되었다. 아주 어려운 것은 매우 느린 알고리즘(또는 엄청나게 많은 저장 공간 등을 필요로 하는 알고리즘)에 의해서만 풀릴 수 있다. 이런 종류의 문제와 관련된 이론을 복잡도 이론complexity theory이라 부른다.

복잡도 이론은 어떤 문제 하나를 알고리즘적으로 푸는 것이 얼마나 어려운가를 다루는 것이 아니라, 한 문제 집단 내의 모든 문제를 해결하는 일반적인 알고리즘이 존재하는 무한개의 문제 집단들을 다룬다. 한 집단 내에서도 문제들은 '크기'가 서로 다른데, 문제의 크기는 자연수 n을 측정 단위로 사용한다. (숫자 n이 실제로 문제의 크기를 어떻게 나타낼 수 있는가에 대해서는 곧 설명할 것이다.) 그 집단 내의 한 문제를 푸는 데 있어서 알고리즘이 필요로 하는 시간의 길이(더 정확하게 말하면, 기본적인 단계의 개수)는 특정한 자연수 N으로 표시하는데, 이는 n에 의해 좌우된다. 좀 더 정확히 말하면, 크기가 n인 모든 문제 가운데 알고리즘의 단계 중 가장 큰 수가 N이라고 하자. 그런데 n이 점점 더 커지면 N 역시 점점 더 커질 것이다. 실제로 N은 n보다 훨씬 빠른 속도로 커질 것이다. 예를 들어 N은 대략적으로 n^2이나 n^3, 또는 2^n에 비례하게 될 수도 있고(2^n의 경우 n이 커지면 n, n^2, n^3, n^4, n^5 등보다 훨씬 커질 뿐만 아니라 실제로 모든 고정수 r에 대하여 n^r보다도 훨씬 더 커진다) 심지어는 이보다 훨씬 더 큰 2^{2^n}에 비례하게 될 수도 있다.

물론 '단계'의 수는 그 알고리즘이 수행될 계산기의 형태에 의해 좌우될 것이다. 만약 그것이 제2장에서 묘사된 것처럼 테이프 하나만을 갖춘 비효율적인 튜링 기계라면 그 N이라는 수는 둘 이상의 테이프를 사용할 수 있는 기계에 비하여 훨씬 더 빨리 증가할 것이다(즉 기계는 더 느리게 수행될 것이다). 이런 종류의 불확실성을 피하기 위하여 N이 n의 함수로서 커질 수 있는 여러 가지 방법에 대해 광범위한 분류가 이루어지고 있는데, 그것은 어떤 종류의 튜링 기계가 사용되더라도 N의 증가율의 측정치는 항상 같은 범주로 구분될 수 있게끔 하기 위한 것이다. 그러한 범주 중 P('다항식 시간polynomial time'을 상징)라고 불리는 것은 $n, n^2, n^3, n^4, n^5, \cdots$ 등에 일정한 값을 곱한 만큼의 비율[24]을 갖는 것들만을 포함한다. 즉 P의 범주에 속한 모든 문제(여기에서 '문제'라고 하는 것은, 실제로는 그들

24 '다항식polynomial'이라 함은 원래 $7n^4 - 3n^3 + 6n + 15$처럼 이보다 일반적인 수식을 의미하지만 여기에서는 일반적이라는 의미가 별로 중요하지 않다. 왜냐하면 이러한 수식에서 n값이 아주 커지면 둘째 항 이하의 수는 미미해져버리기 때문이다. (그러므로 앞의 식에서는 $7n^4$을 제외한 모든 항은 무시될 수 있다.)

을 해결하는 일반 알고리즘이 존재하는 문제들의 집단을 의미한다)에 대하여 다음 식이 성립한다.

$$N \leq K \times n^r$$

여기에서 K와 r은 n과 무관한 상수constants이다. 이것은 n을 몇 제곱하여 몇 배를 한 값보다 N이 크지 않다는 것을 의미한다.

P에 속하는 간단한 문제로서 두 수를 곱하는 문제를 들 수 있다. 이를 설명하기 위해서는 우선 n이라는 수가 곱하고자 하는 두 수의 크기를 어떻게 특징짓는가에 대하여 기술할 필요가 있다. 두 수가 일단 2진 표기법으로 쓰였다고 가정하고 $\frac{n}{2}$이 단순히 각각의 2진 숫자들의 개수라고 하면 전체를 통틀어 n개의 2진 숫자들, 즉 n 비트bit가 존재하게 된다. (만약 둘 중 하나가 다른 것보다 길다면 단순히 더 짧은 수의 시작 부분을 0들로 채워서 길이를 맞출 수 있다.) 예를 들어 만약 n=14라면

$$1011010 \times 0011011$$

을 생각해볼 수 있다. (1011010×11011이지만 짧은 쪽에 0들을 첨가했다.) 이 곱셈을 수행하는 가장 직접적인 방법은 다음과 같이 그냥 전개해 나가는 것이다.

```
      1011010
    × 0011011
  -----------
      1011010
     1011010
    0000000
   1011010
  1011010
 0000000
0000000
-------------
0100101111110
```

2진 체계에서는 0×0=0, 0×1=0, 1×0=0, 1×1=1, 0+0=0, 0+1=1, 1+0=1, 1+1=10이라는 것을 기억하기 바란다. 각 2진 곱셈의 개수는 $(\frac{n}{2})\times(\frac{n}{2})=\frac{n^2}{4}$이고, 2진 덧셈은 올림carry을 포함하여 $(\frac{n^2}{4})-(\frac{n}{2})$개까지 있을 수 있다. 이를 통틀면 $(\frac{n^2}{2})-(\frac{n}{2})$개의 산술 연산이 된다. 올림 계산에 수반되는 약간의 논리 계산도 포함해야 하겠지만. 그러므로 전체 단계의 개수는 대체로(낮은 차수의 항을 무시하면) $N=\frac{n^2}{2}$이고 이는 분명히 다항식의 범주이다.[25]

일반적으로 한 범주에 속하는 문제들에 대하여 그 문제 '크기'의 측정 단위measure n은, 그만한 크기의 문제에 주어지는 데이터를 명시하기 위해 필요한 2진 숫자(또는 비트)의 총수가 되도록 취한다. 이것은 주어진 n과 관련하여 그 지정된 크기의 문제에 대한 2^n개의 다른 경우가 있을 수 있다는 것을 의미하며(각 숫자는 두 가지 가능성, 즉 0 또는 1 중 하나가 될 수 있고, 모두 n개의 숫자가 있으므로), 이들은 N 단계를 넘지 않는 한도 내에서 그 알고리즘에 의하여 일률적으로 처리되어야 한다.

P에 속하지 않는 문제들(클래스)도 많은 예가 있다. 예를 들어 자연수 r로부터 연산 2^{2^r}을 수행하기 위해서는, n이 r의 2진 표현에 대한 2진 숫자의 개수라 할 때 그 계산 수행은 고사하고 답을 기술하기 위해서만도 약 2^n단계가 필요할 것이다. 연산 2^{2^r}은 써내려 가는 데만도 2^{2^r}의 단계를 거친다! 이는 보통 다항식들에 비하여 훨씬 크며, 결과적으로 분명히 **P**에 속하지 않는다!

더 흥미로운 문제는, 다항식 시간 내에 답의 작성뿐만 아니라 정확성까지 확인할 수 있는 것들이다. 이러한 특성을 갖는 문제들로 이루어진 (알고리즘적으로 풀릴 수 있는) 중요한 범주가 있다. 그것은 (클래스의) **NP** 문제라고 불린다. 더 정확하게 말하면, 만약 **NP**에 속하는 클래스 내의 어떤 문제 하나가 해를 가질 경우 알고리즘이 그 해답을 풀어줄 것이며, 이때 제안된 답이 과연 정답인지를 다항식 시간 내에 확인할 수 있어야

---

25 사실 기발한 방법을 사용하면 이 단계의 숫자를, 큰 n에 대하여 $n\log n\log\log n$까지 줄일 수 있다. 이는 물론 여전히 P에 속한다. 이에 대한 더 자세한 정보는 Knuth(1981)를 참조.

한다. 해답이 없는 문제의 경우 그 알고리즘은 없다고 말할 수 있어야 하지만, 해답이 정말 없는지를 (다항식 시간 혹은 그 이외의 시간 내에) 확인까지 할 필요는 없다.[26]

NP문제는 수학 자체뿐만 아니라 실세계의 여러 가지 상황에서 발생한다. 여기에서는 간단한 수학적 예를 하나만 제시하고자 한다. 즉 그래프에서 소위 해밀턴 회로Hamiltonian circuit를 찾는 문제이다(지극히 단순한 아이디어에 비하여 상당히 겁을 주는 명칭이다). '그래프graph'란, 점(또는 '정점vertice')들의 유한 집합으로서 이들 중 몇몇 쌍이 선분(그래프의 '변edge'이라 불린다)에 의해 서로 연결되어 있는 것을 의미한다. (여기에서는 기하학적 혹은 '거리적' 특성이 아니라 어떤 정점이 어떤 정점에 연결되었는가에만 관심을 갖는다. 그러므로 정점들이 모두 하나의 평면에 존재하는가, 아니면 3차원 공간에 있는가도 중요하지 않다[변이 서로 교차하는 것이 무방하다는 가정하에서]). 해밀턴 회로란 단순히 그래프의 변들로 구성된 폐쇄된 경로(혹은 루프)로서 각 정점을 정확히 한 번씩만 통과한다는 조건을 만족하여야 한다. <그림 4-14>는 해밀턴 회로가 표시된 그래프의 예이다. 해밀턴 회로 문제란, 주어진 그래프에 대하여 해밀턴 회로가 존재하는지를 결정하고, 존재한다면 이를 명백하게 보여주는 것이다.

그래프를 2진 숫자로 표현하는 데에는 여러 가지 방법이 있다. 이들 중 어떤 방법이 사용되는가는 별로 중요하지 않다. 한 가지 방법은 정점들에 1, 2, 3, 4, 5, …로 번호를 매긴 후 적당한 고정 순서로 그 쌍들을 열거하는 것이다.

$$(1, 2), (1, 3), (2, 3), (1, 4), (2, 4), (3, 4), (1, 5), (2, 5), (3, 5), (4, 5), (1, 6), \cdots$$

그러고 나서 그 쌍이 그래프의 변과 대응되면 '1'을 넣고, 그렇지 않으면 '0'을 넣음으로써 정확하게 일치되는 '0'과 1'의 목록을 만든다. 그러므로

26 더 정확하게 말하면 **P**, **NP**, **NP** 완전군 등의 범주는 단순히 '예/아니요'형의 문제에 대하여 정의된다. (예를 들면 a, b, c가 있을 때 a×b=c가 참인가?) 그러나 이 책에서 주어진 정의는 우리의 목적에 적합하다.

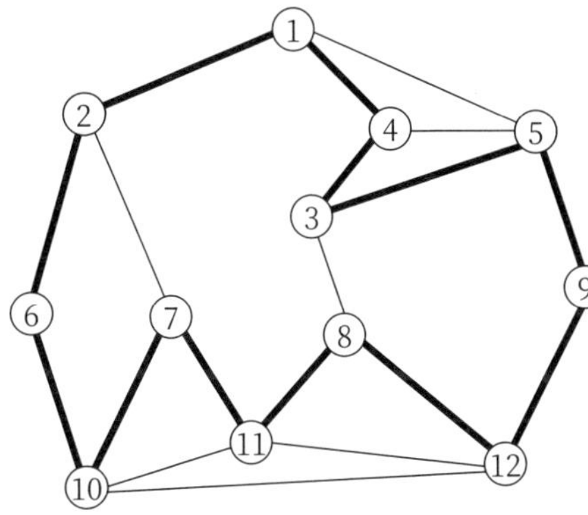

<그림 4-14> 해밀턴 회로가 표시된(더 진한 선) 그래프. 이외에도 해밀턴 회로가 한 개 더 존재하는데 독자들이 찾아보기 바란다.

다음과 같은 2진수의 수열이 있다고 가정하면

10010110110⋯

그 의미는 정점 1이 정점 2, 정점 4, 정점 5에 연결되고, 정점 3이 정점 4와 정점 5에 연결되고, 정점 4가 정점 5에 연결되는 것 등을 나타낼 것이다(<그림 4-14> 참조). 해밀턴 회로는 단순히 이들 변의 부분 집합으로 나타낼 수 있으며, 전보다 많은 0을 가지는 2진 수의 수열로써 표현될 것이다. 그 검증 프로시저는 당초 해밀턴 회로를 찾는 것보다 훨씬 빠르게 수행될 수 있다. 단순히 제안된 회로가 실제로 회로인가, 그 변들이 실제로 원래 그래프의 변에 속하는가, 또 그래프의 각 정점이 정확히 두 번(각 변의 양쪽 끝에 한 번씩) 사용되었는가를 확인하기만 하면 된다. 이 검증 프로시저는 다항식 시간 내에 쉽게 수행될 수 있는 것이다.

사실 이 문제는 단순한 **NP**가 아니라 **NP** 완전군NP-complete이라고 알려진 범주에 속하는 것이다. 그것은 **NP**에 속하는 어떤 문제라도 다항식 시간 내에 그 문제로 변환시킬 수 있다는 것을 의미한다. 그러므로 만약 어떤 머리 좋은 사람이 있어서 해밀턴 회로 문제를 다항식 시간 내에 풀 수 있는 알고리즘을 발견한다면, 즉 해밀턴 회로 문제가 실제로 **P**

에 속한다는 것을 보여줄 수 있다면 모든 **NP** 문제가 실제로 **P**에 속한다는 사실을 알 수 있는 것이다! 그러한 사실은 어마어마한 결과를 암시한다. 일반적으로 **P**에 속한 문제들은 적당히 큰 n에 대하여 빠른 현대의 컴퓨터를 통해 다룰 수 있다tractable(즉 "납득할 만한 시간 내에 풀 수 있다")고 간주된다. 반면 **P**에 속하지 않는 **NP**에 속한 문제들은 적당히 큰 n에 대하여 다룰 수 없다intractable(즉 원칙적으로는 풀 수 있지만 "실용적 측면에서 풀 수 없다")고 간주된다. 이는 컴퓨터의 연산 속도에서 예상할 수 있는 그 어떤 형태의 개선이 이루어지더라도 그렇다는 것이다. (**P**에 속하지 않는 **NP** 문제에 대하여 n의 크기가 증가할 경우, 소요되는 실제 시간은 급격히 증가하여 우주의 나이보다도 더 커지기 때문에 실제 문제에는 사용하기 어렵다!) 어떤 기발한 알고리즘이 있어서 다항식 시간 내에 해밀턴 회로 문제를 해결할 수만 있다면, 그것은 어떤 **NP**문제든 간에 이를 다항식 시간 내에 해결할 수 있는 알고리즘으로 변환될 수 있다!

NP 완전군에 속하는 또 다른 예[27]는 '외판원 문제traveling salesman problem'인데, 이는 해밀턴 회로 문제와 매우 비슷하다. 다만 다른 점이라면 이 문제에서는 각각의 변이 그에 부여된 값을 갖는데, 그 수의 합(외판원에 의하여 통과된 '거리')이 최소가 되는 해밀턴 회로를 찾는 것이다. 마찬가지로 외판원 문제를 다항식 시간 내에 해결한다면 다른 모든 **NP** 문제들도 다항식 시간 내에 해를 구할 수 있을 것이다. (만약 그런 해를 찾는다면 이는 신문 1면의 톱뉴스가 될 것이다! 특히 지난 몇 년에 걸쳐 소개된 비밀 코드 시스템이 있는데, 이는 매우 큰 정수의 소인수 분해와 연관되어 있고 이것 자체가 **NP** 문제에 속한다. 만약 그 문제가 다항식 시간 내에 풀릴 수 있다면 이 코드는 강력한 현대 컴퓨터를 이용해 깰 수 있을 것이다. 그렇지 않다면 이 코드는 안전한 것으로 간주될 수 있다. Gardner, 1989 참조.)

일반적으로 전문가들은 튜링 기계와 같은 장치로는 **NP** 완전군에 속하는 문제를 다항식 시간 내에 푸는 것이 실제로 불가능하다고 보고, 따

27 엄격하게 말하면 이 문제의 '예/아니요' 형태가 필요하다. 즉 어떤 값보다 더 작은 거리의 외판원의 경로path가 존재하는가? (앞의 각주 25 참조.)

라서 P와 NP는 같지 않다고 믿는다. 이 믿음은 거의 맞다고 보이지만 지금껏 누구도 이것을 증명할 수 없었다. 이 문제는 아직도 복잡도 이론에서 가장 중요한 미해결 문제로 남아 있다.

실제 물체의 복잡도와 계산 가능성

이 책에서 고려하는 대상으로 복잡도 이론이 중요한 이유는 어떤 것이 알고리즘적인가 아닌가 하는 질문에서 다소 분리된 또 다른 문제, 즉 알고리즘적이라고 알려진 것들이 실제로 유용한 방법으로 알고리즘적인가 아닌가 하는 문제를 제기하기 때문이다. 뒤에서는 복잡도 문제보다는 주로 계산 가능성 문제에 관하여 논의하게 될 것이다. 왜냐하면 (분명 근거는 매우 불충분하지만) 계산 가능성 자체의 기본적인 문제와는 달리 복잡도 이론의 문제는 정신적 현상과 관련하여 그다지 핵심적인 문제가 된다고 생각되지 않기 때문이다. 뿐만 아니라 알고리즘의 실용성 문제는 복잡도 이론의 현 상황에서 보면 거의 다루어지지 않고 있는 것으로 보인다.

물론 복잡도의 역할에 대한 나의 견해가 틀릴 수도 있다. 나중에(제9장 p. 582에서)도 언급하겠지만, 실제 물리적 대상에 관한 복잡도 이론은 아마도 우리가 논의해온 내용과 아주 다를 수 있다. 이러한 차이가 명백해지기 위해서는 양자역학의 마법과도 같은 특성들을 이용할 필요가 있을 것이다. 양자역학은 신비로우면서도 강력하고 정확한 이론으로서 원자와 분자, 그리고 여러 가지 다른 현상을 다루는데, 이들 중 몇몇은 훨씬 더 큰 규모에서도 매우 중요한 의미를 갖는다. 우리는 제6장에서 이 이론을 다루게 될 것이다. 데이비드 도이치David Deutsch(1985)가 소개한 몇 가지 아이디어에 따르면 원칙적으로 '양자 컴퓨터quantum computer'라는 것을 구축하는 것이 가능한데, 여기에서는 P에 속하지 않지만 그 장치에 의해 다항식 시간 내에 풀릴 수 있을 문제들(의 클래스)이 존재한다. 현재로서는 실제의 물리적 장치가 어떻게 양자 컴퓨터로서의 양태를 (믿을 만하게) 보이도록 구성될 수 있는가 하는 것이 전혀 분명하지 않다.[28] 더욱이 이제까지 고려된 특정 클래스의 문제는 명백히 인위적이다. 그러나 양자물리학적 장치가 튜링 기계를 개선시킬 수 있을지도 모른다는 이론적 가능성은 분명 있는 것 같다.

내가 이 논의에서 '물리적 장치'라고 가정한 인간의 두뇌가, 그 설계의 복잡성뿐만 아니라 놀라울 정도의 미묘함과 정교함에도 불구하고 양자이론의 마법을 스스로 이용하고 있다고 할 수 있는가? 어떤 문제를 풀거나 판단을 형성함에 있어서 양자 효과가 유용하게 사용되는 방법을 우리는 알고 있는가? 그러한 가능한 이점들을 살리기 위하여 현대의 양자론 '너머'까지 가야 할지도 모른다는 진술은 타당한가? 실제 물리적 장치가 튜링 기계의 복잡도 이론을 능가할 수 있다는 것이 정말로 가능한가? 그리고 실제 물리적 장치들에 대한 계산 가능성 이론은 어떠한가?

이러한 질문에 답하기 위해서는 순수하게 수학적인 문제들을 떠나서, 다음 장에서 물질계가 실제로 어떻게 움직이는가를 알아보아야 한다!

---

28 역주: 현재 양자 컴퓨터의 개발은 컴퓨터 분야의 가장 활발한 연구 분야에 속한다. 수많은 IT 회사들이 이미 시제품 제작에 참여하고 있고, 머지않아 상용화와 함께 다양한 분야에서 활용될 것으로 보인다.

제5장

고전적 세계

물리학 이론의 상황

의식이 어떻게 자연의 일부가 될 수 있는가를 파악하기 위하여 우리가 알아야 할 자연의 법칙들은 과연 무엇인가? 신체와 두뇌의 구성 요소를 관장하는 법칙들이 과연 그 어떤 관련이라도 있는 것일까? 우리의 의식이 많은 인공지능 학자가 주장하는 것처럼 단순히 알고리즘의 작용이라면, 이들 법칙이 실제로 무엇인가는 별로 문제가 되지 않을 것이다. 특정 알고리즘을 수행할 수 있는 장치는 이를 수행하는 다른 장치와 똑같다고 볼 수 있다. 그러나 다른 한편, 의식에 대한 우리의 느낌은 단순한 알고리즘 이상일지도 모른다. 어쩌면 우리가 구성되는 세부적인 법칙은, 마치 우리를 구성하는 물질을 총괄하는 정확한 물리법칙이 그러하듯이 중요한 관련성이 있을지도 모른다. 어쩌면 우리는 물질의 특성 기저에 있는 그 모든 심오한 성질을 이해하고, 모든 물질이 따라야 하는 법칙을 선언할 수 있어야 할지도 모른다. 물리학은 아직 그런 단계에 미치지 못하고 있다. 풀리지 않는 수많은 미스터리, 그리고 더욱 깊은 연구를 필요로 하는 많은 것이 아직도 산재해 있다. 그러나 대부분의 물리학자와 생리학자는 우리가 인간의 두뇌와 같은 평범한 크기를 지닌 물체의 작용과 관련해서는 그 물리적 법칙에 대해 이미 충분히 알고 있다고 생각하는 경향이 있다. 두뇌가 물리적 시스템으로서 예외적으로 복잡한 경우, 그리고 그 세부 구조와 작동에 관련된 방대한 양에 대해서는 이론의 여지 없이 아직 알려지지 않았지만, 이러한 심각한 이해의 부족이 두뇌 작용의 기초가 되는 물리법칙들에 있다고 주장하는 사람은 거의 없다.

그렇지만 나는 뒤에서, 아직까지 우리는 두뇌의 기능을 원칙적인 수준에서나마 적절히 설명할 수 있을 만큼도 물리학을 충분히 알고 있지 못하다는, 상궤에서 약간 벗어난 주장을 펼치고자 한다. 이러한 주장을 하기 위해서는 우선 물리 이론의 현황에 대하여 살펴볼 필요가 있다. 이 장에서는 뉴턴 역학과 아인슈타인의 상대성 이론을 포함하는 '고전물리학 classical physics'에 관해 다룰 것이다. 고전물리학은 1925년경 막스 플랑크 Max K. E. Planck, 앨버트 아인슈타인Albert Einstein, 닐스 보어Niels H. Bohr, 베르너 하이젠베르크Werner K. Heisenberg, 에르빈 슈뢰딩거Erwin Schrödinger, 루이 드 브로이Louis V. de Broglie, 막스 보른Max Born, 파스쿠알 요르단 Pascual Jordan, 볼프강 파울리Wolfgang Pauli, 폴 디랙Paul A. M. Dirac과 같은 물리학자들에 의하여 양자론quantum theory이 등장하기 전까지 지배적이던 물리 이론들을 의미한다. 양자론은 분자, 원자 그리고 아원자sub-atomic 입자의 행위를 설명해주는 불확실하고 비결정적인 불가사의의 이론인 반면, 고전 이론은 결정론적으로서 미래는 항상 과거에 의해 결정된다는 학설이다. 수 세기에 걸쳐 얻어진 지식으로 인하여 놀라울 정도로 정확한 이해력을 갖게 되었음에도 불구하고 고전물리에는 아직도 많은 불가사의한 점이 존재한다. 다음 장에서는 양자론에 관해서도 자세히 살펴보아야 하는데, 생리학자들 사이에 일반적으로 통용되는 견해와 달리 나는 양자 현상이 두뇌 작용에 중요한 역할을 한다고 믿기 때문이다. 이에 대해서는 다음 장에서 논의하기로 하자.

과학이 지금까지 이룩해놓은 것은 참으로 대단한 것이다. 자연에 대한 이해가 우리에게 어떤 엄청난 힘을 가져다주었는가를 알아보기 위해서는 단지 우리 주위를 한 번 둘러보기만 하면 된다. 현대의 기술은 대부분 풍부한 실제 경험을 통해 생성되었다. 그러나 훨씬 근본적인 면에서 공학의 기초가 된 것은 물리 이론이고, 우리가 여기에서 살펴볼 내용도 물리 이론에 관한 것이다. 현재까지 우리에게 알려진 이론들은 실로 놀라운 정확성을 갖는다. 그러나 그 이론들의 강점이 단순히 정확성에만 기인하는 것은 아니다. 이들 이론은 정확하고 자세한 수학적 처리에서도 놀라울 정도로 맞아들어간다는 것이 밝혀졌다. 이러한 모든 사실이 합쳐짐으로써 강력한 힘을 갖는 과학이 만들어지게 되었다.

이러한 물리 이론의 많은 부분은 그다지 최근에 나온 것은 아니다. 이들 여러 가지 업적 중에서 한 가지 두드러진 사건을 꼽자면 1687년 아이작 뉴턴Isaac Newton이 저술한 『원론*Principia*』의 출판을 들 수 있다. 이 중요한 연구는 몇 가지 기초적인 물리법칙들로부터 어떻게 물체의 행동을 이해하고 정확히 예측할 수 있는가에 대하여 보여준다. (이 『원론』의 많은 부분은 수학적 기법의 놀라운 진전에 대해서도 다루고 있다. 이후에 오일러와 그 밖의 사람들이 더욱 실용적인 방법을 제시하긴 했지만.) 뉴턴의 연구는 그 스스로 인정했던 것처럼 이전 사상가들의 업적에 기인하고 있는데, 이들 중 유명한 몇 사람의 이름을 들자면 갈릴레오 갈릴레이Galileo Galilei, 르네 데카르트René Descartes, 요하네스 케플러Johannes Kepler 등을 꼽을 수 있다. 그러나 이들보다도 고대의 사상가들인 플라톤, 에우독소스Eudoxos, 유클리드Euclid, 아르키메데스Archimedes, 아폴로니오스Appolonios 등에게서 기하학적 아이디어 등의 기본적인 개념에 관한 영향도 받았다. 나중에 이들에 대해 자세히 살펴보기로 하겠다.

그 후 뉴턴 역학의 기본 골격으로부터의 이탈이 시작된다. 우선 19세기 중반에 등장한 맥스웰의 전자기 이론을 들 수 있다. 이것은 전기장과 자기장의 고전적 행동 법칙뿐 아니라 광선에 대한 것도 포함한다.[1] 이 놀라운 이론은 이 장의 후반부에서 자세하게 다룰 것이다. 맥스웰의 이론은 현대의 기술 발전에서 상당히 중요한 이론이고, 또 전자기적 현상이 두뇌의 작용과도 관련이 있다는 것은 의심할 여지가 없다. 그러나 아직 분명하지 않은 것은 아인슈타인의 두 가지 상대성 이론이 우리의 사고 과정에서 어떤 중요성을 갖는가 하는 것이다. 맥스웰 방정식의 연구 과

1 뉴턴식 사고 방식으로부터 어느 정도 정립된 이탈이 모두 근본적인 면에서 빛의 처리와 관련이 있다는 것은 매우 놀라운 사실이다. 첫째로, 맥스웰의 전자기 이론에서 몸체가 없는 에너지 운반의 장field이 있다. 둘째로, 앞으로 보겠지만 아인슈타인의 특수상대성에서 빛의 속도가 차지하는 중대한 역할이 있다. 셋째로, 아인슈타인의 일반상대성에 나타나는 뉴턴의 중력 이론과의 미세한 차이가, 속도가 광속과 비교될 필요성이 있는 경우에 한하여 중요해진다는 것이 있다. (태양에 의한 빛의 굴절, 수성의 움직임, 블랙홀에서 광속과 비교한 탈출 속도 등.) 넷째로, 양자론의 파동-입자 이중성이 있는데, 이것도 빛의 성질을 통해 처음 관찰되었다. 마지막으로 양자 전기역학quantum electrodynamics이 있는데, 이는 빛과 전하 입자에 대한 양자장quantum field 이론이다. 뉴턴의 세계에 대한 묘사를 보면 그 자신 역시 빛의 신비한 행동 방식 뒤에 숨겨져 있는 깊은 문제들을 인정하려 했다고 생각해도 무방할 것이다(Newton, 1730; Penrose, 1987a 참조).

정에서 개발된 특수상대성 이론은 앙리 푸앵카레Henri Poincaré, 헨드리크 로런츠Hendrick A. Lorentz, 아인슈타인(그리고 후에 헤르만 민코프스키Hermann Minkowski에 의해 간결하게 기하학적으로 설명되었다) 등에 의하여 제안되었는데, 이 이론은 빛의 속도와 비슷한 속도로 움직일 때 물체가 보이는 불가사의한 행동을 설명한다. 아인슈타인의 유명한 공식 '$E=mc^2$'은 이 이론의 일부이다. 그러나 이 이론이 기술공학적인 분야에 끼친 영향은(핵물리학 분야를 제외하면) 아직까지는 매우 미미한 것이다. 그리고 이 이론과 두뇌 작용의 연관성은 기껏해야 부수적인 것으로 보인다. 반면에 특수상대성은 시간의 본질과 관련하여 물리적 실체에 대한 심오한 내용을 우리에게 알려준다. 다음 장에서는 이 특수상대성 이론이, 우리가 '시간의 흐름'을 감지하는 것과 관련하여 중요한 역할을 할지도 모르는 양자론에 대하여 몇 가지 중요한 의문을 제기하게 됨을 보게 될 것이다. 뿐만 아니라 아인슈타인의 일반상대성 이론을 이해하려면 이 특수상대성 이론을 이해해야 할 필요가 있다. 일반상대성 이론은 중력을 설명하기 위하여 곡면의 시공간을 사용하는 이론이다. 이 이론의 기술공학적 영향은 지금까지 거의 존재하지 않았다.[2] 그리고 두뇌의 작용과 이 이론이 관련성이 있다면 이는 극도로 비현실적인 것처럼 들릴지도 모른다! 그러나 놀랍게도 일반상대성 이론이야말로 우리가 제7장과 제8장에서 고려하고자 하는 내용과 더 관련을 갖는 것이다. 이 두 장에서 좀 더 정확한 양자론의 형태를 얻기 위한 몇 가지 변화를 살피려면 시공간의 범위를 최대한 확장하여 탐구할 필요가 있다. 그러나 자세한 내용은 후에 논의하기로 하자.

이러한 것들이 고전물리학의 광범위한 분야이다. 양자물리학은 어떠한가? 상대성 이론과는 달리 양자론은 기술공학에 매우 중요한 영향력을 보이기 시작하고 있다. 이것은 부분적으로 화학이나 금속공학

---

2 꼭 그렇지만도 않다. 우주 탐색선의 정밀한 움직임을 위해서는 궤도 계산에서 일반상대성 효과를 감안하여야 한다. 또 어떤 기계는 지구상에서의 자신의 위치를 정확하게(실제로 몇 피트 이내로) 측정하는데, 그 경우 일반상대성의 시공 곡면 효과를 감안할 필요가 있다.

metallurgy과 같은 공학적으로 중요한 분야에서 이 이론이 제공한 지식에도 기인한다. 실제로 어떤 사람들은 양자론이 가져다준 새로운 통찰력에 의해서 이들 분야가 물리학으로 포함되어버렸다고 말하기도 한다. 뿐만 아니라 양자론은 우리에게 아주 새로운 현상들까지 제공했는데, 가장 알려진 현상으로는 레이저를 들 수 있다. 혹시 양자론의 주요 부분에 우리 사고 과정의 기초가 되는 물리학의 중대한 역할을 담당할 부분이 존재하는 것은 아닐까?

좀 더 새로운 물리학에 대해서는 우리가 얼마만큼 이해하고 있는가? 어떤 독자들은 이미 '쿼크quark', 'GUT(대통일 이론Grand Unified Theory)', '팽창 시나리오inflationary scenario', '초대칭supersymmetry', '초끈 이론superstring theory' 등의 아이디어에 관하여 들을 기회가 있었을 것이다. 이러한 새로운 기법들은 앞에서 언급한 것들과 어떻게 대조될 수 있는가? 이들에 대해서도 알아야 할 필요가 있을까? 좀 더 적절한 개념을 얻기 위해서는 기본 물리 이론을 크게 3개의 범주로 구분하여 체계화해야 할 듯하다. 이 세 범주에는 다음과 같이 부제를 달았다.

1. SUPERB(우수)
2. USEFUL(쓸모 있음)
3. TENTATIVE(확실치 않음)

이 문단 앞에서 언급된 모든 이론은 SUPERB 범주에 들어가야 한다. 나는 SUPERB의 자격을 얻기 위해 해당 이론이 실세계의 현상에 대해서 예외 없이 적용되어야 한다는 것을 필수 조건으로 여기지는 않는다. 하지만 그 이론이 적용되는 범위와 정확성이 어느 정도 적절한 의미에서 경이적이어야 한다는 것은 필수적이다. 이러한 관점에서 'SUPERB'라는 용어를 사용한다고 보면 이 범주 안에 드는 이론이 존재한다는 것 자체가 아주 놀라운 사실이다! 나는 다른 기초 과학 분야에서 이 범주에 확실히 포함될 수 있는 이론을 아직 찾지 못했다. 아마도 찰스 다윈Charles Darwin과 알프레드 월리스Alfred R. Wallace가 제안한 자연 선택 이론이 여기에 가장 근접한 듯하지만 그것도 아직은 요원하다고 볼 수 있다.

가장 오래된 SUPERB 이론은 교육과정에서도 일부 다루는 유클리드 기하이다. 고대인들은 그것을 물리 이론으로 여기지 않았지만 이는 분명히 물리 이론이었다. 숭고하고 매우 정확한 물리 공간의 이론이었으며 고형 물체의 기하학이었던 것이다. 내가 유클리드 기하를 수학의 한 분야로서가 아니라 물리 이론으로 간주하려는 가장 분명한 이유는, 역설적이게도 그것이 우리가 실제로 거주하는 물리 공간을 완전히 정확하게 묘사하지 못한다는 것을 알게 되었기 때문이다. 아인슈타인의 일반상대성 이론은 중력이 존재할 때 시공간이 '곡면'(정확히 유클리디언이 아니라)이라는 사실을 알려준다. 그러나 이러한 사실이 유클리드 기하의 SUPERB로서의 가치를 떨어뜨리지는 않는다. 미터 단위의 범위에서 유클리드 평면화로 야기되는 편차는 실로 극미한 것으로서 수소 원자의 지름보다도 작은 오류에 불과하다!

아르키메데스Archimedes, 파포스Pappos, 스테빈Simon Stevin에 의해 훌륭한 과학으로 발전된, 움직이지 않는 물체에 대한 정역학statics 이론 또한 SUPERB로 평가해도 괜찮을 것이다. 이 이론은 지금은 뉴턴 역학에 포함되었다. 1600년경 갈릴레이에 의해 소개되었고, 뉴턴에 의해 웅대하고 포괄적인 이론으로 발전된 동역학dynamics(움직이는 물체에 관한 이론)의 심오한 아이디어는 의심할 여지 없이 SUPERB 범주에 속한다. 행성과 달의 움직임에도 적용되는 이 이론은 측정된 정확성이 1000만분의 1 이상으로 경이적인 것이다. 똑같은 뉴턴의 기법이 지구상에서뿐만 아니라 별들과 은하계 사이에서도 마찬가지의 정확성을 유지하며 적용되고 있다. 맥스웰의 이론도 이처럼 엄청난 범위에서 일관된 정확성을 갖는데, 안으로는 원자보다 작은 입자의 규모에서, 밖으로는 이보다 100만 배의 100만 배의 100만 배의 100만 배의 100만 배의 100만 배 크기인 은하계에서도 정확하게 적용되는 것이다! (최소 규모에서는 맥스웰 방정식이 양자역학의 법칙과 적당히 결합될 수 있다.) 이 또한 당연히 SUPERB로 인정되어야 할 것이다.

아인슈타인의(푸앵카레에 의해 예측되었고, 민코프스키에 의해 간결하게 재구성된) 특수상대성 이론은 물체의 속도가 빛의 속도에 가까운 경우의 현상에 대하여 놀라울 정도로 정확한 묘사를 가능하게 했는데, 뉴턴의 이론은 이러한 엄청난 속도에 가까이 가서야 비로소 흔들리기 시작한다. 아인슈타인의 지극히 아름답고 독창적인 일반상대성 이론은 뉴턴의 (중력에 대한) 동역학을 일반화하여 그 정확성을 개선하는 한편, 행성과 달의 움직임과 관련된 그 이론의 놀라운 정밀도를 그대로 이어받는다. 게다가 상대성 이론은 뉴턴의 방법으로는 설명하기 어려운 여러 가지 세세한 관찰 결과에 대해서도 잘 설명한다. 이들 결과 중 하나('binary pulsar': 연성펄사, p. 325 참조)는 아인슈타인의 이론이 10^{14}분의 1 정도까지 정확하다는 것을 보여준다. 두 상대성 이론(두 번째가 첫 번째 이론을 포함한다)은 (정밀성뿐만 아니라 그 수학적인 정교성 때문에) 당연히 SUPERB로서 분류되어야 할 것이다.

신기할 정도로 아름답고 획기적이라 할 수 있는 양자역학 이론은 그것이 설명할 수 있는 현상의 광범위성, 그리고 실험 결과와 일치하는 정확성으로 인하여 그 역시 당연히 SUPERB로 분류되어야 할 것이다. 지금까지 이 이론이 관찰 결과와 일치하지 않았던 예는 하나도 없다. 그러나 이 이론의 위력은 이를 훨씬 넘어서는데, 지금까지 설명되지 못하던 현상들이 이로 인하여 설명되는 경우의 숫자가 이를 말해준다. 화학의 법칙들, 원자의 안정성, 스펙트럼 선의 명확성과 그들의 독특한 관찰된 패턴들, 초전도라는 이상한 현상(무전기 저항zero electrical resistance), 레이저의 작용 등이 모두 이에 속한다.

나는 SUPERB 범주에 대하여 매우 높은 기준을 잡고 있는데, 물리학에서는 이러한 기준에 이미 익숙해져 있다. 그러면 좀 더 최근의 이론은 어떠한가? 내 생각에는 SUPERB로서 간주할 만한 것이 단 하나가 있는데, 이것마저도 그다지 최근의 새로운 것은 아니다. 그것은 바로 양자 전기역학quantum electrodynamics: QED이라 불리는 것으로서 요르단, 하이젠베르크, 파울리의 연구에 의하여 처음 제기되었고 1926~1934년에 디랙에 의해 공식화되었으며, 1947~1948년에 걸쳐서 한스 베테Hans A. Bethe, 리처드 파인만Richard P. Feynman, 줄리언 슈윙거Jullian S. Schwinger, 도모나가

신이치로朝永振一郎에 의해 실용화될 수 있게 만들어졌다. 이 이론은 양자역학의 원리와 특수상대성 이론을 결합함으로써 생겨났는데, 맥스웰 방정식과 디랙에 의한 전자의 움직임 및 스핀을 설명하는 기본 방정식을 활용한다. 전체적으로 이 이론은 앞서 언급한 SUPERB 이론들이 보유한 놀라운 정교함과 일관성은 결여되어 있지만, 실로 경이로운 정확성으로 인하여 SUPERB로 간주될 수 있다. 이 결과 중 특히 주목할 만한 것은 전자의 자기 모멘트magnetic moment 값이다(전자는 마치 전하가 회전하는 미세한 자석처럼 행동한다. '자기 모멘트'라는 용어는 이 조그만 자석의 당기는 힘을 말한다). 1.00115965246이라는 값은(적당한 단위로 마지막 두 자리 숫자에 대하여 약 20 정도의 오류 허용) QED로부터 계산된 자기 모멘트 값인데, 최근 실험에 의한 값은 1.001159652193(마지막 두 숫자에서 10 정도의 오류 가능)이다. 파인만이 지적했듯이, 이런 수준의 정확성은 뉴욕부터 로스앤젤레스까지의 거리를 측정할 때 사람 머리카락 두께 정도의 오류만을 허용하는 것이다! 여기에서 우리가 이 이론에 대해 알아야 할 필요는 없지만 완벽을 기하는 의미에서 다음 장 후반부에서 그것의 몇 가지 중요한 점을 간단히 언급하겠다.[3]

현재의 이론 중 USEFUL 범주에 놓을 수 있는 것들도 몇 가지 있는데, 그중 두 가지는 여기에서 필요하지는 않지만 언급할 가치는 있다. 첫 번째는 하드론hadron(원자핵을 구성하는 양성자, 중성자, 중간자 등으로서 좀 더 정확히 말하면 '강하게 상호작용하는' 입자들)이라고 불리는, 아원자 입자를 위한 겔-만-츠바이크Gell-Mann-Zweig의 쿼크 모형과 그들의 상호작용에 대한 상세한 이론인 양자 색역학quantom chromodynamics: QCD이다. 이 아이디어는 모든 하드론이 일반화된 맥스웰 이론(양-밀즈Yang-Mills 이론)에 따라 상호작용하는 '쿼크quark'라는 구성물로 이루어진다는 것이다. 두 번째는 전자기력을 방사능 붕괴에 의한 '약한' 상호작용과 통합하는 이론이다(셸던 글래쇼Sheldon L. Glashow, 압두스 살람Abdus Salam, 존 워드John Ward, 스티븐 와인버그Steven Weinberg의 이론이지만 역시 양-밀즈 이론을 이용했다). 이 이론은 소위

---

3 이 이론의 설명은 리처드 파인만(1985)의 *QED*라는 책에 잘 나와 있다.

렙톤lepton(전자, 뮤온muon, 중성미자neutrino, W입자, Z입자 등과 같이 약한 상호작용을 갖는 입자)에 대한 설명을 포함한다. 이 두 이론은 모두 몇 가지 실험에 의하여 입증되었다. 그러나 여러 가지 이유로 인하여 이들은 우리가 원하는 만큼 깔끔하지 못하고(QED도 이 점에서는 비슷하지만 이들은 더욱 심하다) 현재 이들의 관측된 정확성과 예측력은 SUPERB 범주에 포함할 정도의 '경이적'이라는 기준에 훨씬 못 미친다고 볼 수 있다. 이들 두 이론(두 번째는 QED까지 포함)은 표준 모델standard model이라고도 부른다.

마지막으로 최소한 USEFUL 범주에는 포함되리라 믿는 또 다른 형태의 이론이 있는데, 지구의 기원에 대한 빅뱅big bang(대폭발) 이론이다.[4] 이 이론은 제7장과 제8장의 논의에서 중요한 역할을 할 것이다.

나는 이외의 어떤 이론도 USEFUL[5] 범주에 속한다고 보지 않는다. 최근(혹은 근자에) 유행하는 여러 가지 아이디어가 있는데, '칼루자-클라인Kaluza-Klein' 이론, '초대칭(초중력supergravity) 이론', 그리고 아직도 첨단 이론에 속하는 '끈(혹은 초끈superstring) 이론', 'GUT' 이론(그리고 이들

4 여기에서 말하는 것은 빅뱅의 '표준 모델'이다. 빅뱅 이론은 여러 가지 형태가 있는데, 가장 최근에 각광받는 것은 '팽창 시나리오'에 의한 것으로서 내 생각에 이것은 분명히 TENTATIVE 범주에 속한다!

5 여기에 누락된 것들 중 매우 훌륭하고 잘 정의된 물리학적 개념(즉 사디 카르노N. L. Sadi Carnot, 맥스웰, 켈빈 남작Lord Kelvin, 루트비히 볼츠만Ludwig E. Boltzmann 등이 제안한 열역학thermodynamics 이론)이 있다. 이상하게 생각하는 독자들도 있을 텐데 이는 고의적인 누락으로, 제7장에서 이유가 더욱 분명해지겠지만 나는 열역학을 지금 현재의 상태대로는 SUPERB 이론의 범주에 넣는 것이 내키지 않는다. 그러나 많은 물리학자가 그처럼 정교하고 근본적인 아이디어를 단지 USEFUL 범주에 넣겠다고 하면 거의 신성 모독이라고 생각할 것이다! 내 관점은 열역학이, 일반적으로 이해되는 것처럼 시스템의 개개 요인에 적용되는 것이 아니라 평균에만 적용되는 것이고, 부분적으로 다른 이론에서 유도되는 것이기 때문에 내가 여기에서 의도하는 물리 이론이라고는 볼 수 없다는 것이다. (통계역학의 근간이 되는 수학적 기본틀에 대해서도 마찬가지의 논리가 적용된다.) 나는 이러한 사실을 그 문제를 피하고 그 전체를 분류 작업에서 제외시키는 구실로 삼겠다. 제7장에서 보겠지만, 열역학과 앞에서 USEFUL 영역에 속하는 것으로 분류한 빅뱅의 표준 모델 사이에 매우 밀접한 연관성이 있다는 것이 내가 주장하는 바이다. 내 생각에는 이 두 아이디어의 합집합(현재로는 약간 부족하지만)이 여기에서 요구하는 물리 이론으로서 간주되어야 하고, 이는 어쩌면 SUPERB에 속할지도 모른다. 이에 대해서는 나중에 다시 살펴보기로 한다.

로부터 파생된 여러 아이디어. 예를 들면 앞에서 언급한 '팽창 시나리오' 등) 등이다. 내 생각으로는 이 모든 것이 분명히 TENTATIVE 범주에 속한다(Barrow 1988, Close 1983, Davise & Brown, 1988, Squires 1985 참조). USEFUL과 TENTATIVE 범주 사이의 중요한 차이점은, 후자에 속하는 이론은 이를 입증하는 주요 실험 결과가 부족하다는 것이다.[6] 그렇다고 TENTATIVE 가운데 특정 이론이 극적으로 USEFUL이나 심지어 SUPERB 범주까지 끌어올려질 수 없다고 말하는 것은 아니다. 이 이론 중 몇 가지는 매우 주목할만한 독창적인 아이디어를 포함하고 있는데, 이를 입증하는 실험 결과가 없기 때문에 단지 아이디어로 남아 있을 뿐이다. TENTATIVE 범주는 매우 광범위하다. 그중 몇몇 아이디어는 학문적으로 새롭고 본질적인 발전을 가져올 기원이 될 수도 있을 것이다. 반면 다른 몇 가지는 분명히 잘못되었거나 인위적인 것으로 보인다. (나는 괜찮아 보이는 TENTATIVE 범주의 것들로부터 네 번째 범주를 분리해 MISGUIDED[오도]로 분류해보고 싶은 생각도 있었으나 친구의 절반 이상을 잃고 싶지 않아서 그냥 놔두기로 했다.)

SUPERB의 주요 이론들이 고대의 것이라는 사실에 놀랄 필요는 없다. 역사를 통틀어 TENTATIVE 범주에 포함될 수 있는 수많은 이론이 분명 있었지만 이들의 대부분은 잊혀버렸다. 마찬가지로 USEFUL 범주에서 사라져버린 것들도 많이 있으며, 또 어떤 것들은 후에 나온 SUPERB 이론에 포함되어버린 경우도 있다. 몇 가지 예를 들어보도록 하자. 코페르니쿠스, 케플러와 뉴턴, 훨씬 더 좋은 이론을 만들기 이전에는 고대 그리스의 프톨레마이오스 체계Ptolemaic system라고 불리는, 행성의 움직임에 관한 놀랄 만큼 정교한 이론이 있었다. 이 설에 따르면 행성의 움직임은 원운동의 복잡한 합성에 의하여 결정된다. 이는 예측을 하기에는 아주 효과적이었지만 좀 더 높은 정확성이 요구됨에 따라 그 복

6 나의 한 동료는 내게 '트위스터 이론twistor theory'(내가 몇 해 동안 연구해온 정교한 아이디어와 프로시저들의 집합)을 어디에 놓을 것인가를 물어왔다. 트위스터 이론이 물리적 세계에 대한 또 다른 이론이라는 관점에서 TENTATIVE 영역 이외에는 놓을 데가 없을 것이다.

잡성은 더욱 심각해지기에 이르렀다. 오늘날 프톨레마이오스 체계는 매우 작위적인 것처럼 보인다. 이는 USEFUL 이론에 속했던(실로 약 20세기 동안이나!) 것으로서, 그것이 분명 조직화 과정에서 역사적으로 중요한 역할을 한 것은 틀림없지만 물리학 이론으로서는 결국 완전히 사라져버리게 된 좋은 예이다. USEFUL 이론 중에서 궁극적으로 성공한 좋은 예를 찾는다면 케플러의 타원 행성 운동에 대한 뛰어난 아이디어를 들 수 있다. 또 다른 예는 드미트리 멘델레예프Dmitrii I. Mendeleev의 화학 원소 주기율표이다. 이들만으로는 예측 능력에서 '경이적'이어야 한다는 기준에 미흡했지만 후에 이들을 통해 생성된 SUPERB 이론(각각 뉴턴 역학과 양자론) 내에서 '정확성'이 유도될 수 있었다.

다음 절과 장에서는 단순히 USEFUL이거나 TENTATIVE에 속하는 현재의 이론에 대해서는 그다지 언급하지 않을 것이다. 그러나 SUPERB 이론들에 대해서는 할 말이 충분히 있다. 우리에게 그러한 이론이 있어서 우리가 살고 있는 세상에 대하여 놀라울 정도로 완벽하게 이해할 수 있다는 것은 참으로 행운이다. 궁극적으로 우리는 이들 이론이 과연 두뇌와 마음의 활동을 설명하기에 충분한가를 결정하여야 한다. 이 문제에 대해서는 적절한 순서를 밟아가면서 살펴볼 것이다. 그러나 당분간은 SUPERB 이론에 대하여 우리가 알고 있는 바를 고찰해보고 여기에서의 목적과 그 관련성을 곰곰이 생각해보기로 하자.

유클리드 기하학

유클리드 기하Euclidean geometry란 우리가 학교에서 단순히 '기하'라는 이름으로 배우는 과목이다. 독자 대부분은 이 과목을 물리 이론이라기보다는 수학으로 생각하고 있을 것이다. 물론 수학이기도 하지만 수리 기하에서 유클리드 기하만 있는 것은 결코 아니다. 유클리드가 전수한 이 기하학은 우리가 살고 있는 세계의 물리 공간을 매우 정확하게 묘사하지만 이것이 논리적 필연성을 띠는 것은 아니고 단지 물리적 세계의 (거의 정확한) 관찰된 모습일 뿐이다.

실제로 로바체프스키 기하[7](혹은 쌍곡hyperbolic 기하)라 불리는 또 다른 기하학이 있는데, 이는 유클리드 기하와 흡사하지만 몇 가지 흥미로운 차이점이 있다. 예를 들어 유클리드 기하에서 모든 삼각형의 내각의 합은 항상 180°라는 것을 알고 있을 것이다. 로바체프스키 기하에서는 그 합이 180°보다 항상 작은데, 그 차이는 삼각형의 면적에 비례한다(<그림 5-1> 참조).

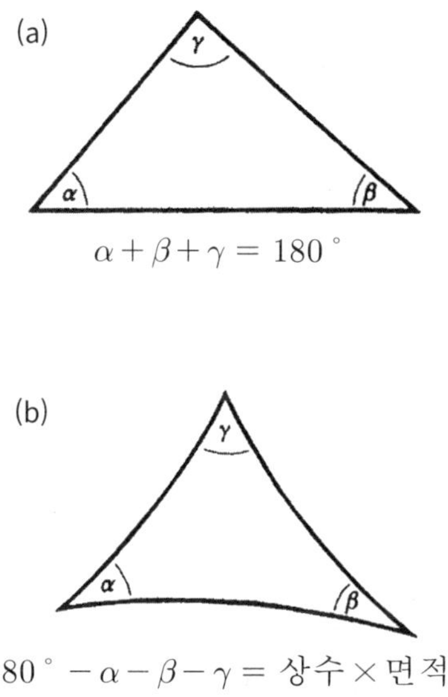

<그림 5-1> (a) 유클리드 평면에서의 삼각형, (b) 로바체프스키 평면에서의 삼각형

위대한 네덜란드의 화가 마우리츠 에셔Maurits C. Escher는 이 기하를 이용하여 매우 정교하고 정확한 그림들을 그렸다. <그림 5-2>는 그 그림 중 하나이다. 로바체프스키 기하에 따르면 각각의 검은색 물고기는 다른

---

7 니콜라이 로바체프스키Nikolai I. Lobachevsky(1792-1856)는 유클리드 기하를 대체할 다른 형태의 기하를 독자적으로 발견한 몇 사람 중 하나이다. 다른 사람들로는 카를 프리드리히 가우스Carl Friedrich Gauss(1777-1855), 페르디난트 슈바이카르트Ferdinand K. Schweickard, 야노시 보여이János Bolyai 등이 있다.

검은색 물고기들과 크기와 모양이 같고, 흰색의 경우도 마찬가지이다. 이 기하는 일반 유클리드 평면에는 완전히 정확하게 표현될 수 없기 때문에 원의 경계 바로 안쪽으로 매우 빽빽하게 몰리게 되는 것은 당연하다. 여러분이 이 경계 가까운 곳의 무늬 안에 서 있다고 가정해보면, 로바체프스키 기하에서는 한가운데에 있거나 다른 곳에 있거나 모두 동일하게 보일 것이다. 유클리드식 표현에 의하여 무늬의 '경계'처럼 나타난 부분은 실제로는 로바체프스키 기하에서 '무한대'에 속한다. 원의 실제 경계와 그 원 밖에 있는 유클리드 구역은 로바체프스키 공간의 일부로 간주되지 않는다(이와 같은 로바체프스키 평면의 기발한 표현 방법은 푸앵카레가 제시한 것이다. 이 표현은 매우 작은 형태의 경우 단지 크기만 변할 뿐 모양은 결코 일그러지지 않는다는 특징이 있다.) 이 기하에서 '직선'(에셔의 물고기가 가리키는 방향의)들은 바로 경계 원과 수직으로 만나는 원들이다.

로바체프스키 기하는 실제로 우주론적인 규모(제7장 pp. 478-479 참조)에서까지 실세계와 정확히 부합할지도 모른다. 그러나 보통의 규모에서는 삼각형에 대한 각의 부족분과 면적 사이의 비례 상수가 극히 미세하기 때문에 유클리드 기하가 이 기하에 대한 훌륭한 어림값approximation

<그림 5-2> 에셔에 의한 로바체프스키 평면의 표현(모든 검은색 물고기와 흰색 물고기가 동형이라고 간주한다.)

역할을 할 수 있다. 실제로 이 장의 후반부에서 볼 수 있는 것처럼, 아인슈타인의 일반상대성 이론에 따르면 실세계의 기하는 우주론적인 것보다 훨씬 작은 규모에서도 유클리드 기하와 차이가 생긴다는 것을 알 수 있다(비록 로바체프스키 기하보다 더 복잡한 형태의 '불규칙한' 방법이지만). 그러나 이러한 이탈은, 우리가 직접 경험하는 일상의 규모에서는 역시 지극히 미미하다.

유클리드 기하가 그처럼 정확히 이 세상 공간의 구조를 반영하는 것처럼 보였기 때문에 우리(혹은 우리의 조상들까지도!)는 이 기하학이 논리적 필연성을 갖는다는 잘못된 인식을 갖게 되었고, 우리가 살아가는 세상에 유클리드 기하가 적용되어야만 한다는 고유의 직관을 사람들이 갖고 태어났다고 믿게 되었다. (위대한 철학자 칸트조차 이를 주장했다.) 이러한 유클리드 기하로부터의 실질적인 이탈은 아인슈타인의 일반상대성 이론에서 제기되었는데, 이는 오랜 기간이 지난 후의 일이다. 유클리드 기하가 논리적 필연성을 갖는 것은 결코 아니지만, 이 기하학이 아주 정확하게(딱 일치하지는 않지만) 실제 물리 공간의 구조에 적용된다는 것은 경험적으로 관찰된 사실이다! 유클리드 기하는 참으로(SUPERB) 물리 이론이었던 것이다. 동시에 이것은 우아하고 논리적인 순수수학이기도 하다.

어떤 의미에서 이것은 플라톤이 제시한 철학적 관점과 크게 다르지 않다(기원전 360년의 관점으로, 이는 유클리드의 유명한 기하학 저서 『원소 *Elements*』가 나오기 약 50년 전의 일이다). 플라톤의 견해에 따르면 순수 기하학의 객체, 즉 직선, 원, 삼각형, 평면 등은 실세계 물체로는 단지 비슷하게만 구현될 수 있다. 즉 이들 수학적으로 정확한 순수 기하학의 객체들은 실은 다른 세계, 즉 수학적 개념에 대한 플라톤의 이상세계에만 존재한다는 것이다. 플라톤의 세계는 구체적인 물체로 구성된 것이 아니라 '수학적인 것'들로만 구성된다. 이 세계는 보통의 물리적 방법으로는 접근할 수 없고, 대신 지능을 통해서만 접근이 가능하다. 사람들이 수학적 진리를 숙고하고, 수학적 추론과 통찰력을 사용하여 그 진리를 느낄 때마다 그의 마음이 플라톤 세계와 접촉한다는 것이다. 이 이상세계는 독특한 것으로서 우리가 외부로 경험하는 물질세계보다 더욱 완벽하면서도 그에 못지않게 실제적인 것으로 간주되었다(제3장 p. 167과 제4장 p. 191에서 다룬, 수학적 개념의 플라톤적 실체에 대한 논의를 기억하기 바란다). 그러므로 순수 유클리드 기하의 대상들은 사고를 통하여 연구될 수 있고, 이 이상체로부터 많은 성질을 알아낼 수도 있지만 외적으로 경험할 수 있는 '불완전한' 실세계가 그것과 정확하게 일치할 필요는 없다는 것이다. 당시의 아주 미약한 증거에도 불구하고 플라톤은 불가사의한 통찰력에 의하여 다음과 같은 사실들을 정확히 예측했음이 분명하다. 즉 수학은 그 자체로서만 연구되고 이해되어야 하며, 그것이 실제 경험의 물체에 대하여 완전히 정확하게 적용되어야 한다고 강요할 수는 없다. 또, 한편 실제 외부 세계의 작동 원리는 궁극적으로 정확한 수학에 의해서만 이해될 수 있는데, 이는 플라톤의 이상세계적인 관점에서 보면 '지능을 통해서만 도달될 수 있음'을 의미한다!

플라톤은 그러한 아이디어를 더욱 발전시키기 위하여 아테네에 아카데미아Academia라는 학원을 설립했다. 아카데미아의 뛰어난 학생들 중에는 지극히 영향력 있고 유명한 철학자 아리스토텔레스가 있었다. 그러나 여기에서는 이 아카데미아의 또 다른 학생에 관하여 생각해보려 하는데, 그는 아리스토텔레스보다 잘 알려져 있지는 않지만 나의 견해로는 훨씬 더 훌륭한 과학자였다. 바로 고대의 위대한 사상가 중 하나이자 수학자, 천문학자인 에우독소스이다.

유클리드 기하에는 현재 우리가 전혀 기하학이라 생각하지 않는 심오하면서도 미묘한 요소가 하나 있는데, 이는 실로 가장 본질적인 요소라고 생각된다. (수학자들은 이 요소를 '기하'라고 하기보다는 '해석학'이라고 부르는 경향이 있다.) 바로 실수real number 개념을 최초로 도입한 것이다. 유클리드 기하는 길이와 각도를 다룬다. 이 기하를 이해하기 위해서는 그러한 길이와 각도를 표현하기 위하여 어떤 종류의 '수'가 필요한지를 음미해보아야 한다. 기원전 4세기경 에우독소스(기원전 408-355)[8]는 새로운

8 에우독소스는 또 2000년 가량 내려온, 항성의 움직임에 관한 USEFUL 이론의 창시자이기도 한데, 그 이론은 이후 히파르쿠스Hipparchus와 프톨레마이오스Ptolemaeos가 자세하게 개발하여 프톨레마이오스의 체계로 불리게 되었다.

중심 아이디어 하나를 제안했다. 그리스 기하학은 피타고라스가 $\sqrt{2}$(사각형의 대각선 길이를 변의 단위로 표현하기 위한)와 같은 수는 분수로 나타낼 수 없다는 사실을 발견함에 따라 '위기'에 처하게 되었다(제3장 pp. 143-144 참조). 그리스인들에게는 기하학적 측정(비율)을 정수(비율)로 수식화하는 것이 중요했는데, 이는 기하학적인 크기를 수학 법칙을 이용하여 연구하고자 했기 때문이다. 기본적으로 에우독소스의 아이디어는 정수로써 길이의 비율(즉 실수!)을 나타내는 방법을 제시한 것이다. 그는 정수 연산으로 한 길이의 비율이 다른 것보다 큰지, 혹은 두 비율이 정확히 같다고 말할 수 있는지를 결정할 수 있는 기준을 만들어낸 것이다.

그 아이디어는 대강 다음과 같다. 만약 a, b, c, d가 4개의 길이라면 비율 $\frac{a}{b}$가 비율 $\frac{c}{d}$보다 크다는 것을 알 수 있는 한 가지 기준은, 바로 다음 조건을 만족하는 정수 M과 N이 존재하는지를 보는 것이다. 즉 a를 N번 더한 값이 b를 M번 더한 값보다 크고, 또한 d를 M번 더한 값이 c를 N번 더한 값보다 크다는 조건이다.[9] 비슷한 방법으로 $\frac{a}{b}$가 $\frac{c}{d}$보다 작다는 것을 확인하는 기준도 만들 수 있다. 등식 $\frac{a}{b}=\frac{c}{d}$를 위한 기준을 세우려면 단순히 이들 두 기준이 모두 만족될 수 없음을 보이기만 하면 된다.

실수에 대한 완전하고 정확한 이론은 19세기에 들어서야 비로소 줄리우스 데데킨트Julius W. R. Dedekind와 카를 바이어슈트라스Karl Weierstrass 같은 수학자들에 의하여 개발되었다. 그러나 그들의 방법은 실제로 에우독소스가 약 22세기 전에 이미 발견했던 것과 비슷한 노선을 따르고 있다! 여기에서는 이러한 현대적 방법의 발달에 대해서는 언급할 필요가 없을 것이다. 이 현대적 이론은 제3장(p. 144)에서 넌지시 비친 바 있는데, 그곳에서는 설명을 쉽게 하기 위하여 우리에게 좀 더 친숙한 소수 전개식을 이용하여 실수에 대한 논의를 기술했다(이 전개식은 실은 1585년 시몬 스테빈Simon Stevin에 의해 소개되었다). 한 가지 짚고 넘어가야 할 것은, 10진 표기법이 우리에게는 친숙하지만 그리스인들에게는 실제로 알려져 있지

9 현대의 표현으로는, 이것이 주장하는 것은 $\frac{a}{b} > \frac{M}{N} > \frac{c}{d}$를 만족하는 유리수 $\frac{M}{N}$이 존재한다는 것이다. $\frac{a}{b} > \frac{c}{d}$가 만족된다면 두 실수 $\frac{a}{b}$, $\frac{c}{d}$ 사이에는 항상 그러한 유리수가 존재하게 마련이다. 그러므로 에우독소스의 기준은 실제로 만족되는 것이다.

않았다는 사실이다.

그러나 에우독소스의 방법과 데데킨트-바이어슈트라스의 방법 사이에는 한 가지 중요한 차이점이 있다. 고대 그리스인은 실수를 기하학적인 크기에 대한 용어로서, 주어진 것이라고 여겼다. 즉 '실제' 공간의 특성으로 생각했던 것이다. 그리스인들에게는 기하학적 크기를 산술적으로 묘사하는 것이 매우 중요했는데, 그것은 그 크기뿐만 아니라 이들의 합과 곱에 대해서도 엄격하게 논할 수 있도록 하기 위한 것이었다. 수많은 고대의 훌륭한 기하학적 정리들에서 이들 합과 곱은 매우 중요한 구성 요소이다. (<그림 5-3>은 원 위의 4개의 점 사이의 거리에 관한 프톨레마이오스의 놀라운 정리theorem of ptolemy를 그림으로 표시한 것이다[비록 프톨레마이오스는 에우독소스보다 훨씬 나중에 그것을 발견했지만]. 이것은 합과 곱 모두가 어떻게 필요한지를 잘 보여준다.) 에우독소스의 기준은 풍부한 결실을 보게 되었는데, 특히 그리스인들로 하여금 면적과 부피를 자세히 계산할 수 있게 하는 계기를 마련했다.

그러나 19세기의 수학자들에게(물론 오늘날의 수학자에게도 마찬가지지만) 기하학의 역할은 바뀌었다. 고대 그리스인, 특히 에우독소스에게 '실수'란 물리 공간의 기하로부터 추출되는 것이었던 반면, 현재의 사람들은 실수

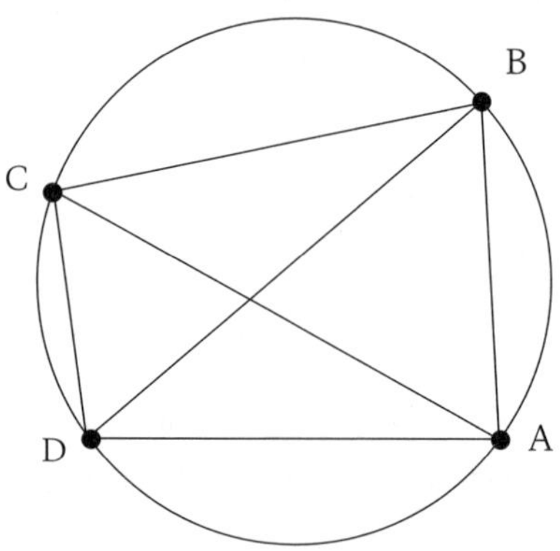

$$AB \cdot CD + AD \cdot BC = AC \cdot BD$$

<그림 5-3> 프톨레마이오스의 정리

가 기하보다 논리적 차원에서 더 원초적인 것이라고 생각하는 경향이 있다. 이로 인하여 각각의 수의 개념으로부터 여러 가지 형태의 기하가 형성되기에 이르렀다. (중심 아이디어는 17세기에 페르마와 데카르트가 소개한 좌표 기하coordinate geometry이다. 좌표계는 다른 형태의 기하를 정의하는 데 사용될 수 있다.) 이러한 '기하'는 모두 논리적으로 일관성이 있어야 하지만 우리가 경험하는 물리 공간과 직접적으로 연관을 가질 필요는 없다. 우리가 인식하는 것처럼 보이는 물리적 기하는 경험을 이상화한 것이다(예를 들어 제3장 p. 151에서 언급한 것처럼 무한히 크거나 작은 크기를 바깥 늘림 방법extrapolation[외삽법]으로 추정하는 것처럼). 그러나 현재의 실험 결과는 매우 정밀하여 우리의 '경험적' 기하가 실제로 유클리드의 이상과는 다르고(p. 325), 아인슈타인의 일반상대성 이론이 예측한 값과 일치한다는 사실을 밝혀내기에 이르렀다. 한편 이와 같이 물리적 세계의 기하에 대한 우리의 관점이 바뀌었음에도 불구하고 23세기 동안 내려온 에우독소스의 실수 개념은 근본적으로 변한 것이 없으며, 그것은 유클리드 이론에서처럼 아인슈타인 이론에서도 중요한 요소의 역할을 담당한다. 실로 그것은 오늘날의 거의 모든 주요 물리학 이론에서 필수적인 요소인 것이다!

유클리드의 저서 『원소』 중 제5권은 근본적으로 앞에서 설명한 에우독소스의 '비례 이론theory of proportion'에 대한 자세한 설명서인데, 이는 전체적인 연구에서 매우 중요한 것이었다. 확실히 기원전 300년경에 처음 출판된 『원소』 전권은 인류 역사상 가장 중요하고 영향력 있는 연구의 하나로 평가되어야 한다. 그것은 이후의 거의 모든 과학적·수학적 사고방식에 대한 기본 방향을 제시했다. 이 책에서 사용한 방법은 연역적인 것으로, 공간에 대한 '자명한' 성질들로 이루어진 명확히 기술된 공리로부터 시작하여 수많은 결론을 유도했는데, 이들 중 많은 것이 매우 놀랍고 중요하면서도 결코 자명하지 않았다. 유클리드의 작업이 그 이후의 과학적 사고 발달에 있어서 지극히 중요한 역할을 한 것은 의심할 여지가 없다.

고대의 가장 위대한 수학자는 당연히 아르키메데스Archimedes(기원전 287-212)라고 할 수 있다. 그는 에우독소스의 비례 이론을 독창적으로 이용하여 원구나 포물선, 나선형 등이 들어간 좀 더 복잡한 형태의 면적과 부피를 계산해냈다. 오늘날 우리는 이들을 계산하기 위하여 미적분을 이용하지만 미적분학이 뉴턴과 라이프니츠에 의해 소개된 것은 그로부터 19세기가 지난 뒤였다! (어쩌면 아르키메데스는 이미 어느 정도 미적분[특히 적분]에 대하여 알고 있었는지도 모른다!) 아르키메데스가 자신의 연구를 통하여 이룩한 수학적 정밀성은 현대의 기준에서 보더라도 놀라울 정도이다. 그의 연구는 후에 갈릴레이나 뉴턴 같은 수많은 수학자와 과학자들에게 지대한 영향을 주었다. 아르키메데스는 또한 정역학에 관한 물리 이론(SUPERB?)(즉 지렛대의 법칙이나 부유체의 법칙과 같이 평형 상태에 있는 물체의 움직임에 관한 법칙)을 소개한 주인공이기도 한데, 그는 이 이론을 유클리드가 공간이나 고정체의 기하를 전개해나간 방법과 같이 전개하여 연역적 과학으로 발전시켰다.

아르키메데스의 동시대 인물 중에 꼭 언급해야 할 인물로는 아폴로니오스Appolonios(기원전 262-200)가 있는데, 그는 심오한 통찰력과 독창성을 가진 매우 위대한 기하학자였다. 그의 원추 부위에 대한 기하학 이론(예를 들어 타원, 포물선, 쌍곡선과 같은) 연구는 케플러나 뉴턴에게 지대한 영향을 주었다. 즉 이러한 도형이 놀랍게도 행성 궤도를 표현할 때 그대로 사용될 수 있다는 사실이 밝혀진 것이다!

갈릴레이와 뉴턴의 역학

과학은 17세기에 들어서면서 큰 학문적 도약을 맞이했는데, 그것은 운동motion에 대한 이해였다. 고대 그리스인은 정적으로 고정된 기하학적 형태나 평형 상태의 물체(즉 힘의 균형으로 인하여 움직이지 않는 물체)에 대한 것에 있어서는 놀라울 정도로 잘 알았지만, 물체가 실제로 어떻게 움직이는가에 대한 법칙에 관해서는 별로 개념이 없었다. 그들에게 부족했던 것은 동역학에 관한 좋은 이론으로, 동역학은 자연계가 하나의 순간에서 다음 순간으로 넘어갈 때 물체의 위치 변화를 조절하는 아름다운 방법에 대한 이론이다. 이에 대한 부분적인 이유(전적인 이유라고는 볼 수 없는)는 시간을 충분히 정밀하게 측정할 수 있는 수단, 즉 좋은 '시계'가 없었다는 것이다. 위치가 변화한 시간을 정확히 재거나 물체의 속도와 가속도를 잘 추정하기 위해서는 그것을 가능하게 하는 시계가 필요했다. 그러므로 1583년 시계추가 시간을 재는 믿을 만한 수단으로 사용될 수 있다는 갈릴레이의 관찰은 운동의 시간을 정확하게 측정할 수 있게 하는 계기를 만들어, 그 자신뿐만 아니라 과학 전체의 발전에 아주 중요한 의미를 갖게 된다.[10] 그로부터 약 55년쯤 후인 1638년, 갈릴레이의 『논고 *Discorsi*』가 출판됨에 따라 동역학이라는 새로운 학문이 태동하게 되었고, 그와 함께 고대의 신비주의에서 현대 과학으로의 변환이 시작되었다!

갈릴레이가 소개한 매우 중요한 물리학적 아이디어 중에서 네 가지만 추려보기로 한다. 첫 번째는 물체에 가해지는 힘은 속도가 아니라 가속도를 결정한다는 것이다. 가속도acceleration와 속도velocity가 실제로 의미하는 것은 무엇인가? 어떤 입자, 혹은 어떤 물체의 한 점에서의 속도란 시간에 대한 그 지점에서의 위치 변화율을 말한다. 속도는 보통 벡터량으로 여겨지는데, 벡터량이란 그것의 크기뿐만 아니라 방향까지도 고려한 값을 의미한다(여기에서 방향을 고려하지 않고 그 크기만을 생각하면 속력

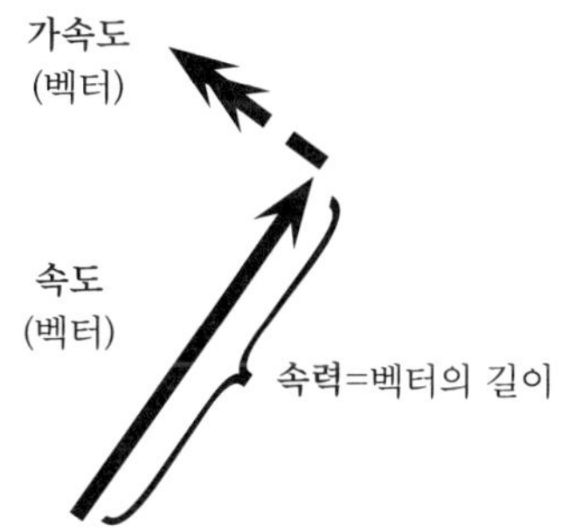

<그림 5-4> 속도, 속력, 가속도

10 그러나 갈릴레이는 때때로 관찰 시 시간을 재기 위하여 물시계를 사용한 것으로 보인다 (Barbour, 1989).

speed이란 말을 쓴다[<그림 5-4> 참조]). 가속도란(이것 역시 벡터량인데) 시간에 대한 속도의 변화율이다. 그러므로 가속도는 실제로 시간에 대한 위치의 변화율의 변화율이다! (고대에는 적절한 시계나 '변화율'에 관련된 수학적 개념이 부족한 상태에서 이와 같은 내용을 이해하기가 어려웠을 것이다.) 갈릴레이는 물체에서 힘(그의 경우에는 중력)은 그 물체의 가속도를 조정하는 것이지, 아리스토텔레스와 같은 고대인이 믿었던 것처럼 직접적으로 속도를 조정하는 것은 아니라고 주장했다.

특히 만약 가해지는 힘이 없다면 속도는 상수가 된다. 그러므로 직선상에서 변화하지 않는 운동은 힘의 부재에서 오는 결과이다(이것이 바로 뉴턴의 제1법칙, 즉 관성의 법칙이다). 자유 운동 상태의 물체는 그 방향으로 등속 운동을 계속하는데, 이를 위해서 힘이 필요하지는 않다. 갈릴레이와 뉴턴이 개발한 운동법칙의 결과 중 하나는 직선상의 등속 운동은 물리적으로 볼 때 정지 상태(운동이 없는 상태)와 전혀 구별되지 않는다는 것이다. 즉 정지 상태와 등속 운동을 구분할 수 있는 국소적local 방법은 없다는 것이다! 갈릴레이는 특히 이 점에서 (뉴턴보다도) 분명했고 바다 위에 떠 있는 배를 이용하여 매우 도식적인 설명을 제시했다(Drake, 1953, pp. 186-187).

> 어떤 큰 배의 갑판 아래에 있는 밀폐된 선실에 몇몇 동반자와 함께 갇혀 있다고 생각해보라. 거기에는 파리, 나비, 그리고 다른 작은 날짐승들이 있다. 물고기 몇 마리를 담은 큰 어항도 있고, 병 하나가 벽에 걸려 있어서 그 아래에 있는 넓은 용기로 물이 한 방울씩 떨어지도록 해 놓았다고 가정하자. 배가 가만히 서 있는 상태에서 이 작은 동물들이 선실의 각 방향으로 같은 속도로 날아다니는 것을 주의 깊게 관찰해보라. 물고기는 이리저리 무심하게 헤엄치고 물방울은 아래의 용기로 떨어진다…. 이 모든 것을 주의 깊게 관찰한 뒤 당신이 원하는 속도로 배를 움직이게 한다. 다만 운동이 일정하고 이리저리 동요하지 않도록 조심한다. 앞에서 열거한 어떤 것에서도 눈에 띄는 변화는 발견할 수 없을뿐더러, 그들 어느 것으로부터도 이 배가 움직이고 있는지 여전히 서 있는지를 구분할 수 없을 것이

> 다. 물방울이 공중에서 떨어지고 있는 동안에도 배는 몇 뼘 이상을 나아가지만 물방울은 선미 쪽으로 떨어지지 않고 전과 다름없이 아래의 용기 안으로 떨어질 것이다. 물속의 물고기는 어항 내부를 움직이는 데에 아무런 다른 점이 없을 것이며, 가장자리 부근에 놓인 먹이를 향해 이전처럼 손쉽게 갈 수 있을 것이다. 마지막으로, 나비와 파리는 이리저리 계속 무심하게 날아다닐 뿐 배의 뒤편으로 모이거나 하지 않을 것이다. 즉 그들이 공중에 있는 동안에는 배에서 오랫동안 분리되어 있기 때문에 배의 진로에 뒤지지 않으려고 애쓰다 지친 것처럼 한쪽으로 쏠리게 되는 일은 결코 없을 것이라는 말이다.

갈릴레이의 상대성 원리라 불리는 이 놀라운 사실은 실제로 코페르니쿠스 학파의 관점이 동역학적 의미를 가질 수 있기 위해 매우 중요하다. 니콜라이 코페르니쿠스Niccolai Copernicus(1473-1543)는, 태양은 그대로 있으면서 지구가 그 자신의 축을 중심으로 회전할 뿐만 아니라 태양 주위의 궤도를 움직인다는 것을 보여주는 그림을 제안했다(고대 그리스의 천문학자 아리스타르코스Aristarchos[기원전 310-230]도 이보다 18세기 전에 같은 개념을 제시한 바 있다). 왜 우리는 시속 약 10만 km에 달하는 이 운동을 인식하지 못하는가? 갈릴레이가 그의 동역학 이론을 제시하기 전까지 이것은 코페르니쿠스 관점에 대하여 실로 근본적인 수수께끼로 남아 있었다. 만약 앞서의 동역학에 대한 아리스토텔레스의 역학 관점, 즉 공간을 통과하는 운동 상태에 있는 물체의 속도가 그 동적 행동 양식에 영향을 준다는 것이 옳다면 지구의 운동은 우리에게 명백히 느껴져야 할 것이다. 갈릴레이의 상대성 이론은 지구가 움직이면서도 어떻게 그 움직임을 우리가 직접 지각할 수 없는가를 잘 설명해주고 있다.[11]

갈릴레이의 상대성 이론에서 '정지하고 있다'라는 개념에 부여되는

---

11 엄밀하게 말하면 이것은 지구의 운동이 거의 균일하고, 특히 회전이 없다고 가정하는 경우에 한하여 성립한다. 지구의 회전 운동은 (비교적 작지만) 감지될 수 있는 동역학적 효과를 보이는데, 가장 눈에 띄는 것은 바람이 남반구와 북반구에서 서로 다른 편향성을 갖는다는 것이다. 갈릴레이는 이러한 불일치가 조류의 원인이 된다고 생각했다.

지엽적인 물리적 의미는 없다는 사실에 유의하기 바란다. 이것 자체가 이미 공간과 시간을 어떻게 보아야 하는가 하는 문제에서 놀라운 의미를 갖는다. 우리가 시공간에 대하여 직관적으로 이해하는 것은, '공간'이란 물리적 사건이 발생하는 일종의 경기장처럼 구성된다는 것이다. 물리적 물체는 어느 한 순간에 공간의 특정 위치에 있고, 다음 순간에는 공간의 동일한 위치 혹은 다른 위치에 있을 수 있다. 공간에서의 한 점이 한 순간으로부터 다음 순간까지 어떤 식으로든 지속된다고 상상함으로써, 실제로 공간에서 한 물체의 위치가 변했다고 말하는 것이 의미를 갖게 된다. 그러나 갈릴레이의 상대성 이론에 따르면 '정지 상태'에 대한 절대적 의미는 없기 때문에 "서로 다른 시간에 같은 위치에 있다"는 사실에도 의미가 부여될 수 없다. 특정 시점에 우리가 물리적으로 경험할 수 있는 유클리드 3차원 공간의 한 위치는, 다른 시점의 유클리드 3차원 공간에서 어느 위치와 동일한 것인가? 아무도 이에 대답할 수 없다. 어쩌면 시간의 각 순간마다 완전히 새로운 유클리드 공간을 가져야만 할 것 같다! 이를 이해하기 위해서는 물리적 실체에 대한 4차원적 시공간의 그림(<그림 5-5> 참조)을 생각해보아야 한다. 특정 시점에 대응되는 3차원 유클리드 공간은 다른 것들과 서로 분리된 것으로 간주하지만, 이들 공간이 모두 결합하여 완전한 4차원적 시공간의 모습을 만들게 되는 것이다. 등속 직선 운동으로 움직이는 입자의 변화는 이 시공간에서 직선(세계선world-line이라 부른다)으로 표시된다. 뒤에서 아인슈타인의 상대성 이론의 문맥에서 시공간 문제 및 운동의 상대성 문제를 다시 살펴볼 텐데, 그 경우 4차원에 대한 논의가 훨씬 큰 위력을 갖게 되는 것을 보게 될 것이다.

갈릴레이의 위대한 통찰력 중 세 번째는, 처음으로 에너지 보존conservation of energy에 대하여 이해하기 시작한 것이다. 갈릴레이는 주로 중력을 받는 물체의 운동에 관심을 가졌다. 그는 만약 한 물체가 정지 상태로부터 벗어나면 그것이 단순히 자유 낙하를 하건, 임의의 길이의 추에서 좌우로 움직이건, 또는 경사진 면을 따라 내려가건 간에, 그 운동의 속력은 단지 그것이 움직이기 시작한 위치로부터의 거리에만 항상 의존한다는 사실에 주목했다. 뿐만 아니라 이 속력은 언제나 그것이 처음 운

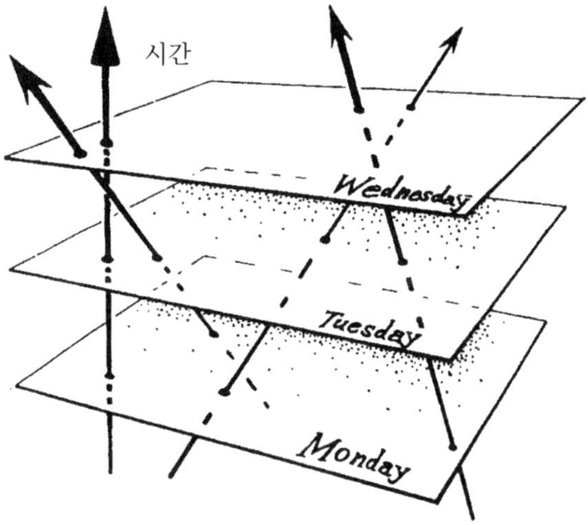

<그림 5-5> 갈릴레이식 공간. 등속 운동의 입자들은 직선으로 표시되었다.

동을 시작한 높이까지 그 물체를 끌어올려 놓을 만큼만 충분한 것이었다. 요즘 식으로 말하면, 지면으로부터 특정 높이에 저장된 에너지(중력에 의한 위치 에너지)는 운동의 에너지(속력에 따른 운동 에너지)로 전환될 수 있고, 또 역으로도 전환될 수 있지만 전체 에너지는 결코 잃거나 보태지지 않는다는 것이다.

에너지 보존의 법칙은 매우 중요한 물리 원칙이다. 그것은 독립적인 물리적 필요성이 아니라 이제 곧 설명할 뉴턴의 운동법칙의 결과이다. 이 법칙의 좀 더 이해하기 쉬운 공식화는 수 세기에 걸쳐 데카르트, 크리스티안 하위헌스Christiaan Huygens, 고트프리트 라이프니츠Gottfried W. Leibniz, 오일러, 켈빈 등에 의하여 이루어졌다. 이에 대해서는 이 장의 뒷부분과 제7장에서 다시 살펴볼 것이다. 에너지 보존의 법칙은 갈릴레이의 상대성 원리와 결합하여 매우 중요한 또 다른 형태의 보존 법칙, 즉 질량mass 및 운동량momentum 보존의 법칙을 만들어낸다는 사실이 판명되었다. 한 입자의 운동량은 질량과 속도의 곱이다. 운동량 보존에 관한 친숙한 예가 로켓의 추진력인데, 로켓의 전향 운동량의 증가는 배기가스의 후향 운동량과 정확히 일치한다(부피는 작더라도 이를 보충하기 위하여 더욱 빨리 움직인다). 총의 반동 또한 운동량 보존을 보여주는 예이다. 뉴턴 법칙의 또 다른 결과는 물체의 회전 지속성을 설명하는 각운동량angular momentum 보존 법칙이다. 축을 중심으로 도는 지구의 회전과 테니스공의 회전은 모두 각운동량 보존에 의해 유지된다. 어떤 물체를 구성하는 각각의 입자는 그 물체의 전체 각운동량에 기여하게 된다. 여기에서 특정 입자가 전체 각운동량에 기여하는 크기는 그것의 운동량과 중심으로부터의 수직 거리의 곱이다. (결과적으로 자유 회전하는 물체의 각속도는 구성 입자들을 좀 더 밀집되게 만들면 증가한다. 이 때문에 스케이트 선수나 그네 곡예사가 연출하는 경이로우면서 친숙한 행위를 보게 되는 것이다. 그때그때의 상황에 따라서 팔과 다리를 끌어당김으로써 회전 속도를 자연히 증가시킬 수 있는데, 그 이유는 단순히 각운동량 보존 때문이다!) 뒤에서 우리는 질량, 에너지, 운동량, 각운동량의 개념이 우리에게 매우 중요한 의미를 갖는다는 사실을 알게 될 것이다.

마지막으로 갈릴레이의 예시적 통찰력에 대하여 언급하고자 하는데, 즉 대기 마찰이 없는 상태에서 모든 물체는 중력에 의해 같은 속도로 떨어진다는 것이다. (독자들은 갈릴레이가 피사의 사탑에서 동시에 여러 물체를 떨어뜨린 유명한 일화를 기억할 것이다.) 이러한 통찰력은 3세기 후에 아인슈타인으로 하여금 가속 물체에 대한 상대성 이론을 일반화할 수 있게 했는데, 이 장의 끝에서도 보겠지만 이것은 그가 중력의 일반상대성 이론을 개발하는 초석이 되었다.

갈릴레이가 만들어놓은 이러한 강력한 토대 위에 뉴턴은 웅장하고 훌륭한 대성당을 세울 수 있었다. 뉴턴은 물체의 행동을 지배하는 3대 법칙을 제시했다. 제1법칙과 제2법칙은 원칙적으로 갈릴레이가 제시한 것과 동일하다. 즉 만약 물체에 아무런 힘도 작용하지 않으면 물체는 직선 위를 등속으로 계속 움직인다는 것과, 만약 힘이 물체에 작용한다면 이 힘은 질량과 가속도의 곱과 같다는 것이다. 뉴턴의 놀라운 통찰력은 바로 제3법칙(작용-반작용의 법칙)의 필요성을 인식했다는 점에 있다. 즉 물체 A가 물체 B에 미친 힘은 B가 A에 가한 힘과 정확히 같은 크기이고 방향은 반대라는 것이다("모든 작용에 대해 항상 반대급부의 동일한 크기의 반작용이 있다"). 이것이 기본적인 윤곽이 된다. '뉴턴의 세계'는 유클리드 기하의 법칙을 따르는 공간 위를 움직이는 입자들로 구성된다. 이들 입자의 가속도는 그들에 가해진 힘에 의해 결정된다. 각 입자에 미치는 힘은 그 입자에 작용하는 다른 모든 입자로부터 일어나는 각각의 힘을 모두 더함으로써(벡터합, <그림 5-6> 참조) 얻을 수 있다. 이 체계가 정확히 정의되기 위해서는 다른 입자 B로부터 입자 A에 가해진 힘이 어떤 것인가를 알려줄 수 있는 몇 가지 명확한 법칙이 필요하다. 일반적으로 이 힘은 A와 B 사이에서 직선으로 작용한다고 가정한다(<그림 5-7> 참조). 만약 이 힘이 중력이라면 이것은 A, B 사이에 인력으로 작용하는데, 힘의 세기는 두 질량의 곱에 비례하며 그들 사이의 거리의 제곱에 반비례한다(역제곱 법칙). 다른 형태의 힘에 대해서는 이와 다른 방법으로 위치의 영향을 받을 수 있고, 힘이 입자들로부터 받는 영향도 질량이 아닌, 그들이 소유한 다른 성질에 따라 좌우될 수 있다.

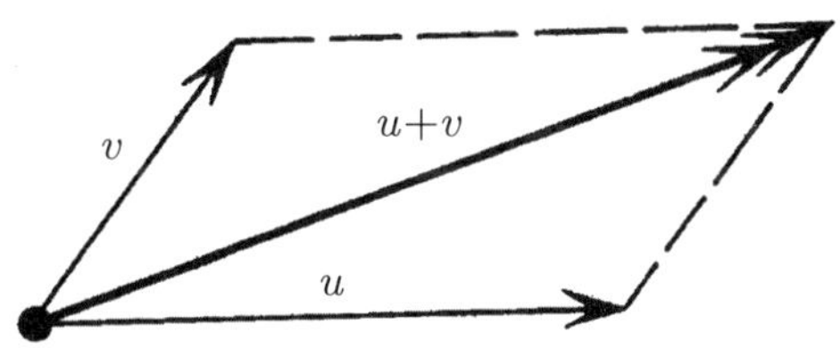

<그림 5-6> 벡터합의 평행사변형 법칙

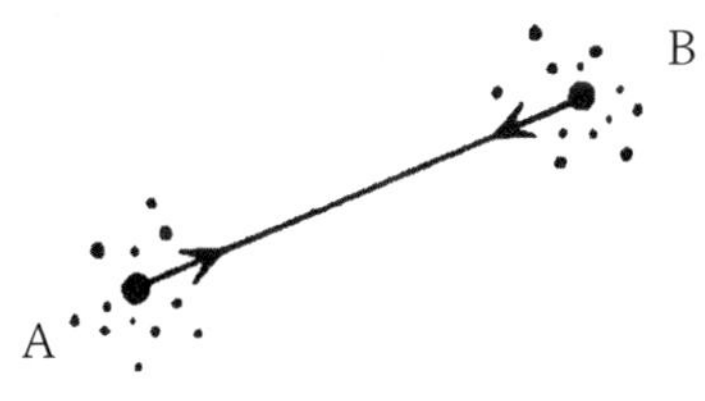

<그림 5-7> 2개의 입자 사이의 힘은 그들 사이의 직선으로 주어진다. (그리고 뉴턴의 제3법칙에 따르면 B에 의하여 A에 주어진 힘은 A에 의하여 B에 주어진 힘과 항상 동일하다.)

갈릴레이 시대의 위대한 과학자 케플러(1571-1630)는 태양 주위의 행성 궤도가 원이 아니라 타원이라는 사실을 알게 되었고(태양은 타원의 중심이 아니라 항상 한쪽 초점에 위치한다), 이러한 타원을 묘사하는 비율에 대

하여 또 다른 두 가지 법칙을 만들었다. 뉴턴은 케플러의 이 세 가지 법칙이 자신의 사물에 관한 일반적인 법칙(인력의 역제곱 법칙을 포함하는)으로부터 유도될 수 있음을 보일 수 있었다. 뿐만 아니라 그는 케플러의 타원 궤도 및 세차 운동precession of the equinoxes(지구 회전축 방향의 느린 움직임으로서 이는 이미 오래전부터 그리스인들도 알고 있던 것이다)과 같은 다른 현상들에 대해서도 여러 가지 세부적인 수정 사항을 구할 수 있었다. 이 모든 것을 이룩하기 위하여 뉴턴은 미분학 이외에도 수많은 수학 기법을 개발하여야만 했다. 그 노력이 엄청난 성공을 이룰 수 있었던 것은 그의 뛰어난 수학적 재능과 거기에 부응하는 우수한 물리학적 통찰력 덕분이다.

뉴턴 역학의 기계학적 세계

힘의 명확한 법칙(예를 들어 중력의 역제곱 법칙과 같은)을 사용하면 뉴턴의 방법은 동역학 방정식의 정확하고 결정적인 체계로 변환될 수 있다. 만약 여러 입자에 대하여 특정 순간의 위치, 속도, 질량 등이 지정된다면, 그 시점 이후에 그들의 위치와 속도(그리고 상수로 지정된 질량)는 모두 수학적으로 결정될 수 있을 것이다. 뉴턴 역학의 세계에서 만족되는 이러한 형태의 결정론은 철학적 사고에 깊은 영향을 주었다(그리고 아직도 주고 있다). 이러한 뉴턴식 결정론의 본질에 대해서 좀 더 자세히 살펴보기로 하자. 그것은 '자유의지free will'의 문제에 대하여 우리에게 무엇을 말하고 있는가? 엄밀한 의미의 뉴턴 세계는 마음을 포함할 수 있는가? 아니, 계산기 정도라도 포함할 수 있는가?

이 세상에 대한 '뉴턴' 모델을 좀 더 구체적으로 살펴보자. 예를 들어 우리는 물질을 구성하는 입자가 하나의 수학적 점, 즉 공간을 전혀 차지하지 않는 존재라고 가정할 수 있다. 또 이와는 달리 그것들이 고형의 구spherical balls라고 간주할 수도 있다. 어떤 경우든, 뉴턴의 중력 이론에서 인력의 역제곱 법칙과 같은 힘의 법칙이 우리에게 알려져 있다고 가정해야 할 것이다. 또한 자연의 다른 힘들, 예를 들면 전기와 자기적 힘(1600년 길버트가 처음으로 자세히 연구했다) 혹은 원자핵을 구성하는 입자들(양성자와 중성자)을 서로 연결해주는 강력한 핵 결합력 등에 대해서도 모델을 만들어야 할 것이다. 전기력은 역제곱 법칙을 만족한다는 점에서는 중력과 흡사하지만 유사한 입자끼리는 (중력의 경우처럼 서로 끌어당기지 않고) 서로 반발한다는 것이 다르다. 이들 사이의 전기력의 세기를 결정하는 것은 질량이 아니라 전하량electric charge이다. 자기력 또한 전기력과 마찬가지로 역제곱 법칙을 만족한다.[12] 그러나 핵의 힘은 앞의 경우와는 다른 방식으로 거리의 영향을 받는다. 즉 원자핵 내부처럼 아주 가까운 거리에서는 극도로 큰 힘을 갖지만 거리가 멀어지면 거의 무시해도 될 정도의 작은 힘을 갖게 된다.

충돌 시 완전 탄성으로 반동하는 단단한 공이 있다고 가정해보자. 다시 말하면 마치 완전한 당구공처럼 그들은 에너지(혹은 운동량)의 손실 없이 다시 분리되는 것이다. 두 공 사이에서 힘이 어떻게 작용하는지에 관해서도 정확히 제시하여야 한다. 간단하게 하기 위해서 한 공이 다른 공에 미치는 힘은 그들의 중심을 연결하는 선상에 있고 그 힘의 크기는 이 선의 길이에 대한 함수라고 가정하자(뉴턴의 중력에서는 뉴턴 법칙의 적용으로 인해 이 가정이 자동적으로 성립한다. 이 가정은 또한 힘에 대한 다른 법칙들에서는 하나의 정당한 추가 조건으로 부가될 수 있다). 만약 공들이 2개씩만 충돌하고 삼중 혹은 그 이상의 다중 충돌은 불가능하다고 가정하면 모든 것이 잘 정의되며, 그 결과는 초기 상태에 대하여 연속적인 형태로 의존하게 된다(즉 초기 상태의 아주 미소한 변화는 충돌 후에도 작은 변화만을 초래한다). 살짝 스쳐 지나가는 경우도 공이 아주 맞지 않은 경우와 연속적이다. 그러나 삼중 혹은 그 이상의 다중 충돌인 경우에는 문제가 발생한다. 예를 들어 3개의 공 A, B, C가 동시에 도착한다면 A와 B가 먼저 충돌하고 나서 곧이어 C가 B에 부딪혔는지, 또는 A와 C가 먼저 충돌하고 나서 바

12 전기와 자기의 경우에 서로 다른 점은, 개별적인 '자하magnetic charge', 즉 남극과 북극이 자연계에서는 별개로 존재하지 않는 듯 보인다는 것이다. 자기 입자들은 쌍극자dipole라 불리는데, 이는 미소한 자석으로서 양극이 붙어 있는 것이다.

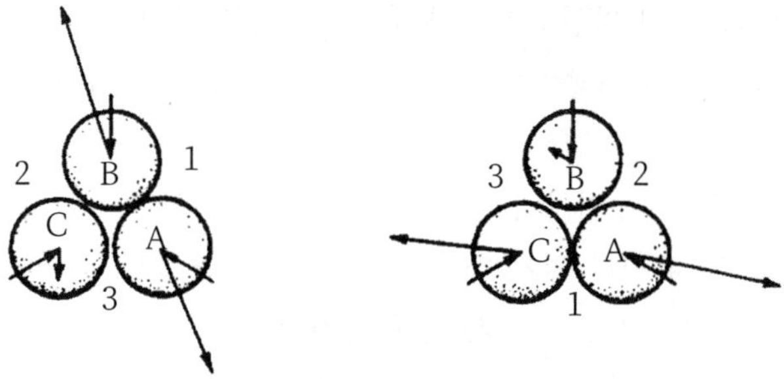

<그림 5-8> 삼중 충돌. 그 결과는 어떤 입자들이 먼저 도달했는가에 따라 중대한 차이가 있다. 그러므로 이 결과는 입력에 비연속적으로 의존한다.

로 B가 A에 부딪혔는지에 따라 차이가 생기게 된다(<그림 5-8> 참조). 이 모형에서 이러한 삼중 충돌이 발생하는 경우 그 결과는 비결정적이다! 원한다면 정확한 삼중 또는 그 이상의 다중 충돌은 '전혀 있을 법하지 않은' 경우로 무시해버릴 수도 있다. 다만 이렇게 함으로써 어느 정도 일관된 방법을 얻을 수는 있을지라도 삼중 충돌의 잠재적 문제로 인해 결과적 양태는 초기 상태에 연속적으로 의존하지 않을 수 있다.

이것은 다소 불만족스러우므로 대신 점 입자의 관점에서 보는 것이 바람직할지도 모른다. 그러나 점 입자 모델에서 발생할 수 있는 이론적 문제(입자가 우연히 집중될 때 발생할 수 있는 무한한 힘과 에너지)를 피하기 위해서는 또 다른 가정, 즉 예를 들면 입자 사이의 거리가 아주 가까워지면 강한 힘으로 밀어낸다는 등의 가정을 만들어야만 한다. 이러한 방법으로 두 입자가 절대 충돌할 수 없다는 것을 확신할 수 있다. (이것은 또 점 입자가 충돌할 경우 어떻게 반응할 것인가를 결정해야 하는 문제를 피할 수 있게 해준다!) 그러나 시각적으로 쉽게 보이기 위하여 이후의 논의는 순전히 고형구를 이용하여 펼쳐보도록 하겠다. 이러한 '당구공' 그림은 많은 사람이 실재에 대한 모델로서 마음 한구석에 갖고 있는 것으로 보인다!

그런데 (다중 충돌 문제를 무시하면) 실재에 대한 뉴턴식[13] 당구공 모델은

---

13 뉴턴의 이름은 이 모델에(실제로 '뉴턴' 역학 전체에서) 단지 편리한 표식으로 붙여졌다. 물리 세계의 실제 성질에 대한 뉴턴 자신의 관점은 이보다 훨씬 덜 독단적이고 더욱 미묘했던 것 같다. (가장 강력하게 이러한 '뉴턴식' 모델을 주장했던 사람은 로저 보스코비치

실제로 결정적 모델이다. 여기에서 결정적deterministic이란 말은 물리적 양태가 특정 시점에서의 모든 공(몇 가지 문제의 발생을 피하기 위하여 유한한 수로 가정한다)의 위치와 속도에 의하여 미래(혹은 과거)의 모든 시간에 대해 수학적으로 완전히 결정된다는 의미로 이해하여야 한다. 그렇다면 이 당구공 세계에서는 '자유의지'의 작용으로 물체의 동태에 영향을 줄 수 있는 '마음'이 들어갈 여유는 없어 보인다. 우리가 '자유의지'를 믿는다면 우리의 실제 세계는 이런 식으로는 구성될 수 없다고 믿어야만 하는 것이다.

'자유의지'라는 까다로운 문제는, 비록 내가 말하려는 것들의 배후에서 눈에 띄지는 않더라도 이 책 전체를 통하여 그 배경에 계속해서 등장하게 된다. 그것은 이 장의 끝(상대성 이론에서 빛보다 더 빠른 신호와 관련된) 부분에서도 구체적인, 그러나 별로 중요하지 않은 역할을 하게 될 것이다. 자유의지에 관한 문제는 제10장에서 직접적으로 다루어지는데, 그곳에서 독자들은 나의 논지에 분명히 실망하게 될 것이다. 내가 진정으로 믿는 것은, 여기에는 상상 이상의 실제적 이슈가 존재하는 것이 분명하지만, 그것은 아주 심오한 문제이고 이를 적절히 공식화하는 것은 매우 어렵다는 것이다. 물리 이론에서 결정론의 문제는 분명 중요하지만 나는 그것이 전체 이슈의 단지 일부분에 지나지 않는다고 믿고 있다. 예를 들어 이 세계는 결정적이지만 계산 가능하지 않을 수도 있다. 그러므로 미래는 현재에 의해 원칙적으로 계산 불가능한 형태로 결정적이라는 것이다. 제10장에서 나는 우리의 의식 작용이 실제로 비알고리즘적(즉 계산 불가능한)이라는 주장을 제시하려 한다. 따라서 우리가 스스로 가능하다고 믿고 있는 자유의지는, 실제로 우리가 살고 있는 세계를 관장하는 법칙의 계산 불가능한 요소와 밀접하게 연관되어 있다는 것이다. 자유의지에 관한 이러한 견해를 받아들이건 받아들이지 않건 간에 어떤 물리 이론(뉴턴의 이론 같은)이 단순히 결정적인가를 떠나서 실제로 계산 가능한 것인가 하는 것은 매우 흥미로운 문제이다. 계산 가능성은 결정적이라는

Roger G. Boscovich[1711-1787]였던 것으로 보인다.)

것과는 별개의 문제이고, 그것이 별개의 문제라는 사실 자체가 바로 이 책에서 강조하고자 하는 것 중 하나이다.

당구공 세계 속의 생활은 계산 가능한가?

터무니없이 작위적인 예이기는 하지만, 결정적이면서도 계산 가능하지 않은 '장난감 모형 세계'를 만들어봄으로써 계산 가능함과 결정적인 것은 서로 다름을 우선 살펴보기로 하자. 이 세계의 특정 '시점'에서의 '상태'를 자연수의 순서쌍 (m, n)으로 표시하기로 하자. T_u는 고정된 만능 튜링 기계로서 제2장에서 정의한 특정 기계를 가리킨다고 가정한다. 이 세계의 상태가 다음 '시간의 순간'에 어떻게 되는가를 결정하기 위해서는 T_u에 m을 적용할 때 기계가 결국 멈추는지 멈추지 않는지를 알아보아야만 한다(제2장 p. 109의 표기대로 하면 $T_u(m) \neq \square$이거나 $T_u(m) = \square$). 만약 그것이 멈춘다면 다음 순간에서의 상태를 $(m+1, n)$이라 하고, 만약 그것이 멈추지 않는다면 $(n+1, m)$이라 한다. 우리는 제2장(p. 114)에서 튜링 기계의 정지 문제에 대한 알고리즘은 없다는 사실을 보았다. 결국 그것은 완전하게 결정적이지만 이 모형 세계에서 '미래'를 예측할 수 있는 알고리즘은 있을 수 없는 것이다![14]

물론 이것은 심각하게 취급해야 할 모델은 아니지만 특정 문제가 존재한다는 사실을 단적으로 보여주고 있다. 어떠한 결정적 물리 이론에

---

14 라파엘 소르킨Raphael Sorkin이 내게 지적한 바에 따르면 이 단순화 모델의 전개는 어떤 의미에서 (예를 들어) 뉴턴의 시스템에 대하여 우리가 수행할 수 있는 것과 크게 다르지 않은 '계산'이 가능하다. 그 체계의 양태에 대하여 점점 정확도를 높여가며 끝없이 계속되는 계산의 연속 $C_1, C_2, C_3, \cdots$를 생각해볼 수 있다(pp. 273-274 참조). 현재의 예에 대하여 살펴보자면 C_N을 튜링 기계 $T_u(m)$을 N단계만큼 실행시킨 결과로 정의하고, 그 때까지 동작이 끝나지 않으면 $T_u(m) = \square$라고 '간주'한다는 것이다. 그러나 이와 같은 '계산'은 우리의 단순 모델에 $T_u(m) = \square$ 대신 "$T(q)$가 모든 q에 대하여 멈춘다"처럼 이중 양화사가 붙은 명제를 도입함으로써 그 가능성을 쉽사리 반박할 수 있다. (차이가 2인 소수의 쌍이 무한히 존재한다는 미해결 문제는 바로 그러한 문장의 한 예이다.)

대해서도 그것이 계산 가능한지 아닌지를 알아보아야 한다는 것이다. 그렇다면 뉴턴의 당구공 세계는 과연 계산 가능한 것인가?

물리적 계산 가능성의 이슈는, 그 시스템에 대하여 질문할 수 있는 문제의 종류가 무엇인가에 달려 있다. 나는 뉴턴의 당구공 모델에 관하여 확실한 대답이 계산 가능하지(즉 알고리즘적이지) 않다라고 추측되는 여러 가지 질문을 생각해낼 수 있다. 한 가지 생각해볼 수 있는 질문은 다음과 같다. 공 A는 과연 공 B와 충돌할 것인가? 이 문제의 아이디어는 초기값으로 특정 시점($t = 0$)에서의 모든 공의 위치와 속도를 주고, 이 자료로부터 A와 B가 이후의 한 시점($t > 0$)에 충돌할 것인가 아닌가를 알아내는 문제이다. 이 문제를 구체화하기 위하여 (비록 그다지 현실적이지는 않지만) 모든 공은 지름이 같고 같은 질량을 가지며 각 공 사이에 힘의 역제곱 법칙이 작용하고 있다고 가정해볼 수 있다. 이 특정 문제가 알고리즘적으로 해결될 수 없다고 추측할 수 있는 한 가지 이유는, 그 모델이 에드워드 프레드킨Edward Fredkin과 톰마소 토폴리Tommaso Toffoli(1982)가 소개한 '계산을 위한 당구공 모델'과 어느 정도 유사하기 때문이다. 그들이 제안한 모델에서는 (힘의 역제곱 법칙 대신) 공이 여러 가지의 '벽'에 의해 제한되는데, 그 공들도 방금 설명한 뉴턴의 공과 마찬가지로 다른 공과 충돌 시 탄성을 갖고 반동하게 된다(<그림 5-9> 참조). 프레드킨-토폴리 모델에서는 컴퓨터의 모든 기본적인 논리 연산들이 공에 의해서 수행될 수 있다. 모든 튜링 기계 계산이 모방될 수 있는데, 특정 튜링 기계 T_n을 선택함에 따라 프레드킨-토폴리 기계의 벽의 배치 등이 정의될 수 있다. 움직이는 공의 초기 상태는 입력 테이프의 정보로 코드화되고 튜링 기계의 출력 테이프는 공의 마지막 상태로 코드화된다. 그러므로 특히 다음과 같은 질문이 가능하다. '이러이러한 튜링 기계의 계산은 과연 멈출 것인가?' 여기서 '멈춘다'는 것은 공 A가 결국에 가서 공 B와 충돌하는 것을 의미한다. 이 질문에 대하여 알고리즘적으로 대답할 수 없다는 사실(p. 121)로 미루어 앞서 제시한 "A와 B가 과연 충돌할 것인가?"라는 뉴턴 세계의 질문 또한 알고리즘적으로 대답할 수 없다는 사실을 추정할 수 있다.

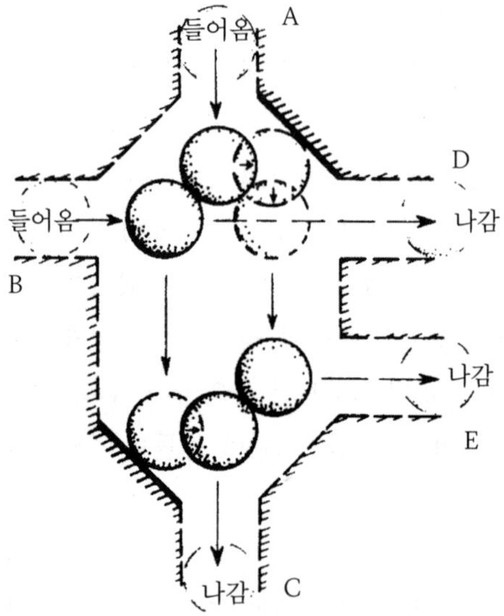

<그림 5-9> 프레드킨-토폴리의 당구공 컴퓨터의 '스위치'(앤드루 레슬러Andrew Ressler가 제안). 만약 어떤 공이 B로 들어오면 그것이 결국 D로 나갈 것인가 E로 나갈 것인가는 다른 공이 A를 통하여 들어오는가에 달려 있다(A와 B로 들어오는 공들은 동시에 들어온다고 가정).

사실 뉴턴의 문제는 프레드킨-토폴리에 의해 제안된 것보다 훨씬 더 까다로운 문제이다. 그들 모델의 경우에는 상태를 이산 인자discrete parameter들로(즉 공이 안에 있다/ 없다와 같은 'on/off' 식으로) 규정할 수 있었다. 그러나 완전한 뉴턴 문제에서 공의 초기 위치와 속도는 이러한 이산적 방법이 아닌, 실수 좌표상에 무한한 정밀성으로 규정되어야 하는 것이다. 그러므로 우리는 제4장에서 망델브로 집합이 재귀적인가 하는 질문을 제기했을 때 고려해야 했던 모든 문제와 또다시 직면하게 된다. 입력과 출력 데이터로서 계속적으로 변하는 변수가 주어질 때 '계산 가능'하다는 것은 무엇을 의미하는가?[15] 당분간은 모든 초기 위치와 속도 좌표가 유리수로 주어진다고 가정함으로써(비록 이들 좌표가 나중의 유리수 시

15 제4장에서 제시한 바와 같이(각주 19, p. 212) 새로운 블럼-셔브-스메일Blum-Shub-Smale(1989) 이론은 이러한 문제의 해결에 수학적으로 더욱 납득할 수 있는 방법을 제시할 것으로 보인다.

간 t에서도 유리수값으로 남아 있으리라고 기대할 수는 없을지라도) 이 문제를 미봉할 수는 있다. 유리수는 두 정수를 나눈 몫이고, 따라서 이산적이고 유한하게 규정될 수 있다는 사실을 기억하기 바란다. 유리수를 사용하여 우리가 살펴보고자 하는 초기 자료 집합이 무엇이든지 간에 원하는 만큼 가깝게 어림 계산할 수 있다. 그러므로 유리수의 초기 자료가 주어졌을 때 A와 B가 결국 충돌할 것인가 아닌가를 결정하는 알고리즘이 없을지도 모른다는 추측이 이치에 아주 어긋난 것은 아니다.

그러나 이러한 사실이 "뉴턴의 당구공 세계는 계산 불가능하다"는 주장이 실제로 의미하는 바는 아닐 것이다. 현재 뉴턴의 당구공 세계와 비교하고 있는 특정 모델인 프레드킨-토폴리의 '당구공 컴퓨터'는 실제로 계산에 따라 진행된다. 사실 그것이 바로 프레드킨과 토폴리 아이디어의 주안점으로서, 그 모델은 (범용) 컴퓨터처럼 행동한다는 것이다! 내가 말하고자 하는 이슈는, 인간의 두뇌가 무언가 적절한 '계산 불가능'한 물리 법칙을 잘 이용하여 튜링 기계보다 어떤 의미에서든 '더 좋다'는 것을 생각할 수 있는가 하는 것이다. 다음과 같은 문제를 풀려는 것은 별 소용이 없다.

"만약 공 A가 공 B와 결코 만나지 않는다면 그 대답은 '아니요'이다."

이 경우 문제의 공들이 결코 만나지 않는다는 것을 확인하려면 영원히 기다려야 할 수도 있다! 물론 그것이 튜링 기계의 방식이기는 하지만.

사실 적절한 의미에서 뉴턴의 당구공 세계가 계산 가능하다는 분명한 조짐이 있다고 볼 수는 있다(적어도 다중 충돌 문제를 고려하지 않는다면). 그러한 세계의 행동 양식을 계산하기 위하여 흔히 사용하는 방법은 근사치를 구하는 것이다. 우리는 공들의 중심이 촘촘한 그물 모양의 격자 무늬선 위에 놓인다고 가정하고 그 무늬 위 격자lattice 점들의 좌푯값이 몇백분의 1 단위로 측정된다고 생각해볼 수도 있다. 시간도 '이산적discrete'이라고 가정하는데, 모든 시점 순간이 특정한 작은 단위(Δt로 표시)의 곱이라고 생각하는 것이다. 이렇게 하면 이산 형태의 '속도'를 정의할 수 있게 된다(연속적인 두 시점에서 격자 점 위치값의 차이를 Δt로 나눈다). 가속도의 근삿값은 힘의 법칙을 사용하여 계산하고, 이 근삿값은 속도의 계산을 가능하게 한다. 따라서 다음으로 가능한 시점에서의 격자 점의 위치에 대해 필요한 만큼의 정확성에 따라 근삿값을 계산하는 것이다. 여기에서 계산은 원하는 만큼의 정확성을 얻을 수 있을 때까지 여러 시점에 걸쳐 진행된다. 물론 그러한 계산은 얼마 나아가지 않아서 정확성을 완전히 잃어버릴 수도 있을 것이다. 그렇게 되면 공간 격자를 훨씬 더 잘게 나누고, 거기에 적합한 정도로 시점 순간을 나누어 다시 시작한다. 이렇게 함으로써 좀 더 정확성을 얻을 수 있고, 계산은 정밀성을 더 오래 유지할 수 있다. 공간 격자를 더욱 세분하고 시간 간격을 더 촘촘히 하면 정확성은 더욱 개선되고 계산은 좀 더 앞으로 나아갈 수 있다. 이런 식으로 뉴턴의 당구공 세계는 원하는 만큼의 근사치까지 계산할 수 있다(단 다중 충돌을 무시한다는 조건에서). 그리고 이러한 의미에서 당구공 세계가 계산 가능하다고 말할 수 있다.

그러나 현실적으로는 이 세계가 '계산 불가능'하다고도 볼 수 있다. 그것은 미리 알 수 있는 초깃값의 정확성이 항상 제한적이라는 사실에 기인한다. 사실 이러한 종류의 문제에는 원래 상당히 심한 '불안정' 요소가 내재해 있다. 초깃값의 아주 작은 변화라 할지라도 결과적으로는 엄청난 변화를 아주 빠르게 초래할 수도 있다. (중간 공을 먼저 쳐서 그 공의 반동으로 다른 당구공을 포켓에 넣어본 경험이 있는 사람들은 이 말을 잘 이해할 수 있을 것이다!) 이와 같은 사실은 특히 (연속적인) 충돌이 관여되면 더욱 분명해진다. 그러나 이러한 불안정성은 떨어져 있는 (둘보다 많은) 물체의 뉴턴 중력에 의한 작용에서도 또한 발생할 수 있다. '카오스chaos' 또는 '카오스적 양태'라는 용어가 이러한 종류의 불안정성을 설명하는 데에 종종 사용된다. 예를 들어 '카오스적 양태'는 기후 상태를 설명하는 데 중요하다. 원소들을 지배하는 뉴턴의 방정식은 잘 알려져 있지만, 장기 기상 예보는 잘 맞지 않는 것으로 악명이 높다!

이것은 결코 어떤 식으로든 '정복'될 수 있는 종류의 '계산 불가능'한 문제가 아니다. 단순히 말하면, 우리가 알 수 있는 초기 상태값의 정확성에 한계가 있기 때문에 이를 근거로 하여 미래 상태를 신뢰할 수 있는 정도로 계산할 수 없는 것이다. 실제로 무작위 요소random element라는 개념이 미래 행위 예측에 도입되었는데, 그것이 거의 전부이다. 만약 두뇌가 진정으로 물리법칙 중에서 계산 불가능하지만 유용한 요소들을 이용하고자 한다면 이것과는 완전히 다른, 훨씬 더 긍정적인 특성을 지닌 것이어야만 할 것이다. 따라서 나는 이런 종류의 '카오스(혼돈)'적 행동을 '계산 불가능'이라고 표현하는 대신 '예측 불가능unpredictability'이라고 표현하고자 한다. 잠시 후 살펴보겠지만 예측 불가능성의 존재는, 실제로 (고전)물리학에서 발생하는 결정적 법칙들에서는 매우 일반적인 현상이다. 예측 불가능성은 생각하는 기계를 만드는 데에 '이용'한다기보다는 최소화해야 할 성질의 것이다!

계산 가능성과 예측 불가능성의 문제들을 일반적으로 논하기 위해서는 물리법칙에 대하여 이전보다 더 포괄적인 관점을 갖는 것이 도움이 될 것이다. 이를 위해서는 단지 뉴턴 역학뿐만 아니라 그것을 대체하게 된 이후의 이론들에 대해서도 생각해보아야 한다. 해밀턴에 의한 역학의 수식화에 대해서도 간략하게 살펴볼 필요가 있을 것이다.

해밀턴 역학

뉴턴 역학의 성공은 실세계에 대한 우수한 적용력뿐만 아니라, 그것이 이끌어낸 수학 이론의 풍부함에서도 비롯되었다. 대자연에 관한 모든 SUPERB 이론이 수학적 아이디어의 풍부한 원천이라는 사실이 밝혀진 것은 주목할 만하다. 이 사실에는 심오하고 아름다운 미스터리가 있다. 즉 이와 같이 뛰어나고 정확한 이론들은 단순히 수학 자체로도 아주 유익하다는 것이다. 의심할 여지 없이 이것이 드러내고 있는 것은, 물리적으로 경험할 수 있는 실세계와 수학의 플라톤 세계 사이의 연관성에 대한 심오한 그 무엇인가가 있다는 것이다. (이러한 이슈에 대해서는 후에 제10장 pp. 622-623에서 언급하려 한다.) 뉴턴 역학은 이 점에서 아주 뛰어난데, 뉴턴 역학의 탄생으로 인하여 미적분학이 생겨났기 때문이다. 뿐만 아니라 뉴턴 방법으로부터 고전역학classical mechanics이라 불리는 놀라운 수학적 개념의 본체 역시 탄생하게 되었다. 18세기와 19세기의 수많은 대大수학자들의 이름이 이의 발달과 연관되어 있다. 즉 오일러, 요세프 라그랑주Joseph L. Lagrange, 피에르 라플라스Pierre S. M. Laplace, 조제프 리우빌Joseph Liouville, 시메옹 드니 푸아송Siméon Denis Poisson, 카를 야코비Karl G. J. Jacobi, 미하일 오스트로그래드스키Mikhail Ostrogradsky, 해밀턴 등이다. '해밀턴 이론'[16]은 이 작업의 많은 부분을 요약하고 있는데, 여기에서는 이를 약간 맛보는 것만으로도 우리의 목적에 충분할 것이다. 재능 있고 독창적인 아일랜드의 수학자 윌리엄 로완 해밀턴William Rowan Hamilton(1805-1865)은 앞에서 논의한 해밀턴 회로를 발견한 주인공이기도 한데, 그는 파동 전파wave propagation와의 유사성을 강조하는 방법으로 이론을 전개했다. 파동과 입자의 관계에 대한 암시, 그리고 해밀턴 방정식 자체는 후에 양자역학이 개발되는 데 매우 중요한 역할을 했다. 이에 관해서는 다음 장에서 다시 살펴보기로 한다.

해밀턴 방법의 한 가지 새로운 요소는 물리적 체계를 설명하는 과정에서 '변수variable'를 사용했다는 것이다. 그 전까지 입자의 위치와 속력은 단순히 시간에 대한 위치의 변화도를 의미했다. 앞에서(p. 266) 본 것처럼, 뉴턴 체계에서 특정한 결과적 행동이 결정적이려면 초기 상태의 기술에서 모든 입자의 위치와 속도가 필요하다. 하지만 해밀턴 체계에서는 속도보다 입자의 운동량momentum을 지정해주어야 한다. (앞에서 입자의 운동량은 단순히 속도에 질량을 곱한 것이라고 언급한 바 있다.) 이것은 그 자체만으로는 아주 작은 변화로 보일 수 있다. 그러나 중요한 것은 각 입자

16 해밀턴의 실제 방식은, 비록 그의 관점과 완전히 일치한다고 볼 수 없을지 모르지만, 이미 해밀턴보다 24년 전 이탈리아계 프랑스 수학자인 요세프 라그랑주Joseph L. Lagrange(1736-1813)에 의하여 알려져 있었다. 그에 못지않은 당시의 주요 업적으로는 오일러-라그랑주 방정식에 의한 역학의 공식화를 들 수 있는데, 그에 따르면 뉴턴의 법칙은 하나의 큰 원칙인 정적 행동의 원칙principle of stationary action: P. L. M. de Maupertuis에서 유도된다. 오일러-라그랑주 방정식은 이론적으로도 중요할 뿐만 아니라 계산 프로시저로서도 놀라운 위력과 실용적 가치가 있다.

의 위치와 운동량이 서로 비슷한 기반 위에 독립된 양quantity으로서 간주될 수 있다는 것이다. 그러므로 처음에는 여러 입자의 운동량이 상대적 위치 변수의 변화량과 아무런 관련이 없고, 이들이 실제로 별개의 변수 집합이라고 간주할 수 있으며, 따라서 이들이 위치의 움직임과는 완전히 독립적이라고 상상해볼 수 있다. 해밀턴 방정식에는 두 가지의 방정식군이 있다. 그 하나는 여러 입자의 운동량이 시간에 따라 어떻게 변하는지를 말해주고, 다른 하나는 위치들이 시간에 따라 어떻게 변하는지를 말해준다. 각각의 경우 변화도는 그 시점에서의 위치와 운동량에 의해 결정된다.

대충 말하자면, 해밀턴 방정식의 첫 번째 집합은 뉴턴의 중요한 제2운동법칙(운동량의 변화도=힘)을 설명하고 있고, 두 번째 방정식군은 속도의 관점에서 운동량이 실제로 무엇인가를 말해주고 있다(위치의 변화도=운동량+질량). 갈릴레이와 뉴턴의 운동법칙들이 가속도, 즉 위치 변화도의 변화도('2차' 미분 방정식)로 설명되었던 것을 기억하기 바란다. 이제는 물질 변화도의 변화도가 아니라, 물질의 변화도('1차' 미분 방정식)에 대해서만 언급하면 되는 것이다. 이 모든 방정식은 단 한 가지의 중요한 수치, 즉 해밀턴 함수Hamiltonian function H로부터 유도되는데, 이것은 위치와 운동량의 변수에 대한 시스템의 총 에너지 합을 의미한다.

해밀턴 방정식은 역학에 대한 매우 간결하고 대칭적인 설명을 제시하고 있는데, 그 식들이 어떤 모양인가만을 살펴보기 위하여 비록 독자들이 이를 완전히 이해하는 데 필요한 (여기에서는 필요하지 않지만) 미적분학 기호에 친숙하지 않을지라도 여기에 옮겨보도록 하겠다. 미적분학에 관한 한 우리가 주의해야 할 유일한 것은, 각 방정식의 좌변에 등장하는 점이 시간에 대한 변화도를 의미한다는 것이다(첫 번째 식에서는 운동량의 변화도, 두 번째 식에서는 위치의 변화도).

$$\dot{\boldsymbol{p}}_i = -\frac{\partial H}{\partial x_i}, \quad \dot{\boldsymbol{x}}_i = \frac{\partial H}{\partial p_i}$$

여기서 첨자 i는 단순히 서로 다른 모든 운동량 좌표 p_1, p_2, p_3, p_4, $\cdots$,

그리고 서로 다른 모든 위치 좌표 $x_1, x_2, x_3, x_4, \cdots$를 구별하기 위해 쓰였다. 또, n개의 무제약 입자에 대하여 3n개의 운동량 좌표와 3n개의 위치 좌표를 갖게 되며(공간의 세 방향에 대하여 각각 하나씩), ∂는 편미분(다른 모든 변수를 상수로 생각하고 도함수를 취한다)을 나타내는 기호이고, H는 앞에서 설명한 해밀턴 함수이다. (여러분이 '미분'에 대해서 모른다 해도 걱정할 필요는 없다. 단지 이 방정식의 우변을 x_i와 p_i에 대해서 쓰인, 완벽하게 잘 정의된 수식이라고 생각하기만 하면 된다.)

$x_1, x_2, \cdots$와 $p_1, p_2, \cdots$ 좌표들에는 입자에 대한 보통의 데카르트 좌표(즉 x_i는 수직의 세 방향으로 측정된 통상적인 거리)보다 더욱 일반적인 것이 허용될 수 있다. 예를 들어 어떤 x_1 좌표들은 각도가 될 수도 있고(이 경우 대응되는 p_i는 단순한 운동량이 아니라 각운동량이다), 아니면 또 다른 일반적인 측정 단위가 될 수도 있다. 그러나 놀랍게도 해밀턴 방정식은 여전히 똑같은 모양을 유지하게 된다. 사실 H를 적당히만 선택하면 해밀턴 방정식은 뉴턴 방정식뿐만 아니라 어떠한 고전 방정식 체계에 대해서도 성립한다. 특히 우리가 잠시 후 살펴볼 맥스웰(-로런츠) 이론에 대해서도 마찬가지이다. 해밀턴 방정식은 특수상대성 이론에 대해서도 또한 참이고, 만약 적절한 조치만 취한다면 일반상대성 이론조차도 해밀턴 이론의 틀에 내포될 수 있다. 뿐만 아니라 나중에 슈뢰딩거의 방정식과 함께 살펴보겠지만, 이 해밀턴 이론의 틀은 양자역학 방정식으로의 도약대 역할을 하게 된다. 지난 1여 세기에 걸쳐 물리 이론에 가해진 모든 혁명적 변화에도 불구하고 동역학 방정식 구조에서 그러한 형식의 통일성이 유지될 수 있다는 것은 참으로 놀라운 사실이다!

위상 공간

해밀턴 방정식의 형식은 매우 강력하고 일반적인 방법으로 고전 시스템의 전개를 '시각화visualize'하고 있다. 각각의 좌표 $x_1, x_2, \cdots, p_1, p_2, \cdots$가 하나의 차원이 되는, 고차원의 '공간'을 상상해보자(수학적 공간은 3차원보다 훨씬 높은 경우도 종종 있다). 이러한 공간을 위상 공간phase space이라 한다(<그림 5-10> 참조). n개의 무제약 입자에 대하여 이것은 6n 차원의 공간이 될 것이다(각 입자에 대하여 3개의 위치 좌표와 3개의 운동량 좌표). 어떤 독자는 하나의 입자에 대해서만도 벌써 자신이 정상적으로 시각화할 수 있는 차원의 2배라고 걱정할지 모른다. 그렇다고 포기해서는 안 된다. 사실 6차원이라 하더라도 쉽게 그려볼 수 있는 수준을 넘어서는 높은 차원이지만, 그것을 그릴 수 있다는 것이 큰 소용은 없을 것이다. 공기 분자로 가득 찬 방 하나에 대한 위상 공간의 차원 수는 다음과 같을 수 있다.

10 000 000 000 000 000 000 000 000 000

이렇게 거대한 공간에 대하여 정확히 시각화를 한다는 것은 기대하기 힘들다! 따라서 단 하나의 입자에 대한 위상 공간에 대해서도 시각화는 시도조차 하지 않는 것이 비결이라면 비결이다. 그저 막연히 3차원(또는 단순히 2차원)의 영역을 상상해보라. <그림 5-10>을 다시 한 번 보기 바란다. 그것만으로도 충분하다.

자, 이제 위상 공간에서 해밀턴 방정식을 어떻게 시각화할 것인가? 먼저 위상 공간의 한 점 Q가 실제로 무엇을 나타내는지 알아야 한다. 그것

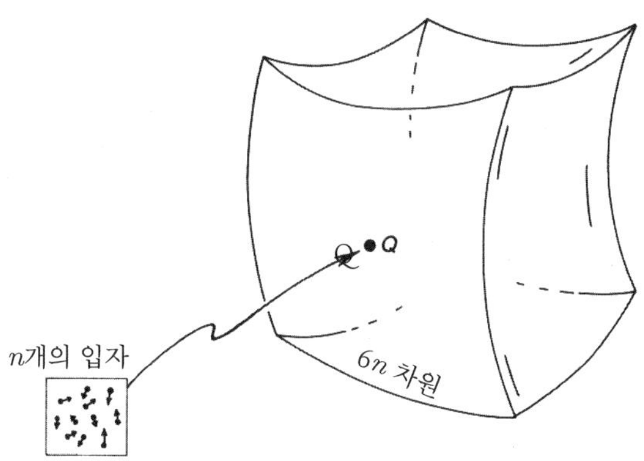

<그림 5-10> 위상 공간. 위상 공간의 한 점 Q는 특정한 물리 체계의 완전한 상태를 나타낸다. 이는 모든 부분의 순간적인 운동까지도 포함한다.

은 모든 위치 좌표 $x_1, x_2, \cdots$와 운동량 좌표 $p_1, p_2, \cdots$에 대한 값들의 특정 집합에 대응하는 것이다. 말하자면 Q는 물리적 체계 전체를 나타내는데, 그 구성 입자 하나하나에 대하여 특정한 운동 상태까지를 지정한 것이다. 해밀턴 방정식은 이 모든 좌표에 대하여, 이들의 현재 값을 알면 그 변화도를 알 수 있게 한다. 즉 그것은 모든 개개의 입자가 어떻게 움직여야 하는지를 좌우한다. 위상 공간의 용어로 다시 말하면, 이 방정식들은 위상 공간에서 점 Q의 현재 위치가 주어질 때 이것이 위상 공간에서 어떻게 움직여야 하는지를 알려준다. 따라서 위상 공간의 각 점에서 Q가 움직이는 방향을 알려줄 수 있는 작은 화살표(정확히 말하면 백터)를 얻게 되는데, 이는 전체 시스템이 시간의 흐름에 따라 어떻게 전개되는가를 설명한다. 화살표들의 전체 배열은 벡터장vector field이라는 것을 구성한다(<그림 5-11> 참조). 그러므로 해밀턴 방정식은 위상 공간의 벡터장을 정의한다.

물리적 결정론이 위상 공간의 관점에서 어떻게 해석되는지 보기로 하자. 우리는 $t = 0$인 시점에서의 초기 자료에 대하여 모든 위치와 운동량 좌표에 지정되는 값들로 이루어진 집합을 가질 수 있다. 즉 위상 공간에서의 한 점 Q를 선택하고, 시간에 따른 시스템의 변화를 알려면 단순히 화살표를 따라가면 된다. 따라서 그 시스템이 얼마나 복잡한가와 관계없이, 시간에 따른 전체적인 변화는 위상 공간에서 한 점이 그것이 접하

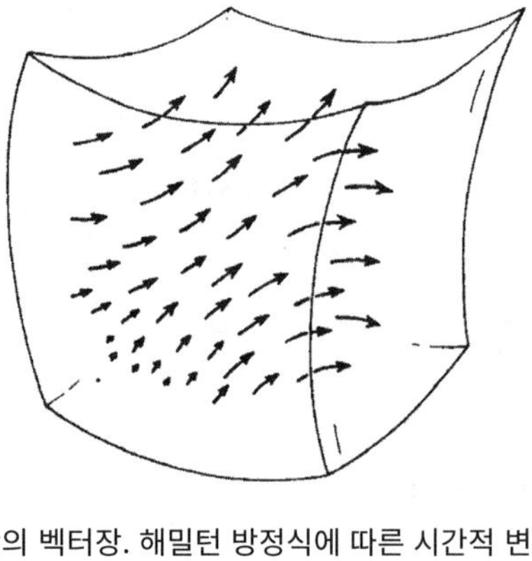

<그림 5-11> 위상 공간의 벡터장. 해밀턴 방정식에 따른 시간적 변화를 표시하고 있다.

는 특정 화살표를 따라 움직이는 것으로 설명될 수 있다. 화살표는 위상 공간에서 점 Q의 '속도'를 나타낸다고 생각할 수 있다. '긴' 화살표에 대해서는 Q가 빠르게 움직이고, 화살표가 짧으면 Q의 움직임도 느려진다. 시점 f에서 어떤 물리적 시스템이 무엇을 하고 있는지 보기 위해서는 그 시점까지 이러한 방법으로 화살표를 쫓아가서 Q가 그 시간에 어디로 움직였는지만 보면 된다. 분명히 이것은 결정적 과정이다. Q가 움직이는 방법은 해밀턴의 벡터장에 의해서 완전히 결정되는 것이다.

계산 가능성 문제는 어떠한가? 위상 공간에서 계산 가능한 점(즉 그 점의 위치와 운동량 좌표가 계산 가능한 수인 점. 제3장 pp. 145-146 참조)으로부터 시작하고 계산 가능한 시간 t 동안 기다린다면, t와 시작점의 좌푯값으로부터 계산 결과 얻어지는 특정 점에서 항상 끝나게 되는가? 그 대답은 분명히 해밀턴 함수 H의 선택에 의해 좌우된다. 사실 H에는 뉴턴의 중력 상수나 빛의 속도와 같은 물리 상수가 나오게 되는데(이들의 정확한 값은 단위의 선택에 따라 달라지겠지만 어떤 것들은 정수일 수 있다), 긍정적인 대답을 얻고자 한다면 이 상수들이 꼭 계산 가능한 수가 되도록 하여야 할 것이다. 만일 그렇다고 가정한다면, 추측건대 물리학에서 보통 마주치는 해밀턴 문제들에 대하여 그 대답은 긍정적일 것이다. 그러나 이것은 단지 추측일 뿐이고, 이 흥미로운 문제는 앞으로 좀 더 연구되었으면 한다.

다른 한편, 내 생각에는 당구공 세계와 관련하여 잠깐 제기되었던 것과 비슷한 이유로 이것이 아주 적절한 이슈는 아닌 것 같다. 그 점이 계산 불가능하다고 말할 수 있으려면 위상 공간의 점들에 대하여 무한대의 정밀도(즉 모든 소수 자리)가 요구되어야 한다. (유한 소수로 표시되는 숫자는 항상 계산 가능하다.) 어떤 수에 대한 소수 전개의 유한 부분이 그 수에 대한 전체 전개의 계산 가능성을 시사하지는 않는다. 그러나 모든 물리적 측정은 그것이 얼마나 정밀하게 수행되는가에 분명한 제약이 있기 때문에 유한개의 소수 자리에 대해서만 정보를 얻을 수 있다. 그렇다면 이것이 과연 물리적인 측정에서 '계산 가능한 수'의 개념 전체를 부정하는 것인가?

사실 물리법칙에서 특정한 (가상적인) 계산 불가능한 요소를 어떻게든지 유용하게 이용하는 장치라면 무제한의 정밀도 측정에 의지해서는 안 될 것이다. 하지만 어쩌면 내가 여기에서 너무 엄격한 노선을 택하고 있는지도 모른다. 여기에 어떤 물리적 장치가 있어서, 잘 알려진 이론적 이유들 때문에 몇 가지 흥미로운 비알고리즘적 수학 과정을 흉내만 낸다고 상상해보자. 그 장치의 정확한 동작은, 그 동작이 항상 정확하게 설명될 수 있다면 그에 대한 알고리즘이 존재하지 않는(제4장에서 제시한 것 같은), 수학적으로 흥미로운 '예/아니요' 형식의 연속적인 질문들에 대하여 옳은 답을 생성하는 것이다. 주어진 모든 알고리즘은 특정 단계에 도달하면 실패할 것이고, 그러한 단계마다 이 장치는 우리에게 새로운 어떤 것을 제시할 것이다. 이 장치는 실제로 특정한 물리적 인자parameter를 더욱더 정밀하게 조사하게 되는데, 그 질문들의 목록에 더 깊이 들어가기 위해서는 더더욱 정확성이 요구될 것이다. 그러나 최소한 일련의 질문들에 대하여 개선된 알고리즘을 찾을 때까지는 유한 단계에서도 이 장치를 통하여 새로운 어떤 것들을 얻을 수 있고, 그때에 가서는 개선된 알고리즘이 답할 수 없는 것들을 얻기 위하여 정확성을 좀 더 높여주어야 할 것이다.

그럼에도 불구하고 물리적 인자의 정확성을 계속 증가시키는 것은 정보를 코드화하는 데에 있어서 여전히 어색하고 만족스럽지 못한 방법으로 보인다. 훨씬 바람직한 방법은 이 정보를 이산적(혹은 '디지털') 형태로 받아들이는 것이다. 목록에서 더 아래에 있는 질문들에 대한 답은 더욱 많은 이산 단위들을 조사하거나, 혹은 이산 단위들의 고정 집합을 반복하여 조사함으로써 얻을 수 있는데, 여기에서 요구되는 무제한의 정보는 더욱더 긴 시간 간격으로 펼쳐 놓을 수 있을 것이다. (이 이산 단위들은 튜링 기계의 0과 1처럼, 각각 on이나 off 상태가 가능한 부분들로 구성된다고 가정할 수 있다.) 이를 위해서는 (구분되는) 이산 상태를 갖는 특정한 형태의 장치가 필요하고, 그것이 역학 법칙에 따라 상황이 전개된 후에도 또다시 이산 상태 집합의 한 상태를 유지할 수 있어야 할 것이다. 이것이 가능하다면 각각의 장치에 대하여 임의의 높은 정밀도를 조사해야 하는 일 따위는 피할 수 있을 것이다.

그렇다면 해밀턴 체계는 실제로 이와 같이 움직이는 것인가? 여기에 필수적인 요소는, 동작에 대한 특정한 형태의 안정성이 존재하여 이 장치가 실제로 어떤 이산 상태에 속하게 될 것인가를 분명히 단정할 수 있어야 한다는 것이다. 일단 한 상태에 들어가면 (적어도 얼마간은) 그 상태에 머물러 있어야 하고, 이 상태 저 상태로 옮겨 다니지 말아야 한다. 뿐만 아니라 시스템이 조금 부정확하게 특정 상태에 도달하게 되면 이 부정확성이 축적되지 않아야 한다. 사실 정말로 필요한 것은, 그러한 부정확성이 시간이 지남에 따라 사라져버리는 것이다. 여기에서 제안된 장치는 연속값을 갖는 인자에 의해 결정되는 입자들(또는 다른 형태의 하위 구성단위)로 이루어져야 할 것이며, 각각의 구분 가능한 '이산' 상태는 연속값을 갖는 이 인자들의 특정 범위를 포함할 수 있어야 할 것이다. (예를 들어 두 가지 이산 상태 중 하나를 선택하는 것을 표현하기 위한 한 가지 방법은 한 개의 입자가 특정한 한 상자 혹은 다른 상자에 들어 있다고 가정해보는 것이다. 그 입자가 실제로 두 상자 중 하나에 있다고 명시하기 위해서는 그 입자의 위치 좌표가 특정 범위 안에 있다고 말할 수 있어야 한다.) 위상 공간의 관점에서 이것이 의미하는 바는 2개의 각 '상태'가 위상 공간의 영역에 상응하여, 같은 영역 내에 있는 다른 점들이 이 장치에서는 같은 상태로 상응해야 한다는 것이다(<그림 5-12> 참조).

이제 그 장치가 이 선택자들 중 특정한 하나에 대응되는 어떤 영역 R_0

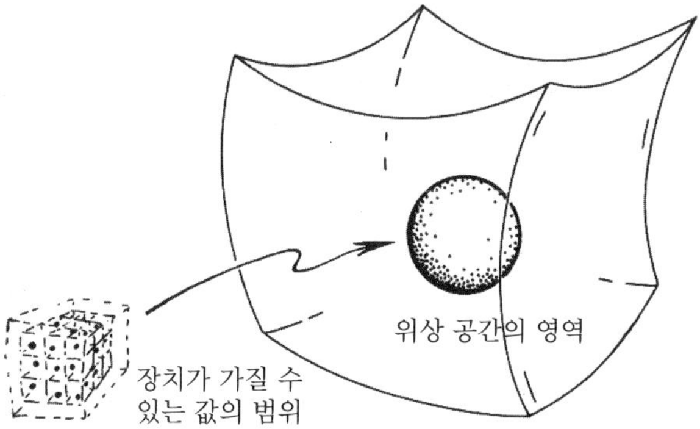

<그림 5-12> 위상 공간에서의 영역은 모든 입자가 가질 수 있는 위치와 운동량 값의 범위로 상응된다. 그러한 영역은 특정 장치가 가질 수 있는 가능한 상태를 표현할 수 있다.

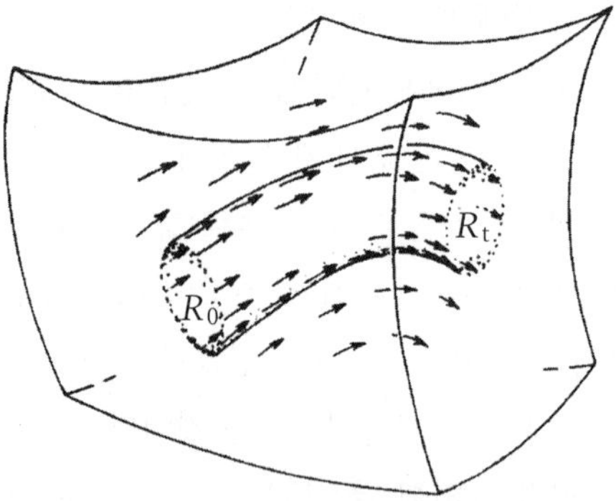

<그림 5-13> 시간이 지남에 따라 위상 공간의 영역 R_0는 벡터장을 좇아 움직여 새로운 영역 R_t로 진입한다. 이 그림은 장치에서 시간 흐름에 따른 시스템의 전개 형태를 보여준다.

내에 있는 위상 공간의 한 점으로부터 출발한다고 가정해보자. R_0가 시간이 지남에 따라 해밀턴 벡터장을 따라 이끌려서 시점 t에 이르러서는 그 영역이 R_t가 되었다고 가정한다. 이것을 그리면서 동시에 이 같은 대안에 해당하는 모든 가능한 시작 상태에 대한 시간 흐름에 따른 시스템의 전개 형태를 상상해보자(<그림 5-13> 참조). 안정성에 대한 문제는(여기에서 관심이 되는 관점에서의) t가 증가함에 따라 영역 R_t가 한 지역으로 몰릴 것인가, 아니면 위상 공간에 넓게 퍼지게 될 것인가 하는 것이다. 만약 그러한 영역이 시간이 지나도 한 지역 내에 머물러 있게 되면 이 시스템은 안정성을 갖는다. 가까이 모여 있는 위상 공간의 점들(그들은 시스템 내에서 서로 매우 닮은 물리적 상태들에 해당한다)은 위상 공간에서 계속 서로 가깝게 모여 있을 것이며, 이들의 사양에 나타나는 부정확성은 시간이 지나더라도 확대되지 않을 것이다. 이들이 불합리할 정도로 퍼진다면 이는 시스템의 양태가 예측 불가능하다는 것을 보여주는 것이다.

과연 해밀턴 시스템에 대하여 일반적으로 무엇을 말할 수 있을까? 위상 공간의 영역들은 시간이 지나면서 확산하는 경향이 있는가, 아니면 그렇지 않은가? 이러한 일반적인 문제에 대하여 우리가 말할 수 있는 것은 거의 없는 것 같다. 그러나 저명한 프랑스 수학자 조제프 리우빌 Joseph Liouville(1809–1882) 이 제시한 아주 훌륭한 정리가 하나 있는데, 그에 따르면 해밀턴 방정식이 어떤 식으로 전개되어 나가더라도 위상 공간에서의 영역의 부피는 일정하게 유지되어야 한다. (물론 여기에서 위상 공간은 꽤 높은 차원을 갖기 때문에 '부피'도 이러한 높은 차원의 관점에서 말하는 것이다.) 그러므로 각 R_t의 부피는 원래 R_0의 부피와 같아야 한다. 일견 이것은 안정성 문제에 긍정적인 답을 주는 것처럼 보인다. 위상 공간 부피의 관점에서 영역의 크기는 증가할 수 없으므로 그 영역이 위상 공간에서 확산하지 못할 것처럼 보인다.

그러나 이것은 속기 쉬운 부분으로, 잘 생각해보면 정반대의 경우가 될 수도 있다는 것을 알 수 있다! <그림 5-14>는 사람들이 일반적으로 생각할 수 있는 형태의 상황을 나타낸 것이다. 초기의 영역 R_0는 작고 '적당한' 모양의 영역으로서 길쭉하지 않고 둥그스름한 모양을 하고 있다고 가정할 수 있는데, 이는 R_0에 속한 상태들이 불합리할 정도의 정밀도에 의존하지 않더라도 특징지어질 수 있음을 나타낸다. 그러나 시간이 지남에 따라 영역 R_1은 비틀리고 뻗치기 시작하는데, 처음에는 그냥 아메바 같지만 그다음에는 위상 공간에서 멀찌기 뻗어나가고 앞뒤로 매우 복잡하게 엉키게 된다. 부피는 실제로 그대로 있지만 같은 작은 부피라 하더라도 위상 공간상에서 매우 얇게 거대한 영역에 걸쳐서 퍼져나갈 수 있는 것이다. 비슷한 상황으로서, 물이 담긴 큰 용기에 작은 잉크 방울이

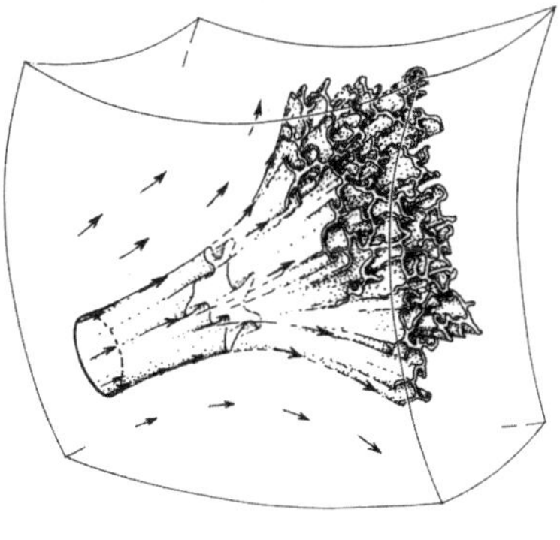

<그림 5-14> 리우빌의 정리에 따르면 시간이 지나더라도 위상 공간의 부피는 불변하지만, 이 부피는 보통 이러한 전개의 극도의 복잡성으로 인하여 바깥쪽으로 퍼져나가게 된다.

떨어져 번지는 모습을 상상해보기 바란다. 잉크에 있는 물질의 실제 부피는 변하지 않지만, 그것은 결국 용기의 내용물 전체에 얇게 퍼지게 된다. 위상 공간의 경우에 영역 R_t도 이와 비슷한 상황이 될 수 있다. 그것이 위상 공간 전체에 걸쳐 퍼지지는 않겠지만(이러한 극한 상황을 '에르고드적ergodic 상태'라 한다), 시작할 때보다는 아주 넓은 영역에 퍼질 것이다(자세한 논의는 Davies, 1974를 참조.)

문제는 부피의 보존이 모양의 보존까지 암시하는 것은 절대로 아니라는 것이다. 작은 영역들은 뒤틀리게 되고, 이 뒤틀림은 거리가 멀어지면서 확대된다. 이 문제는 낮은 차원보다는 고차원 공간에서 더욱 심각해지는데, 그 이유는 영역이 국소적으로 퍼질 수 있는 '방향'이 훨씬 많아지기 때문이다. 실제로 리우빌의 정리는 '도움'이 되는 것은 고사하고, R_t의 크기를 유지하는 데에 오히려 근본적인 문제를 제시하고 있는 것이다! 리우빌의 정리만 아니었더라면 어떤 영역이 위상 공간에서 확산한다는 명백한 경향이 있더라도, 적절한 환경에서는 총 부피가 감소해 상쇄될 수 있다고 생각해볼 수도 있었을 것이다. 그러나 이 정리는 그것이 불가능하다는 것을 말해주고 있고, 우리는 이러한 일반적인 형태의 모든 고전역학(해밀턴) 시스템의 보편적 특징으로 나타나는 놀라운 결과에 직면하지 않을 수 없게 된 것이다![17]

위상 공간에서의 이러한 확산과 관련하여, 우리는 고전역학에서 말하는 예측이라는 것이 도대체 가능하긴 할 것인가라는 질문을 던질 수 있다. 그것은 실로 매우 흥미 있는 질문이다. 이러한 확산이 의미하는 것은, 우리가 (어떤 타당한 제한 내에서) 아무리 시스템의 초기 상태를 정확히 안다고 할지라도 시간이 지남에 따라 불확실성은 증대되게 마련이고, 결

17 리우빌의 위상 공간의 부피가, 해밀턴 전개에서 상수를 유지하는 서로 다른 차원의 '부피'들(푸앵카레 불변값Poincaré invariant이라 불린다)의 집합 전체 중 하나라는 면에서 상황은 실제로 더욱 어렵게 된다. 그러나 내 주장을 밀어붙이는 것에도 정당치 못한 면은 있다. 물리학적 자유도(위상 공간의 부피를 차지하는)를 우리 관심 밖의 곳(예를 들면 무한대 속으로 달아나버리는 방사선과 같이)에다 '버림'으로써 우리가 흥미를 갖는 것에 대한 위상 공간의 부피를 줄일 수 있는 시스템을 생각해볼 수 있기 때문이다.

국 초기 정보 자체도 거의 쓸모가 없어진다는 것이다. 이러한 관점에서 보면 고전역학은 근본적으로 예측 불가능하다고 할 수 있다. (앞에서 다룬 '카오스' 개념을 기억하기 바란다.)

그렇다면 뉴턴 역학은 어떻게 그렇게 성공적인 것으로 보일 수 있었던 것인가? 천체 역학(즉 중력이 작용하는 상황에서의 천체의 움직임)의 경우 그 이유는, 첫째로 질량에 비해 아주 멀리 떨어져 있는 비교적 적은 수의 응집체들(해, 혹성, 달 등)을 다루기 때문이다. 즉 근사치를 구하게 되면 작은 질량을 가진 천체의 건드림 효과perturbing effect는 무시할 수 있고, 다만 질량이 큰 천체들 몇몇만이 서로의 영향력 아래에서 움직인다고 볼 수 있는 것이다. 둘째로는 그 천체를 구성하는 개개의 입자에 적용되는 운동법칙들이 천체 자체의 수준에서도 그대로 적용된다고 볼 수 있기 때문이다. 즉 해와 혹성, 달들은 아주 정밀한 단계까지도 그 자체가 실제로 입자인 것처럼 다루어질 수 있고, 이들 천체를 이루는 입자들의 작고 세세한 움직임에 대해서는 걱정할 필요가 없는 것이다.[18] 또다시 우리는 몇 개의 물체만 고려하면 되게 되었고, 따라서 위상 공간에서의 확산은 중요하지 않게 되었다.

천체 역학과 투사체의 동작(이것은 단지 천체 역학의 특수한 경우이다), 그리고 적은 수의 입자만이 개입되는 단순한 시스템의 연구를 제외하면 뉴턴 역학이 주로 사용되는 방법은 이처럼 '결정적으로 예측 가능한' 것은 전혀 아닌 것으로 보인다. 그보다는 뉴턴의 일반적 틀을 이용하여 그로부터 동작의 전체 특성들을 추론할 수 있는 모델을 만들게 된다. 뉴턴 법

---

18 특히 이 두 번째 사실을 발견한 것은 과학에서 엄청난 행운이었는데, 그것이 없었다면 큰 물체의 역학적 운동은 이해할 수 없었을 것이고, 입자들에 적용되는 정확한 법칙에 대해서도 아무런 힌트를 얻을 수 없었을 것이기 때문이다. 내 추측으로는 뉴턴이 그의 세 번째 법칙을 강력하게 주장한 이유는, 그것 없이는 이러한 미세 물체의 역학적인 양태를 거시적 물체에 적용하는 것이 단순히 불가능하기 때문이었을 것이다. 과학의 발전에 매우 중요한 역할을 한 또 하나의 '기적적'인 사실은, 역제곱 법칙이 중심 물체에 대한 일반 궤도가 단순 기하 형태로 나타나는 유일한 거듭제곱 법칙(거리 제곱에 반비례)이라는 것이다. 만약 그 법칙이나 힘이 단순히 거리에 반비례했거나 반세제곱 법칙이었다면 케플러는 무엇을 했을까?

칙의 몇몇 정밀한 결론들, 예를 들면 에너지, 운동량, 각운동량의 보존 법칙과 같은 것들이 실제로 모든 규모에서 관련성을 갖게 된다. 게다가 통계적 특성들이 개개 입자를 제어하는 운동법칙과 결합할 수 있고, 이를 이용하여 동작에 대한 총체적 예측을 할 수도 있다. (제7장의 열역학에 대한 논의를 참조할 것. 우리가 논의해온 위상 공간의 확산 효과는 열역학 제2법칙과 밀접한 관계가 있으며, 적절한 주의만 따른다면 이 개념을 이용하여 진정한 예측도 가능하다.) 뉴턴이 직접 계산한 공기 중의 음속 계산(1세기가 지나면서 약간의 수정이 있었는데, 마지막 수정은 라플라스가 했다)은 그 좋은 예이다. 그러나 뉴턴(좀 더 일반적으로는 해밀턴) 역학에 내재해 있는 결정론이 실제로 사용되는 경우는 아주 드물다.

이러한 위상 공간에서 확산 효과는 또 하나의 놀라운 결과를 암시한다. 그것은 결과적으로 고전역학은 우리가 사는 세계에 대해서는 참이 될 수 없다는 것이다! 다소 과장이 섞이긴 했지만 어쩌면 크게 틀린 말은 아닐지도 모른다. 고전역학은 입자 시스템의 전체적인 '평균적' 특성만 다루는 유동체(특히 기체, 그러나 대부분의 액체에 대해서도)의 동작은 잘 설명할 수 있을지 모르지만, 더 세밀한 조직적 구조를 필요로 하는 고체에 대해서 설명하는 데에는 문제가 있다는 것이다. 고체가, 위상 공간에서의 확산으로 인하여 조직적 배열이 계속 감소하는 수많은 점 모양의 입자들로 이루어졌다면, 어떻게 그 모양을 계속 유지할 수 있는가 하는 문제가 발생하는 것이다. 이제는 우리도 알게 되었지만, 고체의 실제 구조를 올바로 이해하기 위해서는 양자론이 필요하다. 어떤 이유에서인지 양자 효과가 위상 공간의 확산을 막아주고 있는 것이다. 이것은 후에 다시 살펴보아야 할 매우 중요한 이슈이다(제8장과 제9장 참조).

이 이슈는 '계산 기계'를 구축하는 문제와도 관련이 있다. 위상 공간 확산은 제어되어야 하는 것이다. 위상 공간에서 어떤 계산 장치의 '이산' 상태에 해당하는 영역(앞의 R_0와 같은)은 너무 과도하게 확산되어서는 안 된다. 프레드킨-토폴리의 '당구공 컴퓨터'조차도 적절한 작동을 위해서는 외부의 고형 벽이 필요했던 사실을 기억하기 바란다. 어떤 물체가 많은 입자로 구성되었을 경우 그 물체의 '고형성'은 양자역학을 절실히 필요로 하게 된다. '고전적인' 계산 기계조차도 효과적으로 작동하기 위해서는 양자물리학의 효과를 빌려다 써야 할지도 모른다!

맥스웰의 전자기 이론

뉴턴이 묘사한 세계에서는 작은 입자들이 멀리서 작용하는 힘에 의해 서로에게 영향을 준다고 생각할 수 있는데, 여기에서 입자들은 완전히 점과 같지는 않더라도 가끔씩은 실제 물리적 접촉에 의하여 서로 반동을 일으킨다고 간주될 수 있다. 앞서 언급했듯이(p. 267) 전기와 자기의 힘(이들의 존재는 고대로부터 알려져왔지만 1600년에 윌리엄 길버트William Gilbert와 1752년에 벤저민 프랭클린Benjamin Franklin에 의해 구체적으로 연구되었다)은 거리가 멀어짐에 따라 거리의 제곱에 반비례하여 약해진다는 점에서는 중력과 비슷하게 작용하는데, 이들은 서로 당기기보다는 밀어내는 힘으로 작용하고, 질량보다는 전하(자기의 경우 자극magnetic pole의 힘)가 힘의 세기를 좌우하게 된다. 이 단계에서는 전기와 자기를 뉴턴 방법에 결합하는 것이 크게 어렵지 않다. 빛의 작용 또한 (분명 어려움은 있지만) 대충 그 틀에 끼워 맞출 수는 있는데, 빛을 개개의 입자(광자)로 이루어져 있다고 간주하거나 그것이 어떤 매개체의 파동이라고 보는 것이다. 후자의 경우 이 매개체('에테르')는 그 자체가 입자들로 구성되어 있다고 봐야 한다.

움직이는 전하가 자력을 발생시킬 수 있다는 사실은 문제를 더욱 복잡하게 만들지만 그것이 전체적인 틀을 흐트러뜨리는 것은 아니다. 수많은 수학자와 물리학자(가우스 포함)가 전하의 움직임에 의한 효과에 대한 방정식 체계를 제안했는데, 이들은 대부분 뉴턴의 일반 이론의 기본 틀에 만족하는 것처럼 보였다. 이러한 '뉴턴식' 그림에 처음으로 심각하게 도전한 과학자는 영국의 실험가이자 이론가인 마이클 패러데이Michael Faraday(1791–1867)였다.

이 도전의 내용을 이해하기 위하여, 우리는 먼저 물리적 장field의 개념에 익숙해져야 한다. 우선 자기장magnetic field을 생각해보자. 대부분의 독자는 밑에 자석을 깐 종이 위에 철가루들이 놓였을 때의 움직임을 떠올릴 수 있을 것이다. 그 철가루들은 '자력선'이라는 것을 따라 형성된 뚜렷한 길 위에 정렬해 서게 된다. 이러한 선들은 철가루가 없을 때도 존재한다고 가정할 수 있다. 그것이 바로 자기장을 형성하는 것이다. 공간의 각 점에서 이 '장'은 특정한 방향, 즉 그 점에서의 자기력선의 방향을 향해 있게 된다. 실제로 각 점에서는 하나의 벡터가 있게 되고, 따라서 자기장은 하나의 벡터장을 이룬다. (이것은 앞에서 살펴본 해밀턴의 벡터장과도 비교할 수 있다. 그러나 이제 이것은 위상 공간이 아닌 보통 공간에서의 벡터 장인 것이다.) 마찬가지로 전기로 충전된 물체는 전기장이라 부르는 다른 종류의 장으로 둘러싸이게 되고, 중력장은 무게를 가진 모든 물체를 둘러싼다. 이들도 공간에서의 벡터장이 된다.

이러한 개념들은 패러데이 훨씬 이전부터 알려져왔고 뉴턴 역학의 이론가들에게도 좋은 무기가 되어왔다. 그러나 지배적인 관점은 그러한 '장'들이 그 자체만으로는 실제 물질을 이룰 수 없다고 간주하는 것이었다. 오히려 이들은 여러 지점에 위치하는 입자에 부가되는 힘에 대하여 필요한 부기bookkeeping로서의 역할을 제공하는 것으로 간주되었다. 그러나 패러데이는 (움직이는 코일이나 자석 등을 이용한) 중요한 실험 결과를 통하여 전기와 자기장은 실제로 존재하는 물리적인 '물체'라는 것을 믿게 되었고, 뿐만 아니라 변화하는 전기와 자기장은 때로는 빈 공간에서 서로를 '밀쳐'내어 몸체에서 분리된 일종의 파동을 생성할 수 있다는 사실을 알게 되었다! 그는 빛 자체도 그러한 파동으로 이루어질 수 있다고 추측했다. 그러한 관점은 당시에 지배적이던 '뉴턴식 사고방식'과는 상충되는 것이었는데, 그들에게 장field이란 결코 실제로 '존재'하는 것이 아니고 단지 '참된' 뉴턴식 '실제'인 '멀리서 본 점 입자의 운동'에 대한 편리한 수학적 부속물로 여겨졌던 것이다.

패러데이의 실험 결과와 뛰어난 프랑스 물리학자 앙드레 마리 앙페르André Marie Ampère(1775-1836) 등의 결과에 직면한 스코틀랜드의 위대한 물리학자이자 수학자인 맥스웰(1831-1879)은 패러데이의 영감에 따라 그러한 실험 결과로부터 나올 수 있는 전기와 자기장에 대한 수학 공식을 찾고자 노력했다. 그는 놀라운 통찰력을 발휘하여 방정식을 약간 변형시킬 것을 제안했는데, 그 변화는 아주 작아 보였지만 그것이 내포하는 바는 매우 근본적인 것이었다. 그리고 그러한 변화는 전혀 기존의 실험 결과들로부터 제시되지 않았다(비록 이들 실험 결과와 일관되기는 하지만). 그것은 맥스웰 자신의 이론적 필요성에 의한 것이었는데, 일부는 물리학적, 일부는 수학적, 그리고 일부는 미적인 필요성에 의한 것이었다. 맥스웰 방정식이 암시하는 것 중 하나는 전기장과 자기장이 실제로 서로를 빈 공간에서 '밀어낸다'는 것이다. 진동하는 자기장은 진동하는 전기장을 생성하고(이것은 패러데이의 실험 결과에서도 암시되었다), 이 진동하는 전기장은 다시금 진동하는 자기장을 생성하게 되며(맥스웰의 이론적 추론에 따라), 이러한 과정이 계속 반복된다(그 파동에 대한 자세한 그림은 <그림 6-26>과 <그림 6-27> 참조). 맥스웰은 공간에서 이 효과가 전파되는 속도를 계산할 수 있었는데, 그것은 바로 빛의 속도였다! 뿐만 아니라 이러한 소위 전자기파electromagnetic wave는 오랫동안 알려져온 빛의 속성들, 즉 간섭 현상interference과 불가사의한 편광 현상polarization 등을 나타낸다고 보았다. (제6장 p. 354, p. 404에서 다시 이 문제를 다룰 것이다.) 가시광선의 속성들, 즉 이들이 특정한 파장의 범위($4-7\times10^{-7}$m)를 갖는다는 사실을 설명했을 뿐만 아니라 다른 파장의 전자기파들도 발생할 수 있다는 것, 특히 전선에 흐르는 전류에 의하여 생성된다는 것 역시 예견했다. 그러한 파장의 존재는 독일의 위대한 물리학자 하인리히 헤르츠Heinrich Hertz에 의해 1888년에 실험적으로 확인되었다. 패러데이의 단순한 영감에 따른 희망이 맥스웰의 놀라운 방정식에 의하여 확고한 기반을 갖게 된 것이다!

여기에서는 맥스웰 방정식의 자세한 내용을 다룰 필요는 없겠지만 이들을 잠시 훔쳐보는 것도 해롭지는 않을 것이다.

$$\frac{1}{c^2}\cdot\frac{\partial E}{\partial t} = curl\,B - 4\pi j, \quad \frac{\partial B}{\partial t} = -\,curl\,E$$

$$divE = 4\pi\rho \qquad divB = 0$$

여기에서 E, B와 j는 각각 자기장, 전기장, 전류를 나타내는 벡터장들이다. ρ는 전하의 밀도를 나타내고, c는 단순한 상수로서 광속을 나타낸다.[19]

'curl'과 'div'라는 용어에 대해서는 유념할 필요가 없다. 이들은 단순히 다른 종류의 공간적 변형을 나타낸다. (이들은 그 공간 좌표에 대한 편미분 도함수 연산의 특정한 조합이다. 해밀턴의 방정식에서 보았던 기호 ∂의 '편미분' 연산을 기억하기 바란다.) 첫 번째 두 방정식의 좌변에 나타나는 $\frac{\partial}{\partial t}$ 연산자는 그 효과에서는 해밀턴 방정식에서 사용된 '점dot'과 동일한데, 그 차이는 단순히 기술적인 것이다. 따라서 $\frac{\partial E}{\partial t}$는 '전기장의 변화도'를 의미하고 $\frac{\partial B}{\partial t}$는 '자기장의 변화도'를 의미한다. 첫 번째 방정식[20]은 전기장이 시간에 따라 어떻게 변하는가를 그 시점에서의 자기장과 전류의 상태로써 설명한 것이며, 두 번째 방정식은 자기장이 시간에 따라 어떻게 변하는가를 그 시점에서의 전기장의 상태로 설명한 것이다. 또 세 번째 방정식은, 대충 말하자면 (그 시점에서의) 전기장이 전하의 분포와 어떻게 연관되어야 하는가를 말해주는 역제곱 법칙의 코드화된 형식이고, 네 번째 방정식은 자기장에 대한 같은 내용인데, 단지 이 경우 '자기 전하'magnetic charge(분리된 '북극'이나 '남극' 입자들)는 없다.

이 방정식들은 시간에 따른 관련 양quantity(이 경우 전기장과 자기장)의 변화도를 그 시점에서의 그들 값의 크기로써 나타낸다는 점에서 해밀턴의 방정식과 약간 비슷하다. 그러므로 맥스웰 방정식은 일반적인 해밀턴 이론이 그런 것처럼 결정적이다. 유일한 차이점(이는 매우 중요한 차이점인데)은 맥스웰 방정식이 입자 방정식이 아니라 장에 대한 방정식이라는 점이다. 이것은 입자 이론에서 유한개의 매개 변수(각 입자에 대하여 위치를 나타내는 3개의 좌푯값과 운동량을 나타내는 3개의 좌푯값)를 필요로 하는 것과

---

19 나는 여러 가지 장field에 대한 단위를, 가능하면 맥스웰이 원래 그의 방정식에서 제시한 형태와(단지 그의 전하 밀도charge density가 나의 $c^{-2}\rho$에 해당한다는 것을 제외하면) 거의 비슷하게 들어맞도록 선택했다. 단위를 다르게 정했더라면 c의 인수는 달리 설정되었을 것이다.

20 이 방정식에 $\frac{\partial E}{\partial t}$가 등장하는 것이야말로 맥스웰이 이론적 추론에서 대가의 면모를 보이는 것이다. 이 외의 공식의 모든 부분은 직접적인 실험 결과들에 의하여 이미 알려져 있었다. 상수 계수인 $\frac{1}{c^2}$은 아주 미세하기 때문에 실험적으로 측정되지는 못했다.

는 달리, 시스템의 상태를 표현하는 데 무한개의 매개 변수(공간상의 모든 점에 대한 장벡터)가 필요하다는 것을 의미한다. 따라서 맥스웰 이론에 대한 위상 공간은 무한대의 차원을 갖는 공간이다! (앞에서 언급한 바와 같이 맥스웰 방정식은 일반적인 해밀턴 이론의 틀 속에 내포될 수 있으나, 이 틀은 이러한 무한대의 차원 때문에 약간 확대되어야 한다.)[21]

과거의 이론에 비하여 물리적 실체를 묘사할 때 맥스웰 이론이 제시한 근본적으로 새로운 요소는, 이제는 장이라는 것이 그 자체로서 심각하게 받아들여져야 하며, 뉴턴 이론에서처럼 '실제' 입자들에 대한 단순한 수학적 부속물로 취급되어서는 안 된다는 것이다. 실제로 맥스웰은 장이 전자기파처럼 전파될 때는 일정량의 에너지를 보유한다는 사실을 보여주었다. 그리고 그 에너지에 대한 명확한 공식도 제시할 수 있었다. 에너지가 이처럼 '몸체가 없는' 전자기파에 의하여 이리저리로 운반될 수 있다는 놀라운 사실은 헤르츠가 그러한 파동을 감지함으로써 실험적으로도 확인되었다. 라디오 전파가 에너지를 운반할 수 있다는 것은 (여전히 놀라운 사실임에는 틀림없지만) 이제는 우리에게 친숙한 사실이다.

계산 가능성과 파동 방정식

맥스웰은 그의 방정식으로부터 전하나 전류가 없는(즉 앞의 방정식에서 $j=0$, $\rho=0$) 공간 영역에서는 전기와 자기장의 모든 구성 요소가 파동 방정식wave equation[22]이라 불리는 식을 만족시켜야 한다는 것을 직접 유도할 수 있었다. 파동 방정식은 맥스웰 방정식의 '간소화된 형태'로 볼

21 실제로 우리는 무한개의 x_i와 p_i를 갖게 된다. 그러나 이보다 더 복잡한 것은 이들 좌푯값으로 장field의 값을 그냥 사용할 수 없다는 점이다. 해밀턴 방식이 적용되기 위해서는 맥스웰 장에 대한 특정한 '포텐셜'이 필요하다.

22 파동 방정식(혹은 달랑베르 방정식)은 다음과 같이 기술될 수 있다.

$$\left\{(\frac{1}{c^2})(\frac{\partial}{\partial t})^2-(\frac{\partial}{\partial x})^2-(\frac{\partial}{\partial y})^2-(\frac{\partial}{\partial z})^2\varphi=0\right\}$$

수 있는데, 이는 전기와 자기장의 여섯 가지 모든 요소가 아닌 하나의 값에 대한 공식이기 때문이다. 그 방정식의 해는 파동과 같은 모습을 보이는데, 맥스웰 이론에서의 '편광'(전기장 벡터의 방향, p. 404 참조)과 같은 복잡성이 추가되지 않는 특성이 있다.

파동 방정식이 흥미를 끄는 또 한 가지 이유는 그것의 계산 가능성에 관한 속성이 특별히 연구되어왔기 때문이다. 실제로 마리안 푸르엘Marian B. Pour-El과 이언 리처즈Ian Richards(1979, 1981, 1982, 1989 참조)는, 파동 방정식의 해법이 일반적 의미에서 결정적인(즉 초기에 주어지는 데이터가 이후의 모든 시간의 해를 결정하는) 것처럼 보이지만, 어떤 '특이한' 종류의 계산 가능한 초기 데이터가 존재하여 이후의 계산 가능한 시각에 의해 결정된 장에 대한 수치가 실제로 계산 가능하지 않다는 속성을 갖는다는 사실을 보일 수 있었다. 따라서 그럴싸한 물리 장 이론도(우리가 사는 세계에서 실제로 성립하는 맥스웰 이론 정도는 아니더라도) 푸르엘과 리처즈의 관점에서 보면 계산 불가능한 형태로 전개될 수 있다는 것이다!

표면적으로 보면 이것은 매우 놀라운 결과이다. 그리고 앞 절에서 밝힌, '적절한' 의미의 해밀턴 시스템은 계산 가능할 것이라는 추측에 정면으로 대치되는 것처럼 보인다. 그러나 푸르엘과 리처즈의 결과가 분명 놀랍고 수학적으로 합당한 한편으로 물리학적인 의미에서 앞의 추측과 완전히 모순되는 것은 아니다. 그 이유는 그들의 '특이한' 초기 데이터에 있어서, 물리학적으로 받아들일 수 있는 장들에 일반적으로 요구되는 '완만한 변화'가 이루어지지 않기 때문이다.[23] 실제로 푸르엘과 리처즈는 우리가 이러한 종류의 장을 허용하지 않는다면 파동 방정식에서 계산 불가능성은 발생할 수 없다는 사실을 증명할 수 있었다. 어떻든 이러한 형태의 장이 허용된다 하더라도 특정한 물리적 '장치'(인간의 두뇌와 같은?)가 어떻게 그러한 '계산 불가능성'을 이용할 수 있는가 하는 문제는 납득하기 어렵다. 임의의 높은 정밀도를 갖는 측정이 허용될 때라야만 그것이 타당할 수 있지만, 앞에서 설명한 바와 같이 그것은 물리적으로 실현

23 이것은 2차 미분이 가능하지 않다.

불가능하다. 그럼에도 불구하고 푸르엘과 리처즈의 연구 결과는 지금까지 거의 진척된 적이 없는 매우 중요한 탐구 분야에 대한 흥미로운 시작이라는 데에서 의의를 찾을 수 있다.

운동에 대한 로런츠 방정식: 고삐 풀린 입자

맥스웰 방정식은 사실 방정식의 체계로서 완벽한 것은 아니다. 그것은 전하와 전류의 분포가 주어졌을 때 전기와 자기장이 파급되는 방법을 잘 묘사한다. 이 전하들은 물리적으로 전기를 띤 입자(주로 전자와 양성자)들로 이루어지는데, 그러한 입자들의 움직임으로부터 전류가 발생하게 된다. 이러한 입자들이 어디에 있고 어떻게 움직이는지를 알 수만 있다면 맥스웰 방정식으로부터 전자기장이 어떻게 움직일 것인지를 알 수 있다. 반면에 맥스웰 방정식으로부터 알 수 없는 것은 그 입자들 자체가 어떻게 움직일 것인가 하는 것이다. 이 질문에 대한 답은 맥스웰 시대에도 부분적으로는 알려져 있었다. 그러나 이에 대한 만족할 만한 방정식 체계는 1895년 네덜란드의 위대한 물리학자 로런츠가 특수상대성 이론의 방정식과 관련된 아이디어를 이용하여 전기 띤 입자들에 대한 로런츠의 운동 방정식을 유도해냄으로써 정착되기에 이르렀다(Whittaker, 1910 참조). 이 방정식은 전기를 띤 입자의 속도가, 그 입자가 위치한 점에서의 전기장 및 자기장에 의해서 어떤 방식으로 계속 변하는가를 설명해준다.[24] 로런츠 방정식과 맥스웰 방정식을 병합하면, 전기 띤 입자들과 전자기장 모두의 시간 전개에 대한 규칙을 얻을 수 있다.

---

24 로런츠 방정식은 전기 띤 입자charged particle에 대하여 그것이 위치한 전자기장에 의한 힘이 무엇인지를 말해준다. 그래서 만약 그것의 질량을 안다면 뉴턴의 제2법칙에 의하여 그 입자의 가속도를 알 수 있다. 그러나 전기를 띤 입자는 때로는 빛과 거의 같은 속도로 움직이기 때문에 특수상대성 효과가 중요하게 되고, 그 입자의 질량이 실질적으로 무엇이 되어야 하는가에 영향을 주게 된다(다음 장 참조). 전기를 띤 입자에 대한 올바른 힘의 법칙 발견이 특수상대성의 탄생 이후로 늦어진 것은 이러한 이유 때문이다.

그러나 모든 것이 전적으로 이 방정식 체계에 맞아떨어지는 것은 아니다. 그 장들이 입자의 지름 크기(이 크기를 전자의 '고전 반경classical radius' 만큼, 즉 약 10^{-15}m로 잡았을 때) 정도의 규모까지 아주 균일하고, 입자들의 움직임도 너무 격렬하지만 않다면 이 식은 아주 좋은 결과를 제공한다. 그러나 여기에는, 경우에 따라서는 중요할 수도 있는 원칙적인 어려움이 따른다. 로런츠의 방정식에서는 전기 띤 입자가 위치한 정확한 점에서의 전자기장을 조사하는 것이 필수적이라는 것이다(그리고 그 결과로 그 점에서의 '힘'을 제시한다). 입자의 크기가 한정되어 있다면 과연 그 점의 위치를 어디로 택할 것인가? 그 입자의 '중앙'을 택할 것인가, 아니면 표면의 모든 점에 대하여 장 전체의 ('힘'에 대한) 평균을 취할 것인가? 만약 장이 입자의 크기 규모에서 일정하지 않다면 차이가 발생할 수 있다. 또 다른 문제는 이보다 더욱 심각하다. 입자의 표면(또는 중앙)에 있는 장은 실제로 무엇인가? 우리가 다루는 것이 늘 전기 띤 입자라는 사실을 기억하기 바란다. 입자가 놓여 있는 '배경장' 이외에도 입자 자체로부터 생성되는 전자기장이 있을 것이다. 그 입자 자체의 장은 입자의 '표면'에 가까워질수록 거대한 힘을 갖게 되어 그 이웃에 있는 다른 장들을 쉽게 압도할 것이다. 뿐만 아니라 그 입자를 둘러싸고 있는 장은 대체로 바깥쪽(혹은 안쪽)을 직접 향하게 되어 결과적으로 입자가 반응해야 하는 실제 장은 전혀 균일하지 않게 되고, 입자의 '내부'는 고사하고 그 '표면'의 각 지점에서도 위치에 따라 여러 가지 다른 방향을 가리키게 될 것이다(<그림 5-15> 참조). 이제 우리는 입자 위에 주어지는 여러 가지 힘이 입자를 돌게 하는 경향이 있는가, 아니면 그것을 뒤틀리게 하는 경향이 있는가를 걱정해야 하고, 이들이 어떠한 탄성을 갖는가 등의 문제에 대해서도 알아보아야 한다(그리고 여기에는 상대성과 관련하여 특별히 문제가 될 수 있는 이슈들도 존재하는데, 이에 관해서는 더는 독자를 걱정시키지 않겠다). 분명히 문제는 전에 생각한 것보다 훨씬 더 복잡해지는 것이다.

어쩌면 입자를 하나의 점 입자point particle로 간주하는 것이 나을지도 모른다. 그러나 이것은 또 다른 종류의 문제를 야기하는데, 그렇게 되면 그 입자 바로 주변에서 전기장의 크기가 무한대가 되기 때문이다. 로런

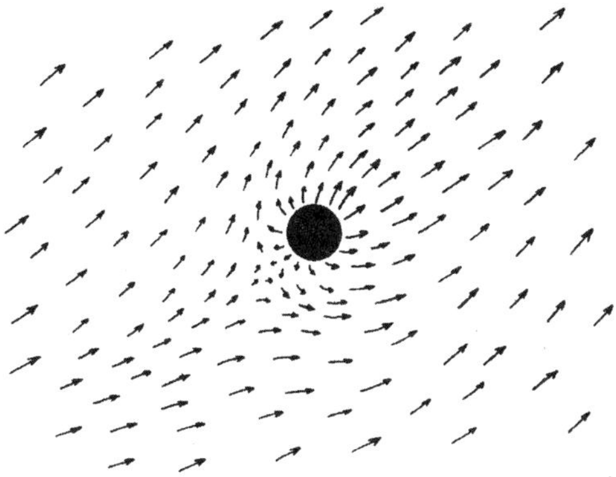

<그림 5-15> 로런츠의 운동에 관한 방정식을 어떻게 엄격히 적용할 것인가? 전기 띤 입자에 주어지는 힘은 그 입자 자신의 장이 그곳에서는 큰 힘을 발휘하기 때문에 단순히 그 입자의 위치에서 조사하여 얻을 수 있는 것은 아니다.

츠 방정식에 따르자면, 만약 그 자신이 속해 있는 전자기장에 대하여 어떤 식으로든 반응해야 한다면 그것은 무한 장infinite field에 대하여 반응해야 함을 의미한다! 로런츠의 힘의 법칙이 의미를 가지려면 각 입자가 명확히 반응할 수 있는 한정된 배경장만 남을 수 있도록 입자 자신의 장을 제외할 방법을 찾아야 한다. 이것을 어떻게 할 수 있는가 하는 문제는 1938년 디랙(이 이름은 나중에 다시 나올 것이다)에 의해 해결되었다. 그러나 디랙의 방법은 몇 가지 위험한 결론을 내포하고 있다. 그가 발견한 내용은, 입자와 장들의 행동 방식이 초기 데이터에 의해 결정되기 위해서는 각 입자의 초기 위치와 속력뿐만 아니라 그들의 초기 가속도까지도 알려져야 한다는 것이다(이것은 표준 역학 이론의 관점에서 보면 다소 변칙적인 상황이다). 대부분의 초기 가속도 값에 대하여 입자들은 각자 빛의 속도에 육박할 정도의 매우 빠른 속도로 가속화되어 결국엔 완전히 미친 듯이 움직이게 된다! 이것이 디랙의 '고삐 풀림 이론runaway solution'인데, 자연계에서 실제로 일어나는 그 어떤 현상에도 대응되지 않는다. 누군가가 적당한 초기 가속도 값을 택하여 고삐 풀림을 통제할 수 있는 방법을 찾아야만 한다. 이것은 항상 가능하기는 하지만 '선견지명'이 있어야 한다. 즉 어떤 것이 고삐 풀린 결과가 될지를 미리 예상하여 그것을 피하도록

초기 가속도를 지정해주어야 한다. 하지만 이것이 정상적인 결정적 물리 문제에서 초깃값을 부여하는 방법은 결코 아니다. 통상적인 결정론에서 그러한 데이터는, 그것이 앞으로 어떻게 행동할 것인가에 구애되지 않고 임의로 주어져야 한다. 여기에서는 과거의 한 시점에서 지정된 초깃값에 의하여 미래가 완전히 결정될 뿐만 아니라, 그러한 초깃값의 지정 자체도 미래의 상황이 실제로 '타당성'이 있어야 한다는 요구 사항에 의하여 엄격히 제한된다!

이것이 기본적인 고전 방정식 체계에서 우리가 얻을 수 있는 것의 한계이다. 여러분은 고전물리학 법칙에서의 결정론과 계산 가능성의 이슈가 매우 혼탁해졌음을 느낄 수 있을 것이다. 물리법칙에는 실제로 미래가 과거에 일어난 일에 대해 어떤 식으로든 영향을 미치는 목적론적 teleological인 요소가 존재하는 것일까? 사실 물리학자들은 보통 이러한 고전적인 전기역학(전기 띤 입자들과 전자기장의 고전적 이론)이 암시하는 것들이 현실을 진실되게 묘사하고 있다고는 생각하지 않는다. 앞의 문제들에 대한 그들의 일반적인 대답은, 전기 띤 개개의 입자의 경우 양자 전기역학quantum electrodynamics의 영역에 속하기 때문에 엄밀한 고전적 절차만으로는 적당한 해답을 얻는 것 자체를 기대할 수 없다는 것이다. 이것은 의심의 여지가 없는 사실인 한편, 나중에도 보겠지만 양자론 자체 역시 이 점에 대해서는 문제가 있다. 사실 디랙이 전기 띤 입자의 역학에 대한 고전적인 문제를 고려하게 된 바로 그 이유가 그렇게 함으로써 (좀 더 물리학적으로 적합한) 양자 문제에 존재하는 더욱 근본적인 어려움을 해결할 통찰력을 얻을 수 있지 않을까 하는 생각 때문이었다. 우리는 나중에 양자론의 문제점에 직면해야 할 것이다!

아인슈타인의 특수상대성 이론과 푸앵카레

정지된 좌표계에서 움직이는 좌표계로 바뀌더라도 갈릴레이-뉴턴의 물리법칙들은 전혀 변하지 않는다는 갈릴레이의 상대성 원리를 기억해보자. 이것은 단순히 우리 주변에 있는 물체들의 운동 형태만 보고서는 우리가 정지되어 있는지, 아니면 특정 방향을 향해 일정한 속력으로 움직이고 있는지를 확신할 수 없다는 것이다. (바다에 떠 있는 갈릴레이의 배를 기억하기 바란다. pp. 260-261) 그러나 맥스웰 방정식을 이 법칙에 대입한다고 가정해보자. 과연 갈릴레이의 상대성 이론은 여전히 성립할 것인가? 맥스웰의 전자기파는 고정된 속도 c(광속)로 전파된다는 것을 기억하기 바란다. 상식적으로 생각해보면, 만일 우리가 어떤 방향으로 빠르게 움직인다면 그 방향으로 나아가는 빛의 속도는 c 이하로 감소하고(우리가 그 방향으로 빛을 따라잡기 위해 움직이므로) 반대 방향의 빛의 속도는 당연히 거기에 맞추어 c 이상으로 증가함으로써(우리가 빛으로부터 멀어지는 방향으로 움직이므로) 맥스웰 이론의 고정값 c와는 달라진다. 사실 이 경우에는 상식이 옳다. 즉 뉴턴과 맥스웰 방정식을 결합하면 갈릴레이의 상대성은 만족하지 않을 것이다.

그러한 문제에 대한 걱정 때문에 아인슈타인은 1905년(사실 그 이전에 푸앵카레도 그랬지만[1898-1905]) 특수상대성 이론을 연구하게 되었다. 푸앵카레와 아인슈타인은 각각 독자적으로 맥스웰 방정식도 상대성 원리를 만족한다는 사실을 발견했다(비교: Pais, 1982). 즉 그 방정식들은 고정된 기준틀frame of reference에서 움직이는 기준틀로 옮겨가더라도 변하지 않는다는 비슷한 속성을 갖는다. 다만 이에 필요한 규칙들은 갈릴레이-뉴턴 물리 규칙들과는 양립될 수 없다! 이 두 가지가 양립 가능하려면 둘 중 하나의 방정식을 수정하든지, 아니면 상대성 원리 자체를 포기해야 한다.

아인슈타인은 상대성 원리를 포기할 마음이 없었다. 그의 비범한 물리학적 본능은 그러한 원리들이 이 세계의 물리법칙에서 꼭 지켜져야만 한다고 고집하고 있었다. 뿐만 아니라 거의 모든 알려진 현상에 대하여, 갈릴레이-뉴턴의 물리학이 빛의 속도에 비해 아주 작은 속도에 대해서만 검증되었다는 사실을 그는 잘 알고 있었는데, 그러한 속도에서는 앞서 언급한 양립 불가능성이 거의 문제가 되지 않았다. 빛 자체만이 그러한 모순이 부각될 정도의 빠른 속도를 갖는다는 사실이 알려졌다. 그러므로 어느 상대성 이론을 채택해야 하는가는 빛이 어떻게 움직이는가에 달려 있는데, 빛을 관장하는 방정식은 맥스웰 방정식이다. 따라서 맥스웰 이론에 대한 상대성 원리는 지켜져야 하고 갈릴레이-뉴턴의 법칙은 그에 적합하게 수정되어야만 한다!

푸앵카레와 아인슈타인에 앞서 로런츠도 이 문제들을 언급하고 부분적인 해답을 제시한 바 있다. 로런츠는 1895년경 물질을 서로 묶는 힘은 전자기적인 특성을 지닌다는 관점을 갖게 되었고(그것은 사실임이 밝혀졌다), 그 때문에 실제 물체의 움직임도 맥스웰 방정식에서 파생된 법칙을 따라야 한다고 주장했다. 이것이 암시하는 한 가지 결론은, 광속과 비슷한 속도로 움직이는 물체는 움직이는 방향으로 약간 수축한다는 것이다('피츠제럴드-로런츠의 수축.' 조지 프랜시스 피츠제럴드George Francis FitzGerald는 아일랜드 더블린의 자연·실험 철학 교수이자 물리학자였다). 로런츠는 이것을 이용하여, 1887년 앨버트 마이컬슨Albert A. Michelson과 에드워드 몰리Edward W. Morley가 수행한 이해할 수 없는 실험의 결과를 설명하고자 했는데, 그 실험 결과는 전자기 현상이 '절대적인' 정지 상태의 프레임을 결정하는 데 사용될 수 없음을 나타내는 듯했다. (마이컬슨과 몰리는 지구 표면에서의 겉보기 광속이 예상과는 달리 태양 주위를 도는 지구의 움직임에 의해 영향을 받지 않는다는 것을 보였다.) 물질은 과연 항상 그(일정한) 움직임이 국소적으로는 감지될 수 없는 것인가? 이것은 로런츠의 대략적인 결론이었다. 더욱이 그의 관심은 물질에 대하여, 전자기력 이외의 어떠한 힘도 중요시되지 않는 특정한 이론에 국한되어 있었다. 뛰어난 수학자였던 푸앵카레(1905년)는 맥스웰 방정식의 기초가 되는 상대성 원리에 따라, 균일한 움직임은 국소적으로 전혀 감지될 수 없도록 하는, 물질의 움직임에 대한 정확한 방법이 있다는 것을 보일 수 있었다. 그는 또한 이 원리가 내포하는 물리법칙들(나중에 잠시 살펴볼 '동시 상대성relativity of simultaneity'을 포함)에 대해서도 많은 것을 알게 되었다. 그는 이것을 하나의 가능성으로만 여겼는데, 즉 특정한 형태의 상대성 원리가 꼭 지켜져야 한다는 아인슈타인의 확신에는 동참하지 않았던 것 같다.

맥스웰 방정식에 따른 상대성 원리(특수상대성이라 불리게 된)는 다소 이해하기 어렵고, 처음에는 우리가 살고 있는 세계의 속성이라고 받아들이기 어려운 수많은 비직관적인 요소를 가지고 있다. 실제로 특수상대성 이론은, 1908년 풍부한 창의력과 통찰력을 지닌 러시아계 독일인 기하학자 헤르만 민코프스키Hermann Mikowskii(1864-1909)에 의해 소개된 더욱 진보된 개념을 이해하지 못하면 올바로 파악하기 어렵다. 민코프스키는 취리히공과대학교Zürich Polytechnic에서 아인슈타인을 지도한 스승 중 한 사람이다. 그가 소개한 근본적이고 새로운 개념은 공간과 시간이 하나의 객체entity로서 간주되어야 한다는 것이다. 즉 4차원 시공간인 셈이다. 1908년 민코프스키는 괴팅겐대학교에서 행한 유명한 강의에서 다음과 같은 내용을 발표했다.

> 앞으로 공간 자체, 그리고 시간 자체는 그림자 속으로 흐릿하게 사라질 운명에 놓여 있다. 그리고 이들의 일종의 연합체만이 독립적인 실체를 지니게 될 것이다.

민코프스키의 놀라운 시공 개념으로 특수상대성의 기반 지식을 이해해 보기로 하자.

시공 개념은 그것이 4차원이기 때문에 시각화하기가 어렵다. 그러나 우리는 이미 위상 공간을 거쳐온 바 있으므로 4차원쯤이야 문제가 안 될 것이다! 전과 같이 약간의 '트릭'을 쓰면 더 낮은 차원의 공간에 그것을 묘사할 수 있는데, 그러나 이제는 그 트릭의 정도가 훨씬 덜하기 때문에 우리의 묘사도 그만큼 더 정확해질 수 있다. 2차원(하나의 공간과 하나의 시간)만으로도 대부분의 경우 충분하겠지만, 약간 모험을 하여 3차원(두 공간과 하나의 시간)으로 높이더라도 독자들이 이해해주기 바란다. 이렇게 함으로써 꽤 훌륭한 그림이 가능해질 것이고, 그 개념이 원칙적으로 별다른 변화 없이 완전히 4차원 상황으로 확장될 수 있다는 것도 그다지 어렵지 않게 받아들일 수 있을 것이다. 시공간 도표에서 명심해야 할 것은 그림의 각 점이 하나의 사건event을 나타낸다는 것이다. 즉 한 시점에서 공간의 점은 단지 순간적으로만 존재하며, 전체 그림은 과거, 현재, 미래의 모든 시간의 흐름을 나타낸다. 하나의 입자는 시간에 대해 지속적이기 때문에 점이 아닌 선으로 표현되며, 이 선을 그 입자의 세계선world-line이라 칭한다. 이 세계선(일정한 속도로 움직이면 직선이고, 일정하지 않게 가속되는 경우 곡선이다)은 입자의 존재에 대한 전체적인 역사를 설명하게 된다.

<그림 5-16>에서는 시공간을 2개의 공간과 하나의 시간 차원으로 묘사했다. 수직 방향으로 측정되는 표준 시간 좌표 t와 수평으로 측정되는 2개의 공간 좌표 x/c, z/c가 있다고 가정하자.[25] 중심의 원추는 시공의 원점 O에 대한 (미래의) 광원추light cone이다. 이것의 중요성을 이해하기 위하여 사건 O에서 폭발이 발생한다고 가정해보자(따라서 이 폭발은 시간 $t = 0$일 때 공간의 원점에서 일어난다). 그 폭발로부터 발산되는 빛의 역사가 바로 이 광원추이다. 2차원 공간에서 이야기하자면, 빛의 순간적인 번쩍임에 대한 역사는 절대속도 c로 바깥쪽을 움직이는 원이 될 것이다. 그리고 완전한 3차원의 공간에서 이것은 구가 될 것이다(빛의 구형 파두면wave-front). 그러나 여기에서는 y축의 공간 방향을 압축했기 때문에 그냥 원을 얻게 된다. 마치 연못에 돌을 던졌을 때 수면에서 발산되는 원형의 잔물결과 같은 형태이다. 원추를 위로 올라가며 수평으로 계속 자르게 되면 시공간에서도 이 원을 볼 수 있다. 이러한 수평의 평면은 시간 좌표 t의 증가에 따라 달라지는 공간적 형태를 나타낸다. 그런데 상대성 이론의 특성 중 하나는 물질의 입자가 결코 빛보다 빨리 움직일 수 없다는 사실이다(여기에 대해서는 나중에 더 자세히 다루겠다). 따라서 폭발로 인해 나오는 모든 물질 입자는 빛의 뒤로 처져야 한다. 이것은 시공간에서 폭발로 방출된 모든 입자의 세계선이 광원추 안에 놓여야 한다는 것을 의미한다.

때때로 빛을 전자기파라기보다는 광자라 불리는 입자로 설명하는 것이 편리할 때가 있다. 잠시 '광자'라는 것을 전자기장 내의 작은 하나의 고주파 진동 '묶음packet'으로 생각해보자. 다음 장에서 살펴볼 양자에 관한 설명의 문맥에서는 그 용어가 오히려 물리적으로 더 적절할지도 모른다. 그러나 '고전적인' 광자 또한 여기에서 우리에게 도움이 될 것이

25 공간 좌표들을 c(광속)로 나눈 이유는 광자의 세계선이 편리한 경사(45°)를 가질 수 있도록 하기 위함이다.

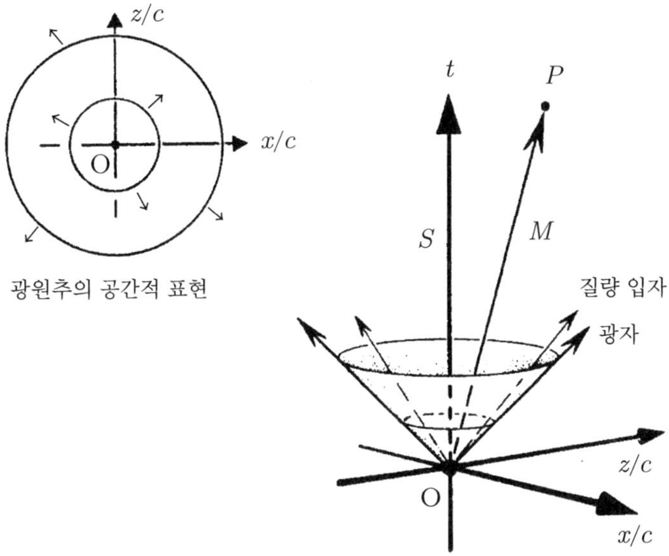

<그림 5-16> 민코프스키의 시공간(공간은 2차원)의 광원추로서, 시공간 원점의 사건 O에서 발생한 폭발의 섬광에 대한 역사를 묘사하고 있다.

다. 자유 공간에서 광자는 항상 절대속도 c로 일직선상을 운행한다. 이것은 민코프스키의 시공간 그림에서 광자의 세계선이 항상 수직선으로부터 45° 기울어진 직선으로 묘사된다는 의미이다. O에서의 폭발로 방출된 광자들은 O를 중심으로 한 원추를 그리며 나아간다.

이 속성들은 시공간의 모든 점에 대해 일반적으로 지켜져야 한다. 원점이라고 해서 특별하지는 않다. 즉 점 O는 다른 점들과 전혀 다르지 않다. 따라서 시공간의 모든 점에는 원점에서의 광원추와 똑같은 의미를 갖는 광원추가 있어야 한다. 어떤 섬광의 역사(빛을 입자로 설명하는 경우에는 광자의 세계선)이든지 그것은 항상 각 점에서 원추를 따라 위치하게 되고, 모든 물질 입자의 역사는 각 점에서의 광원추 내부에 놓여야 한다. 이것은 <그림 5-17>에 설명되어 있다. 모든 점에 대한 광원추들의 모임은 시공에 대한 민코프스키 기하의 일부로 간주될 수 있다.

그렇다면 민코프스키 기하란 과연 무엇인가? 광원추 구조는 그것의 가장 중요한 특징이지만 민코프스키 기하에는 그 외에도 중요한 내용이

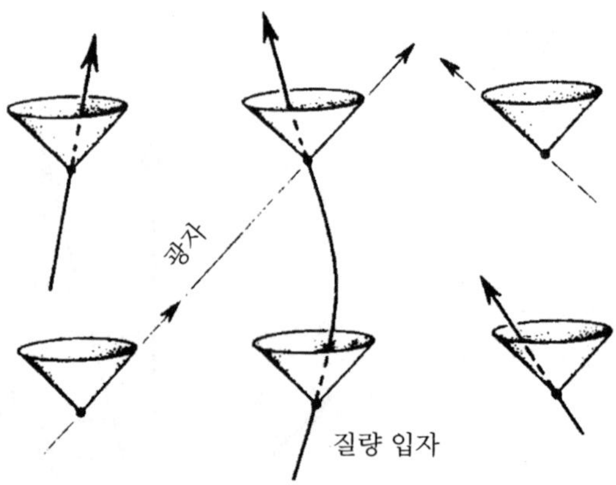

<그림 5-17> 민코프스키 기하의 그림

있는데, 바로 유클리드 기하에서의 거리와 놀라운 유사성을 갖는 '거리' 개념이다. 3차원의 유클리드 기하에서 원점으로부터 한 점까지의 거리 r은 표준 데카르트 좌표로 표현하면 다음과 같이 주어질 수 있다.

$$r^2 = x^2 + y^2 + z^2$$

(<그림 5-18>의 (a)를 보라. 이것은 바로 피타고라스의 정리인데 2차원의 경우가 우리에게는 더욱 친근할 것이다.) 3차원 민코프스키 기하의 경우에도 이 식은 형식적으로 매우 비슷한데(<그림 5-18>의 (b)), 기본적인 차이는 2개의 뺄셈 부호를 갖는다는 것이다.

$$s^2 = t^2 - (x/c)^2 - (z/c)^2$$

좀 더 정확히 하자면 물론 4차원 민코프스키 기하가 필요하고, 이 경우 '거리' 공식은 다음과 같다.

$$s^2 = t^2 - (x/c)^2 - (y/c)^2 - (z/c)^2$$

이 식에서 '거리'값 s의 실제적 의미는 무엇일까? 문제의 점, 즉 좌푯값 $\{t,\ x/c,\ y/c,\ z/c\}$(3차원에서는 $\{t,\ x/c,\ z/c\}$, <그림 5-16> 참조)을 갖는 점 P가 원점으로부터의 (미래의) 광원추 안에 놓인다고 가정해보자. 그러면 직선 선분 OP는 특정 물질 입자, 예를 들면 폭발로부터 방출되는 특정 입자에 대한 부분적인 역사를 나타낸다. 선분 OP의 민코프스키식 '길이' s는 직접적인 물리적 의미를 갖는다. 그것은 그 입자가 두 사건 O와 P 사이에서 경험하는 시간인 것이다! 다시 말하면 그 입자에 매우 튼튼하고 정확한 시계가 부착될 경우[26] O와 P에서 측정된 시간의 차이는 정확히 s가 된다. 기대와는 달리, 좌푯값 t는 정확히 측정된 시간을 나타내지는 않는데, 그것이 정확하기 위해서는 시계가 좌표계에서 '정지'되어 있어야 한다(다시 말하면 고정 좌푯값 x/c, t/c, z/c를 가져야 한다). 즉 그 시계는 도표에서 '수직'인 세계선을 가져야 함을 의미한다. 따라서 't'는 '정지'되어 있는, 즉 세계선이 '수직'인 관측자에게만 '시간'의 의미를 갖는다. 특수상대성 이론에 따르면 움직이는 관측자(원점 O로부터 일정한 속도로 멀어

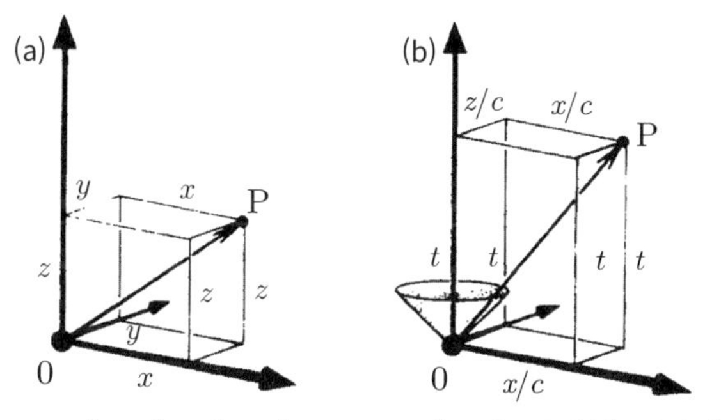

<그림 5-18> '거리' 개념에 대한 (a) 유클리드 기하와 (b) 민코프스키 기하의 비교 (민코프스키 기하에서 거리는 '경험된 시간'을 의미한다.)

26 사실 어떤 의미에서 대자연의 양자역학적 입자는 모두 그 자체가 나름대로 그러한 시계와 같은 행동을 한다. 제6장에서 보겠지만 어떤 양자 입자든지 그와 관련된 진동이 있는데, 이것의 주파수는 입자의 질량에 비례한다(p. 348). 매우 정확한 현대의 시계들(원자 시계, 핵시계)은 궁극적으로 이 사실에 근거한다.

지는)의 올바른 시간 측정값은 s를 통하여 구할 수 있다.

이것은 매우 놀라운 사실이다. 그리고 이는 '상식적'인 갈릴레이-뉴턴식 시간 척도와는 많은 차이점이 있는데, 그 경우에는 단순히 좌푯값 t만으로도 충분했다. 상대론적(민코프스키식) 시간 척도 s는 약간의 움직임이라도 있으면 t보다 약간 작아지게 마련이다(앞의 공식에서 x/c, y/c, z/c가 모두 0이 아니라면 s^2이 t^2보다 작기 때문이다). 우리가 현재 다루고 있는 좌표계에서는 움직임(즉 OP가 t축 방향이 아닌 경우)이 t에 비하여 상대적으로 시계를 '늦추는' 효과가 있는 것이다. 움직임의 속도가 c와 비교하여 아주 작다면 s와 t는 거의 같을 것이다. 이 때문에 우리는 움직이는 시계는 느리게 간다는 사실을 거의 깨닫지 못하게 된다. 반대의 극단적인 경우, 속도가 광속과 같다면 P는 광원추상에 놓이게 되고 그때는 s=0이 된다. 광원추는 정확히 원점 O로부터 민코프스키 '거리'(즉 '시간')가 실제로 0이 되는 점들의 집합이다. 따라서 광자는 시간의 경과를 전혀 '경험'하지 못할 것이다! (P가 원추의 바깥으로 이동하는 좀 더 극단적인 경우는 허용되지 않는데, 그 경우 s의 값이 허수, 즉 음수의 제곱근이 되고, 또 물질 입자나 광자는 빛보다 빠르게 움직일 수 없다는 규칙을 위반하게 되기 때문이다.[27])

민코프스키 기하의 이러한 '거리' 개념은 시공간에서 한 점이 다른 점의 광원추 안에 놓여 있는(그래서 하나의 입자가 어떤 한 점에서 다른 점으로 이동할 수 있는) 모든 쌍의 점들에 대하여 두루 적용된다. 단순히 원점 O가 시공의 다른 점으로 이동했다고 생각하면 된다. 그때도 점들 사이의 민코프스키 거리는 한 점에서 다른 점으로 일정한 속도로 움직이는 시계에 의해 측정된 시간을 의미한다. 그 입자를 광자라고 가정하면 민코프스키 거리는 0이 되고, 이때는 한 점이 다른 점의 광원추 위에 놓이게 된다. 그리고 이 사실은 그 점에서의 광원추를 정의할 수 있게 한다.

세계선의 '길이'(실제 시계로 측정된, 혹은 경험된 시간으로 해석될 수 있다)라는 묘한 척도measure를 갖는 민코프스키 기하의 기본 구조는 특수상대

---

27 그러나 s^2의 음수값만큼 분리된 사건들에 대해서는 $c\sqrt{(-s^2)}$의 값이 의미를 갖는다. 즉 그 사건들이 동시에 일어나는 것처럼 보이는 관측자에게 정상적 거리의 의미이다.

성 이론의 진수라 할 수 있다. 특히 여러분은 상대성 이론의 '쌍둥이 역설twin paradox'이라는 것을 들어보았을 것이다. 쌍둥이 중 한 명은 지구에 남아 있고, 다른 한 명은 근처의 별로 여행을 떠나는데 광속에 가까운 굉장한 속도로 그곳을 여행하고 돌아온다. 그가 돌아왔을 때 쌍둥이는 서로 나이를 다르게 먹었다는 것이 밝혀지는데, 여행자는 여전히 젊은 반면 지구에 남아 있던 그의 쌍둥이 형제는 노인이 된 것이다. 이것은 민코프스키 기하에서는 쉽게 설명될 수 있고, 비록 그것이 이상한 현상이기는 하지만 역설은 아니라는 것을 알 수 있을 것이다. 세계선 AC는 지구에 남아 있는 쌍둥이 형제를 나타내고, 여행자는 여행을 나가는 단계와 들어오는 단계를 나타내는 선분 AB와 BC로 구성된 세계선을 갖는다(<그림 5-19> 참조). 지구에 남아 있는 쌍둥이 형제는 민코프스키 거리 AC로 측정되는 시간을 경험하고, 여행자는 2개의 민코프스키 거리 AC와 BC를 합한 값의 시간을 경험하게 된다.[28]

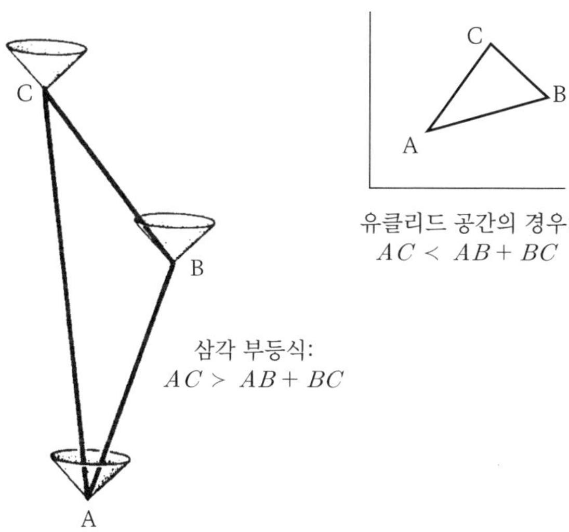

<그림 5-19> 특수상대성의 소위 '쌍둥이 역설'은 민코프스키 기하의 삼각형 변의 부등식으로 이해될 수 있다. (비교를 위하여 유클리드 공간의 경우도 제시했다.)

---

28 여러분은 여행자의 세계선의 B에 '모서리'가 있기 때문에, 그림에 나온대로 여행자가 사건 B에서 무한의 가속을 갖게 될 것을 우려할 것이다. 그러나 이는 중요하지 않다. 가속

이들은 같지 않으며 다음 조건을 만족한다.

$$AC > AB + BC$$

이것은 지구에서 경험하는 시간이 여행자의 시간보다 크다는 것을 의미한다.

앞의 부등식은 일반적인 유클리드 기하에서 잘 알려진 다음의 삼각 부등식과 비슷하다(A, B, C는 유클리드 공간의 세 점).

$$AC < AB + BC$$

이것은 삼각형에서 두 변의 합은 항상 나머지 한 변의 길이보다 크다는 것을 의미한다. 우리는 이것을 역설로 보지는 않는다! 한 점에서 다른 한 점까지의(여기서는 A에서 C) 경로에 대한 유클리드식 거리는 우리가 실제로 어떤 경로를 택하는가에 따라 좌우된다는 사실을 너무나 잘 알고 있기 때문이다. (이 경우, 두 경로는 AC와 구부러진 더 긴 경로인 ABC) 이것은 두 점(여기서는 A와 C) 사이의 가장 짧은 거리가 그들을 연결하는 직선(AC)을 따라 측정된 것이라는 사실을 보여주는 한 예이다. 민코프스키 기하의 경우 부등식의 방향이 바뀌게 되는 것은 '거리'에 대한 정의에서 부호가 바뀌기 때문인데, 결과적으로 민코프스키의 직선 AC는 굽어진 경로 ABC보다 길어진다. 그리고 이 '민코프스키의 삼각 부등식'은 좀 더 일반적인 결과의 특정한 예에 불과하다. 즉 두 사건을 연결하는 세계선들 중 가장 긴(경험되는 시간의 길이 면에서) 것은 직선(즉 가속되지 않은 것)이다. 만약 두 쌍둥이가 같은 사건 A에서 시작하여 같은 사건 C에서 끝나는데, 첫 번째 쌍둥이는 가속도 없이 A에서 C로 직접 움직이는 반면, 두 번째 쌍둥이는 가속도를 낸다면 그들이 다시 만났을 때 첫 번째 쌍둥

이 유한하기 때문에 여행자의 세계선의 B 모서리는 단순히 평탄해지고, 그가 경험하는 전체적인 시간에 거의 영향을 주지 못한다. 그 시간은 여전히 전체 세계선의 민코프스키 '길이'로 측정될 수 있다.

이가 항상 더 긴 시간을 경험하게 된다는 것이다.

우리의 직관적 개념과 상반되는 이러한 이상한 시간 척도 개념을 도입하는 것이 터무니없게 보일지도 모른다. 그러나 현재 이를 지지하는 실험적 증거는 엄청나게 많다. 한 예로서, 일정한 기간 이후에 붕괴되어 버리는(즉 부서져 다른 입자가 되는) 많은 아원자 입자가 있다. 때때로 그러한 입자들은 광속에 매우 근접한 속도로 움직이는데(예를 들어 외계에서 지구로 도달하는 우주선cosmic ray이나 인공 입자 가속기 내에서), 그들의 붕괴 시간은 정확히 앞의 상황에서 예측된 시간만큼 지연되는 것이다. 더욱 놀라운 것은, 이제는 시계('핵시계')가 워낙 정밀하게 만들어질 수 있기 때문에 이러한 시계를 빠르고 낮게 나는 비행기에 운반함으로써 그 시간 지연 효과를 직접 감지할 수 있게 되었다는 것이다. 이 경우 측정된 시간은 t가 아니라 민코프스키식 거리 척도인 s와 일치한다! (엄밀히 말하면 비행기 자체의 높이도 따져보아야 하고, 몇 가지 일반상대성 이론의 중력 효과도 영향을 미치게 되지만 이들 역시 관측 결과와 일치한다. 다음 절을 참조하기 바란다.) 뿐만 아니라 특수상대성 이론의 전체 틀과 밀접하게 연관된 수많은 효과가 있으며, 이들에 대한 자세한 검증은 계속해서 이루어지고 있다. 이들 중 하나가 바로 에너지와 질량을 효율적으로 등식화한 아인슈타인의 유명한 관계식,

$$E = mc^2$$

인데, 이 식은 이 장의 마지막 부분에서 몇 가지 흥미로운 결과를 제시할 것이다!

나는 아직 상대성 원리가 이 전체적인 틀에 실제로 어떻게 끼워 맞춰지는가를 설명하지 않았다. 서로 다른 일정한 속력으로 움직이는 관측자들이 민코프스키 기하에서는 어떻게 동일할 수 있는가? <그림 5-16>의 시간축('정지된 관측자')이 어떻게 전혀 다른 직선의 세계선, 예를 들면 확장된 OP('움직이는 관측자')와 완전히 동일할 수 있는가? 유클리드 기하에 대해서 먼저 생각해보자. 분명히 두 직선은 기하학 전체의 측면에서 보

면 거의 동일하다. 하나의 직선이 다른 직선의 위치에 올 때까지 유클리드 공간 전체를 빳빳하게 그 자체 위로 미끄러뜨리는 상상을 해볼 수 있을 것이다. 2차원의 경우 유클리드 평면을 생각해보자. 이번에는 종잇조각을 평면 위로 빳빳하게 움직여 종이 위에 그려진 직선이 평면 위의 직선과 일치되도록 갖다 놓는 것을 상상할 수 있다. 이러한 빳빳(강직)한 움직임은 기하학 구조를 그대로 유지한다. 이처럼 분명하지는 않지만 비슷한 경우가 민코프스키 기하에도 존재하는데, 이 경우 '강직한rigid'이라는 말의 의미에 주의해야 한다. 이제는 종잇조각을 미끄러뜨리는 대신 특이한 종류의 물질을 떠올려야 한다. 단순화를 위하여 2차원의 경우를 생각해보면, 그 물질은 45° 방향으로 늘릴 수 있는데 그때 45° 선들은 그대로 45°로 남아 있어야 하고 반대로 똑같이 45° 방향으로 줄일 수도 있어야 한다. <그림 5-20>에 이와 같은 상황이 묘사되어 있다. <그림 5-21>에서는 3차원의 경우에 일어나는 상황을 묘사해보고자 했다. 이러한 민코프스키 공간에서의 '강성 운동rigid motion'(푸앵카레 운동Poincaré motion, 혹은 비균질inhomogeneous 로런츠 운동이라고도 부른다)은 그다지 '강직하게' 보이지 않을지도 모르지만 이것은 모든 민코프스키 거리들을 유지하는데, "모든 거리를 유지한다"는 것이 바로 유클리드 기하에서 '강직하다'는 말의 의미이다. 특수상대성 원리에 따르면 물리학은 시공의 푸앵카레 운동하에서 변하지 않는다. 특히 <그림 5-16>에서 세계선이 시간축과 일치하는 '정지되어 있는' 관측자 S는 세계선이 OP인 움직이는 관측자 M과 완전히 동등한 물리학의 적용을 받게 된다.

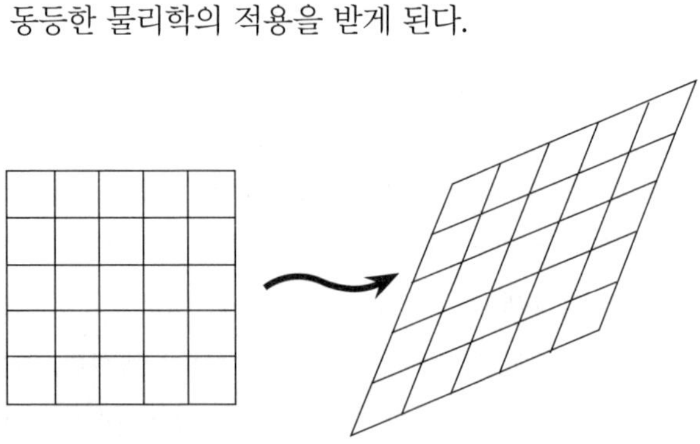

<그림 5-20> 2차원 시공간에서의 푸앵카레 운동

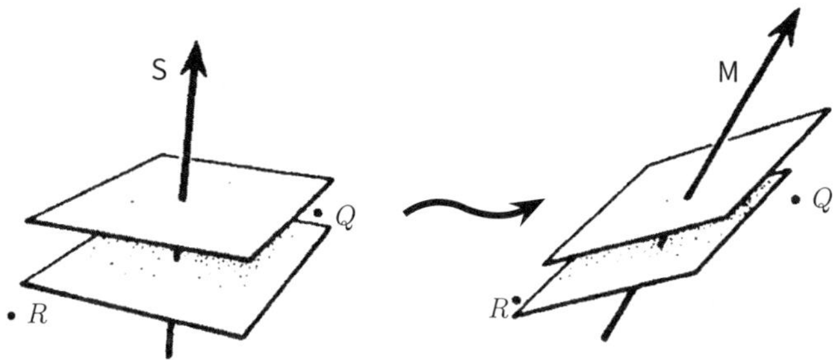

<그림 5-21> 3차원 시공간에서의 푸앵카레 운동. 왼쪽 그림은 S에 대한 동시 공간이고 오른쪽 그림은 M에 대한 동시 공간이다. S는 *R*이 *Q*보다 먼저라고 생각하지만 M은 *Q*가 *R*보다 먼저라고 생각한다. (여기에서의 운동은 수동적이라고 가정한다. 즉 그것은 관측자 S와 M이 똑같은 시공을 다르게 설명하는 것에 대해서만 영향을 미친다.)

t=상수인 각 좌표 평면은 관측자 S에 대한 한 '시점'에서의 '공간'을 나타낸다. 즉 그가 동시에 발생하는 것으로 간주하는 사건들의 모임인 것이다. 이러한 평면을 S의 동시 공간simultaneous space이라 부르기로 한다. 또 다른 관측자 M에 대하여 생각해보자면, 원래의 동시 공간들의 모임을 푸앵카레 운동에 의하여 새로운 모임으로 이동시켜 M에 대한 동시 공간을 만들어야 한다.[29] M의 동시 공간들은 <그림 5-21>에서 기울어진 것처럼 보이는 것에 유의하기 바란다. 유클리드 기하의 강성 운동의 관점에서는 기울어진 방향이 잘못된 것처럼 보일 것이다. 그러나 그것이 바로 민코프스키 기하에서 우리가 기대하는 것이다. S는 t=상수인 평면 상의 모든 사건이 동시에 일어난다고 생각하는 반면, M은 다른 관점을 갖게 된다. 그에게는 기울어진 동시 공간에 나타나는 사건들이 동시에 일어나는 것으로 보이는 것이다! 민코프스키 기하에서 그 자체의 유일한 '동시성'이라는 개념은 없다. 그 대신 일정한 속도로 움직이는 각 관측자는 각자 나름대로의 '동시' 개념을 갖게 된다.

<그림 5-21>에서 두 사건 R과 Q를 생각해보자. S에 대하여, 사건 R은 사건 Q보다 먼저 일어나는데, 그 이유는 R이 Q보다 앞선 동시 공간

29 이들은 M이 아인슈타인의 동시성에 대한 정의에 따라 동시적이라고 판단하는 사건들의 공간이다. 이는 M이 방출한 광신호와 대상 사건으로부터 M으로 반사되는 빛을 이용하여 측정한다. 일례로는 Rindler(1982)를 참조.

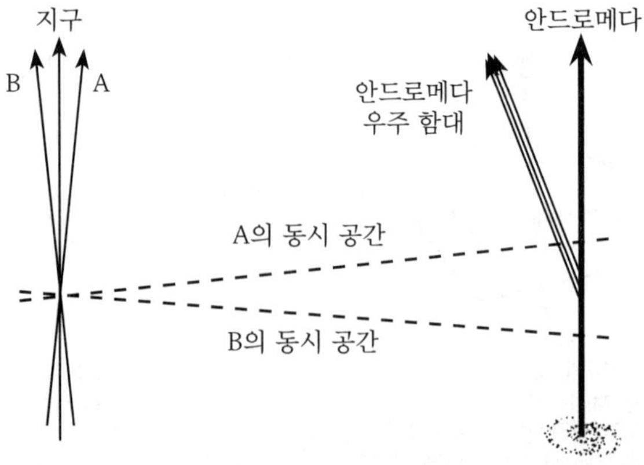

<그림 5-22> A, B 두 사람이 천천히 마주보며 지나간다. 그러나 그들이 지나치는 바로 그 순간 안드로메다 우주 함대가 발진했는가에 대해서는 서로 다른 관점을 갖게 된다.

에 위치해 있기 때문이다. 그러나 M에 따르면 그 반대로 Q가 R보다 앞선 동시 공간에 놓여 있다. 따라서 한 관측자에게 사건 R은 Q 이전에 발생하지만 다른 관측자에게는 R 이전에 Q가 발생하는 것이다! (이것은 R과 Q가 소위 공간적으로 분리되어 있기 때문에 발생할 수 있는 현상이다. 즉 각각의 사건이 다른 사건의 광원추 밖에 놓여 있기 때문에 그 어떤 물질 입자나 광자도 한 사건에서 다른 사건으로 이동할 수 없는 것이다.) 아주 느린 상대 속도만으로도 멀리 떨어져 있는 두 사건에는 시간 순서에서 심각한 차이가 발생할 수 있다. 거리에서 두 사람이 느린 속도로 서로를 스쳐 지나간다고 가정해보자. 그들이 서로 지나치면서 동시라고 판단한 순간은 안드로메다 은하(우리의 은하계와 가장 가까운 큰 은하로 약 20000000000000000000km의 거리)에서 발생한 사건과 실제로는 며칠의 차이까지도 날 수 있다(<그림 5-22> 참조). 그중 한 사람에게는 지구라는 혹성에 있는 생물을 없애기 위해 발진한 우주 함대가 벌써 오고 있는 중이다. 그러나 또 다른 사람에게는 그 함대를 발진시킬 것인가 말 것인가도 아직 결정되지 않은 상태인 것이다!

아인슈타인의 일반상대성 이론

중력장 내에서 모든 물체는 똑같은 속도로 떨어진다는 갈릴레이의 위대한 통찰을 생각해보자. (이것은 단지 통찰일 뿐이지 직접적인 관찰에 의한 것은 아니었다. 공기 저항 때문에 깃털과 돌멩이가 같이 떨어지지는 않는다! 갈릴레이의 통찰은 다만, 만약 공기 저항이 0으로 줄어들 수만 있다면 그들이 같이 떨어질 수 있다는 사실을 깨달은 것이다.) 이 통찰의 심오한 중요성이 올바로 인식되고 위대한 이론의 기초가 되기까지는 무려 3세기나 걸렸다. 그것이 바로 아인슈타인의 일반상대성 이론으로서 중력에 대한 놀라운 해석인데, 잠시 후에 보게 되겠지만 이를 이해하기 위해서는 곡면의 시공 개념이 필요하다!

갈릴레이의 통찰과 '시공 곡면'은 과연 어떤 관계가 있는가? 보통의 중력에서 물체가 가속 운동을 한다는 뉴턴의 이론과는 전혀 다른 이 이론이 어떻게 뉴턴의 이론이 갖는 놀라운 정밀성을 재생하고 심지어는 향상시킬 수 있는 것일까? 뿐만 아니라 그 옛날 갈릴레이의 통찰이 이후에 정립된 뉴턴의 이론에 흡수되지 않은 그 무엇을 포함하고 있다는 것은 과연 사실인가?

가장 쉬워 보이는 마지막 질문부터 대답해보기로 하자. 뉴턴의 이론에서는 무엇이 중력의 영향을 받는 물체의 가속도에 영향을 미치는가? 첫 번째는 물체에 대한 중력의 힘으로, 이는 뉴턴의 만유인력의 법칙에 의하면 물체의 질량에 비례한다. 두 번째는 어떤 물체에 힘이 주어지면 그것으로 인하여 붙는 가속인데, 뉴턴의 제2법칙에 의하면 그 값은 물체의 질량에 반비례한다. 갈릴레이의 통찰이 근거하고 있는 것은 뉴턴의 중력 법칙에서의 질량과 뉴턴의 제2법칙에서의 질량이 같다는 사실이다. ('같다'는 말 대신 '비례한다'고 해도 무방하다.) 어떤 물체의 중력 가속도가 실제로 그의 질량과 무관할 수 있는 것은 바로 이 때문이다. 뉴턴의 일반적인 방법에서 이 두 가지 질량의 개념이 같아야 한다는 규정은 없다. 이는 뉴턴이 단지 가정한 것일 뿐이다. 실제로 제곱에 반비례하는 힘이라는 점에서 전기력electrical force은 중력과 비슷하다. 그러나 그 힘은 전하에 비례하여 변하는데, 이는 뉴턴의 제2법칙에서의 질량과는 전적으로 다르다. '갈릴레이의 통찰'은 전기력에는 적용되지 않는다. 전기장에 (전하) 물체를 '떨어뜨리면' 이들은 같은 속도로 '낙하'하지 않는다!

잠시 중력장에서의 운동에 대하여 갈릴레이의 통찰을 받아들이고 그것이 의미하는 결과를 생각해보자. 갈릴레이가 피사의 사탑에서 2개의 돌을 떨어뜨린다고 상상해보자. 만약 두 돌 중 하나에 비디오카메라가 있어서 다른 돌을 찍는다고 하면 그 영상에 나타나는 돌은 마치 중력의 영향을 받지 않고 허공에 떠 있는 것처럼 보일 것이다(<그림 5-23> 참조)! 이는 중력장에서 모든 물체가 같은 속도로 낙하하기 때문에 성립하는 것이다.

공기 저항은 여기에서 무시되고 있다. 우주 비행은 이러한 아이디어를 실험하는 데에 더욱 적당하다. 왜냐하면 우주에는 공기가 없기 때문이다. 이제 공간에서의 '낙하'는 단순히 중력이 작용하는 상황에서 적당한 궤도를 따르는 것을 의미한다. '낙하'라는 것이 꼭 아래로 수직할, 즉 지구의 중심을 향할 필요는 없다. 그 운동에 수평적 요소가 있을 수도 있는 것이다. 만약 수평적 요소가 충분히 크다면 '낙하'하더라도 지구의 표면에 가까워지지 않고 지구 주위를 정확하게 맴돌 수 있다! 중력장에서 자유 궤도를 도는 것은 단지 복잡한(그리고 매우 비싼) '낙하' 방법의 하나이다. 이제, 앞에서의 비디오카메라 사진처럼 우주 비행사가 '우주 유영'을 하며 그의 앞에 있는 우주선을 본다면 그것은 마치 아래에 있는 커다란 지구 중력의 영향을 받지 않고 우주에 떠 있는 것처럼 보일 것이다(<그림 5-24> 참조). 따라서 자유 낙하의 '가속된 기준틀accelerating reference frame'을 이용함으로써 중력의 영향을 국소적으로 제거할 수 있다.

중력장의 영향은 가속도의 영향과 똑같기 때문에 자유 낙하 시 중력은 제거될 수 있다. 실제로 여러분이 위쪽으로 가속도가 붙는 엘리베이터 내부에 있다면 분명 중력장의 증가를 체감하게 될 것이고, 또 아래쪽으로 내려갈 때는 감소를 체감할 것이다. 엘리베이터를 받치고 있던 케이블이 끊어지면 (공기 저항과 마찰 효과를 무시하는 경우) 아래쪽으로의 가속도가 중력을 완전히 상쇄해버리기 때문에 엘리베이터 탑승자들은 기

<그림 5-23> 갈릴레이가 2개의 돌(그리고 비디오카메라)을 피사의 사탑에서 떨어뜨린다.

<그림 5-24> 우주 비행사가 자기가 타고 온 우주선을 쳐다보면 마치 중력과 무관한 것처럼 보인다.

계가 땅에 닿을 때까지 우주 비행사처럼 자유롭게 떠다니는 것처럼 느끼게 된다! 기차나 비행기 안에서도 가속도 때문에 중력의 힘 혹은 방향에 대한 느낌이 시각적 증거가 제시하는 '방향'과 일치하지 않는 것을 경험할 수 있다. 이것은 가속도와 중력의 효과가 똑같기 때문에 사람들의 감각이 이를 구분하지 못하는 것이다. 이러한 사실, 즉 중력의 국소적 효과가 가속된 기준틀의 효과와 동일하다는 것이 바로 아인슈타인이 말하는 등가의 원리principle of equivalence이다.

앞에서의 논의는 '국소적'으로 고려한 것이다. 그러나 만약 (국소적이지 않은) 충분히 정확한 측정이 가능하다면 원칙적으로 '진정한' 중력장과 순수한 가속도의 차이를 분명히 할 수 있다. <그림 5-25>는 약간 과장한 면은 있지만, 초기에 정지해 있는 입자들의 원형 배열이 지구의 중력을 받는 상황에서 자유 낙하 시 (뉴턴의) 중력장의 영향을 어떤 식으로 불균형하게 받는가를 보여준다. 그 중력장은 두 가지 요소 때문에 일정하지 않다. 첫째는 지구의 중심이 좀 더 멀리 떨어져 있어서 지구 표면에 가까운 물체가 더 높이 있는 것보다 아래로 더욱 가속을 받게 된다(뉴턴의 역제곱 법칙을 기억하기 바란다). 둘째는 같은 이유로, 입자의 수평적 위치

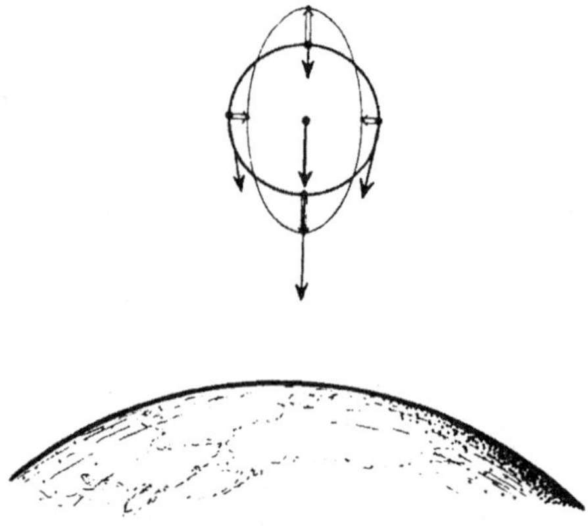

<그림 5-25> 조석 효과. 겹화살표는 상대 가속을 나타낸다(WEYL).

차이로 인하여 가속의 방향에 약간의 차이가 생긴다. 이러한 비균일성에 의하여 구형은 점점 '타원' 모양으로 일그러지게 된다. 지구의 중심 방향(그리고 그 반대 방향)으로 늘어나는 이유는 지구 중심에 가까운 부분이 먼 부분보다 좀 더 큰 가속을 받게 되기 때문이고, 또한 수평 방향으로 줄어드는 것은 그곳의 입자가 지구의 중심 쪽을 향하여 약간 안쪽으로 가속을 받게 되기 때문이다.

이렇게 일그러지는 효과를 중력의 조석 효과tidal effect라고 부른다. 만약 지구의 중심을 달로 대치시키고 원형의 입자들을 지구 표면이라 가정하면 지구의 바다에 조석 현상을 일으키는 달의 영향과 똑같은 효과를 얻게 되는데, 그 돌출부는 달 쪽과 그 반대쪽에 형성된다. 조석 효과는 자유 낙하로 '제거'될 수 없는, 중력장의 일반적인 특성이다. 이 효과를 이용하면 뉴턴 중력장에서의 비균일성을 측정할 수 있다. (조석에 의한 일그러짐의 크기는 인력의 중심으로부터의 거리 제곱에 반비례하는 것이 아니라 실제로는 세제곱에 반비례한다.)

뉴턴의 중력에 대한 역제곱 법칙에는 이러한 조석 효과를 이용한 간단한 해석 모델이 있다는 사실이 밝혀졌다. 즉 구가 처음에[30] 일그러지면서 생긴 타원의 부피는 진공을 덮고 있는 원래 구의 부피와 같다. 이러한 부피의 특성은 역제곱 법칙의 특징인데, 이는 다른 어떤 역학 법칙에서도 성립하지 않는다. 이제, 구가 진공을 둘러싸는 것이 아니라 전체 부피가 M인 어떤 한 물질을 둘러싸고 있다고 가정해보자. 이때는 그 물질에 대한 중력적 인력 때문에 안쪽으로 향하는 추가 가속도가 존재하게 된다. 입자들로 이루어진 공 모양이 초기에 일그러지면서 생긴 타원의 부피는 줄어들게 되며, 실제로 그 양은 M에 비례한다. 부피 감소 효과의 한 가지 예로서 그 구가 일정한 높이에서 지구를 둘러싼다고 가정해 볼 수 있다(<그림 5-26> 참조). 이때는 보통 아래를 향한(즉 안쪽을 향한) 지구 중력에 의한 가속도가 구의 부피를 감소시키게 된다. 이러한 부피 감소 성질이 뉴턴의 중력 법칙의 나머지를 구성하게 되는데, 그것은 중력이 서로 끌어당기는 물체의 질량에 비례한다는 것이다.

이 상황을 시공간의 그림으로 그려보자. <그림 5-27>에서는 구형 표면의 입자(<그림 5-25>에서는 원으로 표시)에 대한 세계선을 표시해보았는데, 이 그림에서 구의 중심은 정지('자유 낙하') 상태로 표현했다. 일반상대성에서의 관점은 자유 낙하 운동을 '자연적 운동natural motion'으로 보는데, 이는 중력을 고려하지 않는 물리학에서의 '직선상의 균일 운동'과 유사한 것이다. 그러므로 여기에서는 자유 낙하를 시공간에서의 '직선'의

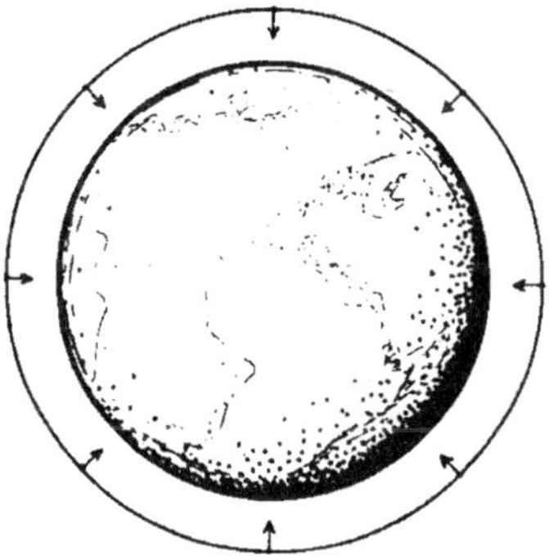

<그림 5-26> 구가 어떤 물체(여기에서는 지구)를 둘러싸게 되면 내부로 향하는 가속도가 생긴다(RICCI).

---

30 이것은 그 형태의 초기 시간에 대한 2차 도함수(즉 '가속도')이다. 그 구가 처음에 정지하고 있었기 때문에 그 형태의 변화율(속도)은 처음에는 0으로 설정된다.

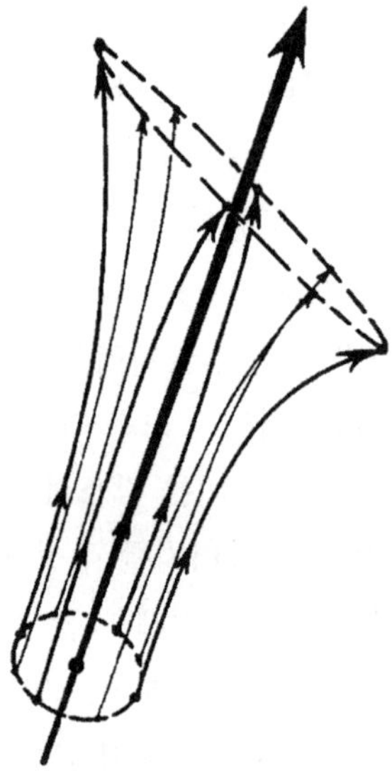

<그림 5-27> 시공 곡면. 시공간에 표현된 조석 효과

세계선으로 생각해보려는 것이다! 그러나 <그림 5-27>과 같이, 이것에 대해 '직선'이라는 말을 사용하는 것은 혼동의 여지가 있으므로 용어의 편의상 시공간에서의 자유 낙하 입자에 대한 세계선을 측지선geodesics이라 부르기로 하겠다.

이것은 과연 적합한 용어인가? '측지선'의 일반적인 의미는 무엇인가? 2차 곡면에 대하여 비슷한 내용을 살펴보기로 하자. 측지선이란 표면 위의 곡선 중 (국소적으로) '최단 거리의 길'을 의미한다. 그러므로 표면 위에 노끈을 당겨 놓는다고 보면(너무 길면 미끄러져버린다) 끈은 그 표면의 측지선을 따라 놓이게 된다. <그림 5-28>에서 두 가지 표면의 예를 보였는데, 하나는 공의 표면과 같은 '양곡면positive curvature'이고 다른 것은 말안장의 표면과 같은 '음곡면negative curvature'이다. 양곡면의 표면에서는 처음에 평행하게 시작한 두 측지선이 계속 가다 보면 서로를 향하여 굽게 되고, 음곡면에서는 서로 멀어지는 방향으로 굽게 된다. 만약 자유 낙하하는 입자의 세계선이 어떤 면에서 표면의 측지선과 비슷하다고 가정한다면, 앞에서 언급한 중력의 조석 효과와 표면에서의 곡면 효

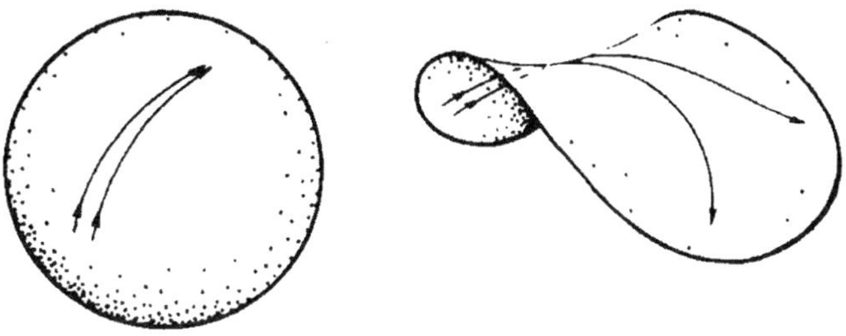

<그림 5-28> 곡면의 측지선. 양곡면에서는 측지선이 수렴하고 음곡면에서는 확산한다.

과curvature effect는 밀접한 연관성이 있음을 알 수 있을 것이다. 다만 여기에서는 양곡면과 음곡면의 효과 모두가 존재한다. <그림 5-25>와 <그림 5-27>을 보자. 시공간에서 '측지선'은 특정한 방향(지구의 방향으로 일렬로 놓였을 때)에 대해서는 <그림 5-28>의 음곡면의 경우와 같이 서로 멀어지게 굽고, 또 다른 특정한 방향(지구와 수평 방향으로 벌려 놓았을 때)에 대해서는 <그림 5-28>의 양곡면의 경우처럼 서로를 향하여 굽게 된다. 그러므로 우리가 말하는 시공간은 두 가지 표면 모두와 비슷한 곡면의 성질을 지녔다고 생각할 수 있다. 그러나 사실 이보다는 훨씬 복잡한데, 그 이유는 차원이 높다는 것, 그리고 위치에 따라 양과 음의 곡면이 함께 섞여 공존하고 있다는 것 때문이다.

이는 시공에 대한 '곡면'의 개념이 중력장의 작용을 설명하는 데 어떻게 이용될 수 있는가를 보여준다. 그러한 설명의 이용 가능성은 궁극적으로는 갈릴레이의 통찰로부터 비롯되는데(등가의 원리), 그것은 우리가 자유 낙하에 있어서 중력의 '힘'을 논의에서 제거할 수 있도록 해준다. 실제로 지금까지 언급한 그 어느 것도 뉴턴 이론의 테두리를 벗어날 필요가 없다. 이 새로운 그림은 다만 앞의 이론을 재구성한 것에 불과하다.[31] 그러나 이 그림을 민코프스키의 특수상대성(즉 앞에서 중력이 제거된 상태에서 적용할 수 있다고 밝힌 시공의 기하학)과 합하게 되면 새로운 물리학

31 뉴턴 이론에 대한 이와 같은 재구성된 수학적 표현은 위대한 프랑스 수학자 엘리 카르탕Élie Cartan(1923)에 의해 처음으로 수행되었는데, 이는 물론 아인슈타인의 일반상대성 발견 이후의 일이다.

이 생성된다. 그리고 그 결과로 얻어지는 것이 바로 아인슈타인의 일반 상대성 이론이다.

민코프스키가 말한 것을 기억해보자. (중력이 제거된 상태의) 두 점 사이에 이상한 종류의 '거리' 측정 단위가 정의된 시공간이 있는데, 만약 그 시공간에 세계선이 있어서 그것이 어떤 한 입자의 역사를 기술한다면 그 세계선을 따라 측정된 민코프스키의 '거리'는 바로 그 입자가 실제로 경험한 시간을 의미한다는 것이다. (사실 앞에서는 이러한 '거리'를 직선의 세계선에 대해서만 생각했는데, 곡선의 세계선에 대해서도 곡면을 따라 측정되는 '거리'가 그대로 적용된다.) 민코프스키의 기하는 중력장이 없는 곳, 즉 시공간이 곡면이 아닌 곳에서는 정확한 것으로 받아들일 수 있다. 그러나 중력이 존재하는 곳에서 민코프스키의 기하는 단지 근삿값으로만 여겨야 한다. 이는 평면이 곡면에 대한 근사치를 제공하는 것과도 비슷하다. 만약 우리가 곡면을 관찰하기 위하여 점점 더 성능이 좋은 망원경으로 들여다본다면(그래서 표면의 도형이 더욱 크게 펼쳐져 보인다면) 표면은 점점 더 평평하게 보일 것이다. 이때 우리는 곡면이 유클리드 평면과 국소적으로 비슷하다고 말한다.[32] 마찬가지로 중력이 존재할 때 시공간은 민코프스키의 기하(평면의 시공간)와 국소적으로 같다고 말할 수 있지만 좀 더 큰 규모에서는 약간의 '곡면성'을 허용한다(<그림 5-29> 참조). 특히 시공간에서의 모든 점은 민코프스키 공간에서처럼 광원추의 꼭짓점이 되지만, 여기에서의 광원추는 민코프스키 공간처럼 완전히 균일하게 정렬되어 있지 않다. 제7장에서는 이러한 비균일성이 분명히 나타나는 몇 가지 시공모형의 예를 볼 수 있을 것이다(<그림 7-13>, <그림 7-14> 참조). 물체 입자

---

32 이런 의미(혹은 더 고차원)에서 국소적으로 유클리드인 곡면 공간을 리만 다양체Riemann manifolds라고 부르는데, 이는 2차원의 경우에 대하여 중요한 업적을 남긴 가우스에 이어 그러한 공간을 처음 연구한 위대한 수학자 베른하르트 리만Bernhard Riemann의 이름을 따온 것이다. 여기에서는 리만의 아이디어에 대한 중요한 수정을 필요로 하는데, 즉 그 기하가 국소적으로 유클리드 공간이 아니라 민코프스키 공간이 되어야 한다는 것이다. 그러한 공간은 때때로 로런츠 다양체Lorentzian manifolds라 불린다(이는 가假리만pseudo-Riemann 다양체, 혹은 약간은 비논리적이지만 준準리만semi-Riemann 다양체라 불리는 클래스에 속한다).

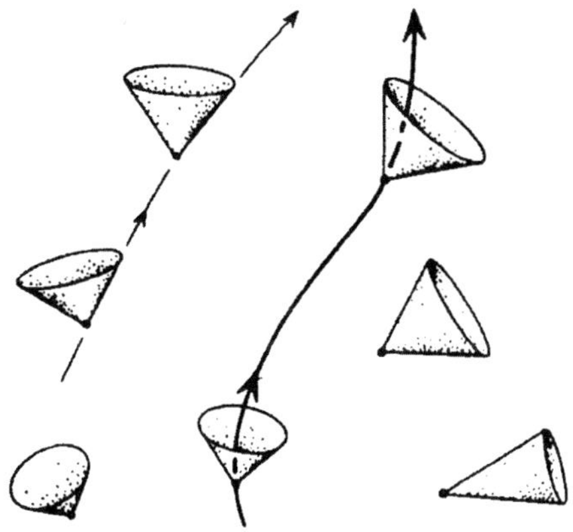

<그림 5-29> 휘어진 시공간의 그림

들은 그들의 세계선이 항상 광원추의 안쪽을 향하는 곡선이 되고, 광자의 세계선은 광원추의 각도를 따라 나아간다. 그리고 그러한 곡선 모두에 대하여 민코프스키의 공간에서처럼 입자가 경과해온 시간을 측정할 수 있는 민코프스키의 '거리'라는 개념이 존재한다. 곡면에서와 같이 이 거리 단위는 그 표면에 대한 기하를 정의하는데, 이는 평평한 경우에 대한 기하와 다를 수 있다.

시공간에서의 측지선은 앞에서 고려한 2차원 평면에서와 비슷하게 의미를 부여할 수 있는데, 이때 민코프스키 기하와 유클리드 기하의 차이점을 염두에 두어야만 한다. 그러므로 시공간에서의 측지 세계선은 (국소적) 최단 거리의 곡선이 아니라 세계선을 따라 (국소적으로) '거리'(즉 시간)를 최대화시킬 수 있는 곡선이다. 중력이 작용하는 상황에서 자유 운동을 하고 있는 입자의 세계선은 실제로 이 규칙에 따른 측지선이 된다. 따라서 중력장 내에서 이동하는 천체는 그러한 측지선으로 잘 설명될 수 있다. 뿐만 아니라 진공에서의 빛의 광선(광자의 세계선)도 역시 측지선인데, 다만 이 경우에는 '길이'가 0인 측지선이다.[33] 한 예로서 <그

33 여러분은 어떻게 0이라는 값이 '길이'의 최댓값을 표현할 수 있는지 우려할 것이다! 실제로 그것은 가능하다. 그러나 이는 가정이 성립하지 않기 때문에 가능한 것이다. 길이가 0인 측지선은 그것의 두 점의 쌍을 국소적으로 연결하는 입자의 세계선이 존재하지

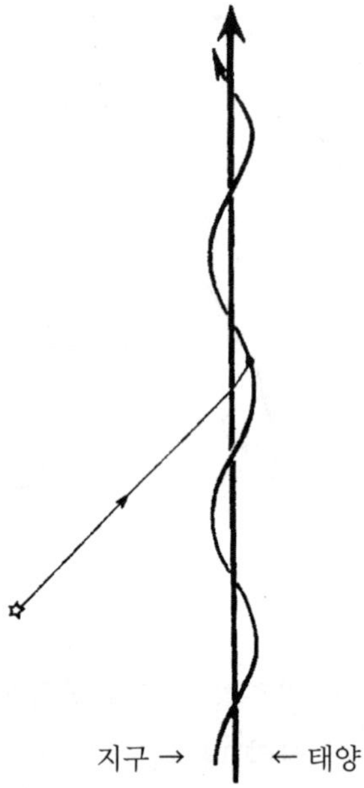

<그림 5-30> 지구와 태양의 세계선, 그리고 멀리 떨어진 별에서 오는 광선이 태양에 의하여 굴절된 그림

림 5-30>에서는 지구와 태양의 세계선을 표현하고자 했다. 여기서는 태양에 대한 지구의 운동이 태양의 세계선 주위를 도는 '나선 모양'으로 나타난다. 멀리 떨어진 별로부터 지구로 도착하는 광자의 세계선도 표시했다. 그 세계선은 약간 '굽어' 보이는데, 이는 빛이 태양의 중력장에 의하여 굴절된다는 아인슈타인의 이론에 따른 것이다.

우리는 아직 뉴턴의 역제곱 법칙이 어떻게 아인슈타인의 상대성 원리와 적절히 대응될 수 있는지, 혹은 수정되어야 하는지에 대해서는 살펴보지 않았다. 중력장에서 구형을 이룬 입자들을 떨어뜨리는 문제를 다시 한 번 고려해보자. 뉴턴의 이론에 따르면 구형을 이룬 입자들이 진공 상태를 둘러싸고 있을 경우 구의 부피는 변화하지 않지만, 만약 이들이 전체 질량이 M인 물체를 둘러싸고 있다면 그 부피는 M에 비례하여 감소

않는다는 사실로 특징지을 수 있다.

한다는 것을 기억하기 바란다. 아인슈타인의 이론에서도 똑같은 규칙이 적용되는데, 다만 구 부피의 감소를 결정 짓는 요소로 단순히 M만이 아니라 그 주위 물질로부터의 압력이라는 (보통 아주 작은) 부수적인 요소가 첨가되는 것이다.

4차원 시공의 곡면에 대한 완전한 수식(임의의 주어진 점에서 모든 가능한 방향으로 운행하는 입자의 조석 효과를 설명할 수 있어야 한다)은 리만 곡면 텐서Riemann curvature tensor라는 것으로 주어진다. 이는 좀 복잡한 것으로서 각 점을 명시하는 데에 20개의 실수가 필요하며, 이들 20개의 수는 그 점의 성분component이라 불린다. 시공간에서 서로 다른 성분은 다른 방향의 곡면을 나타낸다. 리만 곡면 텐서는 보통 R_{ijkl}로 쓰는데, 여기에서 이 첨자들이 무엇을 의미하는지(혹은 텐서라는 말 자체가 무슨 뜻인지) 설명할 의도는 없으니 단순히 RIEMANN이라고 쓰겠다. 이 텐서를 나누는 방법으로는 각각 10개의 성분을 갖는 바일WEYL 텐서와 리치RICCI 텐서의 두 가지로 나누는 방법이 있다. 이를 단순히 다음과 같이 표시하려 한다. (자세한 식은 여기에서는 별로 알 필요가 없다.)

$$\text{RIEMANN}=\text{WEYL}+\text{RICCI}$$

바일 텐서인 WEYL은 자유 낙하하는 입자들의 구에서 조석에 의한 일그러짐(크기가 아닌 형태에 대한 초기 변화)을 측정하고, 리치 텐서인 RICCI는 초기의 부피 변화를 측정한다.[34] 뉴턴의 중력 이론에 따르면 낙하하는 구에 둘러싸인 질량은 초기 부피 감소에 비례해야 한다는 것을 기억하기 바란다. 이것이 의미하는 것은, 대략 어떤 물질의 질량 밀

---

34 실제로 이와 같이 일그러짐 효과와 부피의 변화로 나누는 작업은 내가 설명한 것처럼 분명하지는 않다. RICCI 텐서 자체만으로도 어느 정도의 조석 일그러짐을 만들 수 있다. (빛의 경우 이 나눔은 분명해진다. Penrose & Rindler[1986], 제7장을 참조.) WEYL 텐서와 RICCI 텐서에 대한 정확한 정의는 Penrose & Rindler(1984), p. 210, p. 240를 참조. (독일에서 태어난 헤르만 바일Hermann Weyl은 20세기의 뛰어난 수학자였다. 이탈리아의 그레고리오 리치Gregorio Ricci는 매우 설득력 있는 기하학자로서 지난 세기에 텐서 이론의 기초를 세웠다.)

도($E=mc^2$이므로 에너지 밀도라고 하여도 무방하다)가 RICCI 텐서와 같아야 한다는 것이다.

사실 이것은 근본적으로 일반상대성의 장 방정식(즉 아인슈타인의 장 방정식)이 주장하는 것이다.[35] 그러나 여기에는 몇 가지 기술적인 문제가 있는데, 여기에서는 다루지 않는 것이 적당하다고 본다. 그냥 에너지-운동량 텐서라 불리는 것이 있어서 그것이 물질과 전자기장의 에너지, 압력, 운동량 및 그와 관련된 모든 정보를 종합한다고만 생각하더라도 충분하다. 이 텐서를 ENERGY라고 부르겠다. 그러면 아인슈타인의 공식은 도식적으로 표현하면

$$\text{RICCI} = \text{ENERGY}$$

가 된다. (ENERGY 텐서에 '압력'이 존재한다는 사실, 그리고 식 전체의 일관성을 위한 몇 가지 부수 사항 때문에 앞에서 언급한 것처럼 부피 감소 효과의 요인에 압력이 포함되는 것이다.)

이 식은 WEYL 텐서에 대한 언급은 전혀 없는 것처럼 보인다. 그러나 그것은 매우 중요한 값이다. 진공에서도 일어나는 조석 효과는 전적으로 WEYL에 근거한 것이다. 실제로 앞서 본 아인슈타인의 공식들이 암시하는 것은, 역시 앞의 맥스웰 방정식[36]에서 본 것처럼 WEYL과 ENERGY를 연관시키는 미분 방정식이 존재하리라는 것이다. 실제로 WEYL을 마치 (E, B) 쌍으로 표현되는 전자기장의 양(사실은 이것도 텐서로서 맥스웰 텐서라 불린다)에 대응되는 중력장의 양으로 간주하는 것이 편리하다. 그러므로 어떤 의미에서 WEYL은 중력장의 측정도로 볼 수 있다. WEYL의 원천은 ENERGY 텐서인데, 이는 마치 전자기장 (E, B)의 원천이 (ρ, j)(즉 맥스웰 이론에서의 전하와 전류의 집합)라는 사실과 유사하

35 실제 방정식의 올바른 형태는 힐베르트에 의해서도 1915년 11월에 발견되었다. 그러나 이 이론의 물리학적 아이디어는 전적으로 아인슈타인에 의한 것이다.

36 이러한 내용을 잘 아는 사람들에게 이 미분 방정식은 비앙키Bianchi 등식 전체에 아인슈타인 방정식을 대입한 것과 같다.

다. 이러한 관점은 제7장에서 유용하게 이용될 것이다.

공식의 형태나 그 배경 아이디어의 커다란 차이점을 감안할 때, 아인슈타인의 이론과 그보다 2세기 반 전에 뉴턴에 의해 제시된 이론 사이에서 관찰에 입각한 차이를 발견하기가 어렵다는 것은 매우 놀라운 사실이다. 대상 물체의 속도가 빛의 속도 c와 비교하여 아주 작고 중력장이 너무 강력하지만 않다면(그래서 탈출 속도가 c보다 훨씬 작다면, 제7장 p. 490 참조), 아인슈타인의 이론은 뉴턴의 이론과 거의 동일한 결과를 갖게 된다. 그러나 두 이론의 예측이 달라지는 상황에서는 아인슈타인의 이론이 더 정확하다. 최근 몇 가지 놀라운 실험 결과들이 나왔는데, 이들은 아인슈타인의 새로운 이론을 완전히 정당화하고 있다. 아인슈타인이 주장한 대로 시계는 중력장에서 아주 약간 느리게 가며, 이러한 효과는 이미 여러 가지 방법으로 직접 측정된 바 있다. 빛과 라디오 신호는 실제로 태양에 의해 굴절되고, 태양을 지날 때 약간 지연이 생기지만 그것 역시 이미 실험으로 충분히 입증된 일반상대성 효과이다. 우주 탐사 위성이나 행성의 운행은 아인슈타인의 이론에 따라 뉴턴의 궤도에 약간의 수정을 필요로 하는데, 이것도 실험적으로 확인되었다. (특히 1859년부터 천문학자들을 괴롭힌 '근일점 전진perihelion advance'이라 불리는 수성 움직임의 특이 현상도 1915년 아인슈타인에 의해 설명되었다.) 아마 이들 중 가장 놀라운 것은 연성 펄사binary pulsar라는, 아주 작지만 무거운 한 쌍의 별(아마도 2개의 '중성자별', p. 489 참조)로 구성된 천체에 대한 일련의 관측일 것이다. 이것은 아인슈타인의 이론과 아주 비슷하게 일치하는데, 뉴턴의 이론에는 전혀 존재하지 않는 중력파의 발산 효과를 간접적으로 확인한다. (중력파란 중력에서의 전자기파와 유사한 것으로서 빛의 속도 c로 움직인다.) 여기서 확인된 관찰 결과 중 그 어떤 것도 아인슈타인의 일반상대성 이론을 반박하지 못한다. 처음에는 그 모든 것이 이상해 보였지만 아인슈타인의 이론은 분명히 우리와 함께하고 있는 것이다!

상대적 인과관계와 결정론

상대성 이론에서 물체는 빛보다 빨리 움직일 수 없다는 사실을 기억하기 바란다. 즉 그들의 세계선은 항상 광원추 내부에 있어야 하는 것이다(<그림 5-29> 참조). (특히 일반상대성에서는 물체에 관하여 이와 같이 국소적으로 언급하여야 한다. 광원추는 일정한 모양으로 배열되어 있지 않기 때문에 아주 멀리 떨어져 있는 입자의 속도가 여기에서의 빛의 속도를 능가하는가 하는 따위의 질문은 큰 의미가 없을 것이다.) 광자의 세계선은 광원추 위에 놓이지만 어떤 입자에 대해서도 그 세계선이 원추의 바깥에 놓일 수 없다. 사실 이보다 더 일반적인 주장도 가능하다. 즉 어떤 신호도 광원추의 바깥쪽으로는 운행할 수 없다는 것이다.

왜 그런가를 이해하기 위하여 민코프스키 공간의 그림을 보기 바란다(<그림 5-31> 참조). 빛의 속도보다 약간 빠른 신호를 송출할 수 있는 어떤 장치가 만들어졌다고 가정해보자. 이 장치를 이용하여 관측자 **W**가 그의 세계선상의 사건 A로부터 멀리 떨어진 사건 B로 신호를 보내는데, B는 A의 광원추 바로 아래에 있다고 가정한다. <그림 5-31>의 (a)에서는 이를 **W**의 관점에서 그려보았다. 그리고 <그림 5-31>의 (b)는 제3의 관찰자 U가 (A와 B 사이의 한 위치에서 시작하여) **W**로부터 빠른 속도로 멀어져가면서 본 관점에서 다시 그린 그림인데, 이 사람에게는 사건 B가 A보다 먼저 일어난 것처럼 보일 것이다! (이 '새로운 그림'은 바로 앞에서 언급[p. 310]한 푸앵카레 운동에 해당한다.) **W**의 관점에서는 **U**의 동시 공간이 뒤집힌 것처럼 보이고, 이 때문에 **U**에게는 B라는 사건이 A보다 먼저 발생한 것처럼 보이는 것이다. 따라서 **U**에게는 **W**에 의하여 전송된 신호가 마치 시간을 거슬러서 운행하는 것처럼 보인다!

아직은 그다지 모순적이지 않다. 그러나 **U**의 관점과 대칭되어(특수상대성 원리에 의하여), **W**와 반대 방향으로 **U**로부터 멀어지는 제3의 관찰자 **V**가, **W**가 가지고 있는 것과 똑같은 장치로 그(V)의 관점에서 빛보다 빠른 신호를 **U**의 방향으로 보낸다고 생각해보자. 이 신호도 앞에서처럼 **U**에게는 시간을 역행하여 운행하는 것처럼 보일 것이다. 공간적인 방향은

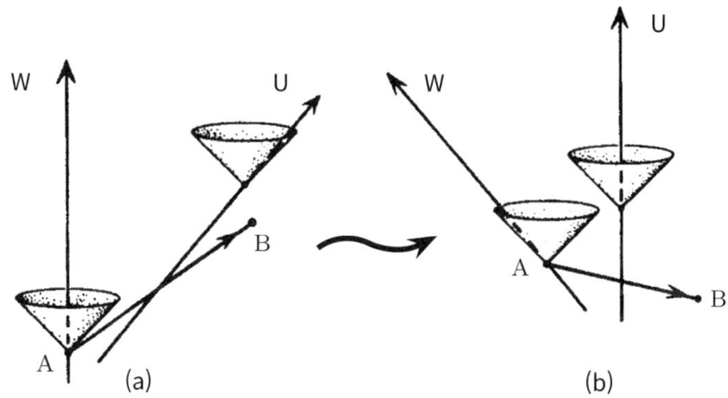

<그림 5-31> W에게 빛보다 빠른 신호는 관찰자 U에게는 시간을 거꾸로 여행하는 것처럼 보일 것이다. 오른쪽 그림 (b)는 왼쪽 그림 (a)를 U의 관점으로 다시 그린 것이다. (이처럼 새로 그리는 작업은 푸앵카레의 운동이라고 생각할 수도 있다. <그림 5-21>과 비교해보기 바란다. 그러나 여기에서는 (a)에서 (b)로의 변환을 수동적인 의미가 아닌 능동적인 의미로 생각하여야 한다.)

물론 반대이지만. 실제로 **V**는 이 두 번째 신호를 **W**가 보낸 원래의 신호를 받자마자(B) **W**에게 되돌려 발송할 수 있다. 이 신호는 **U**의 관점에서 보았을 때 원래 신호를 발송한 사건 A보다 더 이른 사건 C에서 **W**에 도착하게 된다(<그림 5-32> 참조). 그러나 이보다 더 심각한 문제는, **W** 자신의 세계선상에서 사건 C의 발생이 사건 A의 발생보다 실제로 먼저 이루어지기 때문에 **W**는 자기가 A 시점에서 신호를 보낸 것보다도 사건 C를 먼저 경험하게 된다는 것이다! 관찰자 **V**가 **W**에게 다시 보내는 메시지는, **W**의 사전 조치에 의하여 단순히 그가 B에서 보낸 메시지를 반복하도록 할 수 있다. 따라서 **W**는 그의 세계선상에서 그가 나중에 보낼 메시지와 똑같은 것을 먼저 받게 되는 것이다! 두 관측자를 충분히 멀리 떨어뜨려 놓으면 신호가 되돌아오는 시간이 원래의 신호보다 얼마만큼 앞설 것인가를 자신이 원하는 대로 얼마든지 조정할 수 있다. 만약 **W**의 원래의 메시지가 그의 다리가 부러졌다는 사실을 담고 있다면 그는 사건이 일어나기 전에 그 내용을 미리 알 수 있을 것이고, (예상컨대) 자유의지를 이용하여 그것을 피할 방도를 찾게 될 것이다!

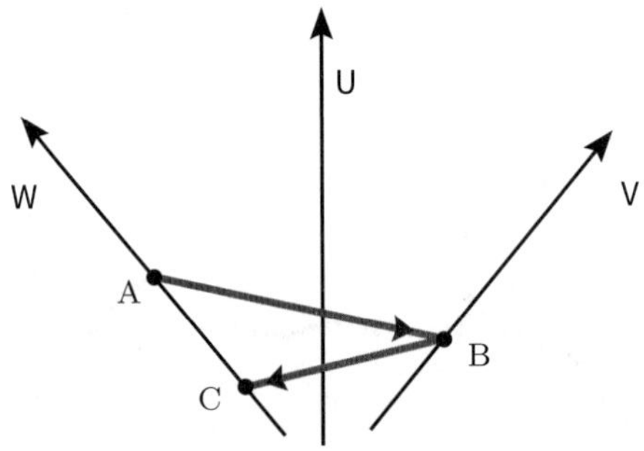

<그림 5-32> 만약 V에게도 W와 같은 광속보다 빠른 신호의 전송 장치가 있어서 서로 반대 방향으로 향해 있다면 W는 자기 자신의 과거로 메시지를 보낼 수 있다.

따라서 초광속 신호는 아인슈타인의 상대성 원리와 더불어 우리의 '자유의지'라는 정상적 느낌에 명백히 위배되는 모순을 유도하게 된다. 실제로 문제는 이보다 더욱 심각하다. '관찰자 **W**'가 실제로는 단순히 기계적인 장치로서 '예'라는 메시지를 받으면 '아니요'를, '아니요'라는 메시지를 받으면 '예'를 신호하도록 프로그램되었다고 가정해보자. V도 역시 기계적 장치로서 이번에는 '아니요'를 받으면 '아니요'를, '예'를 받으면 '예'를 보내도록 프로그램되었다고 하자. 이것은 원칙적으로는 앞에서 본 것과 같은 모순을 유도하는데,[37] 이번에는 관찰자 **W**가 '자유의지'를 지니고 있는가 아닌가와 무관한 것으로서, 빛보다 빠른 신호기가 물리학적으로 불가능하다는 것을 보여준다. 이것은 뒤에서(제6장 pp. 428-429) 매우 어려운 문제를 야기한다.

그러면 보통의 물리적인 입자에 의해 운반되는 신호뿐만 아니라 특정한 종류의 신호도 광원추 내에 제한된다고 인정하기로 하자. 실제로 앞에서의 논의는 특수상대성을 이용한 것이지만 일반상대성에서도 특수상대성의 규칙들이 국소적으로는 성립한다. 모든 신호가 광원추의 내부에 속해야 한다는 것은 특수상대성의 국소적인 명제이기 때문에 이것은 일

37 이것을 비켜갈 수 있는 몇 가지(아주 만족할 만한 것은 아니지만) 방법이 있다. Wheeler & Feynman(1945)을 참조.

반상대성에서도 적용되어야 하는 것이다. 여기에서는 이러한 것들이 결정론의 문제에 어떻게 영향을 미치는지 살펴보겠다. 뉴턴(혹은 해밀턴 등) 이론에서 '결정론'이 의미하는 것은 특정 시간에서의 초기 데이터가 다른 모든 시점에서의 행동을 완전히 결정해버린다는 것임을 기억하기 바란다. 만약 뉴턴의 이론에서 시공간적 관점을 취한다면 초기 데이터가 명시되는 '특정 시간'이란 4차원 시공간을 잘라낸 3차원의 한 조각(즉 그 시점에서의 전체 공간)이 될 것이다. 상대성 이론에는 이처럼 하나를 끄집어낼 수 있는 전체적 '시간'의 개념이 없다. 일반적인 방법은 좀 더 유연한 자세를 취하는 것이다. 어느 누구의 '시간'을 택하든 상관없다. 특수상대성에서는 앞의 '한 조각' 대신 특정 관측자의 동시 공간을 취하여 초깃값을 지정할 수 있다. 그러나 일반상대성에서는 '동시 공간'의 개념이 잘 정의되지 못하며, 대신 공간꼴 표면spacelike surface[38]이라는 더욱 일반적인 개념을 사용할 수 있다. 그러한 표면은 <그림 5-33>에 나와 있는데, 그 특징은 표면 위 각 점에 대해 광원추의 완전한 외부에 놓이게 되므로 동시 공간과 국소적으로는 유사하다.

특수상대성에서의 결정론은 어떤 특정 동시 공간 S에서의 초기 데이터가 시공간 전체에 대한 양태를 확정한다는 사실로써 수식화될 수 있다. (이는 특히 맥스웰 이론에서 성립하는데, 맥스웰 이론은 실제로 '특수상대성'이론이라 할 수 있다.) 그러나 이에 대하여 좀 더 강력한 주장도 가능하다. 즉

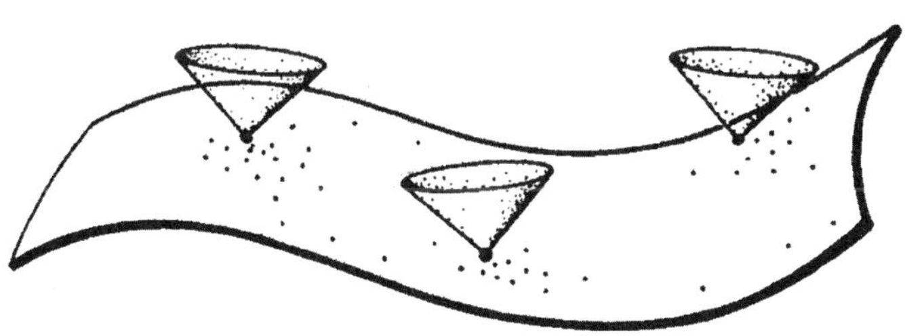

<그림 5-33> 공간꼴 표면. 일반상대성에서 초깃값 제시를 위한 표면

38 기술적으로 말하면, 그것은 2차원이 아니라 3차원이기 때문에 '표면surface'이라는 용어보다는 '초곡면hypersurface'이라는 용어가 더 적합하다.

만약 S의 미래에 놓여 있는 어떤 사건 P에서 무엇이 발생할 것인지를 알고 싶다면 S 전체가 아닌 S의 한정된 특정 영역의 초기 데이터만 있어도 된다는 것이다. '정보'는 빛보다 빨리 움직일 수 없으므로, S에 있더라도 빛 신호가 P에 도달하기에는 너무 멀리 떨어진 곳에 있는 점들의 경우 P에 아무런 영향도 줄 수가 없기 때문이다(<그림 5-34> 참조).[39] 이는 뉴턴 이론에서 발생하는 상황보다는 훨씬 바람직한 것으로서, 뉴턴의 경우에는 잠시 뒤에 무엇이 발생할 것인가를 예측하기 위해서는 전체의 무한 '조각'에 대해 무슨 일이 벌어지는지를 모두 알아야만 했다. 뉴턴 이론에서는 정보가 전파되는 속도에 제한이 없다. 실제로 뉴턴 이론에서 힘은 순간적이다.

일반상대성에서의 '결정론'은 특수상대성에서보다 다루기가 훨씬 복잡하다. 그래서 이에 대해서는 단지 몇 가지만 언급하고자 한다. 첫째로, 초기 자료를 명시하기 위하여 (단순한 동시 공간 대신) 공간꼴 표면 S를 사용하여야 한다. 그러면 ENERGY 텐서에 기여하는 물질 장matter field이 (평소와 같이) 결정적으로 작용한다는 가정하에 아인슈타인의 방정

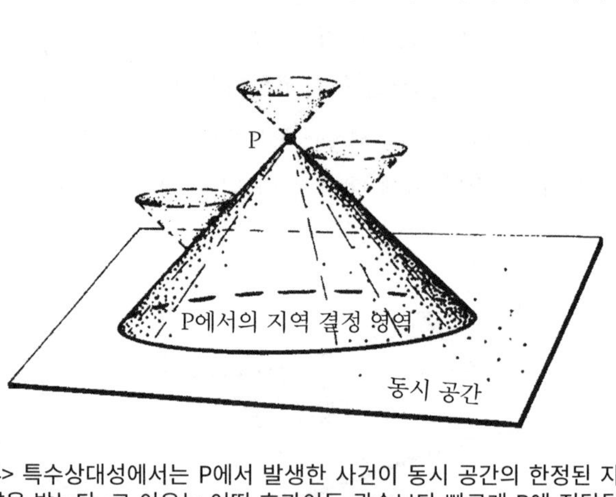

<그림 5-34> 특수상대성에서는 P에서 발생한 사건이 동시 공간의 한정된 지역 내의 자료에만 영향을 받는다. 그 이유는 어떤 효과이든 광속보다 빠르게 P에 전달될 수는 없기 때문이다.

---

39 한 가지 밝혀둘 것은 파동 방정식(p. 293의 각주 22 참조)도 맥스웰 방정식처럼 상대적 방정식이라는 점이다. 그러므로 앞서 살펴본 푸르엘-리처즈Pour-El-Richards의 '계산 불가능 현상'도 S의 제한된 영역의 초기 데이터에 대한 효과이다.

식은 중력장에서 국소적으로 결정적인 양태를 보인다는 것이 밝혀졌다. 그러나 여기에서는 상당히 복잡한 문제들이 발생한다. 광원추의 '인과 causality' 구조를 위시한 시공간의 기하 자체가 이제는 실제로 결정되는 대상의 일부가 되는 것이다. 광원추의 구조를 미리 알지 못하기 때문에 미래의 사건 P에서의 양태를 결정하기 위해 S의 어느 부분이 필요한지도 알 수 없다. 극단적인 상황에서는 S 전체의 정보로도 충분하지 못한 경우가 발생하기 때문에 결과적으로 전체적 결정론global determinism조차 상실하게 된다! (여기에는 까다로운 문제들이 개입되어 있는데, 이들은 일반상대성 이론의 중요한 미해결 문제의 하나인 '우주 검열cosmic censorship'과도 관계가 있다. 이 문제는 블랙홀의 생성과도 연관된다(Tipler et al., 1980; 제7장 p. 490, p. 493의 각주 17, p. 503 참조). '극단적'인 중력장에서나 발생할 수 있는 그러한 '결정론의 실패' 가능성이 인간 크기 수준의 물체와 직접적인 연관성을 갖는 것으로는 보이지 않는다. 그러나 이로부터 알 수 있는 것은, 일반상대성의 결정론 문제는 결코 우리가 바라는 만큼 분명하지 않다는 사실이다.

고전물리학에서의 계산 가능성: 우리는 어디에 서 있는가?

이 장의 전반에 걸쳐서 나는 결정론과는 관계없이 줄곧 계산 가능성에 대한 문제에 부분적으로 초점을 맞춰왔다. 그리고 '자유의지'나 정신적 현상에 대한 문제를 다룰 때 계산 가능성의 이슈도 최소한 결정론의 이슈만큼이나 중요하다는 것을 설명하고자 했다. 그러나 이제 우리는 고전물리학에서 결정론 그 자체가 그다지 분명하지는 않다는 것을 믿게 되었다. 앞에서 우리는 전기 띤 입자의 운동에 대한 고전적인 로런츠 방정식이 몇 가지 골치 아픈 문제를 야기한다는 것을 보았다. (디랙의 '고삐 풀림 이론' 참조.) 또한 일반상대성에서도 결정론에 대하여 몇 가지 문제점이 있다는 것을 언급했다. 그러한 이론들에서 결정론이 불가능하다면 계산 가능성도 분명 존재하지 않는다. 하지만 방금 언급한 두 가지의 경우 모두 결정론의 부재가 우리에게 직접적인 철학적 연관성을 갖지는 않는다. 그러한 현상에서는 아직 우리의 자유의지가 깃들 수 있는 '둥지'를 발견할 수 없다. 첫 번째의 경우는 점 입자에 대한 고전적인 로런츠 방정식(디랙에 의해 풀린)이 이러한 문제가 발생하는 수준에서는 물리학적으로 적절하지 않다고 생각되기 때문이고, 두 번째의 경우는 고전적 일반상대성이 그러한 문제(블랙홀 등)를 야기하는 규모가 우리 두뇌의 규모와는 전적으로 다르기 때문이다.

그렇다면 고전 이론의 계산 가능성이라는 관점에서 볼 때 우리는 과연 어디쯤 서 있는가? 일반상대성의 경우 특수상대성과 비교해볼 때 앞서 제시한 인과성과 결정론의 차이를 넘어서는 큰 차이는 없다고 추측해도 무방할 것이다. 물리적 체계의 미래 상황이 초기 데이터에 의해 결정된다면 이 미래의 상황은 그 데이터에 의하여[40] (앞서 뉴턴의 경우를 들어 제시한 것과 같은 방법으로) 계산적으로 결정될 수 있다고 여기더라도 무방할 것이다. (앞서 언급한 바 있는 푸르엘과 리처즈의 파동 방정식에서 등장하는 '불필요한' 형식의 계산 불가능성은 여기에서는 고려하지 않기로 하는데, 이 현상은 완만하게 변하는 데이터에 대해서는 발생하지 않는다.) 실제로 지금까지 논의한 어떤 물리학 이론에서도 분명하게 '계산 불가능한' 요소는 존재한다고 보기 어렵다. 물론 이들 이론에서도 '혼돈적chaotic'인 현상이 발생하는 것은 예측할 수 있는데, 그것은 초기 데이터에 대한 아주 작은 변화가 결과의 상태에 막대한 차이를 초래하는 것이다. (일반상대성의 경우에도 이러한 현상이 있는 것 같다. Minster, 1969; Belinskii, et al., 1970 참조) 그러나 앞에서 언급한 바와 같이, 이러한 형태의 계산 불가능성(즉 '예측 불가능성')이 어떤 식으로든 물리법칙 내에서 발생 가능한 계산 불가능적 요소를 '활용'하는 장치에 '사용'될 수 있다고 보기는 어렵다. 만약 '마음'이 어떤 식으로든 계산 불가능한 요소들을 이용할 수 있다면 그 요소들은 고전물리학의 외부에 속해야 한다고 볼 수 있다. 우리는 이 문제를 양자론에 대해

---

40 이 문제에 관한 상세한 정리는 매우 유익하고 흥미로울 테지만 현재로서는 다소 부족한 수준이다.

고찰한 후 다시 다루게 될 것이다.

질량, 물질, 실체

고전물리학이 우리에게 제시한 실세계에 대한 그림을 잠시 자세히 살펴보기로 하자. 첫째로, 물리학의 모든 여러 가지 활동의 주 무대 역할을 하는 시공간이 있다. 둘째로, 이러한 활동에 참여하는 물리적 객체들이 있는데 그 활동은 정밀한 수학적 법칙을 따르게 되어 있다. 물리적 객체에는 입자와 장의 두 종류가 있다. 입자에 대해서는 고유의 세계선을 가지며 각자의 질량 혹은 전기적 전하 등을 가진다는 사실 이외에는 그것의 실제 본질과 특성에 관해 거의 언급하지 않았다. 반면 장에 관해서는 꽤 상세히 설명했는데, 맥스웰 방정식의 대상으로서 전자기장과 아인슈타인 이론의 대상인 중력장 등을 앞에서 다루었다.

입자를 어떻게 다룰 것인가에 대해서는 두 가지 견해가 있다. 만약 입자가 너무 미세해 장에서의 영향이 무시될 수 있으면 그러한 입자들을 실험 입자test particle라고 부른다. 그리고 이들이 장에 대하여 반응하는 운동은 명확하다. 로런츠의 힘의 법칙은 전자기장에 대한 실험 입자들의 반응을 설명하고, 측지선 법칙geodesic law은 중력장에 대한 반응을 표현한다(두 가지의 장이 모두 존재하는 경우에는 이들의 적절한 혼합으로 설명이 가능하다). 이 경우 입자들은 점 입자로 보아 1차원의 세계선을 갖는다고 간주한다. 그러나 장에 대한(혹은 다른 입자에 대한) 이들 입자의 영향이 고려되어야 하는 경우(즉 그 입자들이 장의 원천으로서의 역할을 하는 경우)에는 입자들을 공간에 어느 정도 흩어져 있는 객체로 간주해야 한다. 그렇지 않으면 각 입자의 바로 옆에 있는 장들은 무한하게 된다. 이와 같이 흩어져 있는 원천들은 맥스웰 방정식에 필요한 전하 전류 분포 (ρ, j)를 제공하고, 아인슈타인의 방정식에 필요한 ENERGY 텐서도 제시한다. 이 모든 것 외에도 모든 입자와 장이 존재하는 시공간은 가변 구조를 갖는데, 이 구조 자체만으로도 중력을 직접적으로 설명할 수 있다. 이는 마치 '체육

관'이 자기 안에서 벌어지고 있는 운동 경기에 참여하는 것과 다를 바 없다!

이것이 바로 물리적 실체의 특성에 대하여 고전물리학이 우리에게 가르쳐준 내용이다. 한 가지 확실한 것은 우리가 많은 것을 배웠다는 것이고, 또 특정 시기에 형성된 그림이 나중에 가서 더 깊은 관찰에 의해 바뀌지 않는다고 너무 자만해서는 안 된다는 것이다. 우리는 다음 장에서 상대성 이론이 제시한 혁신적인 변화도 양자론의 그것과 비교하면 보잘것없이 퇴색하는 모습을 보게 된다. 그러나 우리는 아직 고전 이론에 대해서, 그리고 그 이론에서 말하는 물질적 실체에 대해서 완전히 끝내지 않았다. 그것은 우리에게 또 한 가지 놀라움을 예비하고 있다!

'물질'이란 과연 무엇인가? 그것은 실제 물리적 객체(즉 이 세상의 '물건'들)를 구성하고 있는 실질적인 본질을 의미한다. 그것은 바로 당신과 나, 그리고 우리 집을 구성하고 있는 것들이다. 이러한 물질을 어떻게 정량화할 수 있을까? 기초 물리학 교과서를 보면 이에 대한 뉴턴의 분명한 답이 나와 있다. 즉 어떤 객체 혹은 객체로 구성된 시스템에 대하여 정의되는 질량mass이라는 개념이 있어서, 이를 이용하여 그것이 포함하는 물질의 양을 측정하게 된다. 이것은 분명 맞는 답처럼 보이는데, 그 이유는 전체 물질에 대한 올바른 측정치로서 질량을 능가할 만한 것이 없기 때문이다. 게다가 질량은 보존된다. 그러므로 어떤 물체 혹은 시스템이건 간에 전체 내용물은 항상 일정하게 유지된다.

그러나 특수상대성에서 나오는 아인슈타인의 유명한 공식

$$E = mc^2$$

은 에너지(E)와 질량(m)이 서로 바뀔 수 있음을 보여준다. 예를 들어 우라늄 원자가 붕괴되어 더 작은 조각들로 나뉠 때 이들을 한순간 멈출 수 있다면, 그때 각 조각을 합한 질량은 원래의 우라늄 원자 질량보다 적어진다. 그러나 각 조각의 움직임에 해당하는 에너지(운동 에너지kinetic energy)를 고려하고 이를 c^2으로 나누어 질량값으로 변환시키면 총계는 실제로 변함이 없다. 실로 질량이 보존되는 것이다. 그러나 이제는 일부 에너지로 구성되기 때문에 실제 물질의 측정 단위로는 조금 부족한 것 같다. 에너지란 결국 그 물질이 얼마나 빠른 속도로 운동하는가에 달려 있기 때문이다. 급행열차 내의 운동 에너지는 엄청나지만 그 열차 안에 앉아 있으면 앉아 있는 사람의 관점에서는 열차가 어떤 운동도 하지 않는 것처럼 느껴진다. 그 운동에 대한 에너지는 (각 입자의 무작위 운동으로 인한 열에너지는 아니지만) 이와 같이 적절한 관점의 선택으로 인하여 '0으로 감소된' 것이다. 아인슈타인의 질량-에너지 관계의 가장 극단적인 경우에 해당하는 좋은 예로서 π^0 중간자meson라 불리는 특정 아원자 입자의 붕괴 현상을 고려해보기로 하자. 이 입자는 분명히 물질 입자로서 잘 정의된 (양의) 질량을 갖는다. 약 10^{-16}초 정도 지나면 그것은 거의 항상(앞의 우라늄 원자처럼, 그러나 그보다 더 빠르게) 2개의 광자로 분해된다(<그림 5-36> 참조). 그러면 π^0 중간자와 같은 관점에 있는 관측자에게는 각각의 광자가 에너지의 반을 가져가는 것이고, 이는 π^0 중간자 질량의 반을 가져가는 것이다. 그러나 이 광자의 '질량'은 모호한 존재로서 순수 에너지pure energy이다. 우리가 만약 광자 중의 하나와 같은 방향으로 빠르게 움

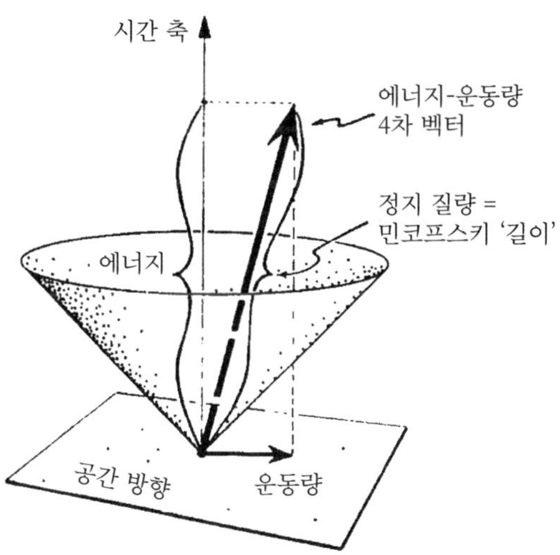

<그림 5-35> 에너지-운동량 4차 벡터

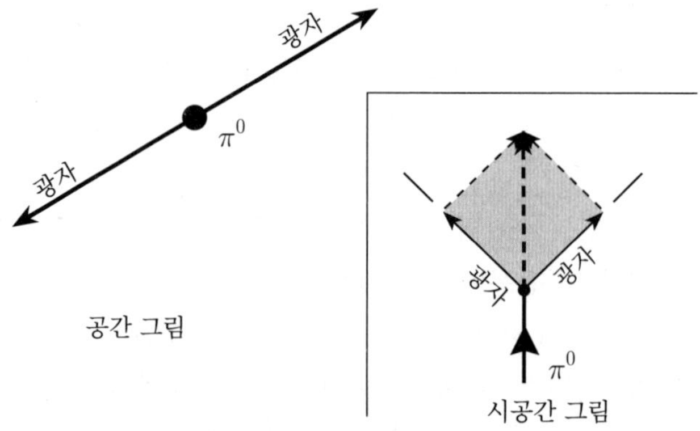

<그림 5-36> 질량을 갖는 π^0 중간자는 질량이 없는 광자로 붕괴된다. 시공간의 그림은 에너지-운동량의 4차 벡터가 보존되는 것을 보여준다. π^0 중간자의 4차 벡터는 두 광자의 4차 벡터를 평행사변형 법칙(어두운 부분)에 따라 합한 것이다.

직인다면 우리가 원하는 만큼 아주 작게 질량-에너지를 감소시킬 수 있을 것이고, 광자의 내재 질량intrinsic mass(혹은 잠시 뒤에 다루게 될 정지 질량)은 실제로 0이 될 것이기 때문이다. 이 모든 것은 질량 보존에 대해 일관된 그림을 제시하지만, 한편으로 그것은 우리가 이전에 가졌던 그림과는 판이하다. 질량은 아직도 어떤 의미에서는 '물질의 양'을 측정하고 있지만, 그 관점에는 분명한 변화가 있게 된다. 즉 질량이 에너지와 동일하므로 어떤 시스템의 질량은 에너지처럼 관측자의 운동에 좌우되는 것이다!

여기에서 우리에게 강요된 관점에 대하여 좀 더 명확히 할 필요가 있다. 질량의 역할을 대체하게 된 보존된 양은 에너지-운동량 4차 벡터라 불리는 한 덩어리의 객체이다. 이것은 <그림 5-35>에서 보는 것처럼 민코프스키 공간의 원점 O에서 그 점의 미래 광원추 내부(혹은 광자처럼 극단적인 경우에는 광원추 위)를 가리키는 화살표(벡터)로 그려질 수 있다. 이 물체의 세계선 방향으로 뻗은 화살표는 그 물체의 에너지, 질량, 운동량 등 모든 정보를 가지고 있다. 따라서 특정 관찰자의 프레임에서 측정되는 화살표의 끝에 대한 t값(혹은 '높이')은 그 관찰자가 보는 그 물체의 질량(혹은 c^2으로 나눈 에너지)을 나타내게 되고, 공간 좌표는 (c로 나뉜) 운동량을 나타내게 된다.

이 화살표의 민코프스키 '길이'는 정지 질량rest-mass으로 알려진 중요한 양이다. 이것은 어떤 물체와 함께 정지해 있는 관측자의 입장에서 본, 그 물체의 질량을 의미한다. 어떤 사람은 이것이 '물체의 양'으로서 적절한 측정치가 될 것이라는 입장을 취할지도 모른다. 그러나 이것은 더할 수가 없다. 만약 시스템이 둘로 나뉘면 원래의 정지 질량은 그 각각에 대한 정지 질량의 합과 같지 않다. 앞에서 본 π^0 중간자의 붕괴를 되새겨보자. π^0 중간자는 양의 정지 질량을 갖지만 결과로 얻어지는 두 광자 각각의 정지 질량은 0이다. 그러나 이러한 덧셈 법칙(4차 벡터)은 전체 화살표에 대해서는 성립하게 되는데, <그림 5-6>에서 보인 것처럼 벡터의 덧셈 법칙에 따라 '덧셈'을 해야 한다. 바로 이 화살표 전체가 '물체의 양'에 대한 측정치인 것이다!

이제 맥스웰의 전자기장에서 생각해보자. 앞서 그것은 에너지를 갖는다고 언급했다. $E = mc^2$에 따르면 그것 또한 질량을 가져야 한다. 따라서 맥스웰의 장 역시 물체인 것이다! 맥스웰의 장이 입자들을 서로 묶는 힘과 밀접한 연관성이 있다는 측면에서 보면 이것은 당연히 인정되어야 할 사실이다. 그 어떤 물체의 질량이건 그 내부에서 전자기장이 한몫[41]을 하고 있음은 분명하다.

그렇다면 아인슈타인의 중력장은 어떠한가? 그것도 여러 면에서 맥스웰의 장과 비슷하다. 맥스웰의 이론에서 운동 중에 있는 전기 띤 물체가 전자기파를 발생시키는 것과 비슷하게, (아인슈타인 이론에 따르면) 운동 중에 있는 큰 물체는 중력파를 발생시키는데, 그것은 전자기파처럼 빛의 속도로 움직이고 에너지를 갖는다. 그러나 이 에너지는 앞서 언급한 ENERGY 텐서에 의한 일반적인 방법으로는 측정하지 못한다. (순수한) 중력파 내에서는 이 텐서가 실제로 어디에서나 0이 되는 것이다! 그러나 한편으로는 (지금은 WEYL 텐서에 의해서만 이루어지는) 시공간의 곡면이 중력파의 '그 무엇'을 표현할 수 있다는 견해를 가질 수도 있다. 그

41 현재의 이론에서는 계산이 불가능하여 큰 도움은 되지 못하는 (임시적인) 답(즉 무한대)을 제공한다.

러나 중력 에너지는 비국소적non-local이라는 것이 알려졌고, 그 이야기는 제한된 영역 내의 시공간 곡면을 관찰하는 것만으로는 이 에너지의 측정 단위가 무엇이어야 할지를 결정할 수 없다는 것이다. 중력장의 에너지(즉 질량)는 실로 미꾸라지 같아서 특정한 위치에 고정되는 것을 거부한다. 그렇지만 이것은 심각하게 연구되어야 한다. 이것이 거기에 있는 것은 분명하기 때문에 질량의 개념이 전반적으로 보존되기 위해서는 이를 고려해야만 한다. 중력파에 적용될 수 있는 좋은(양의 값을 갖는) 질량의 측정 단위가 있기는 하지만(Bondi, 1960; Sachs, 1962), 비국소적이라는 이유로 이 측정치가 때로는 곡면이 전혀 없는(즉 WEYL과 RICCI가 모두 0인) 평평한(마치 폭풍의 눈 안의 고요처럼 두 방사선의 분출 사이에 있는) 시공간에서 0이 아닌 값을 갖게 될 수도 있다(Penrose & Rindler, 1986, p. 427)! 그러한 경우 우리는 다음과 같은 결론으로 이끌리게 된다. 즉 이러한 질량 에너지가 만약 존재한다면, 그것은 이 평평하고 빈 공간(특정한 종류의 물질이나 장이 존재하지 않는 영역)에 있어야 한다는 것이다. 이러한 이상한 상황에서, 우리가 살펴본 '물질의 양'은 빈 영역의 가장 빈 자리에 있거나, 아니면 그 어디에도 존재하지 않아야 한다!

이것은 순전히 모순으로 보인다. 그러나 이것은 우리가 알고 있는 최선의 고전 이론들(이들은 분명 SUPERB에 속하는 이론들이다)이 이 세상에 존재하는 '실제' 물질의 본성에 대하여 내리고 있는 분명한 결론이다. 곧 보게 될 양자역학은 고사하고 고전 이론에서조차도 물질의 실체는 우리가 생각했던 것보다 훨씬 불확실한 것이다. 그것의 양(어쩌면 존재 여부조차도)은 아주 미묘한 이슈에 좌우되기 때문에 국소적인 것만으로는 무어라 말할 수 없다! 만약 그러한 비국소성이 이상하게 느껴진다면 이보다 훨씬 큰 충격에 대비하는 것이 좋을 것이다.

제6장

양자의 마력과 양자의 신비

철학자들은 양자론을 필요로 하는가?

고전물리학에서는, 상식적으로도 생각할 수 있듯이 그 대상이 되는 '바깥' 세계가 존재한다. 그 세계는 정확하게 수식화된 공식에 따라 분명하고 결정적인 방법으로 전개된다. 이것은 원래의 뉴턴 체계에서도 그러했고, 맥스웰과 아인슈타인의 이론에 대해서도 마찬가지이다. 물리적 실체는 우리 자신과는 독립적으로 존재하는 것으로 간주된다. 그리고 고전적인 세계가 정확하게 어떠한가 하는 것은 우리가 그것을 어떤 식으로 선택하여 보는가에 전혀 영향을 받지 않는다. 뿐만 아니라 우리의 몸과 두뇌는 그 자체가 그 세계의 일부분이 된다. 그들 또한 마찬가지로 정확하고 결정적인 고전 방정식에 따라 전개된다고 간주되는 것이다. 뿐만 아니라 우리의 모든 행동도 이러한 방정식에 의해 결정된다고 본다. 비록 우리는 자기 자신의 의지가 스스로의 행동에 영향을 끼친다고 느낄지 모르지만 말이다.

이러한 모습은 현실, 의식적인 지각, 그리고 우리의 분명한 자유의지 등의 본질과 관련된 가장 중요한[1] 철학적 논쟁의 배경에 놓여 있는 것으로 보인다. 어떤 사람들은 양자론(즉 20세기 초반에 고전물리의 설명과 실세계 동작 간 미묘한 불일치의 발견으로부터 생겨난, 사물에 대한 근본적이면서도 이

---

1 나는 아무리 '엄숙한' 철학적 견해라 할지라도 최소한 어느 정도의 실재론적 요소를 포함하고 있어야 한다는 것을 당연하게 여겨왔다. 가끔은 분명히 진지한 사색가들, 특히 양자역학의 의미를 다루는 물리학자들 중에도 '저 밖에는' 실제로 아무런 세계가 실존하지 않는다는 강한 주관적 관점을 가진 사람들을 대할 때마다 놀라지 않을 수 없다. 내가 가능한 한 언제나 실재론적인 입장을 취한다는 사실은, 그러한 주관적인 견해들이 심각하게 제기될 때도 있음을 모르는 바는 아니나 단지 그것을 이해할 수 없다는 의미이다. 그러한 주관론에 대한 강력하고 흥미로운 공박에 대해서는 마틴 가드너Martin Gardner(1983)의 1장을 참조.

상한 법칙 체계)의 역할도 필요하다는 주장에 대하여 탐탁지 않게 생각할지도 모른다. 많은 사람에게 '양자론'이라는 용어는 단지 입자, 원자, 분자의 수준에서 정확한 묘사를 어렵게 하고 확률적인 결과만을 초래하는, 모호한 '불확정성 원리'의 개념만을 떠오르게 할 것이다. 사실 앞으로 보게 되겠지만 양자론적 설명은 우리에게 익숙한 고전적인 것들과는 현저하게 다르면서도 매우 정확하다. 뿐만 아니라 일반적인 견해와는 달리 확률적 현상은 입자, 원자, 분자의 미세한 양자 수준에서는 발생하지 않고(이들은 결정적으로 전개된다), 우리가 의식적으로 지각할 수 있는 고전적 세계의 출현과 연관된 신비롭고도 더 큰 규모의 현상과 관련된 것으로 보인다. 우리는 이와 더불어 양자론이 물리적 실체에 대한 우리 자신의 견해를 어떻게 바꾸도록 강요하고 있는지 이해해야 할 것이다.

사람들은 양자론과 고전 이론의 차이가 아주 미소한 것들에만 해당한다고 생각하는 경향이 있으나, 실제로 수많은 보통 크기 규모의 물리적 현상의 배경에도 그 차이가 존재한다. 고체의 존재 자체, 물질의 강도나 물리적 특성, 화학의 본질, 물질의 색, 얼거나 끓는 현상, 유전의 신뢰성, 이외에도 우리에게 친숙한 수많은 현상이 그 설명에 양자론을 필요로 한다. 어쩌면 의식의 현상도 고전적인 이론만으로는 완전히 이해될 수 없는 것 중의 하나인지 모른다. 즉 우리의 마음은 단순히 특정 알고리즘에 따라 행동하는 고전적 물리 구조의 이른바 '객체object'로서 존재하는 것이 아니라, 우리가 살고 있는 이 세계를 실제로 지배하는 어떤 이상하고 놀라운 물리법칙의 특성에 뿌리를 두고 있는 형질quality로서 존재하는 것일 수 있다. 어떤 의미에서는 이것이 바로 지각 있는 존재로서의 우리가, 어째서 고전적 세계에 이미 존재하는 모든 풍부함, 그리고 그것이 내포한 신비로움에도 불구하고 완전히 고전적인 세계가 아니라 양자론적인 세계에 살고 있다고 보아야 하는가에 대한 이유인지 모른다. 우리처럼, 생각하고 지각하는 생물이 그 원소 물질로부터 만들어질 수 있기 위해 양자론적 세계는 과연 필수적인가? 이러한 질문은 우리 자신에 대한 것이라기보다는 그러한 생물이 살게 될 세계를 건설하고자 하는 신에게 더 적합한 것으로 보인다! 그러나 이 질문은 우리와도 관련이 있다. 만약 의식이 고전적인 세계의 일부가 될 수 없다면 우리의 마음은 어떤 식으로든 고전물리학으로부터 이탈된 것들에 의하여 좌우될 것이다. 이에 대해서는 이 책의 후반부에서 다시 생각해보려고 한다.

우리가 만약 철학의 주요 문제들, 즉 이 세계는 어떻게 돌아가는가, 혹은 '마음'(실제로 '우리')을 구성하는 요소는 무엇인가 등을 깊이 파고들고자 한다면 양자론(가장 정확하고 신비한 물리 이론)에 대한 내용을 짚고 넘어가야 한다. 그러나 언젠가는 과학이 양자론이 줄 수 있는 것보다 훨씬 심오한 대자연에 대한 이해를 가져다줄 수 있을지도 모른다. 나의 개인적인 견해는, 양자론조차도 하나의 임시방편으로서 우리가 실제로 살고 있는 세계의 완전한 그림을 제공하기에는 부적절한 요소가 존재한다는 것이다. 그러나 그것은 핑계가 되지 못한다. 만약 어떤 것이 되었든 우리가 특정한 철학적 통찰력을 얻고자 한다면 기존의 양자론에 따른 세계에 대한 그림을 이해해야 한다.

불행히도 이론가들은 이 그림의 실체에 대하여 서로 매우 다른(관측적으로는 동일하더라도) 견해를 갖는 경향이 있다. 많은 물리학자는 중심인물인 보어를 인용하여, 객관적인 그림은 아예 없다고 말하려 할 것이다. 양자 수준에서는 아무것도 실제로 '바깥 세상'에 존재하지 않으며, 실체는 다만 '측정measurement'의 결과와 관련하여 어떤 식으로든 부각된다는 것이다. 이러한 견해에 따르면 양자론은 단지 계산의 방법만을 제공하는 것이지 있는 그대로의 세계를 묘사하려는 것은 아니다. 양자론에 대한 이러한 태도는 내게는 너무 패배주의적으로 보이기 때문에, 나는 객관적인 물리적 실체를 양자적 묘사, 즉 양자 상태quantum state와 결부시키는 좀 더 적극적인 노선을 따르고자 한다.

이러한 양자 상태에 대하여 완전히 결정적인 시간 전개를 제공하는 매우 정확한 수식으로서 슈뢰딩거 방정식이 있다. 그러나 시간이 전개되는 양자 상태와 실세계에서 관측된 실제 양태의 관계에는 매우 이상한 점이 존재한다. 즉 때때로('측정'이 발생했다고 생각될 때마다) 우리는 그때까지 힘들여 전개시킨 양자 상태를 던져버리고, 그것을 단순히 새로운 상태로 '도약'하기 위한 여러 가능성을 계산할 목적으로만 사용해야 한다는 것이다. 이러한 '양자 도약quantum jump'의 특이성 이외에 '측정'이 실제로 이루어졌다고 선언할 수 있는 물리적 배열이 어떤 것인지를 결정하는 문제도 있다. 측정 기구 자체도 결국은 양자 요소들로 구성되어 있을 것이므로 이들 역시 슈뢰딩거 방정식에 따라 결정적으로 전개되어야 한다. '측정'이 실제로 발생하기 위하여 의식적인 존재가 필수적으로 있어야만 하는가? 내 생각으로는 단지 소수의 양자물리학자만이 그러한 견해에 동의할 것이라고 본다. 어쩌면 인간 관찰자들 자신도 미세한 양자 요소로부터 만들어진 것이다!

이 장의 후반부에서 우리는 양자 상태의 이러한 '도약'에 대해 이상한 결과를 다루게 될 것이다. 예를 들면 한 장소에서의 '측정'이 어떻게 멀리 떨어진 곳에서 발생하는 '도약'을 야기하는 것처럼 보이는 것인가! 그전에 우리는 또 하나의 이상한 현상을 보게 된다. 즉 때때로 어떤 물체가 2개의 경로를 취하는데, 만약 따로따로 가보면 문제 없이 잘 갈 수 있지만 양쪽 모두가 동시에 허락된다면 이들이 서로를 완전히 봉쇄시켜 아무 쪽으로도 갈 수 없는 묘한 상황에 직면하는 것이다! 우리는 또 양자 상태가 실제로 어떻게 묘사되는가에 대해서도 꽤 상세히 검토할 것이다. 그리고 이러한 묘사가, 그에 대응하는 고전적 설명과 얼마나 크게 다른가 하는 것도 볼 것이다. 예를 들면 입자들은 동시에 두 장소에 나타날 수도 있다고 하는 식이다! 또한 여러 개의 입자가 동시에 고려될 때 양자론적 설명이 얼마나 복잡해질 수 있는가에 대해서도 어느 정도 감을 잡아볼 것이다. 양자론에서 판명된 사실은, 입자들은 개별적으로 설명할 수 없으며 그 대신 이들이 전체적으로 가질 수 있는 여러 가지 배열의 복잡한 중첩superposition으로서 고려되어야 한다는 것이다. 또 우리는 왜 같은 종류의 서로 다른 입자들이 상호 구분되는 개별성identity을 가질 수 없는가에 대해서도 알아볼 것이다. 그리고 이상한(그러나 근본적으로 양자역학적인) '스핀spin의 특성에 대하여 자세히 살펴볼 것이며, '슈뢰딩거의 고양이'라 일컫는 역설적인 사고 실험thought experiment에 의해 야기된 중요한 문제들과, 그 기본적인 수수께끼를 해결하기 위한 시도로서 이론가들이 제기한 여러 가지 관점에 대해서도 살펴볼 것이다.

이 장에서 다룰 내용 중 일부는 앞(혹은 다음) 장의 내용만큼 쉽게 이해가 되지 않을 수도 있다. 그리고 약간은 전문적인 부분도 많이 나올 것이다. 나는 그에 대해 설명하는 과정에서 나름대로 눈속임을 쓰지 않으려 노력했으며, 때문에 독자들은 그렇지 않을 때보다 좀 더 유심히 들여다보아야 할 것이다. 그것은 양자 세계에 대하여 진정한 이해를 얻기 위함이다. 충고하고 싶은 것은, 만약 불분명한 부분이 있으면 계속 노력하여 전체적인 구조에 대한 감 정도라도 얻기를 바란다는 것이다. 그러나 전체적인 이해가 쉽게 잡히지 않더라도 절망하지 말기 바란다. 주제 자체가 그러하기 때문이다!

고전 이론의 문제점

고전물리학이 우리 세계에서 사실이 아님을 어떻게 알 수 있을까? 주요하게는 실험적 결과로 알 수 있다. 양자론은 이론가들이 원해서 채택한 것이 아니다. 그들 자신도 (거의 대부분) 마지못해 이렇게 이상하면서도 여러 가지 면에서 철학적으로 불만족스러운, 이 세계에 대한 관점으로 끌려오게 되었다. 그러나 고전 이론은, 그 훌륭한 위풍당당함에도 불구하고 몇 가지 심오한 문제점을 안고 있다. 이러한 문제의 근본적 이유는 두 종류의 물리적 객체가 공존해야 한다는 것이다. 그 하나는 입자들로서 각각이 작은 유한한 수(6)의 인자(3개의 위치 인자와 3개의 운동량 인자)에 의해 묘사되고, 또 하나는 장field으로서 이들은 무한한 수의 인자를 필요로 한다. 이렇게 양분하는 것은 실제로 물리적인 모순이 있다. 입자와 장을 모두 갖춘 시스템이 평형 상태equilibrium('완전한 안정 상태')를 이루려면 입자의 모든 에너지가 장으로 유입되어야 한다. 이것은 '에너지 등분배equipartition of energy라 부르는 현상의 결과로서, 평형 상태에서 에너지는 그 시스템의 모든 자유도degree of freedom에 대하여 골고루 퍼진다는 것이다. 그런데 장은 무한히 많은 자유도를 갖기 때문에 불쌍한 입자들에게는 아무 에너지도 남지 않는 것이다!

특히 고전물리의 원자들은 입자들의 모든 움직임이 장들의 파동-모드wave-model로 전이되기 때문에 불안정해질 것이다. 1911년 뉴질랜드계 영국인 실험 물리학자 어니스트 러더퍼드Ernest Rutherford가 소개한 원자의 '태양계' 그림을 생각해보자. 행성 대신 궤도를 도는 전자들이 있고, 태양 대신 중심의 핵(작은 규모의)이, 중력 대신 전자기에 의해 유지되고 있다. 근본적이면서 불가해한 문제 중의 하나는, 궤도를 운행하는 전자가 핵 주위를 돌 때, 맥스웰 방정식에 의하면 그것이 안쪽으로 맴돌면서 전자기파를 발산하게 되는데, 그 전자기파의 세기가 순식간에 무한대로 증가하면서 핵을 향하여 돌진하게 된다는 것이다! 그러나 이와 같은 현상이 관찰된 적은 없다. 사실 실제로 관찰된 현상은 고전 이론에 근거한다면 설명할 길이 없다. 원자가 전자기파(빛)를 발산하기는 하지만, 매우 특정한 이산 주파수의 다발(분명한 스펙트럼선)로만 발생하는 것이 관측된다(<그림 6-1> 참조). 뿐만 아니라 이러한 주파수들은 고전물리 이론의 기반에서는 설명할 수 없는 '미친 듯한' 법칙[2]을 따른다.

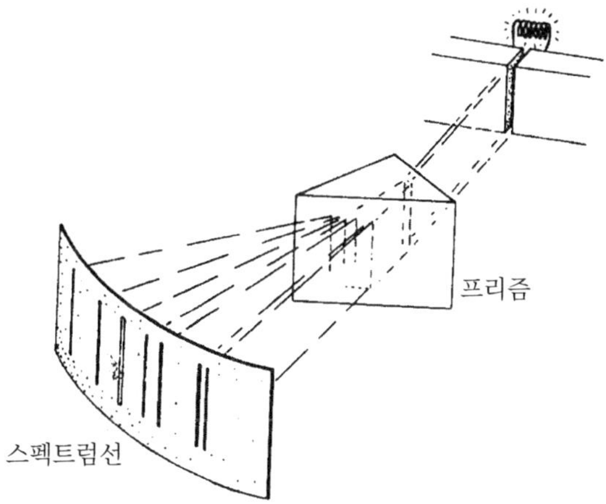

<그림 6-1> 가열된 물질 안의 원자는 빛을 발하는데, 종종 아주 특정한 주파수의 빛만을 발한다는 것이 밝혀졌다. 서로 다른 주파수는 프리즘을 사용하여 분리할 수 있기 때문에 원자의 스펙트럼선 특성을 구할 수 있다.

2 특히 요한 야코프 발머Johann Jakob Balmer는 1885년에 수소 스펙트럼의 주파수가 $R(n^{-2}-m^{-2})$의 형태를 갖는다고 말했다. 단 n과 m은 양의 정수이고 R은 상수이다.

입자와 장의 공존으로 인한 불안정성을 드러내는 또 한 가지 예로서 '흑체 복사black-body radiation'로 알려진 현상을 들 수 있다. 특정 온도에서 어떤 물체의 전자기 복사가 그것의 입자들과 평형 상태에 있다고 가정해 보자. 1900년 존 레일리John W. S. Rayleigh와 제임스 진스James H. Jeans는 모든 에너지가 장 속으로 무한정 흡수될 것이라고 계산했다! 이와 관련된 물리적 모순('자외선 파탄ultraviolet catastrophe': 에너지가 장을 향하여 계속해서 점점 더 높은 주파수로 끊임없이 들어가는 것)이 존재하지만 실제의 대자연은 이보다 신중하게 행동한다. 장 진동field oscillation의 낮은 주파수에서 에너지는 레일리와 진스가 예상한 바와 같지만, 그들이 이변을 예측한 높은 주파수에서의 실제 관찰 결과는 에너지의 분포가 무한정 증가하는 것이 아니라 오히려 주파수가 증가함에 따라 0으로 떨어진다는 사실을 보여준다. 주어진 온도에 대하여 에너지의 최댓값은 특정 주파수(즉 색깔)에서 발생한다(<그림 6-2> 참조). (부지깽이의 붉은 열, 또는 태양의 황백색 열 등은 우리에게 친숙한 예이다.)

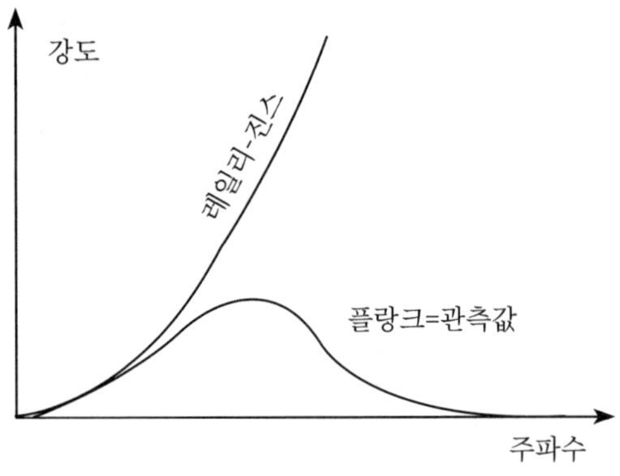

<그림 6-2> 뜨거운 물체('흑체')의 복사 강도에 대하여 고전물리학적 계산(레일리-진스 Rayleigh-Jeans)과 실제 관측 사이의 큰 차이가 플랑크로 하여금 양자론을 만들게 하는 동기가 되었다.

양자론의 시초

이러한 수수께끼들은 어떻게 풀릴 수 있을까? 뉴턴의 입자들을 중심으로 한 원래 체계는 확실히 맥스웰의 장 개념을 보충해야 할 필요가 있다. 한편 그와는 반대의 극단적인 관점으로, 모든 것이 장이고 입자란 단지 특정 장들의 유한한 크기의 작은 '매듭knot'일 뿐이라고 생각해볼 수도 있지 않을까? 이것도 문제점이 있기는 마찬가지이다. 왜냐하면 그 경우 입자들은 무한히 다양한 형태로 꿈틀거리고 진동하면서 그 모양이 끊임없이 변화할 텐데, 우리가 본 바에 따르면 그렇지 않기 때문이다. 실세계에서 같은 종류의 입자들은 모두 동일한 모양이다. 예를 들어 2개의 전자는 서로 똑같다. 원자나 분자들조차도 이산적으로 다른 배열만을 가질 수 있다.[3] 따라서 만약 입자들이 장이라면, 장들이 이산적인 특성을 가질 수 있도록 하는 특정의 새로운 요소가 필요할 것이다.

1900년, 천재적이지만 보수적이고 신중한 독일의 물리학자였던 막스 플랑크Max Planck는 고주파수의 '흑체' 모드를 억제하기 위한 혁신적인 방법을 제안했다. 즉 전자기 진동은 그 에너지 E가 주파수 v와 다음과 같은 분명한 관계,

$$E = hv$$

를 만족하는 '양자quantum'에서만 발생하는데, 여기에서 h는 대자연에 대한 새로운 기본 상수로서 플랑크 상수라 불린다. 플랑크는 놀랍게도 이와 같은 황당한 요소를 이용하여, 관측 확인된 주파수와 힘의 세기 사이에

---

3 어쩌면 이러한 '모두 장으로 보는' 관점을 너무 소홀히 취급해서는 안 될 것이다. 아인슈타인은 (앞으로 보게 되겠지만) 양자 입자에 드러나는 이산성discreteness을 깊이 인식하고 있었는데, 그는 인생의 나머지 30년을 이러한 일반적 고전성을 완전히 포괄하는 이론을 찾기 위해 노력하며 보냈다. 그러나 다른 사람들의 경우처럼 아인슈타인의 시도도 성공적이지 못했다. 입자들의 이산성을 설명하기 위해서는 고전 장 이외의 다른 무언가가 필요한 것으로 보인다.

존재하는 상호 의존성에 대한 이론적 설명을 도출할 수 있었는데, 이것이 소위 플랑크의 복사 법칙Planck radiation law이라는 것이다. (플랑크 상수는 실용 단위로는 극히 미세하다 할 수 있는 약 6.6×10^{-34}Joule second이다.) 이러한 대담한 일획으로써 플랑크는 앞으로 닥쳐올 양자론의 서광을 밝힌 셈이 되었는데, 그의 이론은 아인슈타인이 또 하나의 놀라운 제안(즉 전자기장은 이산적인 단위로만 존재할 수 있다는 사실)을 발표할 때까지는 별로 주목받지 못했다! 맥스웰과 구스타프 헤르츠Gustav L. Hertz가 빛이란 전자기장의 진동으로 이루어짐을 보였다는 사실을 기억하기 바란다. 그러므로 아인슈타인에 의하면 (그리고 뉴턴도 이미 2세기 전에 주장했듯이) 빛 그 자체는 결국 입자여야만 한다! (19세기 초에 영국의 천재 이론가이자 실험 물리학자인 토머스 영Thomas Young은 빛이 파동으로 이루어졌음을 이미 밝힌 바 있다.)

빛이 어떻게 입자로 구성되어 있으면서도 동시에 장 진동으로 이루어질 수 있는가? 이들 두 개념은 명백히 상반되는 것처럼 보인다. 그러나 어떤 실험은 빛이 입자임을 분명히 밝히고 있고, 또 다른 사실들은 빛이 파동임을 보여준다. 1923년, 프랑스의 귀족이자 통찰력 있는 물리학자였던 루이 드 브로이Louis de Broglie는 자신의 박사학위 논문(아인슈타인이 인허했다!)에서 물질의 입자들은 때때로 파동처럼 행동해야 한다고 제안함으로써 이 입자 파동 논쟁을 한 단계 더 깊이 끌고 갔다! 질량 m의 입자에 대한 드 브로이의 파동 주파수 v는 또다시 플랑크의 관계식을 만족한다. 아인슈타인의 $E = mc^2$과 합치면 이것은 v와 m이 다음과 같이 연관되어 있음을 말해준다.

$$hv = E = mc^2$$

그러므로 드 브로이는 자연법칙이, 고전 이론의 특징이 되어왔던 입자와 장 간의 이분법을 따르지 않는다고 보았다! 사실 특정한 주파수 v로 진동하는 모든 것은 질량이 $\frac{hv}{c^2}$인 이산 단위에서만 발생할 수 있다. 어쨌든 대자연은 입자와 장 진동이 동일하면서도 일관성 있는 세계를 만들어낼 수 있었던 것이다! 더 정확히 말하면 대자연의 세계는 더욱 미묘한 특정 요소로 이루어져 있는데, '입자'나 '파동'이라는 단어는 그것의 부분적인 모습만을 묘사하는지도 모른다.

플랑크의 관계식은 1913년 덴마크의 물리학자이자 20세기의 위대한 과학 사상가인 보어에 의해 다시 한 번 기발하게 사용되었다. 보어의 법칙에 따르면 핵의 궤도를 도는 전자의 각운동량angular momentum은 $\frac{h}{2\pi}$의 정수배로만 발생할 수 있는데, 후에 디랙은 다음과 같이 정의되는 $\hbar$라는 기호를 제안했다.

$$\hbar = \frac{h}{2\pi}$$

그리하여 (어느 한 축에 대한) 각운동량이 가질 수 있는 값은

$$0, \hbar, 2\hbar, 3\hbar, 4\hbar, \cdots$$

이다. 이 새로운 요소가 가미됨으로써 원자의 '태양계' 모형은 비로소 자연이 실제로 따르는 스펙트럼 주파수의 이산적인 안정된 에너지 수준과 '미친 듯한' 법칙들을 꽤 정확히 알려주게 되었다!

놀라울 정도로 성공적이긴 했지만 보어의 기발한 제안은 '구식 양자론'이라 하여 다소 임시적이고 땜질식의 방법 체계에 머물렀다. 오늘날 우리가 알고 있는 양자론은 그 이후에 발표된 독립적인 두 체계로부터 나온 것인데, 각각 뛰어난 물리학자인 독일의 하이젠베르크와 오스트리아의 슈뢰딩거가 처음 제안한 것이다. 처음에는 이들 두 체계(1925년의 '행렬역학matrix mechanics'과 1926년의 '파동역학wave mechanics')가 전혀 달라 보였으나 곧 동일하다는 사실이 밝혀졌고, 그 직후 이들은 영국의 이론물리학자 디랙이 제안한 더욱 포괄적이고 일반적인 체계로 통합되었다. 다음 절에서는 이 이론과 이것이 내포하는 결론들에 대하여 일별해보도록 하겠다.

두 실틈 실험

양자역학 실험의 '원본'이라 할 수 있는 다음 실험을 생각해보자. 전자나 빛의 광선, 혹은 다른 종류의 '입자 파동'이 좁은 두 실틈two-slit을 통하여 뒤의 스크린으로 비치게 한다(<그림 6-3> 참조). 좀 더 구체화하기 위하여 그것을 빛이라 정하고 빛의 양자를 일반적인 용어에 따라 '광자photons'라 부르겠다. 빛이 입자(즉 광자)라는 것이 가장 명백히 드러나는 것은 스크린에서 발생한다. 그 빛은 분산된 응집 에너지 단위로 스크린에 도착하는데, 이 에너지는 플랑크의 공식 $E = hv$에 따라 빛의 주파수와 일정한 연관을 갖는다. 이때 광자의 '절반'(또는 일부)의 에너지만 받는 경우는 결코 없다. 빛을 받는 것은 광자 단위로 전부가 아니면 아예 없는 형태의 현상이며 오직 정수 개의 광자만이 보이게 된다.

그러나 광자가 그 틈새를 지날 때는 파동과 같은 현상이 발생한다. 먼저 하나의 틈만 열려 있다고(다른 틈은 막혀 있다고) 가정하자. 그 실틈을 지난 후 빛은 회절diffraction이라는 현상에 의해 번지는데, 이는 파동 전파wave propagation의 한 가지 특징이다. 그러나 그렇다 하더라도 빛이 입자라는 주장을 고수할 수는 있는데, 그것은 틈새의 모서리들이 워낙 가까워서 광자가 이쪽 혹은 저쪽으로 무작위적으로 튕겨 나가면서 영향을 끼친다고 생각할 수도 있기 때문이다. 실틈을 통과하는 빛에 상당한 강도(즉 많은 수의 광자)만 있다면 스크린에서의 조명도는 매우 균일하게 보인

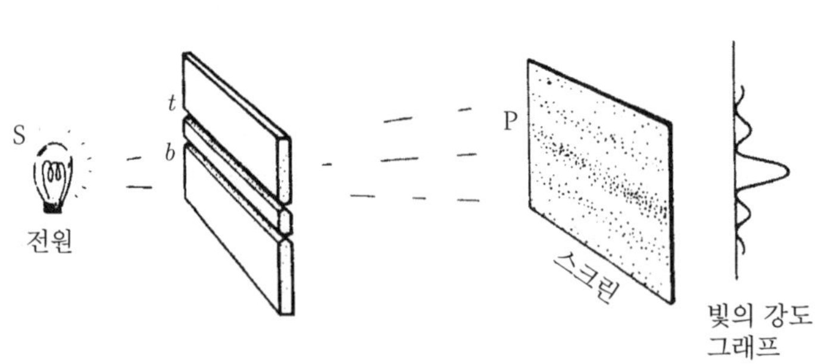

<그림 6-3> 단색 광선을 이용한 두 실틈 실험

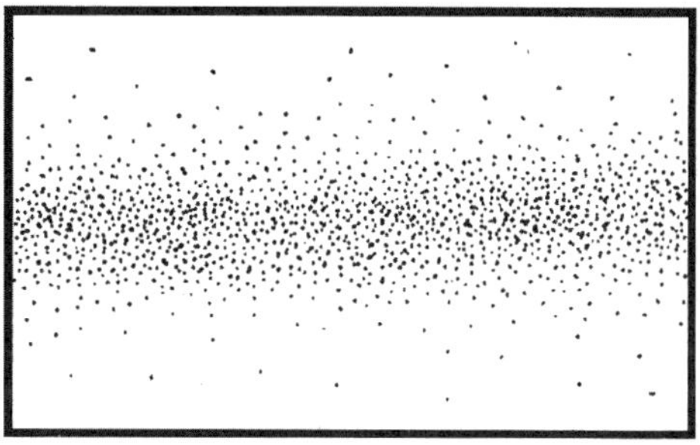

<그림 6-4> 실틈 하나만 열려 있을 때의 스크린에 비친 광도 무늬: 분산된 작은 점들의 분포

다. 그러나 빛의 강도를 확 줄이면, 조명의 분포가 (입자라는 주장대로) 마치 개개의 광자가 스크린을 때리는 것처럼 개별적인 점들이 뭉쳐서 나타나는 것을 확인할 수 있다. 이들이 부드럽게 보이는 것은 단순히 통계적 효과로서 이와 관련된 광자의 수가 워낙 많기 때문이다(<그림 6-4> 참조). (비교하기 위하여, 60와트 빛의 전구는 1초에 약 100000000000000000000개의 광자들을 방출한다!) 광자들은 실제로 그 실틈을 통과할 때 무작위적인 방법으로(굴절각에 따라 다른 확률 분포로) 비껴 부딪힘으로써 그러한 관측 조명도의 분포를 만드는 것처럼 보인다.

그러나 광자를 입자로 보는 관점의 가장 큰 문제점은 우리가 또 다른 실틈을 열 때 발생한다! 빛이 황색 나트륨램프에서 나오는, 본질적으로 순수한 섞이지 않은 색(전문 용어로 단색monochromatic)이라고 가정해 보자. 즉 한 가지의 분명한 파장이나 주파수를 갖는다는 의미인데, 그것을 입자적인 관점으로 보면 광자들이 모두 같은 에너지를 갖는다는 것을 의미한다. 여기서 파장의 길이는 약 5×10^{-7}m이다. 그 틈들은 각각 약 0.001mm의 폭에 0.15mm쯤 떨어져 있고 스크린은 약 1m 떨어져 있다고 가정하자. 꽤 강한 강도의 빛을 비치더라도 여전히 정상적으로 보이는 빛의 무늬를 얻게 되는데, 이때는 스크린의 중앙 가까이에 약 3mm 폭의 띠를 갖는 파동 형태가 나타나며 이를 간섭무늬interference pattern라 부른다(<그림 6-5> 참조). 두 번째 실틈을 열면서 우리가 기대하는 것은, 단순히 스크린에 비치는 조명도가 두 배로 늘어나는 것일 수 있다. 실제

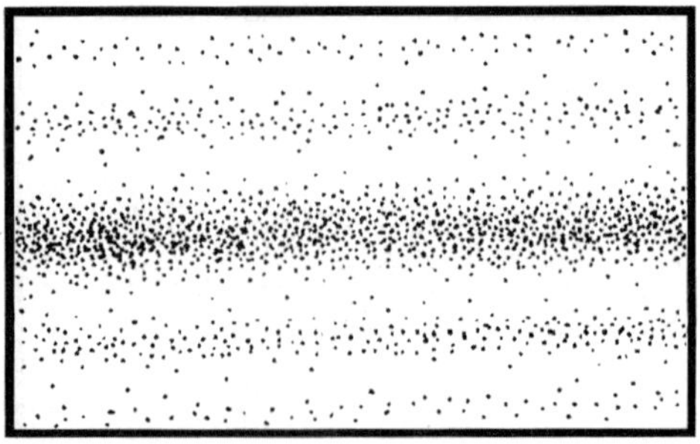

<그림 6-5> 2개의 실틈이 모두 열렸을 때의 광도 무늬: 분산점들의 파도형 분포

로 전체 조명도의 총합을 따져보면 그것은 사실이다. 그러나 이제는 하나의 실틈을 열었을 때와는 광도의 상세한 무늬가 완전히 다른 모양으로 나타난다. 스크린의 어떤 점들(무늬의 가장 밝은 곳)에서는 광도가 이전에 비하여 단순히 두 배가 아닌 네 배로 나타나고, 또 다른 점들(무늬의 가장 어두운 곳)에서는 광도가 0까지 내려간다. 광도가 0인 점들은 입자 관점에서 보면 어쩌면 가장 큰 수수께끼라고 볼 수 있다. 이 점들은 실틈이 하나만 열려 있을 때 광자가 아무런 문제 없이 도착할 수 있었던 점들이다. 그런데 이제 다른 하나를 열게 됨에 따라 어찌 된 일인지 갑자기 그 광자는 이전에 할 수 있었던 것을 하지 못하게 금지된 것이다. 광자에게 갈 수 있는 또 다른 길을 허용함으로써 실제로 그 광자가 어느 쪽도 갈 수 없게 된 것은 어째서일까?

광자 규모에서 보면, 만약 파장을 그 '크기'의 척도로 삼는다면 두 번째 실틈은 첫 번째 것으로부터 약 300 '광자-크기'만큼 떨어져 있다(각 실틈의 폭은 약 2파장쯤 된다. <그림 6-6> 참조). 그런데 광자가 그 실틈 하나를 통과할 때 다른 실틈이 실제로 열려 있는지 아닌지를 어떻게 '알' 수 있을까? 사실 원칙적으로 이와 같은 '상쇄' 혹은 '증폭' 현상이 발생할 수 있는 두 실틈 사이의 거리에는 아무런 제한이 없다.

빛이 그 실틈(들)을 지날 때 이번에는 입자가 아닌, 파동과 같은 양태를 보이는 것이다! 이러한 상쇄 현상cancellation(상쇄 간섭destructive interference)은 일반적으로 파동에서 흔히 발생하는 특성이다. 만약 파동

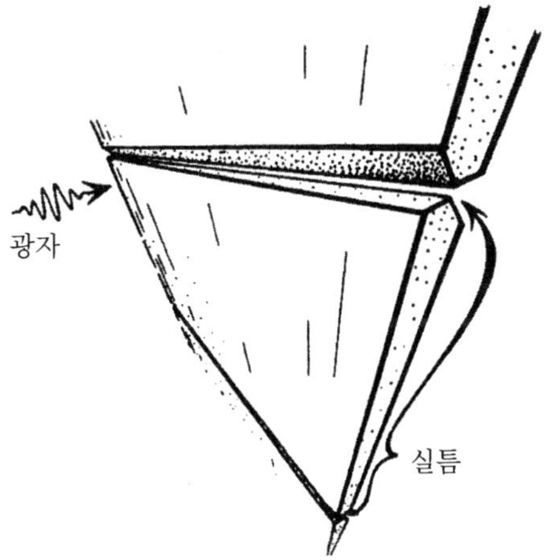

<그림 6-6> 광자의 관점에서 본 실틈! 약 300 '광자-크기' 떨어진 두 번째 실틈이 열려 있건 닫혀 있건 그것이 어떻게 다른 결과를 가져올 수 있을까?

이 각각의 경로를 따로따로 통과할 수 있다면, 그리고 만약 두 경로가 동시에 가능해졌다면 그들이 서로를 상쇄시키는 것은 충분히 가능한 일이다. <그림 6-7>은 이것이 어떻게 가능한가를 설명한다. 그 실틈들 중 하나를 통과해 들어오는 파동의 일부가 다른 실틈을 통해 들어오는 파동의 일부를 만날 때, 만약 이들이 '동위상in phase'(다시 말해서 양쪽의 마루와 골이 함께 발생하는 경우)라면 서로를 강화할 것이다. 그러나 이들이 정확하게 '역위상out of phase'(즉 하나가 골에 있을 때 다른 하나는 마루에 있는 경우)이라면 이들은 서로를 상쇄시킬 것이다. 두 실틈 실험에서 스크린의 밝은 곳들은 두 실틈의 거리가 파장의 정수배만큼씩 달라질 때마다 발생하여 파동의 마루와 골들이 실제로 동시에 발생하고, 어두운 곳들은 두 거리의 차이가 정확하게 그 값들 중간에 왔을 때 발생하여, 파동의 마루는 골과 만나고 골은 마루와 만나게 된다.

보통의 거시적 차원에서 고전물리적 파동이 두 실틈을 동시에 이런 식으로 통과하는 것은 하나도 이상할 것이 없다. 파동이란 단순히 어떤 연속적인 매체(즉 장field)나 수많은 미세한 점 같은 입자들로 이루어진 물질에서 하나의 '동요disturbance'인 것이다. 동요의 경우 일부는 실틈 하나

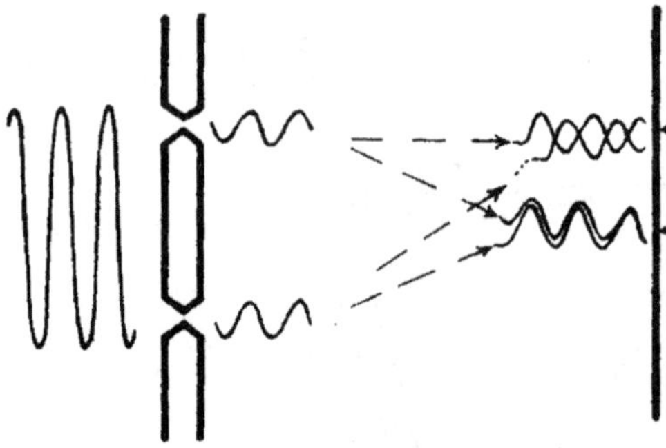

<그림 6-7> 순전한 파동적 관점에서 보면 스크린의 밝고 어두운 띠의 무늬는 (비록 분산성은 설명이 안 되지만) 파동의 간섭 현상으로서 이해할 수 있다.

를 통과하고 일부는 다른 실틈을 통과할 수 있다. 그러나 이 실험에서는 사정이 아주 다르다. 개개의 광자는 그 자신이 완전히 독립적으로 파동과 같은 행동을 보이는 것이다! 어떤 의미에서, 각 입자는 동시에 두 실틈을 통과하며 자기 자신을 간섭하게 된다! 왜냐하면 빛의 전체적인 광도를 충분히 감소시켜 한번에 기껏해야 하나의 광자가 그 틈새 근처를 지나가게끔 할 수 있기 때문이다. 실험에서 나타난 대로 광자에 허용된 두 경로가 서로를 상쇄시키는 소위 상쇄 간섭 현상은 이제 단일 광자에게만 적용될 수 있는 것이다. 만약 한쪽 경로만 열려 있으면 그 광자는 그곳을 통과할 수 있고, 다른 쪽 경로 하나만 열려 있으면 이번에는 광자가 그쪽 경로를 통과할 수 있다. 그러나 두 경로가 모두 열려 있다면 두 가지 모두의 가능성이 불가사의하게도 서로를 상쇄시켜 광자는 어느 쪽도 통과할 수 없게 된다!

독자는 이 놀라운 사실의 중요성에 대하여 잠시 숙고해보아야 할 것이다. 실제로, 빛은 때로는 입자처럼 행동하고 때로는 파동처럼 행동하는 것이 아닌, 개개의 입자가 완전히 독립적으로 파동처럼 행동한다. 뿐만 아니라 한 입자에게 서로 다른 가능성이 동시에 주어지면 가끔 이들은 서로를 상쇄해버리는 것이다!

그렇다면 광자는 실제로 둘로 갈라져서 일부는 한쪽 실틈으로, 다른 부분은 또 다른 실틈 사이로 통과하는 것인가? 대부분의 물리학자는 이런 식의 설명에 동의하지 않을 것이다. 입자에게 열려 있는 두 경로가 모두 최종 효과에 영향을 미치는 것은 사실이지만, 이들 두 경로는 단지 양자택일적인 것일 뿐, 입자가 그 실틈들을 통과하기 위하여 둘로 갈라진다고 생각할 수는 없다고 그들은 주장할 것이다. 입자가 일부분만 하나의 실틈을, 그리고 나머지는 다른 실틈을 지나는 것이 아니라는 견해를 뒷받침하는 실험으로 입자 탐지기를 그 실틈들 중 한쪽에 설치하는, 약간 다른 상황을 고려해볼 수 있다. 광자(혹은 다른 입자)가 관측될 때 이들은 항상 하나의 전체로 나타나지 일부분으로 나타나지는 않기 때문에 탐지기는 완전한 하나의 광자를 탐지하거나 광자를 전혀 탐지하지 않거나 하게 된다. 그러나 탐지기를 그 실틈들 중 하나에 설치하고, 그래서 관찰자가 광자가 어떤 실틈을 통하여 갔다는 것을 알 수 있는 상황에서는 스크린에 그 파동의 간섭무늬가 사라져버린다. 간섭 현상이 발생하기 위해서는 입자가 '실제로' 어떤 실틈을 통과했는지에 대한 '지식의 결핍'이 분명 필요한 것이다.

간섭을 받기 위해서는 그 두 가지 경로가 모두 역할을 해야 하는데, 어떤 때는 '더하기'라 하여 그들 서로가 서로를 보통의 기대치보다 두 배 큰 세기로 보강하기도 하고, 또 때로는 '삭제'시킴으로써 두 경로가 신비하게도 서로를 완전히 '상쇄'시키는 경우도 있다. 그런데 양자역학에 따르면 실제로 벌어지는 상황은 이보다 더욱 신비롭다! 그 두 가지 경로는 실제로 서로 더할 때도 있고(스크린에서 가장 밝은 점들) 또 서로 삭제할 수도 있다(어두운 점들). 그러나 이들은 또 (스크린의 중간 세기의 점들에서) 다음과 같은 이상한 형태의 조합으로도 결합될 수 있어야 한다.

$$\text{'경로 A'} + i \times \text{'경로 B'}$$

여기에서 'i'는 제3장에서 본 '−1의 제곱근'($=\sqrt{-1}$)이지만, 실제로 어느 복소수든지 '두 가지 경로의 조합'에 대하여 같은 역할을 할 수 있다!

복소수가 "양자역학의 구조에 절대적으로 중요하다"고 제3장에서 경고한 사실을 기억하기 바란다. 복소수는 단순히 수학적인 숫자놀음이 아니다. 이들의 설득력 있는, 예상을 빗겨간 실험적 사실들에 물리학자들의 이목이 집중되었다. 양자역학을 이해하기 위해서는 먼저 복소수값의 가중치 부과라는 것을 이해해야 한다. 그리고 다음으로 이들이 어떤 결과를 암시하는지 살펴보기로 하자.

확률 진폭

앞의 설명에서 특별히 광자를 사용한 이유는 없다. 전자나 다른 종류의 입자, 혹은 원자를 예로 들었더라도 결과는 마찬가지였을 것이다. 양자역학의 법칙이 주장하는 것은 야구공이나 코끼리마저도 이와 같은 이상한 현상(즉 서로 다른 두 가지 가능성이 어떤 식으로든 복소 조합에 의해 '합해'질 수 있다는 것)에 따라 행동해야 한다는 것이다! 그러나 실제로 우리는 야구공들 혹은 코끼리들이 이런 이상한 방식으로 겹쳐지는 것superpose을 결코 보지 못한다. 왜 못 보는 것일까? 이것은 어려운 동시에 논란의 대상이 되는 문제로서 아직은 이 문제에 직면하고 싶지 않다. 우선은 편의상 물리학의 설명 방법에는 두 가지의 다른 수준(양자 수준과 고전적 수준)이 있다고 단순히 가정하기로 하자. 이 이상한 복소 조합은 양자 수준에서만 사용하기로 하겠다. 야구공과 코끼리는 고전적 수준의 물체이다.

양자 수준은 분자, 원자, 아원자 입자 등의 수준이다. 이들은 보통 매우 '작은 규모의' 현상들에 대한 수준이라고 생각하지만, 이 '작다는 것'이 실제로 물리적 크기를 일컫는 것은 아니다. 우리는 앞으로 양자 효과가 수 미터 혹은 수 광년 거리를 넘어서 발생할 수도 있다는 사실을 알게 될 것이다. 만약 어떤 것이 아주 미세한 에너지의 차이만을 수반한다면 이는 '양자 수준'에 있다고 생각하는 것이 좀 더 정확한 표현일 것이다. (후에, 특히 제8장에서 좀 더 자세히 설명할 것이다). 고전적 수준이란 '거시적macroscopic' 수준으로서 우리가 더 직접적으로 알 수 있는 수준이다. 그것은 '사물 발생'에 대하여 우리가 보통 그려보는 그림이 성립하는 수준이고, 일반적인 확률 개념을 사용할 수 있는 수준이다. 이제 우리는 양자 수준에서 사용하게 될 복소수가 고전적 확률 이론과 밀접하게 연관되어 있다는 사실을 보게 될 것이다. 그들이 실제로 똑같지는 않지만 복소수를 이해하려면 먼저 고전적 확률 이론이 어떤 식으로 돌아가는가를 살펴보는 것이 도움이 될 것이다.

두 가지의 가능성 A나 B 중 어떤 것이 발생할지 알 수 없어 불확실한 고전적 상황을 생각해보자. 그러한 상황은 이들 두 가지 가능성의 '가중치가 부과된' 조합으로 묘사될 수 있다.

$$p \times \text{'가능성 A'} + q \times \text{'가능성 B'}$$

여기서 p는 A가 일어날 확률이고, q는 B가 일어날 확률이다. (확률은 0과 1 사이의 실수임을 기억하기 바란다. 확률 1은 '확실히 일어남'을 의미하며, 확률 0은 '확실히 일어나지 않음'을 의미하고, 확률 $\frac{1}{2}$은 '똑같은 가능성으로 일어나지 않거나 일어날 것 같음'을 의미한다.) 만약 A와 B가 유일한 두 가지 가능성이라면 두 확률의 합은 1이 되어야 한다.

$$p + q = 1$$

그러나 만약 더 많은 가능성이 존재한다면 그 합은 1보다 작아질 수 있다. 그렇다면 비율 p:q는 B가 일어날 확률에 대한 A가 일어날 확률의 비율이 된다. 이 두 가지 가능한 경우로부터 A와 B가 일어날 실제 확률은 각각 $\frac{p}{p+q}$와 $\frac{q}{p+q}$가 될 것이다. 만약 $p+q$가 1보다 크더라도 이러한 해석이 가능하다. (예를 들어 이러한 방법은 아주 많은 횟수의 실험을 할 때 유용하게 사용되는데, p는 'A'의 발생 횟수로, q는 'B'의 발생 횟수로 취급할 수도 있다.) $p + q = 1$이면 p와 q가 정규화normalize되었다고 말하는데, 이는 그 값이 단지 확률의 비율만을 나타내는 것이 아니라 실제 확률을 나타내기 때문이다.

양자물리학에서도 이와 비슷해 보이는 작업을 하게 된다. 다만 이제는 p와 q가 복소수라는 점이 다르고, 이때 이들을 각각 w와 z로 표시하기로 한다.

$$w \times \text{'가능성 A'} + z \times \text{'가능성 B'}$$

여기서 w와 z를 어떻게 해석해야 할까? 이들은 각각 독립적으로 음수나 복소수가 될 수 있으므로 분명히 보통의 확률(혹은 확률의 비율)은 아니다. 그러나 이들은 여러 가지 면에서 확률처럼 행동한다. 이들은 (뒤에서 보겠지만 적당히 정규화되었을 때) 확률 진폭probability amplitude, 혹은 단순히 진폭amplitude이라 불린다. 뿐만 아니라 사람들은 확률일 개연성을 짐작할 수 있는 용어를 적용하여 "A가 일어날 진폭 w와 B가 일어날 진폭 z가 있다"는 식으로 말하기도 한다. 이들이 실제로 확률은 아니지만 당분간 이들을 확률(좀 더 정확하게 말하면 양자 수준의 확률)인 것처럼 생각해보기로 하겠다.

보통의 확률은 어떤 원리를 갖는가? 공과 같은 거시적 물체를 예로 들어 생각해보면 도움이 될 것이다. 앞에서 기술한 두 실틈 실험(<그림 6-3> 참조)에서, 광자 대신 거시적 물체인 공을 두 구멍 중 하나를 관통하여 뒤에 있는 스크린을 향해 나아가도록 던진다고 생각해보자. s에서 공을 던지면 공이 위쪽 구멍 t에 도달할 확률 P(s, t)와 그 공이 아래쪽 구멍 b에 도달할 확률 P(s, b)가 있을 것이다. 뿐만 아니라 만약 스크린의 특정한 점 p를 선택한다면, 공이 t를 통과할 때마다 점 p에 도달할 확률 P(t, p)와, 그 공이 b를 통과할 때마다 점 p에 도달할 확률 P(b, p)도 존재할 것이다. 위 구멍 t만 열려 있는 상황에서, 공을 던진 후 그 공이 t를 통해 p에 실제로 도달할 확률을 구하려면 s로부터 t에 도달하는 확률에다 t로부터 p에 도달하는 확률을 곱하면 된다.

$$P(s, t) \times P(t, p)$$

마찬가지로 아래쪽 구멍 b만 열려 있는 상황에서 공이 s로부터 p에 도달할 확률은

$$P(s, b) \times P(b, p)$$

가 된다. 만약 두 구멍이 모두 열려 있다면, 공이 s로부터 t를 지나 p에 도달할 확률은 t만 열려 있을 때와 마찬가지로 P(s, t)×P(t, p)이고, s로부터 b를 통하여 p에 도달할 확률도 여전히 P(s, b)×P(b, p)이며, 결과적으로 그 공이 s에서 p에 도달할 전체 확률 P(s, p)는 이들의 합에 해당하게 된다.

$$P(s, p) = P(s, t) \times P(t, p) + P(s, b) \times P(b, p)$$

양자 수준에서도 그 원리는 똑같은데, 다만 이제는 이 묘한 복소 진폭 complex amplitude이 이전의 확률의 역할을 대행해야 한다. 그러므로 앞에서 다룬 두 실틈 실험에서는, 어떤 광자가 근원지 s로부터 위쪽 실틈 t에 도달할 진폭 A(s, t)와 그것이 그 실틈 t로부터 스크린의 점 p에 도달할 진폭 A(t, p)를 갖게 되고, 그 광자가 t를 통해 스크린의 p에 도달할 진폭을 얻기 위해서는 이 둘을 곱하면 된다.

$$A(s, t) \times A(t, p)$$

확률에서처럼 위의 실틈 t가 열려 있다고 가정하면 밑의 실틈 b가 열려 있건 아니건 간에 이것은 올바른 진폭일 것이다. 마찬가지로 아래의 실틈 b가 열려 있다고 가정하면 광자가 s로부터 b를 통해 p에 도착할 진폭은 위의 실틈 t가 열려 있건 아니건 간에 다음과 같다.

$$A(s, b) \times A(b, p)$$

그리고 만약 두 실틈이 모두 열려 있다면 광자가 s로부터 p에 도착할 전체 진폭은 다음과 같다.

$$A(s, p) = A(s, t) \times A(t, p) + A(s, b) \times A(b, p)$$

지금까지는 모두 훌륭하다. 그러나 양자 효과가 고전적 수준에 이르도록 확대되었을 때 이러한 진폭을 어떻게 해석할지 알지 못한다면 아무런 소용이 없다. 예를 들면 우리는 광자 탐지기 혹은 광전지photo-cell를 p에 위치하도록 할 수 있으며, 그것은 양자 수준의 사건(즉 광자가 p에 도착하는 것)을 고전적 세계에서 인식 가능한 사건, 예를 들면 귀로 들을 수 있는 '철컥' 하는 소리로 확대하는 방법을 제공할 수 있다. (만약 스크린이 사진판 역할을 하여, 광자가 그 위에 특정의 인식 가능한 점을 남기게 된다면 그것도 훌륭한 예가 될 수 있다. 그러나 좀 더 분명하게 하기 위하여 광전지를 사용하는 것으로 논의를 이어가자.) 이때는 모호한 '진폭'뿐 아니라 '철컥' 소리가 발생할 실제 확률도 반드시 존재할 것이다! 그럼 양자 수준에서 고전적 수준으로 넘어가는 과정에서 진폭은 어떻게 확률로 변환될 수 있을까? 이 점에 대하여 매우 놀랍고 신기한 법칙이 존재한다는 사실이 판명되었다.

그 법칙이란, 고전적 확률을 구하기 위해서는 양자 복소 진폭의 제곱 계수squared modulus를 취하면 된다는 것이다. '제곱 계수'란 무엇인가? 아르강 평면(제3장 pp. 156-157)에서의 복소수에 대한 설명을 기억해보기 바란다. 복소수 z의 계수 $|z|$는 단순히 z로 표시된 점에 대한 원점(즉 점 0)으로부터의 거리이다. 그리고 제곱 계수 $|z|^2$은 단순히 이 숫자의 제곱이다. 그러므로 x와 y가 실수일 때

$$z = x + iy$$

이면, (0에서부터 z까지의 선분은 직각삼각형 0, x, z의 사변이므로 피타고라스의 정리에 의하여) 구하고자 하는 제곱 계수

$$|z|^2 = x^2 + y^2$$

이다.

이것이 실제로 '정규' 확률이 되려면 $|z|^2$의 값은 0과 1 사이의 어디엔가 있어야 한다. 즉 적절히 정규화된 진폭의 경우 아르강 평면의 점 z는

단위 원 내에 놓여야 한다는 것이다(<그림 6-8> 참조). 그러나 때때로 다음과 같은 조합을 고려해야 할 경우가 생긴다.

$$w \times \text{선택자 A} + z \times \text{선택자 B}$$

여기에서 w와 z는 단순히 확률 진폭에 비례하며, 이들이 이 원 안에 놓일 필요는 없다. 이들이 정규화되어 있을(그리고 실제 확률 진폭을 제공할) 조건은, 이들의 제곱 계수의 합이 1이 되어야 한다는 것이다.

$$|w|^2 + |z|^2 = 1$$

만약 이들이 꼭 정규화되어 있을 필요가 없다면 A와 B에 대한 실제 진폭은 각각

$$\frac{w}{\sqrt{|w|^2+|z|^2}} \text{과} \quad \frac{z}{\sqrt{|w|^2+|z|^2}}$$

이고, 이들은 실제로 단위 원 내에 위치한다.

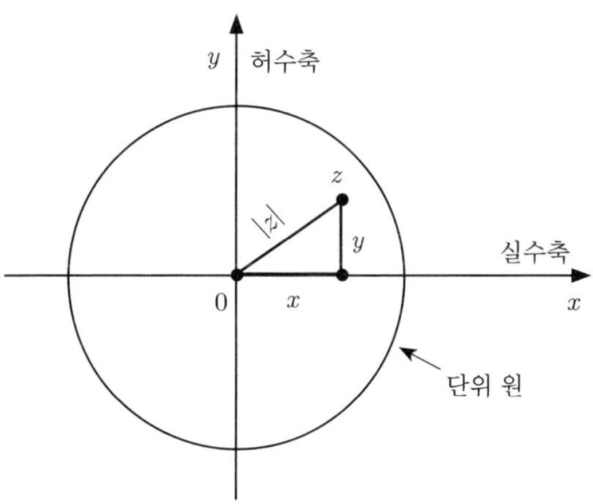

<그림 6-8> 아르강 평면에서 단위 원 안의 한 점 z 표시된 확률 진폭. 중심으로부터의 거리의 제곱인 $|z|^2$은 양자 효과가 고전물리 수준으로 확대될 때 실제 확률로 변환된다.

이제 우리는 확률 진폭이 궁극적으로 실제 확률보다는 오히려 확률의 '복소 제곱근'에 더 유사하다는 것을 알게 되었다. 이것이 양자 수준의 효과가 고전적 수준에 도달할 정도로 확대될 경우에는 어떤 식으로 물체에 영향을 미치게 되는가? 확률과 진폭 계산에서 어떨 때는 이들을 곱해야 했고, 또 어떨 때는 이들을 더할 필요가 있었다는 점을 염두에 두기 바란다. 첫 번째로 주목할 점은, 곱셈 연산이 양자 수준으로부터 고전적 법칙으로 넘어가는 데에 아무런 문제도 제기하지 않는다는 것이다. 이것은 두 복소수의 곱의 제곱 계수가 각각의 제곱 계수의 곱과 같다는 놀라운 수학적 사실에 근거한다.

$$|zw|^2 = |z|^2|w|^2$$

(이 성질은 제3장에서 설명한 바와 같이 두 복소수의 곱에 대한 기하학적 설명을 통해 단번에 구할 수 있다. 그러나 실수와 허수 부분으로 이루어진 두 식 $z = x + iy$와 $w = u + iv$의 관점에서 보면 이것은 작은 기적이라 할 수 있다. 한번 계산해보기 바란다!)

이 사실이 암시하는 것은, 만약 두 실틈 실험에서 어떤 입자에게 단지 하나의 경로만이 열려 있다면, 즉 하나의 실틈(예를 들어 t라고 하자)만 열려 있다면 '고전적인' 논의가 가능하게 되고, 중간 지점(t)에서 입자에 대한 탐지가 있건 없건 간에 확률은 똑같게 된다.[4] 우리는 양쪽 단계 혹은 한쪽 끝에서만 제곱 계수를 구할 수 있다. 예를 들어

$$|A(s,t)|^2 \times |A(t,p)|^2 = |A(s,t) \times A(t,p)|^2$$

이고 그 결과로 얻어지는 확률은 양쪽 모두 같다.

그러나 하나 이상의 경로가 가능하다면(즉 양쪽 실틈이 모두 열려 있다면)

---

4 이러한 탐지는 그 입자가 t를 통과하는 데 방해가 되지 않게끔 이루어져야 한다. 이는, 탐지기를 s 근처의 다른 곳에 설치해놓고 그 탐지기가 탐지음을 내지 않으면 그 입자가 t를 통과했다고 추측하는 식으로 가능하다.

합계를 취해야 하고 바로 여기에서 양자역학의 특성이 나타나기 시작한다. 두 복소수 w와 z의 합 w + z의 제곱 계수를 구하려면 보통 그들 각각의 제곱 계수의 합만 구하면 되는 것이 아니라 다음과 같은 부수적인 '보정항correction term'이 필요하다.

$$|w+z|^2 = |w|^2 + |z|^2 + 2|w||z|\cos\theta$$

여기에서 θ는 점 z와 w가 아르강 평면의 원점에서 만드는 각도이다(<그림 6-9> 참조). (어떤 각의 코사인 값은 직각삼각형에서 '$\frac{\text{인접변}}{\text{사변}}$'의 비율임을 기억하기 바란다. 이 공식에 익숙하지 않은 독자들은 이를 제3장에서 소개한 기하학을 이용하여 직접 도출해 보기 바란다. 사실 이 식은 약간 위장은 되었지만 익히 알려진 '코사인 법칙'에 불과하다!) 양자역학적 선택자들 간에 양자 간섭quantum interference을 불러일으키는 것은 바로 이 보정항 $2|w||z|\cos\theta$이다. $\cos\theta$의 값은 -1과 1 사이로, $\theta = 0°$이면 $\cos\theta = 1$이고 두 가능성은 서로를 보강해 전체 확률은 개별적 확률의 합보다 커지게 된다. 그리고 $\theta = 180°$이면 $\cos\theta = -1$이며, 두 가능성은 서로를 상쇄시키게 되어 전체 확률이 각각의 합보다 작아지게 된다(상쇄 간섭). 또 $\theta = 90°$이면 $\cos\theta = 0$이고, 두 확률이 정확히 더해지는 중간 상황이 된다. 크거나 복잡한 시스템에서는 보정항들이 일반적으로 '평균 상쇄average out'되어버림으로써($\cos\theta$의 '평균'값이 0이므로) 고전적 확률의 일반적인 법칙이 성립하게 된다! 그

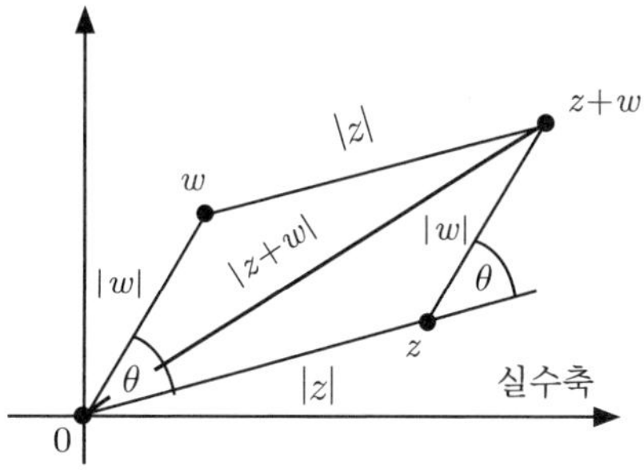

<그림 6-9> 두 진폭의 합의 제곱 계수에 대한 보정 항 $2|w||z|\cos\theta$와 관련된 기하 도형

러나 양자 수준에서는 이들 항이 중요한 간섭 효과를 제공한다.

두 실틈이 모두 열려 있는 두 실틈 실험을 생각해보자. 광자가 p에 도달할 진폭의 합은 w + z이다. 여기에서,

$$w = A(s, t) \times A(t, p), \quad z = A(s, b) \times A(b, p)$$

이다. 스크린의 가장 밝은 점들에서 w=z이고(cosθ =1이므로)

$$|w+z|^2 = |2w|^2 = 4|w|^2$$

인데, 이것은 위의 실틈만 열려 있는 경우의 확률 $|w|^2$의 네 배이고, 충분히 많은 수의 광자가 있을 때 그 세기는 네 배가 되기 때문에 실험 결과와 일치하게 된다. 그리고 스크린의 어두운 점들에서는 $w=-z$가 되어 (cosθ =−1이므로)

$$|w+z|^2 = |w-w|^2 = 0$$

이어서, 즉 관찰 결과와 일치하는 0을 얻게 된다(상쇄 간섭)! 또 정확하게 중간 지점에서는 $w=iz$ 또는 $w=-iz$가 되기 때문에(cosθ =0이므로)

$$|w+z|^2 = |w \pm iw|^2 = |w|^2 + |w|^2 = 2|w|^2$$

이어서, 즉 실틈이 하나일 때보다 두 배 큰 세기를 갖게 된다(이는 고전적 입자에 대한 경우와 일치한다). 다음 절 끝에서는 밝은 지점과 어두운 지점, 그리고 중간 지점이 실제로 어디에 있는지 계산하는 방법을 보게 될 것이다.

마지막으로 한 가지 짚고 넘어갈 것이 있다. 두 실틈이 모두 열려 있을 때 어떤 입자가 t를 통하여 p에 도달할 진폭은 실로 w = A(s, t) × A(t, p)이지만 그 제곱 계수 $|w|^2$을 입자가 '실제로' 위의 실틈을 통하여 p

에 도달할 확률로 해석할 수는 없다. 특히 p가 스크린의 어두운 부분에 속한 경우라면 그것은 엉뚱한 답이 될 것이다. 그러나 만약 우리가 그 존재(혹은 부재) 효과를 고전적 수준으로 확대시키는 방법으로 t에서의 광자의 존재를 '탐지'하기로 결정한다면, 광자가 t에 실제로 존재할 확률로서 $|A(s,t)|^2$을 사용할 수 있다. 그러나 그러한 탐지는 파동 패턴을 말소시킬 것이다. 간섭이 일어나기 위해서는 광자가 그 실틈을 통과하는 것이 양자 수준에 머물러 있음으로써, 두 가지 선택 가능한 경로의 기여를 모두 받을 수 있어야 하고 때로는 서로를 상쇄시킬 수도 있어야 한다. 양자 수준에서는 각각의 선택 경로가 확률이 아닌 진폭만을 갖는 것이다.

입자의 양자 상태

특정한 시스템에 주어진 서로 다른 '선택 가능성'들이 항상 공존하는 것에 대하여, 또 이상한 복소 가중치에 의해 더해지기도 하는 양자 수준에 대하여 우리가 기대할 수 있는 '물리적 실체'는 어떤 모습인가? 수많은 물리학자가 그러한 모습을 찾는 것 자체를 아예 포기하고 있다. 대신 그들은, 양자론이 단순히 확률 계산을 위한 계산 과정만을 제공하는 것이지 그것이 실세계의 객관적인 모습을 보여주는 것은 아니라는 견해만으로 만족하려 한다. 어떤 사람들은 아예, 양자론은 객관적인 모습을 찾는 것이 가능하지 않음(최소한 물리적 사실과 일관된 것에 대해서는)을 선언한다고까지 단언한다. 나로서는 그러한 비관론이 그다지 정당해 보이지 않는다. 어떻든 간에 이제까지 논의된 내용만으로 그러한 노선을 택하는 것은 시기상조로 보인다. 뒤에서 우리는 더욱 놀랍고 희한한 양자 효과의 결과들을 보게 될 텐데, 그때는 아마 내가 느끼는 이러한 절망감의 이유에 대하여 좀 더 이해할 수 있을 것이다. 그러나 지금은 좀 더 낙관적인 기분으로, 양자론이 우리에게 강요하는 모습을 이해하도록 노력해보기로 하자.

이 모습은 양자 상태quantum state라는 개념으로 제시된다. 하나의 양자 입자에 대하여 생각해보자. 고전물리에서 한 입자는 공간적 위치에 의하여 결정되며, 또 그것이 다음에 어떻게 행동할 것인가를 알기 위해서는 그 속도(혹은, 마찬가지지만 그 운동량)를 알아야 한다. 양자역학적으로는, 그 입자가 가질 수 있는 모든 위치가 그 입자에 주어진 '가능성(선택자)'이 된다. 앞에서 우리는 모든 선택자가 어떤 식으로든 복소 가중치가 부과된 상태로 조합되어야 하는 것을 보았다. 이러한 복소 가중치의 집합이 그 입자의 양자 상태를 나타낸다. 양자역학에서는 이러한 가중치의 집합을 그리스 문자 ψ('프사이'라고 발음)로 표현하는 것이 상용화되어 있는데, 이는 그 입자의 위치함수로서 파동함수wavefunction라 부르는 복소함수이다. 각 위치 x에 대하여 이 파동함수는 $\psi(x)$로 표시되는 구체적인 값을 가지며, 이것은 그 입자가 x에 위치할 진폭에 해당한다. 전체적인 양자 상태를 표현하기 위하여 ψ 하나만 사용할 수도 있다. 내가 취하는 견해는, 그 입자의 위치에 대한 물리적 실체가 바로 그 입자의 양자 상태 ψ라는 것이다.

복소함수 ψ를 어떻게 그림으로 묘사할 수 있을까? 3차원 공간 모두에 대하여 동시에 묘사하기에는 다소 어렵기 때문에 이를 약간 단순화시켜 그 입자가 1차원 선분(예를 들어 표준[데카르트] 좌표계의 x축을 따라) 위에 놓이도록 제한된다고 가정해보자. 만약 ψ가 실함수라면 x축에 수직인 'y축'을 상상할 수 있을 것이며, ψ의 그래프를 그릴 수 있을 것이다(<그림 6-10> (a) 참조). 그러나 여기에서는 복소함수 ψ의 값을 묘사하기 위하여 (아르강 평면인) '복소수 y축'을 필요로 한다. 그러므로 우리는 두 가지의 또 다른 공간적 차원을 생각해볼 수 있다. 즉 아르강 평면의 실수축을 위한 y 방향과 허수축으로서의 z 방향을 생각하자. 파동함수를 정확히 묘사하기 위하여 우리는 이 아르강 평면의 점으로서(즉 x축의 각 점을 통과하는 (y, z) 평면 위에) $\psi(x)$를 그릴 수 있다. x가 변함에 따라 이 점도 변하고, 그 경로는 x축의 주위를 싸고 도는 공간상의 곡선을 나타낸다(<그림 6-10> (b) 참조). 이 곡선을 그 입자의 ψ 곡선이라 부르기로 하자. 만약 입자 탐지기를 한 점 x에 놓았을 때 그 입자를 x에서 발견할 확률은 진폭 $\psi(x)$의 제곱 계수인

$$|\psi(x)|^2$$

으로부터 얻을 수 있는데, 이는 x축부터 ψ 곡선까지의 거리의 제곱이다.[5]

모든 3차원 물리 공간 내의 파동함수에 대하여 이러한 형태의 완전한 그림을 구하려면 5차원(즉 물리 공간에 대한 3차원과 각 점에서 $\psi(x)$를 그리기 위해 아르강 평면에 필요한 2차원)이 필요할 것이다. 그렇지만 단순화된 그림은 여전히 도움이 된다. 만약 물리 공간에서 특정 직선을 따라 파동함수의 형태를 조사하고 싶다면, 그 직선의 방향으로 x축을 취하고 다른 두 공간 방향은 필요한 아르강 평면을 위하여 잠정 이용함으로써 간단하게 수행할 수 있다. 이것은 두 실틈 실험을 이해하는 데 유용하게 사용될 것이다.

앞에서 언급한 바와 같이, 고전물리학에서는 어떤 입자가 다음에 어떻게 될 것인가를 결정하려면 입자의 속도(혹은 운동량)를 알아야 한다. 여기에서 양자역학은 놀랄 만큼 경제적이다. 파동함수 ψ가 이미 여러 가지 가능한 운동량에 대한 진폭을 포함하고 있기 때문이다! (일부 독자들은 지

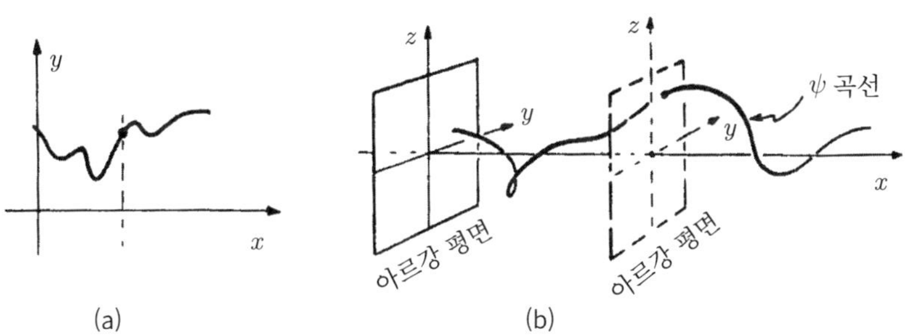

<그림 6-10> (a) 실변수 x를 갖는 실함수 그래프, (b) 실변수 x에 대한 복소함수 ψ 그래프

5 여기에서 한 가지 기술적 문제가 제기되는데, 그것은 정확히 한 점에서 입자를 발견할 확률이 실제로 0이기 때문이다. 대신 $|\psi(x)|^2$이 확률 밀도probability density를 정의한다고 보며, 이는 문제에서 정의한 점 크기 정도의 고정 규격 구간 내에서 그 입자를 발견할 확률을 의미한다. 그러므로 $\psi(x)$는 단순히 진폭을 정의하는 것이 아니라 진폭 밀도amplitude density를 정의한다고 볼 수 있다.

금까지 간단한 고전적 점 입자의 그림을 우리가 얼마나 복잡하게 만들었는가를 생각하면서, 이제 와 확인한 약간의 경제성은 너무 늦은 감이 있는 게 아닌가 하고 불만을 품을지도 모른다. 그러한 독자들을 동정해 마지않는 것은 사실이지만, 그들에게 주어진 작은 조각들이나마 열심히 취하라고 경고하고 싶다. 앞으로는 더 심한 것들이 등장한다!) 어떻게 속도 진폭velocity amplitude이 ψ에 의하여 결정될 수 있을까? 실제로 운동량 진폭에 대하여 생각하면 더 좋다. (운동량이란 속도에 그 입자의 질량을 곱한 것임을 기억하기 바란다. p. 263 참조). 그 방법은 바로 함수 ψ에 조화 해석harmonic analysis이라는 것을 적용하는 것이다. 여기에서 이에 관하여 자세히 설명하는 것은 적당치 않겠지만, 그것은 음악의 소리와도 밀접하게 연관되어 있다. 어떤 파장 모양이라도 이를 '하모니'(그런 까닭에 조화[하모니] 분석이라는 용어를 사용한다)를 이루는 각기 다른 높이의 단음조pure tone(즉 순수 주파수들pure frequency)의 합이 되도록 분리할 수 있다. 파동함수 ψ의 경우, '단음조'들은 바로 그 입자가 가질 수 있는 모든 가능한 운동량 값에 대응되며, ψ에 대한 각 '단음조'의 기여도의 크기는 그 운동량 값에 대한 진폭을 표시한다. 단음조 자체는 운동량 상태라고 불린다.

ψ 곡선으로서의 운동량 상태는 어떻게 생겼는가? 그것은 나선형의 코르크 마개뽑이처럼 생겼는데 그에 대한 공식적인 수학적 명칭은 헬릭스helix이다(<그림 6-11> 참조).[6] 촘촘히 감긴 나선들은 큰 운동량에 대응되고, 별로 감기지 않은 것들은 매우 작은 운동량에 대응될 것이다. 전혀 감기지 않고 ψ 곡선이 직선이 되어버리는 극단적인 경우도 있다. 바로 제로 운동량의 경우이다. 유명한 플랑크 관계식이 이 안에 내포되어 있다. 촘촘히 감겼다는 것은 짧은 파장과 높은 주파수를 의미하고, 결과적으로 높은 운동량과 높은 에너지를 의미한다. 그리고 느슨하게 감겼다는 것은 낮은 주파수에 낮은 에너지를 의미하는데, 이렇게 에너지 E는 항

---

6 좀 더 표준화된 해석적 표현을 하자면 각각의 마개뽑이 곡선(즉 운동량 상태)은 수식 $\psi = e^{\frac{ipx}{\hbar}} = \cos(i\frac{px}{\hbar}) + i\sin(i\frac{px}{\hbar})$로 주어지는데(제3장 p. 155 참조), 여기에서 p는 문제의 운동량 값을 말한다.

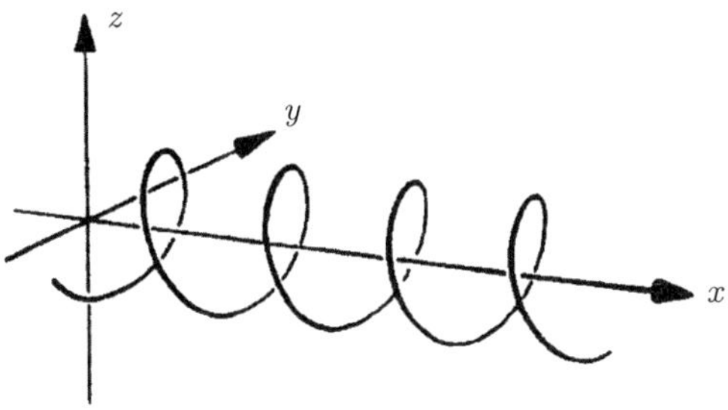

<그림 6-11> 운동량 상태는 나선형의 다곡선을 갖는다.

상 주파수 v에 비례한다($E=hv$). 만약 아르강 평면이 일반적인 방향으로 주어진다면(앞에서 설명한 x, y, z 설정이 일반적인 오른손 법칙의 축이다), x축의 양의 방향으로 주어지는 운동량들은 오른손잡이용 마개뽑이(일반적인 종류의 마개뽑이)에 대응된다.

때에 따라서는 양자 상태를 앞서와 같이 일반 파동함수를 사용하지 않고 운동량에 대한 파동함수를 사용하여 설명하는 것이 좋을 수 있다. 이는 결국 ψ를 여러 운동량 상태로 분해하여 새로운 파동함수 $\tilde{\psi}$를 생성하는 것인데, 이번에는 위치 x에 대한 함수가 아니라 운동량 p의 함수가 된다. 각 p에 대한 함수값은 $\tilde{\psi}(p)$로서, 이는 ψ에 대해 p 운동량 상태의 기여도 크기를 나타낸다. (p들로 이루어진 공간을 운동량 공간이라 부른다.) $\tilde{\psi}$의 의미는, 특정 선택 p에 대하여 복소수 $\tilde{\psi}(p)$는 그 입자가 운동량 p를 가지게 될 진폭을 가리킨다는 것이다.

함수 ψ와 $\tilde{\psi}$의 관계에 대해서는 수학적 명칭이 존재한다. 즉 이 함수들은 서로에 대한 푸리에 변환Fourier transform으로 불리는데, 이는 프랑스의 공학자이자 수학자인 장 바티스트 조제프 푸리에Jean Baptiste Joseph Fourier(1768-1830)의 이름을 딴 것이다. 여기에서는 이 관계식에 대하여 단지 몇 가지만 언급하고자 한다. 우선 첫 번째는 ψ와 $\tilde{\psi}$ 간에 주목할 만한 대칭 관계가 존재한다는 것이다. ψ로부터 $\tilde{\psi}$로 되돌아가기 위해서는 ψ로부터 $\tilde{\psi}$를 얻기 위해 수행했던 것과 똑같은 과정을 적용하면 된다. 그럼 이제 조화 분석의 대상이 되는 것은 $\tilde{\psi}$이다. '단음조들'(즉 운동량 공간 그림에서의 나선형 곡선들)은 이번에는 위치 상태라고 불린다. 각 위치 x는 운동량 공간에서의 그러한 '단음조'를 결정하는데, $\tilde{\psi}$에 대한 이 '단음조'의 기여도 크기가 $\tilde{\psi}(p)$의 값을 결정한다.

일반적인 위치 공간 묘사에서 위치 상태 자체는 고려 대상인 x값에서 급격히 치솟는 함수 ψ에 대응되며, 그 x값을 제외한 모든 곳에서 진폭값은 0이 된다. 그러한 함수를 (디랙) 델타함수라 부르는데, 엄밀하게 따지자면 x에서의 값이 무한하기 때문에 일반적인 '함수'라고 볼 수는 없다. 마찬가지로 운동량 상태(위치 공간 그림에서 나선형 곡선들)는 운동량 공간 그림에서 델타함수를 제공한다(<그림 6-12> 참조). 그러므로 나선형 곡선의 푸리에 변환이 델타함수이고, 델타함수의 푸리에 변환이 나선형 곡선임을 알 수 있다!

위치 공간식의 묘사는 입자의 위치를 측정하려 할 때 유용한데, 이는 결과적으로 모든 다른 가능한 입자 위치의 효과를 고전물리학 수준으로 확대시키는 역할을 한다. (대략적으로 말하면 광전지와 인화판은 광자의 위치 측정 효과가 있다.) 운동량 공간식의 묘사는 입자의 운동량을 측정하려 할 때, 즉 여러 가지 운동량의 효과를 고전적 수준으로 확대시키고자 할 때 유용하다. (결정체의 반동 효과recoil effect나 회절diffraction은 운동량 측정에 사용될 수 있다.) 각각의 경우에 해당하는 파동함수(ψ 혹은 $\tilde{\psi}$)의 제곱 계수는 구하고자 하는 측정 결과에 대하여 필요한 확률값을 제공해준다.

이 절을 마치기 전에 두 실틈 실험을 한 번 더 생각해보자. 양자역학에 따르면 단일 입자라 하더라도 그 자체가 마치 파동인 것처럼 행동해

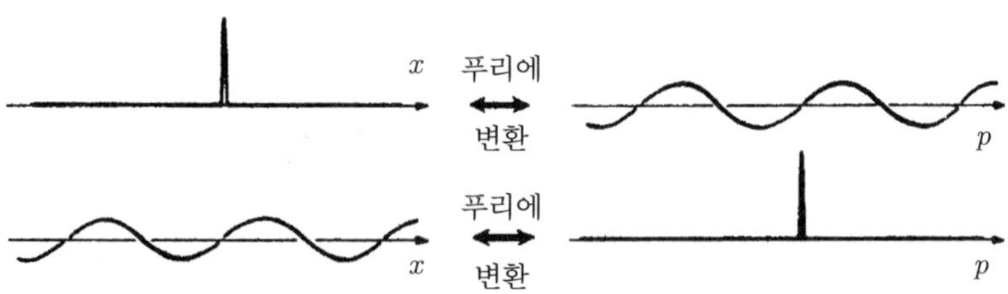

<그림 6-12> 위치 공간의 델타함수는 운동량 공간의 나선형 곡선으로 변환되고, 반대 경우도 마찬가지로 나선형 곡선은 델타함수로 변환된다.

야 한다는 것을 배웠다. 이 파동은 파동함수 ψ로 묘사된다. 가장 '파동다운' 파동은 운동량 상태이다. 또한 두 실틈 실험에서 우리는 동일한 주파수를 갖는 광자들에 대해서도 생각해보았다. 그러므로 광자 파동함수는 서로 다른 방향의 운동량 상태들로 이루어지는데, 그 안에서 하나의 나선 회전과 다음 회전 사이의 거리는 모든 나선 곡선에 대하여 동일하고, 그 거리가 바로 파장이 된다. (파장은 주파수에 따라 고정된다.)

각 광자의 파동함수는 처음에 근원지 s로부터 퍼져나와 (실틈에서 탐지되지 않고) 스크린으로 가는 중에 양쪽 실틈을 통과하게 된다. 이때 파동함수의 일부분만이 그 실틈들로부터 나오게 되는데, 우리는 각 실틈을 그 파동함수가 따로따로 퍼져나오는 새로운 근원이라고 생각할 수 있다. 그리고 파동함수의 이러한 두 부분이 서로를 간섭하여 이들이 스크린에 도달했을 때는 두 부분이 더해지는 곳과 상쇄되는 곳들이 있게 된다. 파동들이 어디에서 더해지고 어디에서 상쇄되는가를 알기 위해서는 스크린의 특정 점 p를 취하여 두 실틈 t와 b 각각으로부터 p로 뻗은 직선들을 검사하면 된다. 선분 tp를 따라 하나의 나선 곡선이 있게 되고 선분 bp를 따라 또 다른 나선 곡선이 존재한다. (또 선분 st와 sb를 따라서도 나선 곡선이 생성되지만, 만약 근원지가 각각의 실틈으로부터 같은 거리에 있다고 가정한다면 그 실틈들에서 나선 곡선은 같은 양만큼 회전되었을 것이다.) 이제 나선 곡선들이 스크린의 p점에 도달했을 때 회전한 양은 선분 tp와 bp의 길이에 의해 좌우될 것이다. 이 길이의 차이가 파장의 정수배에 해당한다면, p에서 나선 곡선들은 그들 축(즉 $\theta = 0°$, θ는 앞의 절에서와 같다)과 같은 방향에 있게 되고, 따라서 각각의 진폭이 더해져서 밝은 부분이 생긴다. 이 길이가 파장의 정수배에 파장의 절반을 더한 값만큼 다르다면 p 지점에서 나선 곡선은 축($\theta = 180°$)의 반대 방향에 놓이게 되어 각각의 진폭은 상쇄될 것이고 결국 어두운 부분을 얻게 될 것이다. 다른 모든 경우에는 p에 도달할 당시의 나선 곡선의 변위displacement들 사이에 특정한 각이 형성되어 진폭들은 어떤 중간 방법으로 더해질 것이고, 그 결과 중간 세기의 영역을 얻게 될 것이다(<그림 6-13> 참조).

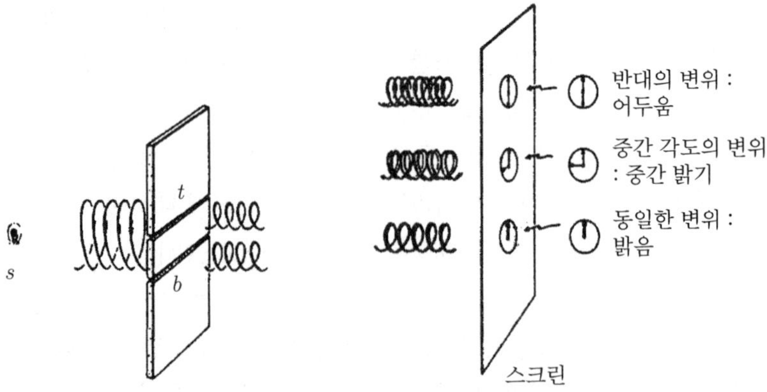

<그림 6-13> 두 실틈 실험을 광자의 운동량 상태에 따른 나선 곡선식 묘사로써 분석한 것

불확정성 원리

대부분의 독자는 하이젠베르크의 불확정성 원리uncertainty principle에 대하여 들어보았을 것이다. 이 원칙에 따르면 입자의 위치와 운동량을 동시에 정확하게 측정하는 것(즉 고전적 수준으로 확대하는 것)은 불가능하다. 더욱 나쁜 소식은 이러한 정확도, 즉 Δx와 Δp의 곱에 절대적인 한계가 존재하는데, 이것은 관계식

$$\Delta x \Delta p \geq \hbar$$

으로 주어진다는 것이다. 이 공식에 따르면 위치 x가 정확하게 측정되면 될수록 그 운동량 p는 덜 정확하게 결정될 수밖에 없으며, 반대로 운동량 p가 정확할수록 그 위치 x는 덜 정확해진다. 만약 위치가 무한히 정확하게 측정될 수 있다면 운동량은 완전히 불확실해져버릴 것이고, 반면 운동량이 정확하게 측정된다면 입자의 위치는 그만큼 불확실해진다. 하이젠베르크 관계식에서 주어진 한계의 크기에 대한 감을 잡기 위해서 어떤 전자의 위치가 1nm(10^{-9}m)의 정확성으로 측정된다고 가정해보면, 그

운동량은 아주 불확실하게 되어 불과 1초 후에는 그 전자가 100km 반경에 있을 것이라는 예측조차도 할 수 없게 된다!

이러한 것이 단지 측정 과정에 내재한, 특정한 형태의 깔끔하지 못한 고유 성질이라는 주장도 있다. 그러한 관점에 의하면, 앞의 전자의 예에서 그 위치를 좁혀보려고 시도할 경우 불가피하게 그 전자를 엄청난 세기로 임의의 방향을 향해 '차버리는' 효과가 발생하고, 그 때문에 하이젠베르크 원리에 암시된 정도의 큰 속도로 튀어나가게 된다. 다른 한편으로, 불확정성은 입자 자체의 특성으로서 그 동작에 이미 임의적인 요소가 있고 양자 수준에서는 그 행동 방식이 본질적으로 예측 불가능하다는 주장도 있으며, 또 양자 입자라는 것 자체가 이해할 수 없는 그 무엇으로서 고전적 위치나 고전적 운동량의 개념은 적용되지 않는다는 주장도 있다. 나는 그 어떤 주장도 마음에 들지 않는다. 첫 번째 주장에는 다소 오해의 소지가 있고, 두 번째 것은 확실히 틀렸으며, 세 번째 것은 필요 이상으로 비관적이다.

파동함수에 대한 설명이 실제로 우리에게 말해주는 것은 무엇인가? 우선 운동량 상태에 대한 설명을 기억해보자. 이것은 운동량이 정확하게 명시된 경우이다. 그 ψ 곡선은 나선 곡선으로서 축으로부터 항상 같은 거리를 유지한다. 그러므로 각 위치값에 대한 진폭은 모두 똑같은 제곱계수를 갖게 되고, 위치 측정이 수행될 경우 어느 한 점에서 입자를 찾을 확률은 다른 어느 한 점에서 그 입자를 찾을 확률과 똑같게 된다. 즉 그 입자의 위치는 실제로 완전히 불확실한 것이다! 위치 상태의 경우는 어떠한가? 이제 ψ 곡선은 델타함수이다. 그 입자의 위치는 정확하게(델타함수의 뾰족한 끝의 위치에) 나타나고, 그 외의 모든 위치에 대한 진폭은 0이 된다. 운동량 진폭은 운동량 공간 묘사를 통하여 알 수 있을 텐데 이제 그것은 나선 곡선인 $\tilde{\psi}$ 곡선으로서, 모두가 같은 제곱 계수를 갖는 서로 다른 운동량 진폭들인 것이다. 그 입자의 운동량을 측정한다면 이제 그 결과는 완전히 불확실해질 것이다!

위치와 운동량이 모두 부분적으로만 제한된 중간의 경우를 조사해보는 것도 흥미로운 일일 것이다. 물론 그것을 통해 필수적으로 하이젠베

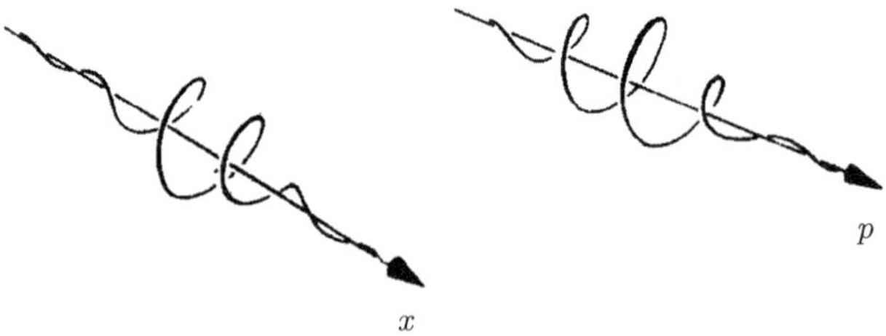

<그림 6-14> 파동 다발들. 이들은 위치 공간과 운동량 공간에서 편중되어 있다.

르크 관계식과 일관된 정도 이상은 알 수 없겠지만 말이다. 그러한 경우에 대한 ψ 곡선과 그에 대응되는 $\tilde{\psi}$ 곡선(서로에 대한 푸리에 변환)은 <그림 6-14>에 묘사되어 있다. 각 곡선이, 축으로부터의 거리가 아주 작은 영역에서만 감지될 수 있는 정도라는 점을 주목하기 바란다. 멀리 떨어진 곳에서는 그 곡선들이 축을 매우 가까이 감싸고 있다. 이는 제곱 계수가 위치 공간과 운동량 공간 모두에서 매우 제한된 영역에 대해서만 눈에 띌 정도의 크기라는 것을 의미한다. 이런 식으로 입자는 공간적으로 다소 편중될 수는 있더라도 어느 정도 확산되어 있다. 마찬가지로 운동량도 어느 정도 명확하고, 그 때문에 입자도 어느 정도 명확한 속도로 튀어나가므로 가능한 위치의 확산 정도는 시간이 지남에 따라 지나치게 증가하지는 않는다. 그러한 양자 상태를 파동 다발wave packet이라 부르는데, 이것은 고전적 입자에 대한 양자론의 가장 훌륭한 근사치로서 자주 채택된다. 그러나 운동량(즉 속도) 값이 확산하는 것으로 미루어볼 때 파동 다발들도 시간이 지남에 따라 확산될 것이라고 예측할 수 있다. 이들은 처음 시작하는 위치가 편중되면 될수록 더욱 빨리 확산될 것이다.

전개 프로시저 U와 R

파동 다발의 시간 전개에 대한 설명 뒤에 도사리고 있는 것은 슈뢰딩거 방정식인데, 이것은 파동함수가 시간이 지남에 따라 실제로 어떻게 전개되는가를 말해준다. 요컨대 슈뢰딩거 방정식이 말하는 것은, 만약 우리가 ψ를 운동량 상태('단음조들')로 분해한다면 이들 각각의 구성 요소들은 'c^2÷주어진 운동량을 갖는 고전적 입자의 속도'에 해당하는 속도로 튀어 나간다는 것이다. 사실 슈뢰딩거의 수학 방정식은 이보다 더 구체적으로 기술되어 있다. 나중에 그 정확한 형태를 보게 될 것이다. 그것은 해밀턴이나 맥스웰 방정식과도 약간 비슷하고(양쪽 모두와 깊은 관계가 있다), 이들 공식처럼 일단 어느 한순간의 파동함수가 명시될 수만 있으면 그 파동함수의 완전히 결정적인 전개를 구할 수 있다(p. 431 참조)!

ψ가 이 세상의 '실체'를 묘사한다고 가정하면 양자론의 고유한 특성이라 할 수 있는 비결정론indeterminism은 절대로 성립할 수 없다(ψ가 결정적인 슈뢰딩거 전개를 따르는 한). 이를 전개 프로시저 U라 부르기로 하자. 그러나 우리가 양자 효과를 고전적 수준으로 확대하여 '측정을 수행'하게 되면 그 규칙은 바뀐다. 이번에는 U를 사용하는 것이 아니라 완전히 다른 프로시저를 따르는데, R이라 불리는 이 프로시저에서는 고전적 확률을 구하기 위하여 양자 진폭들의 제곱 계수를 형성하게 된다![7] 불확정성과 확률이 양자론에 개입되는 것은 R 과정 때문이고, 또 R만이 그러한 성질을 갖는다.

현재 물리학자들이 활발하게 연구하는 양자론의 주요 관심 부분은 결정적 프로시저인 U인 것 같다. 그러나 철학자들은 비결정적인 상태벡터 환원state-vector reduction(혹은 때때로 시각적인 묘사로서 파동 함수의 붕괴collapse라고도 한다) R에 더 흥미를 갖는다. R을 단순히 그 시스템에 대한

---

7 이 두 가지 프로시저는 뛰어난 헝가리/미국 수학자인 존 폰 노이만John von Neumann의 고전이라 할 수 있는 연구 결과(1955)에 나와 있다. 그가 말한 '프로세스 1'은 내가 R('상태벡터의 환원')이라 부르는 것이고 그의 '프로세스 2'는 U('유니터리 전개'[이는 확률 진폭이 전개 과정에서 그대로 유지됨을 의미한다])라 부르는 것이다. 실제로 양자 상태 전개 U에 대한 또 다른(사실은 동등한 내용이지만) 기술 방법이 있는데, 여기에서는 '슈뢰딩거 방정식'이라는 말을 사용할 필요가 없다. 예를 들어 하이젠베르크 이론에서는 상태가 전혀 전개되지 않는 것으로 표현되는데, 동적 전개는 위치/운동량 좌표계의 의미를 계속 바꿈으로써 일어난다고 되어 있다. 이들의 다양한 특성들은 여기에서는 중요하지 않으며, U프로세스에 대한 설명은 완전히 동일하다.

'지식'의 변화라고 여기든지, 아니면 (나처럼) 이를 '실재의' 그 어떤 것이라고 여기든지 간에, 우리는 물리적 시스템의 상태벡터가 시간에 따라 변화되는 것에 대하여 실로 전혀 다른 두 가지의 수학적 방법을 갖는 것이다. 왜냐하면 U는 완전히 결정적임에 반하여 R은 확률적 법칙이고, U는 양자 복소 중첩을 유지하지만 R은 전혀 이를 따르지 않으며, U는 연속적인 방식을 따르지만 R은 명백히 불연속적이기 때문이다. 양자역학의 일반 방식에 따르면 R이 U의 복잡한 하나의 사례로서 '추출'될 수 있다는 어떠한 암시조차 발견할 수 없다. 즉 R은 단순히 U와는 전혀 다른 과정으로, 양자 이론 해석의 나머지 '절반'을 이룬다. 양자론의 비결정성non-determinism은 R로부터 오는 것이지 U와는 전혀 상관이 없다. 양자론이 관측된 사실과 놀랄 정도로 일치하는 모든 것은 U와 R 모두를 필요로 한다.

파동함수 ψ를 다시 살펴보자. 그것이 운동량 상태라고 가정하면 입자가 다른 것들과 부딪히지 않는 한 그것은 운동량 상태로 기꺼이 남아 있을 것이다. (이것이 슈뢰딩거 방정식의 주장이다.) 우리가 어느 순간 '운동량을 측정하기로' 결정하더라도 똑같은 분명한 결과를 얻게 될 것이며, 여기에는 어떤 확률도 개입되지 않는다. 예측 가능성은 고전 이론에서와 같이 분명한 윤곽을 지닌다. 그러나 어떤 단계에서 우리가 직접 입자의 위치를 측정(즉 고전물리학 수준으로 확대)한다고 생각해보자. 그 순간 우리에게는 한 무더기의 확률 진폭들이 주어지고, 그 계수들을 제곱해야 하게 된다. 그때는 온통 확률투성이가 되고, 그 측정 결과가 무엇이 될 것인가에 대한 완전한 불확실성이 존재하게 된다. 그 불확실성은 하이젠베르크의 원칙과도 일맥상통한다.

한편 ψ를 위치 상태(혹은 거의 위치 상태)로 놓고 시작한다고 가정해보자. 이제는, 슈뢰딩거 방정식에 따르면 ψ가 위치 상태로 남아 있지 않고 급속히 흩어져버릴 것이다. 그렇지만 그것이 흩어지는 방법은 이 공식에 의해 완전히 결정된다. 그 행동 방식에서 확정되지 않았거나 확률적인 것은 아무것도 없다. 원칙적으로 이 사실을 확인할 수 있는 실험들도 있을 것이다. (이에 대해서는 뒤에서 더 보기로 하자.) 그러나 만약 우리가 현명치 못하게도 운동량을 측정하기로 선택한다면, 우리는 같은 제곱 계수를 가질 수 있는 수많은 운동량 값의 진폭을 얻게 되어 그 실험의 결과에 대해서는 완전한 불확실성이 존재하게 된다. 또다시 하이젠베르크의 원칙이 성립하는 것이다.

마찬가지로, 만약 ψ를 파동 다발이라 하고 시작한다면 그 이후의 전개는 슈뢰딩거 방정식에 따라 완전히 결정될 것이고, 원칙적으로 이 사실을 확인할 수 있는 실험도 마련될 수 있을 것이다. 그러나 만약 우리가 입자를 그와 다른 어떤 방법으로 측정(예를 들면 그 위치나 운동량의 측정)하기로 선택한다면, 그 순간 진폭의 제곱 계수에 의하여 주어지는 확률 때문에 불확실성이 도입되며 또다시 하이젠베르크의 원칙에 부합하게 된다.

의심할 여지 없이 이것은 아주 이상하고 신비스럽기까지 하다. 그러나 이것이 이 세계에 대한 전혀 이해할 수 없는 그림은 아니다. 이 그림에서는 아주 많은 것이 매우 분명하고 정확한 법칙의 지배를 받는다. 그러나 여기에서 결정적 규칙 U 대신 확률적 규칙 R이 불려 나가야 할 정확한 시점에 대한 규칙은 아직까지 분명하게 나온 것이 없다. '측정한다'는 것은 무엇으로 구성되는가? 왜(그리고 언제) 진폭의 제곱 계수가 '확률이 되는가?' '고전적 수준'을 양자역학적으로도 이해할 수 있는가? 이러한 것들은 이 장의 뒤에서 우리가 다루게 될 심오하고 어려운 질문들이다.

동시에 두 곳에 있는 입자들?

앞의 설명에서 나는 파동함수에 대하여 양자물리학자들 사이에서 통용되는 것보다는 좀 더 '실재론적'인 견해를 채택했다. 내가 채택한 견해는 특정한 입자의 '객관적인 실재' 상태가 정말로 그 파동함수 ψ에 의하여 설명된다는 것이다. 많은 사람이 이것을 심각하게 받아들이기는 어렵다는 입장을 취하는 것 같다. 그 이유 중의 하나는 우리가 각각의 입자에

대하여 그것이 한 점에 항상 집중되어 있다고 보는 것이 아니라, 공간 위에 퍼져 있다고 보아야 하는 것 때문인 것 같다. 운동량 상태에서 이러한 퍼짐 현상은 극단적으로 나타나는데, 그것은 ψ가 공간 전체에 균등하게 분포되기 때문이다. 사람들은 입자 자체가 공간에 퍼져 있다고 생각하기보다는, 그 위치가 '완전히 불확실'하기 때문에 그에 대하여 말할 수 있는 것은 단지 그 입자가 있을 수 있는 장소가 어디건 똑같은 기대치를 갖는다고 생각하는 것을 선호한다. 그러나 우리가 본 바에 따르면 파동함수는 단지 특정 위치에 대한 확률 분포만을 알려주는 것이 아니라 각 위치에 대한 진폭의 분포를 알려준다. 만약 우리가 이 진폭 분포(즉 함수 ψ)를 알 수만 있다면 (슈뢰딩거 방정식을 통해) 그 입자의 상태가 하나의 순간에서 다음 순간으로 전개되는 정확한 방법도 알 수 있게 된다. 어떤 입자의 '움직임'(즉 시간에 따른 ψ의 전개)이 그런 식으로 결정되기 위해서는 입자가 '퍼져 있다는' 견해가 필요하고, 만약 이 견해를 따른다면 입자의 움직임이 실제로 정확하게 결정된다는 것을 알 수 있다. 만약 어떤 입자의 위치를 측정하게 되면 $\psi(x)$에 대한 '확률론적 견해'가 타당성을 가질 것이며, 그 경우 $\psi(x)$는 그의 제곱 계수 $|\psi(x)|^2$의 형태로만 사용될 것이다.

어쩌면 공간적으로 넓은 영역에 퍼져 있으며, 다음 위치 측정이 수행될 때까지 그 상태로 남아 있게 되는 입자의 그림을 받아들여야 할 수도 있을 것 같다. 위치 상태로 지역화되어 있다 하더라도 입자는 바로 다음 순간부터 퍼지기 시작한다. 운동량 상태는 입자의 존재에 대한 '실체'의 그림으로 받아들이기에는 어려워 보일지도 모른다. 그러나 입자가 두 실틈을 방금 통과하여 나왔을 때 생기는 2개의 마루 상태를 '실체'로서 받아들이는 것이 어쩌면 더 어려울 수도 있다(<그림 6-15> 참조). 수직 방향에서 보면 파동함수 ψ의 모양은 각각의 실틈에서 뾰족해지는데, 이는 위의 실틈에서 뾰족해지는 파동함수 ψ_t와 밑의 실틈에서 뾰족해지는 파동함수 ψ_b의 합[8]이 된다.

---

8 더 통상적인 양자역학적 표기는 이 합을 정규화 인자normalizing factor로 나누는 것이다.

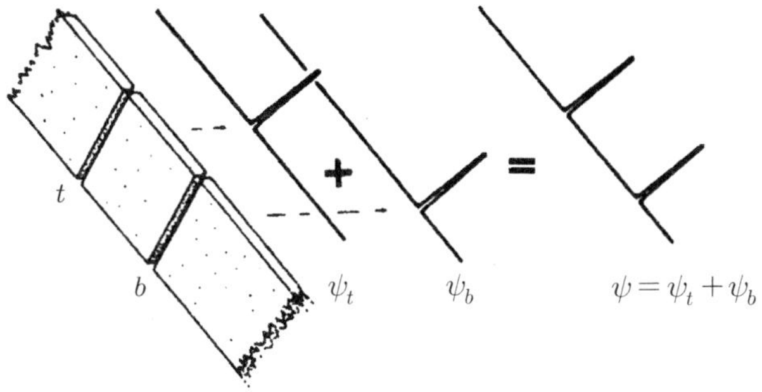

<그림 6-15> 광자의 파동함수가 두 실틈으로부터 나올 때 그것은 두 군데에서 동시에 마루가 생성된다.

$$\psi(x) = \psi_t(x) + \psi_b(x)$$

만약 ψ가 특정 입자 상태의 '실체'를 표현한다고 받아들인다면 입자가 실제로 동시에 두 곳에 있을 수 있다는 것도 받아들여야 한다! 이 견해에 따르면 입자는 실제로 두 실틈을 동시에 통과한 것이다.

입자가 "동시에 두 실틈 모두를 통과한다"는 견해에 대한 대표적인 반대 의견을 기억해보자. 만약 입자가 어떤 실틈을 통과하는지를 결정하기 위하여 실틈에서 측정해보면 항상 입자 전체가 어느 한쪽 실틈을 통과한다는 것을 알 수 있다. 그러나 이와 같은 일이 발생하는 것은 그 입자에 대하여 우리가 위치 측정을 수행하고 있기 때문인데, 그로 인하여 ψ는 이제 단순히 제곱 계수 방식에 따라 입자의 위치에 대한 확률 분포 $|\psi|^2$만을 제공하게 되고, 우리는 그것을 어느 한 곳에서만 발견하게 된다. 그러나 위치 측정뿐만 아니라 여러 가지 다른 종류의 측정도 그곳에서 수행될 수 있다. 이를 위해서는 각각의 위치 x에 대하여 단순히 $|\psi|^2$만이 아니라 두 마루two-peaked 파동함수 ψ를 알 필요가 있다. 그러한 측정은 앞에서 본

그러면 $\sqrt{2}$를 사용하여 $\frac{(\psi_t + \psi_b)}{\sqrt{2}}$를 얻을 수 있지만, 여기에서 문제를 이런 식으로 복잡하게 만들 필요는 없을 것 같다.

$$\psi = \psi_t + \psi_b$$

의 두 마루 상태와,

$$\psi_t - \psi_b \text{ 혹은 } \psi_t + i\psi_b$$

등으로 주어진 두 마루 상태를 구별할 수 있게 해줄지도 모른다. (이들 각각의 경우에 대한 ψ 곡선은 <그림 6-16> 참조.) 이 가능성들을 구분할 수 있게 하는 측정 방법이 분명히 존재하므로 이들 모두는 광자가 존재할 수 있는 여러 가지 가능한 '실제' 방법임에 틀림없다!

광자가 '동시에 양쪽을' 통과하기 위하여 그 실틈들이 가까이에 있어야 할 필요는 없다. 그 거리가 얼마나 떨어졌든 양자 입자는 '동시에 두 장소에' 있을 수 있다는 것을 보기 위하여, 두 실틈 실험과 약간 다르게 구성된 실험을 생각해보자. 이전과 같이 단색광을 한 번에 광자 하나씩 방출하는 램프가 있다. 그러나 그 빛이 실틈들을 통과하게 하는 대신, 45° 기울어진 반도금된 거울에 그 빛이 반사되도록 해보자. (반도금된 거울이란 그 위로 부딪히는 빛의 정확히 절반만이 반사되고 나머지 반은 거울을 직접 통과해 나가는 거울이다.) 거울에 부딪히면 그 광자의 파동함수는 두 갈래로 나뉘는데, 하나는 옆으로 반사되어 나가고 나머지 하나는 처음 시작한 원래의 방향으로 계속 나가게 된다. 그 파동함수는 두 실틈에서 나오는 광자의 경우와 같이 2개의 뾰족한 마루를 갖는데, 이제 그 마루들은 훨

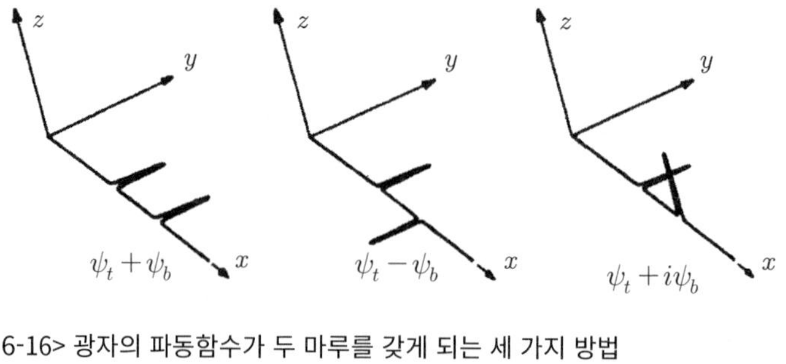

<그림 6-16> 광자의 파동함수가 두 마루를 갖게 되는 세 가지 방법

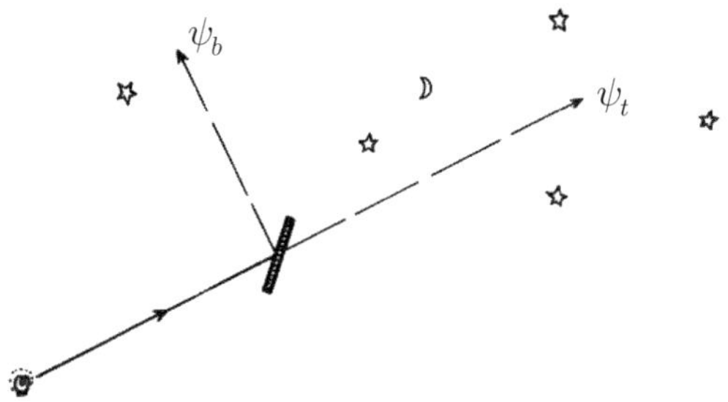

<그림 6-17> 파동함수의 두 마루는 서로 1광년 이상 떨어질 수 있다. 이를 위해서는 반도금된 거울을 이용한다.

씬 더 넓게 분리되어 한쪽은 반사된 광자를 나타내고 다른 한쪽은 통과된 광자를 나타내게 된다(<그림 6-17> 참조). 뿐만 아니라 시간이 지남에 따라 그 마루 간의 거리는 점점 더 커져서 무한대로 증가하게 된다. 파동함수의 두 부분이 우주로 빠져나가 1년 동안을 기다린다고 상상해보자. 그러면 그 광자의 파동함수의 두 마루는 1광년 이상 떨어지게 될 것이다. 따라서 그 광자는 결국 서로로부터 1광년 거리보다 더 떨어진 두 곳에서 동시에 존재하게 되는 것이다!

이러한 그림을 심각하게 받아들일 필요가 있을까? 그 광자가 단순히 한 장소에 50% 확률로 존재하고 다른 한 곳에도 50% 확률로 존재한다고 여길 수도 있지 않은가? 아니다. 절대로 그럴 수 없다! 그들이 얼마나 멀리 운행했는가와 관계없이, 그 광자의 광선의 두 부분이 되반사되어 서로 부딪히면서 간섭 효과가 일어날 가능성은 항상 존재하는데, 이러한 결과는 두 가지 가능성에 대한 확률 가중치 부과로부터는 절대 나올 수 없다. 광선의 양쪽 부분이, 서로 합해질 수 있도록, 적당한 각을 이룬 완전 도금된 거울에 반사되고, 그들이 만나는 지점에 또 다른 반도금된 거울이 처음과 같은 각도로 놓여 있다고 가정해보자. 그리고 이때 2개의 광전지를 양쪽 광선과 같은 직선상에 놓아보자(<그림 6-18> 참조). 무슨 일이 일어날까? 만약 그것이, 단순히 광자가 어느 한 경로를 따라갈 확률이 50%이고 다른 경로를 따라갈 확률이 50%인 기회가 있다는 것에 그친다면, 탐지기 중 하나가 그 광자를 탐지할 확률은 50%가 되고 다른

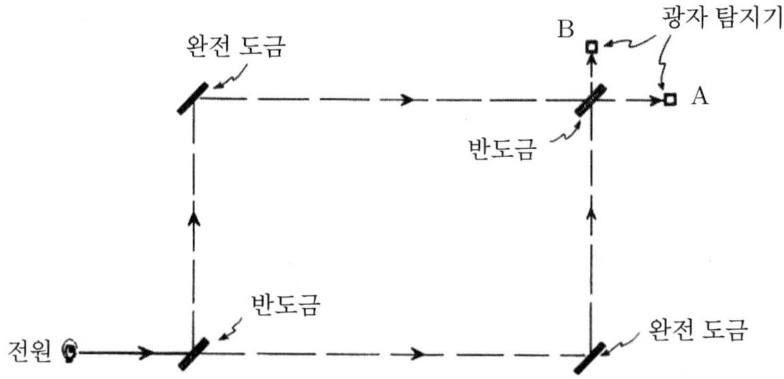

<그림 6-18> 두 마루를 갖는 파동함수는 단순히 그 광자가 특정 위치에 있을 확률로 간주되어서는 안 된다. 광자가 택한 두 가지 경로는 서로를 간섭할 수 있다.

것이 탐지할 확률도 50%가 될 것이다. 그러나 실제로 일어나는 것은 그렇지 않다. 만약 두 가지 경로의 길이가 완전히 똑같다면, 그 광자가 초기 동작의 방향에 놓여 있는 탐지기 A에 도달할 확률은 100%이고 다른 탐지기 B에 도달할 확률은 0%라는 것이 밝혀졌다. 그 광자는 꼭 탐지기 A를 때리게 된다! (두 실틈 실험의 경우에서와 같이, 앞에서 주어진 나사 곡선 묘사를 이용하여 이를 알 수 있다.)

물론 그러한 실험은 광년 단위의 길이를 갖는 경로에 대해서는 결코 수행되지 않았으나, 앞의 결과는 (일반 양자물리학자들에 의해) 크게 반박받지 않았다. 이와 같은 종류의 실험은 실제로 수 미터 정도의 경로-길이 위에서 수행되는데, 그 결과는 정말로 양자역학적 예측과 완전히 일치한다(Wheeler, 1983 참조). 하나의 광자가 반도금된 거울에 처음 도달했을 때와 나중에 도달했을 때의 사이에서, 그 광자의 존재 상태의 실체에 대하여 이 결과는 무엇을 이야기하고 있는가? 그 광자가 어떤 의미에서 실제로 동시에 두 경로를 통과했음은 불가피한 사실로 보인다! 광선 차단 스크린이 두 경로 중 어느 한쪽 위에 놓인다면 광자가 A나 B에 도달할 가능성은 똑같기 때문이다. 그러나 두 경로 모두를 열어놓게 되면(같은 길이로) 단지 A만이 도달할 수 있다. 경로 하나를 막는 것이 실제로 B에 도달하게끔 허용하는 것이다! 양쪽 경로가 모두 열린 상태에서 광자는 어떤 이유에서인지 자신이 B에 도달하도록 허용받지 않았다는 사실을 '안다.' 그러므로 그것은 실제로 두 경로 모두를 이미 감지한 것이 분명하다.

측정 순간들 사이에서는 광자의 존재에 대한 객관적 '의미'를 부여할 수 없다는 보어의 견해는 광자 상태의 실체에 관하여 취하기에는 너무 비관적인 견해로 보인다. 양자역학은 우리에게 광자 위치의 '실체'를 묘사할 수 있는 파동함수를 제공하는데, 반도금된 두 거울 사이에서 광자의 파동함수는 단순히 2개의 마루를 갖는 상태이고, 그들 마루 간의 거리는 때로는 매우 멀어질 수 있다.

여기에서는 단순히 '특정한 두 장소에 동시에 존재하는 것'만으로 광자 상태를 완전히 설명할 수 없다는 사실에 주목할 필요가 있다. 예를 들어 상태 $\psi_t - \psi_b$와(또는 $\psi_t + i\psi_b$ 등과) $\psi_t + \psi_b$를 구별할 수 있어야 하는데, 이때 ψ_t와 ψ_b는 여기에서는 두 경로(즉 각각 '통과되는'과 '반사되는') 각각에서의 광자 위치를 설명한다. 광자가 마지막 반도금된 거울에 도달할 때 분명히 A에 도달할 것인지, 혹은 분명히 B에 도달할 것인지(혹은 중간의 어떤 확률로 A나 B에 도달하게 되는지)를 결정하는 것은 바로 이런 종류의 특성이다.

이러한 양자론적 실체의 수수께끼 같은 특징(즉 입자가 여러 가지 다양한[다른!] 방법으로 '동시에 두 장소에 존재'할 수도 있다는 사실을 심각하게 받아들여야 한다는 것)은 새로운 양자 상태를 얻기 위해서는 복소 가중치 부과를 사용하여 양자 상태들을 더할 수 있어야 한다는 사실에서 기인한다. 상태들이 이런 식으로 중첩되는 것은 양자 선형 중첩quantum linear superposition이라 하여 양자역학의 일반적인(그리고 매우 중요한) 특징 중의 하나이다. 이 때문에 우리는 위치 상태로부터 운동량 상태를, 혹은 운동량 상태로부터 위치 상태를 구성할 수 있는 것이다. 이러한 경우에 선형 중첩은 무한히 많은 여러 가지 상태의 배열, 즉 모든 위치 상태나 모든 운동량 상태들에 적용된다. 그러나 앞에서 본 것처럼 양자 선형 중첩은 단지 2개의 상태에만 적용한다 하더라도 꽤나 복잡하다. 그 규칙에 의하면 어느 한 쌍의 상태가 제아무리 서로 다르다 할지라도 특정한 복소 선형 중첩complex linear superposition상에 공존할 수 있다. 실제로 입자들로 구성된 어떠한 물리적 물체든 공간적으로 멀리 떨어진 상태들의 그러한 중첩 가운데 존재할 수 있어야 하고, 결과적으로 '동시에 두 장소에 존재'할 수 있어야 한다는 것이다! 양자역학의 이론 체계는 이 점에서, 단일 입자인지, 아니면 수많은 입자로 구성된 복잡한 시스템인지를 구별하지 않는다. 그렇다면 우리는 어째서 거시적 물체들, 예를 들면 야구공 또는 사람들이, 동시에 완전히 다른 두 위치에 있는 것을 경험할 수 없는 것인가? 이것은 근본적인 질문으로서 현대의 양자론은 아직까지 우리에게 진정으로 만족할 만한 수준의 답을 제공하지 못하고 있다. 야구공 정도의 실제적인 물체에 대해서는 그 시스템이 '고전적 수준'에 있다고 간주해야 할 것이다(혹은 더 일반적인 표현으로서 '관찰'이나 '측정'이 야구공에 대하여 이루어진다고 말한다). 그와 함께 선형 중첩에 가중치를 부여하는 복소 확률 진폭은 제곱 계수가 구해지고 그것이 실제 가능성을 묘사하는 확률로서 취급된다. 그러나 이것은 그 스스로가, 우리가 양자 규칙을 어떻게 이런 식으로 U에서 R로 마음대로 바꿀 수 있는가 하는 골치 아픈 문제를 초래한다! 우리는 뒤에서 그 문제로 돌아갈 것이다.

힐베르트 공간

제5장에서 위상 공간의 개념이 고전 시스템을 설명하는 과정에서 소개되었던 것을 기억하기 바란다. 즉 위상 공간에서는 한 점이 특정 물리적 시스템 전체의 (고전적) 상태를 나타내는 데 사용된다. 양자론에서는 이와 유사한 개념으로 힐베르트 공간Hilbert space[9]을 들 수 있다. 힐베르트 공간의 한 점은 이제 전체 시스템의 양자 상태를 나타낸다. 힐베르트 공간의 수학적 구조에 대하여 잠시 살펴보아야 하는데, 여러분이 이 때문에 겁먹지 않기를 바란다. 물론 몇 가지 아이디어는 당연히 낯설게 보이

9 앞에서도 언급된 바 있는 힐베르트는 양자역학을 발견하기 오래전에 이와 같은 중요한 개념(무한 차원에 대한)을 도입했는데, 그는 여기에서와는 완전히 다른 수학적 목적으로 이를 사용했다.

겠지만, 여기서 설명할 내용이 수학적으로 그다지 복잡한 것은 아니다.

힐베르트 공간의 가장 기본적인 특성은 그것이 소위 벡터 공간(더 정확히는 복소 벡터 공간)이라는 것이다. 이는 그 공간의 임의의 두 원소를 합하면 또 다른 그러한 원소를 얻게 된다는 것을 의미한다. 그리고 이러한 덧셈에 복소 가중치 부과도 할 수 있다. 이러한 연산이 꼭 필요한데, 그 이유는 이러한 것들이 우리가 살펴본 양자 선형 중첩에 사용되는 연산들이기 때문이다. 즉 앞에서 본 광자에 대한 $\psi_t + \psi_b$, $\psi_t - \psi_b$, $\psi_t + i\psi_b$ 등을 계산해주는 연산들인 것이다. 본질적으로 우리가 '복소 벡터 공간'이라는 용어를 사용하는 것은 이러한 형태의 가중치가 부과된 덧셈이 허용된다는 것을 의미한다.[10]

힐베르트 공간의 원소들(상태벡터라 불린다)에 대해서는 $|\psi>$, $|x>$, $|\phi>$, $|1>$, $|2>$, $|3>$, $|n>$, $|\uparrow>$, $|\downarrow>$, $|\rightarrow>$, $|\nearrow>$ 등과 같은 각진 괄호 안 기호들로 이루어지는 표기법(디랙이 제안)을 사용하는 것이 편리하다. 그러므로 이제 이러한 기호들은 양자 상태를 나타낸다. 두 상태벡터들의 덧셈 연산은 다음과 같이 기술한다.

$$|\psi>+|x>$$

그리고 복소수 w와 z로 가중치가 부과된 경우에는 다음과 같이 기술한다.

$$w|\psi>+z|X>$$

---

10 완벽을 기하기 위하여, 책에 사용된 (디랙) 표현법으로 필요한 모든 대수법칙을 다음과 같이 정리해보았다.

$|\psi>+|X>=|X+|\psi>$ $\quad$ $|\psi>+(|x>+|\psi>)=(|\psi>+|X>)+\phi>$

$(z+w)|\psi>=z|\psi>+w|\psi>$ $\quad$ $z(|\psi+|X>)=z|\psi>+z|\psi>$

$z(w|\psi>)=(zw)|\psi>$ $\quad$ $1|\psi>=|\psi>$

$|\psi>+0=|\psi>$ $\quad$ $0|\psi>=0,\ z0=0$

(여기에서 $w|\psi>$는 $w \times |\psi>$를 의미한다.) 따라서 이제 앞의 조합들 $\psi_t + \psi_b$, $\psi_t - \psi_b$, $\psi_t + i\psi_b$는 $|\psi_t> + |\psi_b>$, $|\psi_t> - |\psi_b>$, $|\psi_t> + i|\psi_b>$로 각각 기술할 수 있다. 또한 우리는 단순히 단일 상태 $|\psi>$에 복소수 w를 곱하여 다음 식을 얻을 수 있다.

$$w|\psi>$$

(사실 이것은 앞의 식에 대한 하나의 특정한 예로서 z=0인 경우에 해당한다.)

w와 z가 실제의 확률 진폭일 필요는 없고, 단지 그 진폭에 비례하기만 하면 되는 복소 가중치 부과의 조합을 고려하고 있음을 기억하기 바란다. 그러므로 전체 상태벡터를 0이 아닌 복소수로 곱할 수 있고, 그렇다 하더라도 물리적 상태는 변함이 없다는 법칙을 채택하도록 한다. (이에 따라 w와 z의 실제 값은 바뀔 수도 있다. 그러나 비율 w:z는 바뀌지 않을 것이다.) 다음의 각 벡터,

$$|\psi>,\ 2|\psi>,\ 1|\psi>,\ i|\psi>,\ \sqrt{2}|\psi>,\ \pi|\psi>, (1-3i)|\psi>,\ \cdots$$

등은 똑같은 물리적 상태를 나타내고, 뿐만 아니라 0이 아닌 모든 z에 대하여 $z|\psi>$도 모두 똑같은 상태이다. 힐베르트 공간에서 물리적 상태로서의 의미를 갖지 않는 유일한 원소는 제로벡터 O(혹은 힐베르트 공간의 원점)뿐이다.

이 모든 것에 대한 일종의 기하학적 그림을 얻기 위하여 더 일반적인 개념인 '실수' 벡터를 먼저 살펴보자. 사람들은 보통 그러한 벡터를 단순히 평면이나 3차원 공간에 화살표로 표시하여 보여준다. 여기서 두 화살표의 덧셈은 평행사변형 법칙에 의하여 이루어진다(<그림 6-19> 참조). 벡터를 어떤 (실)수로 곱하는 연산은('화살표' 그림에서 보면) 화살표의 방향은 그대로 두고, 다만 그 숫자만큼 화살표의 길이를 곱하여 얻을 수 있다. 이때 만약 곱하는 수가 음수이면 화살표의 방향을 거꾸로 하면 되고, 또 그 수가 0이면 제로벡터 O가 되는데 이것은 방향이 없다. (벡터 O는

길이가 0인 '널null 화살표'로 표시된다.) 벡터량의 한 가지 예로는 입자에 가해지는 힘을 들 수 있다. 그 외에도 고전적 속도, 가속도, 운동량 등이 있으며, 또한 앞 장 끝에서 보았던 운동량의 4차 벡터도 있다. 그것은 2차원 또는 3차원이 아닌 4차원의 벡터였다. 하지만 힐베르트 공간에서는 이보다 훨씬 더 높은 차원의 벡터들이 필요하다(실제로 때로는 무한 차원의 벡터도 필요하다. 그러나 그것은 여기에서는 별로 중요하지 않다.) 화살표가 고전 위상 공간에서(물론 매우 높은 차원도 될 수 있는) 벡터들을 묘사하는 데 사용되었던 것을 기억하기 바란다. 위상 공간에서의 '차원'이 일반적인 공간 방향을 나타내는 것이 아닌 것처럼 힐베르트 공간의 '차원'도 마찬가지이다. 힐베르트 공간의 각 차원은 양자계의 서로 다른 독립적인 물리적 상태에 해당한다.

$|\psi>$와 $z|\psi>$가 동일하기 때문에 실제로 물리적 상태는 특정 벡터가 아니라 힐베르트 공간에서 (몇몇 벡터의 모든 배수로 표현되는) 원점 O를 통과하는 전체 선, 즉 사선ray에 해당하게 된다. 그 사선은 특정 상태벡터 $|\psi>$의 모든 가능한 배수로 이루어진다. (이들이 복소수 배수임을 명심하자. 그래서 그 선도 실제로는 복소선이다. 그러나 현재로서는 그에 대해 걱정하지 않아도 좋다!) (<그림 6-20> 참조). 잠시 후 2차원 힐베르트 공간의 경우에 대하여 이러한 사선들로 이루어진 공간의 멋진 그림을 보게 될 것이다. 또 다

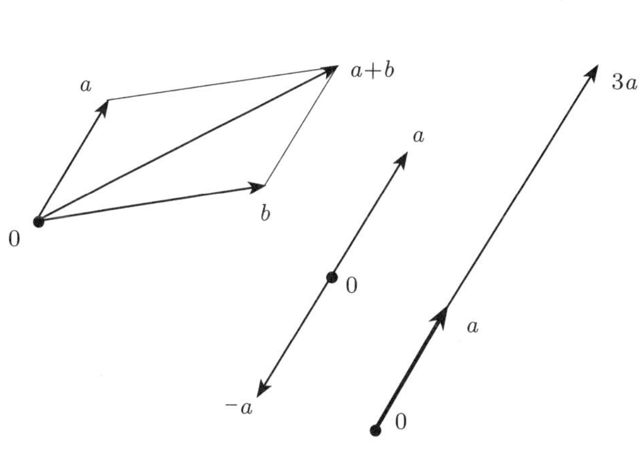

<그림 6-19> 힐베르트 공간에서의 두 벡터의 덧셈이나 스칼라값을 곱해주는 것 등은 일반 공간과 똑같이 묘사될 수 있다.

른 극단적인 경우로서는 힐베르트 공간이 무한 차원인 경우를 들 수 있다. 무한 차원의 힐베르트 공간은 입자 하나의 위치에 대한 단순한 상황에서도 일어날 수 있다. 그 경우에는 그 입자가 가질 수 있는 모든 가능한 위치에 대하여 전체 차원이 존재한다! 모든 입자의 위치는 힐베르트 공간에서 전체 '좌표축'을 정의하며, 각 입자에 대하여 무한히 많은 위치가 있을 수 있기 때문에 힐베르트 공간에서도 무한히 많은 제각기 다른 독립적인 방향들(또는 '차원')을 갖게 된다. 운동량 상태들 또한 이와 똑같은 힐베르트 공간에서 표현할 수 있다. 운동량 상태는 위치 상태들의 조합으로 표현할 수 있다. 그러므로 각各운동량 상태는 위치 공간 축들에 대하여 기울어져 '대각선으로' 나가는 축에 대응된다. 모든 운동량 상태의 집합은 새로운 축들을 생성하며, 위치 공간 축으로부터 운동량 공간 축으로 가기 위해서는 힐베르트 공간에서의 회전rotation을 필요로 하게 된다.

이에 관해서는 이것을 정확하게 그려 보이려 할 필요가 없다. 그것은 불가능할 것이다! 그러나 일반 유클리드 기하에서 가져온 몇 가지 아이디어가 큰 도움이 된다. 특히 우리가 살펴보았던 축들(모든 위치 공간 축이나 모든 운동량 공간 축들)은 서로 직교한다고 생각해볼 수 있다. 이는 서로 '직각'을 이룬다는 말이다. 사선들 사이의 '직교성orthogonality'은 양자역학에서 중요한 개념이다. 직교하는 사선들은 서로 독립적인 상태를 나타

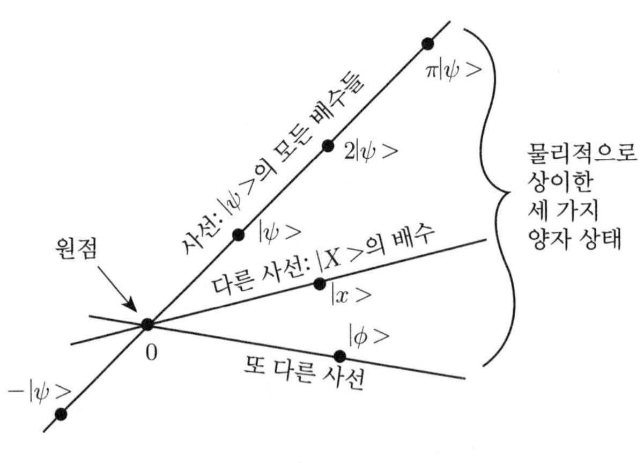

<그림 6-20> 힐베르트 공간의 전체 사선들은 물리적 양자 상태를 나타낸다.

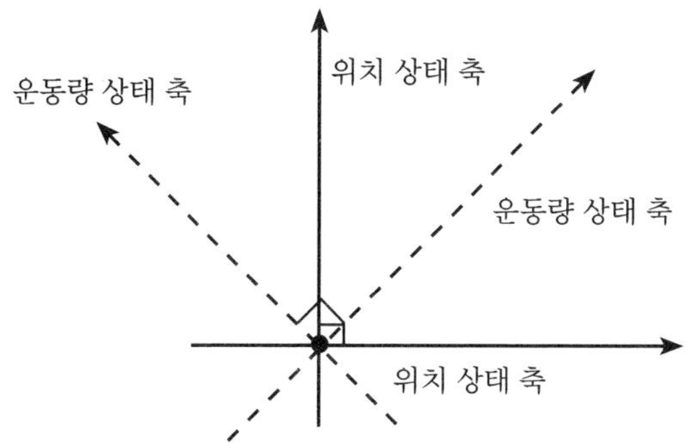

<그림 6-21> 위치 상태와 운동량 상태는 똑같은 힐베르트 공간 내에서 서로 다른 직교축을 형성한다.

낸다. 한 입자에 대한 모든 가능한 위치 상태들은 모두 서로 직교하는데, 이는 운동량 상태에 대해서도 마찬가지이다. 그러나 위치 상태는 운동량 상태에 대하여 직교하지 않는다. 이 상황은 <그림 6-21>에 도식적으로 묘사되어 있다.

측정

측정measurement(또는 관측)에 대한 일반적인 규칙 R은, 양자계에서 한꺼번에 고전적 수준으로 확대될 수 있는(그리하여 그 시스템에서 선택되어야 하는) 여러 가지 면모가 항상 직교할 것을 요구한다. 완전한 측정을 위해서는 선택된 것들의 집합이 직교 기저 벡터basis vector의 집합을 구성해야 하는데, 이는 힐베르트 공간의 모든 벡터가 그들에 의하여 1차식으로 (유일하게) 표현될 수 있다는 것을 의미한다. (단 하나의 입자로 이루어진 시스템에서) 위치를 측정하기 위해서는 이 기저 벡터들이 앞서 고려한 위치 축들을 정의할 것이다. 운동량에 대해서는 운동량 축들을 정의하는 또 다른 집합이 필요하고, 그 외 형태의 완전한 측정을 위해서는 또 다른 집합이 있어야 할 것이다. 측정 후 그 시스템의 상태는 측정에 의해 결정된 집합의 축들 중 하나로 도약한다. 그리고 그 선택은 단지 확률에 의해 좌우된다. 그 선택된 축 중에서 대자연이 어떤 것을 선택할 것인가를 알려 줄 수 있는 동역학 법칙은 없다. 대자연의 선택은 무작위로 이루어지고, 그 확률값은 확률 진폭의 제곱 계수가 된다.

가령 상태가 $|\psi>$인 어떤 시스템에서 완전 측정이 행해지고, 그 선택된 측정의 기준 벡터가 다음과 같다고 하자.

$$|0>,\ |1>,\ |2>,\ |3>,\ \cdots$$

이들은 완전 집합을 형성하기 때문에 임의의 상태벡터는 이들의 1차식으로 표현될 수 있다. 특히 $|\psi>$는 다음과 같이 표현된다.

$$|\psi> = z_0|0> + z_1|1> + z_2|2> + z_3|3> + \cdots$$

기하학적으로 보면 성분 z_0, z_1, z_2, $\cdots$는 여러 가지 축 $|0>$, $|1>$, $|2>$, $\cdots$에 대하여 벡터 $|\psi>$를 직교 투영orthogonal projection했을 때의 크기를 측정한다(<그림 6-22> 참조).

복소수 z_0, z_1, z_2, $\cdots$를 확률 진폭으로 해석하여, 그들의 제곱 계수를 구할 경우 측정이 끝난 후 시스템이 각 상태 $|0>$, $|1>$, $|2>$, $\cdots$에 있을 확률을 얻을 수 있게 된다면 매우 바람직할 것이다. 그러나 이대로는 그것이 불가능한데, 그 이유는 여러 기저 벡터 $|0>$, $|1>$, $|2>$, $\cdots$의 단위 규모를 정하지 않았기 때문이다. 이를 위하여 우리는 이들이 어떤 의미에서는 단위벡터(즉 기본 단위 '길이'의 벡터들)임을 명시해야 하며, 그 결과 이들은 수학적인 용어로 이른바 정규 직교 기저orthonormal basis(이는 상호 직교하며 단위벡터로 정규화normalize된다는 복합어이다)라는 것을 형성한다.[11] 만약 $|\psi>$마저도 단위벡터로 정규화된다면 얻고자 하는

11 두 벡터의 스칼라적(또는 내적innerproduct)이라 불리는 중요한 연산이 있는데, 이를 이용하면 '단위벡터', '직교성', 그리고 '확률 진폭' 등의 개념을 매우 쉽게 표현할 수 있다. (일반적인 벡터 대수에서 스칼라적은 $ab\cos\theta$인데 이때 a와 b는 벡터들의 길이이고 θ는 두 방향 사이의 각이다.) 힐베르트 공간 벡터 사이에서의 스칼라적은 복소수를 발생

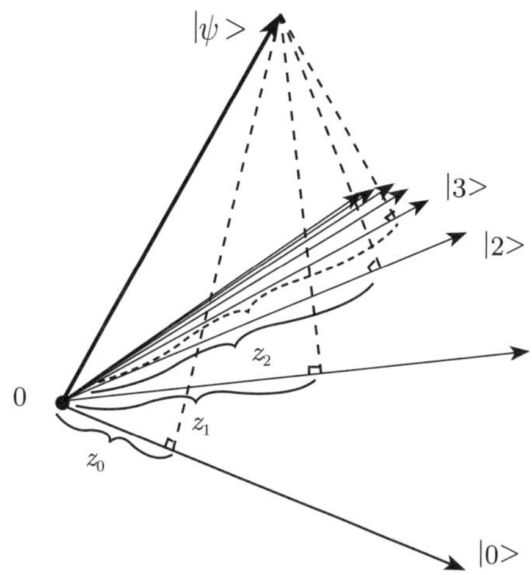

<그림 6-22> 상태 $|\psi>$를 여러 축 $|0>$, $|1>$, $|2>$, $\cdots$에 대하여 직각으로 투영한 크기가 z_0, z_1, z_2, $\cdots$ 등의 진폭을 결정한다.

진폭은 실제로 $|\psi>$의 성분인 z_0, z_1, z_2, $\cdots$가 될 것이고, 그에 따른 각 확률도 $|z_0|^2$, $|z_1|^2$, $|z_2|^2$, $\cdots$이 될 것이다. 만약 $|\psi>$이 단위벡터가 아니라면, 이 숫자는 얻고자 하는 진폭과 확률에 각각 비례할 것이다. 그 경우 실제 진폭은 다음과 같다.

$$\frac{z_0}{|\psi|}, \frac{z_1}{|\psi|}, \frac{z_2}{|\psi|}, \cdots$$

그리고 실제 확률은 다음과 같다.

시킨다. 두 상태벡터 $|\psi>$와 $|X>$의 스칼라적은 $<\psi|x>$라고 쓴다. 이들에 대한 몇 가지 대수학적 연산 규칙이 있는데, 즉 $<\psi(|X>+|\psi>)>=<\psi|X>+<\psi|\phi>$, $<\psi(q|X)>=q<\psi|X>$, 그리고 $<\psi|X>=<\overline{X|\psi}>$ 등이다. 여기에서 윗줄은 공액 conjugate을 의미한다. ($z=x+iy$의 복소 공액은 $\bar{z}=x-iy$인데, 여기에서 x와 y는 실수이다. $|z|^2=z\bar{z}$임을 주의하기 바란다.) $|\psi>$와 $|X>$ 사이의 직교성은 $<\psi|X>=0$으로 표시된다. $|\psi>$의 제곱의 길이는 $|\psi|^2=<\psi|\psi>$이므로 $|\psi>$가 단위벡터로 표준화되기 위한 조건은 $<\psi|\psi>=1$이다. 만약 '측정 행위'로 인하여 $|\psi>$ 상태에서 $|X>$ 혹은 그에 수직인 특정 상태로 도약하게 되면, $|\psi>$와 $|x>$가 모두 표준화되었다고 가정할 때, $|\psi>$가 $|X>$로 도약하기 위한 진폭은 $<X|\psi>$이다. 표준화되지 않은 경우 $|\psi>$에서 $|X>$로 도약할 확률은 $\frac{<X|\psi><\psi|X>}{<X|X><\psi|\psi>}$이다(Dirac, 1947 참조).

$$\frac{|z_0|^2}{|\psi|^2}, \frac{|z_1|^2}{|\psi|^2}, \frac{|z_2|^2}{|\psi|^2}, \cdots$$

여기에서 $|\psi|$는 상태벡터 $|\psi>$의 '길이'이다. 이 '길이'는 각 상태벡터에 대해 정의된 양의 실수이고(O의 길이는 0이다), $|\psi>$가 단위벡터이면 $|\psi|$는 1이다.

완전 측정이란 매우 이상화된 형태의 측정이다. 예를 들어 어떤 입자의 위치를 완전 측정하려면 그 입자가 우주의 어디에 있건 이를 무한한 정밀도로 그 위치를 찾아낼 수 있을 정도의 정확성이 필요하다! 이보다 좀 더 기초적인 형태의 측정은 단순히 다음과 같은 예/아니요 질문을 하는 것을 말한다. 즉 "입자는 특정 선의 오른쪽 혹은 왼쪽에 놓여 있는가?", 또는 "입자의 운동량은 특정 범위 내에 있는가?" 등의 질문이다. 예/아니요 측정은 실제로 가장 근본적인 형태의 측정이다(예를 들어 단지 예/아니요 측정만을 사용하더라도 입자의 위치나 운동량은 얼마든지 우리가 원하는 만큼 정밀하게 그 범위를 좁힐 수 있다). 예/아니요 측정의 결과가 '예'라고 가정해보자. 그렇다면 상태벡터는 힐베르트 공간의 '예(YES)' 영역에 있어야 할 것이다. 그 영역을 Y라고 부르기로 하자. 한편 측정의 결과가 아니요(NO)이면 상태벡터는 힐베르트 공간의 '아니요(NO)' 영역, 즉 N 안에 있게 된다. Y와 N 영역은 서로 완전히 직교하는데, 이는 Y 영역에 속하는 상태벡터가 N 영역에 속하는 모든 상태벡터와 직교한다는 의미이다(그 역도 성립한다). 뿐만 아니라 어떤 상태벡터 $|\psi>$도 Y와 N 각각으로부터 하나씩의 벡터들의 합으로(유일하게) 표현될 수 있다. 수학적 용어로 이 Y와 N은 서로 직교 여공간orthogonal complement이라고 부른다. 그래서 $|\psi>$는 유일하게 다음 식으로 표시될 수 있다.

$$|\psi> = |\psi_Y> + |\psi_N>$$

여기에서 $|\psi_Y>$는 Y에 속하고 $|\psi_N>$는 N에 속한다. $|\psi_Y>$는 Y에 대한 상태 $|\psi>$의 직교 투영이고, 마찬가지로 $|\psi_N>$는 N에 대한 상태 $|\psi>$의 직교 투영이다(<그림 6-23> 참조).

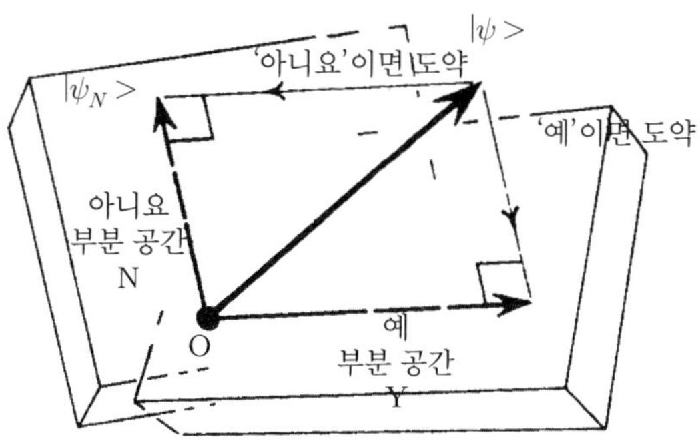

<그림 6-23> 상태벡터 환원. 예/아니요 측정은 상호 직교 여공간인 부분 공간 Y와 N을 이용하여 설명될 수 있다. 측정 후에 상태 $|\psi>$는 이들 부분 공간 중 하나로 투영되는 곳을 향해 도약하는데, 그 확률은 상태벡터의 길이의 제곱이 투영 시 줄어드는 비율에 해당한다.

측정 후 상태 $|\psi>$는 도약하여 $|\psi_Y>$ 또는 $|\psi_N>$으로 (비례하게) 된다. 그 결과가 예(YES)이면 $|\psi_Y>$로 도약하고, 아니요(NO)이면 $|\psi_N>$로 도약한다. 만약 $|\psi>$가 정규화된 경우 각각이 발생할 확률은 다음과 같이, 투영된 상태의 길이의 제곱이 된다.

$$|\psi_Y|^2,\quad |\psi_N|^2$$

만약 $|\psi>$가 정규화되지 않았다면 앞의 두 식은 $|\psi|^2$으로 나눠주어야 한다. ('피타고라스 정리' $|\psi|^2 = |\psi_Y|^2 + |\psi_N|^2$에 의하면 이들 확률의 합은 당연히 1이 되어야 한다는 것을 알 수 있다!) $|\psi>$가 $|\psi_Y>$로 도약할 확률이, 그 길이의 제곱이 투영 시 감소되는 비율이 된다는 것을 주의하기 바란다.

양자계에서 행하여지는 그러한 '측정 활동'에 대하여 마지막으로 한 가지 짚고 넘어갈 점이 있다. 이 이론의 여러 결과가 암시하는 것은, 어떠한 상태에 대해서도(예를 들어 상태 $|X>$) 측정된 상태가 $|X>$이면(비례하면) 답이 예(YES)이고, $|X>$에 직교하면 답이 아니요(NO)라고 대답할 수 있는 예/아니요 측정[12]이 원칙적으로 존재한다는 것이다. 그러므로 앞

12 양자역학의 연산 기호에 익숙한 사람들을 위하여, 이러한 측정은 (디랙 표현법에 따르면) 유계의bounded 해밀턴 연산자 $|X><X|$에 의해 정의된다. 고유치eigenvalue 1(정규화된

에서 말한 Y 영역은 어떤 선택된 $|X>$에 대한 모든 배수로 이루어질 수 있다. 이것은 상태벡터들이 객관적으로 실재한다는 것을 강력하게 암시하는 것 같다. 물리적 시스템이 어떤 상태에 있건(그 상태를 $|X>$라고 부르자) $|X>$만이(비례를 포함하여) 측정의 결과로서 확실히 예(YES)를 생성하는 측정이 원칙적으로 존재한다는 것이다. 어떤 $|X>$ 상태들에 대해서는 이러한 측정의 수행이 실제로는 극단적으로 어렵고 어쩌면 '불가능'한 것인지도 모른다. 그러나 이론적으로는, 그러한 측정이 원칙적으로 가능하다는 사실이 이 장의 후반부에서 놀라운 결과를 보여줄 것이다.

스핀, 그리고 상태에 대한 리만의 구형

양자역학에서는 때때로 스핀spin이라 불리는 양이 모든 물리적 양 중에서 가장 '양자역학적인 것'으로 여겨지는 만큼 우리도 그것에 어느 정도 주의를 기울일 필요가 있다. 스핀이란 도대체 무엇인가? 본질적으로 이것은 입자의 회전에 대한 측정치이다. '스핀'이라는 용어는 실제로 당구나 야구에서 말하는 스핀과도 비슷하다. 에너지나 운동량처럼 보존되는 각운동량의 개념을 기억하기 바란다(제5장 p. 264, p. 349 참조). 어떤 물체의 각운동량은 그 물체가 마찰이나 다른 힘에 의하여 방해를 받지 않는 한 지속된다. 이것이 실제로 양자물리학적 스핀이지만, 여기서 관심을 가져야 할 것은 수많은 입자에 대해 그들 질량의 공통 중심을 중심으로 한 선회 운동(야구공의 경우에 해당)이 아니라 단일 입자의 '회전'이다. 자연에서 발견되는 거의 모든 입자가 각각 그 나름의 특정한 양만큼씩 이러한 의미의 '스핀'을 한다는 것은 매우 놀라운 물리학적 사실이다.[13] 그

$|X>$에 대하여)은 YES를 의미하고, 고유치 0은 NO를 의미한다. ($|X>$, $<\psi|$ 등의 벡터는 원래의 힐베르트 공간의 짝공간dual에 속해 있다.) von Neumann(1955)과 Dirac(1947) 참조.

13 앞의 입자 하나로 구성된 양자 시스템에 대한 설명에서, 나는 이를 지나치게 단순화시켜 스핀을 무시하고 상태가 그 입자의 위치만으로 설명될 수 있다고 가정했다. 실제로 입자 중에는 스칼라 입자들이라고 하여, 예를 들면 파이온pion(π 중간자, p. 335 참조) 혹은 다

러나 앞으로 보겠지만, 단일 양자역학적 입자의 스핀은 우리가 야구공 따위의 스핀에서 기대하는 것과는 전혀 다른 독특한 성질을 지닌다.

우선 한 입자의 스핀 양은 그 특정 입자의 형태에 대하여 항상 똑같다. 달라질 수 있는 것은 단지 그 스핀 축의 방향이다(앞으로 보겠지만 이상한 방식으로). 이것은 야구공과는 완전한 대조를 이루는데, 야구공의 경우에는 던져지는 방법에 따라서 회전 양이나 형태가 완전히 달라진다! 전자나 양성자 또는 중성자의 스핀의 양은 항상 $\frac{\hbar}{2}$이다. 이 $\frac{\hbar}{2}$라는 값은 일찍이 보어가 원자들의 양자화된 각운동량에 대해 허용한 제일 작은 양의 $\frac{1}{2}$에 해당하는 값이다. (이 값들은 $0, \hbar, 2\hbar, 3\hbar, \cdots$였음을 기억하기 바란다.) 여기에서 우리는 기본 단위 $\hbar$의 $\frac{1}{2}$을 필요로 한다. 그러므로 어떤 의미에서 $\frac{\hbar}{2}$는 그 자체가 더 근본적인 기본 단위가 된다. 이러한 크기의 각운동량은 자체가 스핀하지 않는 여러 개의 선회 입자로만 구성된 물체에서는 나타날 수 없다. 이것은 스핀이 입자 자체에 본질적으로 내재된 특성이므로 발생할 수 있는 것이다(즉 그 '부분들'의 어떤 중심을 향한 선회 운동 때문에 일어나는 것이 아니다).

스핀이 $\frac{\hbar}{2}$의 홀수 배수인 입자(즉 $\frac{\hbar}{2}, \frac{3\hbar}{2}$, 또는 $\frac{5\hbar}{2}, \cdots$)들을 페르미온 fermion이라 부른다. 이들은 양자역학적인 면에서 이상한 변덕을 부리는데, 즉 360° 완전 회전을 하게 되면 그 상태벡터가 원래의 값으로 돌아가는 것이 아니라 자신의 음수값이 된다! 자연계 안의 수많은 입자가 실제로 페르미온이고 우리는 후에 이 페르미온과 그들의 이상한 행동 방식(이들은 우리 존재에 필수불가결하다)을 더 많이 접하게 될 것이다. 스핀이 $\frac{\hbar}{2}$의 짝수 배수, 즉 $\hbar$의 온전 배수($0, \hbar, 2\hbar, 3\hbar, \cdots$)인 나머지 입자들은 보존boson이라 불린다. 360° 회전 시 보존 상태벡터는 음수값이 되지 않고 그 자체 값을 그대로 유지한다.

$\frac{1}{2}$스핀을 갖는(즉 스핀값이 $\frac{\hbar}{2}$인) 입자를 생각해보자. 여기에서는 설명을 간단히 하기 위하여 그 입자가 전자라고 가정하겠지만, 사실 그것은

른 원자들처럼 스핀값이 0으로 밝혀진 것들이 있다. 이러한 입자들에 대해서는 (그리고 이러한 입자들에 대해서만은) 앞서와 같이 위치만 고려하더라도 실제로 충분할 것이다.

양성자나 중성자, 심지어는 적당한 원자일 수도 있다. ('입자'는 그것이 양자역학적인 견지에서 잘 정의된 전체 각운동량을 갖는 단일체로 취급될 수만 있으면 그 자체의 개별적인 부분들을 가질 수 있다.) 여기에서는 전자가 정지 상태에 있다고 가정하고 그것의 스핀 상태만을 생각해보기로 하겠다. 이 경우 양자역학적 상태 공간(힐베르트 공간)이 2차원으로 정해졌기 때문에 두 가지 상태에 대한 기저만 택할 수 있다. 이들을 여기에서 $|\uparrow\rangle$와 $|\downarrow\rangle$라고 이름 붙였는데 $|\uparrow\rangle$는 오른손 법칙의 상향 수직 방향에 대한 스핀이고, 반면에 $|\downarrow\rangle$는 오른손의 하향 수직 스핀이다(<그림 6-24> 참조). 상태 $|\uparrow\rangle$와 $|\downarrow\rangle$는 상호 직교하며, 우리는 이들이 정규화되어 있다고 가정할 수 있다(즉 $|\uparrow\rangle^2 = |\downarrow\rangle^2 = 1$). 특정 전자의 모든 가능한 스핀 상태는 상향과 하향의 두 가지 직교 상태 $|\uparrow\rangle$와 $|\downarrow\rangle$의 1차 (선형)중첩, 즉 $w|\uparrow\rangle + z|\downarrow\rangle$이다.

여기에서 '위'와 '아래'에 대한 특별한 의미는 없다. 스핀의 설명에서 그 방향을(오른손 법칙을 기준으로), 예를 들어 왼쪽 $|\leftarrow\rangle$과 그 반대인 오른쪽 $|\rightarrow\rangle$으로 대신 택하더라도 마찬가지 효과를 얻을 수 있다. 그 경우($|\uparrow\rangle$와 $|\downarrow\rangle$에 대하여 적당한 복소 스케일링을 선택함으로써) 다음과 같은 결과를 얻을 수 있다.[14]

$$|\rightarrow\rangle = |\uparrow\rangle + |\downarrow\rangle, \quad |\leftarrow\rangle = |\uparrow\rangle - |\downarrow\rangle$$

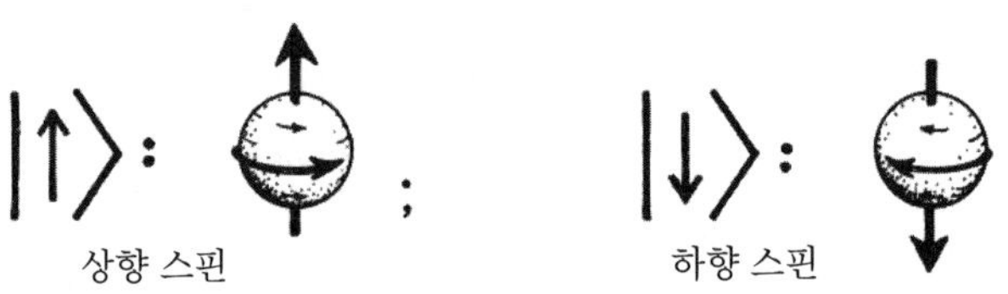

<그림 6-24> 어떤 전자의 스핀 상태의 기저는 단지 두 가지 상태로 이루어진다. 이들은 상향 스핀과 하향 스핀이라 불릴 수 있다.

14 앞에서도 여러 번 그러했듯이, $|\rightarrow\rangle$과 $|\leftarrow\rangle$를 정규화하는 데 필요한 $\frac{1}{\sqrt{2}}$ 등의 계수를 남발하여 설명을 지저분하게 만들지 않기로 하겠다.

이것은 새로운 관점을 제시한다. 즉 모든 전자 스핀의 상태는 2개의 직교 상태 $|\rightarrow >$과 $|\leftarrow >$, 즉 오른쪽과 왼쪽의 선형 중첩이라는 것이다. 이들 대신 아무 방향, 예를 들면 상태벡터 $|\nearrow >$으로 주어지는 방향을 선택할 수도 있다. 이것 역시 $|\uparrow >$와 $|\downarrow >$의 복소 선형 조합이 될 수 있다.

$$|\nearrow >=|\uparrow >+|\downarrow >$$

그리고 스핀의 모든 상태는 이 상태와 직교인 상태, 즉 $|\nearrow >$과 반대 방향[15]인 $|\swarrow >$의 선형 중첩이 될 수 있을 것이다. (힐베르트 공간에서는 '직교'라는 개념이 보통 공간에서의 '직각'과 동일할 필요는 없다는 것을 주의하기 바란다. 여기에서 직교 힐베르트 공간 벡터는 직각을 이루는 방향을 의미한다기보다는 공간에서의 정반대 방향에 해당한다.) 그렇다면 $|\nearrow >$에 의해 결정되는 공간에서의 방향과 두 복소수 w와 z 사이의 기하학적 관계는 무엇일까? $|\nearrow >$에 0이 아닌 다른 복소수를 곱하더라도 $|\nearrow >$에 의해 표현된 물리적 상태는 영향을 받지 않기 때문에 단지 w와 z의 비율만이 의미가 있을 것이다. 그 비율을 다음과 같이 표시하자.

$$q=\frac{z}{w}$$

그렇다면 q는 단순히 하나의 복소수이다. 다만 w=0인 경우, 즉 스핀 방향이 수직으로 아래인 경우를 대처하기 위하여 '$q=\infty$'도 허용된다는 사실만은 제외하자. '$q=\infty$'가 아닌 경우에는 제3장에서처럼 q를 아르강 평면의 한 점으로 나타낼 수 있다. 이 아르강 평면이 공간 내에 수평으로 위치해 있고, 실수축이 앞의 설명과 같이 '오른쪽'으로, 즉 스핀 상태 $|\rightarrow >$의 방향을 가진다고 가정해보자. 이 아르강 평면의 원점에 중심을 둔 단위 반지름을 갖는 구가 있다면 $1,\ i,\ -1,\ -i$는 모두 이 구의 적도상에 위치한다. 우리는 우선 ∞로 이름 붙인 남극의 점에 대하여 생

15 $|\swarrow >=\bar{z}|\uparrow >-\bar{w}|\downarrow >$이고 이때 $\bar{z}\bar{w}$는 z와 w의 복소 공액이다. 각주 11 참조.

각해본 후 이 점으로부터 전 아르강 평면이 그 구에 매핑되도록 투영시킬 것이다. 따라서 아르강 평면 위의 임의의 점 q는, 남극과 이 점을 연결하는 선상에 위치하는 구 위의 유일한 점 q에 대응된다(<그림 6-25> 참조). 이러한 대응은 입체 투영Stereo-graphic projection이라고 부르는데, 이것은 기하학적으로 훌륭한 여러 가지 특성을 가진다. (예를 들면 각도가 보존되고 원들은 원으로 매핑된다.) 이 투영을 이용하여, 구의 점들에 대하여 ∞를 포함한 복소수로서, 즉 가능한 복소수 비율 q로서 라벨을 붙일 수 있다. 이와 같은 방법으로 점들이 명칭 지어진 구를 리만 구Riemann sphere라고 부른다. 전자의 스핀 상태를 이야기할 때 리만 구가 중요한 것은, $|\nearrow> = w|\uparrow> + z|\downarrow>$ 형태로 주어진 스핀의 방향을 리만 구의 중심으로부터 구 표면에 표시된 한 점 $q = \frac{z}{w}$를 잇는 실제 방향을 구함으로써 얻을 수 있기 때문이다. 구의 북극은 상태 $|\uparrow>$에 해당하며, $z=0$, 즉 $q=0$으로 표시되고, 남극은 상태 $|\downarrow>$에 해당하며 $w=0$, 즉 $q=\infty$로 표시된다는 것을 알 수 있다. 극우점에는 $q=1$이라는 명칭이 붙는데, 그 상태는 $|\rightarrow> = |\uparrow> + |\downarrow>$가 되며, 또한 극좌점에는 $q=-1$이라는 라벨이 붙고 상태는 $|\leftarrow> = |\uparrow> - |\downarrow>$가 된다. 구 뒤편의 가장 먼 점에는 $q=i$라는 명칭이 붙는데, 이것은 우리로부터 멀어지는 스핀 상태인 $|\uparrow> + i|\downarrow>$에 해당되며, 가장 가까운 점에는 $q=-i$라고 라벨이 붙고, 이것은 스핀이 우리를 향하는 상태, 즉 $|\uparrow> - i|\downarrow>$에 해당한다. 그 외의 일반적인 점 q는 $|\uparrow> + q|\downarrow>$ 상태에 해당한다.

이 모든 것이 전자 스핀에 대해 이루어지는 측정과 어떤 식으로 연관될 수 있는가?[16] 공간의 어떤 한 방향을 정하고 이를 α라고 하자. 만약

---

16 적정 원자들의 스핀을 측정하는 데 사용되는 것으로 슈테른-게를라흐Stem-Gerlach 장치라는 표준 측정 기구가 있다. 이것은 원자들을 매우 불균일한 자기장을 통과하는 광선으로 발사하여 자기장의 불균일성의 방향으로 스핀의 방향을 측정할 수 있다. 광선은 두 가닥으로 분리되는데($\frac{1}{2}$ 스핀 원자에 대하여. 더 높은 스핀에 대해서는 2개 이상의 광선으로 분리된다), 하나는 스핀 측정의 대답이 '예'인 원자를 내보내고, 다른 하나는 답이 '아니요'인 원자를 내보낸다. 그러나 불행하게도 이 장치는 여기에서의 내용과 관련 없는 기술적 이유로 인하여 전자 스핀의 측정에는 사용될 수 없는데, 이를 위해서는 좀 더 간접적인 프로시저가 사용되어야 할 것이다(Mott & Massey, 1965를 참조). 몇 가지 이유 때

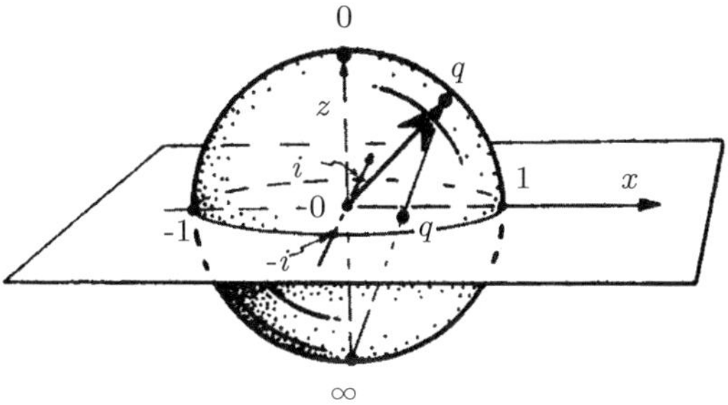

$|\nearrow>:$

$(=|\uparrow>+q|\downarrow>)$

<그림 6-25> 리만 구. 여기에서는 $\frac{1}{2}$스핀입자들의, 물리적으로 구분 가능한 상태로 표시된다. 그 구는 남극(∞)에서 적도를 통과하여 아르강 평면으로 입체 투영되었다.

이 방향에 대한 전자의 스핀을 측정할 수 있다면 '예'라는 대답은 그 전자가 (현재) 실제로 (오른손 법칙의) α 방향으로 스핀하고 있다는 것을 의미하고, 반면에 '아니요'라는 대답은 그것이 α의 반대 방향으로 스핀하고 있음을 의미하게 된다.

만약 그 대답이 '예'라면 그때의 상태를 우리는 $|\alpha>$라고 명명할 수 있다. 만약 이전과 정확히 똑같은 방향 α에 대한 측정을 그냥 반복한다면 그 답은 100%의 확률로 다시 '예'일 것이다. 그러나 만약 두 번째 측정의 방향을 새로운 방향 β로 바꾼다면 그때도 '예'라는 답이 나올 어느 정도의 확률이 존재하고, 이때 상태는 $|\beta>$로 도약된다. 또 두 번째 측정의 결과가 '아니요'일 확률도 있는데, 이때의 상태는 β의 반대 방향으로 도약할 것이다. 이 확률은 어떻게 계산할 수 있을까? 이에 대한 답은 앞 절의 마지막 부분에서 제시한 규칙에서 얻을 수 있다. 두 번째 측정에서 '예'일 확률은 θ가 α와 β 사이의 각일 때 다음과 같이 주어진다.[17]

문에 나는 전자 스핀이 실제로 어떻게 측정되는가에 관해서는 자세히 언급하지 않기로 하겠다.

17 관심 있는 독자라면 이 책에서 사용되고 있는 기하가 무엇인가 확인해보고 싶을 것이다.

$$\frac{1}{2}(1+\cos\theta)$$

따라서 두 번째 측정에서의 '아니요'의 확률은

$$\frac{1}{2}(1-\cos\theta)$$

가 된다. 이로부터 우리는 만약 두 번째 측정이 첫 번째 측정의 직각 방향에서 이루어진다면 확률은 둘 다 50%가 된다는 것을 알 수 있다($\cos 90^\circ = 0$이므로). 즉 두 번째 측정의 결과는 완전히 임의적인 것이다! 만약 두 측정 사이의 각이 예각이면 '예'라는 답이 '아니요'보다 더 많이 나올 것이고, 둔각인 경우에는 '아니요'가 더 많이 나올 것이다. 극단적인 경우로서 β가 α의 정반대 방향인 경우 '예'의 확률은 0%이고 '아니요'의 확률은 100%이다. 즉 두 번째 측정 결과는 첫 번째의 측정과 반대가 된다. (스핀에 대하여 더 자세히 알고 싶은 독자는 Feynman, et al., 1965 참조.)

리만 구는 실제로 어떠한 양태two-state의 양자계에서도 그에 대해 가능한 양자 상태(비례 계수까지)를 설명하는 근본적인 역할을 담당한다(잘 알려지지는 않았지만). $\frac{1}{2}$스핀의 입자들에는 그것의 기하학적 역할이 훨씬 뚜렷해지는데, 그 이유는 구의 점들이 스핀 축의 모든 가능한 공간 방향과 일치하기 때문이다. 그 외의 수많은 다른 상황에서는 리만 구의 역할이 잘 눈에 띄지 않는다. 방금 두 실틈을 통과했거나 반도금된 거울을 반사한 광자를 생각해보자. 광자의 상태는 $|\psi_t> + |\psi_b>$, $|\psi_t> - |\psi_b>$나 $|\psi_t> + i|\psi_b>$ 등과 같이, 잘 구분되는 2개의 위치를 나타내는 상태들인 $|\psi_t>$와 $|\psi_b>$의 1차 조합이 될 것이다. 리만 구는 여전히 물리적으로 확연히 구분되는 가능성의 배열을 표시하고 있지만 그에 대한 설명은 단지 추상적인 영역에 그치고 있다. 상태 $|\psi_t>$는 구의 북

가장 쉬운 방법은 리만 구를 α 방향은 '위쪽'으로, 그리고 β 방향은 '위쪽'과 '오른쪽'으로 결정되는 평면상에 놓이도록 정렬시키는 것이다. 즉 리만 구에서 $q = \tan(\frac{Q}{z})$로 주어진다면 $|\psi>$에서 $|X>$로 도약할 확률은 $\frac{<X|\psi><\psi|X>}{<X|X><\psi|\psi>}$라는 것을 이용한다. 각주 11 참조.

극('top')으로 표시되고 $|\psi_b>$는 남극('bottom')으로 표시된다. 그렇다면 $|\psi_t>+|\psi_b>$, $|\psi_t>-|\psi_b>$ 그리고 $|\psi_t>+i|\psi_b>$는 적도상의 여러 점이 될 것이고, 일반적으로 $w|\psi_t>+z|\psi_t>$는 $q=\frac{z}{w}$에 의해 주어진 한 점으로 표시된다. 이와 같이 많은 경우에 확률에 대한 '리만 구의 가치'는 공간 기하학적인 뚜렷한 관계가 없이 숨겨지게 된다.

양자 상태의 객관성과 측정 가능성

실험의 결과로서 보통은 단순히 확률만 산출된다는 사실에도 불구하고 양자역학적 상태에는 어떤 객관성이 존재하는 것 같다. 상태벡터는 단순히 물리적 시스템에 관한 '우리의 지식'에 대한 편의적인 서술일 뿐이다. 또는, 어쩌면 상태벡터가 실제로는 하나의 시스템을 설명하는 것이 아니라 비슷한 형태를 지닌 여러 시스템의 '총체적 효과ensemble'에 대한 확률 정보만을 제공하는 것이라는 주장이 자주 제기되고 있다. 나에게는 그러한 의견들이, 실세계의 현상에 대하여 양자역학이 제공하는 것들을 대하는 너무나도 소심한 태도로 보인다.

상태벡터의 '물리적 실재성'에 대한 이러한 조심성 내지 의심은, 이론에 따르면 실제로 측정될 수 있는 것들이 아주 제한되어 있다는 양자 사실에서 기인한 것 같다. 앞에서 언급된 전자의 스핀 상태를 생각해보자. 스핀 상태가 $|\alpha>$이고 우리가 그 사실을 모른다고 가정해보자. 즉 전자가 스핀할 방향 α에 대하여 우리가 모른다는 것이다. 과연 측정에 의하여 이 방향을 결정할 수 있을까? 아니다, 할 수 없다. 기껏 할 수 있는 것은 단지 정보의 한 조각만을 추출해내는 것이다. 즉 하나의 '예/아니요' 물음에 대한 대답뿐이다. 우리는 공간에서 β라는 방향을 임의로 선택하여 이 방향에서의 전자 스핀만을 측정하게 된다. 그 결과 '예'나 '아니요'라는 대답을 얻게 되는데, 그 이후에는 스핀의 원래 방향에 대한 정보를 잃어버린다. '예'라는 대답이 나오면 그 상태가 현재 $|\beta>$에 비례한다는 것을 알 수 있고, '아니요'라는 대답이 나오면 현재 상태가 β와

반대 방향에 있음을 알 수 있다. 어느 경우든지 측정 이전 상태의 방향 α에 대해서는 전혀 알 수 없고 단지 α에 대한 확률 정보만을 약간 알 수 있을 뿐이다.

다른 한편으로 측정 이전에 전자가 스핀하고 있던 방향 α 자체에 대하여 무언가 완전히 객관적인 것이 존재하는 것처럼 보인다.[18] 우리가 전자의 스핀 측정 방향을 α 방향으로 설정할 수도 있기 때문이다. 그리고 만약 이와 같이 잘만 찍는다면 그 전자는 분명 '예'라는 답을 줄 것이다! 전자가 이러한 답을 해야 한다는 '정보'가 어떤 식으로든 전자의 스핀 상태 어디엔가에 저장되어 있는 것이다. 양자역학에서 물리적 실체에 관한 문제를 논의하려면 '객관적'이란 무엇인가 하는 것과 '측정 가능'하다는 것은 무엇인가 하는 것 사이에 분명한 구분을 설정해야 한다고 생각한다. 어떤 시스템에 대한 상태벡터는 우리가 그 시스템상에서 행한 실험만으로는 그것이 어떤 상태인가를 정확하게(적절한 수준까지) 확인할 수 없다는 점에서 측정이 불가능하다. 그러나 상태벡터는 수행되는 실험에 반응하는 결과에 따라 완전히 특징지어질 수 있다는 점에서 그 시스템의 완전한 객관적인 특성으로 보인다. 전자처럼 한 개의 $\frac{1}{2}$스핀입자의 경우 이러한 객관성이 그다지 불합리한 것은 아니다. 비록 어떤 방향인지 정확히 알지는 못하더라도 그 전자의 스핀이 정확히 정의될 수 있는 방향이 어디엔가 있다는 사실만으로 충분하기 때문이다. (그러나 뒤에서 다시 보겠지만, 이러한 '객관성'에 대한 그림은 좀 더 복잡한 시스템에서는 훨씬 이상한 모습을 보이게 된다. 심지어는 단지 한 쌍의 $\frac{1}{2}$스핀입자로 구성된 시스템에 대해서도.)

그러나 그것이 측정되기 이전에 그 전자의 스핀이 분명 특정한 물리적 상태를 지닐 필요성이 있지는 않을까? 많은 경우 그렇지 않다. 그 자체만으로는 양자계로 여겨질 수 없기 때문이다. 그 대신, 양자 상태는 일

---

18 이러한 객관성은 우리가 표준 양자역학 이론의 형식을 따른 결과의 하나이다. 비표준적 관점에 따르면 시스템이 어떤 측정에 대하여 미리 그에 해당하는 결과를 모두 '알고 있다'는 것이다. 이러한 관점은 물리적 실체에 대하여 또 다른, 분명히 객관적인 그림을 제공한다.

반적으로 수많은 다른 입자와 서로 얽혀 있는 특정한 전자를 설명하는 것이라고 생각해야 한다. 그러나 특정한 경우에 그 전자는 (최소한 그것의 스핀에 관해서는) 그 자체만으로서 고려될 수 있다. 그러한 경우, 즉 예를 들어 그 스핀이 이미 앞에서 특정한 방향(아마 알려지지 않은)에 대하여 측정되었고, 그 전자가 얼마간 아무런 방해 없이 그대로 있었다면, 그 전자는 표준 양자론에 의하면 분명 완벽하고 객관적으로 정의된 스핀 방향을 가지고 있는 것이다.

양자 상태의 복제

전자의 스핀 상태가 객관성과 측정 불가능성을 동시에 갖는다는 것은 또 하나의 중요한 사실을 보여준다. 즉 원래의 상태에 손대지 않고 양자 상태를 복제하는 것은 불가능하다는 것이다! 만일 전자 스핀 상태 $|\alpha>$를 복제한다고 가정해보자. 일단 한 번 그렇게 한다면 계속해서 반복할 수 있을 것이다. 그 결과로 얻어지는 시스템은 잘 정의된 방향에 대하여 엄청난 각운동량을 갖게 될 것이다. 이 방향, 즉 α는 육안으로 보이는 측정에 의하여 확인될 수 있을 것이다. 이것은 스핀 상태 $|\alpha>$의 근본적인 측정 불가능성에 위배된다.

그러나 만약 우리가 원상태를 파괴할 작정이라면 양자 상태의 복제는 가능하다. 예를 들어 알려지지 않은 스핀 상태 $|\alpha>$의 전자와 다른 스핀 상태 $|\gamma>$의 중성자를 가질 수 있다. 이들 값을 서로 바꾸는 것은 전혀 문제가 없다. 단지 불가능한 것은 $|\alpha>$를 똑같이 복제하는 것이다($|\alpha>$의 값을 모르고 있을 때)! (Wooters & Zurek, 1982 참조.)

제1장에서 논의한 '원격 이동 장치'를 기억해보자. 이것은 원칙적으로 먼 행성에다 어떤 사람의 신체와 두뇌의 완전한 복제를 짜 맞출 수 있다는 가정에 근거한다. 인간의 '의식'이 양자 상태의 특정한 면에 의존할지도 모른다고 추측하는 것은 매우 흥미롭다. 만약 그렇다면 양자론은 원상태의 파괴 없이 이 '의식'을 복제하는 것을 금할 것이다. 그리고 이

러한 방법으로 원격 이동 장치의 '패러독스'는 해결될 수 있다. 두뇌 기능에 대한 양자 효과의 연관성에 대해서는 마지막 두 장에서 논의할 것이다.

광자 스핀

이제 광자의 '스핀'과 리만 구의 관계를 살펴보자. 광자도 스핀을 하지만 이들은 광속으로 움직이기 때문에 고정된 한 점을 중심으로 스핀한다고는 볼 수 없고, 그 대신 스핀 축이 항상 그 운동 방향이라고 봐야 한다. 광자의 스핀은 편광polarization이라 불리는데, 이것은 '편광판polaroid' 선글라스의 원리가 되는 바로 그 현상이다. 두 편광판을 겹쳐 놓고 그것을 들여다보기 바란다. 그러면 대충 어느 정도의 양만큼 빛이 통과하는가 알 수 있다. 이제 하나를 고정시킨 채 다른 하나를 회전시켜보자. 통과하는 빛의 양이 변할 것이다. 통과하는 빛의 양이 최대가 되는 방향에서 두 번째의 편광판은 사실상 거의 아무것도 감소시키지 못한다. 그러나 그 방향과 직각으로 놓았을 때에는 두 번째 편광판이 빛의 양을 거의 0으로 줄이게 된다.

이 상황에서 어떤 일이 벌어지는가는 빛의 파동으로 가장 쉽게 이해할 수 있다. 이를 위해서는 진동하는 전기장과 자기장을 이용한 맥스웰식의 설명이 필요하다. <그림 6-26>에는 평면 편광plane-polarized된 빛이 묘사되어 있다. 전기장이 하나의 평면(편광 평면)상에서 앞뒤 쪽으로 진동하고 자기장도 여기에 맞춰 진동하는데, 다만 자기장의 경우 전기장이

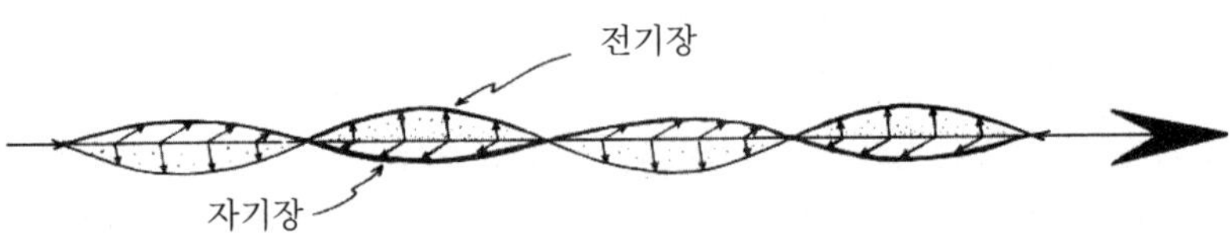

<그림 6-26> 평면 편광된 전자기파

진동하는 평면과 직각이 되는 평면상에서 진동한다. 이때 각각의 편광판은 그 빛의 편광 평면이 편광판의 구조와 일치하는 빛만을 통과시킨다. 만약 두 번째 편광판이 첫 편광판의 구조와 똑같은 구조를 가진다면 첫 편광판을 통과한 모든 빛을 두 번째 편광판도 통과시킨다. 그러나 이들 두 편광판이 서로 직각인 구조를 갖는다면 두 번째 편광판은 첫 편광판을 통과한 빛을 모두 차단해버린다. 만약 두 편광판이 서로에 대하여 ϕ 각으로 놓인다면 두 번째 편광판을 통과하는 빛은

$$\cos^2\phi$$

만큼만 허용된다.

입자 그림에서는 각각의 광자가 편광성을 갖는다고 생각해야 한다. 첫 편광판은 편광 측정기 역할을 하는데, 만약 광자가 적절한 방향으로 편광되어 있다면 '예'라는 답을 제시하고 광자를 통과시킨다. 그리고 만약 광자가 직교 방향으로 편광되면 대답은 '아니요'이고 광자는 흡수되고 만다. (여기에서는 힐베르트 공간에서 말하는 '직교'라는 의미와 보통 공간에서의 '직각'이라는 의미가 서로 부합한다!) 광자가 첫 편광판을 통과한다고 가정한다면 두 번째 편광판은 똑같은 질문을 다른 방향에 대하여 하게 된다. 두 방향 사이의 각을 앞서와 같이 ϕ라고 하면 첫 편광판을 통과한 광자가 두 번째 편광판을 통과할 확률은 $\cos^2\phi$가 된다.

리만 구는 어디에서 적용되는가? 편광 상태의 완전한 복소 배열을 구하기 위해서는 원형과 타원형의 편광을 고려해야 한다. 고전적 파동에 대한 이들의 그림은 <그림 6-27>에 나와 있다. 원형 편광circular polarization에서는 전기장이 진동하는 대신 회전하고, 자기장은 여기서도 역시 전기장과 직각을 유지하면서 같은 방법으로 회전한다. 타원형 편광elliptical polarization에서는 회전과 진동이 조합된 운동이 일어나고, 전기장을 나타내는 벡터를 따라 선을 그리면 공간상의 타원이 된다. 양자역학에서는 각각의 광자에 대하여 이러한 두 가지의 서로 다른 편광 방법이 허용되는데, 그것이 바로 광자 스핀의 상태이다.

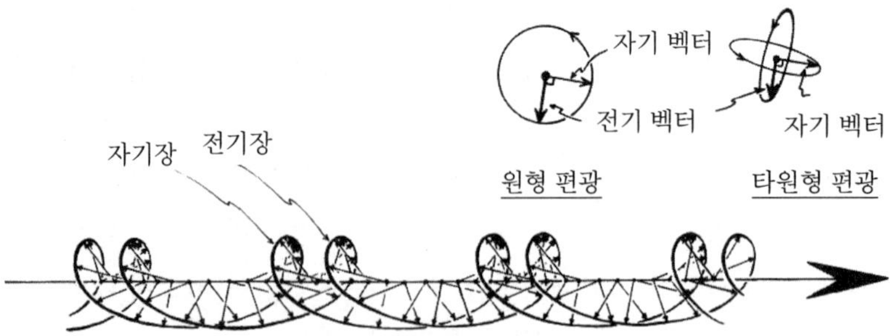

<그림 6-27> 원형 편광된 전자기파(타원 편광은 <그림 6-26>과 <그림 6-27>의 중간)

확률의 배열이 어떻게 다시 리만 구가 되는지 알아보기 위하여 광자가 위쪽의 수직 방향으로 움직인다고 상상해보자. 이제는 북극이 오른손 스핀의 상태 $|R>$을 나타내는데, 이것은 광자가 지나갈 때 전기 벡터가 수직을 기준으로 시계 반대 방향으로(위에서 볼 때) 회전한다는 것을 의미한다. 남극은 왼손 스핀의 상태 $|L>$을 나타낸다. (광자가 오른손이나 왼손의 법칙에 따라 마치 라이플 총에서 발사된 탄환처럼 스핀된다고 생각해도 무방하다.) 일반적인 스핀 상태 $|R>+q|L>$은 그 두 복소 선형 조합이고, 그것은 리만 구에서 q라고 명명된 한 점에 해당한다. q와 편광의 타원 간 연관성을 찾으려면 우선 q의 제곱근을 취하여 새로운 복소수 p를 구해야 한다.

$$p = \sqrt{q}$$

그리고 q 대신 p를 리만 구에 표시한 다음, 구의 중심과 표시된 p를 잇는 선에 직각이 되며 구의 중심을 지나는 평면을 생각해볼 수 있다. 이 평면은 구와 원형으로 교차하며, 여기서 이 원을 수직 방향으로 투영하면 편광의 타원을 얻을 수 있다(<그림 6-28> 참조).[19] q의 리만 구는 여전

19 q의 제곱근 p 대신 복소수 -p를 사용하더라도 무방하며 똑같은 편광 타원의 결과를 얻게 된다. 제곱근을 구하는 것은 광자가 무질량의 입자로서 1스핀, 즉 기본 단위인 $\frac{\hbar}{2}$의

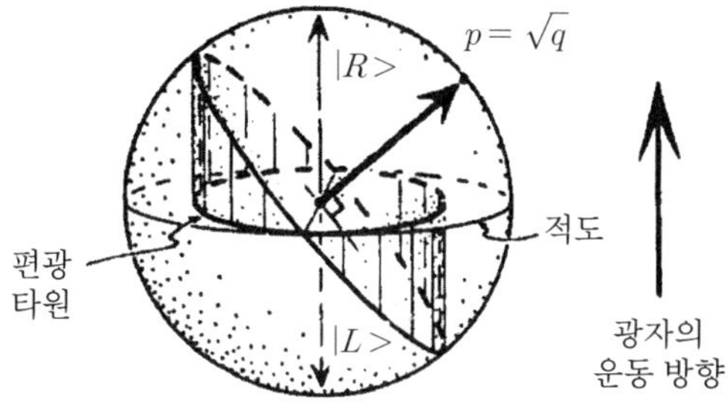

<그림 6-28> 리만 구(이번에는 $\sqrt{q}$에 대한) 역시 광자의 편광 상태를 설명한다. ($\sqrt{q}$를 가리키는 벡터를 스토크스 벡터라 부른다.)

히 전체적인 광자 편광 상태를 설명하지만 9의 제곱근인 p는 이것의 공간적 구현을 나타낸다.

확률을 계산하기 위해서는 전자에 대하여 사용된 것과 같은 공식 $\frac{1}{2}(1+\cos\theta)$를 이용할 수 있다. 다만 이때 p가 아니라 q에 대하여 적용해야 한다. 평면 편광을 생각해보자. 광자의 편광을 측정할 때 우선 한 방향에서 하고, 다음에 그 방향에서 ϕ만큼 돌린 방향에서 이를 측정하는데, 이들 두 방향은 구의 적도상에 있으면서 구 중심에 대하여 ϕ만큼의 각을 유지하는 p의 두 가지 값에 대응한다. p들은 q의 제곱근이므로 중심과 q점들 사이의 사잇각 ϕ는 p점들로부터 구성되는 각도의 두 배에 해당한다. 즉 $\theta = 2\phi$이다. 그러므로 첫 번째 측정에서 '예'라고 주어졌다면 두 번째 측정에서도 '예'라는 답이 나올 확률(즉 광자가 첫 편광판을 통과했을 때 두 번째 편광판도 통과할 확률)은 $\frac{1}{2}(1+\cos 2\phi)$인데, 이것은 (간단한 삼각함수에 따르면) 앞에서 언급된 바와 같은 $\cos^2\phi$이다.

두 배라는 것과 관련이 있다. 아직 감지되지 않은 무질량의 중력 양자인 그래비톤graviton의 경우 스핀값은 2, 즉 기본 단위의 네 배가 되기 때문에 앞의 설명에서 q의 4제곱근을 구해야 한다.

큰 스핀을 갖는 물체들

기본 상태의 수가 2보다 많은 양자계에서 물리적으로 구분할 수 있는 상태의 공간은 리만 구보다 더욱 복잡하다. 그러나 스핀의 경우에는 리만 구 자체가 항상 직접적인 기하학적 역할을 갖는다. $n\times\frac{\hbar}{2}$스핀을 갖는 거대한 입자나 원자가 정지 상태에 있다고 가정해보자. 그 스핀은 (n+1) 상태의 양자 시스템을 정의한다. (질량이 없는 스핀입자의 경우, 즉 광자와 같이 광속으로 움직이는 입자의 경우 그 스핀은 앞에서 설명한 대로 언제나 2 상태 시스템이다. 그러나 큰 입자의 경우 상태의 수는 그 스핀에 비례해 증가한다.) 만약 이 스핀을 특정 방향에서 측정하고자 한다면, 얼마나 많은 스핀이 그 방향에 맞추어져 있는가에 따라 n+1개의 가능한 결과가 있다는 것을 알 수 있을 것이다. 기본 단위 $\frac{\hbar}{2}$로 생각해보면, 그 방향에 대한 스핀값의 가능한 결과는 n, n−2, n−4, …, 2−n, −n 등이다. 따라서 n=2이면 그 값들은 2, 0 또는 −2이고, n=3이면 그 값들은 3, 1, −1 또는 −3 등으로 나간다. 음의 값은 측정된 방향에 대해 반대 방향을 가리키는 스핀에 해당한다. $\frac{1}{2}$스핀의 경우, 즉 n=1일 때 1이라는 값은 앞에서 설명한 '예'에 해당하고 −1의 값은 '아니요'에 해당한다.

여기에서는 그 이유를 설명하지 않겠지만(Majorana, 1932; Penrose, 1987a), $\frac{n}{2}$스핀에 대한 모든 스핀 상태(비례 포함)는 리만 구상의 (정렬되지 않은) n개의 점들의 집합에 의하여 유일하게 구분될 수 있다는 사실이 밝혀졌다. 즉 중심으로부터 바깥쪽으로 향한 n개의 (대개 구분 가능한) 방향에 의하여(<그림 6-29> 참조) 구분되는 것이다. (이 방향들은 그 시스템상에서 행할 수 있는 측정들에 의하여 구분된다. 만약 그들 중 한 방향에서 스핀을 측정한다면 그 값이 반드시 전적으로 반대 방향일 수는 없다. 즉 n, n−2, n−4, …, 2−n 등은 그 값이 될 수 있지만 −n만은 제외된다.) 앞에서 살펴본 전자와 같이, n=1인 특별한 경우 우리는 리만 구상의 한 점을 갖는데, 이것은 바로 앞의 설명에서 q라고 이름 붙인 것이다. 그러나 더 큰 값을 갖는 스핀의 경우 그림은 더욱 복잡해지고 이는 앞의 설명과 같게 된다. 다만 어떤 이유에서인지 이것이 물리학자들에게 그다지 잘 알려진 것 같지는 않다.

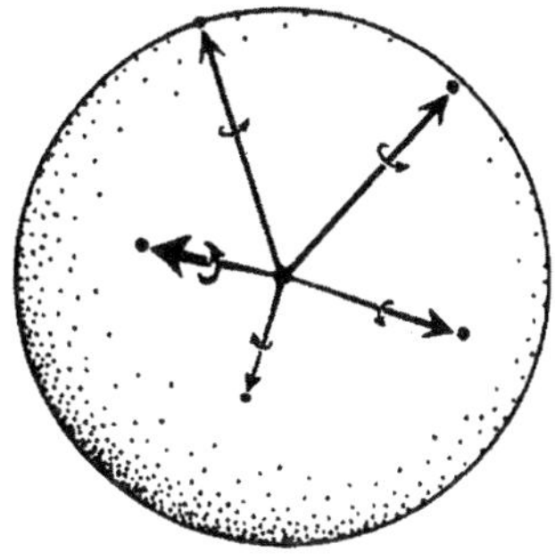

<그림 6-29> 커다란 입자에 대한 높은 스핀의 일반 상태는 임의의 방향을 가리키는 $\frac{1}{2}$스핀 상태들의 집합들로 설명될 수 있다.

이 학설에 대해서는 아주 놀라우면서도 이해할 수 없는 내용이 있다. 사람들은 때때로 어떤 제한된 의미에서, 원자(또는 기본적인 입자나 분자들)에 대한 양자론적 설명들이 시스템이 커지고 복잡해지면 반드시 고전적 뉴턴식 설명으로 가야 한다고 믿는다. 그러나 이것은 현재 상태로는 사실이 아니다. 앞서 본 바와 같이 큰 각운동량을 갖는 물체의 스핀 상태는 리만 구 위에 뿌려진 수많은 점에 상응하기 때문이다.[20] 우리는 그 물체의 스핀이, 이 점들이 결정하는 모든 방향을 가리키는 $\frac{1}{2}$스핀들로 구성되었다고 생각할 수 있다. 이들 조합된 상태 중 단지 극소수만이(다시 말하면 대부분의 점이 구 위의 작은 영역에 집중되어 있을 경우, 즉 대부분의 $\frac{1}{2}$스핀이 대개 같은 방향을 향해 있는 경우) 보통 야구공과 같은 고전적 대상물들에서 볼 수 있는 각운동량의 실제 상태에 대응될 것이다. 만약 우리가, 스핀의 총 측정은 아주 크지만($\frac{\hbar}{2}$로 나타내었을 때) 그 외에는 그냥 '임의적'이라 할 수 있는 스핀 상태를 선택했다면, 고전적 스핀과 비슷한 것이 나타날 것이라 기대할 수도 있다. 그러나 그것은 실제로 벌어지고 있는 방식은 결코 아니다. 일반적으로 큰 전체 스핀값을 갖는 양자 스핀 상태는 고전적인 것들과는 어느 면에서나 전혀 다르다!

20 더 정확하게 말하면 각운동량은 그러한 여러 점의 배열에 따라 복소 선형 조합의 형태로 설명된다. 복잡한 시스템의 경우 여러 개의 총 스핀값이 중첩될 수 있기 때문이다. 이러한 사실은 전체 그림이 고전적 각운동량과 더욱 다르게 보이도록 만들 뿐이다!

그렇다면 고전물리학의 각운동량과는 어떻게 대응이 이루어져야 할 것인가? 대부분의 큰 스핀 양자 상태가 실제로 고전적인 상태와 닮지는 않았지만, 그것들은 각각이 고전적 상태와 유사한 (직교) 상태들의 1차 조합이다. 어떤 식으로인지는 모르지만, 여하튼 시스템상에서 '측정'이 수행되고, 상태는 (특정한 확률로) 이 고전적인 것과 유사한 상태로 '도약'하게 된다. 이러한 것은 시스템의 각운동량뿐만 아니라 그 외의 고전적으로 측정 가능한 특성들에 대해서도 비슷하게 적용된다. 어떤 시스템이 고전적 수준에 이르게 되면 양자역학의 바로 이러한 측면이 역할을 한다. 이에 대해서는 나중에 좀 더 이야기하기로 하겠으나, 그와 같이 '크다'거나 '복잡한' 양자계에 대해 논의하기 이전에 우리는 먼저 양자역학이 둘 이상의 입자를 갖는 시스템에는 실제로 어떻게 이상한 방법으로 적용되는가에 대해 감을 잡아야 할 것이다.

다입자계

다입자many particle 상태에 대한 양자역학적 설명은 불행하게도 꽤나 복잡하다. 실제로 그것은 극단적으로 복잡해질 수 있다. 입자 하나하나에 대하여 모든 가능한 서로 다른 위치의 중첩을 감안해야 하는 것이다! 이것은 고전 이론의 장에 대한 것보다도 훨씬 큰, 가능 상태들의 엄청난 공간을 형성한다. 앞에서 우리는 단지 한 개의 입자에 대한 양자 상태, 즉 파동함수가 전체 고전 장이 갖는 복잡성을 갖는다는 것을 보았다. 이러한 묘사(그것을 설명하기 위하여 무한히 많은 파라미터를 필요로 하는)는 이미 입자에 대한 고전적 묘사에 비해 훨씬 더 복잡하다. (고전적 묘사에서는 상태를 명시하기 위하여 몇 개의 파라미터만을 필요로 한다. 실제로 스핀과 같은 내부 자유도internal degree of freedom가 없는 경우에는 6개에 불과하다. 제5장 p. 279 참조.) 이것만으로도 이미 충분히 복잡하다고 볼 수 있는데, 누군가는 2개의 입자에 대한 양자 상태를 기술하기 위해서는 2개의 '장'이 필요하고, 그 각각이 입자 하나씩의 상태를 기술하면 된다고 생각할지도 모른다.

그러나 어림도 없는 소리이다! 2개 이상의 입자가 관련된 경우 그 상태에 대하여 기술하는 것은 이보다 훨씬 복잡해지는데, 그에 관해서는 앞으로 보게 될 것이다.

하나의 (스핀이 없는) 입자의 양자 상태는 그 입자가 차지할 수 있는 각각의 가능한 위치에 대한 복소수(진폭)로 정의된다. 그 입자는 점 A에 있을 진폭과 점 B에 있을 진폭, 그리고 C에 있을 진폭 등을 갖는다. 이제 2개의 입자를 생각해보자. 첫 번째 입자는 A에 있고 두 번째 입자는 B에 있다고 가정하자. 그 확률에 대한 진폭이 있을 것이다. 반대로 첫 입자가 B에 있고 두 번째 입자가 A에 있을 수도 있는데, 그 경우도 역시 진폭이 필요하다. 또, 첫 번째 것은 B에 있고 두 번째 것은 C에 있을 수도 있으며, 혹은 두 입자가 모두 A에 있을 수도 있다. 이 모든 가능성 하나하나가 진폭을 필요로 한다. 그러므로 파동함수는 단순히 위치에 대한 2개의 함수(즉 2개의 장)가 아니다. 그것은 2개의 위치에 대한 하나의 함수이다!

위치에 대한 2개의 함수보다 2개의 위치에 대한 하나의 함수를 기술하는 것이 얼마나 더 복잡한지 알아보기 위하여, 가능한 위치가 유한 집합인 상황을 생각해보자. 다음과 같은 (정규 직교) 상태로 주어질 수 있는 10개의 위치만이 가능하다고 생각해보자.

$$|0>, \ |1>, \ |2>, \ |3>, \ |4>, \ |5>, \ |6>, \ |7>, \ |8>, \ |9>$$

1 입자의 상태 $|\psi>$는 다음과 같은 조합으로 이루어져 있다.

$$|\psi> = z_0|0> + z_1|1> + \cdots + z_9|9>$$

여기에서 각각의 구성 요소 z_0, z_1, $\cdots$, z_9는 입자가 각 점에 있을 수 있는 진폭을 나타내고, 10개의 복소수는 그 입자의 상태를 기술한다. 2개의 입자를 갖는(2 입자) 상태에 대해서는 모든 가능한 위치의 쌍에 대한 진폭이 필요하다. 즉 $10^2 = 100$개의 서로 다른(정렬된) 위치의 쌍들이 있을 수 있으므로, 결국 100개의 복소수를 필요로 한다! 만약 그것이 단지 2개의 1 입자 상태(즉 '2개의 위치에 대한 하나의 함수'가 아닌 2개의 '위치함수')였다면 20개의 복소수만 있으면 충분했다.

이 100개의 수를 다음과 같이 이름을 붙이고,

$$z_{00},\ z_{01},\ z_{02},\ \cdots,\ z_{09},\ z_{10},\ z_{11},\ z_{12},\ \cdots,\ z_{20},\ \cdots,\ z_{99}$$

이에 대응하는 (직교) 기저 벡터는 다음과 같이 부르기로 한다.[21]

$$|0>|0>,\ |0>|1>,\ |0>|2>,\ \cdots,\ |0>|9>,\ |1>|0>,\ \cdots,\ |9>|9>$$

그러면 일반적인 2 입자 상태인 $|\psi>$는 다음과 같은 형식을 갖는다.

$$|\psi> = z_{00}|0>|0> + z_{01}|0>|1> + \cdots + z_{99}|9>|9>$$

이와 같이 상태들에 대한 '벡터곱vector product'은 다음과 같은 의미를 갖는다. 즉 $|\alpha>$가 첫 번째 입자의 특정한 상태이고(반드시 위치 상태일 필요는 없다), $|\beta>$가 두 번째 입자의 특정한 상태라면 첫 입자의 상태가 $|\alpha>$이며 동시에 두 번째 입자의 상태는 $|\beta>$인 상태는 다음과 같이 표시한다는 것이다.

$$|\alpha>|\beta>$$

'벡터곱'은 꼭 1 입자의 상태들뿐만 아니라 어떠한 양자 상태의 쌍들에 대해서도 기술할 수 있다. 그러므로 여기에서는 벡터곱 상태 $|\alpha>|\beta>$를 (반드시 1 입자의 상태는 아니더라도) 항상 다음과 같은 논리곱(AND)으로 해석한다.

---

21 수학적으로 두 입자의 상태 공간을 첫 번째 입자의 상태 공간과 두 번째 입자의 상태 공간의 텐서곱tensor product이라고 한다. 그리고 $|X>|\phi>$ 상태는 $|X>$와 $|\phi>$의 텐서곱이다.

"첫 시스템은 상태 $|\alpha>$를, 그리고(AND) 두 번째 시스템은 상태 $|\beta>$를 갖는다."

(비슷한 해석이 $|\alpha>|\beta>|\gamma>$ 등에도 적용된다.) 그러나 일반적인 2 입자 상태는 실제로는 이러한 '곱' 형식을 갖지 않는다. 예를 들면 $|\rho>$는 첫 시스템의 또 다른 가능 상태이고, $|\sigma>$는 두 번째 시스템의 또 다른 가능 상태인 경우,

$$|\alpha>|\beta>+|\rho>|\sigma>$$

와 같은 것도 있을 수 있다. 이러한 상태가 바로 선형 중첩이다. 즉 첫 번째 논리곱($|\alpha>$와 $|\beta>$)을 두 번째 논리곱($|\rho>$와 $|\sigma>$)에 더한 것으로서, 이것은 단순한 곱(즉 2 상태의 논리곱)으로 재표현될 수 없다. 또 다른 예로서, 상태 $|\alpha>|\beta>-i|\rho>|\sigma>$도 그러한 선형 중첩의 하나이다. 양자역학에서는 'AND'라는 단어와 'PLUS'라는 단어의 의미에 명백한 구분이 있다는 것을 기억하기 바란다. 현대 어법에서는(특히 보험 팸플릿 등에서 볼 수 있지만) 'AND'라는 의미로 'PLUS'를 잘못 사용하는 매우 바람직하지 못한 경향이 있다. 이에 대하여 우리는 더욱 주의를 기울여야 한다!

3개의 입자를 가진 경우도 아주 비슷하다. 일반적인 3 입자 상태의 경우, 앞서와 같이 10개의 위치만 가능하다고 하면 1,000개의 복소수가 필요하다!

3 입자 상태에 대한 완전한 기저 벡터는 다음과 같다.

$$|0>|0>|0>,\ |0>|0>|1>,\ |0>|0>|2>,\ \cdots,\ |9>|9>|9>$$

특정한 3 입자 상태는 다음과 같은 형태이다.

$$|\alpha>|\beta>|\gamma>$$

(여기에서 $|\alpha>|\beta>|\gamma>$가 꼭 위치 상태일 필요는 없다.) 그러나 일반적인 3 입자 상태에 대해서는 이러한 단순 '곱' 형태의 많은 상태를 중첩해야만 한다. 4개 이상의 입장에 대한 형태는 명백할 것이다.

지금까지의 논의는 구분 가능한 입자의 경우에 한한 것으로서, '첫 번째 입자', '두 번째 입자', '세 번째 입자' 등이 모두 다른 형태의 입자들이라고 가정했다. 그러나 양자역학의 놀라운 특징 중 하나는 동일한 입자에 대해서는 적용 규칙이 달라진다는 것이다. 사실 그 규칙들은, 명백한 의미에서, 특정한 형태의 입자가 단순히 거의 동일한 것에 가깝다는 정도가 아니라 정확히 동일해야만 적용될 수 있다. 이러한 성질은 모든 전자, 그리고 모든 광자에 대하여 적용된다. 그러나 밝혀진 바에 따르면 모든 전자는 모든 광자가 동일하다는 것과는 다른 방식으로 서로 동일하다! 그 차이점은, 전자는 페르미온인 반면 광자는 보존이라는 점에 기인한다. 이 두 가지 일반적인 종류의 입자는 서로 다르게 취급되어야 한다.

이와 같이 부적절한 언어의 선택으로 독자를 완전히 혼동시키기 전에 보존입자와 페르미온입자의 특징을 설명하고자 한다. 그 규칙은 다음과 같다. 만약 특정한 형태의 페르미온 몇 개가 포함된 상태를 $|\psi>$라 하면 이들 페르미온 중 특정한 2개가 서로 바뀔 경우 $|\psi>$는 다음과 같은 변환을 수행한다.

$$|\psi> \rightarrow -|\psi>$$

만약 $|\psi>$가 특정 형태의 보존입자를 여러 개 포함하고 있고, 이들 보존입자 중 특정한 2개가 서로 바뀌게 된다면 $|\psi>$는 다음과 같은 변환을 거친다.

$$|\psi> \rightarrow |\psi>$$

이것이 함축하는 의미 중 하나는 어떠한 2개의 페르미온도 같은 상태일 수는 없다는 것이다. 그 이유는, 만약 그들이 똑같은 상태라면 그들

을 교환한다 하더라도 전체 상태에 전혀 영향을 미치지 않기 때문에, 결국 $-|\psi>=|\psi>$, 즉 $|\psi>=0$이어야 하는데, 이것은 양자 상태에서는 허용되지 않기 때문이다. 이러한 성질은 볼프강 파울리Wolfgang Pauli의 배타 원리exclusion principle[22]라고 부르는데, 물질 구조에 대하여 이것이 내포하는 의미는 매우 근본적이다. 즉 물질을 구성하는 주요 구성 요소들인 전자, 양성자, 중성자 등은 실제 모두 페르미온이라는 것이다. 따라서 만약 배타 원리가 없었다면 물질들은 그 자신 속으로 붕괴되어버렸을 것이다.

앞의 10개 위치를 다시 한 번 살펴보자. 그리고 이번에는 2개의 동일한 페르미온으로 구성된 특정한 상태가 있다고 가정해보자. 파울리의 원리에 의해 상태 $|0>|0>$는 제외된다(첫 번째와 두 번째 요소를 교환하면 음수로 바뀌지 않고 자기 자신으로 그냥 남기 때문이다). 뿐만 아니라 $|0>|1>$도 그 자체로는 부적합하다. 교환했을 때 음수가 되지 않기 때문이다. 그러나 이를 다음과 같이 교체함으로써 쉽게 해결할 수 있다.

$$|0>|1>-|1>|0>$$

(원한다면 정규화를 위하여 전체적으로 $\frac{1}{\sqrt{2}}$을 곱할 수 있다.) 이 상태는 첫 번째 입자와 두 번째 입자를 교환하면 올바르게 부호를 바꿀 것이다. 그러나 이제는 $|0>|1>$과 $|1>|0>$을 독립적인 상태로서 가질 수 없게 된다. 그 두 가지 상태 대신에 한 가지 상태만이 허용되는 것이다! 결국,

$$\frac{1}{2}(10\times 9)=45$$

---

22 오스트리아의 뛰어난 물리학자이자 양자역학의 발전에 두드러진 공을 세운 인물인 파울리는 1925년 그의 배타 원리를 하나의 가설로서 발표했다. 우리가 지금 '페르미온'이라 부르는 것에 대한 전반적인 양자역학적 연구는 매우 영향력 있고 독창적인 이탈리아(계 미국인) 물리학자 페르미와 앞서 몇 차례 언급한 위대한 물리학자 디랙에 의하여 1926년에 개발되었다. 페르미온의 통계학적인 움직임은 '페르미-디랙 통계학'을 따르는데, 이것은 '볼츠만 통계학'(구분 가능한 입자들의 고전 통계학)과 구별된다. 보존에 대한 '보즈-아인슈타인 통계학'은 광자 연구 분야의 위대한 인도 물리학자 사티엔드라 보즈Satyendra N. Bose와 아인슈타인에 의하여 1924년에 개발되었다.

즉 45개의 상태를 갖게 되는데, 이는 $|0>$, $|1>$, $\cdots$, $|9>$로 이루어진 모든 가능한 비순서 쌍unordered pair에 해당한다. 그러므로 현재의 시스템에서 2 페르미온입자 상태를 명시하기 위해서는 45개의 복소수가 필요하다. 3개의 페르미온의 경우, 3개의 독립적인 위치가 필요하고 기저 상태는 다음과 같은 모양이 될 수 있다.

$$|0>|1>|2>+|1>|2>|0>+|2>|0>|1>-|0>|2>|1>-|2>|1>|0>-|1>|0>|2>$$

이러한 상태는 모두 해서 $\frac{(10\times9\times8)}{6}=120$개 있다. 그러므로 3 페르미온입자 상태를 명시하기 위해서는 120개의 복소수가 필요하다. 더 많은 페르미온의 경우에도 상황은 비슷하다.

한 쌍의 보존입자의 경우 독립적인 기저 상태는 다음과 같이 두 가지 종류가 있다. 즉

$$|0>|1>+|1>|0>$$

형태와, (이제는 허용되는)

$$|0>|0>$$

형태이다. 결국 전체 개수는 $\frac{(10\times11)}{2}=55$개이다. 그러므로 2 보존 상태를 위해서는 이와 같이 55개의 복소수가 필요하다. 3 보존입자에 대해서는 세 종류의 기저 상태가 있고, $\frac{(10\times11\times12)}{6}=220$개의 복소수가 필요하다. 이와 같이 계속된다.

물론 여기에서는 주요 아이디어만을 전달하기 위하여 단순화된 상황을 들었다. 더 현실적인 기술을 위해서는 위치 상태들의 전체적인 연속체continum가 필요하겠지만 근본 아이디어는 똑같다. 여기에 스핀의 존재가 추가되면 복잡성은 약간 더 높아진다. $\frac{1}{2}$스핀입자(반드시 페르미온인)의 경우 각 위치마다 두 가지 가능한 상태가 있다. 이들을 '↑'(스핀 업)과

'↓'(스핀 다운)으로 표시하기로 하자. 그렇다면 하나의 입자는 앞의 단순화된 상황에서 10개가 아니라 20개의 기저 상태를 갖게 된다.

$$|0\uparrow>, |0\downarrow>, |1\uparrow>, |1\downarrow>, |2\uparrow>, |2\downarrow>, \cdots, |9\uparrow>, |9\downarrow>$$

그러나 그 외에는 앞에서와 똑같은 논의가 진행될 수 있다. (즉 2개의 페르미온의 경우 $\frac{(20\times19)}{2}=190$개의 복소수, 3개의 페르미온의 경우 $\frac{(20\times19\times18)}{6}=1140$개의 복소수 등.)

제1장에서 나는 (현대 이론에 의하면) 사람 신체의 입자 하나를 그의 집 벽돌 속에 있는 비슷한 입자와 교환한다 하더라도 결국 아무 일도 일어나지 않을 것이라고 언급했다. 만약 그 입자가 보존이라면, 앞에서 본 것처럼 상태 $|\psi>$는 전혀 영향을 받지 않을 것이다. 또 만약 그 입자가 페르미온이라면 상태 $|\psi>$는 $-|\psi>$로 대체되겠지만, 이는 $|\psi>$와 물리적으로 동일하다. (만약 필요하다면 교환이 발생할 때 두 입자 중 하나를 완전히 360° 회전시키는 예방책을 미리 사용함으로써 부호가 바뀌는 문제를 고칠 수 있다. 그렇게 회전할 때 보존입자 상태는 영향을 받지 않지만 페르미온의 경우 부호가 바뀌는 것을 기억하기 바란다!) 현대 이론은 (1926년을 즈음하여) 물리적 물질의 조각들 개개의 동일성을 묻는 질문에 대해 심오한 그 무엇을 말하고 있다. 엄격히 말하면, 정확히 '이 특정한 전자' 혹은 '저 광자 하나' 등을 지칭할 수는 없다. '처음 전자는 여기에, 두 번째 것은 저기에'라고 말하는 것은 그 상태가 $|0>|1>$ 형태를 갖는다는 것인데, 이는 앞에서 살펴본 것처럼 페르미온 상태에서는 허용되지 않는다! 다만 모든 전자나 모든 양성자 또는 모든 광자의 결합체에 대하여 말하는 것은 무방하다(비록 이것조차도 다른 종류의 입자들 간 상호작용은 무시하지만). 개개의 전자는, 개개의 양성자나 개개의 광자도 마찬가지지만, 이러한 전체 그림에 대한 근삿값만을 제공한다. 대부분의 목적을 위해서는 이러한 근삿값만으로도 충분하지만 그렇지 않은 경우도 많이 있는데, 즉 초전도성superconductivity, 초유동성superfluidity, 그리고 레이저의 동작 등의 경우이다.

양자역학이 가져다준 물리적 세계의 그림은 고전물리학에서 우리가 익숙해진 것과는 전혀 다르다. 그러나 아직 끝나지 않았다. 양자의 세계에는 이상한 것들이 더 많이 존재한다!

아인슈타인, 포돌스키, 그리고 로젠의 '패러독스'

이 장의 서두에서 언급한 바와 같이 아인슈타인의 몇 가지 아이디어는 양자론 개발에 있어 아주 근본적인 역할을 담당했다. 파동 입자의 이원성duality이라는 아이디어의 계기가 된 '광자'(전자기장의 양자)의 개념을 일찍이 1905년에 처음 도입한 사람이 바로 그였다는 사실을 기억하기 바란다. ('보존' 입자의 개념과 그 이론의 중심이 되는 그 밖의 많은 아이디어도 부분적으로 그의 것이다.) 그러나 아인슈타인은 이러한 아이디어로부터 나오게 되는 이론이 물리적 세계에 대한 잠정적인 설명일 뿐이라는 사실을 결코 받아들일 수 없었다. 그 이론의 확률적 측면에 대한 그의 혐오는 잘 알려진 사실로서 이는 그가 1926년 보른에게 쓴 편지에도 함축되어 있다(Pais, 1982, p. 443에서 인용).

> 양자역학은 매우 인상적입니다. 그러나 내 내면의 목소리는 이것이 아직 진짜가 아니라고 말하고 있어요. 이 이론은 많은 것을 설명해주지만 이 세상의 비밀을 밝혀주지는 않습니다. 여하튼 나는 신이 주사위를 던지지는 않을 것이라고 확신합니다.

그러나 이러한 물리적 비결정론보다도 가장 아인슈타인이 마음에 걸렸던 것은, 양자론을 설명할 때 필수적으로 초래되는 명백한 객관성의 결여인 것으로 보인다. 양자론을 설명하면서 나는 이 이론에 의해 묘사되는 세계가 비록 가끔은 아주 이상하거나 직관적이지 못한 경우가 있긴 하지만 실제로는 아주 객관적이라는 사실을 누누이 강조해왔다. 그러나 보어는 어떤 시스템의 (측정 간의) 양자 상태가 단지 그 시스템에 관한 '우리의 지식'을 종합한 것으로서 작용할 따름이지 물리적 실재성은 없는 것이라고 여겼던 것 같다. 그렇다고 하더라도 한 시스템에 대하여 관찰자마다 다른 지식을 가질 수 있다는 관점에서 보면 파동함수는 본질적으로 주관적이라고(또는 '물리학자의 마음에 달렸다'고) 볼 수 있지 않은가? 이 세상에 대하여 수 세기에 걸쳐 발달해온, 그 놀랍도록 정확한 물리적 그림이 완전히 물거품이 되게 할 수는 없었기 때문에 보어는 고전적 수준에서의 세계가 실제로 객관적 실재성을 갖는다고 여겨야 할 필요가 있었다. 그러나 그 모든 것의 기저에 있다고 간주된 양자 수준의 상태들은 '실재성'이 없다는 것이었다.

가장 미세한 수준의 양자 현상에까지 객관적인 물리적 세계가 존재해야 한다고 믿었던 아인슈타인에게 그러한 그림은 혐오스러운 것이었다. 보어와의 많은 논쟁에서 그는 (비록 실패했지만) 사물에 대한 양자역학적 그림은 자체적인 모순이 있으며, 양자론 아래에는 어쩌면 고전적 물리학이 제공하는 그림에 더 가까운 더욱 깊은 구조가 있어야 한다는 것을 보이고자 했다. 그는, 어쩌면 양자계의 확률적 양태의 기저에는 우리가 직접 알지 못하는 그 시스템의 작은 구성 요소나 '부분'의 통계적 작용이 있을 것이라고 생각했다. 아인슈타인의 추종자들, 특히 데이비드 봄 David Bohm 같은 이는 '은닉 변수hidden variable'에 대한 견해를 전개시켰는데, 그에 따르면 분명한 특정의 실체가 존재하고, 다만 그 시스템을 정확히 정의하는 파라미터에 대하여 직접적인 접근은 불가능하다. 그리고 양자의 확률성이 제기되는 것은 이러한 파라미터의 값들이 측정 이전에는 알려지지 않기 때문이다.

이러한 은닉 변수 이론이 과연 양자물리학의 모든 관찰적 사실과 일관성을 갖는가? 이에 대한 대답은 다음 조건을 만족하는 한도 내에서는 긍정적인 것처럼 보인다. 즉 숨겨진 파라미터들이 그 시스템의 부분들에 대하여 아무리 멀리 떨어져 있더라도 즉시 영향을 줄 수 있어야 한다는 점에서, 이 이론이 본질적으로 비국소적non-local인 경우에 한해서만 일관된다는 것이다! 이 이론도 특수상대성과 관련하여 야기되는 여러 가지 문제 때문에 아인슈타인을 그다지 만족시키지는 못했다. 이에 대해서는 뒤에서 다시 보기로 하겠다. 은닉 변수 이론 중 가장 성공적인 것은 드

브로이-봄de Broglie-Bohm 모델로 알려진 것이다(de Broglie, 1956; Bohm, 1952). 이 장의 목적은 표준 양자론을 개괄하는 것이지 여러 반대 이론을 소개하는 것이 아니기 때문에 여기에서 이 모델을 더 언급하지는 않겠다. 만약 물리적 객관성을 원하지만 결정론은 없어도 무방한 경우 표준 이론 자체만으로도 충분하다. 단순히 상태벡터가 '실재성'을 제공한다고 볼 수도 있는데, 여기에서 말하는 실체란 대개의 경우 유연하고 결정적인 프로세스 U를 따르지만, 결과가 고전적 수준으로 확대될 때마다 때때로 R에 의해 이상하게 '도약하는' 것을 의미한다. 그러나 비국소성의 문제와 상대성 이론의 명백한 문제점은 그대로 남아 있는데, 이에 대해 살펴보기로 하자.

2개의 부속 시스템 A와 B로 구성된 물리적 시스템이 있다고 가정해보자. A와 B는 2개의 서로 다른 입자이며, A의 상태에 대한 두 가지 (직교) 가능성이 $|\alpha>$와 $|\rho>$이고 B 상태에 대한 가능성은 $|\beta>$와 $|\sigma>$라고 가정해보자. 앞에서 본 바와 같이 일반적으로 두 가지 상태의 조합은 단순히 A 상태와 B 상태의 벡터곱('and')이 아니라 그러한 곱셈 결과들의 중첩('plus')이 된다. (이때 우리는 A와 B가 상관관계correlated에 있다고 말한다.) 그 시스템의 상태가 다음과 같다고 하자.

$$|\alpha>|\beta>+|\rho>|\sigma>$$

이제 A에 대하여 $|\alpha>$('예')와 $|\beta>$('아니요')를 구분하는 '예/아니요' 측정을 수행해보자. B에는 무슨 일이 일어날까? 만약 측정 결과가 '예'라면 그 결과 상태는

$$|\alpha>|\beta>$$

이어야 하고, 반면에 '아니요'라는 답을 냈다면 결과 상태는

$$|\rho>|\sigma>$$

일 것이다. 이와 같이 A의 측정으로 인하여 B의 상태가 도약하게 되는데, '예'의 경우에는 $|\beta>$로, '아니요'의 경우에는 $|\alpha>$로 도약한다! 이때 B 입자는 A 가까이에 국한될 필요도 없다. 이들은 수 광년 떨어져 있을 수 있는 것이다. 그런데도 B는 A의 측정과 동시에 도약한다!

그러나 잠깐, 독자들은 이렇게 반문할 것이다. 도대체 여기에서 말하는 '도약'이 무엇이냐고. 왜 그냥 단순히 다음과 같이 되지 않는 것이냐고 말이다. 예를 들어 어떤 상자 안에 흰 공 하나와 검은 공 하나가 들어 있다고 상상해보자. 그 공들을 꺼내어, 보지 않은 상태에서 이들을 방의 양쪽 구석으로 옮겨 놓았다고 생각해보자. 그렇다면 만약 공 하나를 조사하여 그것이 흰색이란 판명이 난다면(앞의 '$|\alpha>$'와 같이), 자, 빨리! 다른 하나는 검은색('$|\beta>$'와 같이)으로 밝혀질 것이다! 반면에 만약 처음 것이 검은색('$|\rho>$')으로 나타났다면 두 번째 공의 불확실한 상태는 '분명한 흰색'('$|\sigma>$')으로 도약할 것이다. 독자들은 이렇게 주장할 것이다. 즉 제정신인 사람이라면 어느 누구도 두 번째 공의 '불확실한' 상태가 '분명한 검은색' 혹은 '분명한 흰색'으로 갑작스레 변화한 것이, 공이 검사되는 순간 첫 공으로부터 즉시 전파되는 신비한 비국소적인 '영향' 탓이라고 말할 수는 없다고 말이다.

그러나 대자연의 섭리는 실제로 이보다 훨씬 더 오묘하다. 앞에서 그 시스템은 A의 측정이 이루어지기도 전에 이미 B의 상태가 $|\beta>$이고 A의 상태가 $|\sigma>$라는 것을(또는 B의 상태가 $|\sigma>$이고 A의 상태가 $|\rho>$라는 것을) '알고' 있었고, 다만 그 실험자만이 이를 모르고 있었다고 가정해보자. A가 $|\alpha>$ 상태라는 것을 알게 된 것에 근거하여 그는 B가 $|\beta>$ 상태라는 것을 간단히 추론해낼 수 있는 것이다. 그것은 '고전적' 관점이며(마치 국소적 은닉 변수 이론에서처럼) 여기에서 물리적 '도약'은 실제로 일어나지 않는다. (모든 것은 실험자의 마음속에서 벌어지는 것이다!) 그러한 관점에 따르면 시스템의 각 부분은 그 위에서 행해진 실험 결과들에 대하여 미리 '알고' 있다. 확률이 등장하는 것은 단순히 실험자의 지식이 부족하기 때문이라고 본다. 놀랍게도 이러한 관점은 양자역학에서 발생하는 모든 불가사의, 특히 분명히 비국소적인 확률에 대하여 전혀 설명할 수 없다

는 사실이 밝혀졌다!

이를 살펴보기 위하여 앞과 같은 상황을 다시 고려해보는데, 이번에는 시스템 A에 대한 측정의 선택이 A와 B가 충분히 격리될 때까지 결정되지 않는다고 가정한다. 이 경우 B의 양태는 이 선택에 의하여 즉각적으로 영향을 받는 것처럼 보인다! 이러한, 일견 역설적으로 보이는 'EPR' 타입의 '사고 실험thought experiment'은 아인슈타인, 포돌스키와 로젠(Einstein, Podolsky, & Rosen, 1935)이 제안한 것이다. 여기에서는 봄(1951)이 제안한 이것의 변형을 살펴보기로 하자. 국소적인 '실재론적'(예를 들면 은닉 변수나 '고전적 형태'의) 설명만으로는 올바른 양자 확률을 구할 수 없다는 사실이 존 벨John S. Bell의 놀라운 정리로부터 나온다(Bell, 1987; Rae, 1986; Squires, 1986).

2개의 $\frac{1}{2}$스핀입자(이들을 전자와 양전자positron, 즉 반전자anti-electron라 부르겠다)가 어떤 중심점에서 한 개의 0스핀입자의 붕괴로 생성되어 서로 반대 방향으로 바깥쪽을 향하여 움직인다고 가정해보자(<그림 6-30> 참조). 각운동량 보존의 법칙에 따라 전자와 양전자의 스핀의 합은 0이 되어야 한다. 그것이 초기 중심 입자의 각운동량이었기 때문이다. 이는 우리가 특정 방향으로의 전자 스핀을 측정하게 된다면, 그것이 어느 방향이건 간에, 양전자는 그 반대 방향으로 스핀한다는 것을 의미한다! 이들 두 입자는 몇 마일, 혹은 심지어 몇 광년만큼 떨어져 있을 수 있는데, 그럼에도 이들 중 하나의 측정에 대한 바로 그 선택이 동시에 다른 입자의 스핀 축을 고정시키는 것으로 보인다!

양자 형식 체계에 따라 어떻게 이러한 결론이 유도되는지 살펴보자.

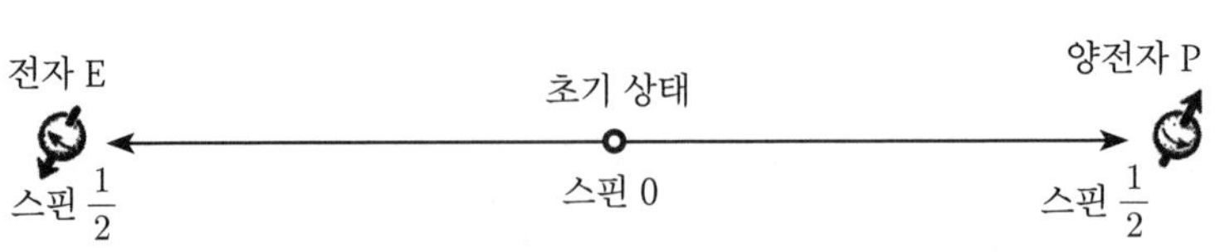

<그림 6-30> 하나의 0스핀입자가 붕괴되어 2개의 $\frac{1}{2}$스핀입자, 즉 전자 E와 양전자 P를 생성한다. 이들 $\frac{1}{2}$스핀입자 중 하나의 스핀을 측정하면 그 순간 다른 입자의 상태를 고정시키게 된다.

두 입자의 조합된 0 각운동량 상태를 상태벡터 $|Q>$로 나타내면 다음과 같은 관계식을 얻을 수 있다.

$$|Q> = |E\uparrow>|P\downarrow> - |E\downarrow>|P\uparrow>$$

여기에서 E는 전자를, P는 양전자를 뜻한다. 앞의 식에서는 사물을 스핀의 위/아래 방향이 포함된 형식으로 기술했다. 전체 상태가 스핀 업인 전자와 스핀 다운인 양전자의 결합, 그리고 스핀 다운인 전자와 스핀 업인 양전자의 결합이 선형 중첩되었다는 것을 알 수 있다. 그러므로 만약 전자의 스핀을 위/아래 방향에 대하여 측정하고, 그것이 실제로 위(업)라는 것을 안다면 $|E\uparrow>|P\downarrow>$ 상태로 도약해야만 하고, 양전자의 스핀 상태는 다운이 되어야 한다. 그러나 반대로 전자의 스핀이 아래(다운)라면 그것은 $|E\downarrow>|P\uparrow>$ 상태로 도약해야 하고, 양전자의 스핀 상태는 업이 된다.

이제 그 외의 반대 방향 쌍(예를 들어 오른쪽과 왼쪽 같은)을 선택했다고 가정하면

$$|E\rightarrow> = |E\uparrow> + |E\downarrow>, \quad |P\rightarrow> = |P\uparrow> + |P\downarrow>$$

이고,

$$|E\leftarrow> = |E\uparrow> - |E\downarrow>, \quad |P\leftarrow> = |P\uparrow> - |P\downarrow>$$

일 것이다. 그렇다면 다음과 같은 식을 얻을 수 있는데, (별로 중요치 않은 -2라는 요소를 제외하면) 이는 처음의 상태와 동일하다. (계산을 확인해보기 바란다!)

$$|E\rightarrow>|P\leftarrow>-|E\leftarrow>|P\rightarrow>$$
$$=(|E\uparrow>+|E\downarrow>)(|P\uparrow>-|P\downarrow>)-(|E\uparrow>-|E\downarrow>)(|P\uparrow>+|P\downarrow>)$$
$$=|E\uparrow>|P\uparrow>+|E\downarrow>|P\uparrow>-|E\uparrow>|P\downarrow>-|E\downarrow>|P\downarrow>)$$
$$-|E\uparrow>|P\uparrow+|E\downarrow>|P\uparrow>-|E\uparrow>|P\downarrow>+|E\downarrow>|P\downarrow>)$$
$$=-2(E\uparrow>|P\downarrow>-|E\downarrow>|P\uparrow>)$$
$$=-2|Q>$$

이와 같이 원래의 상태는 스핀 라이트인 전자와 스핀 레프트인 양전자의 결합, 그리고 스핀 레프트인 전자와 스핀 라이트인 양전자의 결합에 대한 선형 중첩으로 보일 수도 있다! 이 식은 상하 방향 대신 좌우 방향에서 전자의 스핀을 측정하는 경우에도 유용할 것이다. 만약 그 전자가 실제로 오른쪽으로 스핀한다는 것을 알게 되면 상태는 $|E\rightarrow>|P\leftarrow>$로 도약하고 양전자는 왼쪽으로 스핀할 것이다. 만약 반대로 전자가 왼쪽으로 스핀하는 것을 알게 되면 상태는 $|E\leftarrow>|P\rightarrow>$로 도약하고 양전자는 오른쪽으로 스핀할 것이다. 또, 만약 전자의 스핀을 다른 방향에서 측정하더라도 이야기는 똑같았을 것이다. 즉 양전자의 스핀 상태는 전자에 대한 측정 결과에 따라서 즉시 그 방향이나 그 반대 방향으로 도약한다.

전자와 양전자의 스핀은 왜 앞에서 본, 상자에서 검은 공과 흰 공을 꺼내는 예와 비슷한 방식으로 모형화시키지 못하는가? 이를 완전히 일반화시켜보자. 검은 공과 흰 공 대신, 처음에는 합쳐져 있다가 서로 반대 방향으로 움직여가는 두 기계 E와 P가 있다고 보는 것이다. E와 P는 각각 어떤 방향에서건 스핀 측정에 대하여 '예'나 '아니요'의 반응을 할 수 있다고 가정한다. 이 응답은 각 방향의 선택에 대하여 그 기계가 완전히 결정할 수도 있다. 아니면, 그 기계는 자체적으로 결정한 확률에 따라 단순히 확률적인 반응만 보일 수도 있다. 그러나 여기에서 한 가지 전제하는 것은, 그들이 분리된 후 E와 P 각각은 서로에 대하여 완전히 독립된 행동을 한다는 것이다.

각각의 방면에는 스핀의 측정자가 있어서 한 명은 E의 스핀을, 다른 이는 P의 스핀을 측정한다고 가정한다. 각 측정자는 세 가지 스핀 방향에 대한 장치를 지닌다고 가정하자. 즉 E 측정자에 대하여 A, B, C가 있고 P 측정자에 대하여 A', B', C'이 있다고 가정한다. 방향 A', B', C'은 A, B, C에 대해 각각 평행이고, A, B, C는 모두 한 평면상에 있으며 서로에 대해 똑같은 각, 즉 120°를 유지한다(<그림 6-31> 참조). 이제 양쪽의 이러한 세팅에 대하여 여러 다양한 데이터를 가지고 수차례 실험이 반복되었다고 해보자. E 측정자는 때로는 YES라고 기록할 것이고(즉 스핀이 측정된 방향 A, B, C와 동일한 경우), 어떤 때는 NO라고 기록할 것이다(반대 방향의 스핀인 경우). 마찬가지로 P 측정자도 때로는 YES로, 때로는 NO로 기록할 것이다. 실제로 양자 확률이 가져야 할 두 가지 특성을 살펴보자.

(1) 양쪽의 세팅 형태가 같다면(즉 A와 A' 등) 양 측정자로부터 나오는 결과는 항상 다르다(즉 P 측정자가 NO라고 하면 E 측정자는 YES를, 그리고 P 측정자가 YES라고 하면 E 측정자는 NO를 기록한다).

(2) 만약 세팅을 하기 위해 회전판을 돌려서, 서로가 완전히 독립적이면서도 무작위로 놓이도록 한다면 두 측정자는 똑같은 확률로 서로 같거나 다르다.

특성 (1), (2)는 앞에서 주어진 양자 확률 법칙에서 직접 유도된다는 것을 쉽게 알 수 있을 것이다. E 측정자가 먼저 행동한다고 가정해보자. 그러면 P 측정자는 스핀 상태가 E 측정자에게서 측정된 것과 반대되는 입자를 찾을 수 있기 때문에 특성 (1)은 바로 나올 수 있다. 특성 (2)

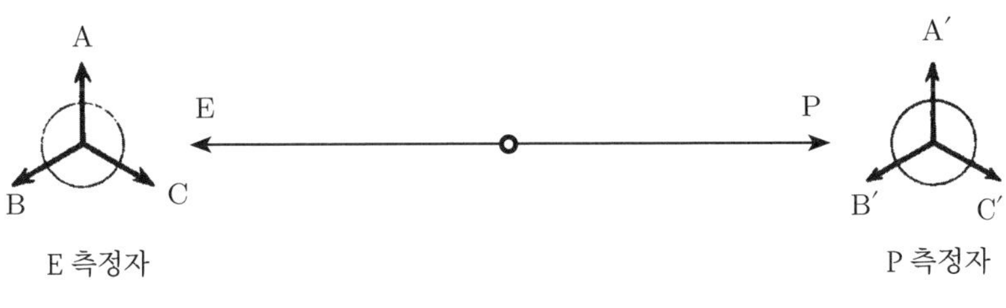

<그림 6-31> 데이비드 머민David Mermin에 의해 제시된 단순한 형태의 EPR 패러독스와 벨의 정리에 대한 그림으로서 자연에 대한 국소적으로 실재적인 관점과 양자역학의 결과 사이에 모순이 있음을 보이고 있다. E 측정자와 P 측정자는 각각 독립적으로 그들 입자의 스핀을 측정하기 위하여 세 가지 방향의 세팅을 갖는다.

를 얻기 위해서는 다음 사항을 주의한다. 즉 서로 120° 벌어진 측정 방향에 대하여 만일 E 측정자가 YES를 기록한다면 P 방향은 그것이 작용한 스핀 상태에 대하여 60°가 되고, 만약 E 측정자가 NO라면 P 방향은 그 스핀 상태에 대하여 120°가 된다. 그러므로 측정이 일치할 확률은 $\frac{3}{4}=\frac{1}{2}(1+\cos 60°)$이고, 다를 확률은 $\frac{1}{4}=\frac{1}{2}(1+\cos 120°)$이다. 따라서 E가 YES라고 했을 때 3개의 P 세팅에 대한 평균 확률은, P가 YES일 확률 $\frac{1}{3}(0+\frac{3}{4}+\frac{3}{4})=\frac{1}{2}$과 P가 NO일 확률 $\frac{1}{3}(1+\frac{1}{4}+\frac{1}{4})=\frac{1}{2}$이다. 즉 그들 결과가 일치하거나 일치하지 않을 확률이 똑같은 것이다. 그리고 E가 NO인 경우도 마찬가지이다. 이것이 바로 특성 (2)인 것이다(p. 400 참조).

놀라운 사실은 (1)과 (2)가 그 어떠한 국소적으로 실재적인 모델(즉 상상할 수 있는 모든 종류의 기계)과도 부합하지 않는다는 것이다! 그러한 모델이 있다고 가정해보자. E 기계는 각각의 측정 A, B, C에 대하여 준비가 되어 있을 것이다. 만약 그것이 단지 확률적인 답만을 하도록 준비되어 있다면, P 기계는 A, B, C 각각에 대하여 (1)에 명시된 대로 항상 틀린 답을 주는 것이 불가능하다. 실제로 두 기계는 모두 세 가지 측정에 대하여 미리 명백한 답을 준비하고 있다. 예를 들어 A, B, C에 대한 답이 각각 YES, YES, YES라면 오른쪽 입자는 그에 대응하는 오른쪽의 세 가지 세팅에 대하여 NO, NO, NO로 답할 준비가 되어 있어야 한다. 또 만일 왼쪽의 준비된 답이 YES, YES, NO인 경우 오른쪽의 대답은 NO, NO, YES가 되어야 한다. 그 외의 다른 모든 경우도 이와 본질적으로 비슷하다. 이제 이것이 (2)와도 부합되는지 살펴보기로 하자. YES, YES, YES/NO, NO, NO의 경우는 가망성이 별로 없다. 왜냐하면 이 경우 모든 가능한 조합 A/A', A/B', A/C', B/A', … 등에 대하여 일치하지 않는 것이 9개이고 일치하는 것은 하나도 없기 때문이다. YES, YES, NO/NO, NO, YES 등의 경우는 어떠한가? 이것은 5개가 일치하지 않는 경우이고 4개는 일치한다. (확인하기 위하여 한번 세어보기 바란다. Y/N, Y/N, Y/Y, Y/N, Y/N, Y/Y, N/N, N/N, N/Y 이들 중 5개는 서로 갈고 4개는 다르다.) 이것은 (2)의 조건에 상당히 근접하고는 있지만 일치와 불일치가 똑같아야 한다는 조건을 완전히 만족하지는 않는다! (1)에 부합하는 모든 다른 쌍은 역시 5:4의 비율을 갖는다(9:0의 비율을 갖는 NO, NO, NO/YES, YES, YES의 경우는 제외하고). 미리 준비된 답의 집합 중에는 양자역학적 확률을 도출할 수 있는 답이 없는 것이며, 따라서 국소적인 실제 모델은 불가능한 것이다![23]

광자 실험: 상대성의 문제점?

과연 이러한 놀라운 양자역학적 기대가 실제 실험으로 입증되었는지 살펴볼 필요가 있다. 방금 살펴본 실험은 가상의 것으로서 실제로 행해진 것은 아니지만, 비슷한 실험이 $\frac{1}{2}$스핀 입자들의 스핀 대신 한 쌍의 광자들에 대한 편광polarization을 이용하여 수행된 적이 있다. 언급된 차이

23 이것은 워낙 놀랍고 중요한 결과이기 때문에 이에 대한 다른 버전도 소개할 가치가 있다. E 측정자에는 위[↑]와 오른쪽[→], 그리고 P 측정자에는 45° 오른쪽 위[↗]와 45° 오른쪽 아래[↘]의 각 두 가지 세팅만이 있다고 가정하자. 실제 세팅은 E와 P 측정자 각각에 대하여 [→]와 [↗]라고 본다면 E와 P 측정자가 일치할 확률은 $\frac{1}{2}(1+\cos 135^{\circ})=0.146\cdots$이고, 이는 15%를 조금 밑돈다. 이러한 세팅으로 오랜 실험을 해보면, 가령

E : YNNYNYYYNYYNNYNNNNYYN ⋯
P : NYYNNNYNYNNYYNYYNYNNY ⋯
↑ ↑ ↑

은 15%보다 조금 적은 값으로 일치한다. 이제 P 측정자들이 E 세팅의 영향을 받지 않는다고 가정해보자(그러므로 만일 E 세팅이 [→]이 아니라 [↑]이었다 하더라도 P 결과의 진행은 똑같을 것이다). 그리고 [↑]와 [↗] 사이의 각이나, [→]와 [↗] 사이의 각이 똑같기 때문에 P 측정과 새로운 E 측정(E'라고 부르자) 사이에는 역시 15%를 약간 밑도는 동일한 결과가 있을 것이다. 다른 한편, E 세팅은 전과 같이 [→]이지만 P 세팅이 [↗] 대신 [↘]이라면 E 결과의 진행은 전과 같은 반면에 새로운 P 결과들, 즉 P'은 원래의 E 결과들과는 15%보다 좀 더 적은 일치를 보일 것이다. 결과적으로 P' 측정[↘]과 E' 측정 [↑] 사이에는 이들이 실제의 세팅이었다 하더라도 단지 45%(15%+15%+15%)의 일치만을 보이게 된다. 그러나 [↘]와 [↑] 사이의 각은 45°가 아니라 135°이기 때문에 일치할 확률은 45%가 아니라 85% 이상이 되어야 한다. 이것은 E 측정의 선택이 P 결과에 영향을 미칠 수 없다(그리고 그 역도 마찬가지)는 가정이 틀렸음을 보여주는 반증이다! 이 예는 머민이 제안한 것으로, 본문에 있는 설명은 그의 연구(Mermin, 1985)에서 따온 것이다.

를 제외하면 이 실험은 본질적으로 앞에서 설명한 실험과 같다고 볼 수 있는데, 다만 고려 대상의 각도가 (광자의 경우 $\frac{1}{2}$스핀 대신 1스핀을 갖기 때문에) $\frac{1}{2}$스핀 입자 각도의 절반이란 점이 다르다. 광자 쌍들에 대한 편광은 다양한 방향의 조합들에 대하여 측정되었는데, 그 결과는 양자론에서 예견된 것과 충분히 일치했고 그 어떤 국소적으로 실재적인 모델과도 부합하지 않았다!

지금까지 알려진 가장 정확하고 설득력 있는 실험 결과는 파리의 알랭 아스펙트Alain Aspect(1986)와 그의 동료들에 의한 것이다.[24] 아스펙트의 실험은 또 한 가지 흥미로운 특성을 지니고 있는데, 바로 광자의 '편광'에 대하여 어떤 방향으로 측정할 것인지를 광자들이 최대 속도에 달했을 때에야 비로소 '결정'한다는 것이다. 그러므로 만약 몇몇 비국소적인 '영향력'이 한쪽 광자 탐지기로부터 반대쪽의 광자로 전달된다고 보고, 이를 통해서, 접근 중인 광자의 편광 측정 방향을 신호로 전달하려 한다면 이 '영향력'은 빛보다 더 빨리 이동해야만 한다는 것을 알 수 있다! 양자 세계에 대한 어떠한 종류의 실재론적 묘사이건 간에 그것이 사실에 부합하기 위해서는 그 효과가 빛보다 더 빨리 이동해야 한다는 관점에서 그것은 분명히 비인과적이어야 한다!

그러나 우리는 앞 장에서, 상대성 이론이 성립하는 한 빛보다 빠른 신호를 보낸다는 것은 모순 봉착으로 이어진다는 것을 보았다(그리고 우리의 '자유의지'에 대한 느낌과도 상충함을 보았다. p. 326). 이것은 분명 사실이지만 EPR 형태의 실험에서 야기되는 비국소적인 '영향력'들이 메시지를 보내는 데 사용할 수 있는 것은 아니다. 만약 사용할 수 있다면 앞에

---

24 초기의 결과들은 클라우저, 호머, 시모니와 홀트(Clauser, Homer, Shimony, & Holt, 1969) 등이 제안한 아이디어를 기초로 프리드먼과 클라우저(Freedman & Clauser, 1972)가 만든 것이다. 여기에는 아직도 논란의 여지가 많은데, 이들 실험에서 사용된 광자 탐지기가 100% 효율에서 상당히 많이 떨어져 실제로는 방출된 광자들 중 비교적 적은 부분만이 검출되고 있다는 사실 때문이다. 그러나 이처럼 비교적 비효율적인 탐지기를 사용함에도 불구하고 그 결과가 양자론과 너무나 완벽하게 맞아떨어져서, 탐지기를 개선한다 하더라도 그로 인하여 갑자기 그 이론과 부합되지 않는 결과가 나오리라고는 보이지 않는다!

서 언급한 모순에 봉착하기 때문이다. (그러한 '영향력'이 메시지 신호를 보낼 수 없다는 것에 대한 자세한 증명은 Ghirardi, Rimini, & Weber, 1980 참조.) 광자가 단순히 '수직 또는 수평으로'(예를 들어 '60° 혹은 150°'가 아닌) 편광되었다는 것을 알게 되더라도 그 두 가지 가능성 중에서 실제로 어느 쪽인지를 알기 전에는 아무런 소용이 없다. 첫 번째 정보(즉 편광 방향의 가능성들)는 빛보다 빨리('순식간에') 도착하게 되고, 이들 두 방향 중 실제로 어느 쪽으로 편광이 일어나는지에 대한 정보는 첫 번째 편광의 측정 결과를 전달하는 보통 신호를 통하여 더 늦게 도착한다.

비록 EPR 형태의 실험이 메시지를 전달한다는 일반적인 의미에서는 상대성 이론의 인과성과 상충하지 않지만, 우리의 '물리적 실체'에 대한 묘사는 상대성 이론의 정신과 명백히 상충하는 점이 있다. 상태벡터의 사실적 관점이 앞의 EPR 형태 실험(광자에 관한)에 어떻게 적용될 수 있는지 살펴보자. 2개의 광자가 바깥쪽으로 움직일 때, 상태벡터는 그 상황을 이들 한 쌍의 광자가 단일체로서 행동하는 것처럼 묘사한다. 광자 각각은 개별적으로는 객관적인 상태를 갖지 못한다. 양자 상태는 이들 모두에게 한꺼번에만 적용되는 것이다. 광자 각각은 개별적으로는 편광 방향도 갖지 못하며, 편광이란 두 광자 공동에 대한 종합적 특성이다. 만약 이들 중 하나에 대한 편광이 측정된다면 아직 측정되지 않은 광자도 이제는 명확한 편광을 가질 수 있도록 상태벡터가 도약하게 된다. 그리고 그 광자의 편광마저 결국 측정되면 보통의 양자 법칙을 이 편광 상태에 적용함으로써 확률값을 정확하게 구할 수 있다. 이러한 방법으로 그 상황을 보면 올바른 해답을 구할 수 있다. 이것이야말로 양자역학을 올바로 적용하는 방식이다. 그러나 이것은 본질적으로 비상대론적인 관점이다. 편광에 대한 두 측정은 바로 유사 공간 분리spacelike-separate라 하여 <그림 5-21>의 점 P, Q와 같이 각각이 상대방의 광원추 외부에 놓여 있음을 의미한다. 이 측정들 중 어느 것이 실제로 먼저 일어나는가에 대한 질문은 물리적으로 무의미한 것으로서, '관찰자'의 움직임 상태에 따라 답은 달라진다(<그림 6-32> 참조). '관찰자'가 만약 오른쪽으로 충분히 빠르게 움직이고 있다면 그는 오른쪽의 측정이 먼저 일어났을 것으로 여

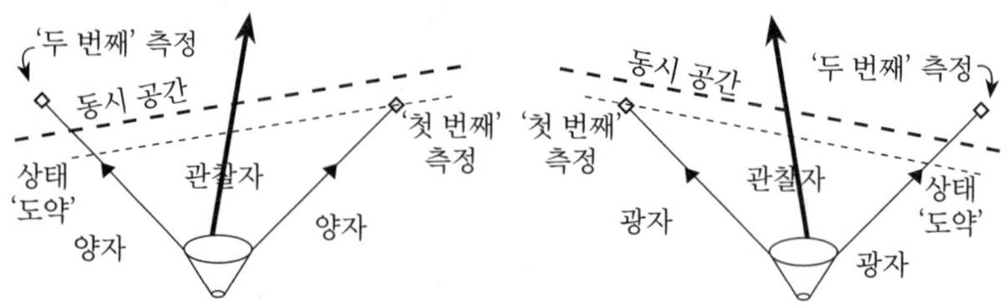

<그림 6-32> 2개의 광자가 0스핀 상태에서 서로 반대 방향으로 방출되는 EPR 실험에서는 '현실'에 대하여 두 명의 관찰자가 서로 상충하는 그림을 형성하게 된다. 오른쪽으로 움직이는 관찰자는 왼쪽 부분이 측정에 앞서 먼저 도약하고, 그 도약은 바로 오른쪽의 측정 결과로 발생하는 것이라고 판정할 것이다. 또, 왼쪽으로 움직이는 관찰자는 반대의 의견을 갖는다!

길 것이다! 그리고 만약 왼쪽으로 움직인다면 왼쪽 측정이 먼저라고 여길 것이다. 그러나 만약 오른쪽 광자가 처음으로 측정되었다고 여기는 경우, 왼쪽 광자가 먼저 측정되었다고 여김으로써 얻게 되는 그림과는 완전히 다른 '물리적 실체'의 그림을 얻게 된다! (서로 다른 측정으로 인하여 비국소적 '도약'이 발생한다.) 물리적 실체에 대한 우리의 시공간적 그림(올바른 비국소적 양자역학적 그림조차도)과 특수상대성 사이에는 본질적으로 상충하는 점이 있다! 이것은 매우 난해한 수수께끼로서 '양자 실존론자quantum realist'들이 아직 적절히 풀지 못하고 있는 문제이다(비교: Aharonov & Albert, 1981). 뒤에서 이 문제로 다시 돌아올 필요가 있을 것이다.

슈뢰딩거 방정식과 디랙 방정식

이 장의 초반부에서 나는 슈뢰딩거 방정식을 언급한 바 있는데, 이것은 완전히 잘 정의된 결정적 방정식으로서 고전물리학의 공식들과 여러 면에서 유사하다. 그 규칙에 따르면 양자계에서 '측정'(혹은 '관찰')이 일어나지 않는 한 슈뢰딩거 방정식은 성립해야 한다. 다음에서 그 식의 실제 형태를 살펴보기 바란다.

$$i\hbar\frac{\partial}{\partial_t}|\psi>=H|\psi>$$

$\hbar$는 플랑크 상수($\frac{h}{2\pi}$)에 대한 디랙의 버전이며, (그리고 물론 $i=\sqrt{-1}$) $|\psi>$에 작용하는 연산자 $\frac{\partial}{\partial_t}$(시간에 대한 편미분)는 단순히 시간에 대한 $|\psi>$의 변화율을 의미한다고 보면 된다. 슈뢰딩거 방정식이 말하는 것은 $H|\psi>$가 $|\psi>$의 전개를 나타낸다는 것이다.

그렇다면 'H'는 무엇인가? 이것은 앞 장에서 살펴본 해밀턴 함수이긴 하나, 이와는 근본적인 차이점이 있다. 고전 해밀턴 함수는 그 시스템의 모든 물체에 대하여 각 위치 좌표 q_i와 운동량 좌표 p_i로 표시된 총에너지에 대한 방정식이었음을 기억하기 바란다. 양자 해밀턴 함수를 얻으려 할 때도 똑같은 수식을 사용하지만, 각각의 운동량 p_i 대신 미분 연산자 'q_i에 대한 편미분'의 배수를 대입한다. 정확히 말하면 p_i를 $-\frac{i\hbar\partial}{\partial q_i}$로 바꾸어주는 것이다. 그러므로 양자 해밀턴 함수 H는 단순한 숫자가 아니라 미분과 곱셈 등을 포함하는 (때때로 아주 복잡한) 수학적 연산 과정이 되는 것이다! 이것은 일견 눈속임처럼 보일지 모른다! 그렇다고 단순한 수학적 요술도 아니다. 이것은 진정한 의미의 마법인 것이다! (고전 해밀턴 함수로부터 양자 해밀턴 함수를 도출하는 과정에서 일종의 '기교art'가 도입되는 것은 사실이다. 그러나 그와 같이 기이한 특성을 고려한다면, 그 프로시저에 내재된 모호성이 거의 영향을 미치지 않는다는 사실은 실로 놀랍다고 할 수 있다.)

슈뢰딩거 방정식에서 주목해야 할 중요한 사실은 H가 무엇이건 간에 이것이 선형적linear이라는 것이다. 즉 $|\psi>$와 $|\phi>$ 모두가 이 방정식을 만족시킨다면 $|\psi>+|\phi>$ 역시 그러하고, 뿐만 아니라 w와 z가 고정된 복소수인 경우 이들의 특정 조합 $w|\psi>+z|\phi>$ 역시 그러하다. 그러므로 복소 선형 중첩은 슈뢰딩거 방정식에 의하여 무한정 유지된다. 두 가지 가능한 상태의 (복소) 선형 중첩은 U의 작용만으로는 '중첩 상태를 벗지' 못한다. 그러므로 하나의 상태만이 결국 남으려면 U와는 별도의 과정으로서 R의 작용이 필요한 것이다.

고전물리학에서 해밀턴 이론이 그러한 것처럼, 슈뢰딩거 방정식은 특정 방정식이 아니라 양자역학 방정식의 일반적인 하나의 틀이다. 일

단 적절한 양자 해밀턴 함수를 구한다면, 슈뢰딩거 방정식에 따른 상태의 시간 전개는 마치 $|\psi>$가 고전 장인 것처럼 진행되어 맥스웰 방정식과 같은 고전 장 방정식들의 영향을 받게 된다. 사실 $|\psi>$가 광자의 상태를 나타낼 경우 슈뢰딩거 방정식은 실제로 맥스웰 방정식이 된다는 것이 판명되었다! 단일 광자에 대한 방정식이 전체 전자기장에 대한 방정식과 정확히 같아지는 것이다.[25] 이러한 사실은 맥스웰 장의 파동과도 같은 성질, 그리고 앞에서 잠시 살펴본 단일 광자의 편광 현상에도 한몫을 한다. 또 하나의 예로서, $|\psi>$가 단일 전자의 상태를 나타낼 경우 슈뢰딩거 방정식은 디랙의 놀라운 전자에 대한 파동 방정식으로 변하는데, 이 방정식은 1928년 디랙이 독창성과 통찰력을 기울인 끝에 완성한 것이다.

실제로 디랙의 전자에 관한 방정식은 맥스웰 및 아인슈타인 방정식과 더불어 물리학의 가장 위대한 장 방정식 중 하나로 평가된다. 여기에서 이에 대한 적절한 그림을 완전하게 전달하기 위해서는 너무나 복잡한 수학적 개념을 도입해야만 한다. 그러므로 단순히 디랙 방정식에서는 $|\psi>$가 이상한 '페르미온적' 특성, 즉 앞에서 본 것처럼 360° 회전 시 $|\psi> \rightarrow -|\psi>$가 되는 특성을 가졌다고 말하는 수준에서 만족하기로 하겠다. 디랙 방정식은 맥스웰 방정식과 함께 양자장 이론 중 가장 성공적인 것이라 할 수 있는 양자 전기역학quantum electrodynamics의 기본 구성요소가 된다. 이에 대하여 잠시 살펴보자.

양자장 이론

'양자장 이론quantum field theory'이라는 분야는 특수상대성과 양자역학의 아이디어들이 합쳐서 나오게 되었다. 이것은 어떤 형태의 입자라 하더라도 그 수가 상수일 필요는 없다는 점에서 표준(즉 비상대성) 양자역학

---

25 그러나 그 방정식들의 해는 유형상 중요한 차이가 있다. 고전 맥스웰 장은 꼭 실수여야 하지만 광자의 상태는 복소수이다. 또 광자의 상태는 소위 '양의 주파수'라는 조건을 만족해야 한다.

과 다르다. 모든 종류의 입자는 그에 대한 반대 입자를 지닌다(때때로 이들은 광자에서처럼 원래의 입자와 같을 수 있다). 거대한 입자와 그것의 반대 입자는 서로 파괴하며 에너지를 형성할 수도 있고, 또 에너지로부터 그러한 쌍들이 생성될 수도 있다. 실제로 입자들의 수는 한정적일 필요조차 없다. 서로 다른 개수의 입자를 갖는 상태의 선형 중첩이 허용되기 때문이다. 최고의 양자장 이론은 '양자 전기역학'으로서, 이는 기본적으로 전자와 광자의 이론이다. 이 이론은 그 예측의 정확성 면에서 매우 놀랍다(예를 들면 앞 장 p. 247에서 언급된 전자에 대한 정확한 자기 모먼트 값). 그러나 이것은 다소 깔끔하지 못한(그리고 전혀 일관성 없는) 이론인데, 그 이유는 초기에 의미 없는 '무한 값을 갖는' 대답을 생성하기 때문이다. 이들은 '재정규화renormalization' 과정을 통하여 제거되어야 한다. 모든 양자장 이론을 재정규화할 수 있는 것도 아닐 뿐만 아니라 재정규화가 가능하다 하더라도 그 계산이 매우 어렵다.

양자장 이론에 대하여 가장 흔한 접근 방법은 '경로 적분path integral'을 이용하는 것인데, 이는 단순히 (일반 파동함수처럼) 서로 다른 입자 상태의 양자 선형 중첩을 생성하는 것이 아니라, 물리적 양태에 대한 전체 시공간 역사의 양자 선형 중첩을 형성하는 것이다(Feynman, 1985 참조). 그러나 이 방법은 그 자체가 또 무한대 값을 갖기 때문에 여러 가지 '수학적 트릭'을 도입해야만 이해할 수 있다. 양자장 이론(그 이론이 완전히 수행되는 극소수의 경우)의 의심할 나위 없는 위력과 놀라운 정확성에도 불구하고, 그 이론이 제시하는 '물리적 실체의 그림'에 대하여 확신을 얻을 수 있기까지는 그에 대한 좀 더 깊은 이해가 필요하다는 느낌을 갖게 된다.[26]

여기에서 분명히 하고자 하는 것은, 양자론과 양자장 이론에서 파생된 특수상대성 사이의 양립성은 오직 부분적이며(U에 대해서만 언급), 그 양립성은 수학적으로 매우 정형화된 특성을 지닌다는 것이다. EPR 형 실험에서 제기되는 문제로서, R과 함께 발생하는 '양자 도약'과 관련한 일관성 있는 상대론적 해석의 어려움에 대해서는 양자장 이론이 손도 대지

---

26 양자장 이론은 약간의 계산 불가능 영역을 가지고 있는 것으로 보인다(Komar, 1964).

못하고 있다. 또한 중력에 대해서는 일관성 있고 믿을 만한 양자론이 아직 없다. 제8장에서는 이러한 문제들이 전혀 무관치 않다는 것을 제시하려 한다.

슈뢰딩거의 고양이

이제 드디어 이 논의의 처음부터 우리를 따라다닌 이슈로 돌아가보자. 어째서 고전적 수준 크기의 물체에서는 두 장소에 동시에 야구공이 있는 것과 같은, 양자 선형 중첩 현상을 볼 수 없는가? 원자의 특정 배열이 '측정 장치'를 구성하여 R 프로시저가 결국 U를 떠맡게 되는 것처럼 보이는 원리는 도대체 무엇인가? 물론 측정 기구의 작은 부분들마저도 그 자체가 이 실세계의 일부로서, 이들은 바로 그 기구가 측정하려 하는 양자역학적 요소들로 이루어진 것이다. 왜 측정 기구를 측정 대상인 물리적 시스템과 함께 다루어 이들을 하나의 통합된 양자계로 다루지 못하는 것일까? 여기에서 미지의 '외부' 측정은 사용되지 않았다. 그 통합 시스템은 단지 U에 의해 전개되어야 한다. 그러나 정말 그러한가? 통합 시스템상의 U운동은 완전히 결정적인 것으로서, 그 시스템이 자기 자신에게 행하는 '측정'이나 '관찰' 등에는 R 타입의 확률적 불확정성이 개입될 여지가 전혀 없다! 여기에는 명백한 모순이 존재하는데, 그 모순은 특히 슈뢰딩거(1935)가 소개하여 슈뢰딩거의 고양이 패러독스라고 불리는 유명한 사고 실험을 통해 특히 생생하게 묘사된다.

한 밀봉된 컨테이너가 있는데, 너무나 완벽하게 지어져서 벽을 통하여 어떠한 물리적 영향도 그 안팎으로 나갈 수 없다고 가정해보자. 그 컨테이너 안에는 고양이 한 마리와 특정 양자 사건에 의하여 작동이 시작되는 장치가 있다. 만약 그 사건이 발생하면 이 장치는 청산염이 담긴 약병을 깨뜨려 고양이는 죽게 되지만 그 사건이 일어나지 않으면 고양이는 살아 있게 된다. 슈뢰딩거의 원래 버전에서는 양자 사건이 방사성 원자의 붕괴였으나, 여기에서는 이것을 약간 수정하여 광자에 의한 광전지

작동으로 하며, 이 광자는 미리 지정된 상태의 광원으로부터 배출되어 반도금된 거울에 반사된다고 한다(<그림 6-33> 참조). 거울에서 반사될 때 광자의 파동함수는 둘로 나뉘는데, 그중 하나는 반사되고 다른 것은 거울을 통과하게 된다. 이때 광자 파동함수 중 반사된 부분은 광전지에 초점을 맞춰 놓았기 때문에 만약 광자가 광전지에 입수되면 그것은 곧 반사된 것이다. 그 경우 청산가리가 방출되고 고양이는 죽는다. 만약 광전지에 아무런 반응도 없으면 광자는 반도금된 거울을 통과하여 뒤의 벽까지 전달되고 고양이는 살아 있게 된다.

컨테이너 내부의 (약간 위험한) 관찰자의 관점에서 보면, 이것이 바로 거기에서 벌어지는 상황에 대한 정확한 묘사일 것이다. (이 관찰자에게는 적당한 보호복을 착용하게 하는 것이 신상에 좋을 것이다!) 결과는 광전지의 반응이 '관찰'되고 고양이가 죽음으로써 광자가 반사된 것으로 간주하거나, 아니면 광전지의 반응이 없는 것으로 관찰되고 고양이가 살아 있어서 광자가 거울을 통과한 것으로 간주하거나 두 가지 중의 하나이다. 둘 중의 하나는 꼭 발생한다. R이 작용하게 되고 각 가능성의 확률은 50%이다(반도금된 거울이므로). 자, 이제 컨테이너 밖에 있는 물리학자의 관점에서 살펴보기로 하자. 컨테이너가 밀폐되기 전의 컨테이너 내부의 초기 상태벡터를 그가 알고 있다고 가정한다. (그것이 무엇인지 실제로 알 수 있다는 것이 아니라, 양자론적인 관점에서 원칙적으로 이 사실이 그에게 알려질 수 없

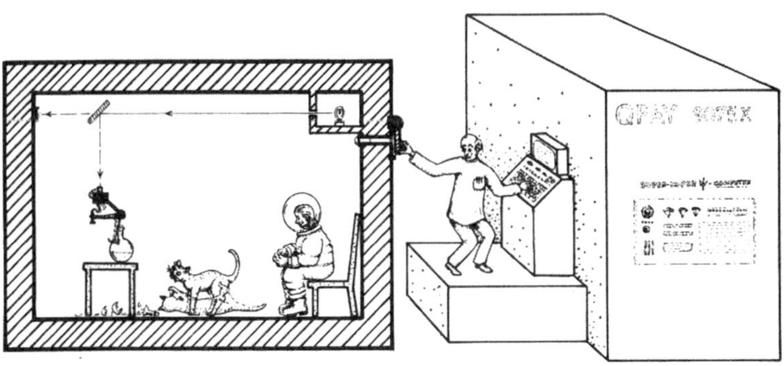

<그림 6-33> 슈뢰딩거의 고양이 실험 장치

어야 할 이유가 아무것도 없다는 것이다.) 외부의 관찰자에게는 아직 아무런 '측정'도 발생하지 않았기 때문에 전체 상태벡터의 전개는 U에 따라 진행되어야 한다. 광자는 미리 정해진 상태에서 광원으로부터 나오고 (양쪽 관찰자 모두 그것에 동의한다.) 그 파동함수는 각각의 광자가 $\frac{1}{\sqrt{2}}$의 진폭을 갖게끔(그래서 제곱 계수가 실제로 $\frac{1}{2}$의 확률이 되게끔) 2개의 광선으로 분리된다. 외부 관찰자에게는 전체 내용이 하나의 단일 양자계로 간주되고 있기 때문에 두 상태 사이의 선형 중첩은 고양이의 크기 규모까지 그대로 유지되어야 한다. 이때 광전지가 반응할 진폭은 $\frac{1}{\sqrt{2}}$이고 반응하지 않을 진폭도 $\frac{1}{\sqrt{2}}$이다. 양쪽 가능성 모두 그 상태에 존재해야 하고 동등한 가중치로서 양자 선형 중첩의 일부가 된다. 외부의 관찰자에게는 그 고양이가 죽은 상태와 산 상태의 선형 중첩으로 있는 것이다!

우리는 실제로 그것을 믿는가? 슈뢰딩거 자신은 그렇지 않다고 분명히 밝혔다. 그는 결과론적으로, 양자역학의 U 법칙이 고양이 수준으로 크거나 복잡한 것에는 적용되지 않는다고 주장했다. 슈뢰딩거 방정식은 중간 어디에선가부터 잘못된 것이다. 물론 슈뢰딩거는 자신의 방정식에 대하여 이런 식으로 이야기할 권리가 있겠으나 우리 나머지 사람들에게까지 그러한 특권이 주어진 것은 아니다! 아주 많은(어쩌면 거의 대부분의) 물리학자는 반대로, U임을 지지하는 너무나 많은 실험적 증거가 나와 있기 때문에 (그리고 반증하는 증거는 하나도 없으므로) 고양이 정도의 규모에까지도 그러한 형태의 전개를 포기할 권리는 없다고 주장한다. 만약 이것을 받아들인다면 우리는 물리적 실체에 대한 매우 주관적인 관점에 봉착하게 된다. 외부의 관찰자에게 고양이는 실제로 산 것과 죽은 것의 선형 중첩으로 있게 되고, 그 컨테이너가 결국 열릴 때라야 비로소 고양이의 상태벡터가 어느 한쪽으로 쏠릴 것이다. 한편 컨테이너 안쪽의 (적절히 보호된) 관찰자에게는 고양이의 상태벡터가 훨씬 일찍 결정되는데, 이때 바깥쪽 관찰자의 선형 조합,

$$|\psi> = \frac{1}{\sqrt{2}}\{|dead> + |alive>\}$$

은 전혀 관련이 없다. 어쩌면 상태벡터는 결국 '마음먹기 나름'인 것이다!

그러나 과연 우리가 정말로 상태벡터에 대하여 그러한 주관적 관점을 취할 수 있을까? 바깥에 있는 관찰자가 컨테이너 내부를 그냥 단순히 '들여다보는' 것이 아니라 더 복잡한 기교를 부린다고 가정해보자. 그가 우선 자기에게 부여된 엄청난 계산 장치를 이용하여 컨테이너 안의 초기 상태에 대한 지식과 슈뢰딩거 방정식으로부터 컨테이너 내부의 상태가 무엇이 되어야 하는가를 계산하여('올바르게'!) 답 $|\psi>$을 구했다고 가정해보자. ($|\psi>$는 실제로 앞의 죽은 고양이와 산 고양이의 선형 중첩을 포함한다고 가정하자.) 그런 다음 그 내용물에 대하여 바로 그 $|\psi>$ 상태와 그에 직교적인 상태를 구분하기 위한 특정 실험을 행한다고 가정하자. (앞에서 언급했듯이 양자역학의 법칙에 따르면 그러한 실험이 비록 실제로는 말도 안 되게 어렵다 할지라도 원칙적으로는 수행될 수 있다.) 그 두 가지 실험 결과, 즉 "예, 상태는 $|\psi>$입니다"와 "아니요, $|\psi>$와 직교인 상태입니다"에 대한 확률은 각각 100%와 0%이다. 특히 $|\psi>$에 직교적인 상태, $|X>=|dead>-|alive>$에 대한 확률은 0이다. 실험 결과로 $|X>$가 나올 수 없는 것은 두 가지 가능성 $|dead>$와 $|alive>$가 공존하고 각각이 서로를 방해하기 때문이다.

만약 우리가 광자의 경로-길이(혹은 도금의 정도)를 약간 조정하여, 상태 $|dead>+|alive>$ 대신 다른 조합, 예를 들어 $|dead>-i|alive>$ 등을 취한다 하더라도 결과는 마찬가지이다. 이 모든 조합은 (원칙적으로) 독특한 실험 결과를 갖는다! 그러므로 이제는 이 불쌍한 고양이에게 영향을 주는 것이 '단순히' 죽음과 삶의 공존이라는 것에 그치지 않는다. 서로 다른 모든 복소 조합도 허용될 뿐만 아니라 원칙적으로는 이들이 모두 서로 구분될 수 있는 것이다! 그러나 컨테이너 안의 관찰자에게는 이러한 모든 조합이 아무런 관련이 없는 것처럼 보인다. 고양이는 살아 있거나 죽어 있는 것이다. 이러한 모순은 어떻게 이해할 수 있는가? 이 문제(그리고 이와 관련된 문제)에 대한 여러 가지 관점을 간단히 짚어보고자 한다. 물론 나의 주장이 이들 모두에 대하여 공평하다고는 할 수 없을

것이다!

현 양자론에 대한 여러 가지 태도

우선 $|\psi>$ 상태와 그와 직교인 상태를 구분하는 실험을 수행하는 데는 분명히 어려움이 있다. 그러한 실험이 외부 관찰자로서는 실제적으로 불가능하다는 것은 의심의 여지가 없다. 특히 $|\psi>$ 상태가 이후에 실제로 어떻게 변할 것인지 계산하기 위해서는 전체 내용물(내부 관찰자를 포함한)의 정확한 상태벡터를 알 필요가 있다! 그러나 이러한 실험은 원칙적으로도(실용적 측면뿐만 아니라) 불가능해야만 한다. 그렇지 않을 경우 물리적 실체로부터 상태 '$|alive>$'나 '$|dead>$' 중 어느 하나를 제거할 권리가 없어지게 되기 때문이다. 문제는 현재의 양자론은 여러 가지 측정에 대하여 그것이 '가능한 것'인가 '불가능한 것'인가를 명확히 구분할 수 있는 아무런 조항도 없다는 것이다. 분명한 구분이 있을지도 모르지만, 현 상태로는 이 이론이 그러한 구분을 허용치 않고 있다. 그러한 구분을 새로 도입하는 것은 양자론을 수정하는 것이 될 것이다.

둘째로, 그 환경을 적절히 감안할 수만 있다면 문제들이 사라질 것이라는 관점이 심심찮게 제기되고 있다. 실제로 그 내용물을 외부 세계로부터 완벽히 고립시키는 것은 실행상 불가능하다. 외부 환경이 컨테이너의 내부 상태와 연관되면 외부 관찰자는 더 이상 그 내용물이 단일 상태벡터로서 주어진다고 간주할 수 없다. 그 자신의 상태마저도 이것과 복잡하게 얽혀버린다. 뿐만 아니라 엄청난 수의 입자들이 손댈 수 없을 정도로 복잡하게 얽혀들고, 이들의 여러 가능한 선형 조합에 의한 효과는 무한한 자유도를 가지고 우주 공간으로 멀리멀리 퍼져나가게 된다. 이들의 복소 선형 중첩을 단순한 확률 가중치를 갖는 다른 가능성들과 구분할 수 있는 실용적 방법(예를 들어 적절한 간섭 효과를 관찰하는 것)은 없다. 이것을 꼭 내용물을 외부로부터 고립시키는 문제에만 국한할 필요는 없다. 고양이 자체도 엄청나게 많은 입자를 포함하고 있다. 그러므로 죽은 고양이와 산 고양이의 복소 선형 조합은 마치 단순히 하나의 혼합된 확률인 것처럼 다루어질 수 있다. 그러나 나는 이 주장에 전혀 만족할 수 없다. 앞의 관점에서와 마찬가지로, 대체 어느 단계에서부터 그 간섭 효과를 구하는 것이 '불가능'하다고 정식으로 간주할 수 있는가라는 질문을 던질 수 있을 것이다(그래야만 복소 중첩으로부터 진폭의 제곱 계수를 구하면 '죽음'과 '삶'에 대한 확률 가중치가 된다고 말할 수 있다). 비록 이 세계의 '실재'가, 어떤 의미에서 '실제로' 실수의 확률 가중치로 바뀐다 할지라도 그것 자체가 어떻게 그 가능성 중의 하나로 용해되어 들어갈 수 있는가? 나는 그 실체가 단순히 U 변환만을 통해, 두 가지 가능성의 복소(혹은 실수) 선형 중첩으로부터 그 가능성 중의 하나로 변환될 수 있다는 것이 이해되지 않는다. 우리는 또다시 이 세계에 대한 주관적 관점으로 떠밀린 셈이다!

때때로 사람들은, 복잡한 시스템의 경우 '상태'로서가 아니라 밀도 행렬density matrix이라 불리는 일반화된 방법으로 설명해야 한다는 노선을 취한다(von Neumann, 1955). 이 행렬은 고전적 확률과 양자 진폭 모두를 망라한다. 결국 수많은 양자 상태가 종합적으로 하나의 실체를 나타내게 된다. 밀도 행렬은 유용한 것임에는 틀림없지만, 그것만으로는 양자 측정의 깊은 문제들에 대한 이슈를 해결하지 못한다.

어떤 사람은, 실제 전개 방식은 결정적인 U이지만 전체 시스템의 양자 상태가 실제로 무엇인가를 알기 위한 과정에서의 불확정성 때문에 확률이 등장한다는 노선을 택할지도 모른다. 이러한 관점은 확률의 발생에 대하여 이들이 모두 초기 상태의 불확정성에 기인한다는 '고전적'인 관점을 취하는 것이다. 어떤 사람은 고전 체계에서 발생할 수 있는 카오스 현상(예를 들어 날씨 예측, 제5장 p. 274 참조)처럼, 초기 상태에서의 아주 작은 차이가 전개 과정에서 어마어마한 차이를 유발할 수 있다고 생각할 수도 있다. 그러나 그러한 '카오스' 효과는 U 자체로는 발생할 수 없는데, 그 이유는 그것이 선형적이기 때문이다. 우리가 원치 않더라도 선형 중첩은 U 전개 과정에서 영원히 지속된다! 그러한 중첩이 하나의 가능성으로 변환되기 위해서는 비선형적인 어떤 것이 필요하고, 그 때문에 U

자체만으로는 안 되는 것이다.

다른 관점으로는, 슈뢰딩거의 고양이 실험에서 유일하게 완전하고 명확한 관찰상의 모순은 의식적인 관찰자가 컨테이너 안에 하나(혹은 둘!), 그리고 밖에 하나 있다는 것 때문에 야기된다는 사실에 주목할 수도 있다. 어쩌면 복소 양자 선형 중첩의 법칙이 의식에는 적용되지 않는지도 모른다! 유진 위그너Eugene P. Wigner(1961)는 그러한 관점에 대한 대략적인 수학적 모델을 제시했는데, 그의 주장은 슈뢰딩거 방정식에 등장하는 선형성이 의식적(혹은 단순히 '살아 있는') 대상에 대해서는 성립하지 않고, 특정한 비선형적 과정으로 대체됨으로써 그에 따라 어느 한쪽의 가능성으로 변환된다는 것이다. 독자들은 내가 우리의 의식적 사고에서 양자 현상의 특정 역할을 추구하고 있기 때문에(실제로 그렇다) 이 학설을 공감할 만한 것으로 받아들이리라고 추측할지도 모른다. 그러나 그렇지 않다. 나는 이 관점에 전혀 동의할 수 없다. 이것은 이 세계의 실체에 대하여 매우 편파적이고 거슬리는 관점으로 이끄는 것 같다. 이 우주에서 의식체가 존재하는 구석은 실제로 매우 희귀하고, 그들 사이도 굉장히 멀리 떨어져 있다. 이 관점에 따르면 그러한 구석에서만 복소 양자 선형 중첩이 실제의 선택자로 변환된다. 우리에게는 그러한 구석들이 우주의 다른 부분과 마찬가지로 보일 테지만, 사실 그것은 우리가 실제로 바라보는(혹은 관찰하는) 대상이 무엇이든 간에 우리의 의식적 관찰이라는 그 행동 때문에 '선택자로 변환'되는 것이다. 그것이 이미 변환되었는가의 여부와 관계없이 말이다. 어쨌든 이러한 심한 편협성은 이 세계의 실상에 대하여 매우 꺼림칙한 그림을 제시하는데, 나로서는 여간해서는 이를 받아들일 수 없다.

이와 약간 관련된 학설로서 참여 우주participatory universe라는 것이 있는데(존 휠러John A. Wheeler[1983]가 제시했다), 이 관점은 의식의 역할에 대하여 또 다른 극단적 입장을 취한다. 예를 들어 지구상의 의식 있는 생명체의 진화는 여러 시대에서 발생한 적절한 돌연변이에 기인한다는 사실에 주목한다. 이들은 추측건대 양자 사건이므로 결국 하나의 의식체로 진화될 때까지는 선형 중첩 형태로만 존재한다. 그런데 그 의식체의 존재는 이미 '실제로' 발생한 모든 정확한 돌연변이에 의해 좌우되는 것이다! 이 관점에 따르면 우리의 과거를 불러일으켜 존재케 하는 것은 바로 현재 우리의 존재이다. 이 그림에 포함된 순환성과 패러독스가 어떤 이들에게는 호소력이 있을지 모르지만, 나로서는 확실히 걱정되고 실제로 신뢰가 가지 않는다.

또 그 나름의 논리성은 있지만 역시 좀 이상한 그림을 제시하는 학설로서 휴 에버레트 3세Hugh Everett III(1957)가 처음 제안한 다세계many worlds 학설이 있다. 다세계식 해석에 의하면 R은 전혀 발생하지 않으며, (실재로서 간주되는) 상태벡터의 전체 전개는 항상 결정적인 U 프로시저를 따른다. 이것이 암시하는 것은, 컨테이너 안에 있는 불쌍한 슈뢰딩거의 고양이는 보호된 관찰자와 더불어 특정한 복소의 선형 조합상에 존재해야만 하고, 고양이는 또 삶과 죽음이라는 중첩으로 존재해야 한다는 것이다. 그런데 '$|dead>$' 상태는 내부 관찰자 의식의 특정 상태와 상호 연관되어 있고 '$|alive>$' 상태 역시 그 의식의 다른 상태와 연관되어 있다. (뿐만 아니라 어쩌면 부분적으로 고양이의 의식과도 연관되어 있고, 궁극적으로는 그 내용이 밖으로 알려지면 바깥 관찰자의 의식과도 연관된다.) 각 관찰자의 의식은 '분리'된 것으로 간주될 수 있기 때문에 그는 결국 두 가지로 존재하는 것이고, 그 각각은 서로 다른 경험을 하는 것이다(즉 한 사람은 죽은 고양이를, 다른 사람은 산 고양이를 본다). 실제로 관찰자뿐만 아니라 그가 살고 있는 전체 우주는 그가 세계에 대해 '측정'할 때마다 둘(혹은 더 많이)로 나뉠 수 있다. 이러한 분리는 계속 반복해서 일어나는데, 이는 단지 관찰자의 '측정' 때문이 아니라 일반적인 양자 사건들이 육안으로 보일 정도로 확대되면서 일어나며, 결국 이 우주의 '가지들'은 걷잡을 수 없이 증식된다. 실로 모든 가능성은 엄청난 중첩상에 공존하는 것이다. 이것은 결코 경제적인 학설이라고 볼 수 없다. 하지만 내가 이 관점에 반대하는 것은 경제성과는 관계가 없다. 특히 나는 왜 의식체가 선형 중첩상의 대안 중 하나만을 의식해야 하는지 모르겠다. 의식에서 죽은 고양이와 산 고양이의 안타까운 선형 조합을 알아차릴 수 없도록 하는 요소는 도대체 무엇인가? 내 생각에는 다세계 학설의 관점이 실제 관찰되는 사

실에 들어맞기 위해서는 의식에 대한 이론이 필요한 것 같다. 나는 우주에 대한 '참true'인(객관적인) 상태벡터와 우리가 실제로 '관찰'하게 될 것들 사이에 어떤 관계가 있는지 모르겠다. 이 학설이 제시하는 그림을 통하여, 어떤 의미에서 R의 '환영illusion'이 효과적으로 추론될 수 있다는 주장들이 제기된 바 있지만 나는 이러한 주장들이 계속 존속하긴 어렵다고 본다. 최소한 이 방법이 성립하기 위해서는 더 많은 요소가 필요하다. 내 생각에는 다세계적인 관점이 양자 측정의 진짜 수수께끼를 다룬다기보다는 오히려 그 자체의 많은 문제점을 제기하고 있는 것 같다(DeWitt & Graham, 1973 참조).

이 모든 것은 우리를 어디로 이끄는가?

이러한 수수께끼들은, 그것이 어떤 모습으로 위장되었건 현존하는 양자물리 이론 모두에 잠재해 있다. 특히 이러한 불가사의한 이슈와 관련하여 표준 양자론이 이 세계를 어떻게 묘사하고 있는지 간단히 살펴본 뒤, 우리가 여기에서 어디로 가야 하는가라는 질문을 던져보기로 하자.

먼저 양자론에 관한 설명은 소위 양자 수준(즉 분자, 원자 또는 아원자 입자 등의)에 한하여 분명하게(유용하게?) 적용되고, 또 선택자 사이의 에너지 차이가 아주 적은 경우에 한해 큰 규모에서도 적용된다는 사실을 기억하기 바란다. 양자 수준에서는 이러한 '선택자'들을 일종의 복소 가중치의 중첩에서 공존할 수 있는 것으로 다루어야 한다. 이때 가중치로 이용되는 복소수를 확률 진폭이라 부른다. 복소 가중치를 갖는 각 선택자의 총합체로서 하나의 양자 상태를 정의하는 데에 있어, 어떠한 양자계건 이러한 양자 상태로 설명되어야 한다. 스핀의 예에서 분명히 보았듯이, 많은 경우에 양자 상태로 이루어진 '실제' 선택자와 단순히 선택자들의 '조합' 사이에는 아무런 차이가 없다. 어떻든 시스템이 양자 수준에 머물러 있는 한 양자 상태는 완전히 결정적인 방법으로 전개된다. 이러한 결정적 전개 방식은 U 프로세스로서 슈뢰딩거 방정식의 영향을 받는다.

여러 가지 양자 대안의 효과가 고전적 수준으로까지 확대되어 이 대안(선택자)들 사이의 차이가 우리가 직접 지각할 수 있을 정도로 커지면 그러한 복소 가중치 중첩은 더는 유지될 수 없게 되는 것 같다. 그 대신 복소 진폭의 계수 제곱이 구해지고(즉 복소 평면에서 원점으로부터 그들까지의 거리의 제곱이 구해지고) 그 결과로 도출되는 실수는 대상 선택자들의 실제 확률로서 새로운 역할을 하게 된다. 이들 대안 중 오직 하나만이 R 프로세스(상태벡터의 환원 또는 파장 함수의 붕괴라 불린다. U와는 전혀 다르다)에 의하여 실제의 물리적 경험으로 살아남는다. 양자론에서 비결정론이 도입되는 것은 바로 이곳인데, 이외에는 도입되는 곳이 없다.

양자 상태가 객관적인 그림을 제시한다고 강력히 주장하는 사람도 있을지 모른다. 그러나 그것은 매우 복잡하고, 심지어는 약간 모순적일 수도 있다. 여러 개의 입자가 개입되면 양자 상태는 매우 복잡해질 수 있으며(대개 복잡해진다), 그 경우 각각의 입자는 자신의 '상태'를 갖는 것이 아니라 다른 입자들과 복잡하게 '얽힌' 상태로 존재하게 되는데, 이를 상관관계correlation라 한다. 한 영역의 입자가 '관찰'되면, 즉 그것이 특정한 효과를 일으켜 그것이 고전적 수준까지 확대된다는 의미에서 R이 호출되어야 한다. 그러나 이것은 분명히 그 특정 입자와 상관관계에 있는 다른 모든 입자에도 동시에 영향을 끼친다. 아인슈타인-포돌스키-로젠 Einstein-Podolsky-Rosen: EPR 타입의 실험들(한 예로서 아스펙트의 실험을 들 수 있는데, 거기에서는 광자의 쌍들이 양자 광원으로부터 서로 반대 방향으로 방출된다. 그리고 수 미터 떨어진 곳에서 각각의 편광을 측정한다)은 이 수수께끼에 대하여 명확한 관찰적 대안을 제시한다. 그러나 양자물리학의 본질적인 사실은 그것이 비국소적이라는 것이다(그래서 아스펙트의 실험에서 광자들은 독립적인 개체로 다루어지지 않는다)! 만약 **R**이 객관적 방식으로 작용한다면(이는 양자 상태의 객관성을 통해 암시되는 것으로 보인다) 이는 특수상대성 정신에 위배될 것이다. (환원되는) 상태벡터에 대한 어떠한 객관적인 시공간 설명도 상대성의 필수 요건과 일관성을 유지하지 못하는 것처럼 보인다! 그러나 양자론의 관찰적 효과는 상대성을 위배하지 않는다.

양자론은 **R**이 언제 그리고 왜 일어나는지에 대하여 설명하지 못한다.

뿐만 아니라 그 자체로는 왜 고전적 수준의 세계가 고전적으로 '보이는지'에 대해서도 적절한 설명을 하지 못한다. '대부분의' 양자 상태는 고전적인 것들을 전혀 닮지 않았다!

이 모든 것이 우리를 어디로 이끌어가는가? 나는 육안으로 보이는 물체에 대해서는 양자역학의 적용이 단순히 틀렸다는 가능성에 대하여 강력히 생각해보아야 한다고 믿는다. 좀 더 정확히 말하면 **U**와 **R**의 법칙은 아직 발견되지 않은 완전한 이론에 대하여 단지 하나의 훌륭한 근삿값만을 제공한다는 것이다. 현 이론이 구가하는 모든 놀라운 관찰적 일치성은 이 두 가지 법칙의 조합에 의한 것이지, 단순히 **U**에 의한 것만은 아니다. 만약 **U**의 선형성이 육안으로 보이는 세계로 확장된다면 우리는 야구공 같은 것들의 서로 다른 위치(또는 다른 스핀 등)의 복소 선형 조합에 대한 물리적 실체성을 받아들여야만 한다. 하지만 상식만으로도 이 세계가 돌아가는 방식이 그렇지 않다는 것을 알 수 있다! 야구공들은 실제로 고전물리학에 의하여 비슷하게 설명될 수 있다. 그들은 잘 정의된 위치를 가지고 있으며, 양자역학의 선형 법칙에서 허용되는 것처럼 동시에 두 장소에 나타나는 경우는 볼 수 없다.

만약 **U**와 **R** 과정이 더욱 완전한 법칙으로 대체된다면, 슈뢰딩거 방정식과 달리 이 새로운 법칙은 비선형적인 특성을 가져야만 할 것이다(R 자체가 비선형적으로 작용하므로). 어떤 사람은 표준 양자론의 심오한 수학적 우아함의 대부분이 그것의 선형성에서 비롯된다는 것을 아주 올바르게 지적하여 이것에 반대할 것이다. 그러나 나는 양자론이 미래에 근본적인 변화를 겪을 것이라고 믿으며, 이 선형성은 미래의 이론에 대한 단순한 근사치에 불과한 것이라고 생각한다. 이와 같은 변화의 선례도 분명히 있다. 뉴턴의 만유인력에 관한 우아하고 강력한 이론은, 그 이론에서 힘이 선형적 방법으로 더해진다는 사실에 꽤 많은 영향을 받았다. 그러나 아인슈타인의 일반상대성에서는 이 선형성이 단지 (훌륭한) 근삿값으로 간주된다. 그럼에도 불구하고 아인슈타인 이론의 우아함은 뉴턴 이론을 능가한다!

나는 양자론의 수수께끼를 해결하는 것은 개선된 새로운 이론을 찾는 데에 달려 있다는 것을 믿어 의심치 않는다. 비록 이것이 일반적인 관점은 아니지만, 그렇다고 전혀 일반적이지 않은 것도 아니다. (많은 양자론 창시자가 같은 의견이었다. 나는 아인슈타인의 관점을 언급한 바 있다. 슈뢰딩거[1935], 드 브로이[1956], 그리고 디랙[1939]도 그 이론이 임시적이라고 믿었다.) 비록 그 이론이 어떤 식으로든 수정되어야 한다고 믿지만 그것이 어떻게 수정되어야 하는가에 대한 제한 사항은 어마어마하다. 어쩌면 '은닉 변수' 관점의 한 변형이 결국에는 받아들여질지도 모를 일이다. 그러나 EPR 형 실험에서 나타나는 비국소성은 일반적인 시공간(즉 상대성 원리에 부합하도록 제시된 특정 형태의 시공간) 안에서 자연스럽게 발생할 수 있는 세계에 대한 그 어떤 '현실적인' 묘사에도 심각하게 도전하고 있다. 그러므로 나는 훨씬 더 과격한 변화가 필요하다고 믿는다. 뿐만 아니라 양자론과 실험 사이에서는 어떤 종류의 불일치도 발견된 적이 없다(물론 선형 중첩된 야구공이 분명 없다는 사실을 반증으로 간주하지 않는다면). 내 관점은 선형 중첩된 야구공의 부재는 실제로 반증이 된다는 것이다! 그러나 이것은 그 자체로는 큰 도움이 되지 않는다. 우리는 사물의 극히 미세한 수준에서는 양자 법칙이 지배권을 가지고 있다는 것을 안다. 그러나 야구공 수준에서는 고전물리학이 지배한다. 양자 세계가 어떻게 고전적 세계와 합쳐지는지 알기 위해서는 그 중간 어디쯤에서 새로운 법칙을 이해할 필요가 있다고 주장하고 싶다. 또한 우리가 마음이라는 것을 이해하려면 이 새로운 법칙이 필요할 것이라고 믿는다! 따라서 우리는 새로운 실마리를 찾아야 한다고 생각한다.

이 장에서 나는 전적으로 전통적 관점에 따라 양자론을 설명했다. 다만 통상적인 관점에 비하여 기하학적인 것과 '실재론'이 약간 강조되기는 했다. 다음 장에서 우리는 개선된 양자역학에 대한 암시를 제공하는 실마리들을 찾아보고자 한다. 우리의 여행은 집 근처에서 출발해 아주 먼 곳까지 나아갈 것이다. 먼 우주의 끝까지 탐험한 뒤에 어쩌면 시간의 기원으로 거슬러 올라가야 할 수도 있다.

제7장

우주론과 시간의 화살

시간의 흐름

무언가를 의식하고 있다는 느낌의 중심에는 시간의 경과에 대한 감각이 있다. 우리는 정해진 과거의 특정 시점으로부터 알 수 없는 미래로 끝없이 나아가는 것처럼 보인다. 과거는 지나가버린 것이고 그에 대해서는 아무것도 할 수 없다는 느낌을 받는다. 변경할 수도 없고, 어떤 의미에서 그것은 아직도 '저편에' 그대로 있다. 과거에 대한 현재 지식은 그에 관한 기록들, 기억의 자취, 혹은 그것을 통해 유추해낸 것들뿐임에도, 사람들은 누구도 과거의 실제성actuality에 대하여 의심하려 들지 않는다. 과거는 하나였고, 지금도 그것은 하나일 수밖에 없다. 벌어진 일은 이미 벌어진 것이고, 우리 혹은 그 누구도 지금에 와서 그것에 대해 할 수 있는 일은 아무것도 없다. 한편 미래는 아직 결정되지 않은 것처럼 보인다. 그것은 이렇게도 될 수도 있고 저렇게도 될 수 있는 것이다. 어쩌면 그 '선택'은 물리법칙에 의하여 완전히 고정되어 있을 수도 있고, 혹은 부분적으로 우리 자신의 결정에 의해(혹은 신에 의하여) 정해질 것이다. 하지만 이러한 '선택' 자체도 아직은 만들어지지 않은 것 같다. 미래가 실제로 특정 '실체'로서 드러날 것인가의 문제는 단순히 가능성으로만 존재하는 것처럼 보인다. 시간이 지나는 것을 의식적으로 느끼는 동안, 그 거대하고 막연해 보이는 미래 가운데 가장 가까운 부분이 계속해서 '실제'로서 구체화되고, 그리하여 고정되어버린 과거로 진입하게 된다. 때때로 우리는, 이미 결정된 과거의 영역이 불확실한 미래 속으로 가차 없이 잠식해 들어가는 것을 보며, 자기 자신이 무력한 방관자라는 사실을 느끼게 되고, 또 어쩌면 의무감에서 해방되는 감사함을 느끼기도 한다.

그러나 알려진 바와 같이, 물리학에서는 다르게 이야기한다. 물리학에서 성공적인 공식들은 모두 시간적 대칭성을 갖는다. 이들은 시간적으로 한쪽 방향이나 그 반대 방향으로 똑같이 사용될 수 있다. 미래와 과거는 물리적으로 완전히 같은 입장에 있는 것처럼 보인다. 뉴턴의 법칙, 해밀턴 방정식, 맥스웰 방정식, 아인슈타인의 일반상대성, 디랙 방정식, 슈뢰딩거 방정식 모두가 시간의 방향을 역으로 바꿔도 그대로 유효하다. (시간을 표시하는 좌표상의 t를 −t로 바꾼다.) 모든 고전역학, 그리고 양자역학의 '**U**' 부분까지도 시간적으로 완전한 가역성을 갖는다. 또한 '**R**' 부분마저도 실제로 시간 가역적인지 아닌지에 대해서는 의문의 여지가 있다. 이 문제는 다음 장의 주제로서 다루게 될 것이다. 다만 이에 대한 '통상적 관점'에 따르면 겉보기와 달리 **R** 역시 시간 대칭적이라고 간주해야 한다는 사실만을 밝히고 당분간은 이 문제를 피해가고자 한다(비교: Aharonov, Bergmann, & Lebowitz, 1964). 만약 이것을 받아들인다면 물리학 법칙을 통하여 과거와 미래의 특성을 구분하려는 경우 그 답을 다른 방향에서 찾아보아야 할 것이다.

그 이슈를 다루기 전에, 우리가 시간에 대하여 갖고 있는 관념과 현대 물리 이론이 우리에게 강요하는 것 사이의 또 한 가지 알쏭달쏭한 차이점을 고려해보아야 하겠다. 상대성 이론에 의하면 '현재'라는 것은 실제로 존재하지 않는다. 그러한 개념에 가장 가까운 것이 311쪽 <그림 5-21>에 나타나 있는, 시공간에서의 관찰자에 대한 '동시 공간'인데, 그것은 관찰자의 움직임에 따라 좌우된다! 한 관찰자의 '현재'는 다른 관찰자의 현재와 일치하지 않는다.[1] 시공간의 A, B 두 사건에 대하여 첫 번째 관찰자 U는, B는 고정된 과거에 그리고 A는 불확실한 미래에 속한다고 볼지도 모르지만, 두 번째 관찰자 V는, A가 고정된 과거이고 B는 불확실한 미래라고 볼 것이다(<그림 7-1> 참조)! 둘 중 한쪽이 결정된 상태에서 사건 A나 B 중의 하나가 불확실한 것으로 남게 된다고 의미 있게 단언할 수는 없는 것이다.

312쪽과 <그림 5-22>에서 논의한 것을 다시 한 번 생각해보자. 두 사

---

1 어떤 상대성 '순수주의자'들은 동시 공간 대신에 관측자의 광원추를 선호할지도 모른다. 그러나 이는 결론에 아무런 영향도 미치지 않는다.

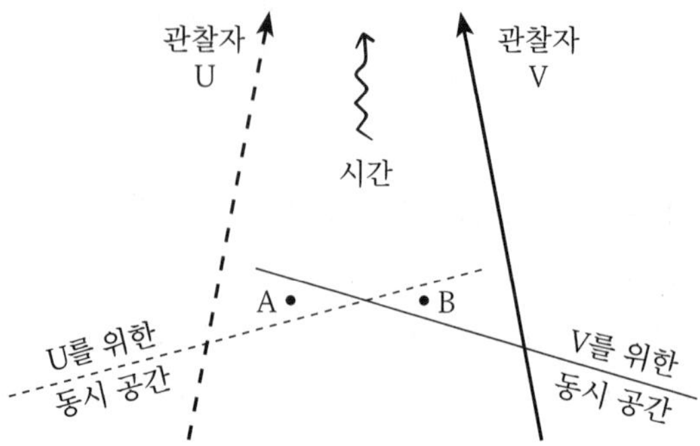

<그림 7-1> 시간은 실제로 '흐를' 수 있는가? 관찰자 U에게는 B가 '고정된' 과거인 반면, A는 '불확실'한 미래이다. 그러나 관찰자 V는 이와 반대의 관점을 갖는다.

람이 길에서 서로 지나친다. 그중 한 사람에게는 안드로메다 우주 함대가 이미 먼 여행을 시작했지만, 다른 사람에게는 여행을 떠날 것인지 여부조차 아직 결정이 내려지지 않은 상태이다. 그 결정이 어떻게 내려질 것인가에 대하여 어떤 불확정성이 있을 수 있는 것일까? 만약 두 사람 중 한 명에게 이미 결정이 났다면 당연히 불확정성의 가능성은 없다. 우주 함대의 발진은 이미 불가피한 것이다. 실제로 둘 중 아무도 우주 함대의 발진에 대하여 아직은 알지 못한다. 지구에서 망원경을 통한 관측으로 함대가 실제로 항진하고 있다는 것을 발견한 뒤에야 그들은 비로소 이를 알 수 있을 뿐이다. 그러고 나서 그들은 우연히 만난 장소를 되새기며[2] 다음과 같은 결론을 내릴 수 있다. 즉 그 당시 한 사람에 대해서는 그 결정이 불확실한 미래에 있었지만 다른 사람에게는 그것이 분명한 과거에 있었다는 것이다. 그렇다면 과연 그 미래에 특정한 불확정성이 존재했다고 말할 수 있는가? 아니면, 두 사람의 미래는 이미 '정해져' 있었던 것인가?

어느 하나라도 확실해진다면 시공간 전체가 확실해질 수밖에 없는 것처럼 보이기 시작한다! '불확실'한 미래란 있을 수 없다. 시공간의 모든

---

2 이것이 인쇄된 것을 보고 나서야 깨닫게 되었는데, 그때는 두 사람 모두 이미 오래전에 죽었을 것이다. 그러므로 이에 대해서는 그들의 먼 후손들이 '되돌아보아야' 할 것이다.

부분은 그 어떤 불확실한 영역도 없이 고정되어야 한다. 실제로 이것은 아인슈타인 자신의 결론이었던 것 같다(비교: Pais, 1982, p. 444). 뿐만 아니라 시간의 흐름이라는 것도 절대 있을 수 없다. 단지 '시공간'만이 있을 뿐이며, 그 영역이 이미 확정된 과거에 의하여 냉혹하게 잠식되는 미래란 있을 수 없다! (독자는 이 모든 것에서 양자역학의 '불확정성'의 역할이 무엇인가 의아해할지도 모른다. 양자역학에 의해 제기된 문제들에 대해서는 다음 장에서 논할 것이다. 당분간은 순전히 고전적인 상황의 견지에서 생각하는 것이 좋겠다.)

내가 보기에는 우리가 시간의 흐름에 대하여 의식적으로 느끼는 것과, 우리의 (놀라울 정도로 정확한) 이론들이 물리적 세계의 실체에 대하여 주장하는 내용 사이에는 심각한 차이점이 있는 것 같다. 이러한 차이점은, 우리의 의식적 지각 기저에 실제로 있다고 추정되는 물리학에 대하여 무언가 심오한 것을 말하고 있음에 틀림없다. 물론 이러한 지각 현상의 기저에 있는 것이 (내가 믿듯이) 실제로 어떤 적절한 물리학에 의하여 설명될 수 있다면 말이다. 적어도 확실하다고 보이는 것은, 어떤 종류의 물리학이 그 뒤에서 작용하고 있든지 간에 그것은 본질적으로 시간 비대칭적 요소를 가져야 한다는 것이다. 즉 그것은 과거와 미래가 서로 구분될 수 있어야 한다.

만약 물리학의 공식들이 과거와 미래의 구분이 없어 보인다면(그리고 '현재'라는 개념조차도 상대성 이론에 잘 부합되지 못한다면) 우리가 이 세계에 대해서 감지한다고 여기는 것들과 부합하는 물리법칙을 도대체 어디에서 찾을 수 있을까? 사실 이들은 지금까지 말한 것만큼 모순되지는 않는다. 우리의 물리적 지식은, 단순히 시간 전개에 대한 공식들뿐만 아니라 그 외의 다른 중요한 요소들도 갖고 있으며, 이들 중 어떤 것들은 실제로 시간 비대칭성을 갖고 있는 것으로 보인다. 이들 중 가장 중요한 것은 열역학 제2법칙이다. 이 법칙의 의미를 조금이나마 이해해보기로 하자.

끝없이 증가하는 엔트로피

테이블의 가장자리에 놓여 있는 물이 담긴 유리잔을 상상해보자. 그것을 살짝 밀면 바닥으로 떨어질 것이다(물론 잔은 산산이 조각날 것이고, 물은 넓게 엎질러져 카펫으로 스며들거나, 마룻바닥의 틈 사이로 흘러들 것이다). 여기에서 물잔 속의 물은 단순히 물리학 공식들을 열심히 따랐다. 뉴턴의 설명 정도면 충분할 것이다. 유리잔과 물의 원자들은 각각 뉴턴의 법칙을 따른다(<그림 7-2> 참조). 이제 이 그림을 시간이 진행된 반대 방향으로 돌려보자. 이 공식들의 시간 가역성으로 인하여, 물은 카펫 속으로부터, 또 마루 사이에서 흘러나와 유리잔에 모이고, 그 유리잔 자체도 수없이 많은 흩어진 조각들이 모이면서 열심히 자기 자신을 만들며, 이렇게 완성된 전체가 바닥으로부터 정확히 테이블 높이만큼 튀어올라 테이블 가장자리에 사뿐히 내려앉게 된다. 이 모든 것 역시 그것이 떨어져 깨질 때와 마찬가지로 뉴턴의 법칙에 부합한다!

여러분은 아마도, 에너지가 어디에서 나와서 유리잔을 바닥에서 테이블로 들어 올려놓을 수 있는지 궁금할 것이다. 그것은 문제가 되지 않는다. 에너지에 관해서는 문제가 있을 수 없는 것이, 테이블에서 유리잔이 떨어지는 상황에서는 떨어지면서 얻는 에너지가 어디론가 가야만 하기

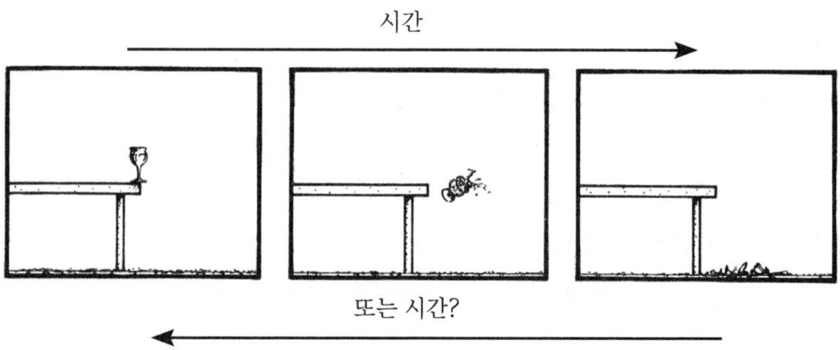

<그림 7-2> 역학의 법칙은 시간 가역적이다. 그러나 시간 순서에 따른 그림에서 오른쪽으로부터 왼쪽으로 가는 장면은 우리가 결코 경험하지 못한다. 왼쪽에서 오른쪽으로 가는 것은 항상 보지만 말이다.

때문이다. 실제로 떨어지는 잔의 에너지는 열로 변한다. 유리 조각, 물, 카펫, 그리고 마룻바닥 속의 원자들은 전보다 약간 더워질 것이다(증발에 의한 열 손실은 무시했는데, 이 또한 원칙적으로는 가역적이다). 에너지 보존의 법칙에 의하면 이 열에너지는 테이블에서 떨어지는 물잔에서 손실된 에너지와 똑같은 양이다. 따라서 그 약간의 열에너지는 유리잔을 테이블에 다시 올려놓을 수 있을 만큼 충분한 양이 될 것이다! 에너지 보존을 고려할 때 그 열에너지가 포함되어야 한다는 사실을 인식하는 것이 중요하다. 에너지 보존의 법칙에서 열에너지를 고려하는 경우를 열역학 제1법칙이라고 한다. 열역학 제1법칙은 뉴턴 역학에서 유도되는데, 이는 시간 대칭적이다. 제1법칙은 유리잔과 물이 다시 모여서 물이 채워지고 기적적으로 테이블 위로 튀어오르는 것에 대하여 어떤 방식으로도 제한하지 않는다.

그러한 일이 실제로 벌어지는 것을 우리가 볼 수 없는 이유는, 유리잔의 파편이나 물, 마룻바닥, 카펫 등의 원자의 열heat' 움직임들이 모두 제멋대로여서 대부분의 원자는 각 방향으로 이동하기 때문이다. 유리잔이 재구성되고 흩어진 물이 다시 모여 테이블 위로 사뿐히 던져지려면 그 움직임이 터무니없이 정확해야 하며 조화가 이루어져야만 한다. 그러한 조화된 움직임이 있을 수 없다는 것은 실제로 분명한 사실이다. 그러한 조화는 엄청난 우연의 일치로만 일어날 수 있는데, 그러한 것이 실제로 발생한다면 이는 '마술'이라고밖에 설명할 방법이 없다!

그러나 시간적으로 그 반대 방향으로 일어나는 그러한 조화된 움직임은 흔한 것이다. 어떤 이유에서인지, 물리적 상태에서 큰 규모의 변화(여기에서는 유리잔의 물이 깨져 엎질러지는 것) 이전이 아닌 이후에는 입자들이 조화된 움직임을 보이더라도 이것을 우연의 일치라고 보지 않는다. 그러한 사건 이후에 발생하는 입자의 운동은 실로 고도로 조화된 것이어야 한다. 이들 운동이 갖는 속성은, 우리가 각 원자의 움직임을 정확히 뒤집을 경우 그 결과로 나타나는 행동이 바로 잔을 재구성하고 물을 채우며 테이블에 올려져 정확히 초기 상태로 돌아가게 만드는 데 필요한 것이어야 하기 때문이다.

고도로 조화된 움직임은, 큰 규모의 변화에서 원인이 아니라 결과로 주어질 때에만 비로소 우리에게 받아들여지고 당연시된다. 그러나 '원인'이나 '결과'라는 말은 어느 정도 시간 비대칭성의 문제를 제기한다. 우리의 통상적인 어법에서는 원인이 결과에 선행해야 한다는 의미로 이들 용어를 사용하는 데 익숙해져 있다. 그러나 과거와 미래의 물리적인 차이를 이해하고자 한다면, 우리가 과거와 미래에 대하여 갖게 되는 일상적인 견해를 이 논의에 무의식적으로 개입시키지 않도록 주의해야 할 것이다. 그것을 피하는 것이 극히 어렵다는 사실을 여러분이 알았으면 한다. 그러나 최소한 그렇게 노력하는 것이 매우 중요하다. 언어를 사용할 때 그것에 과거와 미래의 구분에 대한 선입관을 반영하지 않도록 노력해야 한다. 그러므로 적절한 상황에서는 사물의 원인이 미래에 있고 결과가 과거에 있을 수도 있음을 인정할 수 있어야 한다! 결정적인 고전물리학의 수식들(그리고 역시 결정적인 양자물리학의 U 변환)은 미래 방향으로 전개되어야 할 아무런 우선권도 없다. 이들은 과거로 전개시키더라도 마찬가지로 훌륭히 사용될 수 있다. 과거가 미래를 결정하는 것처럼 미래도 과거를 결정하는 것이다. 우리는 미래에 특정 시스템의 상태를 임의의 방법으로 기술한 뒤, 이를 이용하여 과거에 어떠했을까를 계산할 수 있다. 만약 평소와 같이 시간의 흐름이 미래 방향인 시스템의 수식을 전개할 때 과거를 '원인', 미래를 '결과'로 볼 수 있다면, 과거 방향으로 똑같이 유효한 과정을 통하여 수식을 전개해나가는 경우에는 분명 미래를 '원인'으로, 그리고 과거를 '결과'로 간주해야 할 것이다.

그러나 우리가 '원인'과 '결과'라는 용어를 사용할 때는, 어떤 사건이 과거에 놓이고 어떤 사건이 미래에 놓이는지와는 관계없는 또 다른 그 무엇이 개입한다. 어떤 가상의 우주가 있어서, 그곳에서는 우리가 사는 이 우주처럼 시간 대칭적인 고전물리학의 공식들이 적용되지만, 사건의 동작 형태는 우리에게 친숙한 것들(예를 들면 유리잔이 깨지고 물이 엎질러지는 것)뿐만 아니라 시간의 역순 형태의 사건들도 공존한다고 가정해보자. 우리에게 친숙한 경험들 사이에서 어떨 때는 유리잔이 조각들로부터 저절로 맞추어지고, 엎질러진 물이 신기하게도 잔에 채워지며, 테이블 위로 껑충 튀어올라간다고 가정해보자. 또, 이따금 스크램블된 달걀이 요술처럼 섞이지 않은 상태가 된 후 날달걀로 바뀌고, 결국 깨어진 껍질 속으로 튀어오른 후, 그 내용물을 껍질로 봉해버리게 된다고 가정해보자. 달콤한 커피 안에서 용해된 설탕으로부터 설탕 덩어리가 형성되고, 그것이 물잔으로부터 저 혼자 사람의 손으로 도약한다. 만약 그러한 사건들이 흔히 일어나는 세상에 우리가 살고 있다면, 분명 우리는 그러한 사건의 '원인'에 대하여, 그것이 서로 연관된 각 원자 양태의 기가 막힐 정도로 희귀한 우연이라고 간주하지는 않을 것이다. 오히려 그것을 어떤 '목적론적 효과teleological effect'로서 받아들이게 될 텐데, 이는 자동 조합되는 어떤 물체가 때때로 눈에 보이는 특정한 형체로 변신하려는 것으로 간주하는 것이다. 사람들은 이렇게 말할 것이다. "저것 좀 봐! 또 그 일이 벌어지고 있어. 저 엉망진창이 합쳐져 물잔이 되려고 해!" 분명 우리는 원자가 아주 정확하게 조준한다는 관점을 취하게 될 텐데, 그렇게 해야만 물잔이 완성되기 때문이다. 테이블 위의 물잔은 '원인'이 되고, 마룻바닥의 아무렇게나 흩어진 원자들은 '결과'가 될 것이다. 비록 이제는 '결과'가 '원인'보다 시간적으로 먼저 발생하지만 말이다. 마찬가지로, 스크램블된 달걀 속 원자의 미세한 움직임은 달걀 껍질 속으로 도약해 들어가는 '원인'이 아니라 이후에 발생할 사건의 '결과'이다. 또 설탕 덩어리가 컵으로부터 튀어나와 구성되는 것은 원자들이 놀라울 정도의 정밀성으로 움직이기 '때문'이 아니고 누군가 (미래에) 그 설탕 덩어리를 손에 들고 있기 때문이다!

물론 이 세상에서는 그런 일이 벌어지지 않는다. 더 정확히 말하면, 그러한 일과 우리가 일상에서 접하는 일들이 공존하는 것은 결코 볼 수 없다. 만약 우리가 보는 모든 것이 방금 이야기한 바와 같이 뒤집힌 것들뿐이라면 별로 문제가 없을 것이다. 단순히 '과거'라는 말은 '미래'로, '전'은 '후'로, 이런 식으로 모든 설명을 바꿔주면 되는 것이다. 또 시간이 원래 기술된 방식과 반대 방향으로 나아간다고 보면 그 세상은 이 세상과 똑같이 설명될 수 있다. 그러나 내가 여기에서 상상하는 것은 또 다른 가능성(물리학의 시간 대칭적인 공식들에 일관성이 있는)의 세계로서, 물잔이 깨지는 것과 깨진 조각이 다시 모이는 것들이 공존하는 세계이다. 그러한 세계에서는 단순히 시간 전개의 방향에 대한 일반 용어들을 뒤바꿔주는 것만으로는 우리에게 친숙한 설명을 찾아낼 수 없다. 물론 우리가 사는 세계는 우연히도 그렇지가 않다. 하지만 왜 그렇지 않은 것일까? 이 사실을 이해할 수 있도록 나는 여러분에게 그러한 세계를 상상해보고, 그 안에서 발생하는 사건들을 어떻게 설명할 것인지 생각해보라고 요구한 것이다. 그러한 세계에서는 눈으로 볼 수 있는 전체 모습(예를 들면 물이 들어 있는 유리잔, 온전한 달걀, 혹은 손에 들고 있는 설탕 덩어리 등)이 '원인'을 제공하고, 자세하고 복잡하게 얽혀 있는 원자들의 움직임이 '결과'가 된다는 것을 인정해주기 바란다. '원인'이 '결과'의 미래에 있건 과거에 있건 관계없이 말이다.

우리가 살게 된 이 세계에서는 왜 원인이 항상 결과에 선행하는 것일까? 바꾸어 말하면, 정확히 상호 관련된 입자들의 움직임이 왜 큰 규모의 상태 변화 이전에 발생하지 않고 꼭 그 이후에만 발생하는 것인가? 그러한 사실에 대하여 물리학적으로 좀 더 그럴듯한 설명을 하기 위해서는 엔트로피entropy 개념을 소개해야 할 것이다. 대략적으로 말하면, 특정 시스템의 엔트로피는 거기에 나타난 무질서의 정도이다. (뒤에서 좀 더 자세히 설명하겠다.) 그러므로 깨진 유리잔과 엎질러진 물은 테이블 위의 온전한 유리잔에 채워진 물보다 엔트로피가 높은 상태이고, 스크램블된 달걀은 안 깨진 날달걀보다 엔트로피가 높으며, 달콤한 커피는 블랙커피 속에 아직 녹지 않은 채로 있는 설탕 덩어리에 비하여 엔트로피가 높다. 엔트로피가 낮은 상태는 뚜렷한 의미에서 '특별히 정리된' 상태이고, 엔트로피가 높은 상태는 덜 '특별히 정리된' 상태로 보인다.

여기에서 중요한 것은 우리가 낮은 엔트로피의 '특별함'을 이야기할 때, 그것이 실제로 눈에 보이는 '특별함'을 의미한다는 것이다. 왜냐하면 더 미묘한 의미에서, 이 경우에 높은 엔트로피 상태 역시 그 정확한 입자들의 상호작용을 생각한다면 낮은 엔트로피 상태 못지않게 '특별히 정리된' 상태이기 때문이다. 예를 들면 유리잔이 깨진 뒤 아무렇게나 마룻바닥의 틈 사이로 새어버린 것처럼 보이는 물 분자들의 움직임은 실제로 매우 특별하다. 그 움직임은 너무도 정확하여, 만일 그 모든 입자의 움직임을 역으로 수행한다면 물이 가득 차 테이블 위에 놓인 원래의 낮은 엔트로피 상태를 복원할 수 있을 것이다. (이것이 성립해야 하는 이유는 이러한 모든 움직임의 역이 단순히 시간의 방향을 뒤집는 것이기 때문이다. 그에 따르면 유리잔은 실제로 스스로 재구성되어 테이블 위로 튀어올라야 한다.) 그러나 그와 같이 모든 물 분자가 잘 조화되어 움직이는 것은 우리가 낮은 엔트로피와 관련하여 말하는 '특별함'과는 다른 종류의 것이다. 엔트로피는 명백히 드러난 무질서를 말한다. 입자 운동의 정확한 상호작용에 내재해 있는 질서는 드러난 질서가 아니기 때문에 시스템의 엔트로피를 낮추는 것으로 간주되지 않는다. 그러므로 엎질러진 물 분자들의 질서는 그러한 질서로 간주되지 않고, 엔트로피는 높은 것이다. 그러나 맞추어진 유리잔 속의 명백한 질서는 낮은 엔트로피값을 갖는다. 이는 입자의 움직임에 대한, 여러 가능한 배열 상태 중 비교적 적은 수의 배열 상태만이 온전하게 조립되고 채워진 물잔의 '명백한 형태'와 양립할 수 있다는 사실을 나타낸다. 반면에 이는 마룻바닥의 틈 사이로 흘러내리는 약간 덥혀진 물의 '명백한 형태'가 이보다 훨씬 많은 입자의 움직임들과 양립할 수 있다는 사실과도 관련이 있다.

열역학 제2법칙에 따르면 독립적으로 분리된 시스템의 엔트로피는 시간이 지남에 따라 증가한다(혹은 가역 시스템의 경우 불변한다). 우리가 입자들의 상호 연관된 움직임을 낮은 엔트로피로 간주하지 않은 것은 타당한 것으로 보인다. 그렇지 않다면 그 시스템의 '엔트로피'는, 그 정의에 따르면 항상 불변하기 때문이다. 엔트로피 개념은 단지 분명히 드러난 무질서에만 적용해야 할 것이다. 이 우주에서 다른 것들과 분리된 하나의 시스템은, 그 엔트로피의 총합이 증가하므로 처음에 뚜렷한 조직체로 시작했더라도 종국에는 부식되어버릴 것이며, 그 명백한 특성들은 입자들의 '쓸데없는' 상호 연관된 움직임으로 변환되어버릴 것이다. 제2법칙은 마치 절망의 평결처럼 보인다. 그것이 주장하는 것이, 어떤 조직체이건 필연적으로 계속 무너져내려야 한다는 냉혹하고 절대적인 물리 원칙의 존재이기 때문이다. 뒤에서 이와 같은 부정적인 결론이 완전히 맞는 것은 아니라는 사실을 보게 될 것이다!

엔트로피란 무엇인가?

그렇다면 물리 시스템에서 말하는 엔트로피란 정확히 무엇인가? 앞에서 엔트로피라는 것이 명백한 무질서에 대한 일종의 측정도라고 했는데, 여기에 사용된 '명백한'이나 '무질서'와 같은 불명확한 용어들로 인하여 엔트로피 개념은 정확하고 과학적인 값으로 보기에 곤란한 것처럼 느껴진다. 또한, 제2법칙에는 엔트로피 개념의 부정확한 요소를 보여주는 것 같은 또 한 가지 면모가 있다. 즉 엔트로피가 일정하지 않고 실제로 증가하는 것은 소위 불가역 시스템에서만 그렇다는 것이다. '불가역irreversible'이란 무엇을 의미하는가? 만약 모든 입자의 세세한 운동까지도 고려한다면 모든 시스템은 가역적이다! 그러나 실제적 관점에서는 테이블에서 떨어져 박살나는 유리잔이나 달걀을 뒤섞는 것, 커피에서 설탕이 녹는 것 등은 모두 불가역적이라 보아야 할 것이다. 반면 몇 개의 입자가 서로 부딪혀 튕기거나 에너지가 열로 손실되지 않도록 조심스럽게 조정된 여러 상황은 가역적이라 할 수 있다. 기본적으로 '불가역'이라는 용어는 단지 시스템 내 입자 하나하나의 운동에 관한 모든 세부 사항을 추적하거나 조정할 수 없다는 사실을 뜻한다. 이러한 손댈 수 없는 움직임을 '열heat'이라고 한다. 따라서 불가역성은 단순히 '실행성'의 문제인 것처럼 보인다. 실제적으로 우리는 뒤섞은 달걀을 섞이지 않은 것으로 만들 수 없다. 비록 그것이 역학 법칙에 따르면 전혀 문제가 없는 과정이더라도 말이다. 그렇다면 여기에서 말하는 엔트로피의 개념은 과연 실행 가능 여부에 의해 좌우되는 것인가?

제5장에서, 물리적 개념인 에너지에 대해 운동량이나 각운동량처럼 입자의 위치, 속도, 질량, 힘 등을 이용하여 정확한 수학적 정의를 내릴 수 있었음을 기억하기 바란다. 그러나 엔트로피의 개념을 위하여 필요한 '명백한 무질서'라는 개념은 어떻게 수학적으로 정확하게 만들 수 있을까? 물론 한 관찰자에게 '명백한' 것이 다른 관찰자에게는 아닐 수도 있다. 이는 각 관찰자가 대상 시스템을 얼마나 정확히 측정할 수 있느냐에 의해 좌우된다고 볼 수 있지 않을까? 더 좋은 측정 기구를 가진 관찰자

는 시스템을 구성하는 미세한 요소들에 대하여 다른 관찰자보다 훨씬 더 자세한 정보를 얻을 수 있을 것이다. 그 관찰자에게는 시스템에 관한 더 많은 '감추어진 질서'가 명백히 드러나기 때문에 그는 다른 관찰자보다 엔트로피가 낮다고 주장할 것이다. 또, '질서'와 '무질서'를 말할 때는 저마다의 미적인 판단도 개입되기 십상이다. 어떤 화가는 테이블 가장자리에 놓여 있던 끔찍히도 흉한 유리잔보다는 깨진 유리 조각들이 훨씬 아름답게 정돈되었다는 의견을 피력할 수도 있다! 그와 같이 예술적인 감수성을 가진 관찰자의 판단에 따르면 과연 엔트로피가 실제로 줄었다고 말할 수 있을까?

이러한 주관성의 문제를 생각할 때, 엔트로피 개념이 정밀한 과학적 설명에 조금이라도 유용할 수 있다는 것은 놀랍다(그러나 그것은 분명 유용하다!). 이러한 유용성의 이유는, 특정 시스템에서의 질서로부터 무질서로의 변화가, 입자들의 자세한 위치와 속도 면에서 볼 때 너무나 어마어마하기 때문에 (거의 모든 상황의) 거시적 규모에서 무엇이 '명백한 질서'이고 무엇이 아닌가에 대한 어떠한 견해 차이든 모두 압도해버릴 수 있다는 것이다. 특히 맞춰진 유리잔과 깨진 유리잔 중 어떤 것이 더 질서 있는 배열인가에 대한 화가와 과학자의 판단은 그 엔트로피 측정에서는 거의 아무런 영향도 미치지 못한다. 엔트로피를 결정하는 훨씬 중요한 요소는 온도의 미세한 상승을 유발하는 무작위적인 입자의 움직임, 그리고 물과 유리잔이 땅에 부딪힐 때 발생하는 물의 증발 등이 될 것이다.

엔트로피 개념에 대해 더 정확하게 알아보기 위하여, 제5장에서 소개한 위상 공간의 논의 개념을 다시 한 번 생각해보자. 특정 시스템의 위상 공간은 보통 수없이 많은 차원을 가지며, 공간의 각 점은 전체적인 물리적 상태의 세세한 사항까지 표시한다는 사실을 기억하기 바란다. 위상 공간의 한 점은 고려 대상인 물리 시스템을 구성하는 입자들 하나하나에 대응하는 모든 위치 및 운동량 좌표를 나타낸다. 엔트로피 개념을 위해서는, 명백히 드러나는(즉 육안으로 보이는) 성질의 측면에서 볼 때 동일하다고 할 수 있는 모든 상태를 그룹으로 나눌 방법이 필요하다. 그러므로 위상 공간을 여러 개의 구획으로 나누어(<그림 7-3> 참조), 특정 구획에

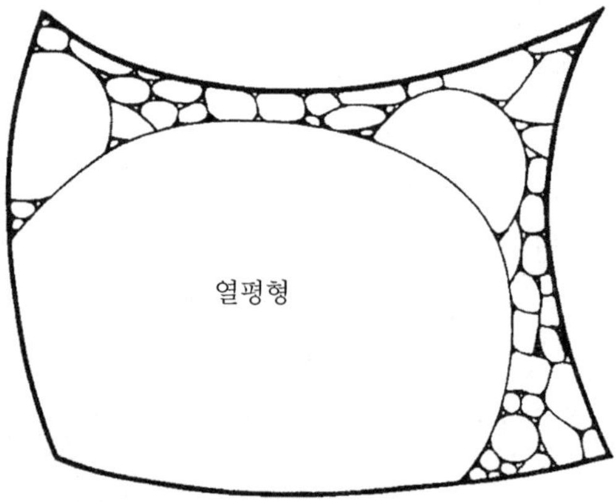

<그림 7-3> 위상 공간을 육안으로는 식별할 수 없는 상태들의 영역으로 나누는 굵게 뭉치기 방법. 엔트로피는 위상 공간 부피의 로그값에 비례한다.

포함되는 서로 다른 점들에 대하여 비록 입자 구성이나 움직임 등의 세세한 내용은 다르더라도 육안으로 관찰할 수 있는 특성은 동일하다고 볼 수 있도록 할 필요가 있다. 명확히 드러난 것의 관점에서 보면 한 구획 내의 모든 점은 동일한 물리 시스템을 표시한다고 간주되어야 한다. 위상 공간을 이와 같이 구획들로 나누는 것을 위상 공간의 굵게 뭉치기coarse graining라고 한다.

그런데 이들 구획 중에서 어떤 것들은 다른 것에 비하여 엄청나게 큰 형태로 나타난다. 가령 상자 속에 든 기체의 위상 공간을 생각해보자. 거의 모든 위상 공간은, 기체가 상자 전체에 잘 퍼져 있고 입자들은 동일한 온도와 기압을 유지하는 전형적인 방식으로 움직이는 상태에 대응할 것이다. 이러한 전형적인 형태의 움직임은, 어떤 의미에서는 가능한 한 가장 '임의적'이라 할 수 있는데, 그것을 앞서 본 맥스웰의 이름을 따서 맥스웰 분포Maxwellian distribution라고도 한다. 기체가 그와 같이 무작위적인 상태로 있을 때 이를 열평형thermal equilibrium 상태에 있다고 한다. 위상 공간에는 열평형에 대응되는 점들로 이루어진 방대한 용적이 있다. 이 부분의 각 점은 열평형 상태에 해당하는 각 입자의 위치와 속도에 대한 여러 자세한 배열을 나타낸다. 이 거대한 용적은 여기에서 말하는 위상 공간 내의 한 구획에 해당하는데, 이들 중 가장 크고 실제로 전체 위상 공간의 대부분을 차지한다! 기체의 또 다른 상태로서, 예를 들어 모든 기체가 상자의 한쪽 구석에만 몰려 있는 상태를 생각해보자. 이때도 마찬가지로 여러 개의 세세한 상태가 있어서 이들 모두가 똑같이 구석에 있는 기체를 설명한다. 이 상태들은 거시적으로는 서로 구분되지 않는데, 위상 공간에서 이들을 나타내는 점들은 위상 공간의 또 하나의 구획을 형성한다. 그러나 이 구획의 용적은 열평형 상태를 나타내는 용적보다는 훨씬 미세하다. 만약 그 상자가 $1m^3$의 부피로, 평형 상태에서 보통의 대기압과 온도의 공기로 구성되었다고 보면, 그리고 구석의 영역을 $1cm^3$로 본다면 그 비율은 $10^{10^{25}}$이나 된다!

위상 공간의 용적들 사이의 이러한 불균형을 실감하기 위하여, 여러 개의 공이 일정한 수의 칸 속에 퍼져 분포되어 있는 단순화된 상황을 생각해보자. 각 칸은 비어 있거나 한 개의 공만을 갖고 있다고 가정하자. 공은 기체의 분자를 나타내고, 칸들은 상자 내에서 분자들이 차지할 수 있는 여러 위치를 나타낸다. 여기서 칸 몇 개를 작은 소집합으로 묶어 이를 특별 칸으로 부르기로 하자. 이들은 상자의 한쪽 구석 구역에 해당하는 기체 분자의 위치를 나타내게 된다. 분명히 하기 위해 전체 칸의 $\frac{1}{10}$이 특별 칸이라고 하자. 말하자면, n개의 특별 칸과 9n개의 비특별 칸들이 있는 것이다(<그림 7-4> 참조). 우리는 m개의 공을 그 칸들에 무작위로 분포시킨 후 모든 공이 특별 칸에 놓이게 될 확률을 구하고자 한다. 공이 하나뿐이고 10개의 칸이 있다면(그러므로 특별 칸은 한 개) 가능성은 당연히 $\frac{1}{10}$이다. 공이 하나, 칸이 10n개(n개의 특별 칸)인 때에도 마찬가지이다. 따라서 한 개의 원자를 갖는 '기체'의 경우 '구석에 몰린' 기체에 해당하는 특별 구획은 전체 '위상 공간' 부피의 $\frac{1}{10}$을 차지한다. 그러나 공의 수를 늘리게 되면 그들이 모두 특별 칸에 들어가게 될 확률은 확 줄어든다. 공이 2개인 경우 20개의 칸(그중 2개는 특별 칸)이라면[3](m=2, n=2) 확률은

3 일반적인 수 n, m에 대해서는 확률은 $\frac{{}_nC_m}{{}_{10n}C_m}=\frac{n!(10n-m)!}{(10n)!(n-m)!}$ 이다.

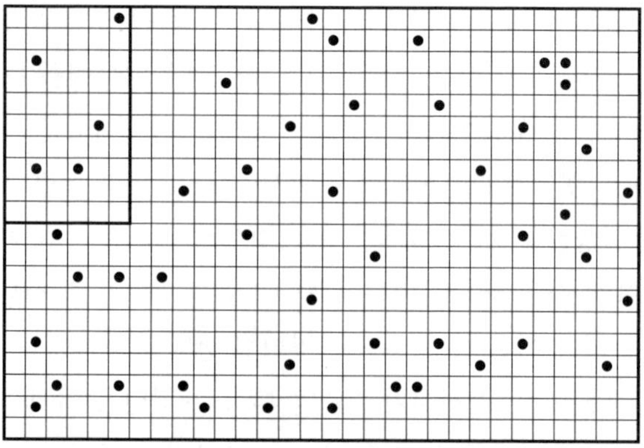

<그림 7-4> 상자 속에 기체가 있는 모형. 작은 공 몇 개가 훨씬 많은 칸 속으로 분배된다. $\frac{1}{10}$에 해당하는 칸들은 **특별** 칸으로 분류한다. 이들은 왼쪽 상단 구석에 표시되어 있다.

$\frac{1}{190}$이고, 또 100개의 칸(10개의 특별 칸)이라면(m=2, n=10) 확률은 $\frac{1}{110}$이 되며, 칸의 수가 아주 많아지면 $\frac{1}{100}$ 가까이 된다. 따라서 2개의 원자를 갖는 '기체'에 대한 특별 구획의 부피는 '위상 공간' 전체 부피의 $\frac{1}{100}$에 지나지 않는다. 공 3개와 30개 칸의 경우(m=3, n=3) 확률은 $\frac{1}{4060}$, 그리고 칸의 수가 아주 많아지면 $\frac{1}{1000}$, 그러므로 삼원자 '기체'의 경우 특별 구획의 부피는 이제 '위상 공간' 전체 부피의 $\frac{1}{1000}$이 된다. 공 4개에 칸이 극대이면 확률은 $\frac{1}{10000}$이 되고, 공 5개에 칸이 극대이면 확률은 $\frac{1}{100000}$이 되고, … 계속 그렇게 나간다. 공이 m개이고 칸이 극대이면 확률은 $\frac{1}{10^m}$이 되고, m 원자 '기체'에 대한 특별 구역의 부피는 '위상 공간'의 $\frac{1}{10^m}$이 된다. ('운동량'을 포함해도 역시 마찬가지이다.)

이것을 앞에서 본 상자 속의 실제 기체라는 상황에 적용할 수 있는데, 단 이제는 전체의 $\frac{1}{10}$을 특별 칸으로 하는 것이 아니고 전체의 100만 분의 1($\frac{1}{1000000}$)만을 차지한다고 가정한다(즉 $1m^3$에 $1cm^3$). 이것은, $\frac{1}{10^m}$의 가능성이 아니라 이제는 $\frac{1}{1000000^m}$, 즉 $\frac{1}{10^{6m}}$의 가능성이 된다는 의미이다. 보통 공기의 경우 상자 속에는 총 10^{25}개 정도의 분자가 존재하므로 $m = 10^{25}$이다. 따라서 기체 모두가 한쪽 구석에 몰려 있는 상황을 나타내는 위상 공간의 구획은 전체 위상 공간에서 단지

$$\frac{1}{10^{60\ 000\ 000\ 000\ 000\ 000\ 000\ 000\ 000}}$$

의 부피를 갖는다!

어떤 상태의 엔트로피는 그 상태를 표시하는 위상 공간 내 점을 포함하는 구획의 부피 V에 대한 측정치이다. 이러한 부피들 사이에 존재하는 엄청난 불균형을 감안하면, 엔트로피의 값을 그냥 이 부피에 비례하는 것으로 보기보다는 그 로그값에 비례하는 것으로 간주하는 편이 더 나을 것이다.

$$entropy = k \log V$$

이처럼 로그값을 취하면 이들 숫자가 좀 더 그럴듯하게 보일 것이다. 예를 들면 1000만의 로그값[4]은 겨우 16쯤 된다. 여기에서 상수 k는 볼츠만 상수Boltzmann's constant라고 불리는 값을 말한다. 그 값은 켈빈 온도당 10^{-23}J쯤 된다. 여기에서 로그를 취하는 주된 이유는 엔트로피가 독립 시스템에서 가법적additive일 수 있도록 하기 위함이다. 그러므로 완전히 독립적인 두 시스템의 총 엔트로피는 각 시스템의 엔트로피를 합한 값이다. (이는 로그함수의 기본적인 대수학적 특성의 결과이다. 즉 $\log AB = \log A + \log B$이다. 두 시스템이 각각의 위상 공간에서 구획 A와 B에 속했다면 둘이 같이 있게 될 위상 공간의 부피는 그들의 곱 AB가 된다. 각 시스템에 대한 확률은 다른 편에 대한 확률을 분리하여 계산해야 하기 때문이다. 그러므로 통합된 시스템의 엔트로피는 반드시 개별적인 두 엔트로피의 합이 된다.)

위상 공간에서의 구획 크기 간 막대한 불균형은, 엔트로피의 견지에서 좀 더 타당해 보인다. 앞에서 설명했듯이 m^3 크기 기체 상자의 엔트로피는 cm^3 크기 '특별 구역'에 농축된 기체의 엔트로피보다 단지 약 $1400JK^{-1}(=14k\times10^{25})$ 정도만 크다($\log_e(10^{6\times10^{25}})$은 약 14×10^{25}이므로).

4 여기에서 로그란 자연로그를 말하는 것으로서 기수 10 대신 $e=2.7182818285\cdots$를 사용한다. 그러나 이 차이는 크게 중요하지 않다. n에 대한 자연로그인 $x=\log n$은 e를 몇 승 해야 n을 구할 수 있는가 하는 것이다. 즉 방정식 $e^x=n$의 해가 된다.

이들 구획에 대하여 실제 엔트로피값을 구하려면, 단위 선택(미터[m], 줄[J], 킬로그램[kg], 켈빈 온도[K], … 등)에 좀 더 신경을 써야 할 것이다. 그러나 그 작업은 이 책의 논의 범위를 벗어나며, 실제로 내가 뒤에서 사용할 엉터리 엔트로피값들에 있어서 그것의 단위는 그다지 문제가 되지 않는다. 그러나 명확성을 기하기 위하여 (전문가들의 경우) 양자역학의 법칙들에서 사용되는 자연 단위를 채택할 텐데, 여기에서는 볼츠만 상수가 1이 된다.

$$k = 1$$

제2법칙의 전개

이제 모든 기체가 상자 한쪽 구석에 모여 있는 매우 특수한 상황에서 하나의 시스템을 시작한다고 가정해보자. 바로 다음 순간부터 기체가 확산되기 시작하고, 부피는 급속도로 늘어날 것이다. 그리고 얼마 후 그것은 열평형 상태에 돌입하게 된다. 이러한 상황을 위상 공간의 견지에서 본다면 어떻게 될까? 각 단계마다, 모든 입자의 위치와 운동에 대한 완전하고도 세부적인 상태가 위상 공간에서 한 점으로 표시될 것이다. 기체가 점점 확산되면서 이 점은 위상 공간을 방황하게 되는데, 그 자세한 자취가 바로 모든 기체 입자의 전체적인 역사를 표시하게 된다. 그 점은 매우 작은 구역(기체 전부가 상자의 한 특정한 구석에 있게 되는, 모든 가능한 초기 상태들의 집합을 표시하는 구역)에서 시작된다. 기체가 퍼지기 시작하면서 이 동점은 기체가 상자 내에 약간 퍼진 상태에 해당하는, 훨씬 더 큰 위상 공간 지역으로 진입할 것이다. 위상 공간의 점은 기체가 점점 멀리 퍼져감에 따라 더 큰 부피의 구역으로 계속 진입하게 되는데, 그 새로운 구역들은 이전에 존재하던 구역들을 완전히 압도할 정도로 엄청난 비율로 부피가 커진다(<그림 7-5> 참조)! 각각의 경우 일단 그 점이 큰 구역으로 진입하면, 이전에 있던 작은 구역으로 다시 들어갈 가능성은 (실제로)

<그림 7-5> 열역학 제2법칙의 움직임. 시간이 흐름에 따라 위상 공간의 점은 점점 더 큰 부피의 구역으로 들어간다. 결과적으로 엔트로피는 점점 증가한다.

없다. 결국 그 점은 가장 큰 구역으로 사라져버리게 되는데, 그 구역이 바로 열평형 상태에 해당한다. 이 구역은 전체 위상 공간을 거의 다 차지하게 된다. 확실한 것은, 그 위상 공간의 점이 무작위적으로 배회한다 하더라도 우리가 상상할 수 있는 시간 내에 더 작은 구역으로 들어가는 일은 없을 것이라는 사실이다. 일단 열평형 상태에 도달하면 무슨 일이 있어도 그 상태는 영원히 지속된다. 따라서 위상 공간에서 적당한 구획의 부피를 단순히 로그한 측정치인 그 시스템의 엔트로피는 시간이 진행됨에 따라 증가한다는 불변의 성향을 갖게 된다.[5]

이제 제2법칙에 대한 설명이 어느 정도 나온 것 같다! 즉 우리는 앞의 위상 공간 점이 특정하게 계획된 길을 따라 움직이는 것이 아니라고 가정할 수 있고, 또 만일 그 점이 작은 엔트로피에 해당하는 매우 작은 위상 공간 용적에서 시작한다면 시간이 지남에 따라 분명히 점점 더 큰 위상 공간 용적으로 움직여갈 것이며, 이는 서서히 증가하는 엔트로피에

---

5 물론 위상 공간의 점이 더 작은 구역으로 절대 돌아갈 수 없다는 말은 사실과 다르다. 충분히 오래 기다린다면 비교적 작은 구역에 다시 들어갈 수도 있다. (이것을 푸앵카레 재귀Poincaré recurrence라고 부른다.) 그러나 대부분의 경우 그때까지의 시간이 터무니없이 길다. 예를 들면 기체가 모두 $1cm^3$의 구석에 모이려면 $10^{10^{26}}$년이 걸린다. 이는 우주가 지금까지 존재했던 시간보다도 훨씬 긴 시간이다! 이러한 가능성은 현재의 주제와는 별 관련이 없기 때문에 여기에서는 무시하기로 하겠다.

해당하게 될 것이라고 가정할 수 있다.

그런데 이 논의에서 우리가 유추해낸 결과를 보면 무언가 약간 이상한 점을 발견하게 된다. 시간 비대칭적인 결론이 나온 것이다. 엔트로피는 시간적으로 양의 방향으로 증가하며, 따라서 역시간 방향으로는 감소해야만 한다. 그럼 이 시간 비대칭성은 과연 어디에서 나온 것일까? 분명 우리는 그 어떤 시간 비대칭적인 물리법칙도 새로 도입하지 않았다. 우리는 시간 비대칭성이 단순히 시스템이 아주 특수한(저低 엔트로피) 상태에서 시작했다는 사실로부터 나오게 되었고, 그렇게 시스템을 시작함으로써 그것이 미래 방향으로 진행하는 동안 엔트로피가 증가한다는 것을 알게 되었다. 이러한 엔트로피의 증가는 실제로 우리가 있는 우주의 행동 방식과 일치한다. 그런데 똑같은 논의가 시간 역방향으로도 적용될 수 있었다. 다시 앞서와 마찬가지로 시스템이 주어진 특정 시점에 저엔트로피 상태로 있다고 가정하고, 이번에는 이 상태 이전에 일련의 특정 상태가 있었을 가능성이 있는지 생각해보자.

이 논의를 다음과 같이 역방향으로 시도해보겠다. 앞서와 같이, 저엔트로피 상태는 기체가 모두 상자의 한쪽 구석에 모여 있는 상태라고 가정하자. 위상 공간의 점은 앞에서 시작했던 것처럼 아주 작은 구역에 있을 것이다. 그런데 이번에는 역으로 지나온 자취를 거슬러 올라가보자. 위상 공간의 점이 앞에서처럼 무작위적으로 움직이며 다닌다고 가정한다면, 그 움직임을 시간적으로 거꾸로 거슬러 올라가며 기대할 수 있는 것은, 그것이 전처럼 훨씬 더 큰 구역으로 들어가되 그 구역이 기체가 상자 속에 약간 퍼진(그러나 아직 열평형 상태는 아닌) 상태라는 것이다. 그러고 나서 더욱 큰 구역으로 진출하는데, 그때마다 이전 크기보다 훨씬 큰 구역으로 들어가게 되고, 더욱 뒤로 가게 되면 열평형 상태를 나타내는 가장 큰 구역에 도달하게 된다. 이제 우리가 유도한 내용은, 만약 기체가 한 시점에서 상자의 한쪽 구석에 몰려 있다면, 그렇게 된 가장 유력한 과정은 그것이 열평형 상태에서 시작하여 점점 자신을 상자의 한쪽 끝으로 집중시킴으로써 결국에는 구석의 특정 구역으로 모이게 만든 것이라는 결론에 도달한 것 같다. 이 모든 과정을 통하여 엔트로피는 항상 감소해야만 한다. 즉 그것은 높은 평형값에서 시작하여 점차 감소하고, 결국 상자의 한쪽 구석에 집중된 기체에 해당하는 매우 낮은 값에 도달하는 것이다!

물론 이것은 실세계에서 일어나는 상황과는 전혀 다르다! 엔트로피는 결코 이런 식으로 감소하지 않는다. 그것은 증가한다. 만약 기체가 특정 시간에 상자의 한쪽 구석에 몰려 있다고 한다면, 이보다 훨씬 그럴듯한 그 직전의 상태는 그 기체가 구석에서 분리벽에 의하여 잡혀 있다가 벽이 순식간에 치워진 상태이다. 혹은, 그 기체는 얼어 있거나 액화 상태로 유지되고 있었으며, 재빨리 가열되어 기화되었을 수도 있다. 이 모든 가능성에 대하여 엔트로피는 그 이전 상태에서 더욱 낮았다. 제2법칙은 실제로 계속 성립되고 있었고 엔트로피는 항상 증가했다. 즉 역방향에서는 실제로 감소한 것이다. 이제 우리의 논의가 완전히 틀린 답을 제시한 것을 알 수 있다. 논의에 따르면 기체를 상자의 구석으로 몰 수 있는 가장 그럴듯한 방법은, 열평형 상태에서 시작하여 엔트로피가 지속해서 감소함에 따라 기체가 한쪽 구석으로 모인다는 것인데, 실세계에서 이와 같은 일은 거의 발생하지 않는다. 실세계에서는 기체가 이보다 훨씬 더 있을 수 없는(즉 낮은 엔트로피) 상태에서 시작하며, 엔트로피는 지속적으로 증가하여 결국 기체가 한쪽 구석에 모이는 상태의 값에 이르게 될 것이다.

우리의 논의는 과거 방향의 경우에는 문제가 있지만 미래 방향으로 적용했을 때는 아무런 문제가 없어 보였다. 미래 방향의 경우, 기체가 구석에 몰려 있는 상태에서 시작한다면 그 후에 발생할 가장 그럴듯한 현상은, 갑자기 분리된 구역이 생기거나 기체가 냉각·액화되는 것이 아니라 열평형 상태에 이르는 것이라는 사실을 정확하게 예측한다. 그와 같은 이상한 상황들은 미래 방향에 대하여 엔트로피를 낮추는 행위들로서, 지금의 위상 공간 논의에서는 정확하게 이들이 가능성에서 제외되는 것으로 보인다. 그러나 과거 방향일 경우에는 그러한 '이상한' 경우들이 정말로 발생할 수 있다고 보이고, 또 그러한 것들이 전혀 이상해 보이지도 않는다. 위상 공간적 논의가 그것을 시간의 역방향으로 적용하려 할 때는 완전히 틀린 답을 제공하는 것이다!

분명 이러한 사실은 원래의 논의에 의문을 제기하게 한다. 우리는 제2법칙을 유도한 것이 아니다. 실제로 그 논의에서 보여준 것은, 저엔트로피 상태에서(예를 들면 상자의 구석으로 몰린 기체) 시스템을 제한하는 다른 요소들이 없다면, 엔트로피는 그 상태에서 시간의 양방향에 대하여 증가할 것으로 기대된다는 것이다(<그림 7-6> 참조). 이 주장은 바로 그러한 요소들이 존재한다는 사실 때문에 시간의 과거 방향에 대해서는 정확하게 성립하지 않았다. 사실, 과거에는 시스템을 제한시키는 무언가가 있었던 것이다. 과거에 그 무언가가 엔트로피를 억지로 낮은 상태가 되도록 만들었다. 미래 방향으로 엔트로피가 높아지려는 경향은 놀라운 것이 아니다. 고高엔트로피 상태는 어떤 의미에서는 '자연스러운' 상태이며, 이에 대해 더 설명할 것도 없다. 그러나 과거의 저엔트로피 상태는 그야말로 수수께끼이다. 과거의 그 무엇이 엔트로피를 그렇게 낮게 제한하고 있는 것일까? 엔트로피가 엉뚱하게 낮은 상태가 흔히 존재한다는 것은 우리가 살고 있는 우주의 놀라운 사실 가운데 하나이다. 다만 그러한 상태들이 너무 흔하고, 또 우리에게 친숙하기 때문에 사람들은 일반적으로 그것을 놀라운 사실로 간주하지 않는 경향이 있다. 우리 자신만 하더라도 실로 우스울 정도로 작은 엔트로피를 갖는 구조이다! 앞에서의 논의

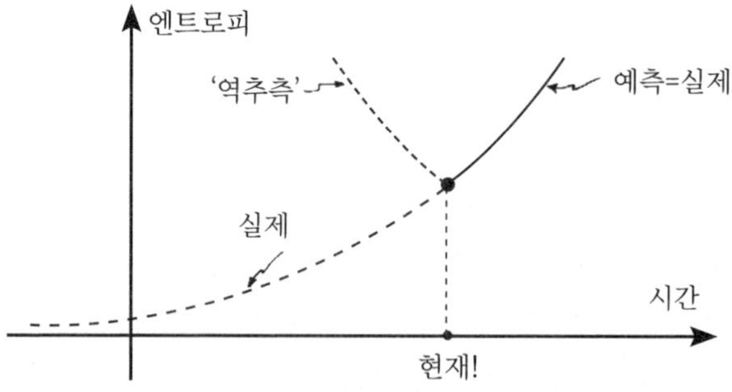

<그림 7-6> <그림 7-5>에서 주어진 논의를 시간의 역방향으로 적용할 경우 그 엔트로피가 과거로 갈수록 더 커져야 한다는 추측을 할 수 있다. 그러나 이는 실제 관측 결과와 판이하게 다르다.

는, 만약 저엔트로피 상태가 주어지고 그 엔트로피가 나중에 더 높아진다 하더라도 놀랄 필요가 없음을 시사한다. 오히려 우리가 놀랄 만한 사실은, 더욱 먼 과거에 대하여 그것을 살펴보면 엔트로피는 점점 더 작아진다는 것이다!

우주의 저엔트로피의 기원

우리가 살고 있는 이 세상의, 이와 같이 '놀라운' 저엔트로피는 대체 어디에서 온 것인지 알아보자. 우선 우리 자신에 대해서 시작해보자. 만약 우리 자신의 저엔트로피가 어디로부터 왔는지 알 수만 있다면 분할 구역에 들어 있는 기체의(혹은 테이블 위의 물잔이나 프라이팬 위의 달걀, 혹은 커피잔 위쪽에 들고 있는 설탕 덩어리 등의) 저엔트로피가 어디로부터 오는지에 대해서도 이해할 수 있을 것이다. 경우마다 어떤 사람 혹은 사람들의 집단이(혹은 암탉까지도!) 그에 대해 직접 또는 간접적으로 책임이 있다. 어쩌면 어느 정도까지는 우리 안에 있는 작은 저엔트로피 부분들이 이러한 다른 저엔트로피 상태를 만드는 데 이용되었을 것이다. 아니면 다른 요소들이 연관되었을 수도 있다. 어쩌면 분할된 구역 뒤에 진공 펌프가 있어서 상자의 구석으로 기체를 빨아들이는 데 쓰였는지도 모를 일이다. 펌프가 수동 조작되는 것이 아니라면, 특정한 종류의 화석 연료(예: 석유)를 태워서 펌프가 작동하는 데 필요한 저엔트로피 에너지를 공급했을 것이다. 어쩌면 그 펌프는 전기적으로 작동했을지도 모르고, 그 경우 원자력 발전소의 우라늄 연료에 저장되어 있는 저엔트로피 에너지에 어느 정도 의존했을지도 모른다. 이들 다른 저엔트로피 에너지의 근원에 대해서는 뒤에서 다시 살펴볼 것이다. 우선은 우리 안의 저엔트로피에 대하여 생각해보자.

우리 몸의 저엔트로피는 과연 어디로부터 오는 것일까? 신체 내부의 조직은 우리가 먹는 음식과 우리가 호흡하는 산소로부터 생겨난다. 사람들은 때때로 우리가 음식과 산소를 섭취함으로써 에너지를 섭취한다고 말하지만, 이는 정확한 의미에서 꼭 들어맞는 말은 아니다. 우리가 먹은 음식이 신체 내부로 들이마신 산소와 결합하며, 그것이 에너지를 공급한다는 것은 사실이다. 그러나 대부분의 경우 이 에너지는 주로 열의 형태로 신체 밖으로 다시 배출된다. 에너지는 보존되기 때문에, 그리고 우리 신체의 실제 에너지 함유량은 성인기 전반에 걸쳐 대체로 일정하기 때문에 신체의 에너지 함유량을 단순히 늘여야 할 필요는 없다. 우리 몸은 그 내부에 이미 지닌 것보다 더 많은 에너지를 필요로 하지는 않는 것이다. 사실 체중이 늘어날 때 우리의 에너지 함유량도 늘기는 하지만 그것이 바람직하다고 여겨지지는 않는다. 또한 유년기에 성장해감에 따라 신체 구조가 커지면서 에너지 함유량도 크게 증가하기는 하지만 이는 여기에서 내가 말하고자 하는 바는 아니다. 문제는 우리가 정상적인 (주로 성인기) 삶의 전반에 걸쳐 어떻게 살아 있음을 유지하는 것인가이다. 이를 위하여 우리가 에너지 함유량을 늘여야 할 필요는 없다는 것이다.

그러나 열의 형태로 끊임없이 소비되는 에너지를 다시 채워놓아야 할 필요는 있다. 사실, 더 '활력적인' 사람일수록 이 형태의 에너지를 더 많이 소모하게 되고, 이 모든 에너지는 다시 채워져야 한다. 열은 에너지 형태 중 가장 무질서도가 높다. 즉 에너지의 형태 중 가장 높은 엔트로피를 갖는 것이다. 우리는 에너지를 저엔트로피 형태(음식과 산소)로 흡수하여 고엔트로피 형태(열, 이산화탄소, 분비물)로 내버린다. 에너지는 보존되기 때문에 우리의 환경으로부터 에너지를 따로 얻어야 할 필요는 없다. 그러나 우리는 끊임없이 열역학 제2법칙과 싸우고 있는 것이다. 엔트로피는 보존되지 않으며, 항상 증가하고 있다. 우리가 살아 있는 상태를 유지하기 위해서는 우리 몸속에 있는 엔트로피를 계속 낮추는 작업이 필요하다. 이를 위하여 저엔트로피 조합인 식품과 대기 중의 산소를 섭취하고 우리 몸속에서 이를 결합한 뒤, 신체 내부에 남게 될 고엔트로피 형태의 에너지를 방출해버리는 것이다. 이와 같은 방법으로 우리는 몸속의 엔트로피가 상승하는 것을 막고 우리의 내부 조직을 유지할 수 있게 된다(Schrödinger, 1967 참조).

이러한 저엔트로피의 공급은 어디로부터 오는 것일까? 우리가 섭취하는 음식이 고기(또는 버섯!)라면, 그것도 우리처럼 자체의 저엔트로피 구조를 만들고 유지하기 위해 또 다른 외부의 저엔트로피원에 의존할 것이다. 이는 단지 외부의 저엔트로피의 기원에 대한 문제를 다른 데로 떠넘긴 것에 불과하다. 그러므로 우리가(또는 동물이나 버섯이) 식물을 섭취한다고 가정해보자. 우리 모두는 녹색 식물의 영리함에 대하여 (직접 또는 간접적으로) 지대한 감사를 가져야 한다. 그들은 대기 중의 이산화탄소를 섭취하여 탄소와 산소를 분리한 뒤 그 탄소를 이용하여 자신의 물질을 만든다. 광합성photosynthesis이라 불리는 이 과정은 엔트로피를 크게 감소시키는 효과를 갖는다. 우리 자신은, 결과적으로 신체 내에서 단순히 산소와 탄소를 재결합시킴으로써 이와 같은 저엔트로피 분리를 이용한다. 녹색 식물은 어떻게 이러한 엔트로피 감소의 마술을 수행할 수 있을까? 그들은 태양광선을 이용한다. 태양의 광선은 비교적 저엔트로피 형태, 즉 가시광선의 광자를 통하여 지구에 에너지를 가져온다. 지구와 그 위에 사는 것들은 이 에너지를 그냥 보관하는 것이 아니라 (얼마 후에) 모두 우주로 다시 복사한다. 이때 재복사된 에너지는 고엔트로피 형태로서 '복사열'이라고 불리는데, 바로 적외선 광자를 의미한다. 우리가 흔히 생각하는 것과는 달리, 지구(와 그곳에 사는 생물)는 태양으로부터 에너지를 얻지 않는다! 지구는 에너지를 저엔트로피 형태로 받아서, 그것을 고엔트로피 형태로 우주에 다시 모두 토해내는 일을 한다(<그림 7-7> 참조). 태양은 우리에게 거대한 저엔트로피원을 제공하는 역할을 한다. 우리는 (식물들의 영특함으로 인하여) 이를 이용하고, 궁극적으로는 이 저엔트로피로부터 아주 작은 부분을 추출해내 이를 오묘하고 복잡하게 조직된 구조인 우리 자신의 몸으로 변환시킨다.

태양과 지구에 대한 종합적인 관점에서, 에너지와 엔트로피에 무슨 일이 벌어지는지 살펴보자. 태양은 가시광선의 광자 형태로 에너지를 발산한다. 이들 중 일부는 지구에 흡수되며, 그 에너지는 적외선 광자의 형태로 재방출된다. 여기서 가시광선과 적외선 광자 사이의 중요한 차이점은, 가시광선은 높은 주파수를 갖기 때문에 적외선에 비하여 높은 에너지를 갖는다는 것이다. (p. 347에 주어진 플랑크의 공식 $E=h\nu$를 기억하기 바

<그림 7-7> 태양이 우주의 암흑 가운데 있는 열점이라는 사실을 우리는 어떻게 이용하는가?

란다. 이는 광자의 주파수가 높을수록 그 에너지도 높다는 사실을 말해준다.) 가시광선의 광자 하나하나는 각각의 적외선 광자보다 높은 에너지를 갖기 때문에, 지구까지 도달하는 가시광선 광자들은 지구에서 내보내는 적외선 광자들보다 수가 적어야 하고, 결과적으로 지구로 들어오고 나가는 에너지는 균형을 이루게 된다. 지구로부터 우주 밖으로 방출되는 에너지는 지구가 태양으로부터 받는 에너지보다 훨씬 높은 자유도로 퍼져나간다. 에너지가 밖으로 다시 방출될 때 너무나 큰 자유도가 적용되기 때문에 위상 공간의 부피는 훨씬 커지고 엔트로피도 어마어마하게 증가한다. 녹색 식물은 저엔트로피 형태(비교적 적은 수의 가시광선 광자)로 에너지를 흡수하여 그것을 고엔트로피 형태(비교적 많은 수의 적외선 광자)로 재복사함으로써 이러한 저엔트로피를 섭취하고 우리에게 필요한 산소-탄소 분리를 공급할 수 있는 것이다.

이 모든 것은 태양이 하늘에 있는 열점hot-spot이라는 사실로 인해 가능하다! 하늘은 온도에 대하여 불균형 상태에 있다. 즉 태양이 점유한 작은 지역이 나머지 지역보다 훨씬 높은 온도에 있는 것이다. 이것은 우리에게 필요한 강력한 저엔트로피원을 제공해준다. 지구는 그 열점으로부터 저엔트로피 형태(적은 수의 광자)의 에너지를 받아서 찬 지역으로 고엔트로피 형태(많은 수의 광자)의 에너지를 재복사한다.

태양은 왜 그러한 열점인가? 어떻게 그러한 온도의 불균형을 이루어 저엔트로피 상태를 만들 수 있었는가? 그 해답은, 이전에는 균일하게 분포되었던 기체(주로 수소)가 중력 수축에 의하여 형성되었다는 사실에 있다. 초기 형성기에 그러한 수축이 일어나는 과정에서 태양이 가열되었고, 온도와 압력이 특정한 지점에 다다르자 중력 수축이 아닌 새로운 형태의 에너지원, 즉 열핵 반응thermonuclear reaction이 나타나게 되었다. 이 열핵 반응이 아니었다면 수축과 가열은 아마도 훨씬 더 오랫동안 계속되었을 것이다. 열핵 반응이란 수소 핵이 헬륨 핵으로 융합하는 과정에서 에너지가 발생하는 것으로, 이것이 아니었다면 태양은 아마 지금보다 훨씬 더 뜨거워지고 작아져서 결국에는 소멸해버렸을지도 모른다. 열핵 반응은 실제로 태양이 더 수축하지 못하게 함으로써 더 뜨거워지는 것을 방지하고, 결과적으로 태양이 우리에게 적당한 온도를 유지하게끔 안정시키고 더욱 오래 빛날 수 있도록 만들어준다.

열핵 반응이 태양의 특성과 그로부터 복사되는 에너지량을 결정하는 데 매우 중요한 역할을 한다는 것은 의심할 여지가 없지만, 결국은 중력이 가장 중요함을 인식하는 것이 중요하다. (사실 열핵 반응의 가능성은 태양의 낮은 엔트로피에 무척 중요하게 기여하는 것이 사실이지만, 융합 엔트로피와 관련된 문제들은 매우 까다로울 뿐만 아니라 이를 자세히 논의하는 것은 최종 결론과 관계없이 논의만 복잡하게 만들 뿐이다.)[6] 중력이 없었더라면 태양은 아마 존

6 별에 있는 가벼운 핵들(예를 들면 수소의)이 무거운 핵들(예를 들면 헬륨 혹은 궁극적으로 철의)로 결합하는 가운데 엔트로피가 증가한다. 마찬가지로, 지구상에 현존하는 수소에도 많은 '저엔트로피'가 있어서 언젠가는 '핵융합' 발전소에서 이 수소를 헬륨으로 전환함으로써 활용할 수 있을 것이다. 이런 방법을 통해서 엔트로피를 얻을 수 있다는 가능성은, 중력이 원자핵을 농축하고, 이 원자핵들이 광대한 우주 공간 속으로 탈출하여 현재 2.7K 흑체 배경 복사(p. 476 참조)를 구성하는 수없이 많은 광자로부터 멀어지게 했기 때문에 존재하는 것이다. 이 배경 복사는 보통 별들에 있는 것보다 훨씬 큰 엔트로피를 보유하는데, 이들이 다시 합성되어 별들의 물질로 들어가게 된다면 대부분의 무거운 원자핵을 또다시 분해함으로써 별들의 구성 입자들로 돌려놓을 것이다! 그러므로 핵융합으로 얻은 엔트로피는 '일시적'인 것이고, 그것은 중력의 농축 효과로 인해 가능한 것이다. 우리는 앞으로, 비록 핵융합에 의해 얻어지는 엔트로피가 중력으로부터 직접 얻을 수 있

재할 수조차 없었을 것이다! 열핵 반응이 없었더라도 태양은 아직 빛나고 있을 것이다. 그것이 비록 우리에게 적합한 형태는 아닐지 모르지만 말이다. 그러나 물질들을 서로 응집시키고 그에 필요한 온도와 압력을 만들어주는 중력이 없었다면 빛나는 태양은 결코 존재할 수 없었을 것이다. 중력이 없었다면 태양 대신 차가운 기체만이 넓게 퍼져 있었을 것이고, 하늘에는 어떠한 열점도 없었을 것이다!

땅속 '화석 연료'에 있는 저엔트로피원에 대해서 아직 검토하지 않았다. 하지만 그 내용은 기본적으로 같다. 전통적인 이론에 따르면 땅의 모든 석유(혹은 천연가스)는 선사시대의 식물들로부터 생긴 것이다. 여기에서도 또다시 식물이 저엔트로피원으로서 등장한다. 선사시대 식물들은 그들의 저엔트로피를 태양으로부터 얻었다. 그래서 우리는 다시금 퍼져 있는 기체로부터 태양을 형성하는 중력 현상에 대하여 고려하게 된다. 지구 속에 있는 석유의 기원에 대하여 토머스 골드Thomas Gold가 제기한 재미있고 독창적인 이론이 있는데, 전통적인 관점과 달리 지구에는 선사시대의 식물에서 나올 수 있는 것보다 훨씬 많은 양의 탄화수소가 이미 존재하고 있었다는 것이다. 골드는 지구가 형성되는 과정에서 석유와 천연가스가 지구 내부에 갇히게 되었고, 그 이후로 끊임없이 지하 광맥으로 새어나오는 것이라고 믿고 있다.[7] 골드의 이론에 따르면 지구의 생성 이전에도 석유가 태양광선에 의하여 우주 한가운데에서 합성될 수 있었다. 다시 한 번 중력에 의하여 생성된 태양이 주역으로 등장하는 것이다.

원자력 발전소에서 사용되는 우라늄 235 동위원소의 저엔트로피 핵에너지는 어떠한가? 이것은 원래 태양으로부터 온 것은 아니고(물론 특정 단계에서 태양을 거쳐 온 것은 분명하지만), 수억 년 전에 슈퍼노바supernova(초

는 엔트로피에 비하여 훨씬 크다 할지라도(흑체 배경의 엔트로피는 훨씬 더 크다), 이것은 순전히 지엽적이고 임시적인 상태라는 것을 보게 될 것이다. 중력의 엔트로피 자원들은 핵융합이나 2.7K 복사보다 훨씬, 엄청나게 크다!(비교: pp. 502-503).

7 최근 스웨덴의 극심층 시추ultra-deep well drilling를 통해 얻은 증거들이 골드의 이론을 지지한다고 해석할 수도 있겠지만, 그것은 아직 논란의 대상이 되고 있으며, 이에 대한 다른 고전적 설명도 가능하다.

신성) 폭발 시 함께 폭발한 다른 별에서 생성된 것이다! 실제로 그 물질은 그렇게 폭발한 수많은 별로부터 모인 것이다. 이 별들의 구성 물질들이 폭발에 의해 우주 밖으로 쏟아져나왔고, 그들 중 일부가 모여서 (태양의 작용에 의해) 우라늄 235를 포함한 지구의 모든 중重원소들을 형성하게 되었다. 각 원자핵과 그것에 저장된 저엔트로피의 에너지는 특정 슈퍼노바의 폭발 중 발생한 맹렬한 핵 처리 과정에서 생성되었다. 그 폭발은, 너무 거대하여 열 압력을 주체하지 못하게 된 항성의 중력 붕괴 결과로서 발생했던 것이다.[8] 그 붕괴와 뒤따르는 폭발의 결과로서 작은 핵심부만이 남게 되는데, 이는 아마도 중성자별neutron star이라고 하는 형태를 취할 것이다. (이에 대해서는 뒤에서 다시 보기로 하자!) 그 별은 처음에는 구름처럼 퍼져 있는 기체가 중력에 의하여 수축된 것이었는데, 우라늄 235를 포함한 원래 물질의 대부분은 우주 밖으로 다시 내보내졌을 것이다. 그러나 남아 있는 중성자별로 인해 중력 수축에 의한 엄청난 엔트로피를 얻게 되었다. 여기에서도 다시 한 번 궁극적인 역할을 하는 것이 중력으로, 이번에는 퍼져 있는 기체를 중성자별로 응축시키는 결과를 가져왔다.

우리 자신에 대하여 알게 된 그 모든 놀라울 정도로 낮은 엔트로피는 (제2법칙의 가장 불가해한 면모이기도 하지만) 바로, 넓게 퍼져 있는 기체를 항성으로 만드는 중력 수축을 통하여 엄청난 엔트로피가 얻어진다는 사실에 기인한다는 결론에 도달했다. 그렇다면 모든 넓게 퍼져 있는 기체는 대체 어디로부터 나왔을까? 이 기체가 애당초 흩어진 상태로 시작한다는 사실이 바로 저엔트로피의 광대한 저장소 역할을 할 수 있게 하는 이유가 된다. 우리는 아직도 이 저장된 저엔트로피에 의존하여 살고 있으며, 앞으로도 오랫동안 그렇게 계속될 것이다. 이 기체가 중력에 의하여 응집될 수 있다는 가능성 때문에 제2법칙이 탄생한 것이다. 그리고

---

8 여기에서는 이것이 '유형 II'인 슈퍼노바라고 가정한다. 만약 그것이 '유형 I'인 슈퍼노바였다면 여기에서도 각주 6에서 논의한 핵융합에 의한 '일시적인' 엔트로피 증가라는 견지에서 생각했을 것이다. 하지만 유형 I 슈퍼노바는 그다지 많은 우라늄을 생성할 것으로 보이지 않는다.

이 중력에 의한 응집은 제2법칙뿐만 아니라, "이 세계의 엔트로피는 극히 낮은 데서 시작했다"라는 단순한 문장을 넘어서 훨씬 더 정확하고 자세한 그 무엇을 생성했다. 엔트로피가 '낮다'는 것은 어쩌면 우리에게 여러 가지 다른 모습으로 제시되었을 수도 있다. 즉 초기의 우주에는 우리가 실제로 볼 수 있는 '질서'와는 사뭇 다른, 매우 '명백한 질서'가 있었을 것이다. (초기 우주가 정십이면체였거나[플라톤에게는 설득력 있게 들렸을지 모르지만], 아니면 다른 기묘한 기하학적 형태였다고 상상해보자. 이러한 것도 물론 '명백한 질서'가 될 수는 있을 테지만, 초기 우주가 실제로 그러한 형태였다고는 여겨지지 않는다!) 우리는 이러한 퍼져 있는 기체가 모두 어디로부터 나온 것인지 알아보아야 한다. 이를 위해서는 우주론의 이론들을 살펴볼 필요가 있다.

우주론과 빅뱅

가장 강력한 망원경(광학 혹은 전파)으로 살펴본 바에 따르면, 우주는 아주 큰 규모에서 보면 매우 균일한 형태로 보인다. 그러나 더욱 놀라운 것은 그것이 팽창하고 있다는 사실이다. 더 멀리 보면 볼수록 먼 은하계들은(그리고 더욱 먼 퀘이서quasar까지도) 우리로부터 더욱 빨리 멀어져가는 것처럼 보인다. 마치 우주 자체가 하나의 거대한 폭발(수백억 년 전에 있었던 빅뱅big bang[대폭발]이라고 불리는 사건)로 인하여 생성된 것처럼 보인다.[9] 이러한 균일성과 빅뱅이 실제로 존재한다는 사실을 설득력 있게 뒷받침하는 증거로서 흑체 배경 복사black-body background radiation라는 것이 있다. 이것은 절대온도 약 2.7°(2.7K), 즉 섭씨 −270.3° 혹은 화씨 −454.5°의 온도에 해당하는 열복사(즉 발원지가 분명치 않은 광자들의 무작위적인 움직임)이다. 이것은 극히 낮은 온도 같지만(사실 그러하다!) 빅뱅 때 나온 섬광의

---

9 현재로서는 아직도 이 계산에 대하여 6×10^9년부터 1.5×10^{10}년까지 논쟁이 분분하다. 이 수치들은 1930년쯤 에드윈 허블Edwin Hubble이 우주가 팽창한다는 사실을 처음으로 관찰했을 당시에 적당하다고 간주된 10^9년이라는 수치보다는 상당히 큰 것이다.

잔유물로서 나타난다! 우주가 빅뱅 이후 그처럼 엄청난 비율로 팽창했기 때문에, 이 시초의 불덩어리는 실로 엄청난 비율로 퍼져나갔다. 빅뱅의 온도는 현재 다다를 수 있는 수준을 훨씬 넘어서는 것이었겠지만, 이러한 팽창 때문에 그 온도는 지금의 흑체 배경이 갖는 극솟값으로 냉각되었다. 이 흑체 배경의 존재는 1948년에 러시아계 미국인 물리학자이자 천문학자였던 조지 가모프George Gamow가 이미 예언한 바 있는데, 그는 이제는 정설화된 빅뱅 그림을 기초로 이를 예언했다. 그것은 아르노 앨런 펜지어스Arno Allan Penzias와 로버트 우드로 윌슨Robert Woodrow Wilson이 1965년 (우연히) 최초로 관측했다.

여기에서 사람들이 흔히들 궁금해하는 질문을 하나 던져보겠다. 만약 먼 우주의 은하계들이 모두 우리에게서 멀어지고 있다면 그것은 우리가 아주 특수한 중심 위치를 차지하고 있음을 의미하는 것이 아닐까? 그런 것은 결코 아니다! 먼 은하계가 그처럼 물러나는 것은 우주의 어떤 장소에 있더라도 관찰될 수 있는 현상이다. 그 팽창은 크게 보았을 때 일정하며, 특정한 위치가 다른 위치보다 선호되는 것은 결코 아니다. 이는 때때로 풍선을 부는 것으로 묘사된다(<그림 7-8> 참조). 풍선 위에 은하계를 나타내는 점들이 그려져 있다고 가정하고, 2차원의 풍선 표면이 3차원 우주 공간 전체를 나타낸다고 하자. 풍선의 각 점으로부터 모든 다른 점들이 멀어져가는 것은 분명하다. 이로써 풍선의 그 어떤 점도 다른 점보다 낫다고 볼 수 없다. 마찬가지로, 우주의 각 은하에서 보았을 때 다른 은하계들은 모든 방향으로 동일하게 멀어져간다.

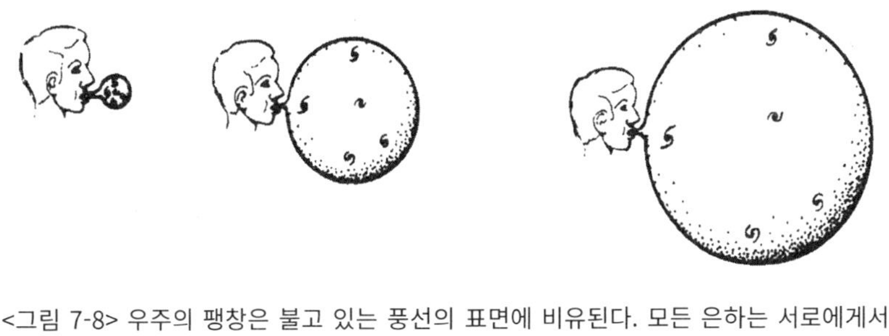

<그림 7-8> 우주의 팽창은 불고 있는 풍선의 표면에 비유된다. 모든 은하는 서로에게서 멀어진다.

팽창하는 풍선은 우주에 대한 소위 프리드먼-로버트슨-워커Friedmann-Robertson-Walker: FRW의 세 가지 표준 모델 중 하나인 공간적으로 폐쇄된 양곡면positively curved FRW 모델을 잘 묘사해준다. 다른 두 가지 FRW 모델(제로, 혹은 음곡면)에서도 같은 방식으로 우주가 팽창하기는 하지만 이들은 풍선의 표면처럼 공간적으로 유한한 우주가 아닌 무한한 우주와 무한대의 은하계를 갖는다.

두 가지 무한 모델 중 이해하기 쉬운 것은 제로 곡면을 갖는 것으로서, 여기에서 사용되는 공간 기하는 유클리드 기하이다. 즉 보통 평면이 전체 우주 공간을 나타내고, 그 위에 은하계를 나타내는 점들이 있다고 생각해보자. 우주가 시간에 따라 진화해나가면서 이 은하들은 서로로부터 균일하게 멀어져간다. 이것을 시공 개념으로 생각해보면, 그 경우 각 '시간적 순간'에 대하여 유클리드 평면이 하나씩 있게 되고, 이들 평면이 차곡차곡 쌓여 전체 시공간을 한번에 보여주는 그림을 만들 수 있다(<그림 7-9> 참조). 각 은하계는 곡선(은하계의 역사에 대한 세계선)으로 표시되고 이들 곡선은 미래 방향으로 나아가며 서로 멀어져간다. 여기에서도 특정 은하계의 세계선이 선호되지는 않는다.

FRW 모델 중 나머지 하나인 음곡면negative curvature 모델의 공간 기하는 제5장에서 설명한 비유클리드 기하인 로바체프스키 기하로서, <그림 5-2>(p. 252)에 제시된 에셔의 그림으로 묘사할 수 있다. 시공간적으로 설명하면, 각 '시간의 순간'에 대하여 이러한 로바체프스키 공간이 하나씩 필요한데, 이들을 차곡차곡 쌓으면 전체 시공간의 그림이 된다(<그림 7-10> 참조).[10] 여기에서도 은하의 세계선은 미래 방향으로 서로 멀어지는 곡선이 되고, 어느 은하계도 특별히 선호되지 않는다.

물론 지금까지의 설명에서는 3개의 공간 차원 중 한 개를 생략함으로써(제5장 p. 302에서 했던 것처럼) 완전한 4차원의 시공간 그림보다 더욱 가

10 나는 제로나 음의 공간 곡률을 갖는 모델을 무한 모델infinite model이라 불렀다. 그렇지만 그러한 모델들을 '접음으로써folding up' 이들을 공간적으로 유한하게 만들 수 있는 방법들이 있다. 이에 대한 사항은 실제 우주와는 관계가 없는 것으로 보이고, 현재의 논의에도 별로 영향을 미치지 않는 것으로 보여 여기에서는 그것을 고려하지 않기로 하겠다.

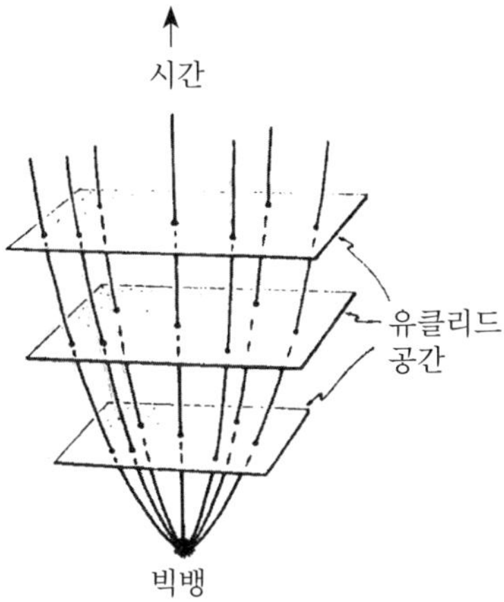

<그림 7-9> 유클리드 공간 부분이 있는, 팽창하는 우주의 시공간 그림 (2개의 공간 차원만 묘사됨)

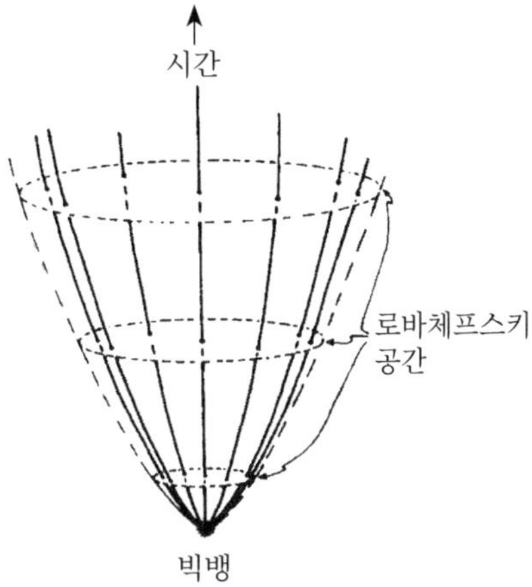

<그림 7-10> 로바체프스키 공간 부분이 있는, 팽창하는 우주의 시공간 그림 (2개의 공간 차원만 묘사됨)

시적인 3차원의 시공간을 제시했다. 그렇더라도, 공간 차원을 또 하나 없애지 않고서는 양곡면 시공간을 시각화하기가 매우 어렵다! 그렇게 하기 위해 양곡면 폐쇄 공간 우주를 풍선의 표면에 해당하는 구면(2차원)이 아닌 원(1차원)으로 표시해보자. 우주가 팽창함에 따라 이 원은 크기가 늘어나고, 이 원들을 쌓아 올려(각 '시간의 순간'마다 원 하나씩) 생겨나는 일종의 볼록한 원추 형태로 시공간을 나타낼 수 있다(<그림 7-11> (a) 참조). 그런데 아인슈타인의 일반상대성 공식에 따르면 이 양곡면 폐쇄 우주는 영원히 계속될 수 없다. 일단 최대 팽창의 단계에 이른 후에는 그 자신의 내부로 붕괴되기 시작하여 빅뱅의 반대 과정을 거치면서 마침내 제로의 크기로 되돌아간다(<그림 7-11> (b) 참조). 이와 같이 시간이 역전된 빅뱅을 때로는 빅 크런치big crunch라고도 한다. 음곡면 혹은 제로 곡면의 (무한) 우주 FRW 모델은 이런 식으로 재붕괴되지 않는다. 빅 크런치에 다다르는 대신 영원히 팽창한다.

최소한 이것은 소위 우주 상수cosmological constant를 0으로 잡는 표준 일반상대성에서는 성립된다고 볼 수 있다. 이 우주 상수에 0이 아닌 적절한 값을 취하는 경우 공간적으로 무한한 우주 모델이 빅 크런치로 재

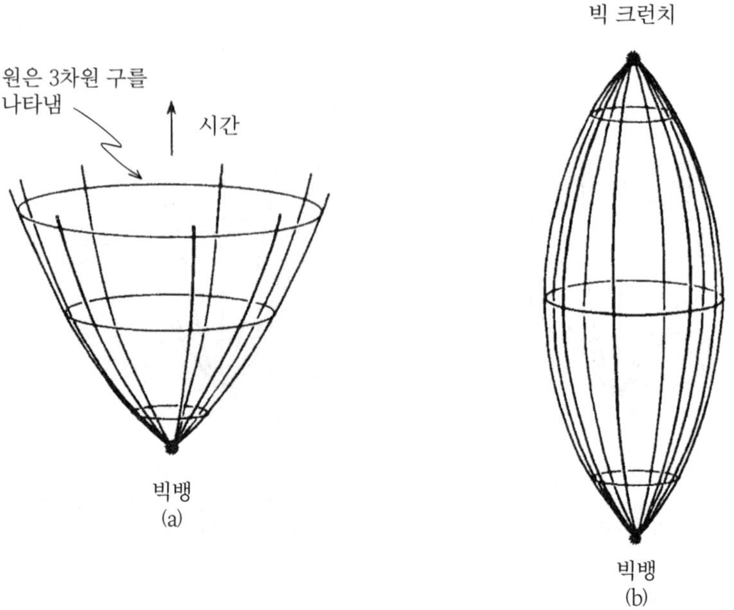

<그림 7-11> (a) 구형의 공간 부분들을 갖는, 확장하는 우주의 시공간 그림(공간에 대해서는 1차원만 표시되었음), (b) 궁극적으로 이 우주는 마지막 빅 크런치에 의해서 다시 붕괴된다.

붕괴할 수도 있고, 혹은 끝없이 팽창하는 유한 양곡면 모델도 가능해진다. 0이 아닌 우주 상수를 도입하면 설명이 약간 복잡해지기는 하겠지만 여기에서의 내용과 근본적인 차이는 없을 것이다. 여기에서는 설명을 단순화하기 위하여 우주 상수를 0으로 잡기로 하자.[11] 이 글이 쓰이고 있는 현재, 관찰된 결과에 따른 우주 상수의 값은 매우 작기 때문에 그것을 0이라고 하더라도 대부분의 데이터와 일관성을 갖는다. (우주 모델에 대하여 더 자세한 정보를 원하면 Rindler, 1977을 참조.)

불행하게도 현재의 데이터만으로는 제안된 우주 모델 중 어떤 것이 분명히 옳은가(혹은 미소한 우주 상수의 존재가 전체적으로 얼마나 중요한 영향

11 아인슈타인은 1917년 우주 상수라는 것을 처음으로 소개했는데, 1931년 이를 다시 취소하면서 우주 상수 개념의 도입은 자신의 '최대의 실수'였다고 토로한 바 있다.

을 미치는가)를 알 수 없다. 외적인 면에서만 본다면, 여러 가지 데이터로 미루어볼 때 우주는 공간적으로 음곡면(크게 보았을 때 로바체프스키 기하를 따르는)이고 끝없이 팽창할 것처럼 보인다. 이는 대체로 눈에 보이는 형태로 존재하는 실제 물체의 양에 대한 관찰에 근거한 것이다. 그러나 우주에는 보이지 않는 형태의 물질도 엄청난 양으로 퍼져 있을 수 있고, 그 경우 우주는 양곡면의 형태로, 궁극적으로 빅 크런치 형태로 재붕괴될 수 있다. 다만 시간 규모는 우주가 지금까지 존재했던 10^{10}년 정도보다도 훨씬 길게 보아야 할 것이다. 이러한 재붕괴가 가능하기 위해서는 우리가 망원경을 통해서 직접 분별할 수 있는 것들의 약 30배에 해당하는 물질이, 이러한 보이지 않는 형태(가칭 '암흑물질dark matter'이라고 불린다)로서 우주에 스며들어 있어야 한다. 꽤 많은 양의 암흑물질이 실제로 존재한다는 몇 가지 훌륭한 간접 증거가 있기는 하지만 그것이 '우주를 닫을'(혹은 공간적으로 평평하게 만들) 만큼(그리고 재붕괴시킬 수 있을 만큼) 충분히 많은가에 대해서는 대부분 미해결의 문제로 남아 있다.

시초의 불덩어리

열역학 제2법칙의 기원을 찾는 문제로 되돌아가보자. 지금까지 우리는 널리 퍼져 있는 기체가 존재했으며, 이들이 압축되면서 별들이 생성되었다는 것까지 추적했다. 이 기체는 대체 무엇일까? 이들은 어디에서 온 것인가? 그것은 주로 수소인데, 약 23%(질량)의 헬륨과 약간의 다른 물질을 포함한다. 정규 이론에 따르면 이것은 우주를 창조한 거대한 폭발(빅뱅)의 결과로 뿜어져나온 것이다. 그러나 중요한 것은 이 폭발이 우리가 흔히 생각하는 종류의 폭발, 즉 특정한 중심점으로부터 기존의 공간으로 물질이 배출되는 형태라고 생각하면 안 된다. 여기에서는 공간 그 자체가 폭발로 인하여 창조되었고, 중심점이라는 것도 현재나 과거에 존재하지 않는 것이다! 어쩌면 이 상황은 양곡면의 경우로 상상하는 것이 가장 쉬울 것이다. <그림 7-11>을 다시 살펴보거나 <그림 7-8>의 크게 분 풍선을 생각해보기 바란다. 폭발의 결과로서 생성된 물질이 쏟아져 들어갈 '기존의 빈 공간'은 없다. 공간 자체, 즉 '풍선의 표면'은 폭발에 의하여 비로소 그 존재가 생겨난다. 한 가지 주의할 것은, 양곡면의 그림에서 '주위 공간'(풍선이 있는 유클리드 공간, 혹은 <그림 7-11>의 시공간이 놓여 있는 3차원의 세계)이 사용된 것은 단지 시각적 효과만을 위한 것이지, 이 주위 공간이 물리적 실재성을 갖는다고 여겨서는 안 된다는 것이다. 풍선의 안쪽과 바깥쪽에 있는 공간은 단순히 풍선 표면에 대한 시각화를 쉽게 하기 위하여 있는 것이다. 즉 풍선의 표면 그 하나만이 우주의 물리 공간을 나타낸다고 보아야 한다. 이제 빅뱅으로 인하여 물질이 쏟아져나오게 될 중심점도 없다는 사실을 알아야 한다. 풍선의 중심에 있다고 간주되는 '점'은 우주의 일부가 아니라 단순히 그 모델의 시각화를 도와주는 도구에 불과하다. 빅뱅에 의하여 쏟아져나온 물질은 단순히 온 우주 공간에 균등하게 퍼져 있는 것이다!

다른 두 가지 모델에 대해서도 상황은 이와 똑같다(이보다 시각화의 어려움은 조금 더 있겠지만). 그 물질은 결코 우주의 한 점에 응축된 것이 아니며, 시초부터 전체 공간에 균일하게 채워져 있었던 것이다!

이러한 그림이 정규 모델standard model이라 불리는 뜨거운 빅뱅hot big bang 이론의 기저에 깔려 있다. 이 이론에 따르면 우주가 생성된 직후에는 시초의 불덩어리primordial fireball라고 불리는 지극히 뜨거운 상태였다. 이 불덩어리의 초기 성분의 성질과 구성 요소의 비율, 그리고 그 불덩어리(우주 전체에 해당)가 팽창되고 냉각되는 과정에서 구성 요소가 어떻게 변했는가에 대해서는 꽤 자세한 계산이 이루어졌다. 지금 시대와는 너무나 다른 상태의 우주에 대하여 신뢰할 만한 계산이 수행될 수 있었다는 것이 놀랍게 들릴지 모른다. 그러나 우주가 창조된 직후 10^{-4}초 경과할 때까지 어떤 일이 있었는가를 상관하지만 않는다면, 이 계산이 근거한 물리학 이론에 대해서는 아무런 이견이 없다! 그 순간, 즉 창조 직후 $\frac{1}{10000}$초로부터 약 3분 뒤까지는 그 양태가 이미 꽤 자세하게 계산되었는데(비교: Weinberg, 1977), 놀라운 것은 현재의 매우 다른 상태의 우주에 대한 실험 지식에 기반하여 정립된 기존 물리학 이론이 여기에도 잘 적용될 수 있다는 것이다.[12] 이 계산의 결과가 마지막으로 시사하는 것은, 우주 전반에 걸쳐 균일하게 퍼져 있는 것들은 수많은 광자(즉 빛), 전자와 양성자(수소의 원소들), 미량의 α(알파) 입자들(헬륨의 핵에 해당), 훨씬 적은 수의 중양자deuteron(중수소[즉 수소의 무거운 동위원소]의 핵), 그리고 아주 약간의 다른 종류의 핵들인데, 이외에도 어쩌면 중성미자neutrino와 같이 수많은 '보이지 않는' 입자들이 있을 수 있지만 이들은 거의 그 존재가 알려지지 않고 있다는 것이다. 물질의 구성 요소(주로 양성자와 전자)는 합쳐져서 기체(대부분 수소)를 생성하는데, 이들로부터 빅뱅 이후 10^8년경 별들이 생성되었다.

그러나 별들이 하루아침에 형성되지는 않았을 것이다. 기체가 더욱 팽창하고 냉각되면서 어떤 지역에서는 국소적 중력 효과가 전체적인 확장을 능가하기 시작함에 따라 기체의 응축이 필요하게 되었을 것이다. 여기에서 우리는 은하계가 실제로 어떻게 형성되었는가, 또 은하계의 형성이 가능하기 위하여 어떠한 초기의 불규칙성이 있어야 하는가에 대한 아직 풀리지 않은, 그리고 논란의 대상이 되는 문제에 직면하게 된다. 여기에서는 그러한 논쟁에 휘말리고 싶지 않다. 다만 초기의 기체 분포에서 특정한 종류의 불규칙성이 있었고, 어떤 이유에서인지 적절한 형태의 중력 응집이 형성되기 시작하면서 수천억 개의 별들로 이루어진 은하계의 형성이 시작되었다는 것만 받아들이기로 하자!

우리는 이제 널리 퍼져 있는 기체가 어떻게 생겨났는가에 대하여 알았다. 그것은 빅뱅 자체라고 할 수 있는 바로 그 불덩어리에서 나온 것이다. 이 기체가 우주 전역에 걸쳐서 놀라울 정도로 고루 퍼져 있다는 그

---

12 이러한 확신에 대한 실험적 근거는 주로 두 가지 데이터에 바탕을 두고 있다. 첫째로, 엄청난 속도로 움직이는 입자들이 서로 충돌하고 튕기며 쪼개지기도 하고 새로운 입자가 생성되기도 하는 등의 성질에 대해서는 세계 여러 곳에 설치된 고성능 입자 가속기에 의하여 이미 밝혀져 있고, 외계로부터 지구 표면을 때리는 우주선cosmic ray 입자들의 양태로부터 알 수도 있다. 둘째로, 알려진 바에 따르면 입자들이 상호작용하는 방식을 지배하는 파라미터들은 10^{10}년 동안 $\frac{1}{1000000}$도 변하지 않았다(비교: Barrow, 1988). 그러므로 그것은 시초의 불덩어리 시절 이래 그다지 많이 바뀐 것 같지는 않고, 어쩌면 전혀 바뀌지 않았을지도 모른다.

사실 때문에 중력 응집이라는, 엔트로피를 높이는 과정이 생기면서 제2 법칙의 자세한 형태가 나타나게 되었다고 볼 수 있다. 그럼 실제 우주에서는 물질들이 얼마만큼 균일하게 퍼져 있는 것일까? 별들이 모여서 은하계를 이룬다는 것은 앞서 언급했다. 은하계들은 모여서 은하계들의 클러스터cluster를 이루고, 이들은 또 소위 슈퍼클러스터supercluster를 이룬다. 심지어 이러한 슈퍼클러스터들이 모여 더욱 큰 슈퍼클러스터 복합체 supercluster complex를 이룬다는 증거도 나와 있다. 그러나 한 가지 중요한 것은 이러한 모든 불규칙성과 클러스터의 형성이 우주 전체의 균일성의 관점에서 보면 '새 발의 피'라는 것이다. 시간적으로 길게 보면 볼수록, 그리고 규모적으로 넓게 보면 볼수록 우주는 더욱 균일하게 보인다. 흑체 배경 복사는 이에 대한 가장 훌륭한 증거이다. 그에 따르면 우주가 단지 100만 년 되었을 때, 현재의 10^{23}km에 달하는 영역(우리가 있는 곳으로부터 10^{10}개의 은하가 들어찰 수 있는 거리)으로 보자면 우주와 그 모든 내용물은 $\frac{1}{100000}$의 단위까지 균일하다(비교: Davies, 1987). 우주는 그 기원이 그렇게 역동적이었음에도 불구하고 초창기부터 이미 매우 균일했던 것이다.

그러므로 바로 그 초기의 불덩어리가 기체를 공간 전체에 걸쳐 균일하게 퍼뜨려놓은 것이다. 우리의 탐색 작업은 여기까지 우리를 끌고 왔다.

빅뱅은 제2법칙을 설명할 수 있는가?

우리의 탐색은 과연 여기에서 끝나는 것인가? 우주 내의 엔트로피가 아주 낮은 상태에서 시작했다는 수수께끼 같은 사실(열역학 제2법칙을 탄생시킨 그 사실)은 우주가 빅뱅으로부터 출발했다는 상황만으로 과연 '설명'이 된 것인가? 잠시만 생각해보면 이러한 생각에는 어딘가 역설적인 데가 있음을 떠올릴 수 있다. 즉 그것은 결코 진정한 해답이 될 수 없는 것이다. 시초의 불덩어리는 열 상태로서 열평형에 도달하기 위하여 팽창하는 뜨거운 기체였음을 유념하기 바란다. 또, '열평형'이라는 용어가 엔트로피 상태를 말하는 것이었음을 기억하기 바란다. (상자 속의 기체에 대하여 그러한 경우 최대 엔트로피 상태라고 한 바 있다.) 그런데 제2법칙은 초기 상태에서 우주의 엔트로피가 최대가 아닌 특정한 형태의 최솟값이 되기를 요구하고 있는 것이다!

어디에서 잘못되었는가? 한 가지 '정설'은 대략 다음과 같다.

> 물론 처음에 불덩어리는 실제로 열평형 상태에 있었던 것이 사실이다. 그러나 당시의 우주는 매우 작았다. 그 불덩어리가 그와 같이 작은 크기의 우주에 허용될 수 있는 최대 엔트로피 상태를 나타내기는 하지만, 그렇게 허용된 엔트로피는 오늘날의 우주 크기에 허용될 수 있는 양에 비한다면 아주 작았을 것이다. 우주가 팽창함에 따라 그에 허용되는 최대 엔트로피 값도 증가했지만, 우주에 있는 실제 엔트로피는 이 허용 최대치에 훨씬 미달했다. 그러므로 제2법칙은 실제 엔트로피가 항상 허용 최대치를 따라잡으려고 하는 데에서 발생하는 것이다.

그렇지만 잠시만 헤아려보면 이것이 정확한 설명이 될 수 없음을 알 수 있다. 만약 이것이 사실이라면, 결국 빅 크런치로 재붕괴되는 (공간 폐쇄적인) 우주 모델의 경우에 이 주장이 역방향 시간으로도 적용될 수 있어야 한다. 우주가 결국 아주 작은 크기에 이르면, 거기에도 가능한 엔트로피의 한계가 있을 것이다. 따라서 우주가 팽창하던 초창기에 낮은 엔트로피를 만들던 똑같은 제약들이, 수축하는 우주의 최종 단계에서도 마찬가지로 적용되어야 한다. 시간이 감에 따라 우주의 엔트로피가 증가한다는 제2법칙은 바로 '태초'의 저엔트로피 제약으로부터 나온 것이다. 만약 동일한 저엔트로피 제약이 '마지막'에 적용된다면, 열역학 제2법칙에 커다란 모순이 있음을 알게 될 것이다!

물론 실제의 우주는 결코 이런 식으로 재붕괴하지 않을 수도 있다. 어쩌면 우리는 전체적으로 제로 곡면(유클리드식)이나 음곡면(로바체프스키식)의 우주에 살고 있는지도 모른다. 또, 어쩌면 우리는 (양곡면인) 재붕괴하는 우주에 살고 있지만 그러한 재붕괴가 너무 먼 미래에 일어날 것이기 때문에 현시대에는 제2법칙에 어긋나는 것을 감지하지 못하고 있는지도 모른다. 비록 이 관점에 따르면 우주 전체의 엔트로피가 결국 방향이 바뀌어 극히 작은 값으로 감소하게 되고, 우리가 오늘날 알고 있는 제2법칙과는 엄청난 차이가 발생하게 되겠지만 말이다.

사실 그러한 엔트로피의 반전으로 인한 우주의 붕괴가 있을지 모른다는 추측을 뒷받침해주는 아주 훌륭한 이유들이 있다. 이들 중에서 가장 유력한 것은 블랙홀로 알려진 신비한 물체와 연관된 것들이다. 블랙홀 안에는 붕괴하는 우주와 똑같은 소우주microcosm가 있다. 그러므로 만일 붕괴하는 우주에서 실제로 엔트로피의 반전이 일어난다면 블랙홀 부근에서도 제2법칙에 크게 위반되는 사항이 관찰되어야 할 것이다. 그러나 블랙홀에서도 제2법칙이 굳건히 지켜지고 있다고 믿을 만한 충분한 이유들이 있다. 블랙홀에 관한 이론들은 여기에서의 엔트로피에 대한 논의에 매우 중요한 정보를 제공하므로 이 신비한 물체에 대하여 좀 더 자세히 알아보아야 할 것이다.

블랙홀

우선 이 이론이 시사하는 태양의 궁극적인 운명에 대하여 생각해보기로 하자. 태양은 약 50억 년 동안 존재해왔다. 약 50~60억 년 후에 태양은 그 크기가 확장되기 시작하여, 거침없이 외부로 불어나 결국 그 표면이 지구의 궤도에까지 이르게 될 것이다. 그때는 태양이 적색 거성red giant이라는 형태의 항성이 된다. 수많은 적색 거성이 천체에서 관측되는데, 가장 잘 알려진 것으로는 황소자리의 알데바란Aldebaran과 오리온자리의 베텔기우스Betelgeuse가 있다. 표면이 확장되는 동안 그 핵심부에서는 지극히 밀도가 높은, 작은 크기의 응축체가 서서히 성장한다. 이 고밀도와 핵심부는 백색 왜성white dwarf의 속성을 갖게 될 것이다(<그림 7-12> 참조).

백색 왜성은 그 자체만으로는 극고밀도로 농축된 물질로 채워진 실제의 별로서, 탁구공 크기인데 무게는 수백 톤이나 된다! 그러한 별은

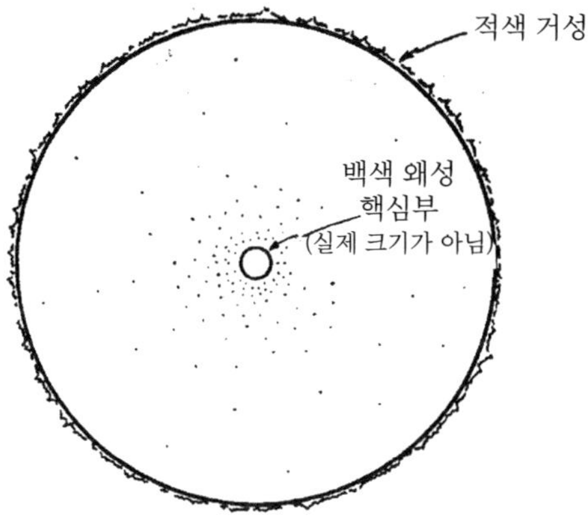

<그림 7-12> 백색 왜성의 핵을 가진 적색 거성

꽤 많이 관측된다. 아마 은하수의 빛나는 별 중 10% 정도가 백색 왜성일 것이다. 가장 잘 알려진 백색 왜성은 시리우스Sirius의 동반성companion star인데, 그 놀라운 고밀도 때문에 20세기 초에 수많은 천문학자가 의문을 가졌다. 후에 바로 이 별은 한 물리 이론(1926년경 랠프 파울러Ralph H. Fowler에 의해 제시된)에 놀라운 확증을 제공하게 되었다. 그 이론에 따르면 어떤 별들은 실제로 그처럼 큰 밀도를 가질 수 있으며, 이들은 '전자 퇴화 압력electron degeneracy pressure'에 의하여 서로 떨어져 있게 되는데, 그 의미는 파울리의 양자역학 배타 원리(p. 415)가 전자에 적용되는 것처럼 항성이 중력으로 인하여 내부로 붕괴하는 것을 방지한다는 것이다.

모든 적색 거성은 그 핵심부에 백색 왜성을 갖게 되고, 이 핵심부는 계속해서 항성의 몸체로부터 물질들을 모아들인다. 결국 적색 거성은 이 기생충과 같은 핵심부에 의하여 완전히 소멸되고 실제의 백색 왜성(지구 정도의 크기)만 남게 된다. 우리 태양은 적색 거성으로서 수십억 년'밖에' 존재하지 않을 것으로 추측된다. 그 후에는 최후의 '가시적인' 상태로서, 백색 왜성의 남은 재로 서서히 식으며 꺼져가는 형태의 태양이 수십억 년 정도 더 지속되다가 결국에는 보이지 않는 흑색 왜성이 되어 완전한 암흑 상태가 되고 말 것이다.[13]

별들이 모두 태양과 같은 운명을 갖는 것은 아니다. 어떤 것들은 이보다 훨씬 더 파란만장한 운명을 타고나 찬드라세카 한계치Chandrasekhar limit라는 것에 의하여 숙명지어진다. 그 한계란 백색 왜성이 가질 수 있는 최대의 질량을 말한다. 1929년 수브라마니안 찬드라세카Subrahmanyan Chandrasekhar가 수행한 계산에 따르면 백색 왜성은 그 질량이 태양의 약 $1\frac{1}{5}$ 이상이 되면 존재 자체가 불가능해진다. (찬드라세카는 인도의 젊은 유학도로서 인도에서 영국으로 유학 가는 배 위에서 이 계산을 했다.) 이 계산은 1930년경 러시아인 레프 란다우Lev Landau가 독자적으로 다시 수행했으며, 찬드라세카의 한계값에 대한 좀 더 정확한 현대의 수치는 약

$$1.4M_{\odot}$$

이다. 여기에서 $M_{\odot}$은 태양의 질량에 해당하는 단위로서, 즉 $M_{\odot}=1$ 태양 질량solar mass이 된다.

여기에서 주의할 것은 찬드라세카 한계치는 태양보다 그다지 크지 않은데, 수많은 보통 별이 이보다 큰 질량을 갖는 것으로 알려져 있다는 것이다. 예를 들어 질량이 $2M_{\odot}$인 항성의 궁극적인 운명은 어떻게 될까? 다시 말하면, 기존 이론에 의하면 항성은 그 크기가 차츰 늘어나면서 적색 거성이 되고, 앞서와 같이 그 핵심부의 백색 왜성은 서서히 질량이 늘어난다. 그러나 결정적인 단계에 이르면 핵심부는 찬드라세카 한계치에 도달하게 되고, 중력에 의해 발생한 막대한 압력은 파울리의 배타 원리만으로는 더 감당할 수 없게 된다.[14] 이 시점이나 대략 그 즈음에 핵심부는 파국적으로 그 내부를 향하여 붕괴되고, 엄청나게 증가된 온도와 압력에 봉착하게 된다. 결국 맹렬한 핵반응이 일어나면서 어마어마하게 많

---

13 실제로는 마지막 단계에서 그 왜성이 붉은 별로서 희미한 빛을 발하게 된다. 그러나 '적색 왜성red dwarf'이라는 것은 완전히 다른 특성을 갖는 별이다.

14 실제로 파울리의 원리는 전자들이 서로 같은 '장소'에 존재하는 것을 금하는 것이 아니라, 두 전자가 같은 '상태'에 있게 되는 것을 금하는 것이다. 이는 전자들이 운동하고 회전하는 형태까지도 포함한다. 실제 문장은 이보다 약간 미묘하여 처음 발표되었을 때 많은 논란의 대상이 되었는데, 문제를 제기한 대표적인 인물로는 아서 에딩턴Arthur S. Eddington을 들 수 있다.

은 양의 에너지가 핵심부로부터 중성미자의 형태로 배출된다. 이것은 내부로 붕괴되던 항성의 외부 온도를 상승시키고, 이어서 엄청난 폭발이 뒤따른다. 그리고 그 별은 슈퍼노바로 변한다!

그 이후, 아직도 붕괴되고 있는 핵심부에는 어떤 일이 발생할까? 이론에 따르면 그것은 백색 왜성 내부에 이미 존재하는 엄청난 고밀도보다도 훨씬 더 큰 밀도에 도달한다. 그 핵심부는 중성자별(p. 475)로 안정될 수 있는데, 이제는 중성자 퇴화 압력neutron degeneracy pressure(파울리 원리를 중성자에 적용한 것)이 이를 유지하게 해준다. 그 밀도는 매우 높아서 중성자별 물질로 이루어진 탁구공 하나가 헤르메스Hermes 유성(혹은 화성의 위성인 데이모스Deimos) 전체의 무게에 해당하게 된다. 이것은 원자핵 자체 내의 밀도와도 비슷한 수준이다! (중성자별은 거대한 원자핵과 같아서 그 반경이 수십 킬로미터에 이를 수도 있지만, 이는 별의 기준에서 보면 지극히 미세한 것이다!) 그러나 이번에는 찬드라세카 한계치와 비슷한 새로운 한계치(란다우-오펜하이머-볼코프 한계치Landau-Oppenheimer-Volkov limit)가 적용되는데, 현재 인정되는 (개정된) 값은 대략

$$2.5M_{\odot}$$

쯤 되며, 이 수치를 넘어서면 중성자별이 독자적으로 존재할 수 없다.

만약 원래 별의 질량이 너무 커서 이 새로운 한계치조차도 넘어서는 경우에는 붕괴 중인 핵심부에 어떤 일이 발생할까? 가령 수많은 항성은 그 질량이 $10M_{\odot}$에서 $100M_{\odot}$ 사이를 선회한다고 알려져 있다. 이들이 항상 그 많은 질량을 떨쳐버리고, 나머지 핵심부가 중성자별의 한계치 내에 들기란 거의 불가능할 것이다. 그 대신 예상되는 결과는 이들이 결국 블랙홀이 되리라는 것이다.

블랙홀이란 무엇인가? 그것은 중력장이 너무 강해져서 빛조차도 그것을 벗어날 수 없게 된 공간(혹은 시공)의 영역을 말한다. 상대성 이론이 제시하는 것 중의 하나가 광속이 한계 속도라는 점을 유념해보자. 즉 어떠한 물질체나 신호도 지엽적인 빛의 속도를 능가할 수는 없다는 것이다(p.

302, p. 325). 따라서 빛이 블랙홀을 벗어날 수 없다면, 그 무엇도 벗어날 수 없다.

탈출 속도escape velocity의 개념에 대하여 잘 아는 독자들도 있을 것이다. 이것은 어떤 물체가 커다란 본체로부터 탈출하려 할 때 필요한 속도를 말한다. 만약 그 몸체가 지구일 때 탈출 속도는 약 40,000km/h이다. 지구 표면으로부터 이 값을 초과하는 속도로(지표로부터 반대 방향으로) 던져진 돌은 지구를 완전히 탈출해버릴 것이고(공기의 저항으로 발생하는 결과들을 무시한다면), 이 속도 이하로 던져진 돌은 지구로 다시 떨어질 것이다. (따라서 "모든 상승하는 것은 떨어질 수밖에 없다"는 말은 진리가 아니다. 물체는 탈출 속도 이하로 던져졌을 때만 돌아오는 것이다!) 목성의 경우 탈출 속도는 220,000km/h이고 태양의 경우에는 2,200,000km/h이다. 이제 태양의 질량이 현재 반경의 $\frac{1}{4}$인 구형에 집중되어 있다고 가정하면, 탈출 속도는 현재의 두 배로 늘어날 것이다. 만약 더욱더 집중되어 있다면, 가령 현재 반경의 $\frac{1}{100}$인 구형에 훨씬 더 집중되어 있다면 탈출 속도는 10배로 늘어날 것이다. 이를 통해 충분히 질량이 크고 농축된 물체의 경우 탈출 속도는 광속마저도 능가할 수 있음을 예상할 수 있다! 이러한 것이 발생할 때 블랙홀이 생성된다.[15]

<그림 7-13>은 물체가 붕괴하여 블랙홀을 형성하는 것을 시공 도표로 묘사하고 있다(여기에서는 붕괴 과정이 구면 대칭spherical symmetry을 꽤 성실히 유지하는 형태로 진행된다고 가정했고, 하나의 공간 차원을 생략했다). 광원추들이 표시되었는데, 이는 제5장의 일반상대성에 관한 논의(pp. 320-321)에서 다루었듯이 물질체나 신호의 움직임에 대한 절대적인 한계를 나타낸다. 원추는 중심을 향하여 안쪽으로 기울기 시작하며, 이들이 중심

15 그러한 생각은 일찍이 1784년에 영국의 천문학자 존 미첼John Mitchell이, 그리고 얼마 후에는 피에르 드 라플라스Pierre S. M. de Laplace가 각각 발표한 바 있다. 그들은 우주에서 가장 무겁고 농축된 몸체는 실제로(블랙홀처럼) 볼 수 없다는 결론을 내렸는데, 그들의 (분명 예언적이라 할 수 있는) 논의는 뉴턴 이론에 따라 수행되었기 때문에 이러한 결론은 기껏해야 일종의 논란거리가 될 뿐이었다. 올바른 일반상대론적 연구 결과는 오펜하이머와 슈나이더(Oppenheimer & Snyder, 1939)가 최초로 제시했다.

에 있을수록 기울기가 심해진다는 사실에 주목하기 바란다.

슈바르츠실트 반경Schwarzschild radius이라 불리는, 중심으로부터의 임계 거리가 있는데, 그곳에서는 광원추들의 외부 한계가 도표에서 수직이 된다. 이 거리에서 빛(광원추를 따라야 하는)은 붕괴된 몸체 위를 떠다닐 수밖에 없고, 빛이 추스릴 수 있는 최대의 외부를 향하는 속도는 단지 어마어마한 중력의 흡인력에 겨우 대응할 수 있을 정도가 된다. 슈바르츠실트 반경을 따라 이 부영hovering하는 빛의 가장자리에 의해 추적된 시공간의 (3차원) 표면(즉 빛의 전체 역사)을 블랙홀의 (절대)사건 지평선event horizon이라고 부른다. 사건 지평선 안의 모든 것은 외부로 벗어날 수 없으며, 외부 세계와의 통신도 불가능하다. 이는 원추들이 기울어진 모양, 그리고 모든 운동이나 신호가 이 원추들 내에서만(또는 원추상에서만) 전파되도록 제한되어 있다는 근본 사실을 통해서 알 수 있다. 수 태양 질량 정도인 항성의 붕괴에 의해 형성된 블랙홀은 그 지평선의 반경이 수 킬로미터 정도이며, 은하의 중심에는 이보다 훨씬 큰 블랙홀들이 존재할 것으로 예상된다. 우리의 은하수 은하계에는 아마도 100만 태양 질량 정도인 블랙홀이 존재할 것이고, 그 홀의 반경은 수백만 킬로미터에 이를 것이다.

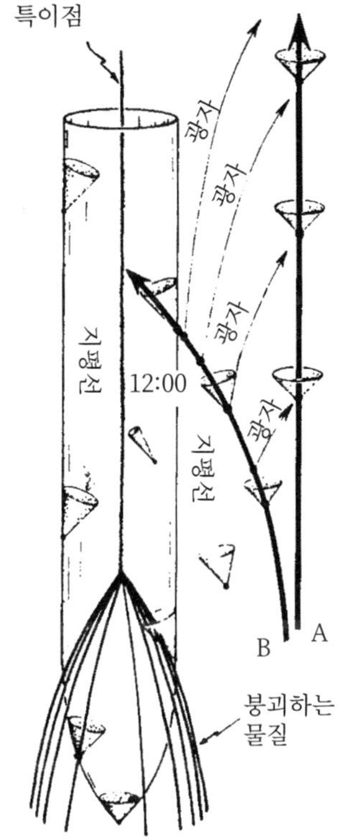

<그림 7-13> 블랙홀로 붕괴되는 과정을 나타내는 도표. 슈바르츠실트 반경은 '지평선'으로 표시된다.

붕괴되어 블랙홀을 형성하게 된 실제 물질체는 모두 지평선 안에 남아 있게 되고, 그 이후에는 이들과 외부의 모든 접촉이 두절된다. 이 물체의 예상되는 운명에 대해서는 잠시 후 다시 생각해보기로 하자. 우선

은 붕괴에 의하여 생성되는 시공 기하에 우리의 관심을 모아보자. 그것은 매우 이상한 의미를 함축한 시공 기하이다.

커다란 블랙홀 안으로의 여행을 결심한 용감한(아니면 무모한?) 우주 비행사 B와, 사건 지평선 밖에 안전하게 남아 있는 그의 소심한(아니면 신중한?) 동반자 A를 상상해보자. A는 가능한 한 B를 시야에서 놓치지 않으려고 애쓰고 있다. A가 보게 되는 것은 무엇일까? <그림 7-13>을 통해 확언할 수 있는 것은, 지평선 내부에 있는 B의 역사(즉 세계선) 부분은 A가 볼 수 없는 반면, 지평선 밖의 부분은 궁극적으로 A가 모두 볼 수 있다는 것이다. 다만 B가 지평선 바로 너머로 투신하기 직전의 순간들은 점점 더 오랜 기다림 후에야 A가 볼 수 있게 된다. B가 자기 시계로 12시 정각이 되는 순간에 지평선을 넘는다고 가정해보자. A는 그 순간을 결코 실제로 목격할 수 없는데, 그 대신 시계에는 11:30, 11:45, 11:52, 11:56, 11:58, 11:59, 11:59$\frac{1}{2}$, 11:59$\frac{3}{4}$, 11:59$\frac{7}{8}$ 등으로 표시되며 A에게 계속 보일 것이다(A의 관점에서 모두 거의 같은 시간 간격으로). 원칙적으로 B는 항상 A에게 보이되, 마치 지평선 바로 위를 영원히 부영하는 것처럼 보일 것이다. 그리고 B의 시계는 운명의 시간인 12시에 바짝 다가가면 다가갈수록 더욱 천천히 가면서 결코 거기에 이르지는 못할 것이다. 그러나 실제로 A가 지각하는 B의 모습은 식별할 수 없을 정도로 매우 빠르게 희미해져버릴 것이다. 이것은 지평선 바로 바깥쪽에 있는, B의 세계선의 아주 작은 부분에서 나오는 빛이 A가 경험하는 나머지 모든 시간을 도맡아서 처리해야 하기 때문이다. 결과적으로 B는 A의 시야에서 사라져버릴 것이고, 원래의 붕괴하는 물질체 전체에 대해서도 마찬가지일 것이다. A가 볼 수 있는 것은 단지 '블랙홀'뿐이다!

불쌍한 B는 대체 어떻게 되었을까? 그는 과연 무엇을 경험하는 걸까? 우선 알아두어야 할 사항은, 그가 지평선을 넘어서는 순간 그 어떤 특별한 것도 느낄 수 없으리라는 것이다. 시계가 12시 정각 가까이로 갈 때 그것을 본다면, 분침은 11:57, 11:58, 11:59, 12:00, 12:01, 12:02, 12:03 … 이렇게 정상적으로 지나가게 된다. 12시라는 시각에 특별히 이상하게 보이는 점은 없을 것이다. 그리고 그가 A를 돌아본다면, A는 내내 계속해서 B의 시야에 들어올 것이다. 또 A의 시계를 보게 되면, 그의 눈에 그것은 정연하고 규칙적으로 가는 것처럼 보일 것이다. 자신이 지평선을 넘었다는 사실을 계산해내지 않는다면 B가 그 사실을 알 수 있는 방법은 없다.[16] 지평선이 지극히 교활했던 것이다. 일단 이것을 넘어서는 순간 B에게는 이미 탈출구가 없다. B 근방의 우주는 결국 그에게로 붕괴되고, 그는 곧 개인적인 '빅 크런치'를 맞게 될 운명에 봉착하게 된다!

아니, 어쩌면 그것은 그다지 개인적인 것이 아닐 수도 있다. 애당초 블랙홀을 형성하게 되었던, 붕괴된 몸체의 물질들이 어떤 의미에서는 그와 '같은' 크런치를 공유할 수도 있다. 사실 블랙홀 외부의 우주가 공간적으로 닫혀 있기 때문에 궁극적으로는 외부 물질도 모든 것을 포함하는 빅 크런치에 휘말리게 될 텐데, 이때 그 크런치는 B의 '개인적인' 크런치와 동일한 것일 것으로 추정된다.[17]

불행한 B의 운명에도 불구하고 그가 그 시점에서 경험하는 국소적인 물리학은 우리가 보통 알고 이해하는 물리학과 그다지 차이가 있어 보이지는 않는다. 특히 엔트로피 증가 동작이 완전히 뒤바뀌는 것은 고사하고, 열역학 제2법칙조차 조금이라도 위배될 것으로는 생각되지 않는다. 제2법칙은 다른 모든 곳에서와 마찬가지로 블랙홀 안에서도 확고히 지켜질 것이다. B 근처의 엔트로피는 빅 크런치가 일어날 때까지는 시간이 지남에 따라 계속 증가할 것이다.

빅뱅의 엔트로피는 훨씬 낮은 데 반하여 '빅 크런치'(그것이 '개인적'이건, 아니면 '모두 포함한' 것이건 간에) 내의 엔트로피는 어떻게 그토록 엄청나게 높아질 수 있는가를 이해하기 위해서는 블랙홀의 시공 기하에 대하여 조금 더 깊이 파고들 필요가 있다. 그러나 그보다 먼저, <그림 7-14>

---

16 사실 일반적인 비정지성non-stationary 블랙홀의 정확한 경계선 위치는 직접 측정으로 확인되는 성질의 것은 아니다. 그것은 부분적으로는, 미래에 블랙홀로 떨어질 모든 물질에 대한 지식에 의존한다!

17 이러한 주장을 하면서 나는 두 가지 가정을 채택하고 있다. 첫 번째는, 궁극적으로 발생할 수 있는 블랙홀의 소멸(뒤에서 보게 될[p. 478 참조] 호킹 복사에 의한 [아주 느린] '증발'로 인한)에 앞서 우주의 재붕괴가 일어난다는 것이고, 두 번째는 '우주 검열cosmic censorship(p. 331)'이라고 불리는 (매우 설득력 있는) 가정이다.

에 묘사된 가상적인 시간 역전된 블랙홀, 즉 화이트홀white hole의 그림을 보도록 하자. 화이트홀은 어쩌면 자연계에서는 실제로 존재하지 않을지도 모르지만, 그 이론적 가능성은 우리에게 상당히 중요한 의미를 지닌다.

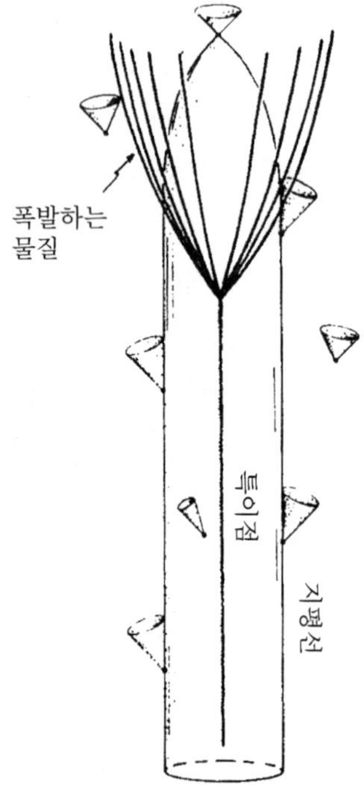

<그림 7-14> 가상의 시공간 구조인 화이트홀. 궁극적으로 폭발하여 물체가 된다(<그림 7-13>에서 시간의 방향이 전도된다).

시공 특이점의 구조

제5장(pp. 315-316)에서 시공간 곡면이 조석 효과tidal effect 형태로 나타나던 것을 기억해보기 바란다. 큰 물체의 중력장에서 자유 낙하하는 입자들로 구성된 구 표면은 한쪽 방향(중력체[중력을 일으키는 물체]를 향하는 선을 따라)으로 늘어나고, 그 수직 방향으로는 눌리게 된다. 이러한 조석 왜곡의 정도는 중력체가 접근함에 따라 증가하며(<그림 7-15> 참조), 거리의 세제곱에 반비례한다. 이처럼 증가하는 조석 효과는 우주 비행사 B가 블랙홀을 향하여, 그리고 그 속으로 떨어져갈 때 느끼게 될 것이다. 수 태양 질량에 달하는 블랙홀의 경우 이 조석 효과는 매우 크다(너무나 크기 때문에 우주 비행사가 지평선을 넘는 것은 물론, 블랙홀에 어느 정도 가까이만 가더라도 살아남을 수 없다). 더 큰 블랙홀의 경우 지평선 상의 조석 효과의 크기는 사실상 더 작다. 대다수 천문학자가 우리 은하수 은하계의 중심에 존재한다고 믿는 수백만 태양 질량에 달하는 블랙홀의 경우, 우주 비행사가 지평선을 넘을 때 느끼는 조석 효과는 아주 작을 것이다. 물론 그것이 약간의 불편함을 느낄 정도는 충분히 되겠지만 말이다. 그러나 이러한 작은 조석 효과는 우주 비행사가 떨어지는 동안 오

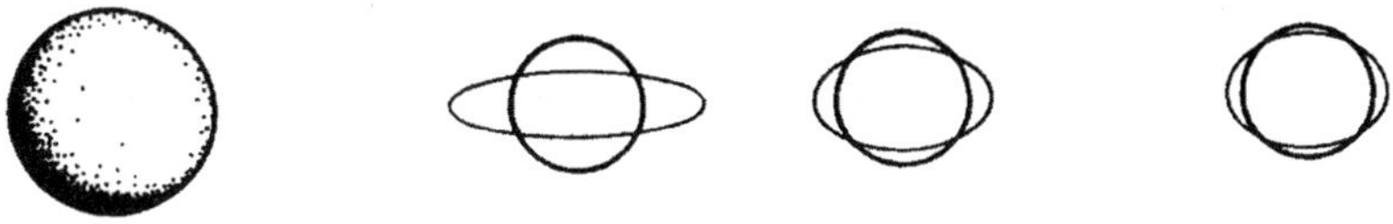

<그림 7-15> 구형 중력체에 의한 조석 효과는 그 물체가 접근함에 따라 물체 중심으로부터의 거리의 세제곱에 반비례하여 증가하게 된다.

래도록 유지되는 것이 아니라 수초 이내에 무한대로 급격히 증가한다! 이와 같이 순식간에 올라가는 조력tidal force에 의해 불쌍한 우주 비행사의 몸만 갈기갈기 찢겨버리는 것이 아니다. 곧 뒤이어 그를 이루는 분자들, 구성 원자들, 원자핵, 그리고 마지막으로 모든 아원자 입자들까지도 그와 같이 되고 만다! 그러므로 '크런치'는 그 대상을 철저하게 황폐화해버리는 것이다.

이와 같이 모든 물질이 파괴될 뿐만 아니라, 곧이어 시공간 자체마저도 그 종말을 보게 된다! 그러한 궁극적인 파국을 시공 특이점space-time singularity이라고 부른다. 그러한 파국이 꼭 발생하리라는 것을 어떻게 알 수 있는지, 혹은 어떠한 상황에서 물질과 시공간이 이러한 운명을 맞게 되는지 의문이 생기는 것은 당연하다. 이것들은 블랙홀이 형성된 그 어떤 상황에서건 일반상대성의 고전 공식들로부터 나오게 되는 결론이다. 오펜하이머와 슈나이더(Oppenheimer & Snyder, 1939)에 의한 최초의 블랙홀 모델은 이런 유형의 특성을 보인다. 그러나 여러 해 동안 천체물리학자들은 이러한 특이 현상이 그 모델에서 요구되는 특수 대칭 가설의 부산물에 불과할 것이라는 달콤한 희망에 젖어 있었다. 어쩌면 실제의 (비대칭적인) 상황에서는 붕괴 물질이 복잡한 방식으로 소용돌이쳐 밖으로 다시 벗어날 수도 있다. 그러나 일반적인 형태의 수학 이론으로서 특이성 정리(Penrose, 1965; Hawking & Penrose, 1970)라는 것이 알려지면서 이러한 꿈은 산산이 부서지고 말았다. 이 정리는 적당한 물질 근원에 대한 일반상대성의 고전 이론 안에서 성립하는 만큼, 시공 특이점은 중력 붕괴의 상황에서 피할 수 없는 것이 되고 만다.

마찬가지로, 시간의 역방향을 이용하면 우리는 또다시 최초의 시공 특이점에 대한 필연성을 발견하게 되는데, 이 특이점은 모든 (적절히) 팽창하는 우주에 대한 빅뱅을 나타낸다. 다만 여기에서는 특이점이 모든 물질과 시공의 궁극적인 파괴를 나타내는 것이 아니라 시공과 물질의 창조를 나타낸다. 이들 두 종류의 특이점 사이에는 정확한 시간 대칭이 있는 것처럼 보일 수도 있다. 즉 시공과 물질이 창조되는 초기 형태, 그리고 시공과 물질이 파괴되는 최종 형태로서 말이다. 두 상황 사이에는 실제로 중요한 유사성이 존재한다. 그러나 이를 자세히 살펴보면 그들 사이에 정확한 상호 시간역time-reverse이 성립하는 것은 아님을 알 수 있다. 이들의 기하적 차이점을 이해하는 것이 매우 중요한데, 즉 열역학 제2법칙의 기원에 대한 열쇠가 바로 여기에 있기 때문이다!

자기희생적인 우주 비행사 B의 경험으로 돌아가보자. 그는 무한대로 급속히 올라가는 조력에 봉착하게 된다. 텅빈 공간을 여행하고 있기 때문에, 내가 **WEYL**(제5장 pp. 315-316, p. 323 참조)이라고 표현한 일종의 시공 곡면 텐서space-time curvative tensor에 따라 부피는 유지하면서 뒤틀리는 효과를 경험할 것이다. 시공 곡면 텐서의 나머지 부분, 즉 전체 압축을 나타내는 것으로서 **RICCI**라고 불리는 부분은 빈 공간에서 제로이다. 실제로 B는 특정 단계에서 물질과 만나게 되겠지만, 그렇다 하더라도(궁극적으로는 그 자신도 물질로 구성되어 있다) 일반적으로 **WEYL**의 치수가 **RICCI**의 그것보다 훨씬 크다는 것을 알 수 있다. 실제로 최종 특이점에 가까운 곡면은 완전히 **WEYL** 텐서의 지배 아래 놓일 것임을 예상할 수 있다. 이 텐서는 무한대로 나아간다. 일반적으로 다음 식이 성립하는 것이다(비록 진동하는 형태가 되겠지만).

$$\text{WEYL} \rightarrow \infty$$

이것은 시공 특이점에서 총체적인generic 상황으로 보이며,[18] 이러한 특성은 고엔트로피의 특이점과 결부된다.

---

18 Belinskii, Khalatnikov, & Lifshitz(1970), 그리고 Penrose(1979b)의 논의를 참조.

그러나 빅뱅의 상황은 이와는 상당히 달라 보인다. 빅뱅의 표준 모델은 앞서 본 매우 대칭적인 FRW 시공간에 의해 주어진다. 여기에서는 **WEYL** 텐서에 의한 뒤틀리는 조석 효과는 전혀 존재하지 않는 대신, 어떠한 시험 입자의 구면이건 간에 대칭적으로 작용하는 내면으로의 가속도가 존재한다(<그림 5-26> 참조). 이것은 **WEYL** 텐서보다는 오히려 **RICCI** 텐서의 효과이다. 모든 FRW 모델에서 다음 텐서 방정식이 항상 성립하는 것이다.

$$\text{WEYL}=0$$

초기 특이점에 점점 더 가까이 접근함에 따라 **WEYL** 대신 **RICCI**가 무한대가 되고, 따라서 초기 특이점 근처를 지배하는 것은 **WEYL**이 아니라 **RICCI**라는 사실도 알 수 있다. 이는 우리에게 저엔트로피의 특이점을 제공한다.

정확히 재붕괴하는 FRW 모델의 빅 크런치 특이점을 살펴보면, 크런치 순간 **WEYL**=0인 반면 **RICCI**는 무한대가 된다는 것을 알 수 있다. 그렇지만 이것은 매우 특수한 상황이며, 중력 응집gravitational clumping까지 고려한 완전히 실제적인 모델에서는 기대할 수 없는 것이다. 시간이 진행됨에 따라, 처음에는 퍼진 기체 형태였던 물질이 한데 뭉치며 별들의 은하계를 이루게 된다. 당연한 과정으로 이 수많은 항성은 중력적으로 수축하여 백색 왜성, 중성자별, 블랙홀 등을 이루게 되고, 은하의 중심에는 당연히 거대한 블랙홀들이 존재하게 된다. 이러한 응집은 (특히 블랙홀의 경우) 막대한 엔트로피의 증가를 나타낸다(<그림 7-16> 참조). 응집된 상태가 높은 엔트로피를 나타내고 평평한 것이 낮은 엔트로피를 나타낸다는 것이 처음에는 좀 이해가 되지 않을 것이다. 특히 상자 속 기체의 경우를 생각해보면, 뭉쳐진 상태(예를 들면 기체가 모두 상자의 한쪽 구석에 모여 있는 경우)가 낮은 엔트로피인 데 반하여 열평형에 의한 균등 상태는 높은 엔트로피이다. 그러나 중력이 감안되는 경우에는 이와 반대의 현상이 벌어지는데, 이는 중력장에서 모든 것이 서로 당기는 속성을 갖

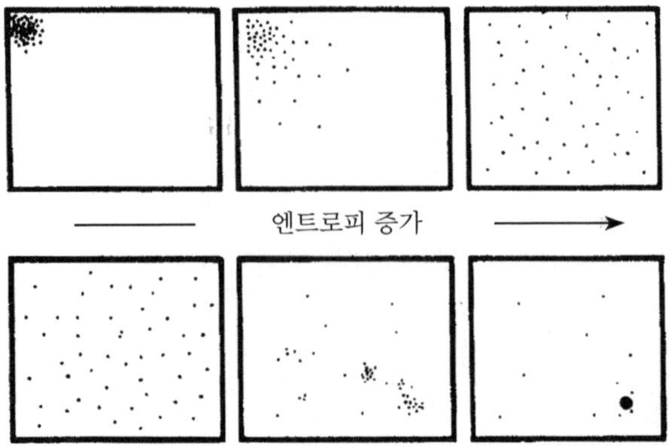

<그림 7-16> 보통의 기체는 엔트로피의 증가가 그 분포를 더욱 균일하게 만드는 경향이 있다. 그러나 중력체로 이루어진 시스템에서는 그 역이 성립한다. 고엔트로피 상태는 중력 응집에 의하여 이루어지고, 그중 가장 높은 엔트로피는 블랙홀로의 붕괴에 의하여 이루어진다.

기 때문이다. 시간이 흘러감에 따라 응집은 점점 더 극으로 치달아 마침내 수많은 블랙홀이 응결하며, 그들의 특이점은 매우 복잡한 최후의 빅 크런치 특이점 안에 합쳐진다. 이 최종 특이점은 재붕괴하는 FRW 모델(**WEYL**=0의 제약을 받는)의 이상적인 빅 크런치와는 전혀 유사한 부분이 없다. 응집이 더 많이 발생하면서 **WEYL** 텐서는 항상 점점 더 커지려는 경향을 띠게 되고,[19] 일반적으로 모든 최종 특이점에서 **WEYL** → ∞가 된다. <그림 7-17>에서는 이러한 일반적인 기술에 따라 닫힌 우주closed universe의 전체 역사를 그림으로 나타내보았다.

지금까지 우리는 재붕괴된 우주가 어째서 작은 엔트로피를 가질 필요가 없는지 살펴보았다. 우리에게 제2법칙을 안겨준, 빅뱅에서의 저엔트로피는 빅뱅 당시 우주의 크기가 '작았다'는 사실의 결과인 것만은 아니

19 시스템의 엔트로피에 대한 중력의 기여도를 몇 번의 전체 바일 곡률 측정을 통해 밝히고 싶을 테지만, 그러한 측정으로 적절한 것이 아직 등장하지 않고 있다. (일반적으로 그것은 이상한 비국소적 특성을 가져야 한다.) 다행히도 그러한 중력 엔트로피 측정은 여기에서의 논의에 필요하지 않다.

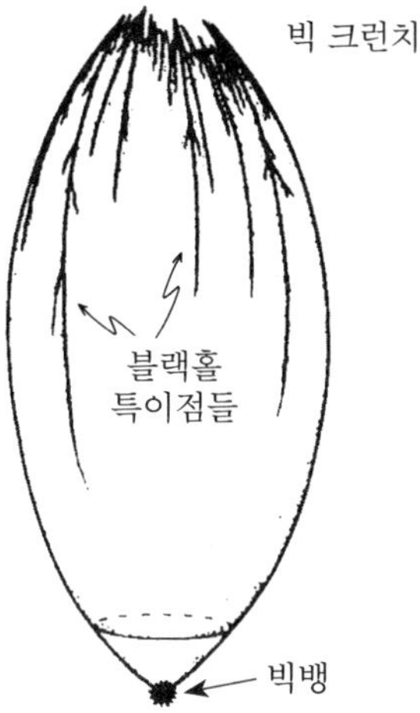

<그림 7-17> WEYL=0인 균일한 저엔트로피 빅뱅으로부터 시작하여 WEYL → ∞인 수많은 블랙홀이 응집된 고엔트로피의 빅 크런치로 끝나는, 닫힌 우주의 전체 역사.

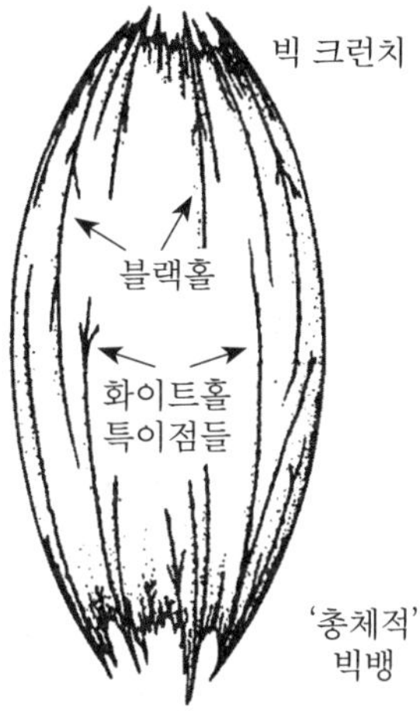

<그림 7-18> 만약 WEYL=0이라는 제약 조건이 제거된다면 고엔트로피의 빅뱅도 생각할 수 있으며, 그 경우 WEYL → ∞가 된다. 그러한 우주는 화이트홀투성이에 열역학 제2법칙도 성립하지 않는, 우리의 경험과는 전혀 다른 세계일 것이다.

다! 앞의 빅 크런치 그림을 시간적으로 뒤집어보면 엄청나게 높은 엔트로피의 '빅뱅'을 얻었을 것이고, 제2법칙도 존재하지 않았을 것이다! 어떤 이유에서인지 우주는 매우 특별한(저엔트로피) 상태로 창조되어 FRW

모델의 **WEYL**=0이라는 제약이 주어졌다. 이러한 제약이 없었다면 초기 특이점이나 최종 특이점이 모두 고엔트로피를 갖는, 즉 **WEYL** → ∞ 형태의 상황이 '훨씬 가능성이 높았을' 것이다(<그림 7-18> 참조). 그리고 그러한 '가상의' 우주에서는 실제로 열역학 제2법칙도 없었을 것이다!

빅뱅은 얼마나 특수한 것인가?

빅뱅 당시의 **WEYL**=0이라는 조건이 얼마나 심한 제약이었는지 한 번 이해하려고만 해보자. 단순화를 위하여 (앞서의 논의에서처럼) 우주가 닫혀 있다고 가정하자. 명확한 수치로 계산할 수 있도록 우주의 바리온 baryon 수(양성자와 중성자를 합한 수) B가 대략 다음과 같다고 가정한다.

$$B = 10^{80}$$

(이 수치를 잡은 특별한 이유는 없다. 다만 관측상 B가 적어도 이 정도는 되리라고 본다. 에딩턴은 B를 정확히 계산했다고 주장한 적이 있는데, 그 수치가 여기서 제시한 수치와 비슷하다. 지금은 아무도 그 계산 방법을 믿으려 하지 않지만 이 수치 10^{80}은 그대로 지켜지고 있다.) 만약 B가 이보다 더 크다면 (어쩌면 실제로는 $B = \infty$일지도 모른다) 우리가 곧 보게 될 어마어마한 수치보다도 더욱 충격적인 값을 얻게 될 것이다!

우주 전체의 위상 공간(비교: pp. 279-280)을 상상해보기 바란다! 이 위상 공간의 각각의 점은 우주가 어떻게 시작되었는가에 대한 여러 가능성을 나타낸다. 이제 조물주를 상상해보자. 이 조물주는 하나의 '핀'(위상 공간의 어느 한 점을 찍을)을 가지고 있다(<그림 7-19> 참조). 이 핀으로 어느 점을 찍느냐에 따라 각각 다른 우주가 된다. 이제, 조물주가 핀을 겨냥하는데 그 정확성은 이로 인하여 생성될 우주의 엔트로피에 따라 좌우된다. 엔트로피가 높은 우주를 만드는 것은 비교적 '쉬울' 것이다. 왜냐하면

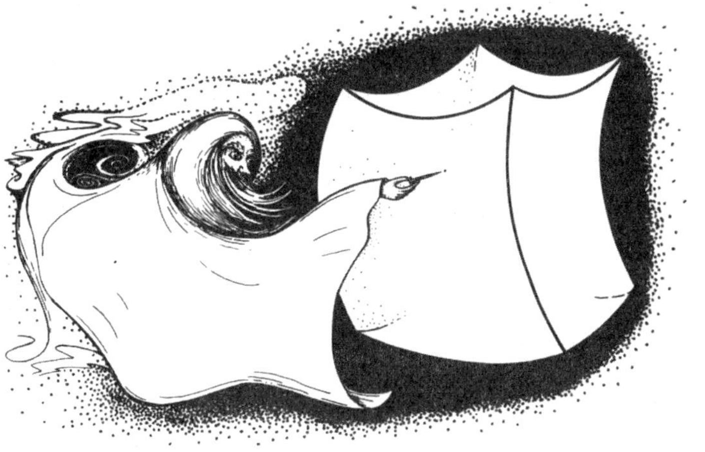

<그림 7-19> 우리가 살고 있는 우주와 비슷한 우주를 생성하기 위해, 조물주는 가능한 우주의 위상 공간에서 전체 부피의 $\frac{1}{10^{10^{123}}}$에 해당하는 터무니없이 작은 부분을 겨냥해야 한다. (그림의 핀과 점은 실제 크기와 다름!)

이 경우 위상 공간에 핀이 찌를 수 있는 용적이 커지기 때문이다. (엔트로피는 관련 위상 공간 용적의 로그값에 비례한다는 사실을 기억하기 바란다.) 그러나 낮은 엔트로피 상태에서 우주를 시작하려면(그래야만 열역학 제2법칙이 실제로 성립하게 된다) 조물주는 위상 공간의 아주 작은 구역을 노려야만 한다. 그럼 우리가 살고 있는 우주와 매우 흡사한 우주를 만들려면 이 구역이 얼마나 작아야 할까? 이 질문에 답하기 위해서는 먼저 베켄슈타인(Bekenstein, 1972)과 호킹(Hawking, 1975)이 제시한 공식을 살펴보아야 하는데, 이 공식은 블랙홀의 엔트로피가 얼마인지를 말해준다.

블랙홀이 하나 있다고 가정하고 그 영역의 표면적을 A라고 하자. 베켄슈타인-호킹 공식에 따른 블랙홀의 엔트로피는

$$S_{bh} = \frac{A}{4} \times (\frac{kc^3}{G\hbar})$$

인데, 여기에서 k는 볼츠만 상수, c는 빛의 속도, G는 뉴턴의 중력 상수, 그리고 $\hbar$는 플랑크 상수를 2π로 나눈 값을 나타낸다. 이 공식에서 긴요

한 부분은 $\frac{A}{4}$이며, 나머지 부분은 단지 적절한 물리 상수로 되어 있을 뿐이다. 따라서 블랙홀의 엔트로피는 그것의 표면적에 비례한다. 구면 대칭인 블랙홀의 경우 표면적의 크기는 블랙홀 질량의 제곱에 비례하는 것으로 알려져 있다.

$$A = m^2 \times 8\pi(\frac{G^2}{c^2})$$

이를 베켄슈타인-호킹 공식에 대입하면 블랙홀의 엔트로피가 그 질량의 제곱에 비례한다는 것을 알 수 있다.

$$S_{bh} = m^2 \times 2\pi(\frac{kcG}{\hbar})$$

그러므로 블랙홀의 단위 질량당 엔트로피(S_{bn}/m)는 질량에 비례하게 되고, 더 큰 블랙홀에 대해서는 그 값도 더욱더 커지게 된다. 따라서 주어진 질량에 대하여(또는 아인슈타인의 $E = mc^2$에 의해 마찬가지의 이야기가 되긴 하겠지만, 주어진 에너지값에 대하여) 최대의 엔트로피는 모든 물질이 전부 블랙홀로 붕괴될 때 달성된다! 뿐만 아니라 2개의 블랙홀은 그들이 서로를 집어삼켜 하나의 블랙홀로 합쳐질 때 (막대한) 엔트로피를 얻는다. 은하계 중심에 있는 것과 같은 거대한 블랙홀들은, 다른 어떠한 물리학적 상황에서 볼 수 있는 엔트로피와는 비교도 할 수 없는, 그야말로 어마어마한 엔트로피값을 갖게 될 것이다.

블랙홀에 모든 질량이 집중될 때 최대의 엔트로피가 달성된다고 주장하기 위해서는 사실상 약간의 부대조건이 필요하다. 블랙홀의 열역학에 대하여 호킹이 분석한 바에 따르면 그것의 온도는 0이 될 수 없다. 이는 최대 엔트로피 상태에서 질량 에너지가 모두 블랙홀 안에 수용될 수는 없음을 시사하는데, 즉 블랙홀에서 달성되는 최대 엔트로피는 '열복사'와 평형 상태를 이룰 때 이루어진다는 것이다. 온도는 적절한 크기의 블랙홀들에 대해서는 지극히 낮다. 예를 들어 1 태양 질량의 블랙홀인 경우 그 온도는 대략 10^{-7}K 정도가 되며, 이는 지금까지 그 어떤 실험실에서 측정된 온도보다도 낮은 것이고, 특히 은하계 우주의 온도 2.7K에 비하면 현저하게 낮은 것이다. 나아가 더 큰 블랙홀에서 호킹 온도는 더욱 낮을 것이다!

논의에서 호킹의 온도가 중요한 의미를 지니려면 다음 두 가지 조건 중 하나가 만족되어야 한다. 즉 (1) 미니 블랙홀이라 불리는 훨씬 작은 블랙홀이 이 우주에 존재하거나, (2) 우주가 호킹의 증발 시간(블랙홀이 완전히 증발해버리는 시간) 이전에 재붕괴되지 말아야 한다. (1)의 경우, 미니 블랙홀은 적당히 혼돈스러운 빅뱅에 의해서만 생성될 수 있다. 이러한 미니 블랙홀은 우리가 사는 실제 우주에서는 분명 그다지 흔치 않을 것이다. 그렇지 않다면 그들의 영향이 이미 관찰되었을 것이기 때문이다. 뿐만 아니라 나는 이들이 아예 없어야 한다고 주장한다. (2)의 경우, 1 태양 질량인 블랙홀에 대해 호킹 증발 시간은 우주의 현재 나이의 10^{54}배쯤 될 것이고, 더 큰 블랙홀에 대해서는 이보다 훨씬 더 길 것이다. 이러한 효과들이 앞에서의 논의 내용을 크게 바꿀 것으로 생각되지는 않는다.

블랙홀 엔트로피가 얼마나 큰지 감을 잡기 위해, 이전까지 우주의 엔트로피에 가장 크게 기여했다고 간주되어온 2.7K 흑체 배경 복사를 살펴보자. 천체물리학자들은 이 복사열이 지닌 엄청난 양의 엔트로피에 충격을 받았는데, 이는 다른 과정(예를 들면 태양의 경우)에서 흔히 볼 수 있는 보통의 엔트로피 수치를 훨씬 능가하는 것이다. 배경 복사열 엔트로피는 각각의 바리온에 대해 약 10^8이다(여기에서 나는 볼츠만 상수인 '자연단위natural units'를 단위로 사용했다). (이는 결과적으로 각각의 바리온에 대하여 배경 복사에 10^8개의 광자가 있다는 뜻이다.) 따라서 모두 10^{80}개인 전체 바리온에 대하여, 우주의 배경 복사열에 대한 총 엔트로피는

$$10^{88}$$

만큼 주어진다.

실제로 블랙홀만 아니었다면 이 수치가 우주의 총 엔트로피를 나타낸다고 볼 수도 있었을 것이다. 왜냐하면 배경 복사의 엔트로피가 다른 보

통 과정에서의 엔트로피 총량보다 훨씬 많기 때문이다. 예를 들어 태양의 바리온당 엔트로피는 한 자리 단위이다. 그러나 블랙홀의 기준에서 보면 배경 복사는 그야말로 '새 발의 피'에 불과하다. 베켄슈타인-호킹 공식에 따르면 1 태양 질량 블랙홀의 바리온당 엔트로피는 약 10^{20} 자연 단위 정도이고, 그러므로 만약 우주가 1 태양 질량 블랙홀들로 완전히 가득 차 있다면 그 합은 앞의 수치보다 훨씬 커서 대략

$$10^{100}$$

정도일 것이다. 물론 우주가 이와 같이 구성되어 있지는 않다. 그러나 이러한 수치는, 혹독한 중력의 효과를 감안할 경우 배경 복사열의 엔트로피를 얼마나 '작은' 것으로 생각해야 하는지 보여준다.

좀 더 현실적으로 생각해보자. 은하들이 완전히 블랙홀로 차 있다고 생각하지 말고, 대신 보통의 별들(대략 10^{11}개 정도)로 구성되어 있으며 그 각각의 핵심부에 100만(즉 10^{6}) 태양 질량의 블랙홀이 있다고 생각해보자(우리가 있는 은하수 은하계가 이와 비슷한 수치이다). 계산해보면 바리온당 엔트로피는 이전의 큰 수치보다도 오히려 더 크다(10^{21})는 것을 알 수 있으며, 전체 엔트로피의 양은 자연 단위로

$$10^{101}$$

에 달한다. 아주 오랜 시간이 흐르면 은하계 질량 대부분이 그 중심부에 있는 블랙홀로 합쳐질 것이고, 그렇게 되면 바리온당 엔트로피는 10^{31}이 되어 전체 합계는

$$10^{111}$$

이나 될 것이다. 그러나 지금 우리는 폐쇄된 우주에 대하여 고려하고 있기 때문에 결국 이것은 재붕괴할 것이다. 그러므로 최후 크런치의 엔트

로피를 마치 우주 전체가 블랙홀을 이루는 것처럼 베켄슈타인-호킹 공식을 써서 추정하더라도 무방할 것이다. 이 경우 바리온당 엔트로피는 10^{43}이 되고, 전체 빅 크런치의 총 엔트로피는 물경

$$10^{123}$$

에 달할 것이다.

이 수치는 조물주에게 부여된 위상 공간의 부피 V를 추정할 수 있게 해준다. 이 엔트로피가 (당연히) 가장 큰 구획의 부피에 자연 대수값을 취한 값이기 때문이다. 10^{123}이 그 부피에 대수를 취한 것이므로 부피는 10^{123}의 지수가 되어야 한다. 즉 자연 단위로

$$V = 10^{10^{123}}$$

이나 된다! (예리한 독자는 앞의 값이 $e^{10^{123}}$이어야 한다고 생각할 것이다. 그러나 이러한 규모의 수에 대해서는 e나 10은 바꾸어 써도 무방하다!) 열역학 제2법칙, 그리고 우리가 현재 관찰하는 것과 흡사한 우주를 만들기 위하여 조물주가 목표로 삼은 원래의 위상 공간 부피인 W는 얼마였을까? 그 값을 은하계의 블랙홀을 중심으로 계산하건 배경 복사로 계산하건 큰 차이는 없다. 즉

$$W = 10^{10^{101}} \text{ 혹은 } W = 10^{10^{88}}$$

혹은 빅뱅 당시의 실제 값이었을지도 모르는(그리고 실제로 더 적절하다고 여겨지는) 훨씬 작은 값일 수도 있다. 어떤 경우이건 간에 V와 W의 비율은 대체로

$$\frac{V}{W} = 10^{10^{123}}$$

이다. ($\frac{10^{10^{123}}}{10^{10^{101}}} = 10^{(10^{123} - 10^{101})} = 10^{10^{123}}$의 근삿값을 계산해보기 바란다.)

이제 조물주의 목표가 얼마나 정확해야 하는지, 즉 그 목표가

$$10^{10^{123}}\text{분의 } 1$$

임을 알 수 있다. 이것은 실로 놀라운 수치이다. 10진법 표기로는 다 쓰지도 못하는, '1' 다음에 '0'이 10^{123}개나 줄줄이 나와야 하는 숫자이다! 우주 전체의 양성자와 중성자 각각에(아니, 그 이외의 모든 입자를 망라하더라도) 0을 써 넣어도 이 숫자를 다 쓰려면 한참 부족할 것이다. 이 우주를 출범시키는 데 필요한 정밀도는, 우주의 순간순간의 행동을 지배하는 동역학 방정식들(뉴턴, 맥스웰, 아인슈타인 등의)이 이미 우리에게 보여준 놀라운 정밀도에 비하여 전혀 손색이 없는 것이다.

그런데 빅뱅은 어째서 그처럼 정밀하게 계획된 것일까? 빅 크런치(혹은 블랙홀의 특이점)는 완전히 혼돈적인데 말이다. 어쩌면 이 질문은 시공 특이점에서 시공 곡면의 WEYL 부분이 지닌 특성에 대한 질문으로 바꾸어볼 수도 있을 것이다. 우리가 알아낸 것으로 간주되는 바에 따르면 초기 시공 특이점에

$$\text{WEYL}=0$$

이라는(혹은 이에 가까운) 제약 조건이 있고(최종 특이점에는 없다), 이 때문에 조물주의 선택은 위상 공간에서 극히 작은 구역으로 제한된다. 이러한 제약 조건이 모든 초기(최종은 아니다) 시공 특이점에 주어진다는 가정에 대하여 바일 곡면 가설Weyl Curvature Hypothesis이라는 명칭을 부여했다. 그러므로 제2법칙이 어디에서 오는가를 이해하기 위해서는 그러한 시간 비대칭적인 가설이 왜 적용되는지를 우선 이해해야 할 것이다.[20]

---

20 최근 유행하는 학설 중에 '팽창 시나리오inflationary scenario'라는 것이 있는데, 이것은(다른 것들도 있지만) 우주가 크게 보았을 때 어떻게 그토록 균일 형태인가를 설명하려 한다. 이 학설에 따르면 우주는 그 초기 단계에 (표준 모델의 '보통' 확장과는 비교할 수 없을 정도

어떻게 하면 제2법칙의 기원에 대하여 더 많은 정보를 얻을 수 있을까? 우리는 마치 막다른 골목으로 떠밀려온 느낌이다. 우선 시공 특이점이 왜 지금과 같은 구조인가를 이해할 수 있어야 할 테지만, 그것은 우리의 물리학적 지식이 미치지 못하는 한계 영역이다. 시공 특이점의 존재로 인하여 봉착하게 된 이러한 막다름은 때때로 이와 비슷한 또 다른 막다름과 비교된다. 그 막다름이란 바로 20세기 초에 물리학자들이 봉착한, 원자의 안정성(pp. 345-346 참조)에 관한 것이다. 각각의 경우 기존의 고전 이론을 따르면 '무한대'라는 답이 나오기 때문에 결과적으로 그 이론은 부적합하다는 것이 밝혀졌다. 원자의 전자기적 붕괴에 따른 특이현상의 문제는 양자론의 등장으로 해결되었다. 마찬가지로 양자론은, 항성의 중력 붕괴에 대하여 '무한대'의 고전 시공 특이점 대신 유한 이론을 제공할 수도 있다. 그러나 보통의 양자론으로는 불가능하다. 그것은 시공 구조를 갖는 양자론이어야만 한다. 그러한 이론이 만약 존재한다면 양자중력quantum gravity이라 불릴 것이다. 양자중력 이론이 아직 존재하지 않는 이유는 이에 참여하고 있는 물리학자들의 노력, 전문 지식, 혹은 창의성이 부족해서가 아니다. 수많은 최고의 과학자가 그러한 이론을 만들기 위하여 온갖 노력을 경주했지만 아직 성공하지 못하고 있다. 이것이 바로 우리가 시간의 방향성, 혹은 흐름에 관하여 알고자 할 때 마지막으로 봉착하게 되는 막다름이다.

독자들은 지금까지의 여정이 우리에게 어떤 유익을 주었는지 궁금해할 것이다. 시간이 왜 한쪽 방향으로 흐르고 그 반대로는 흐르지 않는지 그 답을 추구하는 과정에서 우리는 시간의 끝까지 여행해보았고, 또 공간이라는 개념이 사라져버리는 곳까지도 가보았다. 이로부터 우리가 알

의) 엄청난 확장을 경험했다. 이 학설은 바로 그 확장으로 인하여 모든 비정규성이 깨끗이 다림질돼버렸다는 아이디어를 제시한다. 그러나 바일 곡면 가설처럼 훨씬 더 큰 초기 제약 없이 팽창 학설은 성립하지 않는다. 그것은 초기와 최종 특이점 사이의 차이점을 설명할 수 있는 시간 비대칭적인 요소를 포함하지 않는다. (뿐만 아니라 그것은 아직 입증되지 않은 물리 이론[대통일 이론]에 근거를 두는데, 그 이론의 현재 상태는 제5장에서 소개한 용어로는 TENTATIVE에 지나지 않는다. 이 장의 문맥에서 '팽창' 학설을 비판한 내용은 Penrose[1989b]에 나와 있다.)

게 된 것은 과연 무엇인가? 우리가 알게 될 것은 현재의 이론만으로는 적절한 해답을 얻을 수 없다는 사실이다. 그렇다면 이러한 것이 마음을 이해하려는 노력과는 어떤 관련이 있는 것일까? 비록 적합한 이론은 없었지만 이 여행을 통하여 우리는 실로 중요한 교훈을 얻을 수 있었다고 확신한다. 이제 우리는 집으로 돌아가야 한다. 그 귀환길은 집을 나올 때보다도 훨씬 불확실한 여정이 될 것이다. 그러나 내 생각에 그 외에는 딱히 마땅한 길도 없어 보인다.

제8장

양자중력을 찾아서

왜 양자중력인가?

앞 장의 논의를 통해 두뇌와 마음에 관하여 새로이 배울 것이 있다면 과연 무엇일까? 우리가 지각하는 '시간의 흐름'의 방향성 기저에 깔려 있는 물리법칙들을 두루 살펴보았지만, 아직까지는 왜 우리가 시간이 흐른다고 지각하는 것인지, 아니 지각이라는 것 자체는 왜 생기는지에 대하여 아무런 통찰도 얻지 못한 것 같다. 나는 좀 더 과감한 아이디어가 필요하리라고 본다. 비록 때로는 일반적인 사항과 다른 점을 강조했을지 몰라도, 지금까지 내가 제시한 내용이 그다지 파격적인 것은 아니다. 이제는 열역학 제2법칙이 친숙해졌지만, 나는 이 법칙의 근원(즉 대자연이 우리에게 선택해준 형태로 제시된)이 빅뱅에 의한 우주 기원의 거대한 기하학적 제약에서 유래되었을 수도 있음을 여러분에게 인식시키고자 노력했다(바일 곡면 가설). 어떤 우주론자들은 이 초기 제약에 대하여 약간 다른 설명을 더 선호하는 것 같지만, 초기의 특이점에 대한 그러한 제약은 실로 필수적인 것이다. 내가 이러한 가설로부터 도출할 결론은 가설 자체보다도 훨씬 통념에서 벗어나는 것이 될 것이다. 나는 양자론의 틀 자체에 변화가 필요하다고 주장하는 바이다!

이러한 변화는 양자역학이 일반상대성과 적절한 형태로 통합될 때, 즉 우리가 찾고 있는 양자중력의 이론에서 하나의 역할을 담당하게 될 것이다. 대부분의 물리학자는 양자론이 일반상대성 이론과 통합될 때 변화가 필요하다고 믿지 않는다. 뿐만 아니라 그들은 우리 두뇌 정도의 규모에서 양자중력의 물리적 효과가 완전히 미미한 것이라고 주장할 것이다! 그들은 (매우 조리 있게) 이러한 물리적 효과가 터무니없이 작은 플랑크 길이Planck length[1], 즉 10^{-35}m로서 가장 작은 아원자 입자의 크기보다도 10^{20}배 작은 크기 정도의 거리 규모에서는 실제로 중요할 수 있을지 모르지만, 이보다 훨씬 더 큰 '보통' 수준의 크기, 말하자면 두뇌 작용에 중요한 화학적 · 전자기적 작용이 지배하는 10^{-12}m 정도 크기의 현상에 대해서는 직접적인 관련성이 있을 수 없다고 말할 것이다. 실제로 고전적인(즉 비양자론적인) 중력조차도 이들 전기적 · 화학적 작용에 대해서는 거의 영향력을 갖지 않는다. 만약 고전 중력조차 아무런 영향을 미치지 못한다면 도대체 고전 이론에 가해지는 극미한 '양자 수정quantum correction'은 어떤 변화를 가져올 수 있는 것일까? 더구나 양자론으로부터의 오차가 결코 관찰된 바 없기 때문에, 표준 양자론으로부터의 그저 추정상의 극미한 편차가 정신 현상에 감지할 수 있는 역할을 할 수 있다고 가정하는 것은 더욱 불합리해 보인다!

나는 매우 다른 의견을 피력하겠다. 나는 양자역학이 우리의 시공간 구조에 관한 이론(아인슈타인의 일반상대성 이론)에 끼치는 효과에 대해서는 별로 관심이 없고, 오히려 그 역에 관심이 있기 때문이다. 즉 아인슈타인의 시공 이론이 양자역학 구조에 끼치는 효과에 관심을 갖기 때문이다. 내가 제시하는 관점은 전통적인 것은 아니라는 사실을 강조하고자 한다. 일반상대성이 양자역학의 구조에 대해 조금이라도 영향력을 갖는다고 하는 것은 전통적인 관점은 아니다! 전통적인 물리학자들은 양자역학의 표준 구조가 어떤 식으로든 변경되는 것을 매우 꺼렸다. 양자론의 법칙을 아인슈타인 이론에 직접 적용하려고 한다면 극복할 수 없는 어려움에 봉착하는 것이 사실이지만, 이 분야 연구자들의 대체적인 반응은 이를 아인슈타인의 이론을 수정하려는 구실로 삼는 것이지 양자론을 수정하려는 것은 아니다.[2] 그러나 내 생각은 이와는 거의 반대이다. 나는 양

---

1 이 거리($10^{-35}\mathrm{m} = \sqrt{(\hbar G c^{-3})}$)는, 그 단위의 시공에서 '양자 요동quantum fluctuation' 현상이 너무 커지기 때문에 정상적 의미의 완만한 시공 연속체space-time continuum가 더는 적용될 수 없는 거리를 말한다. (양자 요동은 하이젠베르크의 불확정성 원리의 결과이다. p. 372 참조.)

2 그러한 수정 중에 유명한 것은, ① 아인슈타인의 실제 공식, RICCI = ENERGY를 바꾸는 것('고차 라그랑지언Lagrangian' 이용), ② 시공의 차원을 4에서 더 큰 수로 바꾸어주는 것('칼루자-클라인Kaluza-Klein 형태의 이론'처럼), ③ '초대칭supersymmetry' 개념을 도입하는 것(보존boson과 페르미온fermion의 양자적 특성을 빌어와 포괄적인 방법론에 통합하고,

자론 내에 존재하는 문제점들이 아주 근본적인 성질의 것들이라고 믿는다. 양자역학의 두 가지 기본적인 프로시저 U와 R 사이의 불일치성을 생각해보자. 즉 U는 완전히 결정적인 슈뢰딩거 방정식을 따르는데, 이를 유니터리 전개unitary evolution라 한다. R은 확률적인 상태벡터 환원state-vector reduction으로서 이것은 관측이 되었다고 간주될 때마다 적용되어야 한다. 나는 이러한 불일치성이 단지 양자역학적 '해석'의 적절한 수정만으로는 해결될 수 없고(비록 일반적인 관점은 그것을 어느 정도 가능한 것으로 간주하고 있지만) 좀 더 파격적인 새로운 이론이 나와야만 해결될 수 있는데, 그 새로운 이론에서는 U와 R이 좀 더 자세하고 정확한 단일 프로시저에 대한 서로 다른(그리고 훌륭한) 근사치로서 간주되어야 한다고 본다. 따라서 나의 견해는, 놀라울 만큼 정확한 양자역학의 이론도 바뀌어야 하고, 이러한 변화의 본질에 대한 강력한 힌트는 아인슈타인의 일반상대성으로부터 나오게 된다는 것이다. 나는 여기에서 한 걸음 더 나아가, 우리가 추구하는 양자중력 이론이 이러한 가상의 U/R 프로시저를 기본 요소의 하나로 포함해야 한다고 주장하고자 한다.

반면 전통적인 관점에서 양자중력이 직접적으로 암시하는 것은 좀 더 종교적인 것에 가깝다. 앞에서 나는 플랑크 길이라고 하는 터무니없을 정도로 작은 차원의 시공 구조부터 근본적으로 변경해야 한다는 기대감을 언급한 바 있다. 또 양자중력이 궁극적으로는 현재까지 관찰된 '소립자elementary particle' 군집의 성격을 결정하는 데 근본적으로 연루되어야 한다는 (나의 시각으로는 정당한) 믿음이 있다. 예를 들어 현재로서는 입자의 질량이 왜 그것이 되어야 하는지에 대하여 설명할 수 있는 타당한 이론이 없다. 그런데 '질량'은 '중력'의 개념과 밀접한 관계가 있는 개념이다. (실제로 질량은 중력의 '근원source'으로서 특유하게 작용한다.) 또한 (1955년

완전히 논리적이라고 볼 수는 없지만, 이를 시공간 좌표에 적용하는 아이디어), ④ 끈string 이론(요즘 많은 호응을 받는 파격적인 방법론으로서 '세계선world line'을 '역사선string histories'으로 대체하고 대개의 경우 ②와 ③의 아이디어를 통합하여 적용한다)이다. 앞의 제안들은 그 인기와 강한 설득력에도 불구하고 제5장에서 제시한 분류 중 이론의 여지 없이 모두 TENTATIVE에 속하게 된다.

경 스웨덴의 물리학자인 오스카 클라인Oskar Klein이 제시한 아이디어에 따르면) 올바른 양자중력 이론은 전통적인 양자장 이론을 괴롭혀오던 무한대값(비교: pp. 432-433)을 제거해주리라는 커다란 기대감이 있다. 물리학은 하나의 통일체이고, 진정한 양자중력 이론은 그것이 종국에 가서 우리에게 임했을 때 대자연의 만유의 법칙을 자세히 이해하는 데에 있어 심오한 부분을 차지할 것이다.

그러나 우리는 아직 그러한 이해와는 거리가 멀다. 뿐만 아니라 그 어떤 형태의 양자중력 이론이건 그것은 두뇌 작용을 제어하는 현상과는 거리가 있을 것이다. 두뇌 작용과 특히 거리가 먼 것은 앞 장에서 봉착하게 된 교착 상태(시공 특이점에 관한 문제)를 해결하기 위하여 필요한 양자중력의 (일반적으로 받아들인) 역할일 것이다. 그 특이점의 문제는 빅뱅설과 블랙홀에서(그리고 만약 우리의 우주가 결국 그 자체의 내부로 붕괴한다면 빅 크런치에서까지) 발생하는 아인슈타인의 고전 이론의 특이점에 관한 문제를 말한다. 그렇다. 어쩌면 이 역할이 아주 머나먼 것처럼 보이는 것은 당연하다. 그러나 나는 여기에 까다롭지만 중요한 논리적 연관성의 실마리가 존재한다고 주장하려 한다. 이러한 연관성이 무엇인지부터 살펴보자.

바일 곡면 가설 뒤에는 무엇이 도사리고 있는가?

앞에서 언급한 바와 같이, 전통적인 견해를 가진 사람조차도, 양자중력 이론이 결국에는 일반상대성의 고전 이론을 도와서 시공 특이점에 대한 수수께끼를 해결할 수 있을 것이라고들 말한다. 그리하여 양자중력은 고전 이론이 가져다주는 무의미한 답인 '무한대' 대신 어느 정도 논리성 있는 물리학적 해답을 제공해줄 것이라는 주장이다. 나는 분명 이러한 견해에 동의하는 바이다. 이야말로 진정 양자중력이 무언가 한몫을 해야 할 분명한 대상인 것이다. 그러나 이론가들은 양자중력의 특성이 형편없는 시간적 비대칭이라는 놀라운 사실에 대하여 아직 의견의 일치를 보지 못한 것 같다! 빅뱅(과거의 특이점)에서 양자중력 이론은, 시공 기하의 고

전적 개념을 말하는 것이 의미를 갖게 되는 순간에

$$\mathrm{WEYL}=0$$

의 조건이 만족되어야 한다고 말한다. 반면에 블랙홀 내부의 특이점 혹은 (있을지도 모르는) 빅 크런치(미래의 특이점)에서는 이러한 제약 조건이 없기 때문에 특이점에 접근함에 따라 WEYL 텐서는 무한대가 될 것으로 기대한다.

$$\mathrm{WEYL} \rightarrow \infty$$

내 생각에는 이것이야말로 우리가 찾는 실제 이론이 시간적으로 비대칭해야 한다는 사실을 분명히 지적한다고 본다.

"우리가 찾고 있는 양자중력 이론은 시간 비대칭성을 갖는다."

여기에서 여러분에게 당부하고 싶은 것은, 앞의 결론이 내가 제시한 방법상으로는 당연히 필연적인 것으로 보이지만 아직 인정된 사실은 아니라는 것이다! 이 분야의 대부분의 학자는 이러한 견해를 받아들이기를 매우 주저하는 것 같다. 그 이유는 보편적이고 잘 알려진 양자화 quantization 프로시저가 시간 비대칭[3] 양자화 이론을 생성할 수 있는 분명한 방법이 없기 때문인 것으로 보인다. 반면 이들 프로시저가 적용되는 고전 이론(표준 일반상대성 또는 그것의 변형)은 그 자체가 시간 대칭적이다. 따라서 (대개는 그렇지 않지만 만약 이러한 이슈가 문제가 된다면!) 그러한 중력 양자화 이론은 빅뱅에서 엔트로피가 낮은 것에 대한 '설명'을 다른 곳에

---

3 비록 고전 이론의 대칭성이 양자화 과정에서 항상 유지되는 것은 아니지만(Treiman et al., 1985, Ashtekar et al., 1989) 여기에서 필수적인 것은 T, PT, CT, CPT로 불리는 네 가지 대칭성 모두의 위배이다. 이는(특히 CPT의 위배)는 전통적 양자화 방법의 한계를 벗어나는 것으로 보인다.

서 찾아야 할 것이다.

어쩌면 많은 물리학자가 초기 바일 곡면의 소멸과 같은 가설이, 역학 법칙이 아니라 '경계 조건boundary condition'의 선택의 문제일 따름이라는 의미에서, 물리학의 범위 내에서 설명될 수 있는 것은 아니라고 주장할 것이다. 궁극적으로 그들이 주장하는 것은, 우리가 그 조건을 '신의 조화'로 받았기 때문에 그 한계 조건 값들에 대하여 어째서 다름 아닌 그 값으로 주어졌는가에 대해서도 알려고 해서는 안 된다는 것이다. 그러나 앞에서 살펴본 것처럼 이러한 가설은 '조물주의 핀'에 설정해놓은 제한 조건이 놀라울 정도로 특별하고 정확하여, 우리가 뉴턴, 맥스웰, 아인슈타인, 슈뢰딩거, 디랙 등의 방정식을 통해 이해하게 된 동역학 법칙에서 볼 수 있는 모든 훌륭하고 미묘하게 조직화된 움직임과 비교했을 때 전혀 손색이 없다. 비록 열역학 제2법칙이 일견 모호하고 통계적인 성질을 갖는 것처럼 보이기는 하지만, 이는 극도의 정확성을 갖는 기하학적 제약으로부터 나온 것이다. 과학적 접근이 동역학 방정식을 이해하는 데에 있어 매우 가치가 있다고 밝혀진 현재, '경계 조건'에 해당하는 빅뱅에서 작용하는 제약에 대한 과학적 이해를 얻으려는 노력을 단념해야 한다는 것은 나로서는 납득하기 어렵다. 나는 후자도 전자만큼이나 과학에서 중요성을 갖는다고 본다. 비록 그 부분에 대한 과학을 우리가 아직 충분히 이해하지 못하고 있다 할지라도 말이다.

과학의 역사를 살펴보면 이처럼 물리학의 동역학 방정식(뉴턴의 법칙, 맥스웰 방정식 등)을 통해서 소위 경계 조건을 분리해 생각하는 아이디어가 얼마나 중요하게 사용되었는지 알 수 있다. 이와 같은 경계 조건은 이들 방정식으로부터 생성될 수 있는 수많은 부적절한 해로부터 물리적으로 적절한 해를 추려내기 위하여 부과될 필요가 있다. 역사적으로 동역학 방정식은 간단한 형식을 취해왔다. 입자들의 움직임이 간단한 법칙을 따르긴 하지만 우주에서 볼 수 있는 입자들의 실제 배열은 종종 그렇게 단순하지만은 않은 것 같다. 때때로 그러한 배열은 케플러가 주장한 행성 운동의 타원 궤도처럼 얼핏 간단한 것처럼 보이기도 한다. 그러나 그들의 단순성은 동역학 법칙의 결과라는 것이 알려지게 되었다. 더욱 심오한 이해는 항상 동역학 법칙을 통하여 나왔고, 그러한 간단한 배열들은 실제로 훨씬 복잡한 것들(예를 들면 실제로 관찰된 것처럼 섭동perturbed을 일으키는[정확히 타원이 아닌] 행성 운동과 같은)에 대한 단순한 근사치에 불과한 경우가 많았다. 이들 섭동 또한 뉴턴의 역학 방정식으로 설명할 수 있다. 경계 조건은 대상이 되는 시스템에 '시동'만 걸어주는 역할을 하고, 그 뒤에는 동역학 방정식들이 주요 역할을 맡게 된다. 우리가 동적 움직임에 대한 문제와 우주의 실제 물질의 배열에 대한 문제를 별도로 구분할 수 있었던 것은 물리학 분야에서 성취한 가장 중요한 깨달음 중의 하나이다.

동역학 방정식과 경계 조건의 구분이 역사적으로 매우 중요성을 갖는다고 앞에서 강조했다. 이러한 구분을 할 수 있다는 것은 물리학에서 자주 등장하는 특정한 형태의 방정식(미분 방정식)이 지닌 특성이다. 그러나 이러한 구분이 영원한 것이라고는 믿어지지 않는다. 나는 언젠가 우리가 우주의 움직임을 실제로 지배하는 법칙과 원칙들(우리가 알고 있는 놀라운 근사치[지금까지는 이들이 SUPERB 이론을 점하고 있다]가 아닌)을 궁극적으로 이해하게 될 때, 동역학 방정식과 경계 조건 사이의 구분은 사라져버릴 것이라고 생각한다. 그 대신 놀라울 만큼 일관적이고 상세한 새로운 방법이 나타나게 될 것이다. 물론 이것은 나의 매우 개인적인 견해로, 이 의견에 동의하지 않는 사람도 많을 것이다. 그러나 내가 양자중력이라는 미지의 이론에 대하여 그것이 함축하는 내용들을 탐구하려 했을 때 막연히 염두에 두고 있던 것은 바로 이와 같은 견해였다. (이러한 관점은 제10장에서 제시할 몇 가지 추측 사항에도 영향을 줄 것이다.)

아직 알지도 못하는 이론이 함축하고 있는 결과들을 어떻게 탐구할 수 있을까? 이는 보이는 것만큼 가망이 없는 것은 결코 아니다. 여기에서는 일관성이 핵심이다! 첫째, 내가 여러분에게 요구하는 것은 이 가상의 이론(나는 이것을 CQGcorrect quantum gravity라 부르겠다)이 바일 곡면 가설WCH을 설명할 수 있음을 받아들이라는 것이다. 이것은 초기 특이점에서 특이점 직후에 WEYL=0이 되도록 제약이 주어져야 한다는 것을 의미한다. 이러한 제약은 CQG의 법칙에 따른 결과이고, 따라서 이것은

'빅뱅'이라 불리는 특별한 특이점뿐만 아니라 모든 '초기'의 특이점에 대해서도 적용되어야 한다. 이는 우주에 빅뱅 이외의 다른 특이점이 꼭 존재해야 한다는 것이 아니라, 만약 그러한 것이 존재했다면 그 특이점은 WCH의 제약을 받았을 것이라는 의미이다. 초기 특이점은, 원칙적으로 입자들이 생겨날 수 있는 특이점을 말한다. 이것은 블랙홀의 특이점(최종 특이점으로서 그 속으로 입자들이 떨어지는)과는 반대되는 특성을 갖는다.

빅뱅 이외에 가능한 형태의 초기 특이점으로는 화이트홀의 특이점을 들 수 있는데, 이는 제7장에서 본 것처럼 블랙홀을 시간적으로 뒤집어놓은 것을 말한다(<그림 7-14> 참조). 그러나 우리는 앞에서 블랙홀 안의 특이점이 WEYL → ∞를 만족하는 것을 보았고, 따라서 화이트홀에 대해서도 WEYL → ∞이어야 한다. 그러나 이 특이점은 이제 초기 특이점이기 때문에 WCH에 따르면 WEYL=0을 만족해야 한다. 그러므로 WCH는 이 우주상에서 화이트홀이 발생할 가능성을 제외하고 있다! (다행히도 이것은 열역학적 관점에서 바람직하고[화이트홀이 열역학 제2법칙을 따르지 않기 때문에] 관측된 사실들과도 합치된다! 때때로 여러 계층의 천체물리학자가 특정 현상을 설명하는 과정에서 화이트홀의 존재를 주장해왔다. 그러나 이것은 문제를 해결하기보다는 더 많은 새로운 문제를 제기했다.) 내가 빅뱅 자체를 '화이트홀'이라고 부르지 않는 것을 주목하기 바란다. 화이트홀은 WEYL=0을 만족할 수 없는 국지적인 초기 특이점을 포함해야 하지만, 모든 것을 허용하는 빅뱅은 WEYL=0일 수 있고, 그렇게 제한된다면 WCH에서 그 존재가 허용된다.

또 다른 형태의 '초기 특이점'에 대한 가능성도 있다. 즉 호킹 증발 Hawking evaporation의 10^{64}년 후에 마지막으로 사라졌던 블랙홀의 폭발점이다(p. 503, p. 529)! 이러한 (매우 설득력 있게) 추정된 현상의 정확한 특성에 대해서는 많은 추측이 있다. 그러나 나는 여기에서도 WCH와 상충되는 점은 없다고 생각한다. 그러한 (국소적인) 폭발은 실제로 순간적이고 대칭적이며, WEYL=0이라는 가정에 상충될 이유가 없다고 본다. 어떻든 미니 블랙홀(p. 503)이 없다고 가정한다면 그러한 최초의 폭발은 우주가 이미 존재하고 있었던 시간 T의 10^{54}배의 길이만큼 존재한 후에야 비로소 발생할 것이다. $10^{54} \times T$가 얼마나 긴 시간인지 가늠해보기 위해서, T를 측정 가능한 가장 짧은 시간(어떠한 불안정 입자에 대해서든 그것의 가장 작은 붕괴 시간)으로 압축한다고 상상해보자. 그렇다면 현재 우주의 실제 나이는 이 규모로 볼 때 $10^{54} \times T$의 10만분의 1의 10만분의 1에도 미치지 못할 것이다!

내가 제안하는 것과 다른 노선을 따르는 사람들도 있을 것이다. 그들의 주장[4]은 CQG가 시간 비대칭적이어서는 안 되며, 그 대신 두 가지 형태의 특이점 구조를 허용하는데, 하나는 WEYL=0이어야 하고, 다른 하나는 WEYL → ∞를 허용해야 한다는 것이다. 이때 우주에는 우연히 첫 번째 종류의 특이점이 있고, 시간의 방향성에 대한 우리의 지각(그리고 그에 따른 제2법칙) 때문에 '미래' 쪽 대신 '과거'라고 부르는 쪽에 이 특이점을 놓는 형태가 된다는 것이다. 그러나 나는 이러한 주장이 현 상태로는 적절하지 않다고 본다. 그것은 왜 WEYL → ∞ 형태의 다른 초기의 특이점이 존재하지 않는지(또 그 밖의 WEYL=0 형태는 왜 없는지)를 설명하지 못한다. 이러한 관점을 따른다면 우주에는 왜 화이트홀이 득실거리지 않는가? 즉 우주에는 블랙홀이 많은 것으로 추정되기 때문에 왜 화이트홀은 존재하지 않는지에 대한 설명이 필요할 것이다.[5]

이러한 맥락과 관련하여 자주 등장하는 또 다른 논의는 소위 말하는 인류 원리anthropic principle이다(Barrow & Tipler, 1986). 이 주장에 따르면 우리가 거주한다고 관찰되는 이 특정 우주는, 우리(혹은 최소한 지각을 갖는 생물)가 그것을 관찰하기 위하여 실제로 존재할 필요가 있다는 사실 때

---

4 내가 보기에는 이러한 종류의 관점은 호킹이 이에 대하여 제안한 양자중력적 설명에 이미 내포되어 있다(Hawking, 1987, 1988). 제임스 하틀James B. Hartle과 스티븐 호킹Stephen W. Hawking(1983)의 초기 상태의 양자중력 기원에 대한 제안은 어쩌면 WEYL=0 형태의 초기 조건에 대한 이론적 요소를 제공할 수 있을지 모르지만, 이 아이디어에는 (내 의견으로는) 필수적으로 요구되는 시간 비대칭적 입력이 전적으로 결여되어 있다.

5 어떤 이들은 관측 결과들이, 이 우주에 블랙홀은 있고 화이트홀은 없다는 나의 주장을 뒷받침할 만큼 명백하지 못하다고 (정확히) 지적할지도 모른다. 그러나 나의 주장은 기본적으로 이론적인 것이다. 블랙홀은 열역학 제2법칙을 만족하지만 화이트홀은 그렇지 않다! (물론 단순히 제2법칙을 가정하고 화이트홀의 부재를 주장할 수도 있다. 그러나 우리는 그보다 깊은 것, 즉 제2법칙의 기원을 추구하고 있는 것이다.)

문에 모든 가능한 우주로부터 선택된 것이다! (인류 원리에 대해서는 제10장에서 다시 볼 것이다.) 이러한 논리를 이용하여, 인류 원리는 지적인 생물은 단지 매우 특별한 형태의 빅뱅을 갖는 우주에서만 살 수 있고, 따라서 WCH와 같은 것들은 이런 원칙의 결과일 따름이라고 주장한다. 그러나 이러한 논리로는 제7장(pp. 505-506)에서 논의한, 빅뱅의 '특별함'에 대한 $10^{10^{123}}$이라는 수치에 크게 미흡하게 된다. 아주 대략적으로 계산하더라도 이 태양계와 그 위의 모든 생물은 단순히 입자들의 무작위적인 충돌만으로도 이보다는 훨씬 '저렴하게' 창조될 수 있다는 것이다. 즉 그 확률값은 (위상 공간의 부피로 측정할 때) '불과' $10^{10^{60}}$도 안 되는 가능성 중 하나의 '불기대치improbability'를 갖게 된다. 이것은 인류 원리를 통해 도달할 수 있는 최댓값이고, 우리는 여전히 필요 수치에 한참 미달한다. 뿐만 아니라, 바로 앞에서 논의한 바와 같이 이러한 인류 원리는 화이트홀의 부재를 전혀 설명하지 못한다.

상태벡터 환원에서 시간의 비대칭성

우리는 결국 CQG가 시간 비대칭적인 이론이어야 한다는 것, 그리고 WCH(혹은 그 비슷한 것)는 이 이론에 따른 하나의 결과라는 결론에 도달한 것 같다. 그럼 어떻게 하면 시간 대칭적인 두 요소(일반상대성과 양자론)로부터 시간 비대칭 이론을 끌어낼 수 있는가? 밝혀진 바에 따르면 몇 가지 기술적 가능성이 있기는 하지만 아직 이에 대한 연구는 그다지 깊게 이루어지지 못했다(Ashtekar, 1989). 그러나 나는 이를 다른 방향에서 살펴보고자 한다. 앞에서 양자론이 '시간 대칭'임을 강조한 바 있지만, 이는 단지 이 이론의 U 부분(슈뢰딩거 방정식 등)에만 적용된다. 제7장 도입부에서 물리법칙의 시간 대칭성에 대하여 논의할 당시 나는 의식적으로 R 부분(파동함수의 붕괴)에 대한 언급을 피했다. R 부분도 시간 대칭적이어야 한다는 견해가 지배적인데, 이러한 견해는 부분적으로 R이 U와 독립적인 실제 프로세스라는 사실을 인정하지 않으려 하기 때문에 발생하는지도 모른다. 그 때문에 U의 시간 대칭성이 R에 대해서도 성립할 것을 필요로 하는 것이다. 나는 그렇지 않다고 반박하고 싶다. 즉 R은 시간적으로 비대칭적이다. 최소한 우리가 'R'을, 단순히 물리학자들이 양자역학에서 확률을 계산할 때 실제로 적용하는 프로시저로 본다면 말이다.

우선 양자역학에서 적용되는 상태벡터 환원(R)이라는 프로시저를 기억해보기 바란다(<그림 6-23> 참조). <그림 8-1>은 상태벡터 $|\psi>$가 양자역학에서 시간에 따라 전개되는 이상한 방법을 도식적으로 설명한다. 대부분의 경우 이러한 전개는 유니터리 전개 U(슈뢰딩거 방정식)에 따라 진행되지만, 때에 따라서 '관찰'(또는 '측정')이 발생했다고 간주될 경우에는 프로시저 R이 적용되고, 상태벡터 $|\psi>$는 또 다른 상태벡터 $|X>$로 도약하게 된다. 여기에서 $|X>$는 현재 진행되는 특정한 관찰 O의 성질에 의해 결정되는 둘 혹은 그 이상의 직교 선택자들orthogonal alternative, 예를 들면 $|X>$, $|\phi>$, $|\Theta>$, … 중의 하나이다. 이때 $|\psi>$로부터 $|X>$로 도약할 확률 p는 $|\psi>$의 제곱 길이 $|\psi|^2$가 $|X>$ 방향에 대한 $|\psi>$의 투영projection에 의하여 감소되는 양에 의해 주어진다. (이것은 수학적으로 $|X>$가 $|\psi>$의 방향으로 투영될 때 $|X|^2$이 감소되는 양과 동일하다.) 주어진 대로 한다면 이 프로시저는 시간에 비대칭적이다. 관찰 O가 행해진 직후에는 상태벡터가 O에 의해 결정되는 선택 가능 집합의 한 원소인 반면, O 직전의 상태벡터는 $|\psi>$로서 이것은 주어진 가능성 중의 하나일 필요가 없기 때문이다. 그러나 이러한 비대칭성이 명백하더라도, 상태벡터의 전개에 대한 새로운 관점을 취함으로써 고쳐질 수 있다. 역행 시간reversed-time 양자역학 전개를 살펴보기로 하자. <그림 8-2>는 이러한 상궤를 달리한 관점을 설명한다. 관찰 O 직후의 상태 대신 O 직전의 상태로서 $|X>$를 취하고, 전개를 시간적으로 반대 방향으로 적용함으로써 이전의 관찰 O'의 시점으로 유니터리 전개를 적용한다. 이와 같이 후향 전개된 상태를 $|X'>$라고 가정하자. <그림 8-1>의 정상적인 전향 전개 묘사에서는 O' 직후에 특정한 상태 $|X'>$를 가졌다(관찰 O'의 결과로서 $|\psi'>$는 정상적인 형태에서는 O에 이르면 $|\psi>$로 전향 전개될 것이다). 그런데 역행된 묘사에서도 상태벡터 $|\psi'>$는 특정한 역할을 하게 된다. 즉 이것은 O' 직전

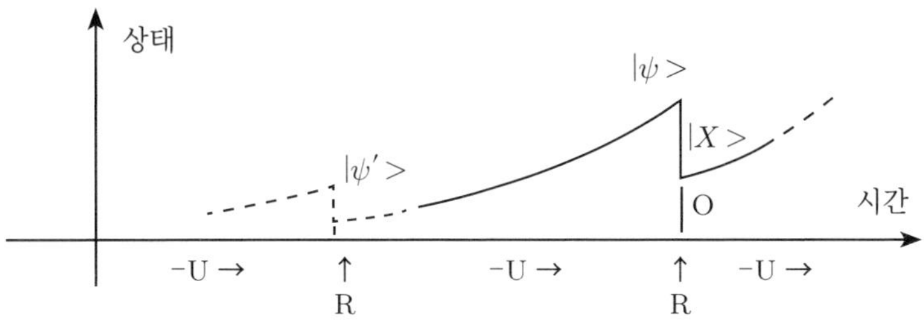

<그림 8-1> 상태벡터의 시간 전개. 유연한 유니터리 전개 U(슈뢰딩거 방정식)가 불연속 상태벡터 환원 R에 의하여 간헐적으로 끊긴다.

의 시스템의 상태를 나타낸다. 상태벡터 $|\psi'>$는 실제로 O'에서 관찰된 상태이기 때문에 후향 전개 관점에서 보면, 시간을 거슬러서 $|\psi'>$를 O' 관찰의 '결과' 상태로서 간주하는 것이다. O'의 관찰 결과를 O에서의 결과와 연결해주는 양자 확률 p'의 계산은 $|X'>$를 $|\psi'>$의 방향으로 투영할 때 $|X'|^2$이 감소되는 양으로 주어진다(이는 $|X'>$의 방향으로 $|\psi'>$가 투영될 때 $|\psi'|^2$이 감소되는 양과 같다). 이 값이 앞서 본 바와 정확히 똑같은 크기라는 것이 U 연산의 기본적인 성질의 하나이다.[6]

그러므로 보통의 유니터리 전개 U뿐 아니라 상태벡터 환원 R로 표기되는 불연속 과정을 감안하더라도, 양자론이 시간 대칭이라는 사실이 밝혀진 것처럼 보일지도 모른다. 그러나 꼭 그렇지만은 않다. 양자 확률 p가 나타내는 것은 (어떤 방향으로 계산하건) O'에서 결과($|\psi'>$)가 주어질 때 O에서의 결과($|X>$)를 갖는 확률이다. 이는 O에서의 결과가 주어질 때 O'에서의 결과에 대한 확률과 반드시 일치하지는 않는다. 후자[7]가 정말

6 이 사실은 제6장의 각주 11에서 제시한 스칼라 곱 연산 $<\psi|X>$으로 표시하면 더욱 명료해진다. 전향 시간에 의한 설명의 경우 확률 p는 다음과 같이 계산된다.
$p = |<\psi|X>|^2 = |<X|\psi>|^2$
그리고 후향 시간의 경우에는 다음과 같이 계산된다.
$p = |<X'|\psi'>|^2 = |<\psi'|X'>|^2$
이들이 $<\psi'|X'> = <\psi|X>$에 의하여 같아진다는 것이 바로 원칙적으로 '유니터리 전개'가 의미하는 것이다.

7 미래의 사건이 주어진 경우에 과거의 사건에 대한 확률이 무엇을 의미하는지 이해하기

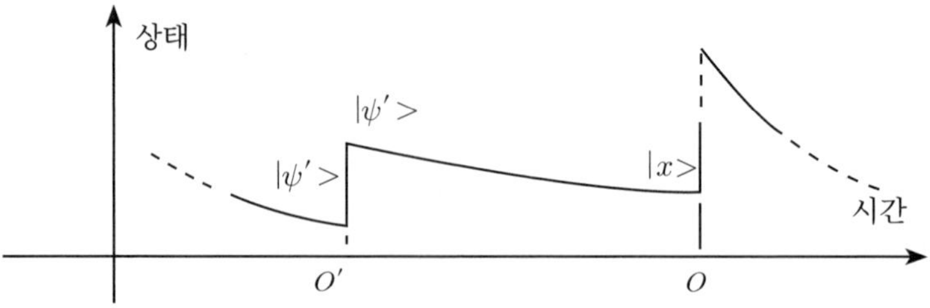

<그림 8-2> 더 이상한 모양의 상태벡터 전개로서 역행 시간 표현이 사용되었다. O에서의 관찰과 O'에서의 관찰을 연관시키는 확률의 계산은 <그림 8-1>에서와 같을 것이다. 그러나 이 계산값이 의미하는 것은 무엇인가?

로 시간 역행 양자역학에서 얻었어야 했던 값이다. 놀라운 것은 수많은 물리학자가 이들 두 확률이 동일하다고 그냥 묵인해버린다는 것이다(나 자신도 이와 같은 선입견을 갖고 있었다. penrose, 1979b, p. 584를 참조). 그러나 이들 두 확률은 실제로 형편없이 달라질 가능성이 크고, 오직 전자만이 양자역학에 의해 정확히 계산된다!

이에 대하여 매우 단순한 특정 경우를 들어 살펴보기로 하자. 램프 L과 광전지(즉 광자 탐지기) P가 있다고 가정하자. L과 P 사이에 반도금된 거울 M이 있고, 이것은 L과 P를 잇는 선상에서 약 45° 기울어져 있다(<그림 8-3> 참조). 램프는 때때로 무작위적으로 광자를 방출하고, 그 구조는 (오목거울 등을 이용하여) 이들 광자가 항상 P를 정확히 겨냥하도록 되어 있다고 가정하자. 광전지가 광자를 받을 때마다 그것은 이 사실을 기록하고, 그것이 100% 신뢰도를 지닌다고 가정하기로 한다. 또한 광자가 방출될 때마다 그 사실이 L에 기록되고, 이것 역시 100% 신뢰도를 지닌다고 가정한다. (비록 실제적으로는 이러한 효율성에 근접하기도 어려울 테지만, 이러한 이상적인 요구 사항 자체가 양자역학적 원리와 상충되지는 않는다.)

어려워하는 독자들도 있을 것이다. 그러나 여기에는 원칙적으로 전혀 문제가 없다. 우주의 전체 역사가 시공에 투영되었다고 가정해보자. q가 발생했을 때 p가 일어난 확률을 구하기 위해서는 q가 발생한 경우를 모두 살펴보고, 이들 중 p도 발생한 경우의 비율을 구하면 된다. 이것이 바로 구하고자 하는 확률이다. q가 일반적으로 p보다 시간적으로 앞에 발생하는가 뒤에 발생하는가는 문제가 되지 않는다.

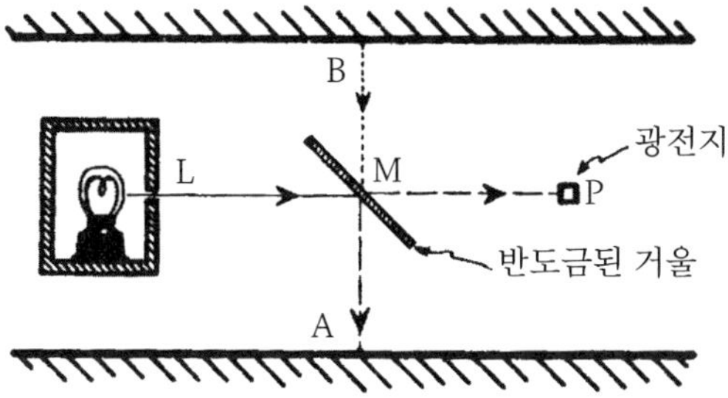

<그림 8-3> 간단한 양자 실험에서 보이는 R의 시간 불역행성. 광원이 하나의 광자를 방출할 때 광전지가 광자를 감지할 확률은 정확히 $\frac{1}{2}$이다. 그러나 광전지가 광자를 하나 감지했을 때 광원이 광자를 방출했을 확률은 분명히 $\frac{1}{2}$이 아니다.

반도금된 M은 그것에 도달하는 광자의 정확히 반은 반사시키고 나머지 반은 통과시킨다. 좀 더 정확히 하자면 이것을 양자역학적으로 생각해야 한다. 광자의 파동함수는 거울에 부딪혀서 둘로 쪼개진다. 파동의 반사되는 부분과 통과하는 부분은 각각 $\frac{1}{\sqrt{2}}$의 진폭을 갖는다. 두 부분 모두 관찰이 일어나는 것으로 간주되는 순간까지는 (정상적인 전향 시간 상황에서) '공존'한다고 생각되어야 한다. 그 시점에서 이들 공존하는 두 선택 후보는 하나의 실제 선택자로 결정되는데, 각각이 선택될 확률은 이들 진폭의 제곱, 즉 $(\frac{1}{\sqrt{2}})^2 = \frac{1}{2}$이 된다. 관찰이 수행될 때 광자가 반사되거나 투과되는 확률은 정말로 반반이 되는 것으로 판명된 것이다.

이것이 여기에서의 실제 실험에 어떻게 적용되는지를 살펴보자. L이 광자를 방사한 것으로 기록되었다고 가정해보자. 광자의 파동함수가 거울에서 쪼개져 P에 $\frac{1}{\sqrt{2}}$의 진폭으로 도달하고, 따라서 광전지는 각각 $\frac{1}{2}$의 확률로 기록하거나, 혹은 기록하지 않는다. 광자 파동함수의 나머지 부분은 실험실 벽에 있는 A 지점에 똑같이 $\frac{1}{\sqrt{2}}$의 진폭으로 도달한다(<그림 8-3> 참조). 만약 P가 기록되지 않으면 광자는 A에서 벽을 때릴 것이 분명하다. A에 또 다른 광전지가 놓인다면(그리고 L이 광자의 방사를 정말로 기록했다면) 그것은 P가 기록하지 않는 경우에 항상 기록할 것이고, P가 기록하는 경우에 기록하지 않을 것이다. 이러한 의미에서, A에는 광전지를 갖다 놓을 필요가 없다. L과 P만 보더라도 우리는 A에 광전지가 있었다면 무얼 했을까를 추론해낼 수 있는 것이다.

양자역학적 계산이 어떻게 진행될 것인가는 분명하다. 다음과 같은 질문을 해보자.

"L이 기록된다면, P가 기록되는 확률은 얼마인가?"

이에 답하기 위해서 LMP를 통과하는 광자에 대해 $\frac{1}{\sqrt{2}}$의 진폭이 있고, LMA에 대해서도 $\frac{1}{\sqrt{2}}$의 진폭이 있다는 사실을 주목하자. 이를 제곱함으로써 P와 A에 도달하는 확률이 각각 $\frac{1}{2}$임을 알게 된다. 따라서 앞의 질문에 대한 양자역학적인 대답은 '$\frac{1}{2}$'이다. 실험적으로도 이것이 바로 우리가 얻게 될 대답이다.

상궤를 벗어난 '역행 시간' 프로시저를 사용했더라도 동일한 답을 얻을 수 있었을 것이다. P가 기록된 것을 우리가 보았다고 가정해보자. 광자가 결국 P에 도달한다고 가정하고, 광자에 대한 후향 시간 파동함수를 고려해보자. 시간을 역으로 추적하노라면 광자는 P에서 M으로 되돌아간다. 이 시점에서 파동함수는 두 갈래로 갈라지고, L 지점의 광원으로 돌아가는 $\frac{1}{\sqrt{2}}$의 진폭과, M에서 반사되어 실험실 벽의 또 한 지점(<그림 8-3>에서 B)에 도달하는 $\frac{1}{\sqrt{2}}$의 진폭이 존재하게 된다. 이들을 제곱하면 두 가지 확률 $\frac{1}{2}$을 다시 얻을 수 있다. 그러나 여기에서 이들 확률이 어떤 질문에 대한 답인지를 주의 깊게 살펴보아야 한다. 그것은 다음과 같은 두 질문을 말한다. 즉 앞에서처럼 "L이 기록될 때 P가 기록될 확률은 무엇인가?"라는 것이 그 하나이고, 다른 하나는 좀 더 이상한 질문이지만 "광자가 벽에 있는 B로부터 방사되었을 때 P가 기록할 확률은 무엇인가?"이다.

이들 두 질문에 대한 답은 어떤 의미에서 실험적으로 '정확하다'일 수 있다. 다만 두 번째 것(벽으로부터의 방사)은 실제 실험에 의한 결과라기보다는 추론에 의한 것이라 할 수 있다! 그러나 이들 중 어떤 것도 우리가 앞서 제기한 질문에 대해 시간 역행적인 질문은 아니다. 그것은 다음과 같은 것이어야만 한다.

"P가 기록될 때 L이 기록할 확률은 무엇인가?"

이 질문에 대하여 실험에 근거한 정확한 답은 '$\frac{1}{2}$'이 아니라 '1'임을 주목하기 바란다. 만약 광전지가 정말로 기록되었다면, 그 광자는 램프로부터 나온 것이지 실험실 벽으로부터 나온 것이 아니라는 사실은 거의 확실하다! 시간 역행적 질문의 경우 양자역학적 계산은 완전히 틀린 답을 생성하는 것이다!

결과적으로 이것이 내포하는 의미는, 시간 역행적 질문에 대해서는 양자역학의 R 부분에 대한 규칙이 절대로 사용될 수 없다는 것이다. 만약 알려진 미래의 상태에 기초하여 과거 상태에 대한 확률을 계산하고자 한다면 단순히 양자역학적으로 진폭을 취해서 그것의 절댓값을 제곱해버리는 R 프로시저를 적용하게 되는 것이 완전히 틀린 답을 도출하는 것이다. 이러한 프로시저가 잘 통하는 경우는 다만 과거 상태에 기초하여 미래 상태의 확률을 계산하려는 경우로서 이때는 실로 훌륭하게 적용된다! 이러한 기초 아래 프로시저 R이 시간 대칭적일 수 없다는 사실이 분명해진 것 같다(그리고 결과적으로 시간 대칭적 프로시저 U로부터 유도될 수도 없다).

많은 사람이 시간 대칭성이 갖는 이러한 불일치에 대한 원인을, 어디에서부터인가 열역학 제2법칙이 논의에 끼어들어옴으로써 진폭 제곱 프로시저에서는 설명되지 않은 추가의 시간 비대칭성을 도입하게 된 것이라는 견해를 취할지 모른다. 실로 R 프로시저에 영향을 끼칠 수 있는 모든 물리적 측정 도구가 열역학적 비가역성irreversibility을 갖게 되고, 따라서 측정이 수행될 때마다 엔트로피는 증가하는 것이 사실로 보인다. 나는 제2법칙이 측정 과정에 중요하게 관련되어 있다고 생각한다. 뿐만 아니라 앞에서 기술한 (이상적 상황의) 모든 측정의 기록을 포함하는, 양자역학적 실험의 전 과정을 시간 역행하려는 것은 물리학적으로 크게 의미가 있어 보이지 않는다. 나는 시간을 역행하는 실험 방법으로 실제 얼마나 진행할 수 있는지에 관한 문제에 대해서는 별로 관심을 가지지 않아왔다. 내가 관심을 가졌던 것은 단지 진폭의 절댓값을 제곱함으로써 정확한 확률을 얻어낼 수 있는, 놀라운 양자역학적 프로시저의 적용성에 대한 것이다. 이 단순한 프로시저가, 그 시스템에 대한 어떠한 지식도 불러낼 필요 없이 미래 방향으로 적용될 수 있다는 것은 놀라운 사실이다. 실제로 이들 확률을 결정하는 데에 그 무엇도 영향력을 가질 수 없다는 것이 이 이론의 중요한 부분이다. 양자론의 확률은 완전히 추계학적 stochastic인 것이다! 그러나 만일 이 프로시저를 과거 방향으로 적용하려 한다면(즉 예측을 하는 것이 아니라 소급된 설명을 하려 한다면) 매우 심각하게 잘못될 수 있다. 진폭 제곱 프로시저가 과거 방향으로는 왜 정확하게 적용되지 않는가를 설명하기 위해서 여러 가지 핑계, 특수한 사정, 또는 다른 요인들이 제기될 수 있을지 모르지만 한 가지, 그것이 틀리다는 사실은 그대로 남게 된다. 미래 방향에서는 그러한 핑계들이 단순히 필요치 않다! 프로시저 R은 현재 형태로는, 단순히 말해 시간 대칭이 아니다.

호킹의 상자: 바일 곡면 가설과의 연계?

그렇다 하더라도 독자들은 이들 모두가 WCH 또는 CQG와 무슨 관계가 있는가 의아해할 것이다. 물론 현재 상태로서의 제2법칙은 당연히 R 연산의 일부가 될 수 있다. 그러나 이와 같이 '매일' 연속적으로 발생하는 상태벡터 환원에서, 시공 특이점 또는 양자중력의 주목할 만한 역할은 어디에 있는 것일까? 이러한 질문에 답하기 위해 호킹이 처음 제안한 특이한 '사고 실험'을 설명해보려 한다. 물론 지금 이야기하려는 논의의 방향은 호킹의 의도와는 차이가 있지만 말이다.

엄청나게 큰 밀폐된 상자를 상상해보자. 그 벽은 완전히 반사되고 어떠한 영향력도 침투될 수 없는 것으로 가정한다. 어떠한 물질도 통과될 수 없을 뿐 아니라 전자기적 신호, 중성미자, 혹은 그 어떤 것도 통과되지 않는다. 밖으로부터건 안으로부터건 그것에 부딪히는 것은 모두 반대 방향으로 반사된다. 중력의 영향마저도 통과되지 못한다. 물론 그러한 벽을 만들 수 있는 물질은 실제로는 없으며, 따라서 그 누구도 내가 설명하려는 '실험'을 실제로 수행할 수 없다. 그러나 그것은 중요하지 않다. 사람들은 사고 실험을 통하여 특정한 실험을 단지 머릿속으로 수행해나가며 일반적인 원칙들을 발견하려 한다. 기술적인 문제들은 그것이 현재 고려되고 있는 일반적인 원칙과 직접적인 관계가 없다면 그냥 무시할 수 있다(제6장의 슈뢰딩거 고양이의 실험을 기억하기 바란다) 우리의 경우, 상자의 벽을 만드는 데에 따르는 난점은 이 논의의 목적상 완전히 '기술적인' 것으로 간주할 수 있고, 따라서 이 문제는 그냥 무시될 것이다.

상자 안에 특정 종류의 구성 물질이 많이 존재하고, 이러한 물질이 무엇인가는 그다지 중요하지 않다. 우리는 단지 이들의 전체 질량 M(매우 큰 값)과 이를 포함하는 상자의 부피 V에 관심이 있다. 이렇게 비싸게 만들어진 상자와 그 속의 별 흥미롭지 않은 내용물들을 가지고 무엇을 할 것인가? 그 실험은 상상할 수 있는 한도 내에서 가장 지루한 것이 될 것이다. 즉 우리는 그것에 손도 대지 않을 것이다. 영원히!

우리가 관심을 갖는 것은 상자 안 내용물의 궁극적인 운명이다. 열역학 제2법칙에 따라 그것의 엔트로피는 증가해야 한다. 이 엔트로피는 최대치에 도달할 때까지 증가하는데, 그 상태에 이르면 물질은 '열평형 상태'에 도달하게 된다. 그 상태에 이르면 더는 큰 변화는 발생하지 않고, 다만 열평형으로부터 (비교적) 잠시 이탈하는 순간적인 동요만 있게 된다. 우리가 설정한 상황에서 M이 충분히 크고 V는 적당한 값(매우 크지만 너무 크지 않은)이라고 가정한다면, '열평형 상태'에 도달할 때 대부분의 물질은 블랙홀로 붕괴되고, 단지 약간의 물질과 그 주위를 도는 복사열radiation이 (매우 차가운!) 소위 '열탕thermal bath'이라고 불리는 것을 구성하여 블랙홀은 그 안에 잠기게 된다. 명확히 하기 위하여 M은 태양계의 질량으로, V는 은하수 은하계의 크기로 가정할 수도 있다! 그러면 '탕bath'의 온도는 절대온도로 영상 약 10^{-7} 정도밖에 되지 않을 것이다!

이러한 평형 상태와 동요의 본질을 좀 더 분명하게 이해하기 위해서, 제5장과 제7장에서 살펴본 위상 공간 개념을 특히 엔트로피의 정의와 관련하여 기억해보자. <그림 8-4>는 호킹 상자 속 내용물의 전체 위상 공간 $\mathbb{P}$를 도식적으로 묘사한 것이다. 앞에서 언급한 바와 같이 위상 공간

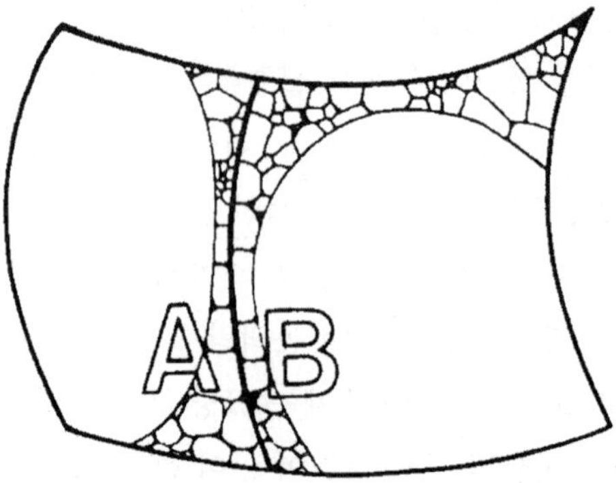

<그림 8-4> 호킹 상자의 위상 공간 ℙ. 𝔸 지역은 상자 속에 블랙홀이 존재하지 않는 상황에 해당하고 𝔹 지역은 상자 속에 블랙홀이 하나(혹은 그 이상) 존재하는 상황에 해당한다.

은 고차원 공간이며, 그 안의 각 점은 대상 시스템의 가능한 상태 전체(여기서는 상자의 내용물들)를 나타낸다. 그러므로 ℙ의 각 점은 상자 내의 시공 기하에 대한 모든 정보뿐만 아니라 상자 안에 존재하는 모든 입자의 위치와 운동량을 코드화한 것이다. <그림 8-4>의 오른쪽 부분에 있는 ℙ의 부영역subregion 𝔹는 상자 내에 블랙홀이 존재하는 모든 상태 전체를 나타낸다(하나 이상의 블랙홀이 존재하는 경우도 포함한다). 반면 왼쪽에 있는 부영역 𝔸는 블랙홀이 존재하지 않는 상태의 전체를 나타낸다. 𝔸와 𝔹 각 지역은 엔트로피의 정확한 정의를 위해 필요한 '굵게 뭉치기coarse graining'에 따라 더 작은 부분으로 나뉜다고 보아야 할 것이다(p. 460, 그리고 <그림 7-3> 참조). 그러나 이에 대한 세부 사항은 여기에서의 관심 영역 밖이다. 현 단계에서 단지 주목할 필요가 있는 것은, 이들 구획 중 가장 큰 부분(블랙홀이 있는 영역의 열평형을 나타내는 부분)이 B의 주요 부분에 해당하고, 반면에 (어느 정도 더 작은) A의 주요 부분은 열평형은 된 것 같지만 블랙홀이 존재하지 않는 구획을 나타낸다는 것이다.

모든 위상 공간에는 화살표 모양의 장(벡터장)이 있어서 이들이 물리 시스템의 시간 전개를 표시한다는 것을 기억하기 바란다(제5장 p. 280, 그리고 <그림 5-11> 참조). 따라서 현재 시스템에서 다음에 일어나게 될 변화를 알아보려면 단순히 ℙ에서 화살표들을 따라가면 된다(<그림 8-5> 참조). 화살표 중 어떤 것은 𝔸 지역에서 𝔹 지역까지 걸쳐 있게 되며, 이는 중력 작용에 따른 물질의 붕괴에 의하여 블랙홀이 처음 형성될 때 발생한다. 반대로 지역 𝔹에서부터 𝔸로 교차되는 화살표도 있을까? 있을 수 있다. 그러나 이는 우리가 앞에서 잠시 언급한(p. 503, p. 517) 호킹의 증발 현상을 감안할 경우에만 가능하다. 일반상대성의 엄밀한 고전 이론에 따르면 블랙홀은 물질을 삼켜버릴 뿐이지 방출하는 경우는 없다. 그러나 호킹(Hawking, 1975)은 양자역학적 효과를 감안함으로써 블랙홀이 양자 수준에서 호킹 복사Hawking radiation 과정에 따라 물질을 방출할 수 있음을 보일 수 있었다. (이는 '가상 짝 생성virtual pair creation'이라는 양자 프로세스를 통하여 발생하는데, 그것은 입자와 반입자anti-particle들이 계속해서 진공으로부터 생성되는 것으로서 [짧은 순간] 이들은 생성 직후 아무런 흔적도 남기지 않고 서로를 파괴해버린다. 그러나 블랙홀이 존재하는 경우 이러한 파괴가 발생할 시간도 갖기 전에 그중 하나를 '삼켜'버릴 수 있고, 그 짝은 블랙홀을 피할 수도 있다. 이처럼 피할 수 있었던 입자들이 호킹의 복사를 이루게 된다.) 정상적인 경우 이러한 호킹 복사는 매우 적다. 그러나 열평형 상태에서는 블랙홀이 호킹 복사를 통하여 잃어버린 에너지의 양만큼, 그 블랙홀이 존재한 '열탕' 주위를 떠도는 다른 '열입자thermal particle'를 삼킴으로써 얻는 에너지를 통해 균형을 이루게 된다. 때로는 블랙홀이 '동요' 때문에 너무 많은 에너지를 방출하거나, 너무 적게 삼킴으로써 에너지를 잃게 된다. 에너지를 잃으면 질량도 잃게 되고(아인슈타인의 $E=mc^2$에 의해), 호킹 복사를 관장하는 규칙에 따라 약간 더 뜨거워진다. 아주 가끔이지만, 동요가 매우 커지면 블랙홀이 고삐가 풀린 상황에 빠질 수 있는데, 그 상황이란 그것이 에너지를 자꾸 잃게 됨에 따라 점점 더 뜨거워지고 자꾸만 작아져서 결국에는 격렬한 폭발과 함께 완전히 사라져버리는 것이다! 이것이 발생하면(상자 안에 다른 블랙홀이 존재하지 않는다고 가정할 때), 위상 공간 ℙ의 지역 𝔹로부터 지역 𝔸로 건너가는 셈이고 𝔹에서 𝔸로 가는 화살표가 존재하는 상황이 된다!

이 시점에서 '동요fluctuation'가 의미하는 것이 무엇인가를 언급해야 하겠다. 앞 장에서 살펴본 굵게 뭉친 구획들을 기억해보자. 하나의 개별 구

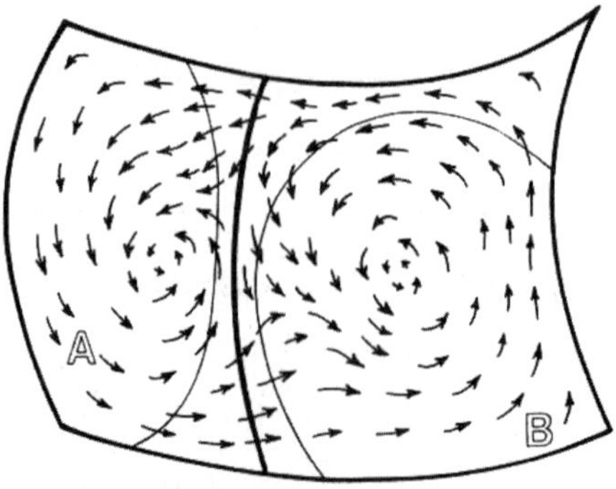

<그림 8-5> 호킹 상자 내용물의 '해밀턴식 흐름'(<그림 5-11>과 비교). A에서 B로 흐르는 선은 블랙홀로 붕괴되는 것을, 그리고 B에서 A로 흐르는 선은 호킹 증발에 의한 블랙홀의 소멸을 나타낸다.

획에 속하는 위상 공간의 점들은 서로 (거시적으로) '구별될 수 없는' 것으로 간주된다. 화살표를 따라가면 시간이 진행됨에 따라 차차 더 큰 구획으로 가는 경향이 있는데, 그 때문에 엔트로피도 증가한다. 궁극적으로 위상 공간의 점은 열평형(최대 엔트로피)에 해당하는 가장 큰 구획에서 사라져버린다. 그러나 이것은 특정 시점까지만 성립한다. 만약 충분히 오랫동안 기다린다면 위상 공간의 점은 결국 더 작은 구획으로 들어가게 되고, 결과적으로 엔트로피는 떨어질 것이다. 이것은 보통 오래(상대적으로) 지속되지는 않고, 최대 구획으로 재진입하면서 엔트로피는 다시 올라가게 된다. 이것이 바로 엔트로피의 순간적인 저하를 발생시키는 동요이다. 일반적으로 엔트로피는 그다지 많이 떨어지지는 않지만, 아주아주 가끔 거대한 동요가 발생할 수 있으며 이때는 엔트로피도 상당히 떨어지게 된다. 그리고 꽤 오랫동안 저하된 채로 남아 있게 된다.

이것이 바로 호킹 증발 프로세스를 통해 B 지역으로부터 A 지역으로 가는 데 필요한 형태의 상황이다. 화살표가 B와 A 사이를 교차하는 곳에서 미세한 구획을 통과해야 하기 때문에 매우 큰 동요가 있어야 한다. 마찬가지로 그 위상 공간 점이 A의 주요 부분 내에 존재할 때(블랙홀이 없는 열평형 상태를 의미한다) 중력 붕괴가 일어나고, 점이 B 부분으로 옮겨지기까지는 실제로 매우 오랜 시간이 걸릴 것이다. 여기에서도 엄청난 동요가 필요하게 된다. (열복사thermal radiation는 중력 붕괴를 잘 일으키지 않는다!)

$\mathbb{A}$로부터 $\mathbb{B}$로 넘어가는 화살표가 더 많을까, 아니면 $\mathbb{B}$로부터 $\mathbb{A}$로 가는 것이 더 많을까? 아니면 각 경우에 대한 화살표의 수는 동일한가? 이것은 우리에게 중요한 문제이다. 이 질문을 다르게 표현해보자. 대자연 속에서 열입자들을 중력 붕괴시켜 블랙홀을 생성하는 것이 더 쉬운가? 아니면 호킹 복사에 의해 블랙홀을 제거하는 것이 더 쉬운가? 그것도 아니면 똑같이 '어려운' 것인가? 엄밀히 말하면 우리가 관심을 두어야 하는 것은 화살표의 수가 아니라 위상 공간 부피의 유동 비율rate of flow이다. 위상 공간이 특정한 종류(고차원)의 압축할 수 없는 유동체로 가득 채워져 있다고 가정해보자. 화살표는 이 유동체의 움직임을 나타낸다. 제5장(pp. 284-285)에서 설명한 리우빌의 정리를 기억해보자. 리우빌의 정리는 위상 공간의 부피가 유동에 대하여 보존된다고 주장하는데, 이는 위상 공간 유동체가 정말로 압축할 수 없는 것임을 이야기한다! 리우빌의 정리대로라면 $\mathbb{A}$에서 $\mathbb{B}$로의 유동과 $\mathbb{B}$에서 $\mathbb{A}$로의 유동은 동일해야 할 것 같다. 압축 불가능한 위상 공간 유동체는 그 어디에도 축적될 수 없기 때문이다. 그러므로 열복사로부터 블랙홀을 만들어내는 것은 이를 파괴하는 것과 똑같이 '어렵다'는 것은 분명한 것 같다!

비록 좀 다른 생각에 근거하여 이러한 견해에 도달했을지는 모르지만, 이것은 바로 호킹 자신의 결론이기도 했다. 호킹의 주요 논점은 그 문제와 관련된 모든 기초 물리는 시간 대칭적이기 때문에(일반상대성, 열역학, 양자론의 표준 유니터리 프로시저), 시간을 역방향으로 진행시킬 경우 앞으로 진행하는 것과 동일한 답을 얻어야 한다는 것이다. 이는 $\mathbb{P}$에서 단순히 화살표의 방향만을 모두 바꾸는 것에 해당한다. 그렇다면 앞의 논의로부터, 진정으로 $\mathbb{B}$ 지역의 시간 역행이 다시 $\mathbb{B}$ 지역이 된다는 가정 아래(마찬가지로 $\mathbb{A}$에 대한 시간 역행도 다시 $\mathbb{A}$가 된다는 가정 아래), $\mathbb{A}$에서 $\mathbb{B}$로 가는 화살표의 수가 $\mathbb{B}$로부터 $\mathbb{A}$로 가는 화살표의 수와 정확히 같아야 한다는 결론에 도달한다. 이러한 결론은 또 블랙홀과 그것의 시간 역행, 즉 화이트홀은 실제로 물리적으로 동일하다는 호킹의 놀라운 제안으로 귀결된다! 그의 논리는, 시간 대칭 물리학에서 열평형 상태 또한 시간 대칭이어야 한다는 것이다. 이 놀라운 가능성에 대해서는 여기에서 자세히 논의하지 않겠다. 호킹의 아이디어는 양자역학적 호킹 복사를 어떤 식으로든, 블랙홀이 물질을 집어삼키는 고전적 현상에 대한 시간 역행으로 간주할 수 있다는 것이다. 기발하기는 하지만 그의 제안에는 몇 가지 심각한 이론적 문제가 있고, 나는 이것이 해결될 수 있으리라 생각되지 않는다.

여하튼 그 제안은 여기에서 제시하는 내 주장에는 그다지 부합하지 않는다. 나는 블랙홀은 존재해야 하지만 화이트홀은 바일 곡면 가설에 의거하여 금지되어야 한다고 주장했다. WCH로 인하여 이 논의에 시간 비대칭성이 도입되는데, 호킹은 이에 대해서는 고려하지 않았다. 한 가지 밝혀둘 것은, 호킹 상자에 대한 논의의 거의 대부분을 블랙홀과 그들의 시공 특이점에 대한 사항이 차지하고 있으므로, 거기에는 분명 그러한 특이점의 행위를 지배해야 하는 미지의 물리학이 관련되어 있음이 자명하다는 것이다. 호킹은 이러한 미지의 물리학이 시간 대칭의 양자중력 이론이어야 한다는 견해를 취하고 있는 반면, 나는 그것이 시간 비대칭 CQG라고 주장하고 있는 것이다! 나의 주장은, CQG가 시사하는 것 중 가장 중요한 것이 WCH여야 한다는 것이고(결과적으로 말하면 현재 우리가 알고 있는 형태의 열역학 제2법칙), 그래서 WCH가 내포하는 사실들을 현안 문제로서 부각해야 한다는 것이다.

WCH를 포함함으로써 그것이 ℙ의 '압축 불가능한 유동체'의 유동에 관한 논의에 어떤 영향을 줄 것인지 살펴보자. 시공에서 블랙홀 특이점의 효과는 그것에 부딪히는 모든 물질을 흡수하고 파괴시킨다는 것이다. 그리고 현재 논의의 맥락에서 더욱 중요한 것은, 그것이 정보마저도 파괴한다는 것이다! ℙ상에서 그 효과는 몇몇 유동선flow line이 통합되어버리는 것으로 나타난다(<그림 8-6> 참조). 이전에는 달랐던 두 상태가, 그들을 구분해주는 정보가 파괴되어버리는 순간 동일한 상태가 되어버린다. 여기서 ℙ의 유동선들이 통합된다면 이는 리우빌의 정리에 대한 확실한 위반이 된다. 그 '유동체'는 더는 압축 불가능한 것이 아니라 𝔹 지역 내

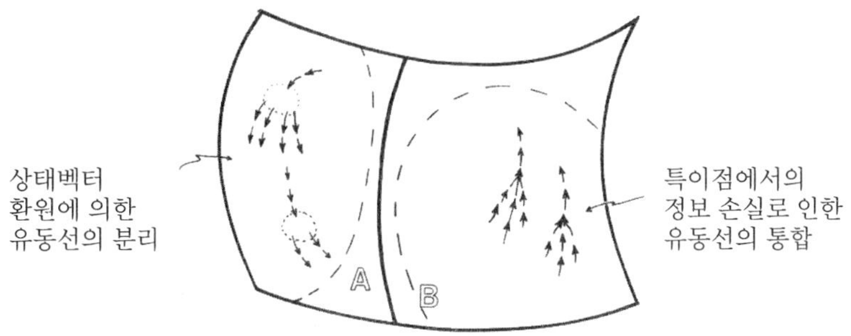

<그림 8-6> 𝔹 지역 내에서 유동선들은 블랙홀 특이점에서의 정보 손실로 인해 합쳐져야 한다. 이것은 양자 프로시저 R에 의한 유동선의 생성(주로 𝔸 지역에서의)으로 평형을 이루게 되는 것일까?

에서 계속 소멸하고 있는 것이다!

그런데 여기에서 한 가지 문제점에 봉착한다. 만약 유동체가 𝔹 지역에서 계속 소멸한다면 𝔹에서 𝔸로 가는 선들보다 𝔸에서 𝔹로 가는 유동선이 더 많이 존재하게 될 것이고, 결국 블랙홀 하나를 파괴하는 것보다는 블랙홀 하나를 생성하는 것이 더 '쉬워질' 것이다! 이것은 수긍할 수 있지만, 다만 한 가지 문제는 𝔸로 들어오는 것에 비하여 더 많은 유동체가 𝔸로부터 빠져나간다는 사실이다. 𝔸 지역에 블랙홀은 없으므로(화이트홀은 WCH에 의해 이미 배제되었다) 𝔸 지역에서 리우빌의 정리는 전혀 문제없이 성립할 수 있다! 그러나 이번에는 𝔹에서의 손실을 보충하기 위하여 𝔸 지역에서 유동체를 생산해내는 방법이 필요한 것이다. 유동선의 총 수를 증가시키기 위한 메커니즘에는 어떤 것이 있을 수 있을까? 우리는 특정의 동일한 상태가 하나 이상의 가능한 상태(즉 두 갈래의 유동선)로 갈라질 수 있기를 원한다. 특정한 물리적 시스템의 미래 상황 전개에서, 이러한 종류의 불확실성은 양자론(R 부분)의 '냄새'가 난다. R이 어떤 의미에서는 WCH에 대한 동전의 뒷면이라고 볼 수는 없을까? WCH가 𝔹에서 유동선들을 병합하는 반면, 양자역학 프로시저 R은 유동선을 두 갈래로 나뉘게 한다. 내가 진정으로 주장하고 싶은 것은, 유동선을 갈라지게 하는 것이 바로 객관적인 양자역학 과정인 상태벡터 환원(R)이고, 그로 인하여 WCH에 의한 유동선의 병합을 정확히 보상받는다는 것이다(<그

림 8-6> 참조)!

그러한 분기가 일어나기 위해서는 앞에서 본 바와 같이 R이 시간 비대칭적일 필요가 있다. 앞에서 램프, 광전지, 그리고 반도금된 거울을 가지고 한 실험을 기억해보자. 광자가 램프에 의해 방출되면 최종 결과로서 두 가지의 (동일한 기대치의) 가능성이 존재하게 된다. 광자가 광전지에 도달하여 광전지에 기록되거나, 또는 광자가 벽에 있는 A점에 도달하고 광전지에는 기록되지 않는 경우이다. 이 실험에 대한 위상 공간에서 우리는 광자의 방출을 나타내는 하나의 유동선을 가질 수 있고, 이것은 두 갈래로 갈라지게 된다. 이들 중 하나는 광전지가 반응되는 상황을 나타내고, 또 하나는 그렇지 않은 상황을 나타낸다. 이는 하나의 입력에 대하여 2개의 가능한 출력을 허용하기 때문에 정당한 갈라짐으로 보인다. 또한 가지 고려해야 할 필요가 있는 입력은, 광자가 실험실 벽의 B 지점에서 방출될 수 있는 가능성이다. 이 경우에는 2개의 입력과 2개의 출력이 있게 된다. 그러나 이 새로운 입력은 열역학 제2법칙(여기에 표현된 관점의), 그리고 상황 전개가 과거로 추적되는 경우에 최종적으로 WCH와도 일관성이 없다는 이유로 제외되어왔다.

나의 견해가 '통상적'으로 받아들여지는 것은 아니라는 사실을 거듭 강조하고자 한다. 하지만 앞에서 제기한 모든 문제를 '통상적인' 물리학자들은 어떤 식으로 해결하는지 나 역시 전혀 알지 못한다. (나는 그들이 이들 문제에 대하여 과연 충분한 생각을 했을까 하는 데에 회의적이다!) 물론 이에 대한 많은 견해를 들어보았다. 예를 들면 물리학자들이 제안한 견해 중에는, 호킹 복사가 결코 블랙홀을 완전히 사라지게 할 수는 없고 항상 몇 개의 작은 '덩어리'가 남게 된다는 것이 있다. (따라서 이러한 관점에서 보면 𝔹에서 𝔸로의 화살표는 없다!) 이것은 나의 주장과 거의 다르지 않다(실제로는 오히려 그것을 뒷받침한다). 물론 위상 공간 ℙ의 전체 부피가 무한대라고 가정함으로써 나의 결론을 회피할 수는 있다. 그러나 이것은 블랙홀 엔트로피에 대한 기본적인 생각, 그리고 제한된 (양자) 시스템의 위상 공간의 본질과 잘 부합하지 않는다. 그리고 내가 들어본 것들 가운데 나의 결론을 회피하기 위해 제시된 기술적 방법들은 무엇 하나 만족스러운 것이 없었다. 훨씬 심각한 문제는, 호킹 상자를 실제로 구축하는 데에 관계되는 이상화idealization가 너무나 크고, 원칙적인 몇 가지 쟁점은 그러한 것을 만들 수 있다고 가정함으로써 이미 위배되어버린다는 것이다. 이에 대해서는 나 자신도 확실히 대답할 수는 없지만, 필수적으로 요구되는 이상화에 대해서는 감수해도 되지 않을까 하고 믿는 편이다!

마지막으로 내가 교묘히 회피해온 중대한 문제가 하나 있다. 우리의 논의는 고전적 위상 공간이 있다는 가정 아래 시작되었고, 리우빌의 정리도 고전물리에서 적용된다. 곧이어 호킹 복사에 대한 양자 현상을 살펴볼 필요가 있었다. (실제로 ℙ의 유한 차원성과 부피의 유한성 때문에도 양자론이 필요하다.) 그런데 제6장에서 본 바와 같이 위상 공간의 양자 형태는 힐베르트 공간이다. 그러므로 어쩌면 우리는 전체 논의에서 위상 공간 대신 힐베르트 공간을 사용해야 했을지도 모른다. 힐베르트 공간에도 리우빌의 정리와 비슷한 것이 있다. 그것은 시간 전개 U의 '유니터리'라 불리는 성질로부터 나온다. 어쩌면 앞서 논의한 내용들은 모두 고전적 위상 공간 대신 힐베르트 공간을 사용하여 표현될 수도 있었을 것이다. 그러나 그 경우 블랙홀의 시공 기하와 관련된 고전적 현상을 이와 같은 식으로 논의할 방법을 찾기는 어렵다. 나의 의견은, 정확한 이론을 위해서는 힐베르트 공간이나 고전 위상 공간 모두 적당하지 않고, 이들의 중간쯤인, 아직까지 발견되지 않은 형태의 수학적 공간을 사용해야만 한다는 것이다. 따라서 나의 논의는 다만 체험적인heuristic(즉 스스로 발견하게 하는) 차원에서 받아들여져야 하고, 결정적이라기보다는 암시적인 것에 불과하다. 그럼에도 불구하고 나는 이것이 WCH와 R이 깊숙이 연계되어 있고, 결과적으로 R은 진정 양자중력 효과여야 한다는 사실을 강력히 시사한다고 믿는 바이다.

반복하자면, 나는 양자역학적 상태벡터 환원이 실제로 WCH와 동전의 양면과도 같다는 의견을 제안하고 있다. 이 관점에 따르면 우리가 추구하는 '정확한 양자중력' 이론CQG이 함축한 두 가지 주요 결론은 WCH와 R이다. WCH의 효과는 위상 공간에서 유동선을 합류시키는 것인 데 반해, R의 효과는 이를 정확히 보상하는 유동선의 확산일 것이다. 두 프로세스 모두는 열역학 제2법칙과 밀접하게 연관되어 있다.

유동선의 합류는 B 지역 내에서만 전적으로 발생하지만, 확산은 A 또는 B에서 두루 일어날 수 있다는 것을 주목하기 바란다. A가 블랙홀이 없는 지역임을 기억한다면, 이는 곧 상태벡터 환원이 블랙홀이 존재하지 않을 때도 발생할 수 있다는 것을 의미한다. R 효과를 얻기 위하여 실험실 내에 블랙홀이 있어야 할 필요는 명백히 없다(앞에서 보았던 광자 실험의 경우). 여기에서는 단지 하나의 상황에서 일어날 수 있는 것들 사이의 일반적이고 전체적인 균형만을 생각하고 있는 것이다. 내가 주장하고자 하는 관점에 따르면 블랙홀이 특정 단계에서 형성되고(결과적으로 정보를 파괴하며), 그것이 양자론에서 결정성determinism의 결핍에 의하여 균형이 잡혀야 한다는 것은 단지 하나의 가능성에 지나지 않는다.

상태벡터는 언제 환원되는가?

앞에서의 논의에 근거하여, 상태벡터 환원이 어떻든 궁극적으로 중력에 의한 현상일 것이라는 사실을 받아들인다고 가정해보자. R과 중력 사이의 연계성이 좀 더 확실히 드러나게 할 수 있을까? 이 관점에 기초한다면 상태벡터의 붕괴는 실제로 언제 일어나야 하는가?

우선 지적하고 싶은 것은 양자중력 이론에 대한 좀 더 '통상적인' 접근 방법에서조차, 일반상대성 원리가 양자론의 법칙들을 포용하도록 하는 것과 관련하여 몇 가지 심각한 기술적 어려움이 있다는 것이다. 이들 법칙은 (주로 p. 431의 슈뢰딩거 방정식에서 운동량이 위치에 대한 미분값으로 재해석되는 방법에 관한) 곡면 시공 기하의 아이디어와는 전혀 맞아떨어지지 않는다. 내 나름의 견해는, '상당한' 양의 시공 곡률이 생겨날 경우 양자 선형 중첩의 규칙은 깨어질 수밖에 없다는 것이다. 이 시점에서 복소 진폭complex-amplitude을 갖는, 발생 가능한 상태들의 중첩은 확률이 부과된 실제 선택자로 대체되고, 이들 선택자 중 하나가 실제로 발생하게 된다.

여기서 '상당한' 양의 곡률은 무엇을 의미하는가? 그것은 새로 만들어지는 곡률의 측정치가 약 1그래비톤 이상의 규모를 갖는 상태에 도달하는 것을 의미한다.[8] (양자론의 규칙에 따라 전자기장이 '광자'라고 불리는 개별 단위로 '양자화quantize'된다는 것을 기억하기 바란다. 전자기장이 개별적인 주파수frequency로 분해될 때 주파수 v는 전체 온전수의 광자로만 대체될 수 있고, 이들 각각의 에너지는 hv이다. 중력장에서도 비슷한 법칙이 적용되어야 할 것이다.) 1그래비톤은 양자론에서 허용되는 곡률의 가장 작은 단위이다. 여기에서의 아이디어는, 이 수준에 도달하자마자 U 프로시저에 따른 선형 중첩의 일반적인 법칙이 중력자들에 적용될 때 변경되고, 일종의 시간 비대칭적인 '비선형 불안정 상태'가 시작된다는 것이다. '선택자'들은 복소 선형 중첩 형태로 영원히 공존하지 않으며, 이 단계에서 선택자 중 하나가 서서히 우위를 차지하게 되고, 시스템은 이 중 하나를 선택하여 '주저앉게' 된다. 어쩌면 이들 중 하나의 선택은 우연히 이루어질 수도 있고, 아니면 좀 더 심오한 무엇인가가 있을 수도 있다. 그러나 이제 현실reality은 하나로 결정되었다. R 프로시저가 수행된 것이다.

이러한 아이디어에 따르면 R 프로시저는 인간의 어떠한 개입에도 의존하지 않고 완전히 객관적인 방법으로, 자발적으로 일어난다는 사실을 주목하기 바란다. 이 아이디어의 요지는 보통 양자론의 선형 규칙들(U)이 잘 들어맞는 두 수준, 즉 원자와 분자 등의 '양자 수준' 및 우리가 일상적으로 경험하는 '고전 수준' 사이에 '1그래비톤' 수준이 넉넉하게 들어앉을 수 있어야 한다는 것이다. 1그래비톤 수준은 도대체 얼마나 '큰' 것인가? 여기에서 강조하고 싶은 것은 이것이 실제로 물리적 크기에 관한 문제만은 아니라는 것이다. 오히려 이것은 질량과 에너지 분포에 대한 질문이라고 볼 수 있다. 앞에서 우리는 그다지 많지 않은 에너지가 관련되어 있는 경우 양자 간섭 효과는 넓은 지역에 걸쳐 발생할 수 있음을 보았다. (pp. 380-381에서 설명한 광자의 자기 간섭self-interference과 pp. 428-429에서 설명한 클라우저와 아스펙트의 EPR 실험을 기억하기 바란다.) 질량의

---

8 이때 소위 말하는 세로longitudinal 그래비톤을 감안해야 하는데, 이는 정적static 중력장을 이루는 '가상' 그래비톤을 말한다. 그러나 불행하게도 이러한 것을 수학적으로 명확하고 '영구적'으로 정의하는 데에는 이론적 문제가 존재한다.

특징적인 양자중력 규모는 플랑크 질량이라 불리는데,

$$m_p = 10^{-5}\text{g}$$

정도이다. 이것은 우리가 기대하는 것보다는 상당히 크다고 생각될 수 있는데, 한 점의 먼지처럼 이보다 훨씬 작은 물체들도 고전적인 방식을 따르는 것이 직접 감지될 수 있기 때문이다. (질량 m_p는 벼룩의 질량보다 약간 작은 정도이다.) 그러나 1그래비톤 기준이 이처럼 대충 적용될 수 있다고는 생각되지 않는다. 나는 이보다는 좀 더 명확하게 하고자 노력하겠지만, 이 글이 쓰이는 현시점에 이 기준이 정확하게 적용될 수 있는가와 관련해서는 아직 여러 가지 부정확성과 모호성이 남아 있다.

우선 입자를 관찰할 수 있는 매우 직접적인 방법의 하나로 윌슨구름상자Wilson cloud chamber를 생각해보자. 여기 한 상자가 있어서, 그 안은 증기로 가득 차 거의 물방울로 액화되기 직전의 상태라고 가정해보자. 예를 들어 이 상자 밖에 있는 원자가 붕괴하며 생성된, 매우 빠른 속도의 전하 입자가 이 상자를 통과하게 된다면, 그것이 통과하는 경로 주변의 수증기 원자들은 이온화될 것이다(즉 전자의 방출에 따른 충전). 그리고 이들 이온화된 원자들은 수증기가 작은 물방울로 뭉칠 수 있게 하는 중심 역할을 하게 된다. 이러한 방법으로 실험자가 직접 관찰할 수 있는 물방울들의 궤적을 얻을 수 있다(<그림 8-7> 참조).

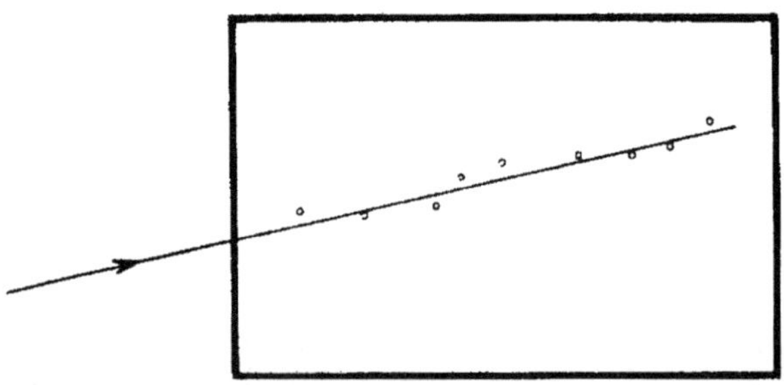

<그림 8-7> 전하된 입자가 윌슨구름상자를 통과하면서 물방울들이 일렬로 맺히게 된다.

이제 이것을 양자역학적으로 설명한다면 어떻게 될까? 방사능 원소가 분해되는 순간에 특정 입자가 방출된다. 이 입자가 움직일 수 있는 방향은 여러 개가 있을 수 있다. 이 방향, 저 방향, 혹은 다른 방향에 각각 진폭이 주어지고, 이들 모두가 양자 선형 중첩으로 동시에 발생하게 된다. 그리고 이들 모든 중첩된 가능성이 통합되어 붕괴된 원자로부터 흘러나오는 구형 파동, 즉 방사 입자의 파동함수를 형성한다. 모든 가능한 입자의 궤적이 구름상자로 들어옴에 따라 이들은 일련의 이온화된 원자들과 연계되고, 그 원자들 각각은 수증기를 액화시키는 중심 역할을 하게 된다. 이러한 일련의 이온화된 원자 배열들은 양자 선형 중첩으로 동시에 존재해야 하고, 따라서 우리는 수많은 물방울 배열에 대한 선형 중첩을 갖게 되는 것이다. 특정한 단계에 도달하면 이 복소 양자 선형 중첩은, 이들의 복소 진폭 가중치가 R 프로시저에 의해 계수 제곱이 되고, 그 결과 확률 가중치가 붙은 실질적인 선택자들의 집합이 된다. 이때 실제 물리적 세계에서는 이들 중 오직 하나만이 현실화되고, 이 특정한 선택자가 실험자에 의하여 관찰되는 것이다. 내가 제안하는 관점에 따르면 그 단계는 바로 여러 선택자의 중력장 사이 편차가 1그래비톤 수준에 도달하는 순간 발생한다.

그것은 과연 언제 발생하는가? 아주 대략적인 계산에 의하면,[9] 완전한 구형의 물방울이 단 하나만 존재할 경우 1그래비톤 단계는 물방울이 약 $\frac{1}{100}m_p$ 정도, 즉 $\frac{1}{10^7}$ g이 되면 도달한다. 이 계산에는 많은 불확정성이 내재해 있고(원칙적인 문제들을 포함하여), 그 크기는 쉽게 수긍하기에는 다소 크다고 볼 수 있지만, 그렇다고 이 결과가 아주 불합리한 것은 아니다. 언젠가는 이보다 좀 더 정확한 결과가 나오길 바라며, 물방울 하나뿐만 아니라 나열된 전체 물방울을 다루는 것이 가능해지기를 기대한다.

9 이에 대하여 내가 산출한 대략적인 값은 압헤이 아쉬테카Abhay Ashtekar에 의해 훨씬 개선되었고, 여기에서 사용한 것도 그의 결과이다(Penrose, 1987a). 그러나 그는 사람들이 쉽게 사용하는 몇 가지 가정이 매우 임의적이라는 사실을 지적했다. 그러므로 여기에서 구해진 정확한 질량값을 그대로 받아들이기 위해서는 매우 세심한 주의가 요구된다.

물방울들 전체가 동일한 형태라고 간주하지 말고, 그 하나하나가 매우 많은 수의 작은 원자로 구성되어 있다는 사실을 고려한다면 중요한 차이가 생길 것이다. 뿐만 아니라 '1그래비톤'이라는 기준 자체도 수학적으로 훨씬 정확하게 만들어질 필요가 있다.

앞의 상황에서 하나의 양자 프로세스(방사능 원자의 붕괴)를 실제로 관찰하면 어떠할 것인지 고려해보았는데, 이를 위하여 서로 다른 양자 선택자들이 직접적으로 관찰될 수 있는, 육안으로도 보이는 선택자를 생성하는 수준까지 그 양자 효과를 확대해보았다. 나는 그러한 명시적 확대를 하지 않더라도 R이 객관적으로 발생할 수 있다고 생각한다. 그 입자가 구름상자 대신 기체(혹은 유동체)가 들어 있는 큰 상자로 들어간다고 생각해보자. 상자 안 기체의 밀도는 그 입자가 기체 내의 수많은 원자와 충돌하거나 서로 방해하게 될 것이 확실한 정도라고 가정한다. 이 입자에 대한 초기 복소 선형 중첩의 일부로서 두 가지 선택자만을 고려해보기로 하자. 한 가지는 상자에 전혀 들어오지 못한 것이고, 또 한 가지는 특정한 경로를 따라 들어와서 기체 중의 몇몇 원자들에 튕기는 것이다. 두 번째의 경우 기체 원자는, 입자가 그렇게 충돌하지 않았더라면 절대 불가능했을 만큼 빠른 속도로 이동하며, 결국 다른 원자들과 충돌하게 되고, 그 자체도 튕겨 나가게 된다. 그 두 원자 각각은 마찬가지로 충돌만 아니었다면 안 그랬을 방법으로 이동하게 되고, 머지않아 기체 내부에서는 입자가 상자 안에 들어오지 않았더라면 발생할 수 없었을 원자의 연쇄 반응이 일어난다(<그림 8-8> 참조). 이 경우, 얼마 지나지 않아 기체 내의 거의 모든 원자는 이러한 움직임의 영향을 받게 될 것이다.

이를 양자역학적으로 어떻게 설명해야 할지 생각해보자. 초기에는 단지 원래의 입자 하나에 대하여, 그것의 여러 가능한 위치들이 입자의 파동함수의 일부로서 복소 선형 중첩 내부에서 발생한다고 보아야 한다. 그러나 잠시 후에는 기체의 모든 원자가 관련된다. 입자가 취할 수 있는 두 가지 경로, 즉 상자로 들어가는 것과 들어가지 않는 것의 복소 중첩을 생각해보자. 표준 양자역학에서는 이 중첩이 기체 내의 모든 원자로 확장될 것을 강요한다. 결국 두 상태를 중첩해야 하는데, 한 상태 내의 기

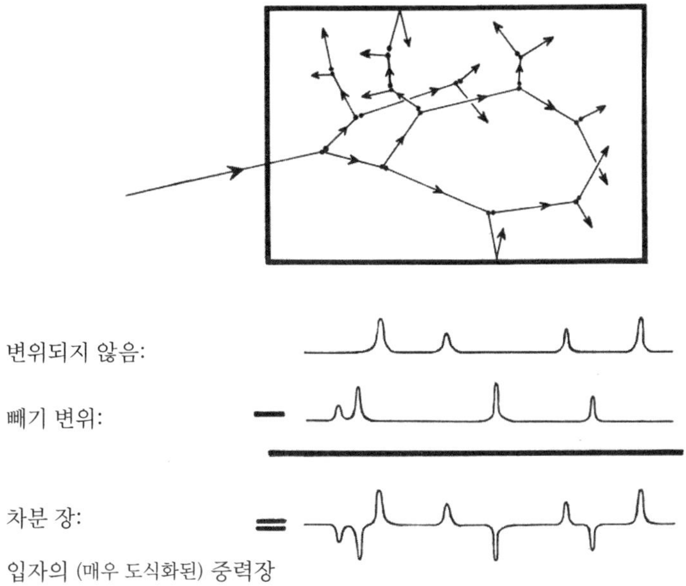

<그림 8-8> 만약 입자가 기체가 조금 든 큰 상자에 들어간다면, 머지않아 기체 내의 거의 모든 원자는 이 움직임의 영향을 받게 될 것이다. 입자가 이 상자에 들어가는 것과 들어가지 않는 것 사이의 양자 선형 중첩은 기체 입자들의 두 가지 배열에 대한 중력장을 묘사하는 두 가지 다른 형태의 시공 기하의 선형 중첩과 관련된다. 이들 두 기하의 차이는 언제 1그래비톤 수준에 도달하게 될 것인가?

체들은 다른 상태에서는 전부 원래의 위치로부터 이동된 것이다. 이제 개별 원자들의 전체적인 중력장 차이를 고려해보자. 비록 중첩된 두 상태에서 기체의 전체 분포는 동일할지라도(그리고 전체 중력장은 실제로 거의 동일하다), 만약 한쪽 장field으로부터 다른 장을 빼면 우리는 (매우 진동하는) 차분 장difference field을 얻게 될 것이다. 이는 여기서 말하는 의미에서도 '중요'한 것임이 분명한데, 이 차분 장에 대한 1그래비톤 수준은 쉽게 초과될 수 있기 때문이다. 이 수준에 도달하자마자 상태벡터 환원이 발생하며, 이는 입자가 상자에 들어왔거나 들어오지 않은, 시스템의 실제 상황에서 발생한다. 복소 선형 중첩은 통계적 가중치가 부여된 선택자들로 환원되고, 이들 중 단지 하나만이 실제로 발생한다.

앞의 예에서는 구름상자를 양자역학적 관찰을 위한 방법으로서 고려해보았다. 다른 형태의 관찰(사진판, 스파크 상자spark chamber 등)에 대해서도, 앞에서 기체 상자에 대해 기술한 방법과 같이 접근함으로써 '1그래비톤 기준'을 사용하여 처리할 수 있을 것으로 보인다. 이러한 프로시저가 어떤 식으로 자세히 적용될 수 있는가를 알기 위해서는 아직도 많은 연구가 남아 있다.

지금까지의 내용은, 내가 시급히 요구되는 새로운 이론[10]이라고 믿는 것에 대한 아이디어의 씨앗에 불과하다. 내 생각에는, 완전히 만족스러운 방법을 얻기 위해서는 그것이 어떤 형태건 간에 시공 기하의 본질에 대한 매우 혁신적인 새로운 아이디어가 관련되어야 하는데, 이는 본질적으로 비국소적인 설명이 가능한 것이어야 할 것이다.[11] 이러한 믿음의 가장 뚜렷한 이유 중 하나는 EPR 형태의 실험으로부터 기인하며(p. 417, p. 428), 이 실험에서 방 한쪽 끝에서의 '관찰'(여기에서는 광전지의 기록)은 다른 쪽 끝에서 상태벡터의 동시적 환원에 영향을 줄 수 있다. 상대성의 정신과 일관성을 갖는 상태벡터 환원에 대한 완전히 객관적인 이론을 개발하는 것은 심오한 도전일 수 있다. 왜냐하면 동시성이라는 개념은 관찰자의 움직임에 의존하는, 상대성에서는 낯선 개념이기 때문이다. 나는 물리적 실체의 현재 모습은, 특히 시간의 본질과 관련하여 크게 바뀌어야 할 단계에 있다고 본다. 그리고 그것은 어쩌면 오늘날의 상대성과 양자역학에 의해 경험된 것보다 훨씬 더 큰 규모여야 할지도 모른다.

이제 본래의 문제로 되돌아가야겠다. 이 모든 것이 우리 두뇌를 움직이게 하는 물리학과 어떻게 연관되는가? 그것은 우리의 생각 및 감정과 어떠한 연관성을 갖는가? 특정한 종류의 답을 얻기 위해서는 우선 우리

---

10 지금까지 상태벡터 환원의 객관적 이론에 대한 여러 가지 다른 시도가 간간이 문헌에 등장했다. 가장 연관성이 있는 것들로는 Károlyházy(1974), Károlyhazy, Frankel & Lukács(1986), Komar(1969), Pearle(1985, 1988), Ghirardi, Rimini, & Weber(1986) 등이 있다.

11 나는 개인적으로 수년간 대체로 다른 동기에서 '트위스터 이론'이라는, 시공에 대하여 비국소적인 이론을 개발하고자 노력해왔다(Penrose & Rindler, 1986; Hugget & Tod, 1985; Ward & Wells, 1989). 그러나 이 이론은 아직 몇 가지 요소가 결여되어 있기 때문에 여기에서 이것을 논의하는 것은 적절치 않아 보인다.

두뇌가 실제로 어떻게 구성되어 있는지에 대하여 조사할 필요가 있을 것이다. 그러고 나서 내가 생각하는 가장 근본적인 질문으로 돌아갈 것이다. 그 질문은 "우리가 의식적으로 생각하거나 지각할 때, 어떤 새로운 형태의 물리적 행동이 관련되는 것인가?"이다.

제9장

실제 두뇌와 모형 두뇌

뇌는 실제로 어떻게 생겼는가?

우리 머리의 내부는 행동을 제어하고 주변 세상을 지각하게 하는 장엄한 구조로 구성되어 있다. 그러나 앨런 튜링이 말한 것처럼,[1] 그것은 마치 한 그릇의 식은 오트밀 죽처럼 생겼다! 그렇게 볼품없이 생긴 물체가 어떻게 그런 기적 같은 능력을 발휘할 수 있는지는 쉽게 이해되지 않는다. 그러나 좀 더 자세히 들여다보면, 뇌가 생각보다 훨씬 난해하고 복잡하게 구성되어 있다는 것을 알게 된다(<그림 9-1> 참조). 크고 둘둘 말려 있는(그리고 오트밀 죽과 가장 유사한) 윗부분은 대뇌cerebrum라고 한다. 그것은 가운데에서 분명하게 왼쪽과 오른쪽의 대뇌 반구로 나뉘고, 그보다는 훨씬 모호하지만 앞부분과 뒷부분의 경우 전두엽frontal lobe과 3개의 다른 돌출부, 즉 정수리parietal, 측두부temporal, 후두부occipital로 나뉜다. 좀 더 아래쪽의 뒷부분에는 더 작고 둥그스름한 부분(2개의 털실뭉치 같기도 한)인 소뇌가 있다. 대뇌로 가려진 안쪽 깊은 곳에는 여러 개의 이상하고 복잡한 모양을 한 다른 구조물들이 있는데, 이들은 뇌간brain-stem을 이루는 뇌교pons와 수질medulla(뒤에서 살펴볼 망상 구조reticular formation를 포함한다)을 비롯하여 시상thalamus, 시상하부hypoth-alamus, 해마회hippocampus, 뇌량corpus callosum, 그리고 그 외의 수많은 이상하고 기괴한 이름의 구성물들로 이루어진다.

인간이 가장 자랑스러워해야 할 부분이 바로 대뇌이다. 인간 뇌의 가장 큰 부분일 뿐만 아니라, 뇌 전체에서의 비율로 봐도 인간의 대뇌는 다른 동물에 비해 더 크기 때문이다. (소뇌도 인간의 것이 거의 모든 다른 동물보다 크다.) 대뇌와 소뇌는 비교적 얇은 회백질gray matter로 된 바깥 표피

1 BBC 라디오 방송에서(Hodges, 1983, p. 419 참조).

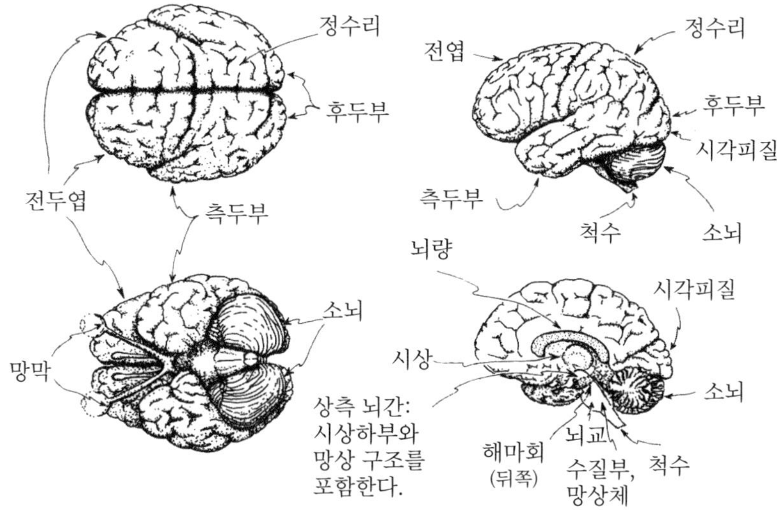

<그림 9-1> 인간의 두뇌. 윗면, 아랫면, 측면, 그리고 내부

층과, 백질white matter로 된 내부 영역으로 이루어진다. 이 회백질 부분은 각각 대뇌피질과 소뇌피질이라고 하며 여러 가지 계산적인 작업을 수행하는 것으로 밝혀진 부분이고, 백질은 뇌의 한쪽에서 다른 쪽으로 신호를 운반하는 긴 신경섬유들로 이루어진 부분이다.

대뇌피질의 각 부분은 매우 특정한 기능과 연관된다. 시각피질visual cortex은 뇌 바로 뒤쪽의 후두부에 속한 영역인데, 시각에 대한 인지 및 해석과 연관된다. 대자연이, 머리 앞부분(최소한 인간의 경우)에 위치한 눈으로부터의 신호 해석을 이 영역이 맡도록 선택한 것은 참 기묘한 일이다! 그러나 자연의 조화는 이보다 더 기묘하게 역사한다. 대뇌 우반구는 거의 전적으로 좌반신과 연관되어 있고, 대뇌 좌반구는 우반신과 연관되어 있어서, 실제로 모든 신경은 대뇌로부터 나오고 들어갈 때 서로 교차해야만 한다! 다만 시각피질의 경우에는 오른쪽이 왼쪽 눈과 관련되어 있는 것이 아니라 양쪽 눈의 왼쪽 시각 영역visual field과 관련되어 있다. 마찬가지로 왼쪽 시각피질은 양쪽 눈의 오른쪽 시각 영역과 관련되어 있다. 이것은 각 눈에서 망막의 오른쪽 부분 신경이 오른쪽 시각피질로 가

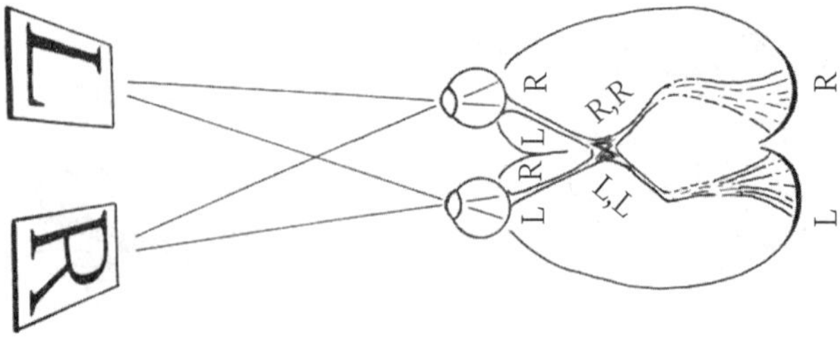

<그림 9-2> 양쪽 눈의 왼쪽 시각 영역은 오른쪽 시각피질로 투영되고, 오른쪽 시각 영역은 오른쪽 시각피질로 투영된다. (아래쪽에서 본 그림. 망막의 영상이 거꾸로인 점을 주의할 것.)

야 하고(망막에 맺힌 상은 거꾸로라는 것을 기억하기 바란다), 각 눈에서 망막의 왼쪽 부분 신경은 왼쪽 시각피질로 가야 한다는 것을 의미한다(<그림 9-2> 참조). 이런 식으로 왼쪽 시각 영역의 잘 정립된 영상이 오른쪽 시각피질에 형성되고, 오른쪽 시각 영역으로부터의 또 다른 영상이 왼쪽 시각피질에 형성된다.

귀로부터의 신호도 이러한 기묘한 방법으로 뇌의 반대편으로 넘어간다. 오른쪽 청각피질auditory cortex(오른쪽 측두 돌출부의 한 부분)은 주로 왼쪽 귀로부터 들어오는 신호를 처리하고, 왼쪽 청각피질은 반대로 오른쪽 귀로부터 들어오는 소리를 처리한다. 한편 냄새는 이 일반적인 규칙에 대하여 예외인 듯하다. 대뇌의 앞쪽에 위치한 오른쪽 후각피질olfactory cortex(감각기관으로서는 예외적으로 정수리 돌출부에 있다)은 대부분 오른쪽 콧구멍을 담당하고, 왼쪽 후각피질은 왼쪽 콧구멍을 담당한다.

촉각은 촉각피질somatosensory cortex이라 불리는 정수리 돌출부의 한 부분과 관련이 있는데, 이 부분은 전두엽과 정수리 돌출부가 나뉘는 지점의 바로 뒤에 있다. 피부의 다양한 부분과 이 촉각피질 영역은 매우 특이한 대응 관계를 갖는다. 이러한 대응 관계는 '촉각인상somatosensory homunculus', 즉 <그림 9-3>과 같이 뇌표를 따라 그려진 일그러진 사람 모양의 그림으로 설명될 수 있다. 오른쪽 촉각피질은 좌반신으로부터의 감각을 담당하고, 왼쪽 촉각피질은 우반신을 담당한다. 전두엽과 정수리 돌출부가 나뉘는 지점 바로 앞부분의 전두에도 신체 각 부분과 대응

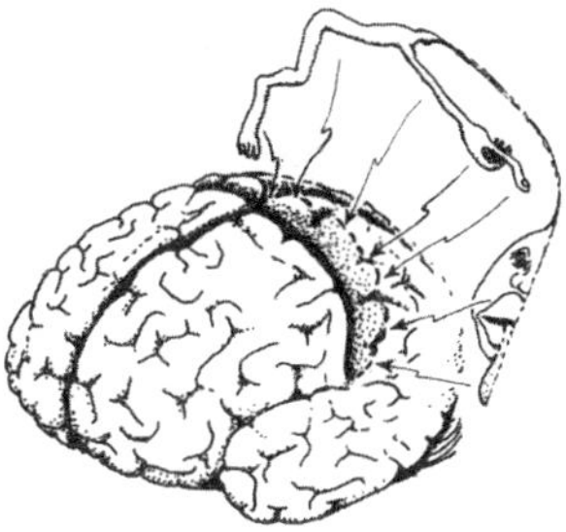

<그림 9-3> '촉각인상'은 전두엽과 정수리의 분기선 뒤쪽 대뇌부에 그려져 있는데, 신체 각부의 촉각에 가장 직접적으로 관여한다.

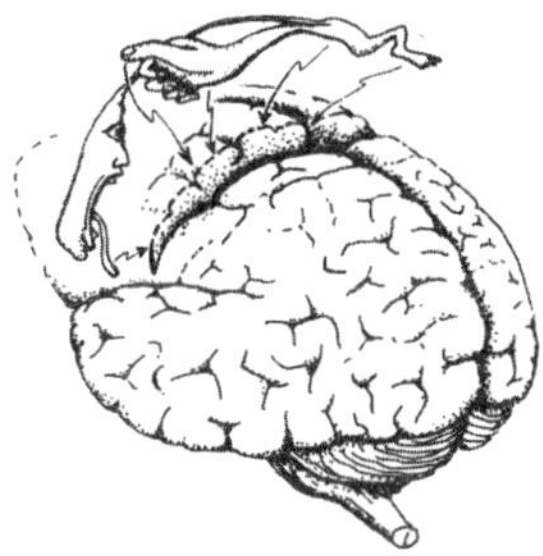

<그림 9-4> '운동인상'은 전두엽과 정수리의 분기선 앞쪽 대뇌부에 그려져 있는데, 신체 각부의 움직임에 가장 직접적으로 관여한다.

되는 운동피질motor cortex이 있다. 이것은 신체 각 부분 움직임의 활성화와 관계가 있으며, 마찬가지로 신체의 각 근육과 운동피질 사이에도 매우 특수한 대응 관계가 있다. 이 대응 관계를 설명하는 '운동인상motor homunculus'은 <그림 9-4>와 같다. 오른쪽 운동피질은 좌반신을 제어하고 왼쪽 운동피질은 우반신을 제어한다.

지금까지 언급한 대뇌피질들(시각, 청각, 후각, 촉각, 운동)은 주영역primary이라 부르는데, 그것은 이들 영역이 뇌의 입력과 출력에 직접적으로 연관되기 때문이다. 이 주영역 부근에 대뇌피질의 제2영역secondary region이 있는데, 이들은 더 미묘하고 복잡한 수준의 추상적 감각과 관련이 있다(<그림 9-5> 참조). 시각 · 청각 · 촉각 피질로부터 받은 감각 정보는 각각 연관된 제2영역에서 처리되고, 제2운동피질 영역은 실제 움직

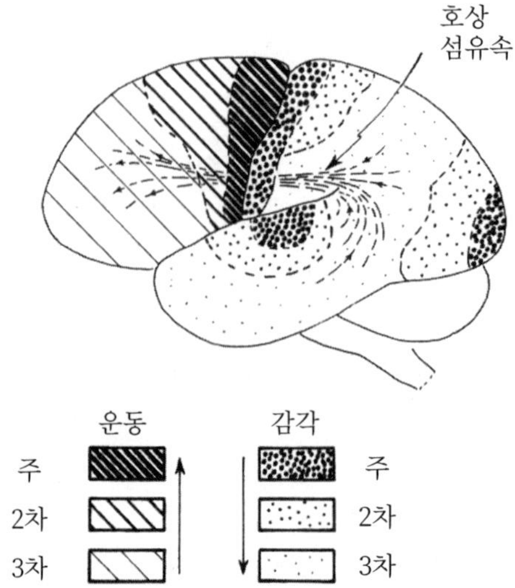

<그림 9-5> 대체로 살펴본 대뇌의 활동. 주감각 영역primary sensory region을 통하여 들어온 외부 감각신호는 2차, 3차 감각 영역을 통하면서 단계적으로 세밀하게 처리된 후 3차 운동 영역으로 보내지고, 마지막으로 주운동 영역에서 처리될 특정 명령으로 정제된다.

임에 대한 계획과 관련되어 있는데, 이것은 주운동피질에 의해 좀 더 상세한 근육 움직임에 대한 지시로 변환된다. (후각피질에 대해서는 그 양태가 다를 뿐만 아니라 잘 알려져 있지도 않으므로 논의 대상에서 제외하겠다.) 대뇌피질의 나머지 부분은 제3(또는 연합association)피질이라 한다. 거의 모든 개념적이고 복잡한 뇌의 활동이 수행되는 곳이 바로 이 제3영역이다. 어느 정도 주변의 영역과 어우러져, 갖가지 감각 영역으로부터의 정보가 매우 복잡한 방법으로 뒤얽히고 분석되며, 기억들이 저장되고, 외부 세계에 대한 영상들이 구축되고, 일반적인 계획이 고안되어 평가되고, 언어가 이해되고 형성되는 곳이 바로 이곳이다.

언어는 특히 흥미를 끄는데, 그 이유는 언어 능력이 보편적으로 인간의 지능에만 한정된 것으로 간주되기 때문이다. 신기한 것은(적어도 대다수의 오른손잡이와 거의 모든 왼손잡이에게) 언어 중추가 주로 왼쪽 뇌에만 존재한다는 것이다. 이와 관련된 가장 중요한 부위는 전두엽의 후위 하부 영역인 브로카Broca 영역과 측두 돌출부 후위의 상부 주변 영역인 베

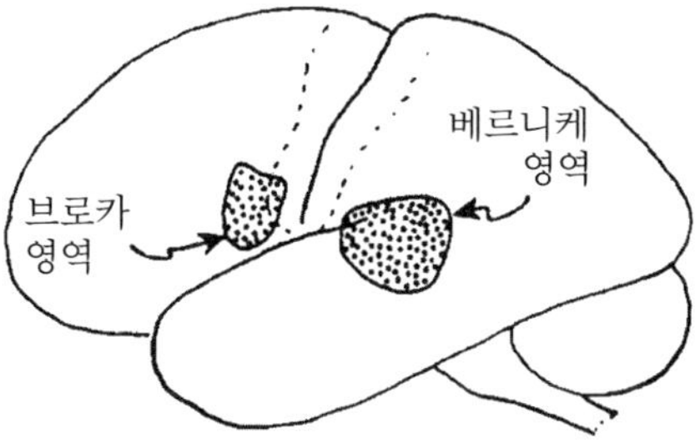

<그림 9-6> 일반적으로 왼쪽에만 있지만, 베르니케 영역은 이해력을 관장하고 브로카 영역은 언어 형성을 관장한다.

르니케Wernicke 영역이다(<그림 9-6> 참조). 브로카 영역은 문장을 형성하는 것과 관련이 있고, 베르니케 영역은 언어의 이해와 관련이 있다. 브로카 영역이 손상되면 말하는 데에는 지장이 있지만 이해에는 영향을 미치지 않는 반면, 베르니케 영역이 손상되면 말은 거침없이 할 수 있지만 내용이 없는 이야기만 하게 된다. 호상섬유속arcuate fasciculus이라 불리는 하나의 신경다발이 이 두 영역을 연결한다. 이것이 손상되면 언어의 이해에도 지장이 없고 말도 유창하게 하지만, 이해한 것을 말로 표현할 수가 없다.

이제 대뇌가 하는 일의 대략적인 그림을 그려볼 수 있을 것이다. 뇌의 입력은 시각, 청각, 촉각, 그 외의 다른 신호들로부터 오며 이 신호들은 대뇌에서 (주로) 후출부(정수리, 측두부, 후두부)의 주영역에 먼저 등록된다. 신체의 움직임을 활성화시키는 형태로 발현되는 뇌의 출력은 전두엽의 주영역에 의해 주로 생성된다. 그 사이에서는 다음과 같은 특정한 형태의 처리 과정이 일어나게 된다. 일반적으로 후출부의 주영역에서 시작하는 뇌의 활동은 제2영역으로 이동하여 입력 자료가 분석되고, 후출부의 제3영역에서 자료들이 완전히 이해된다(예를 들면 베르니케 영역에서의 언어 이해처럼). 그러면 호상섬유속(앞에서 언급한 신경다발로 뇌의 양쪽에 다 있다)이 처리된 정보를 전두엽으로 운반하는데, 전두엽의 제3영역에서 일반적인 행동에 대한 계획이 명확해진다(예를 들면 브로카 영역에서 언어가 형성되는 것처럼). 이러한 일반적인 행동 계획은 제2운동 영역에서 좀 더 구체적인 신체 움직임 개념으로 변환되고, 마지막으로 뇌의 활동은 주운동피질로 이동하여 이곳으로부터 신호들이 궁극적으로 신체의 여러 근육으로 보내진다(때때로 한꺼번에 여러 곳으로 보내지기도 한다).

이제 매우 우수한 계산 장치에 대한 대략적인 구도가 잡혔다. 강인공지능주의자들은 이것이야말로 입력(튜링 기계의 입력 테이프)과 출력(튜링 기계의 출력 테이프)이 있고, 그 사이에서 온갖 종류의 복잡한 계산이 수행되는 알고리즘적 컴퓨터의 훌륭한 예(결과적으로는 튜링 기계)라고 생각할 것이다. 물론 뇌의 활동은 특정한 감각에 대한 입력과는 별도로 수행될 수도 있다. 이러한 일은 과거의 추억을 단순히 생각하거나, 계산하거나, 또는 음미할 때 일어난다. 강인공지능주의자들에게는 이러한 뇌의 활동이 단순히 알고리즘적 활동의 확대된 형태로서, 그들은 이러한 내부적 활동이 어느 정도의 정교함에 도달할 때 '자각awareness'이라는 현상이 발생한다고 주장할는지도 모른다.

그러나 설명이 너무 조급하게 앞서나가서는 안 되겠다. 대뇌 활동에 대한 일반적인 묘사는, 앞에서 보았듯이 매우 개략적인 것에 불과하다. 우선 시각 정보를 받아들이는 과정조차 앞에서 설명한 것처럼 그렇게 명백하지는 않다. 시각 영역의 영상 투사가 일어나는 부분에도 서로 다른 목적을 갖는 여러 개의(덜 중요하긴 하지만) 다른 뇌피 영역이 있는 것으로 보인다(영상에 대한 우리의 자각도 그들에 따라 달라지는 것 같다). 그리고 또 다른 부수적인 감각 및 운동 영역들이 대뇌피질 전체에 흩어져 있는 것으로 보인다(예를 들어 눈의 움직임은 후돌출부의 여러 지점에서 활성화된다).

이제까지는 대뇌를 제외한 뇌의 다른 부분들의 역할에 대해서는 언급조차 하지 않았다. 그렇다면 가령 소뇌의 역할은 무엇인가? 소뇌는 신체의 정밀한 협동과 제어(타이밍, 균형, 그리고 움직임의 정교함)를 담당한다. 무용수의 넘치는 예술적 기교, 프로 테니스 선수의 손쉽게 보이는 정확도, 카레이서의 재빠른 제어력, 화가와 음악가의 정확한 손놀림 등을 생각해보라. 또, 사슴이 우아하게 뛰어오르는 것과 고양이가 소리 없이 움직이는 것을 생각해보라. 소뇌가 없다면 그러한 정밀함은 불가능할 것이며, 모든 움직임은 더듬거리고 서툴러질 것이다. 걸음마나 운전과 같은 새로운 기술을 배울 때 처음에는 각각의 동작을 자세히 생각해야 하는데, 이 경우에는 대뇌가 제어를 맡는다. 그러나 일단 그 기술에 익숙해지면(그리하여 '2차 본능'화하면) 소뇌가 제어를 넘겨받는다. 뿐만 아니라 그렇게 일단 몸에 익은 기술을 수행할 때 그 자신의 동작에 대해 생각하려 하면 일시적으로 제어를 잃게 되는 것은 누구에게나 익숙한 경험이다. 그 동작에 대해 생각하는 것은 대뇌의 제어를 다시 새로이 개입시키는 것이고, 그로 인해 결과적으로는 행동의 유연성이 이입되더라도 정밀한 소뇌의 동작 흐름은 깨지고 만다. 이러한 설명이 너무 단순화되었다는 것은 두말할 나위가 없지만, 소뇌의 역할에 대하여 맛보기 정도의 역할은 할 수 있을 것이다.[2]

대뇌의 작용에 대한 앞의 설명에서 뇌의 다른 부분에 대한 설명을 뺀 것에도 오해의 소지가 있을 수 있다. 예를 들어 해마회는 대뇌피질 어느 곳엔가에 저장되어 있는 실제 기억들을 장기간(영구적으로) 저장하는 데에 중요한 역할을 한다. 뇌는 또 다른 방법으로 단기기억의 영상image들을 유지한다. 그리고 그것은 몇 분 또는 몇 시간까지도 지속될 수 있다(어쩌면 '마음속에 간직하는' 방법으로). 그러나 주의를 일단 다른 곳으로 돌린 후 그 이미지들을 다시 떠올리려면 그것을 영구적인 방법으로 저장해야 하며, 이를 위해서는 해마회의 역할이 필수적이다. (해마회에 손상을 입으면, 일단 주의를 다른 곳으로 돌린 후에는 새로운 기억을 유지할 수 없는 심각한 상황이 초래된다.) 뇌량은 대뇌 좌반구와 우반구가 서로 교신할 수 있게 해주는 영역이다. (뒤에서 뇌량이 절단되었을 경우 초래되는 몇 가지 놀라운 상황들을 살펴볼 것이다.) 시상하부는 기쁨, 분노, 두려움, 절망, 배고픔 등과 같은 감정의 중심지이며, 감정의 정신적·신체적 표현을 중재한다. 시상하부와 대뇌의 다른 부분들 사이에는 지속적인 신호의 흐름이 존재한다. 시상은 주요 처리 센터와 연결역의 역할을 하며, 외부 세계로부터의 많은 신경 입력을 대뇌피질로 전달한다. 또, 망상 구조는 뇌 전체, 혹은 뇌의

2 신기하게도 대뇌의 '엇갈림' 현상은 소뇌에는 적용되지 않는다. 그러므로 소뇌의 오른쪽 부위는 주로 우반신을 조정하고 좌반신은 왼쪽을 조정한다.

일부분과 관련된 일반적 주의 상태 혹은 자각 상태를 책임진다. 이와 같이 필수적인 주요 부분들을 서로 연결하는 수많은 신경 경로도 존재한다.

앞의 설명은 뇌에서도 좀 더 중요한 부분들에 대한 몇 가지 예에 불과하다. 뇌의 전체적인 구성에 대하여 조금만 더 설명하고 이 절을 마치도록 하겠다. 뇌의 부분들은 세 영역으로 구분되는데, 척추로부터 순서대로 후뇌rhombencephalon, 중뇌mesencephalon, 전뇌prosencephalon이다. 신체 형성 과정의 초기인 태아에게서도 이 세 가지를 앞의 순서대로 발견할 수 있는데, 척추 끝에서 3개의 작은 융기 형태로 나타난다. 맨 끝부분, 즉 발육 중인 전뇌에서는 2개의 돌출부가 양쪽으로 뻗어나와 2개의 대뇌 반구가 되며, 완전히 성장한 전뇌는 뇌의 매우 중요한 많은 부분(대뇌뿐 아니라 뇌량, 시상, 시상하부, 해마회 등)을 포함한다. 소뇌는 후뇌의 일부이다. 망상 구조는 그 일부는 중뇌에, 나머지는 후뇌에 있다. 진화론적 관점에서 보면 전뇌는 가장 '새로운' 것이고, 후뇌는 가장 '오래된' 것이다.

이와 같이 짧고 대략적인 설명이 비록 여러 측면에서 부적절할지라도 독자에게 인간의 뇌가 어떻게 생겼으며, 어떤 일을 하는지에 대한 일반적인 개념은 심어줄 수 있기를 바란다. 이제까지 나는 주요 쟁점인 의식consciousness에 대해서는 거의 언급하지 않았다. 이제 그 주제로 넘어가 보자.

의식이 머무는 곳은 어디인가?

두뇌의 상태와 의식 현상의 연관성에 관해서는 여러 가지 다른 관점이 제기된 바 있다. 그러나 놀랍게도 이렇게 중요한 현상에 대하여 일치된 견해는 거의 없다. 그럼에도 뇌의 모든 부분이 두뇌 작용에 똑같이 관여하지 않는다는 것은 분명하다. 예를 들면 앞에서 잠시 언급한 것처럼, 소뇌는 대뇌보다 훨씬 '자동기계automaton'적인 것처럼 보인다. 소뇌 제어에 의한 동작은 마치 그에 대한 '생각이' 필요없이 '자발적으로' 이루어지는 것처럼 보인다. 우리가 의식적으로 한 곳에서 다른 곳으로 걷겠다는 결정은 내릴 수 있지만, 그 동작을 제어하기 위한 세세한 근육의 움직임까지 의식적으로 계획하는 일은 없다. 뜨거운 난로에서 손을 떼는 것과 같은 무의식적인 반사 작용도 마찬가지인데, 이는 두뇌가 아니라 척추의 윗부분에서 계획되는 것으로 보인다. 이로부터, 적어도 의식 현상은 소뇌나 척수보다는 대뇌의 동작으로 이루어진다는 것을 추론하게 되는 것이다.

반면에 대뇌의 행동이 항상 의식에 반영되는가에 관한 사항은 결코 명확하지 않다. 예를 들어 앞에서 설명한 것처럼 정상적인 걷기 동작은 근육과 팔다리의 자세한 활동을 의식하지 못한 채 일어나지만(이런 동작은 [뇌의 다른 부분 및 척수의 도움을 받아] 소뇌가 주로 제어를 맡는다), 대뇌의 주운동 영역과 연관되어 있다. 뿐만 아니라 주지각 영역의 경우도 마찬가지인 것 같다. 걷는 동안 발바닥을 통해 받는 여러 압력을 느끼지는 못하지만 촉각피질 반응 부위는 끊임없이 동작하고 있는 것이다.

실제로 미국계 캐나다인 신경외과의 와일더 펜필드Wilder Penfield(1940년대와 1950년대에 두뇌 운동과 지각 영역에 대한 상세한 도표를 만들었다)는 인간의 의식이 대뇌 활동과 단순하게 연관되지 않는다고 주장했다. 그는 환자를 대상으로 한 수많은 뇌 수술 경험에 근거하여 상측 뇌간upper brain-stem이라 부르는 부위(즉 주로 시상과 중뇌로 이루어진 부분인데, 펜필드 자신은 망상 구조를 염두에 둔 듯하다)가 어떤 의미에서는 '의식이 깃든 자리'로 간주되어야 한다고 제안했다(Penfield & Jasper, 1947). 상측 뇌간은 대뇌와 교류하고 있는데, 뇌간의 부위가 대뇌피질 해당 부위(즉 특정한 감각, 사고, 기억이나 행동이 감수되고 일어날 때 연관되는 특정 부위)와 직접적으로 교류할 때 '의식적인 각성' 혹은 '의식적인 의지적 행동'이 일어난다고 펜필드는 주장한다. 예를 들어 그는 피실험자의 오른쪽 팔을 움직이게 하는 운동피질 부위를 자극했을 때(실제로 오른쪽 팔은 움직였다) 이 자극이 피실험자로 하여금 오른쪽 팔을 움직여보고 싶도록 느끼게 만들 수는 없었다고 지적했다. (실제로 피실험자는 왼쪽 팔을 내밀어 오른쪽 팔의 동작을 중단시킬 정도였다. 마치 피터 셀러스Peter Sellers의 영화 <닥터 스트레인지러브 Dr. Strangelove>에 등장하는 유명한 장면처럼!) 펜필드는 행동에 대한 욕망은 대뇌피질보다는 오히려 시상 부위와 더 연관이 있을 것이라고 주장했다. 그의 관점에 따르면 의식은 상측 뇌간의 작용에 의하여 발생하지만, 의식할 대상이 필요하기 때문에 뇌간만 관련되는 것은 아니고 대뇌피질 중에서 그 순간에 상측 뇌간과 교류하는 부위, 혹은 의식의 대상(지각 혹은 기억)이나 주체(의지를 가진 행동)를 반영하는 부위도 관련이 된다.

다른 신경생리학자도 망상 구조가 바로(만약 그런 것이 실제로 존재한다면) 의식의 '자리'라고 간주될 수 있다고 주장했다. 망상 구조는 원래 뇌의 일반적인 깨어 있는 상태와 연관되어 있다(Moruzzi & Magoun, 1949). 그것이 만약 손상되면 무의식 상태가 초래된다. 뇌가 깨어 있는 의식 상태일 때는 언제나 망상 구조도 활동 중이고 의식 상태가 아니면 활동하지 않는다. 망상 구조의 활동과 우리가 '의식적'이라고 간주하는 사람들의 상태 사이에는 분명히 연관성이 존재하는 것 같다. 그러나 문제는 그렇게 간단하지 않다. 꿈을 꾸는 상태는 그 꿈 자체를 의식한다고 볼 수 있으므로 '의식'이 있는 상태이지만, 망상 구조의 활동 부위는 아무런 활동도 하지 않는 것으로 보이기 때문이다. 사람들이 망상 구조에 대하여 이와 같은 영예를 부여하는 것에 대해 주저하는 또 한 가지 이유는, 진화론적인 관점에서 보면 그것이 뇌에서 아주 오래전부터 있던 부분에 속하기 때문이다. 만약 의식에 필요한 것이 단순히 망상 구조의 활동뿐이라면 두꺼비, 도마뱀, 혹은 대구조차도 의식이 있다고 볼 수 있을 것이다!

개인적으로 나는 이 마지막 주장이 그다지 설득력이 있다고는 여기지 않는다. 과연 어떤 근거로 도마뱀이나 대구가 낮은 수준의 의식 형태마저도 가지고 있지 않다고 주장할 수 있는가? 무슨 권리로 이 행성에서 사람들만이 실제로 '의식'할 수 있는 능력을 부여받은 유일한 존재라고 주장할 수 있는가? 지구의 생물 중에서 우리만이 '존재'할 만한 가치가 있다는 말인가? 나는 그렇게 생각하지 않는다. 비록 개구리나 도마뱀, 특히 대구의 경우에는 그들을 보고 있더라도 '누군가가' 나를 응시하는 듯한 강한 인상을 받지는 못하지만, 개나 고양이, 특히 동물원의 유인원이나 원숭이가 나를 쳐다볼 때면 '의식이 존재한다는' 실로 매우 강한 인상을 받게 된다. 나는 그들이 나와 똑같이 느낀다거나 그들의 느낌에 복잡성이 내재해 있다고 주장하는 것은 아니다. 그들이 강한 의미의 '자각'을 지녔을 것이라고 주장하는 것도 아니다. (하지만 '자각'적인 요소의 존재가 가능하다고는 생각한다.[3]) 다만 내가 말하고자 하는 것은 단순히 그들도 가끔은 느낀다는 것이다. 꿈꾸는 상태의 경우, 나 자신도 거기에는 특정한 형태의 의식이 존재한다는 것을 인정하지만, 이는 아마도 상당히 낮은 수준일 것이다.

이에 대한 또 다른 견해(O'Keefe, 1985)는 의식 상태가 해마회의 활동과 더 연관되어 있다는 것이다. 이미 앞에서 언급한 바와 같이 해마회는 장기 기억longterm memory을 저장하는 데 결정적인 역할을 한다. 영구적인 기억의 보유가 의식과 관련이 있다는 주장도 있을 수 있는데, 만약 이것이 옳다면 해마회는 실로 의식의 지각 현상에서 중심적인 역할을 할 것이다.

어떤 사람들은 대뇌피질 자체가 의식을 생성한다고 주장하기도 한다. 대뇌는 인간의 자랑이고(돌고래의 대뇌도 그 정도로 크기는 하다!) 지능과 밀접한 관계가 있는 정신 활동 대부분이 대뇌로부터 수행되기 때문에 당연히 대뇌는 인간의 영혼이 깃든 곳이라는 것이다! 아마 강인공지능주의자의 견해도 이와 같을 것이다. 그들의 견해처럼 만약 '의식'이 단순히 알고리즘의 복잡성(혹은 '깊이'나 '교묘함의 수준')의 한 측면이라면, 대뇌피질에서 복잡한 알고리즘이 수행된다는 사실이 그 부위에 의식이 존재한다는 주장에 대한 강력한 근거가 될 수 있을 것이다.

많은 철학자와 심리학자가 인간 의식이 언어와 밀접한 연관을 지닌다는 견해를 취하고 있는 것 같다. 따라서 우리가 인류의 기준이라 할 수 있고 우리 영혼의 표상이기도 한 사고의 정교함을 얻을 수 있는 것은 단순히 언어 능력 덕이라는 것이다. 이 견해에 따르면 인간과 다른 동물을 구별하게 하는 것은 언어이며, 그 결과 필요한 경우 그들의 자유를 빼앗거나 도살을 하더라도 용납될 수 있다는 것이다. 언어 덕에 우리는 철학

---

3 최소한 침팬지에게 자각 능력이 있다는 매우 설득력 있는 증거가 존재하는데, 이는 침팬지에게 거울을 가지고 놀도록 한 실험에서 잘 나타난다(Oakley, 1985).

을 연구하기도 하고 우리의 느낌을 묘사하기도 하여 다른 사람으로 하여금 우리가 외부 세계에 대한 의식을 가지고 있고, 우리 자신도 인식하고 있다는 것을 납득시킬 수 있는 것이다. 이러한 견해에 의하면 언어는 의식의 소유를 위한 핵심 요소가 된다. 그런데 언어의 중심부가 (대부분의 사람에게) 두뇌 좌반구(브로카 영역과 베르니케 영역)에 있음을 기억하기 바란다. 지금까지 설명한 내용에 따르면 의식은 단지 왼쪽 대뇌피질과만 관계가 있고, 오른쪽과는 아무런 관계가 없는 것처럼 보인다! 실제로 이와 같은 내용은 많은 신경생리학자의 주장에 나타나고 있지만(특히 Eccles, 1973), 문외한인 나에게는 참으로 이상한 견해로 보이는데, 그 이유를 이제 설명하고자 한다.

뇌 분리 실험

이와 관련하여, 왼쪽 대뇌피질과 대뇌 우반구가 서로 연결될 수 없도록 뇌량을 완전히 절단한 인간(또는 동물) 실험 대상에 관한 몇 가지 주목할 만한 관찰 결과를 언급해야겠다. 인간 실험의 경우 뇌량을 절단한 것은 치료를 위한 수술 때문이었다.[4] 즉 매우 심한 간질로 고통받고 있던 환자들에게 이것이 효율적인 치료라는 것이 알려졌기 때문이다. 이들이 수술받은 얼마 후에 로저 스페리Roger Sperry와 그의 동료들은 이들을 대상으로 수많은 심리학적 검사를 실시했다. 피실험자들은 시각의 왼쪽과 오른쪽 영역이 완전히 분리된 자극을 받아들일 수 있도록 조처되었는데, 즉 대뇌 좌반구는 오른쪽에 제시된 시각 정보만을 받아들이고 대뇌 우반구는 왼쪽의 것만을 받아들이게끔 조처되었다. 이후 오른쪽에 연필 그림이 비치고 왼쪽에 컵 그림이 비치면 피실험자는 무엇이 보이냐는 질문에 '연필'이라고 대답했다. 이는 언어 구사가 가능한 뇌 좌반구에 연필만이

---

4 이러한 종류의 최초 실험은 고양이를 대상으로 시도되었다(Myers & Sperry, 1953). 뇌 분리 실험에 대한 참고문헌은 Sperry(1966), Gazzaniga(1970), MacKay(1987)를 참조.

인지되었기 때문이다. 그런데 그림에 어울리는 물건을 집으라고 말하자 왼손은 연필에 어울리는 종이를 집지 않고 컵에 어울리는 받침 접시를 집었다. 왼손은 대뇌 우반구의 제어를 받는데, 비록 대뇌 우반구가 언어 구사 능력은 없더라도 복잡하고 인간의 특성을 갖는 행위들을 수행할 수는 있기 때문이다. 실제로 기하학적 사고(특히 3차원의)나 음악적 능력은 주로 대뇌 우반구에서 수행되어 좌반구의 언어 구사 및 분석 능력과 균형을 이룬다는 주장이 제기되고 있다. 대뇌 우반구는 일반명사 또는 기초적인 문장을 이해할 수 있으며, 매우 간단한 산술 계산도 수행할 수 있다.

대뇌가 분리된 피실험자들에 대한 실험에서 가장 놀라운 사실은 두 대뇌 반구가 마치 각각 독립된 객체로서 행동하는 것처럼 보인다는 것이다. 언어 능력 부족으로 인하여 대뇌 우반구와의 의사소통이 좌반구보다 더 어렵기는 하지만, 각각의 대뇌 반구는 실험자와 따로따로 의사소통이 가능했다. 피실험자의 한쪽 대뇌 반구가 다른 쪽 반구와 단순한 방식으로 의사소통을 할 수는 있다. 예를 들면 다른 쪽 반구에 의해서 제어되는 팔의 움직임을 보거나, 아니면 특정 신호에 해당하는(접시를 달그락거리는 것과 같은) 소리를 들음으로써 가능하다. 이때 두 대뇌 반구 사이의 이러한 원시적인 의사소통조차도 실험실 조건을 세심하게 통제함으로써 단절할 수 있기는 하나, 그렇게 하더라도 막연한 감정적 느낌은 다른 쪽으로 계속 전달된다. 이는 아마도 시상하부와 같이 분리되지 않은 부위가 양쪽 대뇌 반구와 여전히 교류하고 있기 때문일 것이다.

여기에서 한 가지 의문이 제기될 수 있다. 즉 우리는 2개의 독립된 의식을 소유한 객체가 한 육체 안에 공생하고 있는 존재는 아닌가 하는 것이다. 이 의문은 수많은 논쟁의 주제가 되었다. 어떤 사람들은 당연히 "그렇다"고 주장하는 반면에 다른 어떤 사람들은 그 어느 쪽도 그 자체만으로 하나의 객체로서 간주될 수는 없다고 주장한다. 또 어떤 사람들은 감정적 느낌이 양쪽에 공유된다는 사실 자체가 이들이 여전히 하나의 객체라는 증거라고 주장한다. 또 다른 관점은 대뇌 좌반구만이 의식이 있는 객체이고 우반구는 단순히 자동기계라는 것이다. 이 관점은 언어가 의식의 필수 성분이라고 믿는 사람들의 주장인 것 같다. 실제로 "의식이 있는가?"라는 언어 질문에 대뇌 좌반구만이 명확하게 "그렇다"고 답변할 수 있다. 대뇌 우반구는 개나 고양이, 침팬지처럼 질문을 구성하는 단어들을 이해하는 작업조차 힘겨워할 것이고, 대답을 적당히 소리내어 말할 수도 없을 것이다.

그런데 이 논쟁은 그리 쉽사리 결론이 날 것 같지 않다. 근자에 행해진 매우 흥미로운 실험에서 도널드 윌슨Donald Wilson과 그의 동료들은 'P.S.'라 불리는, 뇌가 분리된 피실험자를 조사했다(Wilson et al., 1977; Gazzaniga, LeDoux, & Wilson, 1977). 분리 수술 직후에는 대뇌 좌반구만이 말을 할 수 있었으나, 양쪽 대뇌 반구가 모두 말을 이해할 수는 있었다. 그 후에는 대뇌 우반구도 말하는 법을 터득했다! 분명히 양쪽 반구 모두에 의식이 있었던 것이다! 뿐만 아니라 그들은 서로 다른 선호와 욕망을 보였는데, 이로써 그들이 각자 별개의 의식을 가졌음을 추측할 수 있다. 예를 들면 좌반구는 제도사가 되는 것이 소원이라고 한 반면, 우반구는 카레이서를 희망했다!

나는 보통 인간의 언어가 생각이나 의식에서 필수적이라는 일반적인 주장을 단순하게 받아들일 수 없다. (다음 장에서 몇 가지 이유를 제시할 것이다.) 그러므로 나는 분리된 뇌의 두 반구가 독립적으로 의식을 가질 수 있다고 믿는 사람들의 의견에 동조한다. P.S.의 예는, 적어도 그러한 경우에 한해서는 양쪽 반구가 독립적으로 의식할 수 있다는 것을 강하게 증거한다. P.S.와 다른 실험 대상들 사이의 유일한 실질적 차이는, P.S.의 오른쪽 의식의 경우 다른 사람들에게 자신의 존재를 확실하게 나타낼 수 있었다는 것뿐이다!

만약 P.S.가 서로 독립된 2개의 마음을 가진다는 사실을 우리가 받아들인다면 중요한 상황이 제기된다. 뇌가 분리된 피실험자들도 수술 전에는 아마 하나의 의식만을 소유했을 것이다. 그러나 수술 후에는 2개의 의식을 갖는 것이다! 이는 어떤 의미에서 보면 원래 하나였던 의식이 두 갈래로 나뉜 것이다. 제1장에서 본, 원격 이동 장치에 몸을 맡긴 가상의 여행자를 기억할 것이다. 그는 잠에서 깨어나자 자기의 '실제' 자아가 (실수로) 금성에 도착했다는 사실을 알게 되었다. 그리고 그곳에서는 그의 의식이 두 갈래로 갈라짐으로써 모순이 발생하는 것처럼 되고 말았다. 왜냐하면 다음과 같은 질문이 제기될 수 있기 때문이다. 즉 “그의 의식의 흐름은 ‘실제로’ 어떤 노선을 따랐는가?” 하는 것이다. 만약 당신이 여행자라면 어느 쪽을 실제 ‘당신’으로 낙찰할 것인가? 원격 이동 장치는 단순한 공상 과학물이라고 치부해버릴 수도 있다. 그러나 P.S.의 경우 이와 비슷한 상황이 전개되었는데, 그것은 실제로 있었던 사건인 것이다! P.S.의 두 가지 의식 중 어느 쪽이 수술 전의 P.S.인가? 많은 철학자는 이 질문 자체가 무의미한 것이라고 치부해버릴 것이다. 논쟁의 결론을 낼 수 있는 실제 수단이 없어 보이기 때문이다. 각 반구는 수술 이전의 의식적 존재의 기억을 공유하고 있으므로 당연히 양쪽 모두 자기가 진짜 그라고 주장할 것이다. 그것은 놀라운 사실이기는 하지만 그 자체가 모순은 아니다. 그러나 여전히 몇 가지 의문 사항은 남는다.

만약 이후 그 두 의식이 다시 합쳐지게 된다면 의문은 더욱 확대될 것이다. 뇌량의 절단된 신경들을 다시 접합하는 것은 현재의 기술로는 불가능하지만, 애초에 신경섬유들을 절단하는 것보다는 좀 더 약한 방법의 사용을 고려해볼 수도 있다. 예를 들면 이들 신경섬유를 일시적으로 냉각시키거나 약물로 마비시키는 방법 같은 것 말이다. 그러한 종류의 실험이 실제로 행해졌는지는 알 수 없으나, 머지않아 기술적으로 가능해지리라고 생각한다. 어쨌든 그런 식으로 뇌량이 재활되면 다시 오직 하나의 의식만이 존재하게 될 것이다. 이 의식이 바로 당신의 것이라고 상상해보라! 과거의 어느 순간 2개의 독립된 ‘자아’를 갖는 2개의 분리된 사람이었다는 느낌은 과연 어떤 것일까?

시맹 현상

뇌 분리 실험은, 최소한 특정 부위만이 의식이 깃든 자리일 필요는 없다는 사실을 말해주는 것 같다. 그러나 대뇌피질의 특정 부위가 다른 영역보다 의식과 더욱 관련되어 있음을 암시하는 듯한 실험들도 있다. 그

중 하나는 시맹 현상blindsight에 관한 것이다. 시각피질의 한 부분이 손상되면 그곳에 대응되는 시각 영역을 이용해서는 볼 수 없게 된다. 만약 그 시각 영역 안에서 특정 물체를 들고 있으면 그 물체는 감지되지 못할 것이다. 그 영역에 대해서 맹인이 되는 것이다.

그러나 몇 가지 흥미로운 결과에 따르면 상황이 이처럼 단순하지만은 않다는 사실을 알게 된다(Weiskrantz, 1987). 'D.B.'로만 알려진 한 환자는 시각피질의 한 부분을 제거해야 했는데, 그 결과 그는 시각의 한쪽 영역을 전혀 볼 수 없게 되었다. 그런데 어떤 것(주로 십자 또는 원과 같은 표식, 혹은 특정 각도로 기울어진 선분 등)을 그 영역에 배치하고 D.B.에게 그것이 무엇인지 추측하라고 하면 그는 거의 100% 정확하게 이를 맞출 수 있었다! 이 '추측'의 정확성에 대하여 D.B. 자신도 놀랄 정도였는데, 그는 여전히 손상된 영역은 아무것도 감지할 수 없다고 주장했다.[5]

망막에서 받아들인 영상들은 시각피질뿐만 아니라 두뇌의 다른 특정 영역에서도 처리되는데, 그곳은 측두부temporal lobe 아래쪽에 위치한 불명확한 영역에 속한다. D.B.는 아마도 이 측두부 아래쪽에서 얻어진 정보에 근거하여 추측한 것으로 보인다. 이 영역의 활동으로 인하여 의식적으로 직접 감지된 것은 아무것도 없었지만, 그 정보는 이미 거기에 있었고 이는 D.B.의 '추측'이 정확하다는 사실에 의해서만 밝혀질 수 있었다. 실제로 어느 정도의 훈련 뒤에 D.B.는 손상된 영역에 대하여 제한적이기는 해도 실제 지각을 얻을 수도 있었다.

이 모든 결과를 통해 알 수 있는 것은, 대뇌피질의 특정 영역(예를 들면 시각피질)은 다른 영역에 비하여 의식적 감지와 더욱 관련되어 있지만, 이외의 영역 중에서도 일부는 훈련을 통하여 직접적인 의식의 범주로 들여올 수 있다는 것이다.

---

5 시맹 현상과 상반되는 현상으로서 '시맹 부인blindness denial'이라는 현상이 있는데, 이것은 실험 대상자가 실제로는 완전히 볼 수 없음에도 불구하고 잘 보인다고 주장하는 것이다. 이는 추측된 환경에 대한 시각적인 의식을 보여주는 것일 수 있다(Churchland, 1984, p. 143).

시각피질에서의 정보 처리

뇌에서 받아들인 정보를 어떻게 처리하는지에 대하여 가장 잘 알려진 부분이 시각피질이다. 그리고 그 작동을 설명하기 위하여 여러 가지 모델이 제안되었다.[6] 실제로 시각 정보의 일부는 그것이 시각피질에 도달하기도 전에 이미 망막에서 처리된다. (망막은 실제로 뇌의 일부로 간주된다!) 시각피질에서 정보가 처리되는 과정을 보인 최초의 실험은 데이비드 허벨David Hubel과 토르스튼 위즐Torsten Wiesel에게 1981년 노벨상을 안겨주었다. 그 실험에서 이들은 고양이의 시각피질 중 특정 세포들이 시각 영역에서 특정 경사각을 갖는 선에만 반응한다는 것을 밝혀냈다. 그 부근의 다른 세포들은 또 다른 경사각을 갖는 선에 반응했다. 이 각을 갖는 물체가 무엇인가는 그리 중요하지 않다. 그것은 어두운 곳에서 밝은 곳으로, 혹은 밝은 곳에서 어두운 곳으로의 경계를 나타내는 선일 수도 있고, 그냥 밝은 배경 위의 검은 선일 수도 있다. '경사각'이라는 하나의 형체가 그 특정 세포들에 의해 추상화된 것이다. 또 다른 세포들은 특정 색깔에 반응하거나, 혹은 두 눈에서 받아들인 것 사이의 차이에 반응함으로써 깊이에 대한 지각을 얻을 수 있다. 주지각 영역primary reception region으로부터 차츰 멀어지면서 우리의 보는 감각에 대한 더욱 복잡한 측면에 반응하는 세포들이 나타난다. 예를 들어 <그림 9-7>을 보면, 하나의 완전한 하얀 삼각형 모양이 인식될 것이다. 그런데 실제로 그 삼각형의 변에 해당하는 선분은 그림에 나타나 있지 않고 단지 추론될 뿐이다. 이 추론된 선들의 위치를 기억할 수 있는 시각피질(제2의 시각피질이라 불리는 부분에 속한)의 세포들이 실제로 발견되었다!

1970년대 초 문헌[7]을 보면, 망막에 얼굴 모양의 상이 맺힐 때만 반응하는 원숭이의 시각피질 세포를 발견했다는 주장이 있다. 그러한 정보에 근거하여 '할머니 세포grandmother-cell 가설'이라는 것이 등장했는데, 이에

---

6 시각피질의 원리에 관하여 읽을 만한 책으로는 Hubel(1988)이 있다.

7 Hubel(1988), p. 221 참조. 초기 실험에서는 손의 영상에 대한 세포 반응만을 취록했다.

<그림 9-7> 원 안에 고정된 삼각형 위에 놓인 흰 삼각형이 보이는가? 그 흰 삼각형의 경계는 어디에도 그려져 있지 않다. 뇌의 세포 중에는 이렇게, 보이지는 않지만 인지된 선에 반응하는 것들이 있다.

따르면 뇌에는 그 사람의 할머니가 방에 들어올 때만 반응하는 특정한 세포들이 있다! 실제로 최근에 발견된 한 연구 결과에 따르면 어떤 세포들은 특정한 단어에만 반응하는 것으로 나타난다. 어쩌면 이것이 할머니 세포 가설을 입증하는 데 한몫을 하지 않을까?

분명히 뇌가 수행하는 자세한 처리 과정에 대하여 아직 밝혀지지 않은 사실들은 너무나 방대하다. 아직도 뇌의 상측 중심부가 어떻게 임무를 수행하는지에 대해서는 거의 알려진 바가 없다. 이에 대한 의문은 접어두기로 하고, 이 놀라운 작업을 가능케 하는 뇌의 실제 세포에 대하여 생각해보자.

신경신호는 어떻게 작동하는가?

뇌에서 이루어지는(척수나 망막을 포함하여) 모든 작업은 뉴런neuron이라 불리는 무척이나 용도가 다양한 세포를 통해 이루어진다.[8] 뉴런이 어떻게 생겼는지 살펴보자. <그림 9-8>은 뉴런을 그린 것이다. 중심부에 별

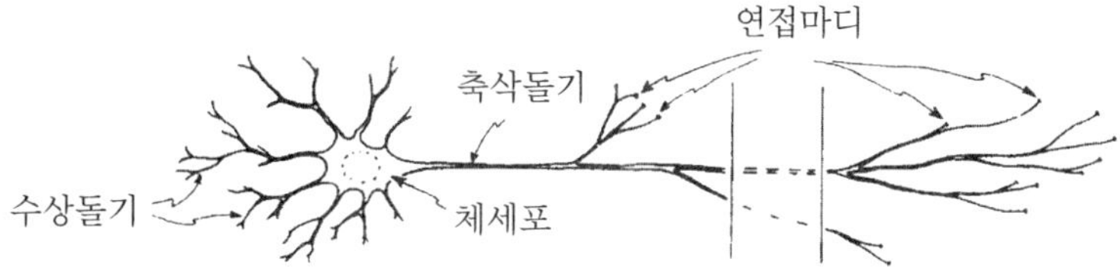

<그림 9-8> 하나의 뉴런(여기에 나타난 것보다 대개 훨씬 길다). 뉴런의 종류에 따라 그 모양도 매우 다양하다.

모양 혹은 무 모양의 불룩한 부분이 있는데, 이는 체세포soma로서 그곳에 세포의 핵이 들어 있다. 그리고 체세포로부터 한쪽으로 쭉 뻗어간 긴 신경 심유가 있는데, 이를 축삭돌기axon라 부른다. 이들이 극히 미세한 세포임을 고려한다면 실로 매우 길다고 할 수 있다(인간의 경우에는 몇 센티미터에 이르는 것도 있다). 축삭돌기는 세포의 출력 신호가 전송되는 '전화선'이다. 이것은 여러 갈래로 나뉘고, 이로부터 작은 가지들이 뻗어 나온다. 이들 신경섬유의 각 끝에는 연접마디synaptic knob가 있다. 한편 체세포의 다른 쪽 끝부분에는 여러 방향으로 갈라져 나가는 가지 모양의 수상돌기dendrite가 있는데, 이를 통하여 입력 자료가 체세포로 전달된다. (대부분의 수상돌기에도 연접마디가 있는데, 이를 수상돌기 사이의 수수상돌기 연접부dendrodendritic synapse라고 부른다. 그 내용은 복잡성에 비하여 별로 중요하지 않으므로 여기에서는 설명을 생략하기로 한다.)

하나의 독립적인 단위로서의 전체 세포는 체세포, 축삭돌기, 연접마디, 수상돌기 등 모두를 감싸는 세포막을 가지고 있다. 신호가 특정 뉴런에서 다른 것으로 전달되기 위해서는 뉴런 사이의 방어막을 뛰어넘는 것이 필요하다. 이러한 작업은 한 뉴런의 연접마디가 다른 뉴런의 한 지점, 즉 체세포 자체나 수상돌기의 가지에 접촉되는 연결점에서 이루어지는데, 그곳을 시냅스synapse라 부른다(<그림 9-9> 참조). 실제로 연접마디와 접촉된 수상돌기, 혹은 체세포 사이에는 시냅스 간격synapse cleft이라 부

8 이제는 정설화되었지만 신경체계가 뉴런이라는 독립적인 세포로 이루어졌다는 이론은 1900년경 스페인의 위대한 신경해부학자인 라몬 이 카할Ramón y Cajal이 강력하게 제기했다.

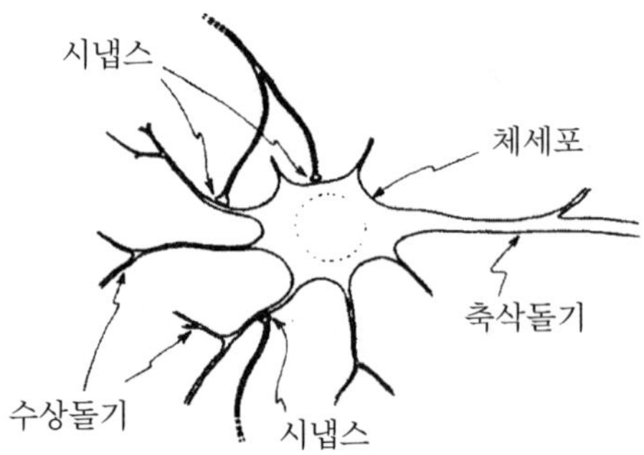

<그림 9-9> 시냅스: 뉴런과 뉴런 사이의 접합점

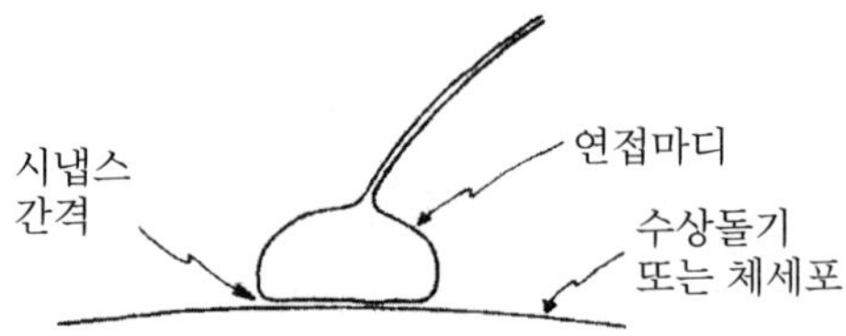

<그림 9-10> 시냅스의 상세도. 연접마디와 접촉된 수상돌기, 또는 체세포 사이에 좁은 간격이 있는데, 그 사이로 신경전달 화학물질이 흐른다.

르는 매우 좁은 틈이 있다(<그림 9-10> 참조). 하나의 뉴런에서 다음 뉴런으로 전송되는 신호는 이 틈을 통하여 전달된다.

신호는 어떤 형태로 신경섬유와 시냅스 간격을 지나 확산되는가? 그 다음 뉴런은 또 어떻게 신호를 내보내게 되는가? 이에 대하여 대자연이 택한 방법은 나와 같은 문외한에게는 실로 비범하며 지극히 놀랍게 보인다! 신호가 전화선을 통해 흐르는 전류처럼 전달되리라고 생각하는 사람도 있겠지만, 실은 그보다도 훨씬 복잡하다.

신경섬유는 기본적으로 일반적인 소금(염화나트륨)과 염화칼륨의 혼합물(주로 염화칼륨)을 지니는 원통의 튜브 형태로 구성되어 있어서, 이 튜브 내에는 나트륨이온, 칼륨이온, 염화이온이 들어 있다(<그림 9-11> 참조). 튜브 밖에도 이들 이온이 존재하지만 그 비율이 다른데, 외부에는 나트륨이온이 칼륨이온보다 많다. 신경이 휴식 상태에 있는 동안에는 튜브 내부가 음전하 상태가 되고(즉 염화이온이 나트륨과 칼륨을 합한 수보다 많아

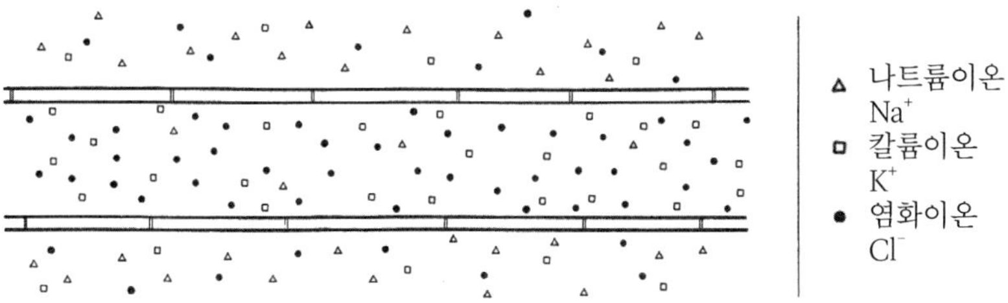

<그림 9-11> 도식 형태로 본 신경섬유. 휴식 상태에서는 내부에 염화이온이 나트륨이온과 칼륨이온보다 많아서 음전하 상태가 되고, 외부는 그 반대로 양전하 상태가 된다. 나트륨과 칼륨의 비율도 외부에서와 내부에서가 다른데, 내부는 칼륨이, 외부는 나트륨이 더 많다.

진다. 나트륨이온과 칼륨이온은 양이온이고 염화이온은 음이온임을 기억하기 바란다), 튜브의 외부는 양전하 상태가 된다(나트륨이온과 칼륨이온이 염화이온보다 많게 된다). 튜브의 표면을 이루는 세포막에는 '새는 곳'이 있어서 이온이 그 틈새를 통하여 이동하고, 이를 통해 이온 전하차를 중화시킨다. 이것을 보완하고 튜브 내의 음전하 과잉에 보조를 맞추기 위해 세포막을 통하여 나트륨 이온을 천천히 밖으로 내보내주는 '신진대사 펌프'가 존재한다. 이는 또 부분적으로는 내부에 나트륨보다 칼륨이 많도록 유지하는 데 도움을 준다. 또 다른 신진대사 펌프(좀 더 소규모의)가 하나 있어서 이것이 칼륨이온을 외부로부터 안으로 들여오는데, 이를 통하여 내부에 칼륨이 더 많은 상태를 유지할 수 있다(전하 불균형charge imbalance을 유지하는 데에는 방해 요소가 되지만).

신경섬유상에서 신호는, 전하 불균형이 전도된(내부가 양이고 외부가 음인) 상태의 영역이 신경섬유를 따라 이동하는 형태로 이루어진다(<그림 9-12> 참조). 우리가 신경섬유의 전하가 전도된 영역 앞에 있다고 상상해보자. 그러한 영역이 다가옴에 따라 그 전기장은 세포막의 나트륨 게이트sodium gate라고 불리는 작은 '문'을 열도록 만든다. 이로써 나트륨이온들이 밖에서 안으로 흘러들어오게 된다(전기적인 힘과 밀도차로 인한 압력, 즉 '삼투압'이 합쳐진 힘에 의해). 그 결과 내부는 양전하, 그리고 외부는 음전하 상태가 된다. 이렇게 되면 신호를 구성하는, 전하가 전도된 영역이 우리에게 도달하게 되고, 그러면 또 다른 작은 '문'(칼륨 게이트)들이 열리

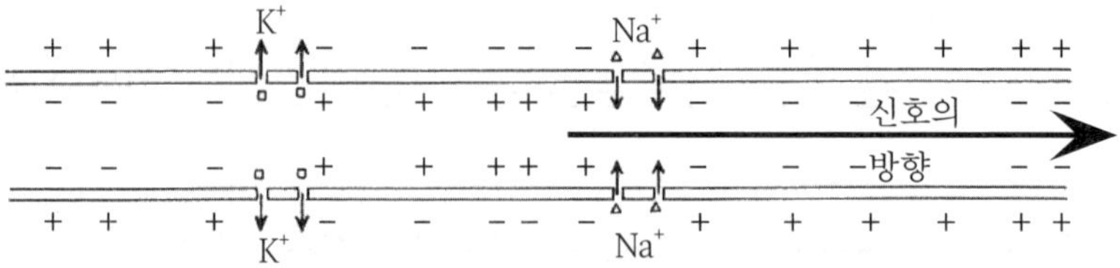

<그림 9-12> 신경신호란 전하가 전도된 영역이 신경섬유를 따라 움직이는 것이다. 그 앞부분에서는 나트륨 게이트가 열림으로써 나트륨이 튜브 안으로 흘러들어오게 하고, 뒷부분에서는 칼륨 게이트가 열려서 칼륨이 밖으로 흘러나가게 한다. 신진대사 펌프는 현상을 회복하게 하는 역할을 한다.

게 되어 안에서 밖으로 칼륨이온이 흘러나가게 됨으로써 내부에 음전하가 많아지도록 회복시키는 작업이 시작된다. 신호는 이제 전달된 것이다! 마지막으로 신호가 멀리 물러감에 따라 펌프는 느리지만 집요한 동작으로 나트륨이온을 바깥으로 다시 몰아내고 칼륨이온을 안으로 불러들이게 된다. 이로써 신경섬유는 휴식 상태에서 회복되고 다른 신호를 받아들일 준비를 하게 되는 것이다.

신경의 신호란 단지 섬유를 따라 이동하는 전하가 전도된 영역이라는 사실을 기억하기 바란다. 실제 물질(예를 들어 이온들)은 거의 이동하지 않으며, 단지 세포막의 안과 밖을 들락거릴 뿐이다!

이와 같은 신기하면서 색다른 메커니즘은 아주 효율적으로 이루어지는 것처럼 보인다. 이는 척추동물과 무척추동물 모두에 두루 적용된다. 그러나 척추동물이 이를 더 완전하게 개선했는데, 즉 신경섬유를 골수myelin라 불리는 회백색 지방질의 절연insulation 코팅으로 감싼 것이다(뇌의 '백질white matter'이 그 빛깔을 띨 수 있게 하는 것이 바로 이 골수 코팅이다). 이러한 절연으로 인하여 신경신호가 중계소relay station 사이를 약해지지 않고 상당히 빠른 속도로(120m/s까지) 움직일 수 있는 것이다.

신호가 연접마디에 다다르면 그것은 신경전달물질neurotransmitter이라는 화학물질을 방출한다. 이 물질은 시냅스 간격을 통하여 다른 뉴런(그것의 수상돌기나 체세포 자체의 한 지점)으로 전달된다. 그런데 여기에서 어떤 뉴런은 연접마디를 통하여 신경전달 화학물질을 방출하는데, 그것이 다음 뉴런의 체세포로 하여금 활성화fire, 즉 새로운 신호를 축삭돌기에 생성하도록 유도하게 된다. 이러한 시냅스를 자극체excitatory라 부른다. 다른 것들은 또 다른 어떤 뉴런이 활성화되는 것을 막는 경향이 있는데, 이러한 것은 억제체inhibitory라 부른다. 특정한 한순간에 활동 중인 자극체 시냅스들의 전체 효과가 더해지고, 억제체 시냅스들의 전체적 효과는 여기에서 빼짐으로써 그 총합이 특정 임계값에 도달하면 다음 뉴런은 비로소 활성화되도록 유도된다(자극체 시냅스들은 다음 뉴런의 내부와 외부 사이에 양의 전위차potential difference를 유발하고, 억제체 시냅스들은 음의 전위차를 유발한다. 이들이 합쳐져 그에 부착된 축삭돌기의 전위차가 임계값 수준에 다다르면 뉴런은 활성화되는데, 그 결과 평형을 회복할 수 없을 만큼 칼륨의 방출이 지연된다).

컴퓨터 모델

신경신호 전송의 중요한 특징은 신호들이 (대개의 경우) 완전히 '모 아니면 도all-or-nothing' 현상을 따른다는 것이다. 신호의 강도는 변하지 않는다. 즉 신호는 다만 있거나 없다. 이 때문에 신경체계의 작동은 디지털 컴퓨터와 공통점을 갖는다. 실제로 상호 연결된 수많은 뉴런의 작동 형태와, 전류를 전송하는 회로 및 논리 게이트logic gate를 갖는 디지털 컴퓨터의 내부 작동 사이에는 수많은 유사점이 있다. 주어진 뉴런들의 작동 체계를 컴퓨터 시뮬레이션(모의 실험)하는 것은 그다지 어렵지 않을 것이다. 그렇다면 자연스럽게 제기되는 한 가지 의문은, 뇌의 배선이 얼마나 복잡하건 간에 항상 이를 컴퓨터로 모형화할 수 있지 않을까 하는 것이다.

이 비교를 더욱 명확히 하기 위해서는 논리 게이트가 실제로 무엇인가를 언급해야 할 것이다. 컴퓨터에서도 '모 아니면 도' 상황이 발생하는데, 즉 회로에 전류의 펄스가 있는가 없는가 하는 것으로, 펄스가 존재할 때 그 강도는 항상 일정하다. 모든 것의 시간 간격이 매우 정확하기 때문에 펄스가 없는 경우에는 그 자체가 명확한 하나의 신호가 되고, 컴퓨터에 의해서 '인식'될 것이다. 실제로 우리가 '논리 게이트'라는 용어를 사용할 때 우리는 묵시적으로 펄스의 존재와 부재가 각각 참과 거짓을 의미하는 것이라고 생각하게 된다. 사실 이것은 실제 참 또는 거짓과는 아무런 관계가 없다. 단지 보편적으로 사용되는 용어를 이용한 것일 뿐이다. 또한 '참(펄스의 존재)' 대신 '1'이라는 숫자를, 그리고 '거짓(펄스의 부재)' 대신 '0'을 쓰도록 하고, 제4장에서처럼 'and' 대신 '&'를 사용하며(양쪽이 '참'인 문장일 때만 성립한다. 즉 양쪽 변수가 모두 1일 때만 답이 1이 된다), 'or' 대신 'v'를 사용하기로 한다(어느 한쪽, 혹은 양쪽 모두가 '참'일 때 성립한다. 즉 양쪽 변수가 0일 때만 0이다). 또 'implies' 대신 '⇒'를 사용하고(즉 A ⇒ B는 'A가 참이면 B는 참이다'를 의미하는데, 이는 'A가 거짓이거나 B가 참이다'와 동일하다), 'if and only if' 대신 '⇔'를(양쪽 모두 참이거나 양쪽 모두 거짓), 그리고 'not' 대신 '~'를('참'이면 '거짓', '거짓'이면 '참') 사용하기로 한다. '진리표truth table'라는 것을 사용하여 다양한 논리 계산의 규칙을 설명할 수 있다.

$$A \ \& \ B: \begin{pmatrix} 0 & 0 \\ 0 & 1 \end{pmatrix} \qquad A \ v \ B: \begin{pmatrix} 0 & 1 \\ 1 & 1 \end{pmatrix}$$

$$A \Rightarrow B: \begin{pmatrix} 1 & 1 \\ 0 & 1 \end{pmatrix} \qquad A \Leftrightarrow B: \begin{pmatrix} 1 & 0 \\ 0 & 1 \end{pmatrix}$$

각 경우에 A는 행row을 나타내고(A=0은 첫 행이고 A=1은 두 번째 행이다.) B는 열column을 나타낸다. 예를 들어서 A=0이고 B=1이면 각 진리표의 오른쪽 위 칸에 대응되는데, 세 번째 진리표로부터 A ⇒ B의 값으로 1을 얻게 된다. (이를 예문을 만들어 실제 논리에 적용해보면, '나는 잠들면 행복하다'라는 문장은 분명 내가 깨어 있고 행복한 경우에도 당연히 성립한다.) 마지막으로 논리 게이트 'not'은 다음과 같은 단순한 효과를 가진다.

$$\sim 0 = 1 \qquad \sim 1 = 0$$

이들은 논리 게이트의 기본 형태이다. 몇 가지 다른 것이 있긴 하지만

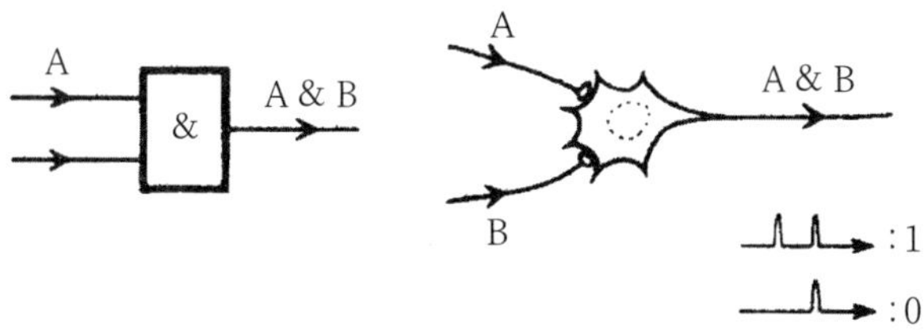

<그림 9-13> 'and' 게이트. 오른쪽의 '뉴런 모델'에서는 입력 신호가 펄스의 두 배의 힘에 도달할 때만 뉴런이 활성화하도록 설정했다.

그들은 모두 앞에서 언급한 것들로부터 만들어질 수 있다.[9]

그렇다면 원칙적으로 뉴런의 연결을 통해 컴퓨터를 만들 수 있는가? 앞에서 뉴런 작동에 대해서는 아주 기초적인 내용만 고찰하긴 했지만 그것은 실제로 가능하다고 말할 수 있다. 그럼 뉴런 연결로부터 논리 게이트를 만드는 것이 원칙적으로 어떻게 가능한지 살펴보기로 하자.

우선 새로운 숫자 코딩 방식이 필요한데, 그것은 신호의 부재가 아무런 변화도 일으키지 않기 때문이다. 여기에서는 (임의로) 이중 펄스를 1('참')로 하고 단일 펄스를 0('거짓')으로 하기로 한다. 그리고 2개의 자극체 펄스가 동시에 들어오는 것을 뉴런 활성화의 임계값으로 하는 단순한 구조를 갖는다고 가정하자. 'and' 회로를 구성하는 것은 쉽다. <그림 9-13>에서 보는 것처럼 2개의 입력 신경섬유가 출력 뉴런에 부착되는 연접마디에서 종결되도록 할 수 있다. (만약 양쪽 모두에서 이중 펄스가 들어오면, 첫 번째와 두 번째 펄스 모두 정해진 2개의 임계값에 도달할 것이고, 반면에 하나가 단일 펄스라면 둘 중 하나만 임계값에 도달할 것이다. 펄스들은 매우 정확하게 시간 측정이 되어 있고, 이중 펄스인 경우에는 명백하게 하기 위하여 타이밍을 결정하는 것이 첫 번째 펄스라고 가정하기로 한다.) 'not' 게이트를 구축하는 것은 이보다 상당히 복잡한데, 그 한 가지 방법이 <그림 9-14>에 나와 있다. 여기에서 입력 신호는 두 갈래로 나뉘게 될 축삭돌기를 따라 들어온다. 한 갈래는 우회로를 취하는데, 이것은 두 이중 펄스 사이의 시

9 실제로 모든 논리 게이트는 '~'과 '&'만으로도 구성될 수 있다. (혹은 ~(A & B) 한 가지 연산[NAND]만으로도 가능하다.)

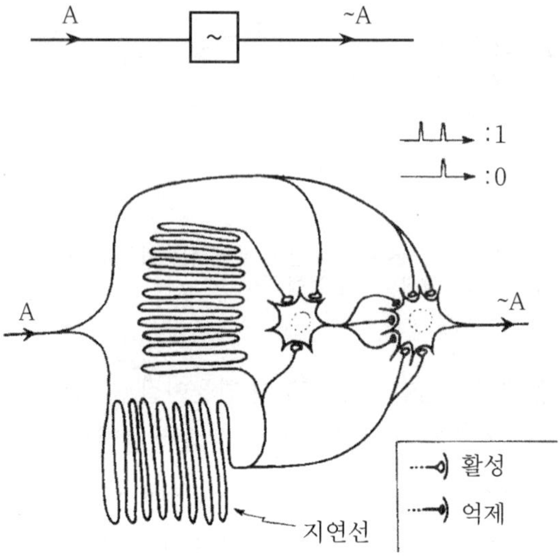

<그림 9-14> 'not' 게이트. '뉴런 모델'에서는 앞서와 마찬가지로 두 배의 힘이 (최소한) 입력되어야만 뉴런이 활성화되도록 했다.

간 간격만큼 신호를 지연시킬 수 있는 길이를 갖는다. 그리고 각각은 다시금 두 갈래로 나뉘어, 그중 한 갈래씩은 억제 뉴런에서 끝나고, 반면에 지연되는 갈래로부터 나온 또 한 갈래는 다시 두 갈래로 나뉘어, 하나는 직접적인 경로를, 다른 하나는 우회로를 취한다. 단일 펄스 입력인 경우에는 신경세포의 출력은 없으며, 이중 펄스 입력인 경우에는 출력이 이중 펄스(지연된 지점에서)가 된다. 이러한 출력을 운반하는 축삭돌기는 세 갈래로 나뉘며, 이들은 모두 마지막 자극체 뉴런의 억제 연접마디에서 끝난다. 원래의 분리된 축삭돌기의 나머지 두 부분은 다시 두 갈래씩으로 나뉘어, 그 네 갈래도 또한 마지막 신경세포상에서 자극체 연접마디로 끝나게 된다. 여러분은 이 마지막 자극체 뉴런이 'not'에 합당한 출력을 만들어내는지 점검해보기 바란다. (이 구조는 터무니없이 복잡해 보이지만, 이것이 내가 할 수 있는 최선의 방법이다!) 또한 재미로라도 앞에서 언급한 다른 논리 게이트들에 대해서 역시 직접적인 '신경' 구조를 만들어보기 바란다.

물론 여기에 열거된 예들이 구체적인 뇌의 실제 활동을 충실하게 모델화했다고 볼 수는 없다. 나는 다만 앞에서 보인 뉴런 활성화 모델과 컴퓨터 구조 사이의 본질적인 논리적 동일성을 지적하려는 것이다. 컴퓨터가 신경세포 간 상호 연결의 모든 모델을 흉내 낼 수 있다는 것은 쉽게 알 수 있다. 반면 앞에서 제시한 자세한 구조는 역으로 신경세포들의 체계가 컴퓨터를 흉내 낼 수 있다는 것, 그리고 따라서 (만능) 튜링 기계처럼 행동할 수 있다는 사실을 보여준다. 제2장의 튜링 기계에 대한 논의에서는 논리 게이트를 사용하지 않았고,[10] 실제로 범용 튜링 기계를 흉내 내기 위해서는 단순한 논리 게이트 이상의 것이 필요하지만, 무한한 튜링 기계의 테이프 대신 방대하지만 한정된 신경세포들의 집합을 사용하여 비슷하게 대치할 수만 있다면 원칙적으로 새로운 문제점은 없다. 이는 뇌와 컴퓨터가 본질적으로 동일하다는 주장으로 보일 것이다!

그러나 너무 성급히 이러한 결론으로 도달하기 전에, 먼저 아주 중요할 수도 있는, 뇌와 현대 컴퓨터의 작동 간 여러 차이점을 고려해보아야 한다. 우선 우리는 신경세포의 활성화를 모 아니면 도 현상으로 너무 단순화시켜 설명했다. 그것이 축삭돌기를 따라 이동하는 단일 펄스라고 언급했지만, 실제로 뉴런이 활성화될 때는 빠르게 이어지는 펄스들의 순서열sequence을 방출하게 된다. 뉴런이 활성화되지 않은 동안에도 펄스를 방출하기는 하나, 아주 느린 속도로 방출한다. 활성화가 일어날 때 이러한 연속적인 펄스의 빈도가 엄청나게 증가하는 것이다. 뉴런의 활성화에는 확률적 측면도 있다. 같은 자극이 항상 같은 결과를 생성하지는 않는다. 더욱이 뇌의 작동은 전자 컴퓨터의 전류에 필요한 것과 같은 정확한 타이밍도 갖고 있지 않다. 그리고 뉴런의 동작은 (최대 속력이 초당 약 1000회 정도인) 가장 빠른 전자 회로의 속도에 비하면 약 10^{-6} 단위로 훨씬 느리다. 또한 전자 컴퓨터의 매우 정교한 배선과는 달리, 뉴런을 자세히 살

10 실제로 제2장에서 설명한 튜링 기계의 세부 사항보다는 논리 게이트를 사용하는 것이, 컴퓨터를 구성하는 것과 더욱 밀접하게 관련된다. 제2장에서는 이론적인 이유로 튜링의 접근 방법을 강조했지만, 실제 컴퓨터의 개발은 튜링의 업적 못지않게 저명한 헝가리계 미국인 수학자 존 폰 노이만John von Neumann의 업적에서 비롯되었다고 볼 수 있다.

펴보면 그들은 매우 임의적으로 중복 연결되어 있는 것처럼 보인다. 비록 50여 년 전에 생각했던 것에 비하면 뇌는 훨씬 더 정밀하게 (태어날 때부터) 배선되었다는 사실을 지금은 알지만 말이다.

앞에서 언급한 대부분의 내용은 컴퓨터와 비교할 때 뇌가 불리한 점으로서 비칠 것이다. 그러나 뇌가 유리한 다른 요인들도 있다. 논리 게이트에서는 매우 적은 수(기껏해야 서너 개)의 입출력선을 갖는 데 반하여 뉴런은 엄청나게 많은 시냅스를 갖는다. (극단적인 예로서, 퍼킨지Purkinje 세포로 알려진 소뇌의 뉴런들은 약 8만 개의 자극 시냅스를 갖는다.) 또한 뇌에 있는 뉴런의 총수(약 10^{11}개)는 가장 큰 대형 컴퓨터의 트랜지스터 수(약 10^{9}개)를 훨씬 능가한다! 물론 컴퓨터의 경우 그 수는 앞으로 더 늘어날 것이다.[11] 게다가 엄청난 뇌세포의 수는 대부분 소뇌에서 볼 수 있는 막대한 양의 작은 과립 세포granule cell들(약 300억 개 정도)에 기인한다. 따라서 만약 우리가 현대 컴퓨터로는 불가능한 의식의 경험을 할 수 있는 것이 단순히 뉴런 수의 방대함 때문이라고 믿는다면, 왜 소뇌의 활동은 완전히 무의식적으로 보이는지에 대한 부가적인 설명이 필요할 것이다. 의식과 관련이 있는 대뇌의 경우 소뇌에 비하여 훨씬 낮은 밀도로 약 두 배나 많은 뉴런(약 7×10^{10})을 갖고 있기 때문이다.

뇌의 가소성

뇌와 컴퓨터의 작동상의 차이점에 대하여 앞서 언급한 것들보다 훨씬 중요해 보이는, 뇌의 가소성plasticity으로 알려진 현상과 관련된 사항들이 있다. 두뇌를 단순히 고정적으로 연결된 뉴런들의 집합으로 간주하는 것은 실제로 올바른 방법이 아니다. 뉴런들 사이의 연결은 앞에서 본 컴퓨

11 이 비교는 여러 가지 면에서 오해의 소지가 있다. 현재의 컴퓨터 트랜지스터 대부분은 논리 연산보다는 '메모리'로 사용되고, 컴퓨터의 메모리는 항상 외부적으로 거의 무한정 추가될 수 있다. 병렬 연산이 증가하면 현재 일반적으로 발생하는 것보다 더 많은 트랜지스터가 논리적 연산과 직접적으로 관련될 수 있다.

터 모델처럼 고정되어 있지 않고 항상 변한다. 이는 축삭돌기나 수상돌기의 위치가 변한다는 의미는 아니다. 이들에 대한 대부분의 복잡한 '배선'은 태어날 당시 이미 대강의 윤곽이 정해진다. 내가 말하려는 것은 뉴런들 사이에서 교류가 실제로 일어나는 연접교차점synaptic junction에 대한 것이다. 이들은 종종 수상돌기 가시dendritic spine라고 불리는 곳에서 발생하는데, 이는 수상돌기의 작은 혹으로서 연접마디와의 접촉이 일어나는 곳이다(<그림 9-15> 참조). 여기에서 '접촉'이라는 말은 단순한 닿음을 의미하는 것이 아니라, 약 $\frac{1}{4000}$mm의 적절한 좁은 틈(시냅스 간격)을 남겨 놓는 것을 의미하는 것이다. 그리고 특정 조건이 만족되면 이 수상돌기 가시들이 줄어들어 연결을 끊을 수도 있으며, 혹은 그들(혹은 새로운 것)이 자라서 새로운 연결을 만들 수도 있다. 따라서 두뇌에서의 뉴런의 연결을 컴퓨터를 구성하는 것이라고 생각한다면 그것은 항상 변화할 수 있는 컴퓨터일 것이다!

장기기억이 어떻게 심어지는지에 대한 대표적인 이론 중 하나에 따르면 이러한 시냅스 연결의 변화가 바로 필요한 정보를 저장하는 수단이 된다. 만약 이 이론이 맞다면 뇌의 가소성은 단순히 우연하게 복잡해진 것이 아니라, 그것이 두뇌 활동에 필수적인 요소이기 때문에 복잡해진 것이다.

이렇게 끊임없이 변화하는 근본 메커니즘은 무엇인가? 그 변화들은 얼마나 빨리 효과적으로 일어날 수 있는가? 두 번째 질문에 대한 답은 논란의 여지가 있지만 최소한 한 학설에 따르면 이러한 변화는 수 초 내

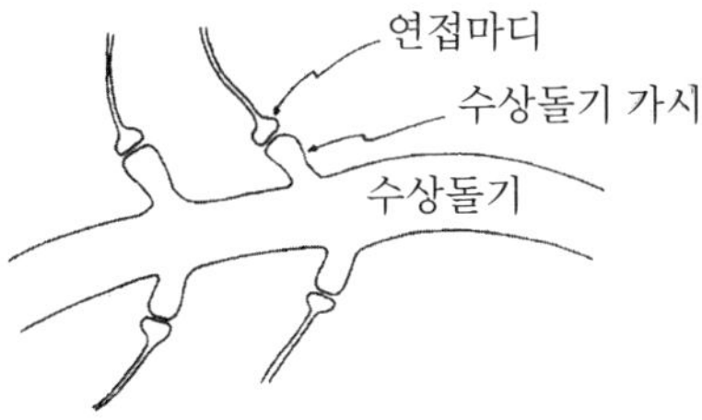

<그림 9-15> 수상돌기 가시를 포함하는 연접교차점. 교차점의 효과는 척추의 성장 및 수축에 큰 영향을 받는다.

에 일어날 수 있다. 이러한 변화가 영구적인 기억의 저장과 관련이 있다면 앞의 주장은 충분히 예상할 수 있는 것이었다. 그러한 기억들은 실제로 몇 초 안에 심어질 수 있기 때문이다(Kandel, 1976). 이는 뒤에서 우리에게 중요한 것을 암시하게 된다. 다음 장에서 이 중요한 문제를 논할 것이다.

두뇌의 가소성의 원리는 무엇일까? 한 가지 기발한 이론(Donald Hebb, 1954)은 다음과 같은 특징을 갖는 시냅스(헵Hebb 시냅스로 불린다)가 존재한다고 제안한다. 즉 뉴런 A와 뉴런 B 사이의 헵 시냅스는 A의 활성화에 따라 B가 활성화되는 경우에 강해지고, 그렇지 않은 경우에는 약해진다. 헵 시냅스 자체가 B의 활성화에 얼마나 깊이 간여하는가 하는 것은 큰 상관이 없다. 이는 '학습learning'의 새로운 형태를 보여준다. 이 이론에 근거하여 학습과 문제 풀이에 적용할 수 있는 여러 가지 수학 모델이 제안되었는데, 이들은 신경망neural network이라고 불린다. 이러한 모델들을 이용하면 초보적인 학습이 진정으로 가능한 것처럼 보이지만, 아직까지는 실제의 두뇌 모델과 큰 차이가 있다. 어떻든 시냅스 연결의 변화를 제어하는 작동 원리는 생각보다 훨씬 더 복잡해 보인다. 이에 대하여 분명히 더 많은 이해가 필요할 것이다.

이와 관련하여, 연접마디에서 신경전달물질을 방출하는 것이 갖는 또 다른 면이 있다. 어떨 때는 이런 것들이 시냅스 간격에서는 전혀 발생하지 않고 일반적인 세포액으로 들어가, 어쩌면 멀리 떨어져 있을지 모를 세포에 영향을 주게 된다. 수많은 신경전달 화학물질이 이런 방법으로 방출되는 것처럼 보인다. 그리고 앞에서 언급한 것 이외에도 기억에 관한 여러 가지 이론이 있는데, 각각의 이론은 여러 종류의 화학물질과 관련되어 있다. 분명히 두뇌의 상태는 두뇌의 여러 곳에서 생성하는 화학물질(호르몬 등)에 의하여 포괄적으로 영향을 받는 것 같다. 신경화학에 대한 총체적 문제는 매우 복잡하며, 관련된 모든 사항을 반영할 수 있는 신뢰할 만하고 자세한 컴퓨터 모형을 어떻게 만들 수 있는가 하는 문제도 상상할 수 없을 정도로 어렵다.

병렬 컴퓨터와 의식의 '단일성'

많은 사람이 병렬 컴퓨터parallel computer를 개발하는 것이 인간 두뇌만큼의 능력을 갖는 기계를 구축하기 위한 열쇠가 된다는 견해를 갖고 있는 것 같다. 우선 요즘 각광받고 있는 이 새로운 아이디어에 대하여 잠시 살펴보기로 하자. 병렬 컴퓨터에서는 직렬 컴퓨터와는 달리 수많은 연산이 독자적으로 수행되고, 이들 연산의 결과는 부분적으로 서로 합쳐져서 전체 연산에 기여한다. 이러한 형태의 컴퓨터 구조가 연구되기 시작한 동기는 대체로 신경체계의 작동 원리를 흉내 내려는 것으로 볼 수 있는데, 그 이유는 뇌의 여러 부분도 독립적으로 작업을 수행하는 것처럼 보이기 때문이다(예를 들면 시각피질에서의 시각 정보 처리처럼).

여기에서 두 가지 포인트를 언급하고 지나가야 하겠다. 첫 번째는 병렬 컴퓨터와 직렬 컴퓨터는 그 원리에서 차이가 전혀 없다는 것이다. 궁극적으로 둘 다 튜링 기계이다(제2장 참조). 차이점이 있다면 전체적인 계산의 속도나 효율성에서 있을 수 있다. 병렬 연산이 실제로 더 효율적인 계산 형태를 갖기는 하지만 모든 경우에 그런 것은 결코 아니다. 두 번째는, 적어도 내 의견으로는, 고전적 계산 방법의 병렬 처리가 우리의 의식적 사고를 해결하는 열쇠가 될 가능성이 매우 희박하다는 것이다. 의식적 사고의 전형적인 특징은 (적어도 '뇌 분리' 수술 환자가 아닌, 정상적인 심리 상태에 있는 경우) 여러 개의 독립적인 활동이 동시에 일어나는 것이 아니라 '단일성oneness'이다.

"어떻게 한 번에 여러 가지를 생각하란 말인가요?"와 같은 푸념은 흔히 들을 수 있다. 의식 가운데 별개의 것들을 동시에 유지한다는 것이 애초에 가능할까? 어쩌면 한순간에 몇 가지 정도는 유지할 수 있을 것이다. 그러나 이것은 실제로 동시에 의식적으로, 그리고 독립적으로 그들을 생각한다기보다는, 여러 주제 사이를 계속해서 이리저리 옮겨 다닌다고 보는 것이 오히려 적합할 것이다. 만약 어떤 사람이 잠시만이라도 두 가지 일에 대하여 완전히 독립적으로 의식적인 생각을 한다면, 이는 마치 2개의 분리된 의식을 갖는 것과 같을 것이다. 그러나 우리가 경험하는 것은(최소한 일반적인 사람인 경우) 단일 의식으로서, 우리는 여러 가지 일을 모호하게 의식은 하지만 특정한 한순간에는 한 가지에만 집중하게 된다.

물론 여기에서 '한 가지'의 의미는 전혀 명확하지 않다. 다음 장에서는 푸앵카레와 모차르트의 영감에 대한 '단일 사고'의 매우 놀라운 예를 보게 될 것이다. 그러나 사람이 한순간에 의식하는 대상이 묵시적으로 얼마나 복잡할 수 있는가를 인식하기 위하여 그렇게 멀리까지 갈 필요는 없다. 예를 들어 저녁 식사로 무엇을 먹을지 결정한다고 상상해보라. 그러한 한 가지 의식적 사고를 하기 위해서도 엄청나게 많은 정보가 필요하고, 이를 언어로 기술하면 꽤 길어질 것이다.

이러한 의식적 감각의 '단일성'은 내 생각에 병렬 컴퓨터의 그림과는 상당히 차이가 있는 것으로 보인다. 그러한 그림은 오히려 뇌의 무의식적인 행동에 대한 모델로서 더 적당한 것 같다. 걷기, 단추 잠그기, 숨쉬기, 혹은 말하기 등의 여러 가지 독립적인 동작은 그 어느 것도 의식하지 않은 상태에서 동시에 거의 독자적으로 일어날 수 있다.

그러나 한편으로는, 이러한 의식의 '단일성'과 양자 병렬성quantum parallelism 사이에 관계가 있을 수도 있다고 생각된다. 양자론에 따르면 양자 수준에서 서로 다른 선택 사항들이 선형 중첩상에 공존할 수 있음을 기억하기 바란다! 따라서 단일 양자 상태는 원칙적으로 동시에 발생하는 수많은 행동으로 이루어질 수 있다. 이것이 바로 양자 병렬성인데, 잠시 후 '양자 컴퓨터quantum computer'의 이론적 아이디어를 살펴보겠지만, 거기에서 이러한 양자 병렬성이 원칙적으로 수많은 계산을 동시에 수행하는 데 사용될 수 있다. 만약 의식적인 '정신 상태'가 어떤 면에서 양자 상태와 흡사하다면, 사고에 대해서도 어떤 형태의 '단일성' 혹은 전체성globality이 일반 병렬 컴퓨터의 경우보다는 더욱 적절해 보일 수 있다. 이러한 아이디어에는 몇 가지 설득력 있는 면이 있는데, 이는 다음 장에서 다루기로 한다. 그러나 그러한 아이디어를 심각하게 다루기 전에 우선 양자 효과가 뇌의 활동과 어떤 관련이 있을 수 있는가에 대한 질문부터 생각해보아야 한다.

뇌의 활동에서 양자역학의 역할

앞서 살펴본 뉴런 활동에 대한 설명은 순전히 고전적인 것이다. 다만 몇 가지 물리학적 현상을 인용할 필요가 있었는데, 이들의 배경에는 부분적으로 양자역학적 요소가 가미되어 있다. (즉 단위 전하를 갖는 이온들, 나트륨과 칼륨 게이트, 신경신호의 on/off 상태를 결정하는 특정한 화학적 전위, 신경전달물질의 화학 작용 등.) 그 외의 주요 부분에서 순전히 양자역학적 제어의 분명한 역할이 더 존재할까? 앞 장에서의 마지막 논의가 진정으로 중대한 의미가 있으려면 이에 대해 알아야 할 것이다.

실제로 단일 양자 수준에서의 움직임이 뉴런 활동에 중요한 의미를 갖는 명확한 장소가 있는데, 바로 망막이다. (망막이 기술적으로는 뇌의 일부라는 것을 기억하기 바란다!) 두꺼비를 대상으로 한 실험을 통해 적당한 조건에서 어둠에 익숙해진 망막에 광자photon 하나만 충돌하더라도 육안으로 볼 수 있을 정도의 신경신호를 충분히 유발시킬 수 있다는 사실이 밝혀졌다(Baylor, Lamb, & Yau, 1979). 사람에게도 같은 현상이 나타나는데(Hecht, Shlaer, & Pirenne, 1941), 이 경우에는 너무 많은 시각 '잡음noise' 때문에 지각된 상이 흐려지지 않도록, 매우 약한 신호의 경우에는 이를 억제해버리는 또 다른 메커니즘이 존재한다. 어둠에 익숙해진 인간의 눈이 신호의 도착을 감지하려면 도합 약 7개의 광자가 필요하다. 하지만 인간의 망막에 단일 광자를 감지할 수 있는 세포가 존재하는 것은 확실하다.

인간 신체에 단일 양자 활동에 의하여 반응되는 뉴런들이 존재하는 것이 사실이라면 이런 종류의 세포들이 인간 두뇌의 주요 부분 어딘가에도 있을 것이라고 가정하는 것이 합리적이지 않을까? 내가 아는 바로는 이에 대한 증거는 아직 없다. 지금까지 조사된 세포의 형태는 모두 일정한 임계값에 도달할 것을 필요로 하고, 세포를 활성화하기 위해서는 아주 많은 양자가 필요하다. 하지만 추측할 수 있는 것은 뇌의 깊숙한 곳 어디에선가 단일 양자를 감지할 수 있는 세포가 있을지도 모른다는 것이다. 그것이 사실이라면 양자역학은 뇌의 활동에서 중요한 역할을 담당할 것이다.

하지만 양자가 단순히 하나의 신호를 유발하는 수단으로서 사용된다는 관점에서 보면 이것도 그다지 실용적인 양자역학적 활동으로 보이지는 않는다. 전형적인 양자 간섭quantum interference 효과는 아직 알려진 바가 없다. 우리가 이로부터 얻을 수 있는 것은 기껏해야 뉴런이 활성화될 것인가 안 될 것인가에 대한 불확정성뿐이고, 그것의 유용성은 크게 기대할 수 없을 것 같다.

그러나 여기에 내포된 문제들은 그렇게 단순하지만은 않다. 이에 대해 살펴보기 위하여 망막을 다시 생각해보자. 광자 하나가 반도금된 거울에 반사되어 망막에 도달한다고 가정해보자. 그 상황은 그것이 망막세포에 부딪히거나 망막세포에 부딪히지 않고 창을 통하여 외부로 나가버리는 복소 선형 중첩에 해당할 것이다(<그림 6-17> 참조). 그것이 망막에 부딪힐 즈음에 만일 양자론의 선형 규칙 U가 참이라면(즉 결정적 슈뢰딩거 상태벡터 전개) 신경신호가 있는 복소 선형 중첩과 없는 것이 발생할 수 있다. 이것이 인간의 의식에 충돌하게 되면 두 가지 선택 사항 중 하나만이 받아들여지고, 다른 양자 규칙 R(상태 벡터 환원)의 효과가 나타난다. (이렇게 말함으로써 다세계multi-world 관점을 무시해버리는 결과가 되고 마는데, 사실 그 이론도 수많은 문제점을 내포하고 있다!) 앞 장의 마지막 부분에서 제기된 문제와 관련하여, 그 장에서 언급한 1그래비톤의 기준을 만족할 만큼 충분한 양의 물질이 신경신호 흐름의 영향을 받는지 고려해보아야 한다. 광자의 에너지를 실제 신호에서 질량의 움직임으로 전환하는 과정에서 실로 엄청난 크기의 확대가 망막에 의하여 이루어지는 것은 사실이지만(아마 10^{20} 정도 규모의 확대), 이 질량은 여전히 플랑크 질량 때에 비하면 큰 수치가 모자란다(10^{8} 정도). 그러나 신경신호는 그 주위에 감지될 정도의 변화하는 자기장을 생성한다(신경을 축으로 하여 신경을 따라 움직이는 도너츠형의 자기장). 이 자기장은 그 주변에 충분히 자극을 줌으로써 주변 내에서 1그래비톤 기준을 쉽게 만족시킬 수 있을 것이다. 그러므로 앞에서 언급한 관점에 따르면 R 프로시저는 경우에 따라 우리가 광선을 인지하기 전에 이미 영향을 받았거나 그렇지 않을 수도 있다. 이러한 관점에서 보면 상태벡터를 환원하는 데에 우리의 의식은 필요하지 않은 것이다!

양자 컴퓨터

만일 뇌의 깊숙한 곳에서 단일 양자에 반응하는 뉴런들이 중요한 역할을 하고 있다고 가정한다면 그들이 어떤 효과를 갖는가에 대한 의문이 생긴다. 나는 우선 데이비드 도이치David Deutsche의 양자 컴퓨터(제4장 참조) 개념에 대해 논의하고, 다음으로 이것이 여기에서의 주제와 어떤 관계가 있는지 고찰해보려고 한다.

앞에서 지적된 바와 같이 기본 개념은 양자 병렬성을 이용하는 것인데, 이 현상에 의하면 2개의 서로 다른 것이 양자 선형 중첩상에서 동시에 발생하는 것으로 생각되어야 한다. 마치 반도금된 거울에 비친 광자가 반사되거나 그냥 통과해버리는 것이라든지, 2개의 구멍을 동시에 통과하는 것처럼 말이다. 양자 컴퓨터에서는 이와 같이 2개의 중복된 다른 것이 두 가지의 서로 다른 계산으로 대치될 것이다. 여기에서 우리는 두 가지 계산 모두의 답을 얻는 것이 아니라 중복된 쌍으로부터 추출된 부분적인 정보를 사용하는 것에 관심이 있다. 결국 필요한 답은 두 가지 계산이 끝났을 때 이에 대한 적절한 '관측'을 행함으로써 얻을 수 있을 것이다.[12] 이런 식으로 두 가지 계산을 동시에 수행함으로써 그 기계는 시간을 절약할 수 있다! 아직까지는 이러한 진행 방법이 큰 성과를 거두지는 못하고 있는데, 이는 아마 양자 컴퓨터를 사용하기보다는 별개의 고전적 컴퓨터들을 병렬적으로(또는 단일의 고전적 병렬 컴퓨터를) 사용하는 것이 훨씬 더 직접적이기 때문일 것이다. 그러나 엄청나게 많은 수(어쩌면 무한히 많은)의 병렬 계산이 필요하고, 그 각각의 개별적인 답은 우리에게 큰 의미는 없지만 전체 결과의 적절한 조합은 의미를 갖는 경우라면 양자 컴퓨터의 사용으로 진정한 이득을 얻을 수 있을 것이다.

자세히 말하자면, 양자 컴퓨터를 구축하기 위해서는 양자 방식의 논리 게이트가 필요한데, 거기에서는 입력에 특정 '유니터리 연산unitary

---

12 도이치의 설명을 보면 그는 양자역학에 관하여 '다세계' 관점을 선호하는 듯하다. 그러나 그것이 여기에서는 전혀 중요하지 않다는 것을 알아두기 바란다. 양자 컴퓨터 개념은 표준 양자역학에 대하여 어떠한 관점을 취하건 마찬가지로 성립한다.

operation'을 적용한 결과 U 활동의 한 인스턴스가 출력으로서 주어질 것이다. 그리고 컴퓨터의 모든 연산은 마지막 '관측 행위'가 R을 불러올 때까지는 U 프로세스를 계속 수행하는 형태가 될 것이다.

도이치의 분석에 따르면 양자 컴퓨터는 비알고리즘적 연산(즉 튜링 기계 능력 밖의 것들)에는 사용될 수 없으나 인위적으로 구성된 특수한 상황에서는 일반 튜링 기계에 비하여 복잡도 이론(4장 p. 230 참조) 측면에서 처리 속도를 크게 증가시킬 수 있다. 그렇게 놀라운 아이디어에 비하면 아직까지는 결과가 다소 실망스럽다고 할 수 있지만, 아직 이것이 초기 단계에 불과하다는 것을 고려해야 한다.

이러한 것이 막대한 수의 단일 양자 반응 뉴런을 포함하고 있는 뇌의 행동과 어떻게 연관될 수 있을까? 유사성에서 문제가 되는 것은 양자 효과가 '잡음'에 쉽게 상실되어버린다는 사실일 것이다. 뇌는 충분한 시간 동안 양자 일관성(즉 계속되는 U 동작에 의해 잘 설명되는 양태)을 유지하기에는 너무 '번잡한hot' 물체이다. 내 방식대로 말하자면, 이것은 1그래비톤 기준이 계속해서 만족되기 때문에 가끔씩 U가 끼어드는 것을 제외하면 R 연산이 계속해서 수행된다는 것을 의미한다.

아직까지는 양자역학으로부터 뇌에 관한 유용한 그 무엇을 얻어내기를 기대하는 것은 그다지 가망이 있어 보이지 않는다. 어쩌면 결국 우리는 컴퓨터로 운명지어진 존재인지도 모른다! 하지만 개인적으로 나는 그렇게는 믿지 않는다. 이러한 주장을 관철하기 위해서는 좀 더 심도 있는 고찰이 필요하다.

양자론을 넘어서?

이제 이 책의 기저에 깔려 있는 주제라 할 수 있는 문제로 돌아가보려고 한다. 현재 받아들여지는 형태의 고전 이론과 양자론의 규칙들에 의하여 움직여지는 이 세상에 대한 묘사가, 과연 뇌와 마음을 설명하는 데에도 적합한가? 뇌에 대한 '보통의' 양자역학적 설명에는 분명히 한 가지 수수께끼가 있는데, 그것은 '관측'이라는 행동이 일반 양자론을 올바로 이해하는 데 필수적인 요소로 받아들여지기 때문에 생기는 수수께끼이다. 생각이나 지각이 의식적 자각으로 나타날 때 뇌는 '자신을 관찰한다'고 간주되어야 하는가? 현재의 이론은 양자역학이 어떻게 이것을 참작하고, 전체적으로 뇌에 적용시킬 수 있는가에 대한 명확한 규칙을 제공하지 못하고 있다. 나는 의식과는 별도로 R의 시작을 위한 기준(1그래비톤 기준치)을 정형화하려고 시도한 바 있는데, 이러한 것이 완전히 일관적인 이론으로 개발될 수 있다면 뇌를 양자적으로 설명할 수 있는, 지금보다는 훨씬 더 명확한 방법이 나타날지도 모른다.

그러나 꼭 뇌의 행동을 설명하려는 것에서만 이러한 근본적인 문제들이 발생하는 것은 아니라고 믿어진다. 디지털 컴퓨터의 동작 자체도 양자 효과에 심각하게 의존하고 있는데, 나는 이들도 양자론에 내재해 있는 문제들로부터 완전히 벗어났다고는 볼 수 없다고 생각한다. 이러한 '심각한' 양자 의존성이란 도대체 무엇인가? 디지털 컴퓨터에서의 양자역학의 역할을 이해하려면 우선 고전적 물체가 어떻게 해야 디지털 컴퓨터처럼 행동할 것인지를 알아보아야 한다. 제5장에서 우리는 프레드킨-토폴리Fredkin-Toffoli의 고전적 '당구공 컴퓨터'(p. 271)를 살펴보았다. 그러나 이 이론적인 '장치'가 고전적 시스템에 필연적으로 내재해 있는 불안정성의 문제를 슬쩍 비켜가는 이상화된 조건에 의존한다는 것 또한 밝힌 바 있다. 이 불안정성 문제는 시간의 흐름에 따른, 위상 공간상에서의 효과적인 확산으로 설명되었는데(p. 285, 그리고 <그림 5-14> 참조), 이는 고전 장치의 연산에서는 거의 피할 수 없는 계속된 정확도의 상실을 초래한다. 이러한 정확도의 감소를 멈출 수 있는 것은 궁극적으로 양자역학뿐이다. 현대의 전자 컴퓨터에서는 이산적discrete 상태(즉 숫자 0과 1로 코드화된)의 존재가 필수적인데, 그것은 컴퓨터가 이들 중 하나의 상태를 취하는 것이 명확하게 구분되어야 하기 때문이다. 이것이 바로 컴퓨터 연산의 '디지털' 특성의 요체가 된다. 이 이산성은 궁극적으로 양자역학에 의존하고 있다. (제6장에서 우리는 에너지 상태, 스펙트럼의 주파수, 스핀 등에서의 양자 이산성을 다룬 바 있다.) 구식의 기계적 계산 장치조차도 여러

가지 부품의 견고성에 의존하고 있고, 견고성 역시 실제로는 양자론의 이산성에 의존하고 있다.[13]

그러나 양자 이산성은 U의 작용만으로는 얻을 수 없다. 다른 것은 몰라도 바람직하지 못한 확산과 '정확도의 상실'을 방지하는 데에 있어 슈뢰딩거 방정식은 고전물리의 방정식보다도 더 못하다! U에 의해서 초기에 공간적으로 지역화localize되어 있던 단일 입자의 파동함수는 시간이 흐름에 따라 더욱더 큰 영역으로 확산될 것이다(pp. 376-377). 때때로 R 작용이 없다면 좀 더 복잡한 시스템들도 그러한 얼토당토 않은 지역화의 결핍을 초래하고 말 것이다(슈뢰딩거의 고양이를 기억하기 바란다!). (예를 들어 한 원자의 이산 상태는 명확한 에너지, 운동량, 그리고 각운동량의 합을 갖는다. '확산'하는 일반적 상태란 그러한 이산 상태들의 중첩 상태인 것이다. 어떤 단계에서 원자가 실제로 이러한 이산 상태 중 하나에 '있기'를 요구하는 것이 바로 R의 작용이다.)

나는 고전역학이나 양자역학 모두(후자의 경우 R을 '실제' 프로시저로 만들 수 있는 심도 있는 근본적 변화 없이는) 우리가 어떻게 생각하게 되는가를 설명할 수는 없다고 본다. 아마 컴퓨터의 디지털 동작에 대해서도 U와 R 작용 사이의 상호 관계에 대한 더 깊은 이해가 필요할 것이다. 우리는 최소한 컴퓨터에서는 이 동작들이 알고리즘적이라는 것(우리의 설계에 따른!)을 알고 있으며, 물리법칙에 대해서는 비알고리즘적이라고 추정되는 그 어떤 것도 밝히려 들지 않는다. 그러나 나는 뇌와 마음에 대해서는 상황이 아주 다르다고 주장하는 바이다. (의식적인) 사고 과정에는 필수적인 비알고리즘적 요소가 있음을 자신 있게 주장할 수 있다고 본다. 다음 장에서 나는 그러한 요소에 대한 믿음의 근거를 상세히 설명하고, 뇌의 활동에 영향을 미치는 '의식'을 좌우하는 것이 어떤 놀라운 물리적 효과들인가에 대해서도 추측해보려고 한다.

---

13 이 문장은 만일 '고전적' 구성체로서 톱니바퀴 전체와 축 등까지를 포함한다면 성립되지 않는다. 여기에서 말하는 구성체는 보통의(점 혹은 구형의) 입자들을 의미한다.

제10장

마음의 물리학이 설 자리는 어디인가?

마음은 왜 필요한가?

몸·마음 문제mind-body problem를 언급할 때는 주로 두 가지 문제가 대두되는데, 그 하나는 "어떻게 물질적인 것(두뇌)이 생각을 실제로 불러일으키는가?"이고, 다른 하나는 그 역으로 "어떻게 생각이 의지의 작용으로써 실제로 물질적인 것의 동작에 영향을 미치는가?"이다. 이 두 가지 의문은 몸·마음 문제의 수동적인 측면과 능동적인 측면을 말한다. 우리의 '마음'(혹은 의식) 속에는 특정의 비물질적인 '것thing'이 있어서 한편으로는 물질세계에 의해 불러일으켜지기도 하고 다른 한편으로는 물질세계에 영향을 주기도 하는 것처럼 보인다. 그러나 나는 이 마지막 장의 서두에서 좀 색다르고 어쩌면 좀 더 과학적인 질문에 대하여 다루어보고 싶다. 이 질문은 능동과 수동 양쪽 모두의 문제와도 관계가 있는데, 바라건대 질문의 답을 구하는 과정에서 이 오래되고 근본적인 철학의 수수께끼에 대하여 좀 더 많이 이해할 수 있게 되었으면 한다. 즉 나는 "의식이 그 소유자에게 주는 이점이 무엇인가?" 하는 질문을 제시하고자 한다.

이와 같은 질문을 제시하는 데에는 몇 가지 암묵적인 가정이 있다. 우선 의식이란 실제로 과학적으로 설명할 수 있는 '객체'라고 믿는 것이다. 즉 이 '객체'가 실제로 '무언가를 하고', 그뿐 아니라 그 소유자를 도와서, 같은 생물이라 하더라도 그것이 없으면 덜 효과적인 방법으로 행동하게 된다고 가정하는 것이다. 이와는 달리 의식이라는 것이 충분히 정교한 조정 체계를 소유했을 때 자동적으로 따라오는 부수적인 것이며, 그 자체로는 아무것도 '할' 수 없는 것이라고 믿는 경우도 있다. (이것은 강인공지능주의자들의 견해이기도 하다.) 또 다른 관점으로는 의식의 현상에 신성하고 신비한 목적(우리에게는 알려지지 않은 목적론적 의미)이 있어서, 이 현상을 자연 선택적 관점으로만 다루게 되면 그 '목적'을 완전히 놓치게 된다는 믿음이 있다. 이들보다 내 사고방식에 좀 더 와닿는 가설은 과학이 훨씬 가미된 형태로서 인류 원리anthropic principle라고 불리는 것인데, 우리가 있는 우주의 특성은 그것을 관측하기 위해서 우리 같이 지각 있는 존재들이 반드시 실제로 존재해야 한다는 조건에 강하게 제약을 받는다. (이 원칙은 제8장 pp. 518-519에서도 잠시 언급되었는데 후에 다시 다루기로 하자.)

이러한 문제들에 대해서 하나하나 언급하겠지만 우선 한 가지 밝히고 싶은 것은 마음과 육체의 문제(몸·마음 문제)에서 마음이라는 단어는 다소 오해의 소지가 있다고 보인다는 것이다. 사람들은 때때로 '무의식적인 마음(생각)'이라는 표현을 사용한다. 이는 우리가 마음과 의식을 동의어로 보지 않음을 의미한다. 우리가 무의식적인 생각이라고 말할 때는, 어쩌면 막 뒤에서 활동하며 특별한 경우(예를 들면 꿈, 환영, 망상, 프로이트식 실언 등)를 제외하곤 우리의 감각에 대하여 직접 나서지 않는 '저 뒤편의 그 무엇'이라는 어렴풋한 이미지를 가지고 있는 것처럼 보인다. 어쩌면 무의식적인 생각은 실제로 그 나름의 자각이 있는데, 그 자각이 대개 '우리의' 생각이라고 부르는 마음의 부분과는 꽤 많이 분리되어 있는지도 모른다.

이러한 생각은 그리 근거가 없는 것도 아니다. 어떤 실험 결과에 의하면 환자가 전신 마취 상태에서 수술을 받고 있는 도중에도 특정한 형태의 '자각' 현상이 실제로 존재하며, 그때 대화를 하거나 하면 그것이 환자에게 '무의식'적으로 영향을 줄 수도 있고, 후에 최면 상태에서 실제로 '경험'했던 것을 기억해낸다고 한다. 그뿐 아니라 최면술로 인해서 지각으로부터 가려져 있던 감각까지도, 다른 최면에 의해서 '경험했다는 것을' 기억할 수 있다고 한다. 그 기억들은 단지 '다른 선로'(Oakley & Eames, 1985)상에 놓여 있는 것이다. 자세한 내용을 확실히 이해할 수는 없다. 하지만 무의식적 마음에 정상적 '자각'을 결부시키는 것은 옳다고 생각되지 않으며, 그러한 주장에 대하여 여기에서는 그다지 자세히 다루고 싶지 않다. 하지만 의식적 마음과 무의식적 마음을 분리하는 것은 매우 미묘하고 복잡한 문제로서 다시 다룰 필요가 있다.

'의식'이라는 것, 그리고 의식이 있다고 하는 것에 대하여 가장 평범한 의미로 생각해보기로 하자. 지금 상태에서 의식에 대해 정확한 정의를 내리고자 하는 것은 별로 현명한 일이 아니라고 생각된다. 그러나 객관적인 느낌, 그리고 직관적 상식만 가지고도 그 단어가 의미하는 것과 의식의 특징이 언제 주로 나타나는가 하는 것 정도는 알 수 있다. 내가 의식이 있을 때는 이를 대충 알 수 있고, 다른 사람들도 이 점에서는 나와 마찬가지의 경험을 할 것이라고 생각한다. 의식이 있으려면 무언가를 의식해야 한다. 예를 들면 아픔, 따뜻함 혹은 화려한 장면이나 음악의 소리와 같은 감각을 의식할 수도 있고 당혹감, 괴로움 또는 즐거움 같은 느낌을 의식할 수도 있으며, 과거의 경험에 대한 기억을 의식하거나, 다른 사람이 말하는 것을 이해하게 되거나, 혹은 새로운 아이디어를 떠올릴 수도 있다. 의식적으로 말을 하려 하거나 의식적으로 자리에서 일어나는 등의 동작을 할 수도 있다. 나는 또 '한 발짝 물러서서' 그러한 의도나 아픈 느낌, 기억에 대한 경험, 혹은 아이디어의 발현 등을 의식할 수도 있다. 게다가 나에게 의식이 있다는 사실 자체도 의식할 수 있다. 내가 잠이 들더라도 꿈을 꾼다거나 일어나려 할 때는 어느 정도의 의식이 있어서 그 꿈의 방향을 의식적으로 바꿀 수 있다. 따라서 나는 의식이란 단지 있거나 없거나 하는 것이 아니라 어느 정도인가 하는 것의 문제라고 믿는다. 나는 '의식consciousness'과 '자각awareness'이 근본적으로는 동의어라고 생각하지만(자각이 의식보다 약간 수동적인 의미는 있다) '마음mind'과 '영혼soul'이라는 말에는 지금으로서는 무어라 정의할 수 없는 것들이 함축되어 있다고 생각한다. '의식'이라는 말 자체만 해결하려 하여도 문제가 산적해 있기 때문에 '마음'과 '영혼'의 문제에 선뜻 손대지 못하더라도 독자들의 양해를 바란다.

그 밖에도 '지능intelligence'이 무엇인가 하는 문제도 있다. 사실 인공지능학자들은 모호한 '의식'보다는 '지능'에 더 관심이 많다. 튜링은 그의 논문(1950, chapter 1, p. 6)에서 '의식'보다는 '생각thinking'이라는 단어를 사용했고, 지능이라는 단어도 그 제목에 등장한다. 나는 지능에 대한 문제가 의식의 문제에 부수적인 것이라고 생각한다. 나는 진정한 지능이란 의식이 더불어 존재하지 않는 상태에서는 있을 수 없다고 본다. 반대로 만약 인공지능학자들이 궁극적으로 의식이 없는 상태에서 지능을 흉내 낼 수 있게 된다면 '지능'이라는 단어의 정의에 그러한 유사 지능까지를 포함하지 않고는 완전한 정의라고 할 수 없을 것이다. 그 경우에는 '지능'이라는 것이 큰 문제가 되지 않을 것이다. 여기에서 내가 주안점을 두는 것은 '의식'이기 때문이다.

진정한 지능에는 의식이 필수적이라는 신조를 주장하면서, 나는 암묵적으로 지능이라는 것은 단순한 알고리즘적 방법, 즉 컴퓨터로는 절대로 정확히 흉내 낼 수 없다는 것을 말하고자 한다. (왜냐하면 나는 단순한 알고리즘의 수행만으로도 의식을 불러일으킬 수 있다는 강인공지능주의자들의 주장을 믿지 않기 때문이다. 제1장의 튜링 테스트 부분을 참조하기 바란다.) 뒤에서 수학적 사고에 대한 주제를 다룰 때 나는 의식의 작용에 필수적으로 비알고리즘적인 요소가 가미되어야 한다고 강력하게 주장할 것이다.

이번에는 똑같은 것이라도 의식이 있는 것과 없는 것 사이에 행동상의 특성 차이가 있는가에 대한 문제를 생각해보기로 하자. 어떤 객체에 의식이 있을 때 그것은 항상 외부로 드러날 것인가? 나는 이 질문의 답이 '예'라고 믿고 싶다. 그러나 동물의 왕국 어디에서 의식을 찾을 수 있는가에 대한 학자들의 의견이 분분하기 때문에 나로서도 확고한 믿음을 갖기가 매우 어렵다. 어떤 사람들은 인간이 아닌 동물들은 이를 보유할 수 없다고 주장하는가 하면(심지어는 기원전 1000년 이전의 사람에게도 의식이 없었다고 주장하는 이들도 있다), 또 어떤 사람들은 곤충, 벌레, 심지어는 바위에까지 의식을 부여하기도 한다. 내 경우에는 바위는 물론이고 곤충이나 벌레에도 이러한 자질이 얼마간 있다는 것에는 회의적이지만, 포유류는 일반적인 면에서 분명히 자각이 있다는 인상을 받는다. 이와 같이 의견이 분분하기 때문에 의식의 표출에 대해서도 일반적으로 받아들여지는 기준이 없다는 것을 알 수 있다. 어쩌면 실제로는 의식적인 행위를 구분할 수 있는 확실한 지표가 존재할지도 모른다. 다만 모든 사람이 공감하는 기준이 아직 없다는 것이다. 만일 그러한 기준이 있더라도 이는 의식의 능동적인 역할에만 의미를 부여한 기준일 것이다. 능동적인 행동이 수반되지 않은 상태에서 단지 자각이 있다는 것을 직접 단언하기란 매우 어렵다. 이러한 사실은 소름끼치는 현실로 입증되었는데, 1940년대에 쿠라레curare라는 약초에서 추출한 약이 유아 수술 시 마취제로 사용된 적이 있다. 그런데 그 후 밝혀진 이 약의 실제 효과는 단지 근육의 운동신경만을 마비시키는 것으로서, 이 불쌍한 아기들이 실제로 겪는 고통이 집도의에게 전달될 수 있는 방법이 전혀 없었던 것이다(비교: Dennett, 1978, p. 209).

의식에 부여될 수 있는 능동적인 역할이라는 것에 대해서 생각해보자. 의식이 감각적 혹은 기계적으로 분별될 수 있는 능동적 역할을 할 수 있다는(혹은 한다는) 사실은 필연적인 것인가? 내가 그렇다고 믿는 이유는 여러 가지가 있다. 첫째로, 우리는 '상식적'으로 다른 사람이 의식이 있음을 직접 알 수 있다고 종종 느끼기 때문이다. 그 느낌은 거의 틀림이 없다.[1] 그러나 쿠라레 약의 사례에서처럼 의식이 있는 사람이 그렇게 보일 수는 있어도 의식이 없는 사람이 있는 것처럼 보이는 경우는 거의 없다. 그러므로 의식을 특징지을 수 있는 특정한 형태의 행위가 (항상 의식에 수반되는 것은 아니라도) 존재하는 것은 분명하고, 이를 우리는 '상식적 직관'으로 감지할 수 있다.

둘째로, 자연 선택이라는 비정한 과정에 대해서 생각해보자. 우리가 앞 장에서 보았듯이 두뇌의 모든 활동이 의식에 직접 전달되는 것은 아니라는 사실과 결부시켜 이 과정을 보기 바란다. 실제로 신경세포가 훨씬 밀집되어 있는 '오래된' 소뇌는 의식의 직접적인 간섭을 전혀 받지 않고도 복잡한 행동을 수행한다고 간주된다. 그런데 대자연은 완전히 무의식적인 조정 기관에 따라 움직이는 생물에 만족하지 않고 사람과 같이 지각이 있는 생물을 진화시키는 쪽을 선택했다. 만약 의식이 선택에서 아무런 역할을 하지 않는다면 무엇 때문에 대자연은 고생스럽게 의식이 있는 두뇌들을 진화시켰을까? 소뇌처럼 지각이 없는 '자동기계'적인 두뇌들만으로도 충분했을 텐데 말이다.

그뿐 아니라 의식에 분명히 어떤 능동적 효과가 있다고 믿게 하는 단

1 최소한 현재의 컴퓨터 기술로는 그렇다. (제1장의 튜링 테스트에 대한 논의 참조.)

순한 '근본적' 이유가 있다. 비록 그 효과가 자연 선택과 직접 관계는 없더라도 말이다. 우리와 같이 의식이 있는 동물들은 왜 가끔(특히, 그에 관한 의문에 접했을 때) '자아'에 관한 문제 때문에 고심하게 되는 것일까? (이렇게 질문할 수도 있다. "당신은 왜 이 책을 읽고 있는가?", 또는 "내가 왜 애초에 이 주제에 대한 책을 쓰고 싶은 생각이 들었을까?") 완전히 의식이 없는 자동기계적 생물이 이러한 문제 때문에 시간을 낭비한다는 것은 상상조차 하기 어렵다. 그런데 의식이 있는 생물은 때때로 이러한 재미있는 행동을 보여주며, 이러한 양태는 의식이 없는 것들의 그것과는 분명히 다르다고 할 수 있다. 즉 의식에는 무언가 능동적인 효과가 있음을 알 수 있다. 물론 컴퓨터에도 이렇게 우스꽝스러운 행동을 하는 것처럼 보이도록 일부러 프로그램할 수 있다. (예를 들면 "아, 인생의 의미는 무엇인가? 내가 왜 여기 있는가? 도대체 내가 느끼는 이 '자아'의 정체는 무엇인가?" 같은 말을 투덜대도록 프로그램할 수도 있다.) 그런데 자연 선택은 왜 이러한 종족을 선호했을까? 정글의 비정한 생존 경쟁에서 그러한 쓸데없는 넌센스에 집착하고 있다가는 진작에 도태되어야 했을 텐데 말이다.

우리가 (일시적으로나마) 철학자가 될 때 빠져드는 사색이나 중얼거림은 그 자체로 자연으로부터 선택되는 특성이 아니라, 실제로 지각이 있고 자연 선택에 의해 선택된 의식을 가진 존재들이 필연적으로 짊어져야 할 (자연 선택의 관점에서 보면) '짐가방'이며, 완전히 별개의, 짐작건대 아주 강력한 이유가 따로 있는 듯하다. 그 짐가방은 해로운 것은 아니고, 자연 선택의 강자들에게 좀 귀찮을지는 몰라도 그다지 어렵지 않게 짊어질 수 있는 것이라고 생각된다. 우리 사람들처럼 재수 좋은 종족이 가끔 즐길 수 있는 평화와 번영의 순간들이 찾아와 우리가 살아남기 위한 투쟁을 적(혹은 이웃)과 벌일 필요가 없을 때, 우리는 그 짐가방 속에 든 보물들에 대하여 궁금해하기도 하고 하나씩 생각해보기 시작한다. 우리는 다른 사람들이 이와 같이 이상한 철학적인 행동을 하는 것을 보면, 그들도 분명히 마음을 지녔다는 것을 확신할 수 있게 된다.

의식이 실제로 하는 일은 무엇인가?

의식의 존재가 실제로 생물에게 우생학적 이점으로 작용한다는 것을 인정하기로 하자. 그렇다면 구체적으로 그 이점이란 무엇일까? 내가 아는 한 가지 학설은 포획류가 먹이를 사냥할 때 지각이 있으면 '먹이의 입장에서' 생각해봄으로써 그 먹이가 어떤 행동을 할 것인지 추측할 수 있어 이점이 된다는 것이다. 자기 자신을 먹이라고 상상해봄으로써 그 먹이보다 유리한 입장에 설 수 있다는 것이다.

이 아이디어는 부분적으로는 맞을지 모르지만 수긍하기 힘든 점이 몇 가지 있다. 우선 이 학설은 먹이에게도 이미 특정한 형태의 의식이 있다는 것을 가정하고 있다. 자동기계적 생물이라면 그 입장이 되어보았자 별 도움이 되지 않을 것이기 때문이다. 자동기계적 생물은 정의에 의하면 의식이 없는 것이므로 그것처럼 생각할 수조차 없다. 어떻든 간에 완전히 의식이 없는 자동기계적 포획류가 그 프로그램 속에서 역시 자동기계적인 먹이의 프로그램을 서브루틴으로 가지고 있다고 상상해보는 것은 어려운 일이 아니다. 나는 이 포획류와 먹이의 상호 관계에 의식이 꼭 관여해야 하는 것인가에 대해서는 논리적 필연성을 그다지 인정할 수 없다.

물론 자연 선택의 불규칙적 과정에 의해서 자동기계적 포획류에 먹이의 프로그램이 그대로 복제가 될 정도의 특성이 나타날 수 있다는 것은 상상하기 어렵다. 이는 자연의 선택이라기보다는 자연에 의한 첩보로 받아들여진다. 그리고 부분적인 프로그램(튜링 기계의 '테이프' 일부, 혹은 튜링 기계 테이프의 근사체)만으로는 포획류가 선택적 우위를 점하는 데 별로 도움이 되지 않을 것이다. 거의 불가능하겠지만 테이프 전체를 얻을 수 있어야 하든지, 혹은 최소한 충분히 제구실을 할 수 있는 완전한 형태의 부분 프로그램이 필요하다. 그러므로 한 가지 대안으로서 단순한 프로그램이 아닌, 의식의 특정 요소가 포획물-먹이 관계로 생각해볼 때 추론될 수 있다는 사고방식에 부분적으로 수긍한다. 그러나 이것은 의식적인 행동과 '프로그램'된 행동의 실제적 차이가 무엇인가라는 진짜 이슈에 대해서는 결론을 내리지 못한다.

앞서의 논의는 한 시스템이 그 자체의 모형을 자기 안에 포함하고 있을 때 그것을 지각하게 되고, 특히 자기 자신의 모형을 갖게 될 때 '자각self-aware이 생긴다는 아이디어를 암시한다. 그러나 다른 컴퓨터 프로그램을 자기 프로그램의 일부(예를 들면 서브루틴)로 지닌 프로그램이 있을 때 그 프로그램에 다른 프로그램에 대한 지각은 생기지 않고, 컴퓨터 프로그램이 자기 자신을 참조한다 하더라도 그 프로그램에 자각은 생기지 않는다. 앞서와 같은 주장이 자주 제기되어왔지만 나는 지각과 자각을 결정하는 진짜 이슈가 이러한 내용과는 거의 상관이 없다고 생각한다. 비디오카메라는 자기가 찍고 있는 광경에 대한 지각이 전혀 없다. 거울 속을 찍고 있는 비디오카메라가 자각이 있는 것은 절대 아닌 것이다(<그림 10-1> 참조).

나는 이에 대하여 다른 방법을 모색해보고자 한다. 우리는 앞에서 두뇌의 활동에 의식적인 지각이 항상 수반되는 것은 아님을 보았다(특히 소뇌의 활동은 의식이 없이도 일어나는 듯하다). 의식이 있는 생각으로 할 수 있는 것 중에서 의식 없이는 할 수 없는 것은 무엇인가? 문제는 우리가 하는 모든 일이 원래는 지각을 필요로 하지만, 일단 터득된 다음에는 무의식적으로 (어쩌면 소뇌에 의해서) 이루어질지도 모른다는 사실 때문에 더욱 까다로워진다는 것이다. 어쨌든 우리가 새로운 판단을 내려야 하는 경우

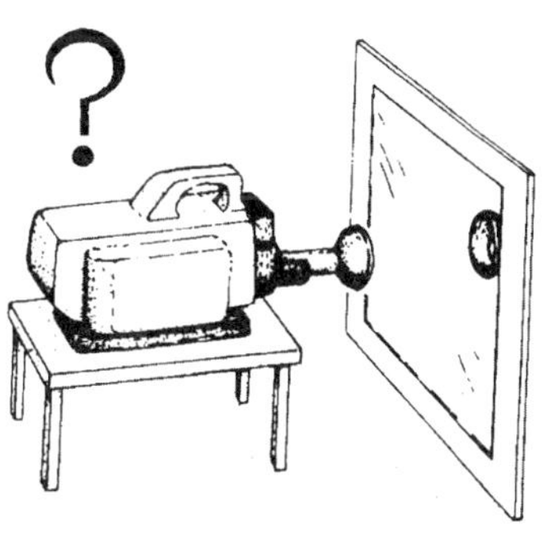

<그림 10-1> 거울을 마주보고 촬영하는 비디오카메라는 스스로의 모형을 자기 자신에 담는다. 그렇다고 그 카메라에 자각이 있는가?

와 아직 대응되는 규칙을 수립하지 못한 상황에 대처하기 위해서는 지각이 필요하다. 의식을 필요로 하는 정신적 활동과 의식이 필요 없는 활동들 사이의 특징을 아주 자세하게 밝히는 것은 매우 어렵다. 어쩌면 강인공지능주의자들의 주장처럼 우리가 말하는 '새로운 판단의 수립' 역시 잘 정의된 알고리즘적 규칙을 적용하면 가능할지 모른다. 이 새로운 규칙은 우리가 그 확실한 작용은 잘 모르지만 보통 규칙들보다 한 차원 높은 수준의 규칙일 것이다. 그러나 의식적 정신 활동과 무의식적 정신 활동을 특징짓는 용어들을 보면 최소한 알고리즘적인 것과 비알고리즘적인 것의 차이를 암시한다고는 볼 수 있다.

의식이 필요한 경우	**의식이 필요 없는 경우**
'상식'	'자동'
'진실의 판단'	'생각 없이 규칙에만 따름'
'이해'	'프로그램된'
'예술적 감상'	'알고리즘적'

어쩌면 이러한 차이가 항상 분명한 것은 아니다. 특히 많은 무의식적 요소가 의식적 판단에 관여하기 때문이다. 예를 들면 경험, 직관, 편견, 또는 논리의 정상적 사용까지도 이에 해당한다. 그러나 나는 판단 그 자체는 의식적 활동에 의한 결과라고 본다. 그러므로 두뇌의 무의식적 활동은 알고리즘적 과정에 따라 전개되어 나가는 것이고, 의식적 활동은 그와는 아주 달라서 어떠한 알고리즘으로도 기술될 수 없는 방법으로 수행된다는 것이다.

역설적이게도 여기에서 내가 주장하는 관점은 다른 사람들의 주된 의견과는 거의 정반대이다. 사람들은 종종 '합리적'인 방법을 따르는 의식적 마음은 이해할 수 있지만 무의식은 불가사의하다고 주장한다. 인공지능 종사자들은 사람들이 의식 가운데 생각하는 일련의 과정을 이해할 수만 있으면 이를 컴퓨터가 수행하도록 만들 수 있다고 주장하기도 한다. 다만 불가사의한 무의식적 과정을 어떻게 다루어야 하는가에 대한 방안이 (아직) 없다는 것이다. 내가 추구해온 사고방식에 따르면 무의식적 과정이야말로 알고리즘적이다. 다만 이를 세부적으로 풀어헤치는 것이 엄청나게 어렵고 매우 복잡한 수준인 것이다. 논리적으로 완전히 합리화될 수 있는 의식적인 생각도 (때로는) 알고리즘적으로 정형화될 수 있다. 그러나 이것은 어디까지나 완전히 다른 수준에서의 이야기이다. 지금부터 다룰 내용은 내부적 작동(신경세포의 활성 등)에 관한 것이 아니라 전체 사고의 운용에 대한 것을 중심으로 한다. 때로는 이 사고 운용 과정이 알고리즘적 특성을 갖는(아리스토텔레스가 정형화한 고대 그리스의 삼단 논법과 같은 초기의 논리학이나 수학자 조지 불George Boole이 만든 기호 논리처럼. 비교: Gardner, 1958) 경우도 있고 그렇지 않은(괴델의 정리, 혹은 제4장의 다른 예들처럼) 경우도 있다. 내가 의식을 특징짓는 지표라고 주장하는 판단 형성judgement forming 과정도 그 자체로는 인공지능학자들이 컴퓨터에 어떻게 프로그램해야 할지 감을 잡지 못하는 부분이다.

사람들은 이러한 판단의 기준 자체가 의식적이 아닐 텐데 내가 왜 그러한 판단을 의식에 결부시키려 하는가 하고 반박하기도 한다. 그러나 그것은 내가 말하고자 하는 요지에서 좀 벗어난 이야기이다. 나의 주장은 우리가 의식적인 인상 혹은 판단을 어떻게 형성하는가에 대하여 의식적인 이해를 한다는 것이 아니다. 그것은 내가 방금 언급한 수준의 혼동에서 비롯된 것이다. 의식적인 인상을 결정짓는 기저의 이유는 의식과는 직접적인 관계가 없는 것이다. 이들에 대해서는 우리가 지각하고 있는 실제 생각들보다는 더 깊은 물리적 수준에서 다루어야 할 것이다. 의식적인 인상impression 그 자체가 바로 (비알고리즘적인) 판단인 것이다.

우리의 의식적인 생각에 무언가 비알고리즘적 요소가 있는 것 같다는 것이 앞의 장들에서 다룬 근본 주제였다. 특히 제4장의 결론 부분, 정확히 말하면 괴델의 정리에서 말하고자 했던 것은, 최소한 수학에서는 때때로 의식적인 사고를 이용하여 어떤 알고리즘도 해결할 수 없는 결론, 즉 특정 명제가 참임을 알아낼 수 있다는 것이었다. (잠시 후 이에 대해서 자세히 설명하겠다.) 실제로 알고리즘 그 자체는 절대 참이라는 결론을 내리지 못한다. 어떤 알고리즘이 항상 거짓만을 말하게 만드는 것이나 그것이 항상 참만을 말하게 만드는 것은 마찬가지로 간단하다. 어떠한 알고리즘이 참인가 거짓인가를 결정하는 데는 외부적 통찰력이 꼭 필요한 것이다. 내가 여기에서 강조하고자 하는 것은 바로 이와 같이 적절한 상황에서 참과 거짓(혹은 아름다움과 추함)을 구분(직관)할 수 있는 능력이야말로 의식이 있음을 보증한다는 것이다.

그러나 한 가지 분명하게 하고 싶은 것은 나의 주장이 마술적 어림짐작에 기반을 둔 것은 아니라는 것이다. 복권의 당첨 번호를 (공정하게) 추측하는 데에 의식은 아무런 도움을 주지 못한다. 내가 다루려는 것은 사람들이 의식 상태에서 계속하여 수행하는 판단으로서, 모든 사실과 느낀 인상, 관련된 과거 경험의 기억 등을 불러내어 선택 대상을 비교하고 때로는 영감에 의한 판단을 내리기도 하는 것이다. 어떠한 판단을 하는 과정에서, 원칙적으로는 충분한 관련 정보가 주어질 수 있다. 그러나 데이터의 수렁 속에서 필요한 것만을 끄집어내어 적절한 판단을 형성해나가는 과정은 분명한 알고리즘이 존재하지 않는, 혹은 존재하더라도 현실적으로 불가능한 과정일 것이다. 어쩌면 우리가 처한 상황이 애당초 판단을 형성하는 것보다 일단 판단이 내려지면 그 판단이 정확한가를 살펴보는 것이 더욱 알고리즘적인(혹은 어쩌면 단순히 쉬운) 경우인지도 모른다. 나는 그러한 경우에 의식이 적절한 판단을 만들어내는 수단으로서 저절로 발생한다고 생각한다.

내가 비알고리즘적 판단 형성 과정이 의식을 규정하는 지표라고 주장하는 이유는 무엇인가? 부분적인 이유는 내가 수학자로서 경험한 바에서 비롯된다. 나는 단순히 의식에 의하여 잘못 선택된 무의식적인 알고리즘적 활동을 믿지 못한다. 때때로 어떤 계산을 할 때 사용하는 알고리즘이 알고리즘 자체로는 아무런 하자가 없지만 그 문제를 푸는 데에 과연 적합한 것인가에는 문제가 있는 경우가 있다. 간단한 예로서 여러분은 두 수를 곱하거나 하나의 수를 다른 수로 나누는 알고리즘적 규칙을 배웠을 것이다. (혹은 그보다 알고리즘적 포켓 계산기를 선호하는 사람도 있을지 모른다.) 그러나 어떤 문제가 주어졌을 때 이를 풀기 위하여 곱셈을 해야 할지 나눗셈을 해야 할지를 어떻게 알 수 있는가? 이를 위해서는 생각이 필요하고 의식적인 판단을 내려야만 한다. (이러한 판단이 왜 항상은 아니더라도 거의 비알고리즘적인가 하는 것은 잠시 뒤에 다루겠다.) 물론 사람이 비슷한 문제를 많이 풀어보면 곱셈을 택할 것인가 나눗셈을 택할 것인가 하는 것은 거의 손에 익어버려서 어쩌면 소뇌에 의해 알고리즘적으로 수행되어버릴지도 모른다. 그 상태에서는 의식은 더는 필요치 않기 때문에 그간 의식이 잠시 다른 곳으로 흘러가 딴 생각을 하다 오더라도 큰 문제가 없을 것이다. 물론 가끔 알고리즘이 딴 길로 가고 있는지를 체크는 해야 하겠지만 말이다.

비슷한 현상이 수학적 사고의 모든 수준에서 지속해서 발생한다. 사람들은 수학을 할 때 알고리즘을 찾기 위하여 애쓰지만, 애쓴다는 것 자체는 알고리즘적 과정으로 보이지 않는다. 일단 알고리즘이 발견되면 그 문제는 어떤 의미에서는 이미 풀린 것이나 다름없다. 뿐만 아니라 어떤 알고리즘이 실제로 정확하고 적절한가를 결정하는 수학적 판단은 많은 의식적 주의를 요하는 일이다. 제4장에서 본 수학의 정형 체계에 관한 논의에서도 비슷한 상황이 있었다. 우리는 특정 공리에서 시작해 그것을 통해서 여러 가지 수학적 명제를 도출할 수 있다. 그 도출 과정은 물론 알고리즘적이다. 그러나 그 공리가 적합한가를 결정하려면 의식이 있는 수학자의 판단이 필요하다. 이러한 판단이 필수적으로 알고리즘적이 될 수 없다는 것은 다다음 절의 논의에서 좀 더 확실해질 것이다. 그러나 그 전에 두뇌가 무엇을 하고 어떻게 생겨났는가에 대한 일반화된 관점을 좀 더 자세히 살펴보기로 하자.

알고리즘의 자연 선택?

만약 의식적이건 무의식적이건 간에 인간 두뇌의 활동이 단순히 아주 복잡한 알고리즘의 결과에 따른 것이라면, 그러한 굉장히 효과적인 알고리즘이 어떻게 생성되었는가에 대해 의문을 품지 않을 수 없다. 물론 이에 대하여 표준적인 대답은 '자연 선택'일 것이다. 두뇌를 가진 동물이 진화할 때 더 효율적인 알고리즘을 소유한 동물의 생존 확률이 더 높아지고 전체적으로 더 많은 자손을 갖는다. 이 자손들도 이처럼 더 좋은 알고리즘의 인자를 부모로부터 물려받게 되므로 다른 사촌들에 비해서 더 효과적인 알고리즘을 소유하는 경향이 있다. 그러므로 차츰차츰(진화 과정에서 도중에 멈추었다가 갑자기 나아가는 경우도 많이 있기 때문에 꾸준하진 않을 수도 있지만) 알고리즘이 개선되어 사람의 두뇌에서 볼 수 있을 정도의 놀라운 상태에까지 도달하게 된다는 것이다.

이러한 그림은 나의 입장에서도 수긍할 만한 점들이 몇 가지 있다고 본다. 우선 두뇌 활동의 많은 부분이 알고리즘적이라는 것이 나의 생각이고, 앞의 논조에서 독자들도 추측했겠지만 나는 자연 선택의 위력을 신봉하는 사람 중의 하나이기 때문이다. 그러나 자연 선택 그 자체만으로 어떻게 우리가 보유한 것과 같이 다른 알고리즘의 정당성을 의식적으로 판단할 수 있을 정도의 알고리즘으로 진화할 수 있는가는 이해가 되지 않는다.[2]

보통의 컴퓨터 프로그램을 상상해보자. 그것은 어떻게 생겨나게 되었는가? 분명히 (직접적인) 자연 선택에 의한 것은 아니다. 누군가 프로그래머가 있어서 그것을 고안하고, 또 그것이 원하는 작업을 정확하게 수행할 것이라 확신했을 것이다. (실제로는 거의 모든 복잡한 컴퓨터 프로그램은 오류가 있다. 대부분의 경우 경미한 오류이지만 때로는 특수한 경우가 아니면 등장하지 않는 포착하기 어려운 것들도 있다. 그러한 오류의 존재 여부는 여기에서의 논점에 크게 영향을 주지 않는다.) 때에 따라서는 컴퓨터 프로그램이 그 자신과는 다른 컴퓨터 프로그램('마스터' 프로그램이라 부르자)에 의해서 '작성'되는 경우도 있다. 그러나 그 경우 마스터 프로그램 자체는 인간의 창의력과 통찰력의 산물이었을 것이다. 또 프로그램이 여러 가지 요소의 결

---

2 역주: 딥러닝의 기본이 되는 신경망 기술은 수많은 데이터를 이용하여 우리가 알 수 없는 중간 노드Node에 부과된 가중치를 계속 바꿔줌으로써 어떤 목적 상태로 접근한다고 보았을 때 축약된 자연 선택 현상으로 볼 수도 있을 것이다. 특히 최근 기계학습의 추세가 강화학습re-enforcement learning 등 인간의 간섭이 최소화되는 방향으로 가고 있음을 감안하면 이곳에서의 논의는 재평가될 필요가 있다.

합으로 조립되는 경우도 물론 생각할 수 있다. 그 요소들 중에는 다른 프로그램을 통해 생성된 것들도 있을 것이다. 그러나 어떠한 경우든 그 프로그램의 정확성과 개념 정립에는 궁극적으로 특정한 사람(들)의 의식이 개입되게 마련이다.

물론 꼭 그렇지만은 않고, 시간만 충분히 주어진다면 컴퓨터 프로그램도 자연 선택 과정을 통하여 자발적으로 진화할 수 있다고 믿는 이들도 있을지 모른다. 만약 컴퓨터 프로그래머의 의식적인 행동 자체가 단순한 알고리즘이라고 믿는다면 결과적으로 알고리즘도 바로 이런 방법으로 진화했다고 믿어야 할 것이다. 그러나 내가 이러한 주장에 대해서 염려하는 것은, 알고리즘의 정확성에 대한 판단은 그 자체가 알고리즘적 과정이 될 수 없다는 사실 때문이다. 이와 비슷한 내용을 이미 제2장에서 다루었다. (특정 튜링 기계가 궁극적으로 멈출 것인가 하는 문제는 알고리즘으로 결정될 수 없는 사항이다.) 알고리즘이 실제로 잘 돌아갈 것인가를 결정하기 위해서는 단순히 또 다른 알고리즘만으로는 부족하고, 통찰력이 필요한 것이다.

그래도 특정한 형태의 자연 선택 과정이 대체로 정확한 알고리즘을 효과적으로 생성할 수 있다고 믿는 사람들이 있다. 그러나 나는 이를 받아들이기가 매우 어렵다. 이런 종류의 자연 선택 과정은 모두 알고리즘의 결과[3]에만 작용하지, 그 알고리즘 작동의 기저에 있는 아이디어에 직접 관여하는 경우는 없다. 이것은 단순히 지극히 비효율적일 뿐만 아니라, 내 생각에는 절대로 불가능하다. 우선 출력 결과만 보아서는 그것이 실제로 어떤 알고리즘인지 결정하기가 매우 어렵다. (아주 다른 동작을 하는 2개의 간단한 튜링 기계가 출력 테이프의, 예를 들어 2^{65536}번째 칸까지 똑같은 값을 생성하게끔 만드는 것은 쉬운 일이다. 이 경우 그 차이는 우주의 역사가 모두 흐르더라도 발견할 수 없을 것이다.) 뿐만 아니라 알고리즘에 아주 작은 '도치(순서 바꿈)'라도 일어나게 되면(예를 들어 튜링 기계의 사양에 약간의 변화

3 2개의 알고리즘이 있을 때, 단지 그들의 출력 결과가 같다고 해서 그들이 동일하다고 말할 수 있는가, 아니면 계산 과정까지 같아야 동일한 것인가 하는 문제는 또 하나의 까다로운 이슈이다(제2장 참조).

가 생긴다거나 입력 테이프에 변화가 있게 되면) 그 알고리즘은 전혀 쓸모없는 것이 되어버리는 경우가 허다하고, 이러한 임의적인 방법으로 알고리즘이 실제로 개선될 수 있다는 견해는 납득하기 어렵다. ('의미'가 주어지지 않은 상태에서는 깊이 생각해서 하더라도 개선 작업이 쉽지 않다. 이러한 경우는 우리가 이따금 겪게 되는 상황에서도 때때로 나타난다. 예를 들어 해설이 없는 복잡한 컴퓨터 프로그램을 바꾸거나 고쳐야 하는데, 이를 작성한 프로그래머가 이미 퇴사했거나 사망한 경우를 가정해보자. 그 프로그램 코드 하나하나의 의미와 의도를 풀어헤쳐 나가기보다는 오히려 다 포기하고 새로 시작하는 것이 더 쉬울 것이다.)

어쩌면 알고리즘을 기술하기 위한 훨씬 '강건한robust' 방법이 고안되어 앞에서 언급한 비평으로부터 벗어날 수 있게 될지도 모른다. 어떤 면에서 이것은 바로 내가 말해온 바이기도 하다. '강건'한 사양이란 알고리즘의 배경에 깔려 있는 아이디어를 말한다. 그러나 아이디어라는 것은, 우리가 아는 바에 따르면 이를 드러내기 위해 의식적 사고를 필요로 하는 것이다. 우리는 또다시 의식이란 실제로 무엇이고, 그것이 할 수 있는 것 중에 무의식이 할 수 없는 것은 무엇인가 하는 문제, 그리고 그 놀라운 성질을 도대체 자연 선택은 어떻게 그렇게 현명하게 진화시킬 수 있었는가 하는 문제로 되돌아온 것이다.

자연 선택이 빚어낸 결과는 실로 놀랍다. 사람의 두뇌가 어떻게 작동하는가에 대한 약간의 지식을 얻고 나서 나는 놀라움과 경외감에 거의 숨을 쉴 수조차 없었다. 각각의 뉴런이 하는 일도 대단하지만 그 뉴런들이 구성된 방법도 실로 놀랍다고 할 수 있다. 날 때부터 엄청난 수의 선들이 서로 연결되어 후에 필요하게 될 모든 작업에 대한 준비를 갖추고 있는 것이다. 의식 자체만이 놀라운 것이 아니라 이를 보조하는 데 필요할 것으로 보이는 자질구레한 장치들 하나하나가 모두 놀라운 것이다!

하나의 물체가 의식이라는 것을 갖추기 위해 필요한 자질을 자세하게 알 수만 있다면, 어쩌면 우리도 그러한 것을 제작할 수 있을지 모른다. 다만 그것이 여기에서 이야기하는 '기계'에는 해당하지 않을는지 모르지만 말이다. 그들은 의식의 생성이라는 당면 과제에 특별히 알맞게 설계될 수 있다는 점에서 우리 사람보다 훨씬 유리할 수 있다. 인간처럼 단세포로부터 성장해야 할 필요가 없을 뿐 아니라 조상에게서 물려받은 '짐'(먼 조상들로부터 '우발적인 사건'에 의해 생겨난 후 근근이 이어온 낡고 '쓸데없는' 두뇌 혹은 신체의 일부)을 계속 짊어지고 갈 필요도 없을 것이다. 이러한 이점을 감안하여, 비록 알고리즘적인 컴퓨터는 사람에게 복종해야 할 운명에 있긴 하지만 이러한 물체의 경우 실제로 인간을 넘어설 수 있을 것이라고 이야기하는 이들도 있다.

그러나 의식에는 그 이상의 무언가가 있음이 분명하다. 어쩌면 어떤 면에서 우리의 의식은 각자의 핏줄, 그리고 수십억 년 동안 진화되어온 내역에 따라 좌우되는지도 모른다. 진화가 분명한 미래적 목적을 향하여 '더듬어' 나아가는 것은 나에게는 아직도 큰 미스터리이다. 모든 사물은 맹목적인 진화나 자연 선택에만 국한되어 존재한다고 보기에는 필요 이상으로 잘 조직화되어 있는 것 같다. 물론 이러한 느낌은 아주 틀린 것일 수도 있다. 물리의 법칙이 작용하는 가운데 그 무엇인가가 있어서, 자연 선택이 무작위적 법칙보다 훨씬 효과적인 방법이 될 수 있도록 해주는지도 모른다. 그 결과로 체득한 분명한 '지능적 모색'은 재미있는 이슈로서 뒤에서 다시 살펴보기로 하자.

수학적 통찰력의 비알고리즘적 특성

앞에서 밝힌 바와 같이 의식이 비알고리즘적 방법을 통해 진위 판단에 영향을 줄 수 있다는 믿음을 갖게 된 데에는 괴델의 정리가 큰 영향을 미쳤다. 정확한 계산과 엄밀한 논증이 매우 중요하게 작용하는 수학적 판단에서 의식의 역할이 비알고리즘적이라는 사실을 감안하면 좀 더 일반적인 (비수학적) 경우에도 의식이 하는 일에 그러한 비알고리즘적 요소가 필수적으로 작용한다는 것을 쉽게 짐작할 수 있다.

제4장에서 괴델의 정리와 복잡성의 관계에 대해 다루며 언급한 논의를 기억해보기 바란다. 이때의 결론은 수학적 진리를 푸는 데 수학자가 어떠한(충분히 방대한) 알고리즘을 사용한다 하더라도(또는 결국은 같은 의미

지만, 그 수학자 자신만의 진리의 기준을 세우는 데 어떠한 정형화된 체계[4]를 사용한다 하더라도) 괴델의 명제 $P_k(k)$와 같이 그 알고리즘이 답할 수 없는 수학적 명제는 항상 존재한다는 것이다(비교: p. 182). 만일 한 수학자의 머릿속에서 일어나는 일들이 완전히 알고리즘적이라면 그가 실제로 판단을 형성하는 데 사용하는 알고리즘(혹은 형식 체계)은 그 알고리즘으로부터 생성된 명제 $P_k(k)$를 다룰 수 없게 된다. 그럼에도 불구하고 우리는 (대체로) 그 명제 $P_k(k)$가 실제로 참이라는 사실을 알고 있다. 결국 그 수학자는 이 두 가지를 다 알기 때문에 모순에 빠질 수밖에 없을 것이다. 어쩌면 이 같은 사실로 미루어볼 때 그 수학자는 알고리즘을 전혀 사용하지 않았는지도 모른다!

이것이 바로 두뇌의 작용이 완전히 알고리즘적일 수 없다고 주장한 루카스(Lucas, 1961)의 논지이다. 그러나 이에 대한 반박도 심심치 않게 제기되었다(Benacerraf, 1967; Good, 1969, Lewis, 1969, 1989; Hofstadter, 1981; Bowie, 1982). 이에 관해서 밝혀두고 싶은 것은 '알고리즘' 혹은 '알고리즘적'이라는 말은 범용 컴퓨터에서 흉내(처리) 낼 수 있는 모든 것을 뜻한다는 것이다. 여기에는 물론 '병렬 처리'도 포함될 뿐 아니라 '신경망(혹은 연결형 기계connection machine)', '휴리스틱heuristics(경험적 알고리즘)', '기계학습(기계가 어떻게 지식을 습득할 것인가에 대한 일정한 프로그램이 항상 미리 지정된다)', 그리고 외부와의 의사소통(튜링 기계의 입출력 테이프로 구현될 수 있다) 등도 포함된다. 이러한 반박 가운데 가장 심각한 것은 다음과 같다.

$P_k(k)$가 실제로 참이라는 사실을 확신하기 위해서 우리는 그 수학자의 알고리즘이 진정 무엇이었는가를 꼭 알아야 하고, 그뿐 아니라 수학적 진실을 도출하는 방법으로서 그것이 올바르다는 것을 확실히 해야 한다. 만약 그 수학자가 머릿속에서 매우 복잡한 알고리즘을 사용했다면

4 우리는 제4장에서, 한 형식 체계에서 증명이 정확한가를 확인하는 것이 항상 알고리즘적임을 보았다. 역으로, 수학적 진리를 생성하는 알고리즘이라면 무엇이든 항상 일반적 논리('서술 논리predicate calculus')의 공리와 규칙에 통합되어 수학적 진리를 유도하는 새로운 형식 체계를 이룰 수 있다.

우리는 그 알고리즘이 무엇이었는지를 알 수도 없고 그에 따른 괴델의 명제를 수립할 수도 없게 된다. 그것의 정확성 여부는 고사하고라도 말이다. 괴델의 정리가 인간의 수학적 판단이 비알고리즘적임을 입증한다는 주장에 대하여 이러한 반박이 종종 제기되어 왔다. 그러나 나는 이와 같은 반론에 수긍할 수 없는 점들이 있다고 본다. 여기에서 잠시 수학자들이 수학적 진리에 대한 판단을 내리는 방법이 완전히 알고리즘적이라고 가정해보자. 이러한 가정으로부터 괴델의 정리를 이용하여 이것이 논리적인 모순reductio ad absurdum임을 보이고자 한다.

우리는 먼저 진실 증명에서 수학자들이 서로 다른 알고리즘을 사용하지는 않는가 하는 가능성을 생각해보아야 한다. 한 명제의 진실성 여부가 추상적 논의에 의해서 타결될 수 있다는 사실은 수학의 가장 놀라운 특징 중의 하나이다. (어쩌면 모든 학문 중에서 거의 유일할지도 모른다.) 한 사람의 수학자를 설득할 수 있는 수학적 주장은 (오류가 없는 경우) 그 내용이 충분히 이해만 된다면 다른 수학자도 즉시 납득시킬 수 있다. 이는 괴델식 명제에도 그대로 적용된다. 만약 한 수학자가 특정한 형식 체계에 대하여 그와 관련된 공리 및 규칙들이 참의 명제들만을 도출한다는 것을 받아들인다면, 그 체계에 대한 괴델 명제도 참이라는 사실을 곧 받아들일 것이다. 또한 다른 수학자들도 마찬가지일 것이다. 요컨대 수학적 진실에 대한 논의들은 공통적으로 받아들일 수 있는 내용이라는 것이다.[5]

그러므로 여기에서 다룰 내용은 특정한 수학자들의 머릿속에서 우연히 돌아가고 있는 모호한 알고리즘들에 관한 것이 아니다. 우리가 이야

5 어떤 이들은 수학자들 사이에 서로 다른 관점이 있을 수 있다는 사실이 마음에 걸릴지도 모른다. 제4장의 내용을 기억하기 바란다. 그러나 그러한 차이점이 존재한다 하더라도 여기에서 염려할 필요는 없다. 그들은 주로 소수에 국한된, 아주 거대한 집합과 관련된 문제들이고 여기에서는 우리의 관심을 (유한개의 존재existential 혹은 전칭universal 양화사를 갖는) 산술 명제로만 국한하더라도 문맥 진행에 문제가 없다. (어쩌면 이는 약간 과한 주장일 수도 있다. 무한 집합에 관한 반사 원리reflection principle의 경우 가끔 산술의 명제를 유도하기 위하여 사용되기도 한다.) 아주 독단적으로 괴델에 면역되어 수학적 진리 자체의 존재성을 인정하지 않는 사람들에 대해서는 그냥 무시해버리기로 하겠다. 그들에게는 진리를 찾을 자질이 없다고 보이기 때문이다. 그리고 그것(진리 탐구)이야말로 이 책에서 우리가 논의하는 주제이지 않은가.

기하고 있는 것은 수학적 진실을 다루기 위해 모든 수학자가 적용하고 있는 알고리즘과 동일한 포괄적universal 형식 체계인 것이다. 그런데 이 소위 '포괄적'인 체계, 혹은 알고리즘이 우리 수학자들이 진실을 규명하는 데는 결코 사용될 수 없다. 만일 그것이 가능하다면 우리는 그 체계 안에서 괴델 명제를 만들 수 있고, 그것이 수학적으로 참이라는 것도 알 수 있을 것이기 때문이다. 그러므로 한 가지 결론에 도달하게 된다. 즉 수학자들이 수학적 진실을 규명하기 위하여 실제로 사용하는 알고리즘은 너무 복잡하거나 모호해서 그것의 진위 여부를 우리가 결코 알 수 없다는 것이다.

그러나 그것은 수학이라는 학문이 무엇인가 하는 질문에 정면으로 상충하게 된다! 대대로 이어져 내려온 수학적 유산과 그 훈련의 궁극적인 의미는 우리가 결코 이해할 수 없는 애매모호한 규칙의 권위에는 머리 숙이지 않는다는 것이다. 논증의 각 단계에 대하여 (최소한 원칙적으로는) 그것이 좀 더 간단하고 명료한 것으로 바뀌는 과정을 눈으로 확인할 수 있어야 한다. 수학적 진리란 그 옳고 그름이 우리의 이해 한계를 벗어날 정도로 엄청나게 복잡한 교리 따위는 아니다. 그것은 아주 간단하고 명백한 성분으로 구성되어 있기 때문에 이를 이해할 수만 있다면 그것의 진릿값은 명확하게 모든 사람에게 받아들여진다.

앞에서 거론한 내용은 실제 수학적 증명에는 못 미치지만 충분히 명약관화한 모순이라고 생각한다. 결론은 명확하다. 수학적 진리란 단순히 알고리즘만으로 확신할 수 있는 사항이 아니라는 것이다. 또, 내가 믿는 것은 의식이 수학적 진리를 이해하는 데 필수적인 요소가 된다는 것이다. 어떤 수학적 논점이 옳다고 인정되기 위해서는 그것이 참임을 볼 수 있어야 한다. 여기서 '본다'는 것이 바로 의식의 진수라고 할 수 있다. 우리가 직접 수학적 진리를 대할 때마다 의식이 함께 있어야 한다. 괴델의 정리의 정당성을 확신한다 함은 이를 '보는' 것뿐만 아니라, 이로 말미암아 '본다'는 과정 자체의 비알고리즘적인 면을 드러내게 되는 것이다.

영감, 통찰력, 독창성

이제 우리가 영감inspiration이라고 부르는 현상, 즉 때때로 섬광처럼 떠오르는 새로운 통찰력insight에 관하여 몇 가지 언급해보도록 하겠다. 불가사의하게 떠오르는 이러한 생각들과 영상은 무의식의 마음으로부터 오는 것일까, 아니면 어떤 식으로든 의식 자체의 산물인가? 유명한 사상가들 가운데 그러한 경험을 글로써 기술한 예는 얼마든지 찾아볼 수 있다. 수학자의 한 사람으로서 나는 특히 다른 수학자들의 영감과 독창적인 생각에 관심이 많지만, 수학과 다른 과학, 그리고 예술에서도 이에 관해서는 공통점이 매우 많다고 생각한다. 매우 좋은 관련 서적으로 독자들에게 프랑스의 저명한 수학자 자크 아다마르Jacques Hadamard의 고전『수학 분야에서의 발명에 관한 심리학*The Phychology of Invention in the Mathematical Field*』이라는 소책자 하나를 추천하고 싶다. 그는 저명한 수학자, 혹은 다른 분야의 위인들이 전하는 수많은 영감의 경험에 대하여 기술하고 있다. 그중 가장 유명한 것 하나는 대수학자 푸앵카레의 경우이다. 푸앵카레는 그가 푸시앙Fuchsian 함수라고 부르는 식을 구하기 위하여 한동안 매우 고심하고 의식적인 노력을 경주했음을, 그리고 결국은 더 나아갈 수 없는 난관에 봉착한 사실을 기술하고 있다. 그러자,

> …나는 자원공학과에서 주관하는 지질학 탐사에 참여하기 위해서 내가 살던 캉caen을 떠났다. 여행 덕분에 수학에 관한 일은 모두 잊을 수 있었다. 쿠탕스Coutances에 도착하자 우리는 다른 곳으로 가기 위하여 작은 버스에 탑승하게 되었다. 버스의 계단에 첫발을 내딛는 순간 갑자기 한 가지 아이디어가 떠올랐는데, 그것은 그 바로 전에 생각하던 내용과는 전혀 상관없는 내용이었다. 그 아이디어란 바로 내가 푸시앙 함수를 정의하기 위하여 사용하던 변환들이 비유클리드 기하에서의 변환과 동일하다는 것이었다. 그 아이디어를 검증할 수는 없었다. 버스에서 자리를 잡자마자 곧 잡담에 참여하여 그럴 만한 시간도 없었기 때문이다. 그러나 나는 그것이 확실히 옳다는 것을 느낄 수 있었다. 캉으로 돌아오는 길에 나는 편리한 대로 틈

틈이 그 결과를 검증했다.

이 예에서 (그리고 아다마르의 책에 기술된 수많은 다른 예에서) 눈에 띄는 점은 푸앵카레의 의식적인 생각이 전혀 다른 곳을 헤매고 있는 동안 이러한 복잡하고도 깊은 아이디어가 그의 마음속에 섬광처럼 나타났다는 것이다. 그리고 그 아이디어와 함께 그것이 분명히 옳다는 확신이 동반되었다는 사실이다. (후에 실제로 계산에 의해서 정확성이 검증되었다.) 분명히 해야 할 점은, 그 아이디어 자체는 절대 말로 설명하기에 용이하지 않다는 것이다. 추측건대 만약 그가 이 아이디어를 말로써 정확히 전달하려 했다면 그 대상이 비록 전문가들이라 할지라도 최소 한 시간의 세미나가 필요했을 것이다. 분명한 것은, 그 아이디어가 푸앵카레의 의식 속에 완전한 모습으로 들어갈 수 있었던 것은 그 이전에 이미 오랜 시간 심사숙고하는 과정에서 그에 대한 의식의 활동이 있었고, 그로 인하여 그 문제의 여러 가지 면모를 이미 잘 알고 있었던 사실이 중요한 작용을 했기 때문임이 틀림없다는 것이다. 그렇지만 어떤 의미에서 푸앵카레가 버스에 오르며 떠올린 아이디어는 한순간에 완전히 이해할 수 있는 '하나의' 아이디어였다는 사실이다. 더더욱 놀라운 것은 그 아이디어가 옳다는 것에 대한 푸앵카레의 확신이다. 그것은 후에 그가 자세한 검증을 하는 것이 거의 불필요한 작업처럼 보일 정도였다.

이와는 어떤 면에서 비슷하다고 볼 수 있는 내 자신의 연관된 경험을 이야기해야 할 것 같다. 사실 내 기억에는 푸앵카레의 사례(혹은 그 책에서 언급된 영감에 관한 다른 예)와 같이 좋은 아이디어가 완전히 불시에 튀어나온 경우는 거의 없다. 나의 경우에는 당면한 문제에 관하여 (어렴풋이나마) 일단 생각하는 것이 필수적이다. 그 생각은 의식적이지만 마음 뒤편에서 천천히 진행되는 것일 수도 있고, 나 자신은 다른 편안한 작업, 가령 면도를 하는 중일 수도 있다. 어쩌면 한동안 젖혀두었던 문제를 막 생각하려 하는 중일 수도 있다. 오랜 시간 동안 열심히 따져가며 생각하는 의식 활동도 물론 필요하다. 그리고 때로는 그 문제에 대한 감을 다시 잡는 데에도 시간이 꽤 걸릴 수 있다. 그러나 그러한 상황에서 문제에 대한 아이디어가 '섬광'처럼 떠오르는(그리고 그것이 옳다는 강한 확신이 동반되는) 경험은 나도 이미 해본 바 있다.

이에 관해서는 한 가지 특정한 예를 이야기하는 것도 좋을 것 같다. 이 경우는 또 다른 점에서도 흥미로운 사건이다. 1964년 가을, 나는 블랙홀의 특이점 문제에 관하여 고민하고 있었다. 오펜하이머와 슈나이더는 1939년에 커다란 별의 정확한 구면 붕괴spherical collapse만이 고전 상대성 이론의 한계를 넘어서는 중심 시공 특이점을 일으킬 수 있음을 보였다(제7장 p. 490 참조). 많은 사람이 (비현실적인) 정구면 대칭exact spherical symmetry의 가정을 제거한다면 이와 같이 개운치 못한 결론을 피할 수 있었을 것이라고 생각했다. 구면의 경우 모든 붕괴되는 것들이 중심의 한 점을 향하기 때문에, 예상할 수 있듯이 무한대의 밀도를 갖는 특이점이 발생하는 것이다. 그러한 대칭만 아니라면 붕괴되는 것이 중심부에 뒤죽박죽 도착하게 되므로 무한대의 밀도라는 특이점은 발생하지 않을 것이라고 생각할 수도 있을 것 같다. 어쩌면 오히려 그 붕괴물들이 돌면서 밖으로 소용돌이쳐 나와 오펜하이머와 슈나이더의 이상적인 블랙홀과는 판이하게 다른 양태를 보일지도 모른다.[6]

이에 대하여 1960년대 초에 퀘이서quasar라 불리는 유성체가 발견되고 블랙홀 문제에 대한 새로운 흥미가 고조되면서부터 내 나름의 생각을 갖게 되었다. 이 엄청나게 밝은 머나먼 항성체의 물리적 성질은 몇몇 사람들로 하여금 그 중심에 오펜하이머-슈나이더의 블랙홀 같은 것이 존재하는 것이 아닌가 하는 생각을 갖게 했다. 그러나 대부분은 오펜하이머-슈나이더의 구면 대칭에 대한 가설이 사람들에게 완전히 잘못된 그림을 심어준다고 믿고 있었다. 그런데 내 머릿속에 떠오른 것은 (다른 상황에서의 연구 경험에 미루어볼 때) 정확한 특정의 수학 정리가 존재하여서 이 정리의 증명이 (일반상대성 이론에 따라) 시공 특이점의 불가피함을 증명하여 줄지도 모른다는 것이었다. 그렇다면 그것은 붕괴 현상이 특정의 '돌아

---

6 '블랙홀'이라는 말은 한참 뒤, 1968년 이후에야 통용되게 되었다(미국 물리학자 존 휠러 John A. Wheeler의 예언적 사고에 힘입은 바가 크다).

올 수 없는 점'에 도달하는 경우 블랙홀 그림이 옳다는 것을 대변해줄 수 있을 것이었다. 나는 하나의 명제 혹은 그에 해당하는 정리의 증명은 고사하고 '돌아올 수 없는 점'에 대하여 (구대칭을 이용하지 않는) 수학적으로 정의 가능한 그 어떠한 기준에 대해서도 아는 것이 없는 상태였다. 동료 하나(아이보 로빈슨Ivor Robinson)가 미국으로부터 방문하여, 우리는 함께 런던의 버크벡대학교에 있는 나의 연구실로 걸어가면서 전혀 다른 주제에 대한 담소에 열중하고 있었다. 길을 건너려 할 때 대화는 잠시 중단되었고 건너편에 도달하자 다시 계속되었다. 분명히 그 잠깐 사이에 아이디어 하나가 떠올랐는데, 대화가 속개되면서 마음속에서 뭉개져버리고 말았다.

그날, 얼마 후 그 동료는 떠났고 나는 연구실로 돌아왔다. 그때 나는 무언가 형용할 수 없는 희열을 느꼈던 기억이 되살아났지만 그것이 정확히 무엇이었는가는 전혀 생각나지 않았다. 나는 이 기분을 느꼈던 사건을 알아내기 위해서 그날 하루 있었던 여러 가지 일을 하나하나 복기해 보았다. 부적합한 여러 가지 가능성을 제거한 뒤 비로소 길을 건너는 동안 떠올린 아이디어에 생각이 미치게 되었다. 그 아이디어는 바로 나의 머리 한편에서 맴돌고 있던 문제에 대한 해답을 줄 수 있는 것이어서 나는 찰나의 희열을 느꼈던 것이다. 분명히 그것은 내가 찾던 기준으로서 (후에 나는 이를 '포획 표면trapped surface'이라 불렀다), 일단 이를 찾아낸 후에는 내가 원하던 정리를 증명하기 위한 윤곽을 잡는 데 그리 많은 시간이 걸리지 않았다(Penrose, 1965). 그런 후에도 그 증명이 완전한 수식으로 완성되는 데는 꽤 오랜 시간이 걸리긴 했지만 결국 길을 건널 때 떠올랐던 그 아이디어가 문제 해결의 열쇠가 됐던 것이다. (가끔 나는 만일 그날 내가 희열을 느낄 만한 다른, 별로 중요하지 않은 또 다른 사건이 있었더라면 어떻게 되었을까 하고 궁금해한다. 어쩌면 포획 표면의 아이디어는 결코 떠오르지 않았을지도 모른다!)

이 일화는 영감과 통찰력에 대한 또 하나의 이슈를 떠올리게 한다. 즉 우리가 판단을 형성할 때는 미적인 기준이 매우 중요한 역할을 한다는 것이다. 예술에서는 물론 미적 기준이 가장 중요하다. 예술에서 미라는 것은 복잡 미묘한 주제로서 많은 철학자가 평생을 이 연구에 바쳐왔다. 수학이나 과학에서 미적인 기준은 단지 부수적인 것이고 진리의 기준이 가장 중요하다고 말할 수도 있다. 그러나 영감이나 통찰력에 관한 주제를 다룰 때는 이 두 가지를 분리하여 생각할 수 없을 것 같다. 내 추측에는 번쩍 떠오르는 영감이 옳다는 강한 확신은(물론 100% 다 옳진 않겠지만 그냥 우연이라고 보기에는 훨씬 정확하다) 그 미적인 요소와도 밀접하게 연관되어 있다고 본다. 아름다운 아이디어는 지저분한 것에 비해서 맞을 확률이 훨씬 높다. 최소한 나의 경험이 그러하고 다른 사람들도 비슷한 이야기를 한 적이 있다(Chandrasekhar, 1987). 예를 들면 아다마르의 저서(1945, p. 31)에 다음과 같은 구절이 있다.

> …분명한 것은 어떠한 중대한 발견이나 발명에서도 찾고자 하는 의지가 필수적이었다는 것이다. 그러나 푸앵카레에게서는 좀 다른 점이 있다. 미적인 감각이 발견을 하는 데 없어서는 안 될 수단으로서 중요하게 작용했다는 점이다. 우리는 다음 두 가지 결론에 도달할 수 있다.
>
> • 발명은 선택이다.
>
> • 그 선택은 과학적인 미적 감각에 의해서 크게 좌우된다.

뿐만 아니라 디랙(Dirac, 1982) 같은 사람은, 다른 이들이 찾으려 했으나 실패한 전자의 공식(제6장에서 잠시 언급한 '디랙 방정식')을 자신이 찾아낼 수 있었던 것은 순전히 그 자신의 예리한 미적 감각 덕분이었다고 주저하지 않고 말한다. 물론 나도 내 자신의 사고 과정에서 미적 요소가 갖는 중요성을 단언할 수 있다. 이는 '영감'의 범주에 속할 수 있는 아이디어에 동반하는 '확신'과 연관된 것일 수도 있고, 또는 사람들이 자신이 희망하는 목표를 향하여 더듬어가는 과정에서 끊임없이 해야 하는 '일상적인' 추측과도 연관될 수 있다. 이에 대해서는 이 책의 다른 곳에서 비주기적 타일(<그림 10-3> 참조)의 발견과 연관지어 언급한 바 있다. 의심의 여지 없이 처음 몇 가지 무늬의 미적 요소(모양뿐 아니라 신기한 수학적 특성까지도)가 나로 하여금 직소와 같은 적당한 매칭 규칙matching rule을 적용하여 배열할 수 있을 것이라는 직관을 갖게 했다(섬광처럼 왔다고 할 수도 있겠으나, 이때 옳다는 확신은 약 60%밖에 되지 않았다). 잠시 뒤에 이 타일 무늬에 대해서 좀 더 살펴보기로 하자(Penrose, 1974).

분명한 것은 미적 기준이 영감의 순간적 판단 등에만 적용되는 것이 아니라 수학(혹은 과학) 연구에서 우리가 항상 사용하는 훨씬 빈번한 판단에도 적용된다는 것이다. 완전 무결한 증명은 대개 맨 나중 단계이다! 그 이전에는 수많은 추정 작업이 필요한데, 이때 미적 확신이 매우 중요한 역할을 한다. 물론 이들은 항상 논리적 규칙과 이미 알려진 사실들의 통제하에서 이루어져야 한다.

이러한 판단이 바로 내가 생각하는 의식적 사고를 결정하는 지표이다. 나의 추측에 의하면 그것이 비록 무의식적 사고로 생성되어 순간적으로 떠오르는 통찰력이라 할지라도, 의식이 중재자의 역할을 담당하여 만일 그 아이디어가 옳다고 여겨지지 않으면 곧 거부되거나 잊혀져버리게 된다. (신기하게도 나는 포획 표면의 아이디어를 곧 잊어버렸는데, 이는 여기서 다루는 내용과는 다른 수준의 문제이다. 그 아이디어는 나의 의식의 세계로 뚫고 들어와 그 인상을 오래 남겨놓을 만큼 머물러 있었다.) 내가 생각하기에 미적 거부란, 별로 탐탁지 않은 아이디어가 의식의 꽤 영구적인 수준에까지는 절대 도달하지 못하게 막아주는 것이다.

그렇다면 영감적 사고inspirational thought에서 무의식의 역할은 무엇인가? 이에 관해서는 내가 원하는 만큼 명확한 답을 갖고 있지 못하다는 것을 인정한다. 그러나 일단 이 분야에서는 무의식이 실제로 매우 중대한 역할을 하는 부분이며, 나 자신은 무의식적 과정이 매우 중요하다는 관점에 동의할 수밖에 없다. 그리고 무의식적인 생각이 무작위로 아무렇게나 아이디어들을 추켜세우는 것은 아니라는 주장에도 동의한다. 의식적인 생각이 그들 중 '가능성이 보이는' 아이디어에 대해서만 구애받게 할 수 있는 강력한 선별 과정이 존재하는 것이 분명하다. 내 생각에는 이러한 선별 기준(주로 무언가 '미적'이라고 할 수 있는)도 이미 의식적인 바람의 영향을 많이 받는 것 같다(마치 수학에 관한 어떤 생각이 이미 밝혀진 일반 원칙에 어긋날 때 추하게 느껴지는 것처럼).

이와 관련하여 순수한 독창성의 요건이 무엇인가 하는 문제가 대두된다. 내가 보기에 여기에는 두 가지 요소가 연관되어 있다. 하나는 '추켜세우는' 과정이고, 또 하나는 '깎아내리는' 과정이다. 추켜세우는 것은 주로 무의식적이고 깎아내리는 것은 주로 의식적이라고 생각한다. 효과적인 추켜세우는 과정이 없이는 새로운 아이디어를 절대로 얻을 수 없다. 그러나 이 과정 자체만으로는 가치가 별로 없다. 그러한 아이디어 중 어느 정도 성공할 가능성이 있는 것들만 살아남을 수 있도록 판단해주는 효과적인 절차도 필요한 것이다. 예를 들어 꿈에서는 엉뚱한 생각들이 쉽사리 떠오르지만, 그중 깨어 있는 의식 아래 까다로운 판단을 통과하는 경우는 아주 드물다. (나의 경우에는 꿈속에서 과학적인 아이디어를 얻는 데 성공한 경험이 없다. 그러나 화학자 프레드리히 케쿨레Friedrich A. Kekulé 같은 이는 운 좋게도 꿈속에서 벤젠의 구조를 발견했다.) 따라서 무의식적인 추켜세우기 과정보다는 의식적인 깎아내리기(판단) 과정이 독창성을 결정하는 요소인 듯하다. 그러나 내가 아는 바로는 많은 사람이 이와 상반된 견해를 갖고 있다.

이처럼 다소 불만스러운 상태에서 이 주제를 벗어나기 전에 영감적 사고에 대한 또 한 가지 놀라운 면모, 즉 총체적global 특성에 관하여 언급하고자 한다. 앞에서 든 푸앵카레의 일화는 이에 관한 놀라운 사례 중 하나이다. 잠시 스쳐가는 순간에 그의 머릿속에 떠오른 아이디어는 수학적 사고의 방대한 분야를 포괄하고 있었기 때문이다. 어쩌면 수학을 잘 모르는 독자가 더 쉽게 받아들일 만한(물론 보통 사람들로서 이해하기 어려운 것은 마찬가지이겠지만) 예는 몇몇 예술가들이 창작품 전체를 동시에 마음속에 넣고 이를 한꺼번에 볼 수 있다는 것이다. 모차르트의 생생한 증언에서 그 놀라운 예를 볼 수 있다(아다마르의 저서에서 인용).

> 내가 기분이 좋고 쾌활한 상태이거나, 마차를 탈 때, 혹은 좋은 식사 후에 산책할 때, 혹은 잠 못 이루는 밤중이면 내 마음속에는 수만 가지 상념이 몰려 들어온다. 어디에서 어떻게 오는 것일까? 나는 알지도 못하고 또 나의 의도와도 관계가 없다. 그들 중 나를 기쁘게 하는 것들은 머릿속에 남

겨두고 이를 콧노래로 불러본다. 다른 이들이 내가 그렇게 한다고 이야기 한다. 일단 처음 주제가 잡히면 딴 멜로디가 나타나서 전곡 작곡의 필요성에 따라 자신을 그 앞의 멜로디에 연결한다. 대위법이 이루어지고, 각 악기의 파트와 선율의 조각이 합쳐지면서 하나의 곡이 완성된다. 그러면 나의 영혼은 영감으로 타오르기 시작한다. 이 곡은 차츰 커지기 시작하며, 나는 자꾸 이를 확장하고 마음속에서 점차 명확하게 다듬어나가 결국 그것이 아무리 길더라도 머릿속에서 완성되게 만든다. 그리고는 마치 나의 눈길이 아름다운 그림이나 빼어난 젊은이의 용모에 사로잡히듯이 내 마음은 그 완성된 곡을 붙잡게 된다. 이때 내 마음속에서는 이 곡을 연속적으로 듣는 것이 아니고 하나의 전체로서 듣는다. 물론 나중에는 이를 순서적으로 생각하며 여러 파트의 자세한 부분을 완성시켜나가지만 말이다.

내 생각에는 앞의 내용이 내가 말하는 추켜세우기/깎아내리기 이론에 부합한다고 본다. 추켜세우기는 무의식적이다("나의 의도와도 관계가 없다"). 한편 물론 이 경우는 매우 선택적이지만, 깎아내리기는 기호에 따라 의식적인 중재가 가미된다. ("나를 기쁘게 하는 것들은 머릿속에 남겨두고…") 영감적 사고의 총체성은 모차르트가 언급한 내용("연속적으로 듣는 것이 아니고 하나의 전체로서 듣는다")이나 푸앵카레의 증언("나는 이 아이디어를 검증하지 않았다. … 그럴 만한 시간도 없었다")에 특히 잘 나타나 있다. 그뿐 아니라 이러한 놀라운 총체성은 보통의 의식적 사고에 이미 존재하고 있다. 이에 대해서는 잠시 후에 다시 언급하기로 한다.

사고의 비언어성

아다마르의 창조적 사고에 대한 연구에서 한 가지 중요한 점은 요즘도 자주 언급되는, 사고 과정에서 언어화가 필요하다는 가설을 인상적으로 반박한다는 것이다. 이에 관해서는 그가 아인슈타인에게서 받은 편지의 한 구절을 인용하는 것만큼 효과적인 방법도 없을 것이다.

> 나의 사고 과정에서 말과 글 그 자체는 아무런 역할도 하지 않는 것 같다. 생각의 요소로서 작용하는 심리적 객체psychical entity는 특정한 신호sign들, 그리고 '자발적으로' 생성되기도 하고 결합하기도 하는 어느 정도 명확한 영상들이다. … 앞에서 말한 요소들은 나의 경우에는 시각적이고 어느 정도 구체성도 있다. 보통 사용되는 글이나 부호는 이러한 요소들의 결합 작용이 충분히 벌어지고, 또 마음먹은 대로 생성된 후에야 두 번째 단계로서 공들여 다루게 된다.

유명한 유전공학자 프랜시스 갤턴Francis Galton의 말도 인용할 가치가 있다.

> 내가 말(단어들)로써 생각을 잘 표현할 수 없다는 사실이 글을 쓸 때나 특히 내 속마음을 설명하고자 할 때 심각한 핸디캡으로 작용한다. 어떤 일을 열심히 한 후, 혹은 완전히 명료하고 만족할 만한 결과를 구한 후 이들을 말로 옮기려 할 때, 이와는 전혀 다른 지적 차원으로 일단 옮겨가야 할 것 같은 느낌을 받을 때가 종종 있다. 우선 나의 생각을 말로 번역해야 하는데, 그 말이 생각의 차원에서는 부드럽게 돌아가지 않는다. 그러므로 나는 적당한 글과 구절을 찾느라고 많은 시간을 허비해야 하고, 또 갑자기 연설을 해야 하는 경우에도 말이 매우 모호해지는 것을 종종 의식하게 되는데, 이는 생각이 불분명해서가 아니라 단지 말이 서투르기 때문이다. 이것이 나의 인생에서 나를 성가시게 하는 것 중의 하나이다.

그리고 아다마르 자신도 다음과 같이 기술한다.

> 내가 정말로 생각에 잠길 때는 단어들이 나의 생각에서 완전히 사라진다고 단언할 수 있다. 그리고 특정 질문을 읽거나 듣게 되면 이를 숙고하기 시작하는 그 순간부터 그곳에 등장하는 모든 단어가 사라져버린다는 점에서 나의 경우도 갤턴과 똑같다고 할 수 있다. 또한 나는 아서 쇼펜하우어Arthur Schopenhauer의, "생각은 글로써 실체화되는 순간 죽어버린다"는 말

에 전적으로 공감한다.

내가 앞의 예들을 인용한 것은 그들의 입장이 나의 사고방식과 일맥상통하기 때문이다. 나의 수학적 사고들 대부분은 시각적으로 이루어지며 비언어적인 개념을 사용한다. 물론 그 생각들이 '저건 저래서, 이건 이래서' 등의 공허하고 무용한 말들과 동반되는 경우는 자주 있지만 말이다. (간단한 논리적 추론 등에 말을 사용해야 하는 경우가 가끔 있을 것이다.) 그리고 이러한 사색가들이 생각을 말로써 표현하며 겪는 어려움은 나 자신이 자주 경험하는 일이기도 하다. 때때로 그 이유는 단순히 그 필요한 개념을 설명해주는 적절한 표현이 없기 때문이다. 실제로 나는 가끔 특정한 유형의 대수 방정식을 나타내기 위해 특별히 설계한 도표를 이용하여 계산을 수행하기도 한다(Penrose & Rindler, 1984, pp. 424-434). 이러한 도표를 말이나 글로 다시 바꾸어주는 것은 실로 지겨운 작업으로서, 나는 다른 사람들에게 자세한 설명을 해야 할 때처럼 꼭 필요한 경우가 아니면 하지 않는다. 이와 관련된 경험으로서 내가 한동안 수학에 깊이 몰두하여 있을 때 다른 사람이 갑자기 대화를 걸어오면 몇 초 동안 전혀 말을 할 수 없는 경우도 있다.

그렇다고 내가 전혀 말로써 생각하지 않는 것은 아니다. 다만 수학적 사고에서, 나의 경우 말은 거의 필요가 없다는 것이다. 다른 종류의 사고들, 가령 철학화의 경우 언어적 표현에 훨씬 적합할지도 모른다. 어쩌면 이 때문에 수많은 철학자가 언어를 지능이나 의식적 사고에 필수적이라고 보는 것인지도 모르겠다. 의심할 여지 없이 사람들은 저마다 서로 다른 방법으로 생각한다. 그것은 경험으로 미루어본 사실인데, 심지어는 같은 수학자들끼리도 서로 다르다. 수학적 사고에서 양극단은 분석적·기하적일 것이다. 재미있는 것은 아다마르의 경우 수학적 사고를 위해 언어적 이미지보다 시각적 이미지를 사용했으면서, 자기 자신은 분석적 성향이라고 여겼다는 점이다. 나의 경우는 기하적 성향의 극단에 매우 가깝다. 그러나 수학자들 사이의 스펙트럼은 일반적으로 매우 넓다.

일단 의식적 사고의 대부분이 비언어적 특성을 가질 수 있다는 사실을 인정한다면(앞에서 언급한 사항 등에 의하면 이는 불가피한 결론이라고 생각된다) 그러한 사고가 비알고리즘적 요소를 가질 것이라는 사실을 어렵지 않게 받아들일 수 있을 것이다.

제9장에서, 말을 할 수 있게 하는 반쪽 뇌(대부분의 경우 좌뇌)만이 생각도 하게 한다는, 자주 제기되는 주장에 관하여 언급한 바 있다. 그러나 방금까지 제시한 관점에서 보면 내가 왜 이 주장에 전혀 동의할 수 없는가를 분명히 이해할 수 있을 것이다. 나는 수학자들이 일반적으로 어느 한쪽 뇌를 더 많이 사용하는 경향이 있는가에 대해서는 알지 못한다. 그러나 명백한 것은 진정한 수학적 사고를 위해서는 높은 수준의 의식이 필수적이라는 것이다. 분석적 사고가 주로 좌뇌의 영역에 속하는 데 비해서 기하적 사고는 우뇌에 속한다는 주장이 많다. 그러므로 상당한 양의 의식적인 수학적 사고가 실제로 뇌의 오른쪽에서 벌어질 것이라는 추측도 설득력이 있다.

동물의 의식?

의식에서 언어화verbalization의 중요성에 관한 주제를 마치기 전에 앞에서 잠시 언급된 바 있는 문제, 즉 인간이 아닌 동물에도 의식이 가능한가 하는 문제를 다뤄보고자 한다. 내 생각에 사람들은 때때로 동물이 말하지 못한다는 사실을 들어 그들이 의식을 가질 수 없다는 주장으로 결부시키고, 은연중에 아무런 권리도 줄 수 없다는 견해를 주장하는 것 같다. 이제 독자들은 내가 왜 이 주장을 받아들일 수 없는가를 이해할 수 있을 것이다. 아주 복잡한 의식적 사고(수학)조차 언어를 사용하지 않고도 수행될 수 있기 때문이다. 오른쪽 뇌는, 또한 이따금 그것에 언어 능력이 부족하기 때문에 침팬지 정도의 '적은' 의식만을 지니고 있을 것이라는 주장도 가끔 등장한다(LeDoux, 1985, pp. 197-216).

침팬지나 고릴라가 보통 사람들이 말하는 방법 대신 (그들에게는 적합한 성대가 없어서 말은 불가능하다) 수어를 사용할 수 있다고 한다면, 그들에게 진정한 언어 구사 능력이 실제로 있겠는가 하는 문제에 대해서는 많은 논란이 있다(Blakemore & Greenfield, 1987). 분명한 것은 논란에도 불구하고 그들이 그러한 방법으로 최소한 기초적인 의사 전달 정도는 할 수 있다는 것이다. 나는 사람들이 이러한 것을 '언어 구사'로 인정하지 않는 것은 다소 치사한 면이 있다고 생각한다. 어쩌면 그 사람들은 유인원이 언어 사용자 클럽에 입회하는 것을 거부함으로써 의식적 동물의 클럽에서도 제외시키고 싶은 희망이 있는 것인지 모른다.

언어에 관한 문제를 제쳐놓으면 침팬지도 진정한 영감을 지닐 수 있다는 유력한 증거가 있다. 콘라트 로런츠Konrad Lorenz(1972)는 방 천장에 바나나를 손이 닿을 수 없도록 매달아 놓고 방 다른 편에는 상자를 하나 놓은 후 침팬지를 방에 집어넣은 실험에 대하여 다음과 같이 기술한다.

> 이로 인하여 그는 안절부절못하며 그곳으로 돌아왔다. 그러자 갑자기(이렇게밖에는 설명할 수 없을 것 같다) 그의 우울하던 표정이 환하게 밝아졌다. 그의 눈길이 바나나로부터 그 아래의 빈 공간에 머물렀다가 상자 쪽으로 갔고, 다시 눈길이 그 공간으로 돌아온 뒤 바나나를 향했다. 다음 순간 그는 기쁨의 괴성을 질렀고 신나게 상자 쪽으로 재주넘기를 하며 달려갔다. 성공에 대한 완전한 자신감에 가득 차서, 그는 상자를 바나나 아래로 밀고 갔다. 이를 본 사람들 중 유인원에게도 '아하!' 하는 경험이 존재한다는 사실에 대하여 의심하는 이는 그 누구도 없었다.

주목할 것은 마치 푸앵카레가 버스에 오르며 경험한 것처럼 침팬지도 그 아이디어를 검증해보기 이전에 이미 자신이 성공할 것에 대하여 완전한 확신을 가지고 있었다는 것이다. 그러한 판단에 의식이 필요하다는 나의 주장이 옳다면 인간이 아닌 동물에게도 정말로 의식이 있을 수 있다는 증거가 바로 여기에 있다.

돌고래(혹은 고래)와 관련하여 재미있는 의문점이 제기된다. 한 가지 알아둘 것은 돌고래 대뇌의 크기는 사람의 그것과 같거나 오히려 크다는 것이다. 그리고 돌고래들은 극도로 복잡한 소리 신호를 서로에게 보낼 수 있다. 그렇게 큰 두뇌가 사람이나 유인원 등의 기준에서 보는 '지능'과는 다른, 특정 목적 때문에 필요했을 것임에는 틀림이 없다. 뿐만 아니라 그들에게는 물건을 잡을 만한 손이 없기 때문에 우리가 이해할 수 있는 종류의 '문명'을 이룩할 수도 없다. 또 같은 이유 때문에 책을 저술할 수도 없겠지만, 그들도 때로는 철학자가 되어 인생의 의미를 생각하기도 하고, 자신들이 왜 '그곳에' 존재하는가라는 질문에 대해서 숙고할는지도 모른다. 때로는 그들도 '성찰awareness'의 감정을 자신들만의 복잡한 수중 육성 신호로 전달하는 것일까? 내가 아는 바로는 그들이 한쪽 두뇌를 사용하여 '언어를 구사'하고 서로 의사소통한다는 연구 결과는 나와 있지 않다. 가끔 인간에게 자행된 '뇌 분리' 수술, 그리고 그 결과로 오는 '자아'의 연속성에 대한 뒤엉킨 듯한 혼돈감과 연관해 생각해보면, 돌고래는 잠잘 때[7] 모든 두뇌가 동시에 수면 상태로 들어가는 것이 아니라 한쪽씩 번갈아 잠을 잔다는 사실에 주목할 필요가 있다. 만일 돌고래에게, 그들은 의식의 연속성에 대하여 어떻게 '느끼는가'를 물을 수만 있다면 우리는 보다 많은 것을 알아낼 수 있을 것이다.

플라톤 세계와의 만남

앞에서 우리는 사람들이 생각하는 방식에는 매우 여러 가지가 있다는 것, 그리고 수학자들이 수학에 대하여 사고하는 방식마저도 제각기 다를 수 있다는 사실을 살펴본 바 있다. 내 기억에 내가 처음 수학을 배우러 대학에 들어왔을 당시만 하더라도 나는 수학과의 동료들이 나와 비슷한 방법으로 생각하는 줄로만 알았다. 하지만 그 당시 학교에서 친구들이 나와는 전혀 다른 방법으로 생각하는 것을 발견하고 당혹스러웠던 경

7 내 생각에는 동물들도 잠을 필요로 하고, 어떤 종(특히 개)은 수면 중에 꿈을 꾸는 것처럼 보이는 것으로 미루어 그들도 의식을 가질 수 있다고 본다. 의식의 요소가 꿈을 꾸는 수면과 꿈을 꾸지 않는 수면 사이의 특성을 가르는 중요한 성분이 된다고 믿기 때문이다.

험이 있다. 그전에는 속으로 '이제는 쉽게 말이 통하는 친구들을 만날 수 있을 테지. 사람에 따라 나보다 좀 더 효과적으로 생각하거나 덜 효과적으로 생각할 수는 있겠지만 어떻든 모두 나와 똑같은 주파수의 사고방식을 가지고 있을 테니까' 하고 생각하며 흥분했다. 그러나 이것은 완전히 잘못된 생각이었다. 그 이전 어느 때보다도 훨씬 많은 형태의 사고방식을 당시에 경험했다고 지금도 믿고 있다. 내 방식은 다른 사람에 비하여 좀 더 기하적이고 덜 분석적이었다. 그러나 친구들의 사고 형태는 그 외에도 매우 여러 가지가 있었다. 특히 내가 말로 설명된 수식을 이해하는 데에 많은 어려움을 느낀 반면, 내 친구들 대부분은 그러한 어려움이 전혀 없어 보였다.

동료 친구들이 수학 문제에 대하여 설명하려 할 때 느낀 공통된 경험은, 내가 아무리 열심히 들으려 해도 그 말과 말 사이의 논리적 연결성을 도저히 이해할 수 없다는 것이었다. 그러나 마음속에는 그가 전달하려 하는 아이디어에 대하여 추측에 의한 영상이 생겨나곤 했으며, 그에 따라 대답도 할 수 있었다. 그 영상은 순전히 내 나름으로 만들어낸 것이고, 그 친구가 생각하고 있는 그림과는 전혀 연결 관계가 없는 것처럼 보였다. 그런데 놀랍게도 나의 대답은 대개 적절한 것으로 받아들여졌고 대화는 이런 식으로 이리저리 계속되어나갔다. 분명히 궁극에 가서는 무언가 진정한, 그리고 확실한 의사소통이 있음을 확신할 수 있었다. 그런데도 우리가 서로 나눈 문장 하나하나는 거의 실제로 이해된 적이 없었던 것이다. 그 뒤 직업적인 수학자(수리물리학자)가 된 후에도 이러한 현상은 학부 시절과 별로 달라진 점이 없었다. 어쩌면 수학적 경험이 늘어감에 따라 다른 사람이 설명할 때 그가 의미하는 것이 무엇인가를 좀 더 잘 추측할 수 있게 되었다는 점, 그리고 내 생각을 다른 사람에게 이야기할 때도 다른 형태의 사고방식에 대하여 좀 더 포용할 수 있게 되었다는 점이 약간 달라졌을 뿐이다. 그러나 본질적으로 달라진 점은 없다.

이렇게 이상한 방법을 통한 의사소통이 도대체 어떻게 가능할 수 있을까 하는 것이 가끔 불가사의하게 느껴졌다. 그러나 이제 여기에 대하여 한 가지 설명을 제시하고자 한다. 그것은 내가 말하고자 하는 다른 주제와도 매우 깊은 연관이 있을 수 있다. 요점은 수학적 의사 전달에서 사람들은 단순한 사실만을 전달하는 것이 아니라는 점이다. 여러 개의 (불확정) 사실들이 한 사람으로부터 다른 사람에게 전달되기 위해서는 첫 번째 사람이 그 사실들을 조심스럽게 발표하고, 두 번째 사람은 이를 하나씩 받아들여야 한다. 그런데 수학에서 사실적 내용은 사실 그리 많지 않다. 수학적 명제들이란 필연적인 진리들이기 때문에(혹은 그렇지 않으면 필연적인 거짓이거나) 첫 번째 수학자의 주장이 그러한 필연적 진리에 대하여 더듬거린 표현에 불과할지라도 두 번째 수학자가 이를 적절히 이해했다면 그 진리성 자체는 전달되는 것이다. 두 번째 사람의 마음속에 있는 영상은 첫 번째 사람이 생각하는 그림과 세부적으로는 다를 수 있고, 말로 된 설명도 다를 수 있다. 그러나 그것에 해당하는 수학적 아이디어는 이미 서로 통한 것이다.

만일 흥미롭고 심오한 수학적 진리들이 보통의 수학적 진리들 사이에 띄엄띄엄 퍼져 있지 않았더라면 이러한 형태의 의사소통은 불가능했을 것이다. 만약 전달하고자 하는 수학적 진리가 $4897 \times 512 = 2507264$와 같이 재미없는 주장이었다면, 두 번째 사람이 그 주장을 정확히 받아들이기 위해서는 첫 번째 사람의 말을 그대로 이해하기 위하여 노력해야 했을 것이다. 그러나 수학적으로 흥미로운 주장의 경우에는 설명을 부정확하게 하더라도 종종 의도한 개념을 정확히 파악할 수 있다.

그런데 여기에 한 가지 모순점이 있어 보인다. 수학은 정확성을 가장 필요로 하는 학문이 아닌가. 실제로 종이에 쓰는 경우에는 여러 가지 주장이 정확하면서도 완전한가를 조심해서 확인할 필요가 있다. 그러나 수학적 아이디어가 전달되기 위해서는(대개의 경우 말로써 설명된다) 그러한 정확성이 처음 단계에서는 오히려 방해 요소가 되는 경우가 많다. 따라서 그보다는 오히려 좀 모호하고 서술적인 형태의 의사소통이 필요하다. 그 아이디어의 정수를 일단 이해할 수 있다면 자세한 내용은 후에 검토해도 되는 것이다.

수학적 아이디어는 어떻게 이런 식으로 의사소통이 가능한 것일까? 추측건대 마음이 수학적 아이디어를 감지할 때마다 플라톤식의 수학적 개념의 세계와 교감이 일어나는 것 같다. (플라톤식 관점에서는 수학적 아이디어와 관련하여 그들 자체의 존재성이 있으며, 뿐만 아니라 그들은 이상적인 플라톤의 세계에 살고 있다는 것을 기억하기 바란다. 이 플라톤의 세계에는 지성을 통해서만 도달할 수 있다. 비교: pp. 166-167, pp. 253-254) 어떤 사람이 수학적 진리를 '보게' 되면 그의 의식은 이 아이디어(이데아)의 세계로 뚫고 들어가 직접적인 접촉('지성을 통해서만 도달한다')이 일어난다는 것이다. 여기에서 말하는 '본다'라는 것을 앞서 괴델의 정리와 결부시켜 설명한 적이 있지만, 사실 그것은 수학적 이해의 정수라고 해도 과언이 아니다. 수학자들이 의사소통할 수 있는 것은 각자가 수학적 진리로의 직접 통로를 갖고 있기 때문이며, 그들의 의식은 수학적 진리를 '본다'는 과정을 이용하여 직접 감지할 수 있는 위치에 자리 잡게 된다. (실제로 이러한 감지에 종종 수반되는 영어 감탄사 중엔, '그래, 이제 보여Oh, I see!'라는 것이 있다.) 각자가 플라톤의 세계와 직접 만날 수 있기 때문에 그들은 예상보다 훨씬 수월하게 의사소통을 할 수 있는 것이다. 플라톤식 교감이 일어나면서 그들의 마음속에 떠오르는 영상은 각자 다를 수 있다. 그러나 그럼에도 의사 전달이 가능한 것은 각자가 동일한 플라톤의 세계에 접해 있기 때문이다.

이러한 견해에 따르면 마음은 항상 이처럼 직접적인 접촉이 가능하지만 한 번에 아주 조금씩만 통과할 수 있는 상태에 있다. 수학적 발견은 그러한 접촉면의 면적을 넓혀준다. 수학적 진리는 필연적으로 참이라는 사실 때문에 기술적인 관점에서의 실제 '정보'는 그 발견자에게 전달되지 않는다. 모든 정보는 이미 거기에 쭉 있어왔던 것이다. 다만 문제는 모든 것을 종합하여 해답을 '볼 수' 있느냐이다. 이는 플라톤 자신의 생각, 즉 (예를 들어 수학적) 발견이란 기억의 한 가지 형태에 불과하다는 것과도 아주 잘 부합된다. 실제로 나는 특정 인물의 이름을 기억하지 못하는 것과, 알맞은 수학적 개념을 찾지 못하는 것 사이에 존재하는 유사성에 깜짝 놀라곤 한다. 양쪽 모두 찾고자 하는 개념은 어떤 의미에서 이미 마음속에 존재하고 있었다고 볼 수 있다. 물론 아직 발견되지 못한 수학적 개념의 경우에는 적절한 표현이 될 수 없겠지만 말이다.

사물을 이러한 방식으로 보는 것이 의미를 갖기 위해서는, 수학적 의

사소통의 경우, 흥미롭고 심오한 수학적 개념일수록 재미가 없거나 당연한 것들에 비하여 무언가 강력한 존재성이 있다고 상상할 수 있어야만 한다. 이것은 다음 절에서 다룰 나의 추측과 관련하여 볼 때 중요한 의미가 있다.

물리적 실체에 관한 견해

생각이 물리적 실체의 세계에서 어떻게 생겨나는가 하는 문제에 대한 견해들은 모두, 최소한 간접적으로라도, 물리적 실체 그 자체가 무엇인가 하는 문제를 다루어야 한다.

예를 들어 강인공지능주의자 같은 이들은 '마음'이 충분히 복잡한 알고리즘의 몸을 빌어, 실세계의 물체들이 이 알고리즘에 따라 동작함으로써 존재하게 된다고 주장한다. 실제로 그 물체가 무엇인가는 중요하지 않다. 신경신호이건, 전선을 흐르는 전류이건, 톱니바퀴, 도르래, 혹은 수도관이라 하더라도 아무런 차이가 없다는 것이다. 가장 중요한 것은 알고리즘 자체라고 여긴다. 그러나 알고리즘이 특정한 물리적 구현과 무관하게 '존재'하기 위해서는 플라톤적인 시각에서 수학을 보는 것이 필수적이라 여겨진다. 강인공지능주의자가 "수학적 개념은 마음속에만 존재한다"는 식의 주장은 매우 하기 어려울 것이다. 왜냐하면 알고리즘이 존재하기 위해서는 미리 마음이 존재해야 하고, 마음이 존재하기 위해서는 기존의 알고리즘이 있어야 하는 순환 논리에 봉착하게 되기 때문이다. 그들은 다음과 같은 논리로 반박할지 모른다. 즉 알고리즘은 종이 위의 표시나 쇳조각의 자성 방향, 혹은 컴퓨터 기억장치의 충전 이동 등의 단순한 형태로써 존재할 수 있다는 것이다. 그러나 그러한 물체의 재료적 특성 배열 자체로는 알고리즘이 성립할 수 없다. 알고리즘이 되기 위해서는 의미 해석 과정이 필요하다. 즉 그 배열을 풀어낼 수 있어야 하는데, 그것은 그 알고리즘이 작성된 '언어'에 따라 달라진다. 그런데 그 언어를 '이해'하기 위해서는 다시금 기존의 마음이 필요하고, 또 다시 우리는 원점으로 돌아오게 된다. 만일 알고리즘이 플라톤의 세계에 존재한다는 것을 받아들인다면 강인공지능론자들의 주장은 바로 그 세계에 마음이 존재한다는 것이기에 이제는 실세계와 플라톤의 세계를 어떻게 상호연관 지어야 하는가가 새로운 문제로 부각한다. 나는 이것이 강인공지능 관점에서의 몸·마음 문제라고 본다.

나의 견해는 이와는 좀 차이가 있다. 나는 (의식적인) 마음이 알고리즘적 존재가 아니라고 믿기 때문이다. 그러나 강인공지능주의자들의 견해와 나의 견해 사이에 많은 공통점이 있다는 사실은 다소 당혹감을 느끼게 한다. 언급한 바와 같이 나는 의식이라는 것이 필연적 진리를 감지하는 것과 매우 밀접하게 연관이 된다고 믿는다. 그리하여 수학적 개념으로 이루어진 플라톤의 세계와 직접적인 접촉을 이룰 수 있다는 것이다. 이것은 알고리즘적 과정이 아니다. 그리고 우리가 특히 관심을 갖는 그 세계에 존재하고 있는 것들도 알고리즘이 아니다. 그러나 이 같은 견해에 따른다면 플라톤의 세계와 실제 물체들로 이루어진 '실세계'가 어떤 관계인가 하는 몸·마음 문제와 밀접하게 연관된다.

우리는 제5장과 제6장에서 실제의 물리적 세계가 매우 정밀한 수식에 따라 움직인다는 사실을 보았다(SUPERB 이론. 비교: pp. 244-245). 그 정밀성이 얼마나 놀라운가에 대해서는 이따금 언급되었다(Wigner, 1960). 이미 몇몇 사람이 주장한 바와 같이 그러한 SUPERB 이론이 단순히 무작위적인 자연 선택에 의하여 좋은 것들만 살아남는 방법으로 생겨났다고는 믿기가 어렵다. 그 좋은 것들이 무작위적으로 생겨난 것 중에서 살아남은 아이디어들이라고 보기에는 너무나 좋다는 데에 문제가 있다. 실로 수학과 물리학, 즉 플라톤의 세계와 실세계 사이의 조화 이면에는 배경이 되는 깊은 이유가 있음에 틀림이 없다.

'플라톤의 세계'에 대하여 이야기할 수 있다는 것은 이미 그것에 대하여 실세계에서와 같은 실체성을 부여하고 있다는 것이다. 그러나 또 한편으로 실세계의 실체성 자체는 상대성 이론과 양자역학의 SUPERB 이론 등장 이전에 비하여 모호해진 것도 사실이다(pp. 244-246, pp. 428-429 참조). 이러한 이론의 정확성으로 인하여 실제의 물리적 실체에 대한 추상적인 수학적 실체가 주어지는 것이다. 이것은 어떤 의미에서 모순이라고 볼 수 있지 않을까? 어떻게 구체적인 현실이 추상적이고 수학적이게 바뀔 수 있는가? 이는 추상적인 수학 개념이 플라톤의 세계에서 구체적인 현실성을 이룰 수 있게 되는 방법에 대한 문제의 역이라고 볼 수 있다. 그렇다면 어떤 의미에서 두 세계는 실제로는 같은 것이 아닐까? (Wigner, 1960; Penrose, 1979a; Barrow, 1988; Atkins, 1987.)

비록 나 자신은 이 두 세계가 실제로 같다는 의견에 강하게 공감하지만, 여기에는 또 다른 무언가가 있다고 본다. 제3장과 이 장 전반부에서도 언급한 바와 같이 어떤 수학적 진리는 다른 것보다 더 강한('더 깊은', '더 흥미로운', '더 풍부한'?) 플라톤적 실체를 갖게 된다. 이러한 것들이 물리적 실체의 작용들과의 사이에서 더욱 강한 동일성을 지니는 것으로 인식되는 것이다. (제3장의 복소수 체계가 좋은 예이다. 이들은 확률 진폭의 형태로 양자역학의 기본 요소가 된다.) 이러한 동일성을 인식함으로써 '마음'이 어쩌면 실세계와 플라톤의 수학 세계 사이의 신비한 연결 관계를 드러내고 있을 수 있음을 좀 더 잘 이해할 수 있을 것이다. 제4장에서는 수학의 세계에서 특히 깊고 흥미 있는 많은 부분이 비알고리즘적 특성을 갖는다는 것을 이야기했다. 그러므로 나는 비알고리즘적 행동이 실세계에서 매우 중요한 역할을 담당하는 것이 아닌가 하는 결론에 다다른다. 그리고 나는 이 역할이 '마음'이라는 개념과 매우 밀접하게 관련되어 있다고 본다.

결정론과 강결정론

지금까지 몸·마음 문제의 활성부에서 근본적인 쟁점으로 간주되는 '자유의지free will'에 관해서는 거의 언급하지 않았다. 대신 의식적 행동의 역할에 필수적으로 비알고리즘적인 측면이 있다는 점에 대해 집중적으로 의견을 피력했다. 보통 자유의지와 관련된 쟁점은 물리학의 결정론determinism과 관련하여 논의되는 경우가 많다. 대부분의 SUPERB 이론에서는 특정 시스템의 한 시점에서의 상태만 알 수 있다면[8] 그 이론의 공식에 따라 그 이후(혹은 이전)의 모든 시점에서의 상태도 완전히 고정된다는 점에서 분명한 결정론이 성립한다는 사실을 기억할 것이다. 이런 식으로 특정 시스템의 미래 행동이 물리적 법칙에 의하여 완전히 결정되기 때문에 '자유의지'가 깃들 여지는 없어 보인다. 양자역학의 **U** 부분도 이러한 완전 결정론적인 특성을 갖고 있다. 그러나 **R** '양자 도약'의 경우 결정적이지도 않을뿐더러, 완전한 무작위적 요소를 시간 전개상에 도입한다. 일찍이 많은 사람이 여기에 어쩌면 자유의지의 역할이 있지 않은가 하는 가능성에 대하여 경도된 바 있다. 의식의 작용이 어쩌면 각 양자 시스템이 도약하는 방법에 영향을 미칠지도 모른다는 것이었다. 그러나 만일 **R**이 진정 무작위적이라면 우리가 자유의지를 이용하여 무언가를 하고 싶더라도 큰 도움이 되지 않을 것이다.

나의 견해는, 아직 확정적으로 잘 정리된 것은 아니지만 **U**와 **R**(둘 다 지금은 근사치로 간주된다) 사이에 보조적으로 양자-고전의 경계선에서 작용하는 새로운 형태의 프로시저(제8장의 CQG 참조)가 있어서, 이 새로운 프로시저가 본질적으로 비알고리즘적인 요소를 포함한다는 것이다. 즉 미래는 현재에 의해서 결정적일 수는 있지만 계산될 수는 없다는 말이다. 나는 제5장에서 계산 가능성과 결정론의 차이를 명백히 하고자 노력한 바 있다. 나는 CQG가 결정적이지만 계산 불가능한 이론이라고 간주하는 견해는 타당성이 있다고 본다.[9] (제5장에서 제시한 계산 불가능한 '장난감 모형'을 기억하기 바란다.)

사람들은 간혹 고전적(혹은 U 양자) 결정론의 경우일지라도, 미래 상황을 실제로 계산할 수 있을 정도로 모든 초기 조건이 완전히 알려질 수는 없기 때문에 효과적인 결정론은 될 수 없다고 생각한다. 때로는 초기 조건의 극히 작은 변화가 최종 결과에 아주 커다란 차이를 초래하는 경우도 종종 있다. 예를 들면 (고전) 결정론적 체계에서의 '카오스' 현상(기상

---

8 특수 혹은 일반상대성 이론의 경우 '시간' 대신 '동시 공간' 및 '유사 공간 표면spacelike surface'을 대입할 수 있다.

9 실제로 계산 불가능한 요소를 내포한 양자중력 이론을 제시한 연구가 있었음을 밝힌다 (Geroch & Hartle, 1986).

예보의 불확실성을 설명하는 데 사용되기도 하는)에서 일어나는 것도 이러한 경우에 속한다. 그러나 이러한 종류의 고전적 불확정성이 우리의 자유의지(의 환상?)를 가능하게 한다는 사실은 매우 납득하기 힘들다. 여전히 미래의 양태는(비록 계산은 할 수 없을지라도) 빅뱅 이래로 완전히 결정되어버리기 때문이다(비교: pp. 274-275).

현재 비알고리즘적 특성이 있다고 간주되는 동역학 법칙들에서 초기 조건의 정보가 부족한 것이 아니라 계산 가능성이 본질적으로 결여되었다는 나의 견해에 대해서도 같은 식의 반박이 있을 수 있다. 이 관점에서 보면 미래는 비록 계산 가능하지는 않지만 이 역시 빅뱅으로까지 멀리 이어지는 과거에 의하여 완전히 결정되어버린다. 실제로 나는 CQG가 결정적이지만 계산 불가능하다는 것을 고집할 만큼 독단적인 것은 아니다. 추측건대 우리가 찾는 이론은 이보다는 좀 더 미묘한 설명이 필요할 것이다. 나의 주장은 단지 그것이 본질적인 종류의 비알고리즘적 요소들을 내포해야만 한다는 것이다.

이 절을 마무리하기 전에 결정론에서 좀 더 극단적인 견해에 관하여 언급하고자 한다. 이는 내가 강결정론strong determinism이라고 부르는 관점이다(Penrose, 1987a). 강결정론은 단순히 미래가 과거에 의하여 결정된다고 보는 것이 아니라, 어떤 정확한 공식에 따라 우주 전체 역사의 모든 시간이 이미 결정되어버렸다고 본다. 이러한 견해는 플라톤의 세계와 실세계가 어떤 점에서 동일하다는 것을 인정하는 사람들에게는 어느 정도 수긍이 가는 견해일지 모른다. 왜냐하면 플라톤의 세계는 우주에 대하여 '다른 가능성'이 있을 수 없고, 한 번의 결정으로 고정되어버리기 때문이다. (나는 가끔 아인슈타인이 다음과 같은 글을 쓸 적에 그러한 생각을 하고 있지 않았는가 추측한다. "내가 진정 흥미를 갖는 것은 신이 이 세상을 다른 식으로 만들 수 있었을까 하는 것이다. 즉 논리적 간결함의 필연성에 다른 것이 끼어들 여지가 있을 수 있을까 하는 문제이다."[에른스트 슈트라우스Ernst Strauss에게 쓴 편지 중에서, Kuznetsov, 1977, p. 285].)

강결정론의 변형으로서 양자역학의 다세계 관점을 생각할 수 있다(제6장 p. 441 참조). 이에 따르면 정밀한 공식에 의하여 단순히 하나의 우주 역사universe-history가 결정되는 것이 아니라 무수히 많은 '가능한' 우주 역사들이 한꺼번에 결정된다는 것이다. 비록 이 방법이 (최소한 나에게는) 썩 훌륭한 것은 아니지만, 그리고 여러 가지 문제점과 비합리성을 내포하지만 그 가능성을 완전히 부정할 수는 없다.

내 생각에, 만일 우리가 다세계가 배제된 강결정론을 인정한다면 우주의 구조를 총괄하는 수학 법칙은 비알고리즘적이어야만 할 것 같다.[10] 만일 그렇지 않다고 가정한다면 원칙적으로 누구든지 자기가 무엇을 할 것인가를 미리 계산할 수 있고, 이를 참조하여 완전히 다른 일을 하도록 '결정'함으로써 '자유의지'와 그 이론의 강결정론 사이에 완전한 모순을 유도할 수 있을 것이기 때문이다. 그 이론에 계산 불가능성을 도입함으로써 이러한 모순을 피할 수는 있다. 그러나 솔직히 고백하자면 나는 이러한 방법으로 해결하는 것이 내키지 않는다. 나는 이 세계가 돌아가는 방법을 총괄하는 실제(비알고리즘적) 규칙이 이보다는 훨씬 복잡 미묘하리라 기대한다!

인류 원리

의식의 존재는 우주 전체로 볼 때 얼마나 중요한 것인가? 우주라는 것이 의식을 보유한 그 어떤 서식체 없이도 존재할 수 있는가? 물리학의 법칙들은 의식 있는 생명체의 존재를 위하여 특별히 설계된 것인가? 우주 안에서 우리의 시공간적인 현재 위치가 어떤 특별한 의미를 지니는 것인가? 이러한 종류의 질문이 인류 원리anthropic principle라 부르게 된 영역에서 주로 다루는 문제들이다.

10 그런데 공간적으로 무한한 우주의 경우 빠져나갈 구멍이 있다. 그 경우에는 다세계의 경우와도 같이, 자기 자신과 그 바로 곁의 환경에 대한 무수히 많은 복제가 있을 수 있기 때문이다. 각 복제본의 장래 양태는 약간씩 다를 것이고, 그 수학적으로 모형화된 자기 자신의 복제본 중에서 어떤 것이 실제로 존재하게 될 것인가는 아무도 알 수 없기 때문이다.

이 원리에는 여러 가지 형태가 있다(Barrow & Tipler, 1986). 이들 중 가장 명료하게 받아들여지는 형태는 의식을 보유한(혹은 '지능적인') 생명체에 대한 우주에서의 시공간적 위치를 다룬다. 이것이 바로 약한 인류 원리weak anthropic principle이다. 그 내용은 현재 지구상의 여러 가지 조건이 (지능적인) 생명체가 존재하기에 딱 알맞은 이유가 무엇인가에 대한 문제를 설명하는 데 이용될 수 있다. 왜냐하면 만일 그 조건이 그렇게 적합하지 않았더라면 우리도 지금 현재 이곳에 있는 것이 아니라 다른 곳에 있었을 것이고, 혹은 다른 적당한 때에 있었을 것이기 때문이다. 이 원칙은 브랜든 카터Brandon Carter와 로버트 디키Robert Dicke가 물리학자들이 오랫동안 불가사의하게 여겨온 문제를 해결하는 데 매우 유용하게 사용되었다. 그 문제란 여러 가지 물리적 상수들(예를 들면 중력 상수, 양성자의 질량, 우주의 나이 등) 사이에 존재하는 것으로서, 관측된 여러 가지 놀라운 수치적 관계에 대한 것이다. 이 문제의 불가사의한 점은 그 관계들이 지구의 역사에서 현시대에만 성립한다는 것이다. 그러므로 우리는 우연히도 아주 특별한 시기(몇백만 년의 오차가 있을 수 있지만)에 살고 있는 듯 보인다는 것이다. 이는 후에 카터와 디키에 의해서 이 시대가 태양과 같은 주계열main-sequence 항성의 활성기와 우연히 일치한다는 사실로 설명되었다. 이들의 주장에 의하면 다른 시기에는 그 물리적 상수들을 측정할 만큼 지능적인 생물이 존재할 수 없기 때문에 이와 같은 우연성은 성립할 수밖에 없다는 것이다. 즉 성립 이유는 그 우연성을 만족하는 시대에만 지능적 생명체가 존재할 수 있기 때문이라는 것이다!

강한 인류 원리strong anthropic principle는 여기에서 한 발자국 더 나아간다. 즉 현 우주에서의 우리의 시공간적 위치만이 아니라 무수히 많은 가능한 우주 내에서의 위치를 고려하는 것이다. 이제는 물리적 상수들, 혹은 일반적인 물리법칙들이 왜 지능적인 생명체가 존재할 수 있도록 특별히 설계되었는가 하는 문제에도 답을 제시할 수 있게 되었다. 그 주장에 따르면 만일 상수들이나 법칙이 조금이라도 달랐더라면 우리는 지금의 우주에 존재하는 것이 아니라 다른 우주 속에 있었을 것이다. 나는 이 강한 인류 원리가 좀 의심스럽다. 이 원리는 주로 이론가들이, 관측된 어떤 사실을 잘 설명할 수 있는 좋은 이론이 없을 때 사용하는 경우가 많다(예를 들면 입자물리학 이론에서는 입자의 질량에 대한 설명이 불가능한 경우, 만일 그들의 질량이 관측된 값과 달랐다면 생명체가 존재하는 것이 불가능했을 것이라고 주장한다). 그에 비하여 약한 인류 원리는 아주 조심해서 사용되기만 한다면 나무랄 데 없는 이론이라고 생각한다.

인류 원리(강하건 약하건 간에)를 사용하면, 이 세상을 관측하기 위해서는 우리와 같은 지각적인 생물이 존재해야 한다는 사실을 들어 의식의 존재가 불가피했다는 식으로 설명할 수도 있을 것이다. 그러므로 나의 주장처럼 지각력이 자연 선택에서 유리하다는 식의 가정을 할 필요도 없을 것이다. 나는 이 주장이 기술적으로 틀림없으며, 약한 인류 원리는 의식이 자연 선택의 도움 없이도 존재할 수 있는 방법에 대한 (최소한의) 이유가 될 수 있다고 생각한다. 그러나 한편으로 인류 원리적 주장이 의식이 개발된 진짜 이유(혹은 유일한 이유)라고는 생각되지 않는다. 다른 측면의 수많은 증거로 미루어볼 때 의식은 실제로 강력한 선택적 이점이 있어 보이고, 따라서 인류 원리적 주장은 필요가 없어 보이기 때문이다.

타일링과 준결정체

앞의 몇몇 절에서는 주로 추측에 근거한 내용을 다루었지만, 이제는 좀 더 과학적이고 '파악될 수 있는' 것들을 생각해보기로 하자. 물론 여기서 다루는 것들도 추측이 완전히 배제된 것은 아니다. 언뜻 보면 이 내용은 좀 주제에서 벗어난 것처럼 보일지도 모른다. 그러나 다음 절에 가면 이 내용이 왜 중요한지가 명백해질 것이다.

앞에서(<그림 4-12> 참조) 제시된 타일링tiling의 무늬를 생각해보자. 이 무늬들이 결정체 격자crystal lattice에 대한 일반 수학 정리를 '거의' 무시하고 있다는 점이 놀랍다. 그 정리에 따르면 결정 구조 패턴crystalline pattern에서 허용되는 회전 대칭rotational symmetry은 2중, 3중, 4중, 또는 6중의 경우밖에 있을 수 없다. 결정 구조 패턴이란 병진 대칭성translational symmetry을 갖는 점들로 구성된 이산 구조이다. 이때 병진 대칭성이라는 것은 특정한 무늬를 자기 자신 위에서 회전 없이 평행으로 이동시킬 때 다시 일치하게 되는 점이 있는가 하는 것으로서(그 움직임으로 무늬의 변화는 없다) 주기적 평행사변형periodic parallelogram(<그림 4-8> 참조)을 갖는다. 이러한 회전 대칭성을 가지는 무늬의 예는 <그림 10-2>에서 볼 수 있다. 그런데 <그림 4-12>에 주어진 무늬는 <그림 10-3>의 무늬(이는 본질적으로 <그림 4-11>의 타일들을 짜 맞춘 타일 배열이다)처럼 거의 병진 대칭에 가깝고, 또 거의 5중에 가깝다. 여기에서 '거의'라는 말은 자기 자신과 완전한 일치는 불가능하더라도 미리 주어진 특정 정도(100%에서 약간 모자라는 정도) 이상 일치시킬 수 있는 배열 이동(평행 혹은 회전)이 존재한다는 것을 의미한다. 여기에서는 그 정확한 의미에 대하여 염려할 필요가 없다. 다만 우리가 관심을 가져야 할 점은, 만약 이러한 패턴의 꼭지마다 원자가 붙은 물체를 갖게 된다면 그 물체는 결정체처럼 보이면서도 금단의 5중 대칭성을 보이게 될 것이라는 점이다.

1984년 겨울, 미국 워싱턴의 국립표준국에서 공동 연구 중이던 이스라엘의 물리학자 단 셰흐트만Dan Shechtman은 알루미늄과 망간의 합금으

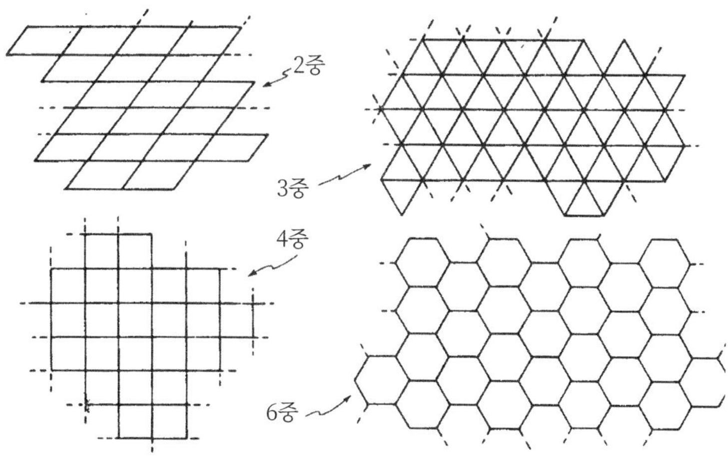

<그림 10-2> 여러 가지 대칭에 의한 주기적 타일링들(각각의 경우 대칭의 중심을 타일의 중심으로 잡았다.)

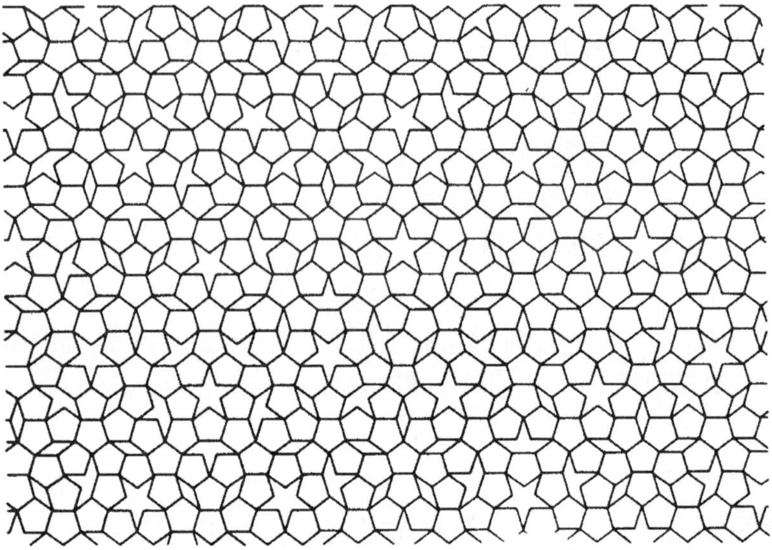

<그림 10-3> 준주기적 타일링(본래 <그림 4-11>의 타일을 맞춘 것)으로서 결정학적으로 '불가능한' 5중 준대칭성quasi-symmetry을 보인다.

로서 5중 대칭성을 가진, 결정체 비슷한(준결정체quasicrystall로 불리게 되었다) 물질의 위상phase을 발견했다고 발표했다. 실제로 이 준결정체는 평면뿐 아니라 3차원에서의 대칭성도 보여줌으로써 금단의 20중icosahedral 대칭성을 보이게 되었다(Shechtman, et al., 1984). (나의 5중 평면 타일 배열과 유사한 3차원에서의 20중 대칭 패턴은 1975년 로버트 암만Robert Ammann이 발견했다. Gardner, 1989.) 셰흐트만의 합금은 직경이 약 10^{-3}mm로서 현미경에 보일까 말까 한 크기로밖에 형성되지 않았지만, 후에 다른 준결정체 물질들이 발견되었고, 특히 알루미늄-리튬-구리 합금의 20중 대칭 물질은 약 1mm까지 커져서 육안으로도 충분히 식별될 정도였다(<그림 10-4> 참조).

앞에서 기술한 준결정적 타일링 무늬의 놀라운 특성은 그들의 조립이 필수적으로 비국소적non-local이라는 사실이다. 즉 그 무늬를 조립할 때 중대한 실수를 저지르지 않기 위해서는 꼭, 때때로 지금 조립하는 지점에서 멀리 떨어진 곳의 상황을 확인해야 한다는 의미이다. (이는 어쩌면 내

<그림 10-4> 명백히 불가능한 결정체 대칭성을 갖는 준결정체(Al-Li-Cu 합금) (Gayle, 1987)

가 자연 선택과 관련하여 '지능적 탐색intelligent groping'이라 부른 것과 유사한 개념인지도 모르겠다.) 이런 종류의 특성은 현재 준결정체의 구조와 성장에 관한 의문을 둘러싼 심각한 논란의 원인이 되고 있다. 이에 관하여 현재로서는 추후 중요한 관련 문제들이 해결될 때까지는 확실한 결론을 내리지 않는 것이 보다 현명해 보인다. 그렇지만 추측은 할 수 있으므로, 여기서 내 의견을 감히 제시하고자 한다. 첫째로, 이 준결정적 물체들이 매우 체계적으로 구성되었으며, 그들의 원자 배열이 내가 생각해오던 타일 무늬와 매우 유사하다는 것이다. 둘째로, 나는 이것이, 그들의 조립이 일반적인 고전물리학 관점과 같이 국소적으로 원자를 하나씩 추가함으로써 합리적으로 결정체의 성장을 이루어나가는 것이 아니라, 그 물체들의 조립 과정에 필수적으로 비국소적인 양자역학적 요소가 가미되어야 함을 의미한다는, 좀 더 잠정적인 의견을 갖는다.[11]

---

11 실제 결정체들의 성장에서도 비슷한 문제에 봉착할 수 있다. 예를 들면 프랭크-캐스퍼 위상Frank-Casper phase에서처럼 기본 단위가 되는 세포가 수백 개의 원자를 갖는 경우이다. 한편 언급하고 지나가야 할 것은 (완전히 국소적이진 않더라도) '거의 국소적인almost local' 5중 대칭 성장 패턴을 갖는 이론적인 준결정체를 오노다 등이 제시했다는 것이다 (Onoda, Steinhardt, Divincenzo, & Socolar, 1988).

이 준결정체의 성장에 관하여 나는, 원자가 하나씩 들어와서 계속 움직이는 성장선에 붙게 되는 것(고전적 결정체 성장 이론)이 아닌, 접착되는 원소들의 여러 가능한 배열(양자 프로시저 U에 의한)에 따라 생성되는 양자 선형 중첩을 고려해야 한다고 본다. 실제로 양자역학에 따르면 바로 이러한 것이 (거의 모든 일에) 발생되어야만 한다. 어떤 일이 그저 한 가지만 발생하는 것이 아니라 여러 가지 별개의 원자 배열들이 복소 선형 중첩상에 공존해야 한다는 것이다. 이렇게 중첩된 배열 중 몇 개는 아주 큰 덩어리로 자라나게 되어 특정 시점에 도달하면 그들 사이의 중력장 차이가 1그래비톤 수준만큼(혹은 임의의 적정량만큼. 제8장 참조) 나게 된다. 그리고 이 단계에 이르면 그 배열 중 하나, 혹은 (더욱 가능성이 큰 것은) 아직 중첩된 상태 중의 하나가 '실제' 배열로서 선택된다(양자 프로시저 R). 이러한 중첩 조립 과정이 좀 더 확실한 배열로의 변환 과정과 병행되어 그 규모가 점점 커지게 되고, 결국 꽤 큰 크기의 준결정체가 형성되는 것이다.

일반적으로 대자연이 결정체의 구조를 택하고자 할 때는 가장 작은 에너지(배경 온도를 0으로 잡았을 때의)를 필요로 하는 구조를 선택한다. 추측건대 준결정체 형성에서도 비슷한 현상이 일어나는 듯하다. 다만 다른 점은 이 과정에서 최소의 에너지를 찾기가 매우 어려울 뿐만 아니라 원자의 '최적' 배열을 찾는 데에도 단순히 원자를 하나씩 첨가해나가면서 각 원자가 자체의 최소화 문제minimization problem를 해결해주기를 기대하는 것은 불가능하다는 것이다. 그 대신 총체적global인 문제 풀이가 필요하다. 이를 위해서는 여러 개의 원자가 동시에 힘을 합친 노력이 필요하다. 나는 이러한 협력이 양자역학적으로 이루어져야 한다고 주장한다. 그리고 그 방법은 여러 방식으로 구성된 원소 배열들이 선형 중첩상에서 (어쩌면 제9장에서 언급한 양자 컴퓨터와 비슷한 방법으로) 동시에 '시도'되어야 한다. 최소화 문제에 대한 적절한(비록 최선은 아니라 할지라도) 답은 1그래비톤(혹은 임의의 적정량) 기준에 따라 선택되어야 하는데, 이 기준은 모든 물리적 조건이 딱 들어맞을 때 비로소 달성된다고 간주된다.

두뇌의 가소성과의 연관 가능성

이제 이러한 추측을 좀 더 발전시켜, 이것이 두뇌의 작용과 어떤 상관 관계가 있는가 하는 문제를 생각해보도록 하자. 내가 생각하는 가장 큰 가능성은 두뇌의 가소성plasticity 현상과의 관계이다. 두뇌가 실제로 컴퓨터와는 좀 다르고 오히려 계속 변화하는 컴퓨터에 가깝다는 사실을 기억하기 바란다. 이러한 변화는 수상돌기(제9장 pp. 568-569, 그리고 <그림 9-15> 참조)의 확장과 수축에 따라 시냅스가 활성화되는가 아닌가 하는 데에서 야기된다. 나는 여기에서 좀 엉뚱하게 들릴지 모르지만 이러한 확장과 수축이 준결정체의 성장과 비슷한 과정에 의해서 조정된다고 추측해보고자 한다. 그러므로 단순히 여러 가지 가능성 중 하나의 상황만 시도되는 것이 아니라 복소 선형 중첩상에 중첩된 무수히 많은 상황이 시도되는 것이다. 이러한 여러 가지 상황의 효과가 1그래비톤(혹은 다른 값) 수준 이하로만 유지되는 한 그들은 공존할 수 있다(실제로 U 양자역학의 법칙에 따른다면 거의 필수적으로 공존할 수밖에 없다). 이 수준에서는 양자 컴퓨터의 원리와 거의 흡사한 방법으로 동시에 중첩 계산이 수행될 수 있다. 그러나 이러한 중첩이 오래 지속되리라고는 보이지 않는다. 신경신호는 전자기장을 생성하고, 그에 따라 그 주위의 물질이 크게 영향을 받기 때문이다(골수막myelin sheath에 의한 절연 효과가 있기는 하다). 그럼 그러한 중첩 계산이 충분히 지속되어 1그래비톤(혹은 다른 값) 수준에 이르기 전에 중요한 내용이 실제로 계산될 수 있다고 가정해보자. 그러한 계산의 성공적 결과는 바로 준결정체의 성장에서 단순히 에너지를 최소화시키는 '목표'와 같은, 하나의 '목표'가 된다. 그러므로 그러한 목표를 달성하는 것은 마치 준결정체의 성장을 성취하는 것과 같다!

이 가설에 대해서는 물론 모호하고 의심스러운 점이 많이 있으나 나는 이것이 진정으로 일리가 있는 유사점임을 의심치 않는다. 결정체나 준결정체의 성장은 주위의 적절한 원자와 이온의 농도에 따라 크게 영향을 받는다. 마찬가지로 수상돌기군의 확장과 수축이 그 근방 여러 신경전달물질의 농도에 따라(예를 들면 감정 등의 영향을 받을 수 있다) 영향을 받는 것은 당연한 일일 것이다. 준결정체에서 특정 원자 배열이 실제로 채택되는가 하는 것은 에너지의 최소화 문제에 대한 해결을 전제한다. 마찬가지로, 추측건대 두뇌에서 표출되는 실제의 생각도 결국은 문제를 푸는 것과 동일하다. 다만 이 경우는 에너지 최소화의 문제처럼 단순한 것은 아닐 것이다. 대개 이러한 경우에는 훨씬 복잡한 성질의 목표가 주어진다. 욕심이라거나 의도가 관여하게 되는데, 그들 자체도 두뇌의 계산적 측면이나 능력과 깊은 관계가 있다. 나는 의식적 생각의 활동은 선형 중첩상에 존재하던 여러 가지 가능성을 푸는 것과 깊은 관계가 있을 것이라고 생각한다. 이는 모두 우리가 아직 잘 모르는 물리학의 일면, 즉 U와 R 사이의 경계를 관장하는 특정 법칙과 연관되어 있고, 나는 그것이 아직 밝혀지지 않은 양자중력 이론인 CQG를 따른다고 본다!

그러한 물리적 활동이 비알고리즘적일 수가 있을까? 제4장에서 살펴본 일반 타일 배열 문제는 알고리즘적인 해답이 존재하지 않는 문제 중 하나였다. 원소의 조립 문제도 이러한 비알고리즘적인 성격이 있음을 짐작할 수 있을 것이다. 만약 이러한 문제들이 내가 암시하고 있는 종류의 수단으로 '풀릴' 수만 있다면 내가 생각하는 유형의 두뇌 활동엔 비알고리즘적 요소가 존재할 확률이 높아질 것이다. 그러나 이를 알기 위해서는 CQG에 비알고리즘적 요소가 있어야만 한다. 분명히 여기에는 상당한 추측이 포함되어 있다. 그러나 앞에서 제시한 관점에 따르면 무언가 비알고리즘적인 성질을 필요로 하는 것은 분명하다. 이러한 두뇌 연결의 변환이 얼마나 빠르게 진행될 수 있을까? 이에 대해서는 신경생리학자들 사이에서도 이견이 분분하다. 그러나 영구적인 기억도 몇 분의 1초만에 새겨질 수 있는 것을 보면, 그러한 연결의 변화 역시 그 정도 시간이면 가능하리라 보인다. 나의 가설이 가능성을 가지려면 그 정도 속도는 필수적이라 할 수 있다.

의식의 시간 지연

이제 인간을 대상으로 실시된 두 가지 실험(Harth, 1982)에 대하여 기술하고자 한다. 그 결과는 여기에서 논의한 내용과 놀라운 관련성을 보인다. 즉 그 실험은 의식이 행동하고 반응되기까지의 시간에 관한 것들이다. 처음 실험은 의식의 능동적 역할과 관련된 것이고, 두 번째 실험은 수동적 역할에 관한 것이다. 두 가지를 종합하면 그것이 함축한 의미는 더욱 놀라운 것이 된다.

처음 실험은 한스 헬무트 코른후버Hans Helmut Kornhuber와 그의 독일인 동료들이 실시했다(Deecke, Grötzinger, & Komhuber, 1976). 몇 명의 실험 대상자가 자원하여 머리 부분에서 뇌파EEG를 측정할 수 있게 장치를 끝낸 후 오른쪽 집게손가락을 아무 때나 완전히 자의로 갑자기 구부리게 했다. 그 이유는 뇌파 측정이 손가락을 굽힐 때 실제로 벌어지는 의식적 결정에 대하여 두개골 속에서 벌어지는 심적인 활동을 어떤 식으로든 보여줄 수 있으리라는 기대 때문이었다. 뇌파 검사를 통하여 의미 있는 결과를 얻기 위해서는 여러 번의 실험치를 평균해야 하고, 대개의 경우 구체적인 결과는 얻기 힘들다. 그런데 매우 놀라운 사실이 발견되었다. 즉 손가락이 실제로 굽혀지기까지 약 1초 혹은 1초 반가량 포텐셜 치수가 서서히 증가한 것이다. 이 결과는 의식적 판단 과정에 1초 이상의 시간이 걸림을 의미하는 것으로 보인다. 이는 반응의 형태가 미리 결정된 상태에서 외부 신호에 대응하는 속도에 비하면 훨씬 느린 것이다. 예를 들면 '자유의지'를 주는 대신 빛을 비추게 하고, 이를 신호로 반응하게 함으로써 손가락을 굽히게 할 수도 있다. 이 경우 정상적인 반응 속도는 $\frac{1}{5}$초였는데, 이는 코른후버가 측정한(<그림 10-5> 참조) '의도적' 행동에 비하면 다섯 배가량 빠른 것이었다.

두 번째 실험은 캘리포니아대학교의 벤저민 리베트Benjamin Libet가 샌프란시스코에 있는 시온산신경연구소Mount Zion Neurological Institute의 버트럼 파인슈타인Bertram Feinstein의 도움을 받아서, 실험과 관계없이 뇌수술을 받아야 하는 사람 중 뇌의 체성 감각피질somatosensory cortex 몇 군

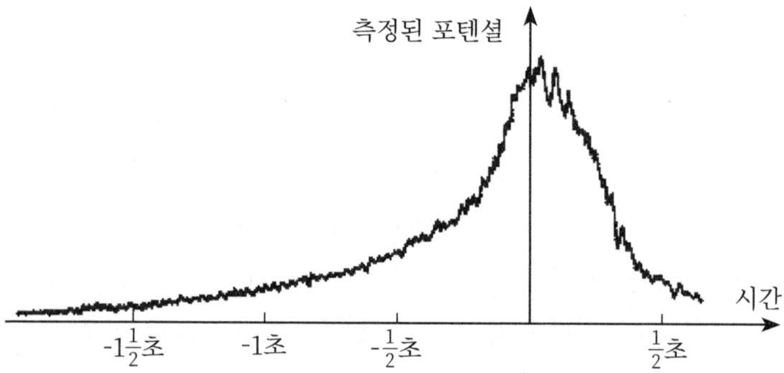

<그림 10-5> 코른후버의 실험. 손가락을 굽히려는 결정은 0초 때 일어난 것으로 보인다. 그러나 전조의 신호(여러 시도의 평균치)로 보아 손가락을 굽히려는 의도는 '예지 foreknowledge'된 것으로 보인다.

데에 전극을 설치하는 것에 동의한 이들을 대상으로 실시했다(Libet, et al., 1979). 리베트의 실험 결과에 따르면 이 환자들의 피부에 자극이 주어지고, 이들이 그 자극을 의식적으로 자각하는 데는 0.5초가량 걸렸다. 그런데 두뇌 자체는 그 자극에 대한 신호를 받는 데 약 $\frac{1}{100}$초밖에 걸리지 않았고, 그러한 자극에 대하여 미리 프로그램된 '반사' 작용은 두뇌에서 약 $\frac{1}{10}$초 내에 수행될 수 있었다(<그림 10-6> 참조). 게다가 그 자극이 지각되는 데 약 0.5초의 시간 지연이 있었음에도 불구하고 환자들은 그들 자신이 자극을 감지하는 과정에서 전혀 시간 지연이 없었던 것 같은 주관적 느낌을 가졌다(리베트는 시상thalamus에 대한 자극 반응 실험도 했으나, 이는 체성 감각피질 실험의 결과와 큰 차이가 없었다).

체성 감각피질은 대뇌의 한 부분으로서 외부로부터 감각신호가 들어오는 곳이라고 앞에서 밝힌 바 있다. 그러므로 피부의 특정 부위에 해당하는 체성 감각피질의 한 점을 전기적으로 자극하면, 마치 무언가가 그 피부 부위를 실제로 접촉한 듯한 감각을 느끼게 된다. 그런데 밝혀진 바에 따르면, 만일 전기적 자극이 너무 짧으면(약 0.5초보다 짧으면) 그 대상은 이를 전혀 느끼지 못한다. 이는 피부에 직접 주는 자극과 대조를 이룬다. 피부에서는 아무리 짧은 자극이라 할지라도 그것을 느낄 수 있기 때문이다.

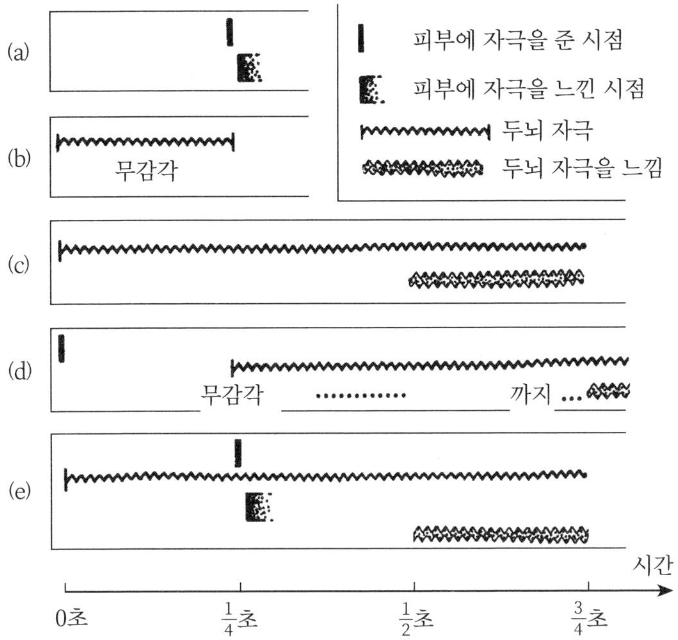

<그림 10-6> 리베트의 실험. (a) 피부의 자극이 실제 자극 시각에 지각된 것 같이 '보인다.' (b) 0.5초 이내의 뇌피 자극은 감지되지 않는다. (c) 0.5초 이상의 뇌피 자극은 0.5초가 지난 후 감지되기 시작한다. (d) 그러한 뇌피 자극은 앞서 있었던 피부 자극을 '후방향 마스킹'으로 가리게 된다. 이는 뇌피 자극 때까지도 피부 자극에 대한 자각은 아직 이루어지지 않았음을 의미한다. (e) 만일 피부 자극이 뇌피 자극 직후에 적용되면 피부의 자각은 '불려 오지만' 뇌피 자각은 그렇지 못하다.

이제 피부를 먼저 자극하고, 곧이어 체성 감각피질의 해당 부위가 전기적으로 자극된다고 가정해보자. 이때 환자는 무엇을 느낄 것인가? 만약 전기적 자극이 피부 접촉 후 약 $\frac{1}{4}$초가 지나 시작된다면 피부의 자극은 전혀 느끼지 못하게 된다! 이러한 효과를 후방향 마스킹backwards masking이라고 부른다. 어떤 이유에서인지 두뇌피질의 자극이 정상적인 피부 접촉 감각을 통해 의식적으로 느끼는 것을 방해하는 역할을 하는 것이다. 의식적인 지각이 특정한 사건에 의하여 가려지게('마스크')되는 것이다. 그 사건이 0.5초 이내에 벌어진다는 가정 아래 말이다. 이러한 결과는 감각에 대한 의식적 지각이 실제로 그 감각을 생성한 사건 발생 약 0.5초 이후에야 일어난다는 것을 의미한다!

그런데 사람들은 자신의 감각에 그렇게 긴 시간적 지연이 있다는 것을 '지각'하지 못하는 것 같다. 이러한 이상한 현상을 이해하기 위한 한 가지 방법은 모든 사람의 '감각'의 '시간'이 '실제 시간'보다 약 0.5초 지연된다고 보는 것이다. 마치 그들의 생체 시계가 단순히 0.5초가량 '틀리다'고 여기는 것이다. 그 경우 사람들이 어떤 사건이 일어났다고 느끼는 순간은 실제로는 항상 그 사건 발생 약 0.5초 이후가 된다. 이러한 방법으로 비록 지연된 것이긴 하지만 일관된 감각에 관한 인상을 얻을 수 있다.

리베트의 실험 후반부에서는 이러한 내용이 좀 더 뒷받침되었다고 볼 수 있다. 이 실험에서 그는 우선 뇌피에 전기적 자극을 가하고, 이 자극을 0.5초 이상 오래 지속했으며, 전기적 자극이 진행되는 동안(그러나 자극 시작 후 0.5초 안에) 피부에도 직접 자극을 주었다. 뇌피의 자극과 피부의 자극이 별도로 감지되었고, 대상 환자들은 자극이 각기 어디에서 오는가도 분별할 수 있었다. 그런데 환자에게 어떤 감각이 먼저 느껴졌냐고 물으면 뇌피의 자극이 먼저 가해졌음에도 불구하고 피부의 접촉이 먼저라고 대답했다. 그러므로 그 대상은 피부 접촉의 감각에 대하여 약 0.5초간 시간적 후향성을 나타내는 것처럼 보인다(<그림 10-6> 참조). 그러나 이는 단순히 내적인 시간 감각의 전체적 '오류error'라기보다는 사건들에 대한 시간적 감각의 미묘한 재배열로 보인다. 뇌피의 자극은 그것이 0.5초 이내에 느껴지기만 한다면 이와 같은 후향성은 나타내지 않는 듯하다.

처음 실험에서 우리는 의식적인 행동이 실행되려면 약 1초 내지 1초 반이 걸린다는 결론에 접근했고, 두 번째 실험에서는 외부 사건에 대한 의식은 그 사건이 발생한 후 약 0.5초가 지나서야 의식된다는 것을 보았다. 어떤 사람이 예상치 못한 외부 사건에 대응하려 할 때 어떤 일이 벌어질 것인지 상상해보자. 그 반응이 잠시나마 의식적 사고를 필요로 하는 것이라고 가정할 경우, 리베트의 실험 결과에 따르면 의식이 불려오기 위해서는 최소한 0.5초가 흘러야 하고, 또 코른후버의 결과가 제시하는 바에 따르면 1초 이상의 시간이 지난 후에야 '의지적' 반응이 실시된다. 그 전 과정, 즉 감각의 입력으로부터 운동 기관의 출력까지 약 2초나 걸리는 것이다! 이 두 가지 실험을 합쳐서 보았을 때 명백해지는 것은 외부의 사건에 반응할 때, 만일 그 반응이 약 2초 내에 이루어져야 하는 경우에는 의식을 불러들일 시간적 여유가 전혀 없다는 것이다!

의식적 감지에서 시간의 이상한 역할

이 실험들의 결과를 액면 그대로 받아들일 수 있을까? 만일 그렇다면 우리는 다음과 같은 결론으로 떠밀리는 셈이 될 것이다. 즉 특정 반응에 대하여 1~2초 이내에 대응해야 하는 경우 우리는 완전히 자동기계처럼 행동할 수밖에 없다는 것이다. 물론 의식이 다른 신경조직에 비하여 느린 것은 분명하다. 나 자신도 때로는 차 안에서 꺼내고 싶은 물건을 발견하고도 내 손이 그대로 차 문을 닫는 것을 어쩔 수 없이 보고만 있는 경우가 자주 있다. 내 손의 동작을 멈추게 할 의지적 명령이 너무나 느려서 문 닫는 것을 멈추게 하지 못하는 것이다. 그런데 여기에 무려 1~2초나 걸린 것일까? 나는 그렇게 오랜 시간이 관여되었다고는 보지 않는다. 물론 차 안의 물체에 대한 의식적 지각과, 내 손을 멈추기 위한 가상의 '자유의지적' 명령은 각 사건 이후에 비로소 발생했을 수도 있다. 어쩌면 의식은 단순히 전체 드라마의 저속 재생 화면을 바라보는 관객에 불과한 것인지도 모른다. 마찬가지로 표면상으로는 (앞의 실험 결과에 따르면) 테니스나 탁구에서 공을 칠 때 의식이 작용할 시간은 전혀 있을 수 없다. 물론 이러한 운동의 대가들은 반응에 필요한 여러 가지 요소를 소뇌의 조종부에 미리 잘 프로그램해두어야 할 것이다. 그러나 그 순간 어떤 공을 쳐야 할 것인가를 결정할 때 의식이 아무런 역할도 할 수 없다는 것은 나로서는 받아들이기 어려운 점이다. 물론 상대방이 무엇을 할 것인가를 예상할 수 있고, 각각의 예상되는 행동에 대하여 여러 가지 반응을 미리 프로그램해놓을 수는 있을 것이다. 그러나 내가 보기에 이러한 방법은 비효율적이고, 이때 의식의 역할이 완전히 배제된다는 것은 받아들이기 어렵다. 이러한 사실은 일반 대화에서 더욱 뚜렷해진다. 여기에서도 대개의 경우 상대방이 무엇을 말할 것인지 짐작할 수 있다 하더라도, 때로는 상대방이 예기치 못한 말을 하는 경우가 가끔 있다. 그렇지 않다면 대화라는 것 자체가 완전히 필요 없는 것이 되고 말 것이다! 일반적인 대화에서 반응이 2초 이상 걸리는 경우는 그리 많지 않다!

어쩌면 의식이 반응하는 데 '실제로' 1초 반이라는 시간이 걸린다는 코른후버의 실험 결과를 의심할 만한 이유가 있을지도 모른다. 손가락을 굽히려는 의도에 대한 모든 EEG 곡선들의 평균을 취할 때 그와 같이 신호가 일찍 나타나는 것은 사실이다. 그러나 이는 특정한 경우에만 손가락을 구부리려는 의도가 훨씬 일찍 발생하고(그러한 경우에는 그 의도가 실행되지 않는 경우도 많다), 그 외의 많은 경우에는 의식 활동이 이보다 훨씬 행동과 가깝게 발생한다는 것일 수도 있다. (실제로 이후의 실험 결과들[Libet, 1987, 1989]을 보면 코른후버와 약간 다른 해석이 가능하다. 그럼에도 불구하고 의식의 시간 차에 대한 의문점은 그대로 남아 있다.)

잠시 앞의 두 실험 결과가 실제로 옳다고 인정해보기로 하자. 이와 관련하여 한 가지 경고성 제안을 하고자 한다. 즉 우리가 의식에 대한 이야기를 할 때는 시간에 대하여 일반적 물리 규칙을 적용하는 것이 아주 잘못된 것일 수도 있다는 것이다! 어떤 경우에든 시간이 실제로 우리의 의식적 지각 상태 속으로 들어오는 방법과 관련해서는 아주 이상한 점이 있다. 그리고 내 생각에 지각 상태를 일반적인 시간 순서의 틀 속에 맞추어 넣으려면 아주 다른 개념이 필요할 수도 있을 것 같다. 의식이란 결국 우리가 아는 것 중에 시간이 '흘러야' 하는 유일한 현상이다. 현대 물리학에서 시간이 다루어지는 방법은 공간이 다루어지는 방법과 근본적으로 차이가 없다.[12] 그리고 물리학에서 말하는 '시간'은 실제로는 전혀 '흐

---

12 이와 같은 시간과 공간 사이의 대칭성은 2차원의 시공간에서는 더욱 놀랍다. 2차원 시공간에서의 물리 수식들은 시간과 공간을 바꾸어 대입하더라도 같아지는 대칭성을 갖는다. 그런데 아무도 공간이 2차원 시공간에서 '흐른다'고 말하는 사람은 없다. 실세계에서 우리가 경험하는 '시간의 흐름'이 단순히 시공간이 갖는 하나의 특성, 즉 공간의 차원(3)과 시간의 차원(1) 사이의 비대칭성에 기인한다는 것은 놀라운 일이다.

르지' 않는다. 우리는 단지 우주의 사건들이 펼쳐진 정적인static 고정 '시공간'을 다루는 것이다! 그런데 우리의 감각에 의하면 시간은 실제로 흐른다(제7장 참조). 따라서 어쩌면 이것도 일종의 착각으로서, 우리가 감각하는 시간은 실제 우리가 흐른다(그 의미가 무엇이건)고 느끼는 것처럼 직선적으로 앞을 향해 움직이는 것이 아닐지도 모른다. 나는 우리가 느낀다고 생각하는 시간적 순서가, 단지 바깥 세계의 일정한 전향 시간 전개와 관련하여 우리의 감각이 적응하기 쉽도록 강요받은 느낌인 것은 아닐까 하고 생각한다.

어떤 이들은 앞의 주장에 대하여 여러 가지 철학적 '결함unsoundness'을 찾아낼 것이다. 그리고 그러한 지적들은 당연히 옳은 내용일 것이다. 사람들이 자기가 실제로 감지하는 사항에 대하여 어떻게 '틀릴' 수가 있을까? 분명히 사람들이 실제로 감지하는 것은 (정의definition에 의하면) 바로 그들이 직접 깨닫는 것들이다. 그러므로 여기에서는 '틀릴' 여지가 없다. 그럼에도 불구하고 나는 시간적 전개에 대해서 느끼는 것이 '틀렸을' 가능성이 매우 높다고 생각하며(이를 설명하는 데 일상 언어를 사용하는 것이 매우 불합리하지만), 이러한 믿음을 뒷받침하는 증거도 있다(Churchland, 1984).

극단적인 예로서 모차르트의, '아무리 긴' 곡이라 할지라도 전곡의 악보를 '한눈에 포착'할 수 있는 능력을 생각할 수 있다. 모차르트가 기술한 내용으로 보아 사람들이 추측할 수 있는 것은 이 '한눈' 속에 전곡의 요소가 모두 포함되어 있다는 것, 그리고 그럼에도 불구하고 이러한 느낌의 의식 활동이 진행된 실제 외부적 시간 폭(일반적 물리 용어)이, 이 곡이 실연되는 데 필요한 시간과는 상대가 될 수 없을 정도로 짧다는 것이다. 추측할 수 있는 것 중 하나는, 모차르트가 작곡을 할 때 그의 지각 내에서 완전히 다른 형태의 모양, 예를 들면 공간적으로 펼쳐진 시각적인 영상, 혹은 악보 전체가 펼쳐져 있는 모양으로 느꼈을 것이라는 점이다. 그러나 악보라 할지라도 전체를 숙독하려면 상당한 시간이 걸릴 것이므로, 모차르트가 자신의 작곡에 대하여 애초에 지각하는 바가 이러한 형태를 취했을 것이라고는 생각하기 어렵다(만일 그렇다면 그렇게 말했을 것이다). 시각적 영상이 오히려 그의 설명에 더 가깝지만, (내게 개인적으로 친숙한 수학적 이미지에서도 공통적으로 볼 수 있듯이) 음악을 시각적 용어로 직접 번역하는 것은 거의 생각할 수 없다고 본다. 내 생각에 모차르트가 말하는 '한눈'에 대한 가장 그럴듯한 해석은 진실로 순수하게 음악적으로만 받아들여야 한다는 것이다. 여기에는 음악을 들을 때(혹은 연주할 때)의 독특한 시간적 함축성까지 포함해서 말이다. 음악은 연주하는 데에 있어 한정된 시간을 요하는 소리들로 구성되어 있다. 그 시간이란 모차르트가 실제로 기술한 바에 따르면 "…나의 상상력이 들을 수 있도록 하는" 시간을 말한다.

바흐의 「푸가의 기법Art of Fugue」 마지막 부분에 등장하는 4중 푸가를 들어보기 바란다. 음악은 세 번째 테마에 들어가자마자 연주가 시작한 지 10분도 채 못 되어 끝나버린다. 그러나 바흐의 음악을 이해하는 사람들은 이 음악에 감동하지 않을 수 없을 것이다. 그 작품의 전곡이 아직 '그곳'에 있는 듯한데, 한순간에 그 곡은 사라져버린다. 바흐는 이 곡을 완성하기 전에 세상을 떠났고, 악보는 바로 그 자리에서 멈춰버리고 말았다. 이 곡을 어떤 식으로 전개시킬 것인가에 대한 아무런 언급도 없이. 그러나 곡의 도입부에서 보여주는 확신감과 전체적 완결성으로 미루어 볼 때 바흐가 이 곡을 작곡할 당시 곡 전체에 대한 요소들을 이미 머릿속에 갖고 있지 않았다고는 생각할 수 없다. 그는 이 곡을 작곡할 때 과연 전곡을 머릿속에서 보통의 연주 속도로 계속 반복하여 연주해보고, 이를 다방면으로 개선해나갈 필요를 느꼈을까? 결코 이러한 방법이 아니었으리라 생각한다. 모차르트와 마찬가지로 그도 전곡을 한꺼번에 생각했음에 틀림없다. 푸가 식의 작곡이 요구하는 서로 엉킨 복잡성과 예술성을 총망라한 형태로서 말이다. 그러나 음악에서 시간적인 특성이 필수 요소의 하나임은 틀림없다. 음악이 '실시간'으로 연주되지 않는다면 그것이 어떻게 음악으로서 존재할 수 있을 것인가?

소설의 창작이나 역사의 고찰도 비슷한(그보다는 덜 불가해하게 보이지만) 문제를 제기한다. 개인의 한평생을 이해하기 위해서는 여러 가지 사건을 생각해야 하는데, 그 각각의 사건을 옳게 평가하기 위해서는 '실시간'에서 이들을 마음속으로 실연해보아야 한다. 그러나 이와 같은 일은 필요가 없어 보인다. 우리 자신의 장시간에 걸친 경험에 대한 기억의 인상도, 어떤 형식으로건 아주 '압축'되어 마치 기억하는 순간에 이를 가상적으로 '재경험'할 수 있는 것처럼 보인다!

어쩌면 음악 작곡과 수학적 사고 사이에 밀접한 유사성이 존재하는지도 모른다. 어떤 사람들은 수학적 증명을, 각 단계가 그 전 단계로부터 생성되는 논리적 전개라고만 생각할지 모른다. 그러나 새로운 명제에 대한 고안이 이러한 과정을 따르는 경우는 거의 없다. 수학적 명제를 구성하는 데는 전체성globality, 그리고 일견 분명치 않아 보이는 개념적 요소가 필수적이다. 그리고 이와 같은 요소는, 순서적으로 제시된 증명을 완전히 이해하고자 할 때 시간이 필요한 것과는 달리 시간과 별 관계가 없어 보인다.

그렇다면 의식 안에서의 시간 혹은 시간적 전개가 바깥 세계의 그것과 부합되지 않는다는 사실을 일단 받아들인다고 가정해보자. 혹시 이로 인하여 모순에 봉착하게 될 염려는 없을까? 의식의 효과에, 확실치는 않지만 어떤 목적론적인 측면까지 있어서, 미래에 대한 인상이 과거의 행동에 영향을 미칠 수 있다고 가정해보자. 이것은 당연히 모순에 귀착되지 않을까? 예를 들면 제5장 마지막 부분에서 살펴보고 그 모순성을 밝힌 빛보다 빠른 신호 같은 식으로 말이다. 내가 주장하고 싶은 것은 꼭 모순에 빠진다고 말할 수만은 없다는 것이다. 그것은 의식이 실제로 수행하는 특정한 성질 때문이라고 주장하고자 한다. 의식이란 본질적으로 필연적 진리necessary truth를 '보는' 것이라는 사실, 그리고 그것이 이상적인 수학적 개념으로 이루어진 플라톤의 세계와의 만남을 의미한다는 나의 가설을 기억하기 바란다. 플라톤의 세계 그 자체에는 시간적 개념이 없다는 사실도 기억하기 바란다. 플라톤적 진리를 감지하는 데는 실제(메시지에 의해서 전달될 수 있는 객체라는 기술적 관점에서의) 정보가 개입되지 않는다. 그리고 그러한 의식적 감지가 시간적 역방향으로 확산된다 할지라도 모순은 발생하지 않는다.

의식 자체가 시간과 그러한 이상한 관계를 맺는다는 사실, 그리고 의식이 어떤 의미에서는 물리적 외부 세계와 시간의 개념이 없는 세계의 접촉점이라는 사실을 인정한다고 치자. 그렇다면 이것이, 물리적으로 결정되고 시간 순서적인 성격을 갖는 물질로서의 두뇌 활동과 어떻게 연계될 수 있을까? 우리가 물리법칙의 정상적인 진행에 수작을 부리지 않으려면, 결국 의식은 또다시 단순한 '관객'의 역할에 만족해야만 할 것이다. 그러나 나는 의식에 분명히 특정한 종류의 능동적 역할이 있다는 것, 그리고 그것은 아주 강력하고 (자연) 선택적인 이점을 지닌다는 것을 주장한다. 내 생각에 이러한 딜레마의 해답은 양자역학 프로세스인 **U**와 **R**이 상충되는 것을 해결하기 위한 CQG의 이상한 활동에 있는 것 같다(제8장 참조).

R 프로세스가 (특수)상대성 이론과 일관성을 갖도록 하는 데에 있어서 시간 때문에 발생하는 문제점들을 기억하기 바란다(제6장, 제8장 참조). 이 과정을 시공 차원에서 설명하면 전혀 말이 안 되는 것처럼 보인다. 두 입자가 갖는 양자 상태를 생각해보자. 그러한 관계는 정상적으로는 상관관계적correlated인 상태이다(즉 $|\psi>$와 $|X>$가 각각 하나의 입자 상태를 나타낼 때 단순히 단항식 $|\psi>|X>$로 표시되는 것이 아니고, 이들의 합 $|\psi>|X> + |\alpha>|\beta> + \cdots + |\rho>|\sigma>$로 표시된다는 것이다). 이 경우 그중 하나의 입자에 대한 관찰은, 다른 입자에 대하여 특수상대성 원리 EPR(아인슈타인-포돌스키-로젠 효과Einstein-Podolsky-Rosen effect)와 일관된 보통 시공간적 개념으로는 설명할 수 없는 비국소적인 형태로 영향을 미치게 된다. 그러한 비국소적 효과는 앞서 제시한 '준결정체'와 수상돌기의 확장 · 수축 사이의 유사성과도 암묵적으로 결부되어 있다.

여기에서 나는 '관찰'이라는 단어를, 각 관찰된 입자의 활성화를 촉진하여 CQG의 '1그래비톤' 기준을 만족시키는 것과 같은 의미로서 해석한다. 더 '일반적인' 의미로서의 '관찰'은 훨씬 불투명한 개념으로서, 두뇌가 항상 '자기 관찰'을 한다는 가정 아래 두뇌의 활동을 양자론적으로 설명할 방법을 찾기란 매우 어려운 일이다!

나는 CQG가 (이와는 달리) 의식의 개념과 무관한 객관적인 상태벡터 환원(R)의 물리 이론을 제공할 수 있을 것으로 생각한다. 우리에게는 아직 그러한 이론이 없지만, 최소한 그 이론을 찾기 위한 작업이 의식이란 실제로 '무엇인가?'를 결정해야 하는 것과 같은 심오한 문제 때문에 지장을 받지는 않을 것이다.

나는 일단 CQG가 실제로 밝혀지게 되면, 그 후에야 비로소 그것을 이용하여 의식이라는 현상을 명백하게 설명할 수 있을 것으로 믿는다. 실제로 그 이론이 완성되었을 때 CQG가 필수적으로 갖추어야 할 성격은, 앞에서 암시한 두 입자 사이의 불가사의한 EPR 현상보다도 통상적인 시공간적 설명과 더욱 동떨어진 것이 될 것이다. 만일 내가 추정하는 대로 의식이라는 현상이 이 가상적인 CQG를 따르는 것이라면 의식 자체가 현재의 통상적인 시공간적 설명으로는 아주 부자연스럽게 비치는 것은 어쩌면 당연하다고 볼 수 있다.

결론: 어린아이의 관점

이 책에서 나는 사람들의 생각이 아주 복잡한 컴퓨터의 행동과 기본적으로 동일하다는, 현재 철학계에서 널리 받아들여지는 관점을 반박하는 여러 가지 주장을 제시했다. 단순한 알고리즘의 수행으로 의식적 자각을 불러일으킬 수 있다는 명확한 가정이 주어졌을 때 존 설John Searle의 '강인공지능'이라는 용어를 채택했다. '기능주의functionalism'와 같은 다른 용어들도 가끔 사용되기는 했으나 정확히 그러한 의미로 사용된 것은 아니다.

어떤 독자는 아예 처음부터 '강인공지능주의자'들을 그저 떠벌이 정도로만 여겨왔다. 단순히 계산만 가지고 즐거움이나 아픔을 만들 수는 없다는 것은 '당연한' 사실 아닌가? 시나 저녁노을의 아름다움, 소리의 마술도 인식할 수 없을 것이며 희망, 사랑, 고뇌도 할 수 없고 진정으로 자발적인 목표를 갖는 것도 당연히 불가능할 것이다. 그러나 과학은 우리가 아주 정밀한 수학 법칙에 완전히 좌우되는(어쩌면 궁극적으로는 단순히 확률적일 수도 있지만) 이 세계의 단지 작은 부분에 불과하다는 사실을 인정할 것을 강요하고 있다. 우리의 모든 행동을 관장하는 것처럼 보이는 두뇌도 바로 이 정밀한 법칙에 따르고 있는 것이다. 이러한 모든 실제 행동들이 궁극적으로 어떤 거대한 (어쩌면 확률적인) 계산에 의해 이루어지고, 그러므로 우리의 두뇌와 마음도 그러한 계산적인 차원에서만 이해되어야 한다는 그림이 나왔다. 그 계산이 아주 복잡해질 경우 시적인 것, 또는 '마음'이라는 것과 관련된 좀 더 주관적인 특성들에 대해서도 설명이 가능해지리라는 것이다. 그러나 이러한 그림에는 무엇인가가 빠진 듯한 꺼림칙한 감정을 피할 수가 없다.

나는 순수 계산적 그림들에는 무언가 핵심적인 것이 분명히 빠져 있다는 관점을 관철하고자 여러 가지 논의를 제시했다. 그러나 나는 또한 과학과 수학을 통하여 마음을 이해하는 데 중대한 진전이 이루어질 것이라는 희망도 가지고 있다. 이는 명백히 딜레마라고 볼 수 있으나, 이를 빠져나가는 방법이 분명 존재한다는 것을 밝히고자 노력했다. 계산 가능하다는 것은 결코 수학적으로 정확하다는 말이 아니다. 플라톤의 정확한 수학 세계는 신비와 아름다움으로 가득 차 있다. 그리고 이러한 신비로움의 대부분은 알고리즘과 계산이 머무르는 제한된 지역 너머에 존재하는 개념들과 함께한다.

의식이란 내 생각에는 너무나 중요한 현상이기 때문에 그것이 복잡한 계산에 의해서 '우연히' 생성된 것이라고는 볼 수 없다. 그것은 그로 인하여 우주의 존재 자체가 밝혀질 수 있는 현상인 것이다. 의식의 존재를 허용하지 않는 법칙에 의하여 좌우되는 우주는 이미 우주가 아니라고 주장할 수도 있다. 지금까지 우주를 설명하기 위하여 제시된 수많은 수학적 설명이 이러한 기준에 미달한다고까지 단언할 수도 있다. 의식의 현상만이 가상의 '이론적' 우주를 실제로 존재하는 것으로 살려낼 수 있는 것이다!

앞의 여러 장을 통하여 제시한 나의 주장들 중 일부는 아주 뒤틀리고 복잡해 보일 수도 있다. 어떤 것들은 추측에 불과하다는 것을 인정할 수밖에 없고 또 어떤 것들은 도저히 빠져나갈 방도가 없다고 생각되기도 한다. 그러나 이러한 모든 기술적 문제의 기저에서 의식적인 마음이 컴퓨터와 같을 수 없다는 것이 너무나도 '당연하다'는 느낌을 갖게 된다. 비록 정신 활동에 관여된 많은 부분이 그와 같을는지는 모르지만 말이다.

이것은 어린아이의 눈으로 볼 수 있는 종류의 '당연함'이다. 물론 그 아이도 나이가 들면 당연한 문제에 대하여 '문제없는' 것으로 믿게끔 압력을 받게 되고, 조심스러운 논리와 교묘하게 선택된 정의를 이용하여 그러한 문제가 없다고 설득당하게 될 것이다. 어린아이들은, 나이가 들면 잘 볼 수 없는 것도 명확하게 볼 수 있는 경우가 있다. 우리는, 우리가 어린아이로서 '실세계'의 활동에 관한 여러 가지 걱정거리가 어깨를 짓눌러오기 시작할 무렵에 느끼던 의문에 대하여 종종 잊고 사는 경향이 있다. 어린아이들은 우리가 어른으로서 묻기에는 창피하다고 생각하는 기본적 질문을 하는 데 주저하지 않는다. 우리가 죽으면 각자의 의식의 흐름은 어떻게 될까? 그 흐름은 우리가 태어나기 전에는 어디에 있었을까? 우리는 미래에, 혹은 과거에 다른 사람이었을까? 우리가 왜 무엇을 느끼게 되는 것일까? 우리는 왜 이곳에 있는가? 우리가 실제로 있을 수 있는 이 우주는 왜 있는 것일까? 이러한 의문은 우리 모두가 자성에 눈뜨기 시작할 무렵 갖게 되는 것들이다. 그리고 정녕 그것은 어떤 동물이건, 혹은 객체건 간에 진정한 자성에 눈뜰 때면 처음으로 갖게 되는 의문이기도 하다.

나 자신도 어린아이일 때 그러한 많은 의문으로 고심한 기억이 있다. 어쩌면 나의 의식은 순간적으로 다른 사람의 것과 뒤바뀐 것은 아닐까? 각자가 자신에 관한 기억만을 간직하고 있다고 가정한다면 나에게 그러한 뒤바뀌는 일이 벌어지지 않았다고 어떻게 확신할 수 있겠는가? 그러한 '뒤바뀜'의 경험을 어떻게 다른 사람에게 설명할 수 있을까? 그것이 어떤 의미가 있을까? 어쩌면 나는 똑같은 10분간의 경험을 계속 반복하여 살고 있는 것은 아닐까? 매 10분간의 감정도 똑같이 말이다. 어쩌면 나에게는 현재의 순간만이 '존재'하는 것은 아닐까? 어쩌면 내일의 '나', 혹은 어제의 '나'는 실제로는 독립된 의식을 가지고 있는 다른 사람이 아닐까? 어쩌면 나는 실제로 의식의 흐름이 과거를 향하는, 시간적으로 후

진하는 삶을 살고 있는 것은 아닐까? 그러므로 나의 기억은 실제로는 이미 일어난 사건이 아니라 앞으로 무엇이 일어날 것인가를 말해주고 있고, 학교에서 있었던 언짢은 경험은 실제로는 나에게 미리 준비된 것으로서, 불행하게도 머지않아 닥치게 될 것은 아닐까? 이러한 가정과 정상적으로 경험할 수 있는 시간의 흐름 사이의 차이에 실제로 '의미'가 있어서 하나는 '틀리고' 다른 하나는 '맞다'고 말할 수 있을까? 이러한 질문에 대한 본질적인 답을 얻을 수 있기 위해서는 의식의 이론이 필요하다. 그러나 그 자체로는 의식이 없었던 객체에게 어떻게 그러한 문제의 본질에 대한 설명을 시작이나마 할 수 있겠는가? …

에필로그

'…어떤 기분이냐고? 오, 참 재미있는 질문이구나, 꼬마야… 나도 그 대답을 알고 싶은데." 설계 책임자가 말했다. "우리 친구가 어떤 대답을 하나 한번 볼까? …이것 참 이상한데? …울트로닉의 대답은 뭔지 모르겠다는군? …그 질문 자체도 이해를 못 하겠다는 거야…."

방 안에 잔잔히 퍼져가던 웃음이 폭소로 변했다.

아담은 뼈저린 당혹감을 느꼈다. 그들이 무엇을 하건 상관은 없지만 적어도 그들이 웃을 일은 아니었기 때문이다.

참고문헌

Aharonov, Y., & Albert, D. Z. (1981). Can we make sense out of the measurement process in relativistic quantum mechanics? *Phys. Rev., D24.*, 359–370.

Aharonov, Y., Bergmann, P., & Lebowitz, J. L. (1964). Time symmetry in the quantum process of measurement. In *Quantum theory and measurement*. J. A. Wheeler & W. H. Zurek (Eds.), Princeton University Press, 1983; originally in *Phys. Rev., 134B*, 1410–1416.

Ashtekar, A., Balachandran, A. P., & Sang, J. (1989). The CP problem in quantum gravity. *Int. J. Mod. Phys., A6*, 1493–1514.

Aspect, A., & Grangier, P. (1986). Experiments on Einstein–Podolsky–Rosen-type correlations with pairs of visible photons. In *Quantum concepts in space and time*. R. Penrose & C. J. Isham (Eds.), Oxford University Press.

Atkins, P. W. (1987). *Why mathematics works*, Oxford University Extension Lecture in series: Philosophy and the New Physics(13 March).

Ball, W. W. R. (1892). Calculating prodigies. In *Mathematical recreations and essays*. Macmillan, London.

Barrow, J. D. (1988). *The world within the world*. Oxford University Press.

Barrow, J. D., & Tipler, F. J. (1986). *The anthropic cosmological principle*. Oxford University Press.

Baylor, D. A., Lamb, T. D., & Yau, K.–W. (1979). Responses of retinal rods to single photons. *J. Physiol, 288*, 613–634.

Bekenstein, J. (1972). Black holes and entropy. *Phys. Rev., D7*, 2333–2346.

Belinfante, F. J. (1975). *Measurement and time reversal in objective quan-*

tum theory. Pergamon Press, New York.

Belinskii, V. A., Khalatnikov, I. M., & Lifshitz, E. M. (1970). Oscillatory approach to a singular point in the relativistic cosmology. *Adv. Phys. 19*, 525–573.

Bell, J. S. (1987). *Speakable and unspeakable in quantum mechanics*, Cambridge University Press.

Benacerraf, P. (1967). God, the Devil and Gödel. *The Monist, 51*, 9–32.

Blakemore, C., & Greenfield, S. (Eds.). (1987). *Mindwaves: Thoughts on intelligence, identity and consciousness*. Basil Blackwell, Oxford.

Blum, L., Shub, M., & Smale, S. (1989). On a theory of computation and complexity over the real numbers: NP completeness, recursive functions and universal machines. *Bull. Amer. Math. Soc. Vol. 21*, no. 1, 1–46.

Bohm, D. (1951). The Paradox of Einstein, Rosen and Podolsky. In *Quantum theory and measurement*. J. A. Wheeler & W. H. Zurek (Eds.), Princeton University Press. 1983; originally in Quantum theory, D. Bohm, Ch. 22, sect. 15–19. Prentice-Hall, Englewood-Cliffs.

_______ (1952). A suggested interpretation of the quantum theory in terms of 'hidden' variables, I & II. In *Quantum theory and measurement*. J. A. Wheeler & W. H. Zurek (Eds.), Princeton University Press, 1983; originally in *Phys. Rev., 85*, 166–193.

Bondi, H. (1960). Gravitational waves in general relativity. *Nature (London), 186*, 535.

Bowie, G. L. (1982). Lucas' number is finally up. *J. of Philosophical Logic, 11*, 279–285.

Cartan, É. (1923). Sur les variétés a connexion affine et la theorie de la relativite generalisee. *Ann. Sci. Ec. Norm. Sup., 40*, 325–412.

Chandrasekhar, S. (1987). *Truth and beauty: Aesthetics and motivations in science*, University of Chicago Press.

Church, A. (1941). *The calculi of lambda-conversion*. Annals of Mathematics Studies, no. 6. Princeton University Press.

Churchland, P. M. (1984). *Matter and consciousness*. Bradford Books, MIT Press, Cambridge, MA.

Clauser, J. F., Home, A. H., Shimony, A., & Holt, R. A. (1969). Proposed experiment to test local hidden-variable theories. In *Quantum theory and measurement*. J. A. Wheeler & W. H. Zurek (Eds.), Princeton University Press, 1983; originally in *Phys. Rev. Lett.*, *23*, 880–884.

Close, F. (1983). *The cosmic orion: Quarks and the nature of the universe*. Heinemann, London.

Cohen, P. C. (1966). *Set theory and the continuum hypothesis*, Benjamin, Menlo Park, CA.

Cutland, N. J. (1980). *Computability: An introduction to recursive function theory*. Cambridge University Press.

Davies, P. C. W. (1974). *The physics of time-asymmetry*. Surrey University Press.

Davies, P. C. W., & Brown, J. (1988). *Superstrings: A theory of everything?* Cambridge University Press.

Davies, R. D., Lasenby, A. N., Watson, R. A., Daintree, E. J., Hopkins, J., Beckman, J., Sanchez-Almeida, J., & Rebolo, R. (1987). Sensitive measurement of fluctuations in the cosmic microwave background. *Nature*, *326*, 462–465.

Davis, M. (1988). Mathematical logic and the origin of modem computers. In *The universal Turing machine: A half-century survey*. R. Herken (Ed.), Kammerer & Unverzagt, Hamburg.

Dawkins, R. (1986). *The blind watchmaker*. Longman, London.

de Broglie, L. (1956). *Tentative d'interpretation causale et nonlineaire de la mechanique ondulatoire*. Gauthier-Villars, Paris.

Deeke, L., Grotzinger, B., & Komhuber, H. H. (1976). *Voluntary finger movements in man: Cerebral potentials and theory*. *Cybernetics*, *23*, 99.

Delbrück, M. (1986). *Mind from matter?* Blackwell Scientific Publishing, Oxford.

Dennett, D. C. (1978). *Brainstorms*. Philosophical Essays on Mind and Psychology, Harvester Press, Hassocks, Sussex.

Deutch, D. (1985). Quantum theory, the Church-Turing principle and the universal quantum computer. *Proc. Roy. Soc. (London), A400,* 97-117.

Devlin, K. (1988). *Mathematics: The new golden age*. Penguin Books, London.

De Witt, B. S., & Graham, R. D. (Eds.). (1973). *The many-worlds interpretation of quantum mechanics*. Princeton University Press.

Dirac, P. A. M. (1928). The quantum theory of the electron. *Proc. Roy. Soc. (London), A117,* 610-624; *ditto,* part II, *ibid, A118,* 361.

_______ (1938). Classical theory of radiating electrons. *Proc. Roy. Soc. (London), Al67,* 148.

_______ (1939). The relations between mathematics and physics. *Proc. Roy. Soc. Edinburgh, 59,* 122.

_______ (1947). *The principles of quantum mechanics* (3rd edn.), Oxford University Press.

_______ (1982). Pretty mathematics. *Int. J. Theor. Phys., 21,* 603-605.

Drake, S. (trans.). (1953). *Galileo Galilei: Dialogue concerning the two chief world systems Ptolemaic and Copernican*. University of California, Berkeley, 1953.

Drake, S. (1957). *Discoveries and opinions of Galileo*. Doubleday, New York.

Eccles, J. C. (1973). *The understanding of the brain*. McGraw-Hill, New York.

Einstein, A., Podolsky, P., & Rosen, N. (1935). Can quantum-mechanical description of physical reality be considered complete? In *Quantum theory and measurement*. J. A. Wheeler & W. H. Zurek (Eds.), Princeton University Press, 1983; originally in *Phy. Rev., 47,* 777-780.

Everett, H. (1957). 'Relative State' formulation of quantum mechanics. In *Quantum theory and measurement*. J. A. Wheeler & W. H. Zurek (Eds.), Princeton University Press, 1983; originally in *Rev. of Mod.*

Phys., *29*, 454–462.

Feferman, S. (1988). Turing in the Land of O(z). In *The Universal Turing machine: A half-century survey*. R. Herken (Ed.), Kammerer & Unverzagt, Hamburg.

Feynman, R. P., Leighton & Sands (1965). *The Feynman Lectures*. Addison-Wesley, Reading, MA.

_______ (1985). *QED: The strange theory of light and matter*. Princeton University Press.

Fodor, J. A. (1983). *The modularity of mind*. MIT Press, Cambridge, MA.

Fredkin, E., & Toffoli, T. (1982). Conservative Logic, *Int. J. Theor. Phys. 21*, 219–253.

Freedman, S. J., & Clauser. J. F. (1972). Experimental test of local hidden-variable theories. In *Quantum theory and measurement*. J. A. Wheeler & W. H. Zurek (Eds.) Princeton University Press. 1983; originally in *Phys. Rev. Lett.*, *28*, 938–941.

Galilei, G. (1638). *Dialogues concerning two new sciences* (Macmillan edn., 1914), Dover.

Gandy, R. (1988). The Confluence of Ideas in 1936. In *The universal Turing machine: A half-century survey*. R. Herken (Ed.), Kammerer & Unverzagt, Hamburg.

Gardner, M. (1958). *Logic machines and diagrams*. University of Chicago Press.

_______ (1983). *The whys of a philosophical scrivener*, William Morrow & Company, New York.

_______ (1989). *Penrose tiles to trapdoor ciphers*. W. H. Freeman & Company, New York.

Gayle, F. W. (1987). Free-surface solidification habit and point group symmetry of a faceted icosahederal Al-Li-Cu Phase. *J. Mater. Sci*, *2*, 1–4.

Gazzaniga, M. S. (1970). *The bisected brain*. Appleton-Century-Crofts, New York.

Gazzaniga, M. S., LeDoux, J. E., & Wilson, D. H. (1977). Language, praxis, and the right hemisphere: Clues to some mechanisms of consciousness. *Neurology, 27,* 1144–1147.

Geroch, R., & Hartle, J. B. (1986). Computability and physical theories. *Found. Phys., 16,* 533.

Ghirardi, G. C., Rimini, A., & Weber, T. (1980). A general argument against superluminal transmission through the quantum mechanical measurement process. *Lett. Nuovo. Chim., 27,* 293–298.

_______ (1986). Unified dynamics for microscopic and macroscopic systems. Phys. Rev., D34, 470.

Gödel, K. (1931). Über formal unentscheidbare Sätze der Principia Mathematica und verwandter Systeme I. *Monatshef te für Mathematik und Physik, 38,* 173–198.

Good, I. J. (1969). Gödel's theorem is a red herring. *Brit. J. Philos. Sci., 18,* 359–373.

Gregory, R. L. (1981). *Mind in science: A history of explanations in psychology and physics.* Weidenfeld & Nicholson, London.

Grey Walter, W. (1953). *The living brain.* Gerald Duckworth & Company, London.

Grünbaum, B., & Shephard, G. C. (1981). Some problems on plane tilings. In *The mathematical Gardner.* D. A. Klamer (Ed.), Prindle, Weber & Schmidt, Boston.

_______ (1987). *Tilings and patterns.* W. H. Freeman & Company, New York.

Hadamard, J. (1945). *The psychology of invention in the mathematical field.* Princeton University Press.

Hanf, W. (1974). Nonrecursive tilings of the plane, I. *J. Symbolic Logic, 39,* 283–285.

Harth, E. (1982). *Windows on the Mind.* Harvester Press. Hassocks, Sussex.

Hartle, J. B., & Hawking, S. W. (1983). Wave function of the universe. *Phys. Rev., D31,* 1777.

Hawking, S. W. (1975). Particle creation by black holes. *Commun. Math. Phys., 43,* 199–220.

_______ (1987). Quantum cosmology. In 300 years of gravitation. S. W. Hawking & W. Israel (Eds.), Cambridge University Press.

_______ (1988). *A brief history of time*. Bantam Press. London.

Hawking, S. W., & Penrose, R. (1970). The singularities of gravitational collapse and cosmology. *Proc. Roy. Soc. (London), A314,* 529–548.

Hebb, D. O. (1954). The problem of consciousness and introspection. In *Brain mechanisms and consciousness*. J. F. Delafresnaye (Ed.), Blackwell, Oxford.

Hecht, S., Shlaer, S., & Pirenne. M. H. (1941). Energy, quanta and vision. *J. of Gen. Physiol., 25,* 891–940.

Herken, R. (Ed.). (1988). *The universal Turing machine: A half-century survey*, Kammerer & Unverzagt, Hamburg.

Hiley, B. J., & Peat, F. D., (Eds.). (1987). *Quantum implications. Essays in honour of David Bohm*. Routledge & Kegan Paul, London & New York.

Hodges, A. P. (1983). *Alan Turing: The enigma*. Simon & Schuster, New York.

Hofstadter, D. R. (1979). *Gödel, Esher, Bach: An eternal golden braid*. Harvester Press, Hassocks, Sussex.

_______ (1981). A conversation with Einstein's brain. In *The mind's I*. D. R. Hofstadter & D. C. Dennett (Eds.), Basic Books & Penguin Books, Harmondsworth, Middlesex.

Hofstadter, D. R., & Dennett, D. C. (Eds.). (1981). *The mind's I*. Basic Books & Penguim Books, Harmondsworth, Middlesex.

Hubel, D. H. (1988). *Eye, brain and vision*, Scientific American Library Series #22.

Huggett, S. A., & Tod, K. P. (1985). *An introduction to twistor theory*. London Math. Soc. student texts, Cambridge University Press.

Janes, J. (1980). *The origin of consciousness in the breakdown of the bicameral mind*. Penguin Books. Harmondsworth, Middlesex.

Kandel, E. R. (1976). *The cellular basis of behaviour*. Freeman, San Francisco.

Károlyházy, F. (1974). Gravitation and quantum mechanics of macroscopic bodies. *Magyar Fizikai Polyoirat, 12,* 24.

Károlyházy, F., Frenkel, A., & Lukács, B. (1986). On the possible role of gravity on the reduction of the wave function. In *Quantum concepts in space and time*. R. Penrose & C. J. Isham (Eds.), Oxford University Press.

Keene, R. (1988). Chess: Henceforward. *The Spectator, 261,* no. 8371, 52.

Knuth, D. M. (1981). *The art of computer programming, Vol. 2* (2nd edn.), Addison-Wesley, Reading, MA.

Komar, A. B. (1964). Undecidability of macroscopically distinguishable states in quantum field theory. *Phys. Rev., 133B,* 542-544.

_______ (1969). Qualitative features of quantized gravitation. *Int. J. Theor. Phys., 2,* 157-160.

Kuznetsov, B. G. (1977). *Einstein: Leben, Tod, Unslerblichkeit*. H. Fuchs (Trans.), Birkhauser, Basel.

LeDoux, J. E. (1985). Brain, mind and language. In *Brain and mind*. D. A. Oakley (Ed.), Methuen, London & New York.

Levy, D. W. L. (1984). *The chess computer handbook*, Batsford, London.

Libet, B., Wright, E. W. Jr., Feinstein, B., & Pearl, D. K. (1979). Subjective referral of the timing for a conscious sensory experience. *Brain, 102,* 193-224.

Lorenz, K. (1972). Quoted in: *From ape to Adam* by H. Wendt, Bobbs Merrill, Indianapolis.

Lucas, J. R. (1961). Minds, machines and Gödel. *Philosophy, 36,* 120-124; reprinted in Alan Ross Anderson (1964). *Minds and machines,* Englewood Cliffs.

MacKay, D. (1987). Divided brains-divided minds? In *Mindwaves*. C. Blakemore & S. Greenfield (Eds.), Basil Blackwell, Oxford.

Majorana, E. (1932). Atomi orientati in campo magnetico variabile. *Nuovo*

Cimento, 9, 43–50.

Mandelbrot, B. B. (1986). Fractals and the rebirth of iteration theory. In *The beauty off ractals: Images of comp lex dynamical systems*, H.-O. Peitgen & P. H. Richter, Springer-Verlag, Berlin, pp. 151–160.

Maxwell, J. C. (1965). A dynamical theory of the electromagnetic field. *Philos. Trans. Roy. Soc. (London). 155*, 459–512.

Mermin, D. (1985). Is the moon there when nobody looks? Reality and the quantum theory. *Physics Today, 38*, no. 4, 38–47.

Michie, D. (1988). The fifth generation's unbridged gap. In *The universal Turing machine: A half-century survey*. R. Herken (Ed.), Kammerer & Unverzagt, Hamburg.

Minsky, M. L. (1968), Matter, mind, and models, In *Semantic information processing*. M. L. Minsky (Ed.), MIT. Press, Cambridge, MA.

Misner, C. W. (1969). Mixmaster universe. *Phys. Rev. Lett., 22*, 1071–1074.

Moruzzi, G., & Magoun, H. W. (1949). Brainstem reticular formation and activation of the EEG. *Electroencephalography and Clinical Neurophysiology, 1*, 455–473.

Mott, N. F. (1929). The wave mechanics of a -ray tracks. In *Quantum theory and measurement*. J. A. Wheeler & W. H. Zurek (Eds.), Princeton University Press, 1983; originally in *Proc. Roy. Soc. (London), A126*, 79–84.

Mott, N. F., & Massey, H. S. W. (1965). Magnetic moment of the electron. In *Quantum theory and measurement*. J. A. Wheeler & W. H. Zurek (Eds.), Princeton University Press. 1983; originally in *The theory of atomic collisions* by N. F. Mott & H. S. W. Massey (Clarendon Press, Oxford, 1965).

Myers, D. (1974). Nonrecursive tilings of the plane II. *J. Symbolic Logic, 39*, 286–294.

Myers, R. E., & Sperry, R. W. (1953). Interocular transfer of a visual form discrimination habit in cats after section of the optic chiasm and corpus callosum. *Anatomical Record. 175*, 351–352.

Nagel, E., & Newman, J. R. (1958). *Gödels proof*. Routledge & Kegan Paul, Boston, MA.

Nelson, D. R., & Halperin, B. I. (1985). Pentagonal and icosahedral order in rapidly cooled metals. *Science, 229*, 233.

Newton, I. (1687). *Principia* (1971 ed.), Cambridge University Press.

_______ (1730). *Opticks* (1952 ed.), Dover, New York.

Oakley, D. A., (Ed.). (1985). *Brain and mind*. Methuen, London & New York.

Oakley, D. A., & Eames, L. C. (1985). The plurality of consciousness. In *Brain and mind*. D. A. Oakley (Ed.), Methuen, London & New York.

O'Connell, K. (1988). Computer chess. *Chess, 15*.

O'Keefe, J. (1985). Is consciousness the gateway to the hippocampal cognitive map? A speculative essay on the neural basis of mind. In *Brain and mind*. D. A. Oakley (Ed.), Methuen, London & New York.

Onoda, G. Y., Steinhardt, P. J., DiVincenzo, D. P., & Socolar, J. E. S. (1988). Growing perfect quasicrystals. *Phys. Rev. Lett., 60*, 2688.

Oppenheimer, J. R., & Snyder, H. (1939). On continued gravitational contraction. *Phys, Rev. 56*, 455–459.

Pais, A. (1982). *'Subtle is the Lord...': The science and the lif e of Albert Einstein*. Clarendon Press, Oxford.

Paris, J., & Harrington, L. (1977). A mathematical incompleteness in Peano arithmetic. In Handbook of *mathematical of logic*. J. Barwise (Ed.), North-Holland, Amsterdam.

Pearle, P. (1985). Models for reduction. In *Quantum concepts in space and time*. C. J. Isham & R. Penrose (Eds.), Oxford University Press.

_______ (1989). Combining stochastic dynamical state-vector reduction with spontaneous localization. *Phys. Rev. A., 39*, 2277–2289.

Peitgen, H.-O., & Richter, P. H. (1986). *The beauty of fractals*, Springer-Verlag, Berlin & Heidelberg.

Peitgen, H.-O., & Saupe, D. (1988). *The science of fractal images*, Springer-Verlag, Berlin.

Penfield, W., & Jasper, H. (1947). *Highest Level Seizures*, Research

Publications of the Association for Research in Nervous and Mental Diseases(New York), *26*, 252–271.

Penrose, R. (1965) Gravitational collapse and space-time singularities. *Phys. Rev. Lett.*, *14*, 57–59.

_______ (1974). The rôle of aesthetics in pure and applied mathematical research, *Bull. Inst. Math. Applications, 10,* no. 7/8, 266–271.

_______ (1979a). Einstein's vision and the mathematics of the natural world. *The Sciences, March,* 6–9.

_______ (1979b). Singularities and time-asymmetry. In *General relativity: An Einstein centenary*. S. W. Hawking & W. Israel (Eds.), Cambridge University Press.

_______ (1987a). Newton, quantum theory and reality. In *300 years of gravity*. S. W. Hawking & W. Israel (Eds.), Cambridge University Press.

_______ (1987b). *Quantum implications: Essays in honour of David Bohm*. Routledge & Kegan Paul, London & New York.

_______ (1989a) Tilings and quasi-crystals: A non-local growth problem? In *Aperiodicity and order 2*. M. Jaric (Ed.), Academic Press, New York.

_______ (1989b). Difficulties with inflationary cosmology, to appear in the *Proceeding of the 14th Texas Symposium in Relativistic Astrophysics*. E. Fenves (Ed.), NY Acad. ScL, New York.

Penrose, R., & Rindler, W. (1984). Spinors and space-time, Vol. 1: *Two-spinor calculus and relativistic fields*. Cambridge University Press.

Pour-El, M. B., & Richards, 1. (1979). A computable ordinary differential equation which possesses no computable solution. *Ann. Math. Logic, 17*, 61–90.

_______ (1981). The wave equation with computable initial data such that its unique solution is not computable. *Adv. in Math., 39*, 215–239.

_______ (1982). Noncomputability in models of physical phenomena. *Int. J. Theor. Phys., 21*, 553–555.

Rae, A. (1986). *Quantum physics: Illusion or reality?* Cambridge University Press.

Resnikoff, H. L., & Wells, R. O. Jr. (1973). *Mathematics and civilization*, Holt, Rinehart, & Winston, New York; reprinted with additions 1984 Dover, Mineola, NY.

Rindler. W. (1977). *Essential relativity*, Springer-Verlag, New York.

_______ (1982). *Introduction to special relativity*, Clarendon Press, Oxford.

Robinson, R. M. (1971). Undecidability and nonperiodicity for tilings of the plane. *Invent. Math, 12*, 177-209.

Rucker, R. (1984). *Infinity and the mind: The science and philosophy of the infinite*. Paladin Books & Granada Publishing, London (first published by Harvester Press, 1982).

Sachs, R. K. (1962). Gravitational waves in general relativity. VIII. Waves in asymptotically flat space-time. *Proc. Roy. Soc. London, A270*, 103-126.

Schank, R. C., & Abelson, R. P. (1977). *Scripts, plans, goals and understanding*. Erlbaum, Hillsdale, NJ.

Schechtman, D., Blech, I., Gratias, D., & Cahn. J. W. (1984). Metallic phase with long-range orientational order and no translational symmetry. *Phys. Rev. Lett., 53*, 1951.

Schrödinger, E. (1935). Die gegenwärtige Situation in der Quantenmechanik, *Naturwissenschaftenp, 23*, 807-812, 823-828, 844-849. (Trans. by J. T. Trimmer [1980]. In *Proc. Amer. Phil. Soc., 124*, 323-338.) In *Quantum theory and measurement*. J. A. Wheeler & W. H. Zurek (Eds.), Princeton University Press, 1983.

_______ (1967). *'What is life?' and 'Mind and matter'*. Cambridge University Press.

Searle, J. R. (1980). Minds, brains and programs. In *The behavioral and brain sciences, Vol. 3*. Cambridge University Press; reprinted in *The mind's I*. D. R. Hofstadter & D. C. Dennett (Eds.), Basic Books & Penguin Books, Harmondsworth, Middlesex, 1981.

_______ (1987). Minds and brains Without programs. In *Mindwaves*. C. Blakemore & S. Greenfield (Eds.), Basil Blackwell, Oxford.

Smith, S. B. (1983). *The great mental calculators*. Columbia University Press.

Smorynski, C. (1983). "Big" news from Archimedes to Friedman, *Notices Amer. Math. Soc., 30*, 251–256.

Sperry, R. W. (1966). Brain bisection and consciousness. In *Brain and conscious experience*. J. C. Eccles (Ed.), Springer, New York.

Squires, E. (1985). *To acknowledge the wonder,* Adam Hilger, Bristol.

_______ (1986) *The mystery of the quantum world,* Adam Hilger, Bristol.

Tipler, F. J., Clarke, C. J. S., & Ellis, G. F. R. (1980). Singularities and horizons: A review article. In *General relativity and gravitation*. A. Held (Eds.), *Vol. 2,* 97–206. Plenum Press, New York.

Turing, A. M. (1937). On computable numbers, with an application to the Entscheidungsproblem. *Proc. Lond. Math. Soc. (ser. 2), 42,* 230–265; a correction 43, 544–546.

_______ (1939). Systems of logic based on ordinals. *P. Lond. Math. Soc., 45,* 161–228.

_______ (1950). Computing machinery and intelligence. *Mind, 59,* no. 236; reprinted in *The min's I*. D. R. Hofstadter & D. C. Dennett (Eds.), Basic Books & Penguin Books, Harmondsworth, Middlesex, 1981.

von Neumann, J. (1955). *Mathematical foundations of quantum mechanics*. Princeton University Press.

Waltz, D. L. (1982). Artificial intelligence. *Scientific American, 247,* no. 4, 101–122.

Ward, R. S., & Wells, R. O. Jr. (1989). Twistor geometry. Cambridge University Press.

Weinberg, S. (1977). *The first three minutes: A modem view of the origin of the universe,* Ander Deutsch, London.

Weiskrantz, L. (1987). Neuropsychology and the nature of consciousness. In *Mindwaves*. C. Blakemore & S. Greenfield (Eds.), Blackwell, Oxford.

Westfall, R, S. (1980). *Never at rest,* Cambridge University Press.

Wheeler, J. A. (1983). Law without law. In *Quantum theory and measure-*

ment. J. A. Wheeler & W. H. Zurek (Eds.), Princeton University Press, 182–213.

Wheeler, J. A., & Feynman, R. P. (1945). Interaction with the absorber as the mechanism of radiation. *Revs. Mod. Phys., 17,* 157–181.

Wheeler, J. A., & Zurek, W. H., (Eds.). (1983). *Quantum theory and measurement.* Princeton University Press.

Whittaker, E. T. (1910). *The history of the theories of aether and electricity,* Longman, London.

Wigner, E. P. (1960). The unreasonable effectiveness of mathematics. *Commun. Pure Appl. Math., 13,* 1–14.

_______ (1961). Remarks on the mind-body question. In *The scientist speculates.* I. J. Good (Ed.), Heinemann, London (reprinted in E. Wigner [1967]. *Symmetries and reflections,* Indiana University Press, Bloomington) In *Quantum theory and measurement.* J. A. Wheeler & W. H. Zurek (Eds.), Princeton University Press, 1983.

Will, C. M. (1987). Experimental gravitation form Newton's *Principia* to Einstein's general relativity. In *300 years of gravitation.* S. W. Hawking & W. Israel (Eds.), Cambridge University Press.

Wilson, D. H., Reeves, A. G., Gazzaniga, M. S., & Culver, C. (1977). Cerebral commissurotomy for the control of intractable seizures. *Neurology, 27,* 708–715.

Winograd, T. (1972). Understanding natural language. *Cognitive Psychology, 3,* 1–191.

Wootters, W. K., & Zurek, W. H. (1982). A single quantum cannot be cloned. *Nature, 299,* 802–803.

찾아보기

[ㄴ]

[ㄷ]

[ㄹ]

[ㅁ]

[ㅂ]

[ㅅ]

[ㅇ]

[ㅈ]

[ㅎ]

황제의 새 마음
컴퓨터, 마음, 물리법칙에 관하여 (개정판)

The Emperor's New Mind:
Concerning Computers, Minds, and The Laws of Physics

펴낸날 2판 1쇄 2022년 9월 15일
2판 2쇄 2024년 2월 20일
지은이 로저 펜로즈
옮긴이 박승수
펴낸이 주소현
펴낸곳 이화여자대학교출판문화원
주소 서울특별시 서대문구 이화여대길 52(우 03760)
등록 1954년 7월 6일 제9-61호
전화 02) 3277-2965 (편집), 02) 362-6076 (마케팅)
팩스 02) 312-4312
전자우편 press@ewha.ac.kr
홈페이지 www.ewhapress.com
책임 편집 이지예
디자인 정혜진
찍은곳 한영문화사

ⓒ 박승수, 2022

ISBN 979-11-5890-469-2 93000
값 32, 000원

* 잘못된 책은 구입처에서 바꾸어 드립니다.